风景园林与小气候

——中国第二届风景园林与小气候国际研讨会论文集

Landscape Architecture v.s. Microclimate

Proceedings of 2nd Landscape Architecture v.s. Microclimate International Conference

主编　刘滨谊

Chief Editor　Liu Binyi

中国建筑工业出版社

图书在版编目（CIP）数据

风景园林与小气候 . 中国第二届风景园林与小气候国际研讨会论文集 = LANDSCAPE ARCHITECTURE V.S. MICROCLIMATE PROCEEDINGS OF 2ND LANDSCAPE ARCHITECTURE V.S. MICROCLIMATE INTERNATIONAL CONFERENCE / 刘滨谊主编 . —北京：中国建筑工业出版社，2020.1
ISBN 978-7-112-23098-3

Ⅰ . ①风… Ⅱ . ①刘… Ⅲ . ①园林设计 – 关系 – 小气候 – 国际学术会议 – 文集 Ⅳ . ① TU986.2–53 ② P463.2–53

中国版本图书馆 CIP 数据核字（2019）第 281436 号

全书共 48 篇风景园林国际学术会议论文。本书内容根据第二届风景园林与小气候国际研讨会的三部分内容展开：1. 风景园林与城市宜居小气候：地域性、传统智慧与现代智慧；2. 风景园林空间类型与小气候：形态、结构与要素；3. 风景园林小气候适宜性评价：物理性与健康性。围绕这三个方面，数百位学者展开广泛而深入的研究与交流，形成了本论文集。第二届风景园林与小气候国际研讨会面对气候变化与城市人居环境这一全球性问题，开启了全球学者联合研究的征程，是该领域科学研究成果与工程应用实例的集结。

读者对象
高等院校园林景观专业师生、风景园林设计机构、风景园林设计师等。

责任编辑：李成成
责任校对：张惠雯

风景园林与小气候
——中国第二届风景园林与小气候国际研讨会论文集
Landscape Architecture v.s. Microclimate
Proceedings of 2nd Landscape Architecture v.s. Microclimate
International Conference
主编　刘滨谊
*
中国建筑工业出版社出版、发行（北京海淀三里河路 9 号）
各地新华书店、建筑书店经销
北京雅盈中佳图文设计公司制版
北京市密东印刷有限公司印刷
*
开本：880 毫米 ×1230 毫米　1/16　印张：25　字数：778 千字
2021 年 1 月第一版　2021 年 1 月第一次印刷
定价：125.00 元
ISBN 978-7-112-23098-3
（35269）

本书编委会

主　　编：刘滨谊

副主编：董莉莉　董芦笛　刘　晖　张德顺

　　　　　金荷仙　顾　韩

编　　委：余　俏　张　琳　常　青　谢军芳

　　　　　魏冬雪　彭旭路　连泽峰

序　言

　　"风景园林与微气候"是一个古老而前沿的课题，从数千年前中国风景园林的缘起到当今应对全球气候变化，发现看不见摸不着而又无处不在的微气候与风景园林的时空关系规律，找寻应对未来极端人居气候对策，事关众生安危，对于改善城市人居环境，提升风景园林学科及其规划设计科学水平，具有重要作用。

　　基于"城市宜居环境风景园林小气候适应性设计理论和方法研究"（No.51338007）等系列国家自然科学基金关于城市宜居环境与风景园林应对气候变化的重点项目，第二届风景园林与小气候国际研讨会不辱使命：围绕风景园林空间形态、结构、要素与微气候，风景园林微气候物理、生理、心理适宜性评价，人居环境微气候适应性规划设计理论方法这三个方面，200 余位学者展开了广泛而深入的研究交流，形成了本论文集。

　　第二届风景园林与小气候国际研讨会再次开启了全球学者联合研究的新征程，面对气候变化与城市人居环境这一全球性问题，期待涌现出更多的科学研究成果与工程应用范例。

中国工程院院士

2020 年 1 月 28 日

目　录

风景园林小气候适宜性评价：物理性与健康性

风景园林与城市宜居小气候：地域性、传统智慧与现代智慧

传统文化影响下的凉山彝族民居绿色智慧[*]

杜春兰[1]，石玮泰[1]，李　毅[2]

1. 重庆大学建筑城规学院；2. 重庆大学建筑规划设计研究总院有限公司

摘　要：主要通过对四川凉山彝族传统民居建筑进行实地调研、测绘、温湿度测量研究、彝族文化溯源，探讨彝族传统文化、民居空间形态和微气候环境之间的关系，并分析得出凉山彝族民居独有的文化智慧和绿化智慧。本研究成果可为四川凉山地区现代建筑微气候适应性设计提供依据。

关键词：凉山彝族；民居；小气候；文化；空间形态

彝族是我国的第六大少数民族，主要分布在我国的西南地区。本课题所研究的凉山系彝族建筑文化区位于四川省凉山彝族自治州，也是全国最大的彝族聚居区。凉山地区的彝族人民居住生活乃至建立大规模政权有着非常悠久的历史，这在诸多历史文献如《后汉书》《史记》中均有记录[1]。四川大凉山地区群山起伏，交通不便，再加上其严密的宗族网络与约定俗成的分家制度，使得彝族社会历史沉淀下来的各种民族习俗和文化能够完整保留下来，因此具有极高的研究价值。

课题组选取了处于大凉山腹地，外在干预力度小的四干普村作为研究地点，对其中的典型民居展开研究。四干普村是四川省凉山彝族自治州美姑县的下辖村，位于四川省西南部、凉山彝族自治州东北部，北纬 28°34′，东经 103°02′。村落海拔高度约 2360m，位于阿米特洛大山支脉的一个山头上。村落所在之处山势较缓，东北侧为大山涧，隔山涧东北侧为巨大连绵山体，成为村子的天然屏障（图1）。四干普村整体温度较低，降雨主要集中在 5~8 月。较低的平均温度决定了建筑的功能主要是保温，而非隔热。

四干普村的彝族属于诺苏支系，遵循家支家族阶级制度，并且有宗教信仰、祖先祖灵信仰，具有深厚的文化特色。村内典型的民居建筑为一正房两厢房的院落格局（图2），内部木结构主要为扇架结构。

图1　四干普村聚落平面

图2　四干普村聚落典型民居航拍

---

　* 基金项目：国家重点研发计划重点专项"基于多元文化的西部地域绿色建筑模式与技术体系"课题四"西南多民族聚居区绿色建筑模式与技术体系"（编号 2017YFC0702404）资助

1 凉山彝族传统民居建筑微气候适宜性分析

为了更进一步了解凉山彝族民居建筑在适应改善当地小气候，创造适宜居住环境的能力，项目组利用温湿度仪，在天气晴朗的状况下（2018年5月11日的12：00到12日14：00），进行了长达14h的数据测量。根据建筑热环境测试方法标准对典型民居院落（色培果加宅）布置了5个采样点，其中在庭院内布置测点1，在大门檐下布置测点2，建筑主体室内3个房间布置3个测点，分别为测点3、测点4、测点5（图3），取样时间间隔为10min。

图3 民居建筑温湿度仪测点布置

1.1 测点1与2数据情况

庭院与大门都属于室外空间，两者的温湿度变化关系基本一致，都是明显的负相关（图4、图5）。在下午（12：00~17：00）温度升高的时候，湿度逐渐降低；而18：00到凌晨6：00温度逐渐降低的时

候，湿度逐渐升高。昼夜温差接近10℃，湿度差值将近25%。由于围墙的阻挡作用，庭院的湿度较大门略低。

1.2 测点3数据情况

图6是堂屋的温湿度变化情况，可以看出温度和湿度的变化趋势基本是正相关的。在下午至晚上（13：00~22：00）温度逐渐降低的时候，湿度同步降低；而在上午（4：00~12：00）温度逐渐升高的时候，湿度同步升高。室内温差仅4℃，湿度差值约15%。

由于调研时间为5月份，室内并没有采暖，所以房子内部的低点温度与庭院基本都在10℃左右，而最高温度室内比室外低了约6℃，可见民居有很好的隔热属性。此外在湿度关系上，室外的湿度受太阳辐射的影响较大，白天室外湿度较低，晚上由于太阳辐射消失，并受到高海拔形成的雾气影响湿度大幅上升，而室内的湿度在白天依然能保持在一定的水平，并且在晚上也不会受到室外环境的影响而导致湿度上升，从而避免了湿度对人体健康的危害。

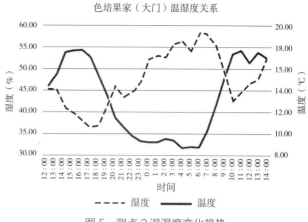

图5 测点2温湿度变化趋势

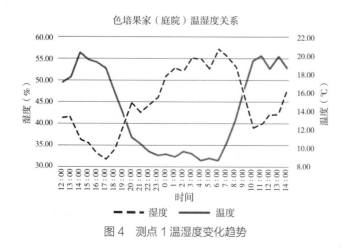

图4 测点1温湿度变化趋势

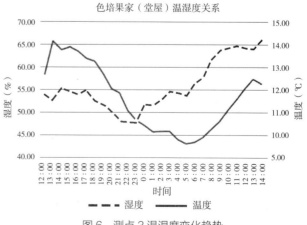

图6 测点3温湿度变化趋势

1.3 测点 4、5 数据情况

左右两个厢房的温湿度变化关系基本是一致的，室内温差仅 1.5℃，湿度差值约 15%（图 7、图 8）。比起堂屋，温度的变化趋势更小，说明这两个空间的围护隔热效果更好。高海拔引起的昼夜温差较大这一特点在室内并没有显著的表现，由此可见彝族传统建筑隔热能力很强，在保持室内温湿度的稳定方面具有显著效果。

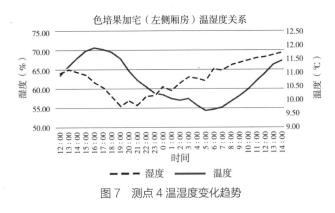

图 7　测点 4 温湿度变化趋势

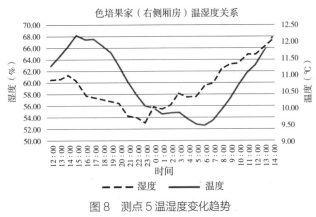

图 8　测点 5 温湿度变化趋势

2　空间原型与气候适宜性

凉山彝族传统民居的空间原型受到了多种因素的影响，既展现了彝族建筑特有的封闭性与防御性，又有四川地区合院建筑布局的影子（图 9）。整体而言，凉山彝族院落的围合感较弱，两侧房屋与围墙高度均不高，主要是由于两侧房屋功能为柴火棚和牛羊圈，在高度上并未达到人正常生活的尺度。庭院空间的高开敞度也使得其在微气候调节方面发挥的作用有限。

彝族民居的日常居住使用等功能主要集中在主体建筑。主体建筑外观上并没有开窗，内部虽然在

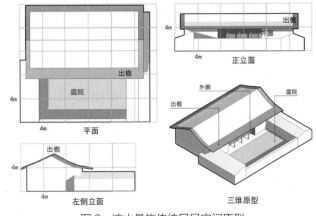

图 9　凉山彝族传统民居空间原型

两边分隔了两个房间，但都没有单独设门出入，这体现了高度的防御性。也正是因为主体建筑的独到设计，为彝族居民创造了更好的温湿度条件，从而能够适应大凉山常年低温严寒的环境。

从空间关系上看，主体建筑有出檐和外廊这两大特征，出檐在很大程度上是为了避免雨季雨水对夯土墙体的损坏，对温湿度的调节也相对较弱；而建筑的外廊部分，则为建筑提供了一个过渡空间，强调了建筑的等级，并在这个区域有大量精美的装饰纹样，展示了彝族建筑细腻的一面。在保温方面，外廊空间也有着独到的设计，即外廊与建筑的门并不是居中设计的，而是偏左侧，避免正对室内的火塘，这可以保证冬季为室内通风的同时，减少室内热量的损耗。

3　彝族文化溯源与主体建筑空间结构特色

3.1　彝族文化溯源

彝族文学作品类别众多，大体上分为讲述天地与人起源的神话故事，关于民族发展的史诗，以及民间生活、民间故事、民谚民歌的记载。这些文学作品体现了凉山彝族的文化思想，通过大量彝族典籍诸如《勒俄特依》《老人梅葛》《阿细的先基》，可以窥知彝族的思想观念主要表现在宇宙观、天地观和宗族观这三个方面。[2]

3.1.1　宇宙观

彝族的宇宙观主要受到了彝族原生宗教的影响，将人与世间万物的宇宙看作一个整体，崇尚敬畏自然，强调人与宇宙和谐相处。"上古天未产，哎哺未生时，清浊气先产生"[3]，讲述的就是对宇宙起源

的基本认识：万物包括它们赖以生存的天地，都是来源于基本的物质运动，同根同源。

3.1.2 天地观

在彝族传统天地观中，认为"天空高旷旷，大地平又圆"[4]，许多彝族文献中都有对天地的描写与歌颂，反映了彝民对天地的崇拜。彝族人民相信尊敬天地神灵，就可以得到它们的庇佑，因此在居住空间也遵循着"三界"秩序。[5]主要体现在建筑中的祖先灵牌、高低屋顶、中柱以及天井空间等。

3.1.3 宗族观

彝族的宗族观主要为近祖崇拜文化，主要观点是家里不仅生活着在世的家庭成员，也生活着已经过世的还未出生的家庭成员。[6]由此衍生了凉山地区的火塘崇拜。凉山传统民居建筑中的火塘有组织精神空间以及家庭秩序的作用，它们的存在是家族兴旺发达的象征。

这些彝族特有的思想观念对传统民居建筑产生了很大的影响，使得彝族传统民居与汉族等其他民族相比具有许多富有特色的建筑空间布局和结构技术特点。

3.2 主体建筑空间结构特色

3.2.1 火塘崇拜与建筑空间布局

火在古代彝族人民生活中扮演着至关重要的角色，可以用来取暖、烹饪食物。随着彝族建筑的演化，火塘这种形式也被保留在建筑中，它成了彝族人生生不息的精神象征，掌管家里火塘的人通常是一家之主。[7]图10为色培果加宅里的火塘，主要由三片石块以及一个烧火坑组成，石块起着锅庄石的作用，上面雕刻着精美的图案。

火塘具有主宰住宅空间秩序的作用。火塘右侧是家中最尊贵的座位，一般男主人或家族长辈坐这里，主人卧室也位于这个位置，象征着家庭的权威

图10 色培果加宅中的火塘

地位；而火塘的下方是加柴位置，一般女主人和自家子女就座，通常这边的卧室是儿子屋或女儿屋；客人的专座区域位于火塘左侧，靠近神位和门口，这边的卧室为客人卧室（图11）。建筑入口在布局中一定要避免直接对着火塘，否则在彝人心目中是对神灵的不敬。通过火塘对家庭的长幼主宾的次序进行组织，并直接影响着具体房间的位置分布。

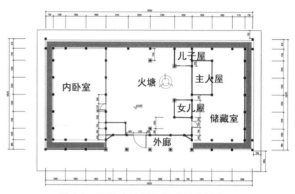

图11 围绕火塘展开的建筑空间布局

3.2.2 万物格霏观与屋顶结构

"万物格霏观"是指万物均有阴阳，阴阳（格霏）此消彼长，孕育生命。这种观念是彝族人民从简单客观的生命现象出发，带有原始生殖崇拜的迹象，但同时也表达了彝族人民对生命的渴望与尊重。[8]这种观念对建筑屋顶外观的影响非常大，凉山彝族民居屋顶为双坡顶，其中前低后高，代表着"格"与"霏"的消长关系（图12），兼有祈求自家人丁兴旺的寓意。

图12 四干普村民居屋顶构造

3.2.3 中柱崇拜与扇架结构

彝族人民的"中柱崇拜"需要一个高阔的室内空间来承载，由此彝族工匠创造出了扇架结构这种特殊建筑构造，巧妙地通过檐柱向中柱层层出挑的构造，既分担了原来中柱的承重作用，又形成向上收拢的空间效果，与悬挑的牛角装饰拱组合形成科学的受力系

统，提升了房子内部的跨度及美观性，强调了围绕中柱的精神大空间（图13）。这样一来，在住宅内部除了有崇拜作用的"中柱"外无须过多落地的柱子，使室内空间可以灵活组织和划分。

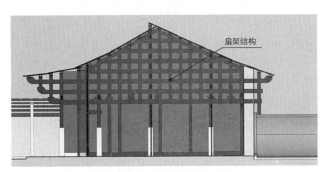

图13　四干普村民居扇架结构

3.2.4　夯土墙结构

凉山地区80%以上的土壤类型为黄棕壤及酸性紫色土，与水混合后较具黏性且水分蒸发后土质成形性很好，凉山彝族人民很早就利用这种得天独厚的土地资源建造墙体。虽然传统夯土材料在力学性能等方面确实存在一些不足，容易产生较高的危房率[9]。但在四干普村民居中如色培果加宅，采用木构架承重、土墙围护的形式，整个建筑的夯土墙从受力中解脱出来，只起围护和保温防寒的作用，而受力系统的构建全部由木骨架承担（图14），并且外立面的木板能够保护夯土墙不受破坏，使得色培果加宅能够经历百年保存下来并仍在使用。

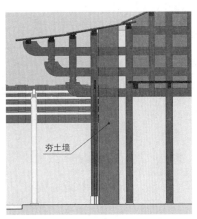

图14　色培果加宅夯土墙结构

3.2.5　图腾崇拜与建筑装饰

彝族工匠把图腾崇拜广泛地运用在建筑的细部装饰中。这些图腾通常是以绘画、雕刻呈现在房屋的细部构件上，成为展现民族特色的最突出的符号。

牛在彝族人心目中具有举足轻重的作用，是祖先的化身，也是辟邪的灵物，因此在民居中出现最多的装饰构件为牛角形式的横枋枋头（图15）。

图15　色培果加宅牛角枋头

此外，许多植物也是彝族人的崇拜对象，尤其是竹子，彝族人"以竹为祖"。凉山彝族人民对竹子的崇拜融合了祖先祖灵信仰。在民居建筑中可见柱与枋的榫卯处一小段被塑造成了竹节的造型，意在祈求祖先的庇护。在色培果加宅中，除了竹纹，其他植物纹还有索玛花、葫芦纹、卷草纹、牡丹纹、莲花纹等。

4　文绿结合的现代建筑设计建议

四干普村传统民居建筑是大凉山传统彝族夯土建筑的典型代表，这些承载彝族优秀传统建筑文化的村落和建筑，"除了具有视觉、物质层面的意义外，还积淀着丰富、深刻、独特的历史价值和美学价值"[10]。只有深入了解彝族的历史渊源，才能体会到简单的建筑符号背后深刻的文化寓意。四干普村与其他传统聚落一样，正在承受来自现代社会变迁的冲击，在民居的改造与新建过程中许多传统结构与材料直接被弃之不用，导致了原有传统建筑文化逐渐流失，通过对四干普村民居建筑的研究，对构建文绿一体的现代彝族建筑有如下几点建议：

4.1　重视传统材料和技术的应用

推广使用传统材料和技术，尤其是夯土技术。王澍先生的团队就已经建成了一批有代表性的现代夯土建筑，大量使用了新型夯土建造技术，为如火如荼的新农村建设提供了新思路。[11]但是凉山地区现代夯土建筑的推广也要建立在对该地区的具体地质条件、资源条件、经济发展现状、施工技术水平、房屋建设等方面充分研究的基础上。

4.2 深挖建筑形式背后的文化、宗教寓意

许多建筑设计师在营造彝族特色的时候，只是在立面上勾勒了一些图案纹理，丝毫不管背后的文化寓意是否用对地方，也不管建筑内部的功能是否与之协调，闹出了许多笑话。一个带有民族特色的现代建筑应当是功能与文化寓意相协调的。

4.3 不要给民族建筑"贴标签"

一提及彝族建筑风貌似乎就是土掌房形式、牛角挑装饰，而忽略彝族建筑在多样地域环境中的丰富性和地域特色。各个地区的民族特色均有不同，需要摒弃急功近利的思想，静下心来仔细研读，才能创造出能够切实体现地方特色的、能够被当地人所接受的现代建筑作品。

4.4 加强对建筑微气候的研究

建筑设计应重视对当地气候的适应。在大凉山彝族传统村落中，彝族民居建筑展现了在适应当地气候方面的种种优势，可以大大降低农村建筑能耗及污染，节约资源，保护生态环境。在现代建筑的设计中完全可以借鉴其中一些有益于气候调节的方法，更好地推进美丽乡村建设和乡村环保节能、可持续发展。

5 结论

在四川凉山地区现代建筑设计上，既创造出具有彝族文化特征又可以对当地气候产生较强适应能力不应该是矛盾的两个方面，完全可以从空间原型与建筑空间结构特征两个角度切入，得到它们在气候调节能力上的关系（图16），从而对文化特征和绿色属性进行协调。

在凉山彝族现代建筑的设计中，建议优先选择具有较强微气候调节能力的设计语汇。当然，很多设计语汇由于时代的变化，或因现代建筑的属性不同，可以进行一些优化调整。例如现代民居建筑设计中，火塘可以保留外观，但要取缔烧柴生火的模式，可改用天然气或其他能源，为家庭生活提供热源；在一些大型公共建筑设计中，格霏屋顶也可以在有

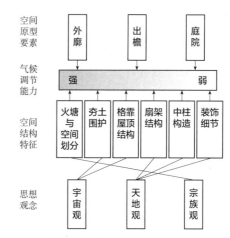

图 16　空间原型、空间结构特征与气候调节能力关系

文化寓意的同时，强化其采光及通风作用，以此弥补建筑外墙开窗少的劣势。

注：文中图片均由作者拍摄及绘制。

致谢：感谢博士生林立揩、王旭对调研、测绘及数据收集提供的帮助。

参考文献

［1］司马迁.史记：卷一百一十六·西南夷列传第五十六[M].北京：中华书局，1959：2956.

［2］温泉.西南彝族传统聚落与建筑研究[D].重庆：重庆大学，2015.

［3］贵州省民族研究所毕节地区彝文翻译组.西南彝志·封锁的天象[M].贵阳：贵州人民出版社，1982：545.

［4］冯元蔚译.勒俄特依[M].成都：四川民族出版社，1986：22.

［5］马学良.保文作斋经译注[G]//云南彝族礼俗研究文集.成都：四川民族出版社，1983：214.

［6］和少英.逝者的庆典——云南民族丧葬[M].昆明：云南教育出版社，2000：64.

［7］杨福泉，郑晓云.火塘文化录[M].昆明：云南人民出版社，2000：12-13.

［8］侯宝石.凉山彝族民居建筑及其文化现象探讨[D].重庆：重庆大学，2004.

［9］陆磊磊.传统夯土民居建造技术调查研究[D].西安：西安建筑科技大学，2015.

［10］李剑波.朱家峪古村落保护与利用的思考[D].郑州：河南大学土木建筑学院，2009：122-127.

［11］李传翰.夯土建筑·浴火重生[J].中外建筑，2017（3）.

Green wisdom of Liangshan Yi People's Houses under the Influence of Traditional Culture *

Du Chunlan[1], Shi Weitai[1], Li Yi[2]

1. Chongqing University; 2. Chongqing University Architectural Planning, and Design Research Institute Co., Ltd

Abstract: Based on the field survey, mapping, temperature, and humidity measurement research, and the tracing of Yi culture, this paper discusses the relationship between the traditional culture, the spatial form of the residence, and the microclimate environment, and analyzes its unique cultural and green wisdom. The results of this study can provide a basis for the adaptive design of modern architecture microclimate in Liangshan area, Sichuan Province.

Keywords: Yi nationality of Liangshan; folk house; microclimate; culture; spatial pattern

Yi is the sixth-largest ethnic minority in China, mainly distributed in the southwest of our country. The Liangshan Yi architectural culture area studied in this paper is located in Liangshan Yi Autonomous Prefecture, which is the largest Yi residential area in China. There is a long history of people living and even establishing large-scale political power in Yi people in Liangshan area, which is recorded in many historical documents such as *The history of the later Han Dynasty* and *The records of the historian*[1]. The undulating mountains and inconvenient transportation in the Daliangshan region of Sichuan, coupled with its tight clan network and the well-established system of separation of families, have enabled the complete preservation of the various ethnic customs and cultures deposited in the history of Yi People Society Therefore, it is of great research value.

The research group selected the village of Siganpu, which is located in the hinterland of the Daliang Mountains and has little intervention from outside, as the research site to study the typical residential buildings. Siganpu village is a village under the jurisdiction of the Liangshan Yi Autonomous Prefecture of Meigu County, which is located in the southwest of Sichuan Province and the northeast of the Liangshan Yi Autonomous Prefecture 28°34′N, 103°02′e. The village is about 2360m above sea level and is located on a hill in a branch of the amitro mountains. The mountain where the village is located is relatively gentle, the northeast side of the mountain stream, the northeast side of the mountain stream across a huge continuous body, the village as a natural barrier (Fig.1). Siganpu village overall temperature is lower, rainfall mainly concentrated in May to August. The lower average temperature determines that the building's function is primarily to insulate, rather than insulate.

Siganpu village is a branch of the Yi People Nousu, which follows the family hierarchy, and has religious beliefs, ancestral spiritual beliefs, with profound cultural characteristics. The typical residential building in the village is the courtyard pattern of a main house with two wings (Fig.2). The internal timber structure is mainly a fan frame structure.

---

* Funded by the National Key R & D Program Key Special Project "Multicultural-based Green Building Models and Technical Systems in Western Regions" Project 4 "Green Building Models and Technical Systems in Southwestern Multi-ethnic Residential Areas" (No. 2017YFC0702404)

Fig.1 settlement plane of Siganpu village

Fig.2 aerial photo of typical residential building in Siganpu village

1 Micro-climate Suitability Analysis of Liangshan Yi traditional residential buildings

In order to better understand the ability of Liangshan Yi people residential buildings to adapt to improve local micro-climate and create a suitable living environment, the project team used a temperature and humidity meter The measurements were made over a 14-hour period in clear weather (12：00 to 14：00 on May 11, 2018). According to the standard of building thermal environment test method, five sampling points are arranged in the typical residential courtyard (the house

of Color Peigao), among which one measuring point is arranged in the courtyard 1 and one measuring point is arranged under the eaves of the gate 2 Three measuring points are arranged in three rooms of the main building, which are respectively 3, 4 and 5 (Fig.3). The sampling time interval is 10 min.

Fig.3 temperature and humidity measuring point arrangement of residential building

1.1 Position 1 and 2 data status

The courtyard and the gate both belong to the outdoor space, and their temperature and humidity change relations are basically the same, both are obviously negative correlation (Fig.4、Fig.5). In the afternoon (12：00 to 17：00) when the temperature rises, the humidity gradually decreases, and in the evening (18：00 to 6：00) when the temperature gradually decreases, the humidity gradually increases. The

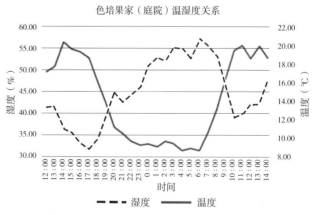

Fig.4 temperature and humidity trends at measurement point 1

temperature difference between day and night is close to 10 degrees，and the humidity difference is nearly 25 percent. The humidity of the courtyard is slightly lower than that of the main gate due to the blocking effect of the fence.

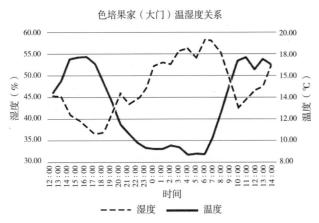

色培果家（大门）温湿度关系

Fig.5　temperature and humidity trends at measurement point 2

1.2　Measurement Point 3 data status

Fig.6 is the temperature and humidity changes in the hall，we can see that the temperature and humidity trends are basically positive correlation. In the afternoon（13：00 to 22：00）when the temperature gradually decreased，the humidity decreased，and in the morning（4：00 to 12：00）when the temperature gradually increased，the humidity increased. The difference in temperature is only 4 degrees，and the difference in humidity is about 15 percent.

Since the study was conducted in May，there was no heating in the house，so the low temperature inside the

色培果家（堂屋）温湿度关系

Fig.6　variation trend of temperature and humidity at measurement point 3

house and the courtyard were around 10 degrees，while the maximum temperature inside the house was about 6 degrees lower than outside. In addition，in relation to humidity，outdoor humidity is greatly affected by solar radiation，and outdoor humidity is lower during the day，but at night it disappears because of solar radiation and is greatly increased by the fog formed at high altitude Indoor humidity can be maintained at a certain level during the day，and at night will not be affected by the outdoor environment and lead to humidity rise，thus avoiding the harm of humidity to human health.

1.3　Measurement points 4 and 5 data status

The temperature and humidity of the two wing rooms are basically the same，the indoor temperature difference is only 1.5 degrees，the humidity difference is about 15%（Fig.7、Fig.8）. The temperature tends to change less than in a room，suggesting that the two spaces are better insulated for maintenance. The large temperature difference between day and night caused by high altitude

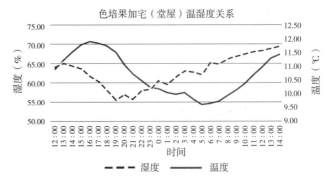

色培果加宅（堂屋）温湿度关系

Fig.7　variation trend of temperature and humidity at measurement point 4

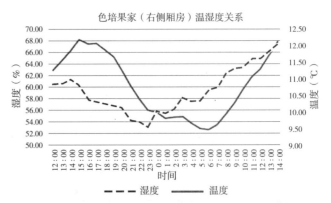

色培果家（右侧厢房）温湿度关系

Fig.8　variation trend of temperature and humidity at measurement point 5 is not obvious in the indoor, which shows that the Yi traditional building has a strong thermal insulation ability, and has a significant effect in maintaining the stability of indoor temperature and humidity.

2　Space prototype and climate suitability

The spatial prototype of the traditional residence of the Yi nationality in Liangshan is influenced by many factors, which not only shows the closed and defensive characteristic of the Yi nationality's architecture, but also reflects the layout of the courtyard houses in Sichuan (Fig. 9). On the whole, the enclosed feeling of the Yi people court in Liangshan is weak. The height of the houses and the wall on both sides is not high. The main reason is that the houses on both sides function as firewood sheds and cattle and sheep pens, and they do not reach the standard of normal living. The high openness of the courtyard space also limits its role in microclimate regulation.

Functions such as daily Living for the Yi people are mainly concentrated on the main building, which does not have windows on the exterior, and the interior of the main building is separated by two rooms on both sides, but there are no separate doors for access It shows a high degree of defensiveness. It is also because of the unique design of the main building, for Yi people residents to create better temperature and humidity conditions, so as to be able to adapt to the perennial cold environment in Daliang Mountains.

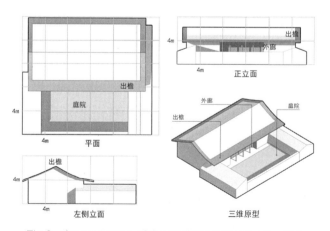

Fig.9　the prototype of the traditional residence of Yi nationality in Liangshan

In terms of spatial relationship, the main building has two major features: EAVES and Verandah, which are largely to avoid damage of rammed earth walls by rain in rainy season, and the adjustment of temperature and humidity is relatively weak It provides a transitional space, emphasizing the hierarchy of the building, and has a lot of exquisite decorative patterns in the area, showing the delicate side of the Yi People's architecture. In terms of heat preservation, the Verandah space also has a unique design, that is, the Verandah and the building's doors are not centrally designed, but are slanted to the left to avoid facing the fire pool inside, which can ensure the indoor ventilation in winter Reduce the loss of heat in the room.

3　Tracing to the source of Yi people culture and the structural features of the main building space

3.1　Tracing the origin of Yi Culture

The literary works of the Yi people fall into many categories, generally including fairy tales about the origin of Heaven, Earth and people, epic poems about the development of the nation, and records of folk life, folklore and folk proverbs. These literary works embody the Cultural Thought of Yi people, through a large number of Yi nationality classics such as *Le'oteyi*, *the old man Meige*, and *Axi's Xianji* [2].It can be seen that Yi People's ideology is mainly manifested in the outlook on the universe, the outlook on heaven and earth and the outlook on clan.

3.1.1　Cosmology

Yi People's view of the universe is mainly influenced by the native religion of Yi people, which regards the universe as a whole, worships nature and emphasizes the harmony between man and the universe. The origin of the Universe is the basic understanding that all things, including the world on which they live, are derived from the basic movement of matter, the same origin and the same origin[3].

3.1.2　Perspective on heaven and earth

In the traditional view of Heaven and earth in Yi

people, it is believed that the sky is high and the earth is flat and round[4]. There are descriptions and praises of Heaven and Earth in many Yi people literatures, which reflect the worship of the Yi people to Heaven and earth. The people of Yi people believe that by respecting the Gods and Goddesses of Heaven and earth, they are protected by them, and therefore they follow the order of the three worlds in their living spaces[5]. Mainly reflected in the building of ancestors Lingpai, high and low roof, column and Patio Space.

3.1.3　Clansman

In Yi people, the patriarchal view is mainly based on the culture of ancestor worship. The main view is that the family not only lives with the living family members, but also lives with the dead and unborn family members[6]. Thus, the fire pond worship in Liangshan area has been developed. The fire pond in Liangshan traditional residential buildings plays the role of organizing spiritual space and family order, and their existence is the symbol of the prosperity of the family.

These unique ideas of Yi people have a great impact on the traditional residential architecture, making Yi traditional residential and other ethnic groups compared with the Han formed a lot of distinctive architectural space layout and structural technical features.

3.2　Spatial structural features of the main building

3.2.1　Fire pond worship and architectural space layout

Fire played a vital role in the lives of the people of Ancient Yi people, and was used for heating and cooking food. As Yi architecture evolved, the form of the fire pit was preserved and became a spiritual symbol of Yi people's life, usually run by the head of the family[7]. (Fig.10) is the fire pond in the house of semipecore. It consists of three stones and a fire pit. The Stones Act as pots and stones and are carved with exquisite patterns.

The fire pond has the function of dominating the residential space order. On the right side of the fire pond is the most distinguished seat in the family. Usually the male master or the elders of the family sit here, and

Fig.10　Huotang, a residential building in Chupeigaojia Mansion

the master bedroom is also located in this position, symbolizing the authority of the family. Below the fire pond is the place for adding firewood, usually the female master and her children sit This is usually the son's room or the daughter's room; the guest's special area is on the left side of the fire pond, near the shrine and the entrance (Fig.11). The entrance to the building must be arranged in such a way that it does not directly face the pool of fire, otherwise it is considered disrespectful to the gods in normal nature of man. Huotang through the family of the order of elders and children, and directly affect the location of the specific room distribution.

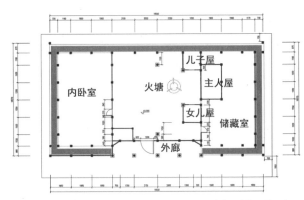

Fig.11　layout of the building around the Fire Pool

3.2.2　Million objects and roof structure

The concept of "all things being equal" means that all things have Yin and Yang, and Yin and Yang (Gefei) disappear one after another and give birth to life. This idea is the Yi people from the simple objective life phenomenon, with primitive reproductive worship, but also expressed the Yi people's desire for life and respect [8]. This concept has a strong influence on the appearance of the building's roof. The roof of the Yi people residence in Liangshan is a double-slope roof, with the front low and the back high, which represents the relationship between the height and height of the roof (Fig.12), and has the implication of praying for the prosperity of one's family.

Fig.12   roof structure of Sichanpu village

3.2.3   Mid-column worship and fan frame construction

The worship of the central columns of the people of Yi people required a high interior void to carry it, and from this, craftsmen in Yi people created a unique architectural structure, the Fanfan frame, which was skillfully projected through the cornice columns into the central columns It not only shares the load-bearing function of column, but also forms the spatial effect of closing up, combines with the overhanging ox horn decorative arch to form a scientific bearing system, and promotes the span and beauty of the interior of the house The large mental space surrounding the central pillar is highlighted (Fig.13). In this way, in addition to the worship of the role in the interior of the pillar in the non-excessive floor columns, so that the interior space can be flexible organization and division.

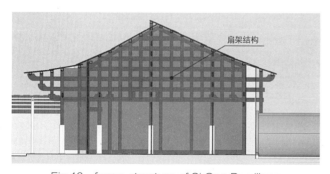

Fig.13   frame structure of Si Gan Pu village

3.2.4   Rammed Earth Wall structure

More than 80% of the soils in Liangshan area are yellow-brown soil and acid purple soil, which are more viscous when mixed with water and have good formability after evaporation The people of Yi people have long used this unique land resource to build walls. Although the traditional rammed earth materials do have some deficiencies in mechanical properties, it is easy to produce a high rate of a dangerous room[9]. However, in the village houses of Siganpu, such as Sepaiguo Plus House, the rammed Earth Wall of the whole building is liberated from the force in the form of load-bearing and Earth Wall maintenance, and only plays the role of enclosure, heat preservation, and cold prevention The construction of the system is entirely carried out by the Timber Skeleton (Fig.14), and the timber cladding protects the rammed earth walls from damage, allowing the house to survive and remain in use for hundreds of years.

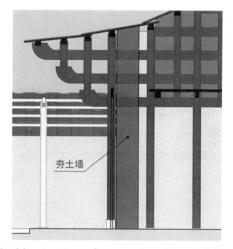

Fig.14   structure of rammed earth wall of Color Peigo Plus House

3.2.5   Totemism and architectural decoration

Yi Craftsmen use totemism extensively in the detail decoration of buildings. These totems are usually painted, carved in the details of the components of the house, to show the national characteristics of the most prominent symbols. In Yi people, the OX plays an important role as the embodiment of ancestors and a Talisman to ward off evil spirits. Therefore, the most common decoration in folk houses is the fang-tou in the form of a cow horn (Fig.15).

Fig.15 Se Pei Guo Jia Zhai Niu Jiao Fang Tou

In addition, many plants are also the object of worship in Yi people, especially for bamboo, bamboo as the ancestor of bamboo, Liangshan Yi people's worship of bamboo mixed with the ancestral spiritual beliefs. The mortise and tenon of the columns and the Fang can be seen in the residential buildings, which are molded into the shape of bamboo joints, to pray for the protection of ancestors. In addition to bamboo patterns, other plant patterns include Soma Flower Pattern, Gourd pattern, curly grass pattern, peony pattern, and Lotus pattern.

4 The modern architectural design suggestion of the combination of text and green

Siganpu village is a typical example of traditional rammed Earth Architecture in the Daliang Mountains Yi people. These villages and buildings bear the excellent traditional architectural culture of Yi people In addition to its visual and material significance, it also has rich, profound, and unique historical and aesthetic values[10]. Only by understanding the history of Yi people can we understand the profound cultural meaning behind the simple architectural symbols. Siganpu village, like other traditional settlements, is bearing the impact of the changes of modern society, and many traditional structures and materials have been abandoned in the process of reconstruction and new construction of folk houses Through the study of the residential buildings in the village of Siganpu, the following suggestions are made for the construction of modern Yi architecture with the integration of culture and green.

4.1 Emphasis on the application of traditional materials and technologies

In particular, the use of rammed earth technology. Mr. Wang Shu's team has built a number of representative modern rammed earth buildings, using a large number of new rammed earth construction techniques, providing new ideas for the construction of a new countryside in full swing [11]. However, the popularization of modern rammed earth building in Liangshan area should be based on the study of geological conditions, resource conditions, economic development, construction technology and building construction.

4.2 Dig deep into the cultural and religious connotations behind the architectural forms many architectural designers

In creating the Yi ethnic identity, have only sketched some patterns and textures on the facades, regardless of whether the cultural connotations behind them are in the right place or not Despite the fact that the function of the building's interior is in harmony with it, many jokes have been made. A modern architecture with national characteristics should be in harmony with its function and cultural implication.

4.3 Don't label ethnic buildings

It is not right to ignore the richness and regional features of Yi architecture in various regional environments by referring to the architectural style of Yi people. Different regions have different national characteristics, we need to abandon the thought of quick success and instant benefit, and carefully study, in order to create a realistic local characteristics, can be accepted by the local people of modern architecture.

4.4 Strengthening the study of architectural microclimate

The architectural design pays sufficient attention to the adaptation of the local climate. In the traditional villages of the Yi nationality in Daliang Mountains, the residential buildings in Yi people have shown various advantages in adapting to the local climate, which can greatly reduce the energy consumption and pollution of rural buildings, save resources and protect the ecological environment. In the design of modern buildings can learn from some of the beneficial methods of climate regulation, so as to better promote the beautiful rural construction and rural environmental protection, energy conservation, sustainable development.

5 Conclusion

In the design of modern architecture in Liangshan area of Sichuan Province, it should not be contradictory that how to create a modern architecture that has the characteristics of Yi people culture and can have a strong adaptability to the local climate It is possible to find the relationship between the spatial prototype and the architectural spatial structure in terms of their importance in climate regulation (Fig.16), so as to harmonize the cultural characteristics and green attributes.

In the design of modern buildings in Yi people, it is suggested that the design vocabulary with strong ability of

micro-climate regulation should be chosen as a priority. Of course, many design vocabularies are subject to some fine tuning due to changes in the times, or due to different attributes of modern architecture. For example, in the design of modern residential buildings, a fire pit can retain its appearance, but in order to abolish the use of firewood for lighting a fire, natural gas or other energy sources can be used to provide heat for family life The lattice roof also can strengthen the function of lighting and ventilation at the same time as the cultural implication, thus making up the facades with less windows on the exterior walls.

Note: All the pictures in this article were taken and drawn by the author.

Acknowledgements: Thanks to phd Students Likai Lin and Wang Xu for their help in research, mapping and data collection.

References

[1] 司马迁 . 史记：卷一百一十六·西南夷列传第五十六 [M]. 北京：中华书局，1959：2956.

[2] 温ське . 西南彝族传统聚落与建筑研究 [D]. 重庆：重庆大学，2015.

[3] 贵州省民族研究所毕节地区彝文翻译组 . 西南彝志·封锁的天象 [M]. 贵阳：贵州人民出版社，1982：545.

[4] 冯元蔚译 . 勒俄特依 [M]. 成都：四川民族出版社，1986：22.

[5] 马学良 . 傈文作斋经译注 [G] // 云南彝族礼俗研究文集 . 成都：四川民族出版社，1983：214.

[6] 和少英 . 逝者的庆典——云南民族丧事 [M]，昆明：云南教育出版社，2000：64.

[7] 杨福泉，郑晓云 . 火塘文化录 [M]. 昆明：云南人民出版社，2000：12-13.

[8] 侯宝石 . 凉山彝族民居建筑及其文化现象探讨 [D]. 重庆：重庆大学，2004.

[9] 陆磊磊 . 传统夯土民居建造技术调查研究 [D]. 西安：西安建筑科技大学，2015.

[10] 李剑波 . 朱家峪古村落保护与利用的思考 [D]. 郑州：河南大学土木建筑学院，2009：122-127.

[11] 李传翰 . 夯土建筑·浴火重生 [J]. 中外建筑，2017（3）.

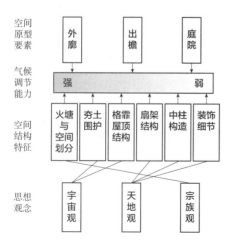

Fig.16 relationship among spatial prototype, spatial structure and climate regulation ability

公交候车亭夏季热环境实测分析：以广州为例[*]

秦 宇，李 琼

华南理工大学亚热带建筑科学国家重点实验室

摘 要：公交候车亭是公共交通设施的重要组成部分，目前其热环境方面的研究鲜少有人关注。本文以广州常见的开敞型公交候车亭为研究对象，对候车亭夏季热环境参数进行实测分析，探究了 4 种遮阳棚材质对候车亭热环境调节的效果。结果表明：①镀锌板、阳光板、玻璃板和 PC 板对候车环境的温度和相对湿度没有改善效果。②镀锌板、阳光板有一定的遮阳效果，且镀锌板略强于阳光板；PC 板和玻璃板的透光性较强，遮阳效果不佳。③玻璃板和 PC 板对候车环境的 WBGT 有改善效果。

关键词：公交候车亭；热环境；地域气候；太阳辐射

中国经济经历了 40 年的持续高速发展，取得了令人瞩目的成绩和成果。随着经济的发展，城市改扩建工程进行得如火如荼，城市的高密度特征也越来越突出，这为城市发展和城市设计工作带来了一系列挑战，公共交通的建设便是其中之一。公共交通是城市的命脉，人民群众的生产生活与其密切相连，可以说公共交通是城市经济建设、社会稳定协调发展的重要基础。

2016 年 10 月 25 日中共中央、国务院印发并实施的《"健康中国 2030"规划纲要》旨在推进健康中国建设、推行健康文明的生活方式、营造绿色安全的健康环境。在此背景下，许多大城市鼓励可持续的交通模式，其普遍做法之一是大力发展公共交通。实践证明，这一举措对于缓解城市交通压力、调整城市结构、改善大气污染、改变居民生活行为方式收效显著。值得注意的是，"可持续的交通模式"的发展内涵包括关注交通对环境和人健康的影响，也即汽车尾气、交通噪声、交通设施与人们健康的直接相关性。

在"绿色出行、公交先行"的城市建设理念下，我国公共交通事业取得了飞速发展，公共交通设施也得到了相应的更新，但作为公共交通设施重要组成部分的公交候车亭却发展滞后，使得现有的公交候车环境与居民的出行需求之间产生强烈的冲突。

目前国内外针对公交候车亭的研究，大多集中在艺术形象、使用功能、交通影响、选址布局、停靠形式、人文关怀、智能交互等方面。环境方面的研究也有涉及，但主要集中在关于噪声环境、PM10、CO 等微粒环境，如 Makarewicz 等人对公交候车亭噪声的实测和研究、Li 等人对杭州市中心公交候车亭污染物实测的研究。针对公交候车亭热环境的研究，尤其是针对公交候车亭小气候环境中温度、湿度、风速、太阳辐射的研究较少。

本文以亚热带湿热地区的广州市为例，以常见的开敞型公交候车亭为实测对象，在华南理工大学校内开敞广场进行热环境参数实测。本研究尝试探索不同材质的遮阳棚对候车亭热环境的影响作用，以期为日后的候车亭改造设计提供理论指导。

1 广州市公交候车亭发展

1.1 发展变迁

广义的"公共交通"包括民航、铁路、公路、水运、索道等交通方式；狭义的公共交通是指城市定线运营的公共汽车及铁路、轮渡等交通。本文中的"公交候车亭"只涉及供城市公共汽车停靠的候车亭，不包括快速公交（BRT）站台。

---

* 基金项目：国家自然科学基金（编号 51778237）；广东省自然科学基金（编号 2015A030306035）；广州市科技计划项目（编号 201804020017）；日本东京工艺大学开放课题（编号 2018FY）

近 15 年来，广州市政府不仅致力于完善公交候车设施造型设计、材质选择，更在地域化、智能化、信息化、生态化建设等方面加大投入，为改善市民出行条件，提高城市品位，优化城市建设投资环境作出了积极的贡献。

2004 年，确定广州公交调度将走向智能化，公交车将全面推广应用 GPS 技术，公交候车亭及公交站场 100% 安装电子站牌。2008 年大力推进公交行业创文明工作，包括推进环保型、集约型、智能型公交建设。2014 年，依靠科技支撑，提供精细化、人性化的公交信息交互服务，同时开展了低碳交通专题工作。2017 年，开始开展候车亭遮阳棚升级改造工作，将 200 多座公交候车亭玻璃遮阳棚升级为黑色不透光的 PC 遮阳棚，以求改善公交站点候乘环境。2018 年，实现公交支付体系的多元化，推出智慧候车亭，首次为市民提供触摸式显示屏信息交互、公交 Wi-Fi、USB 充电等智能化便民出行服务。2019 年，黄埔区预计于年底建成 3500 座 5G 基站，广州电信在科学城试点珍宝巴士 5G 公交站场及智能公交项目，推进"智慧公交"建设。

1.2 发展现状

本文选择以广州市公交候车亭为研究对象，在广州市 11 个辖区进行实地调研，获得广州市公交候车亭的设计和使用现状，总结归纳出广州市常用的公交候车亭类型；进行问卷调查，了解候车人群对候车环境的主观评价及使用需求。结果显示：广州市常用的公交候车亭形式为开敞式，由金属立柱 + 遮阳棚 + 背板 + 站牌 + 座椅组成。各基础构件发展出许多形态，如图 1 和图 2 所示；候车人群认为候车环境一般般、勉强能接受，并且希望增设降温增湿装置、增加遮阳棚面积等。

2 研究方法

2.1 实测场地与对象

广州位于东经 112°57′~144°3′，北纬 22°26′~23°56′。其位置属于中国南部、广东省中南部。地处亚热带沿海，北回归线从中南部穿过，属海洋性亚热带季风气候，以温暖多雨、光热充足、夏季长、霜期短为特征，为夏热冬暖气候区。全年平均气温 20~22℃，是中国年平均温差最小的大城市之一。

本研究的实验地位于广州市天河区华南理工大学校内，该圆形硬质广场整体平坦开阔，四周有环形车道和低矮楼房，建筑阴影不遮挡广场。图 3 中标注了 3 个测试点位置，其中测点 1 和 2 各放置一个公交候车亭，测点 3 为空地。候车亭的长边为东西向，与广州市常见的道路走向一致。图 4 为现场

图 1　广州市公交候车亭基本型

图 2　弧形遮阳棚

图 3　3 个测点的分布示意图

图 4　现场测试所用的基本型公交候车亭

测试所用的基本型公交候车亭。

其中，测点 1 于 2019 年 9 月 30 日放置阳光板遮阳棚，于 2019 年 10 月 4 日放置玻璃板遮阳棚；测点 2 于 2019 年 9 月 30 日放置镀锌板遮阳棚，于 2019 年 10 月 4 日放置 PC 板遮阳棚。阳光板和镀锌板的透光率较低，阳光板为 12mm 厚的聚碳酸酯中空板，黑色，多层结构；镀锌板为实心材质，不透光。玻璃板和 PC 板透光率较高，玻璃板为 6mm 福特蓝钢化玻璃板，可见光透过率为 0.538；PC 板为聚碳酸酯实心板，又称耐力板，可见光透过率视材质的颜色而定，且可与玻璃板相当。

2.2 数据收集

2.2.1 实测时间及天气

本研究选取广州晴朗且云量较少的天气进行热环境参数实测。实测时间为 2019 年 9 月 30 日（7：00~19：00）和 2019 年 10 月 4 日（7：00~19：00）。

2.2.2 实测仪器

测试的热环境参数主要包括温度、相对湿度、太阳辐射强度，详细的仪器介绍见表 1。其中温度和相对湿度由热指数仪（HD32.3）和温湿度自记仪（HOBO Pro V2 U23–001）记录，每分钟记录一次数据。同时，热指数仪（HD32.3）可基于各时刻的温湿度数据，通过仪器内部的计算程序，直接计算并输出、记录每个时刻的 WBGT 值。太阳辐射强度由 CMP3 太阳总辐射传感器测量，由安捷伦 34970A 采集数据。

仪器参数　　　　　　　　　　　　表 1

仪器名称	测量参数	仪器参数
热指数仪（HD32.3）	环境温度 T_a、黑球温度 T_g、湿球温度 T_w、相对湿度 RH、风速 V_a、WBGT 等	黑球直径 50mm，量程 –10~100℃，精度 ±0.2℃；温度量程为 10~80℃，精度 ±0.2℃；湿度量程 5%~98%，精度 ±2%（15%~90%）和 ±2.5%（其余范围）
温湿度自记仪（HOBO Pro V2 U23–001）	温度、相对湿度	温度量程 –40~70℃，精度 ±0.2℃；湿度量程 0~100%，精度 ±2.5%
CMP3 太阳总辐射传感器	太阳总辐射	热辐射偏移（200W/m²）<15W/m²；光谱波长（50% 点）300~2800nm；最大辐射强度 2000W/m²；灵敏度 5~20μV/（W·m²）
安捷伦 34970A	数据采集	便携式 / 台式数据采集系统；3 个插槽；测量分辨率 22 位；最高频率 2GHz；250 通道 /s

3 实测结果及分析

3.1 温度实测数据分析

3.1.1 阳光板和镀锌板对候车环境温度的影响

温度数值是热环境参数的基础指标数据，也是热舒适度评测的关键因子之一。温度数据分析采取平均值、差值对比分析法，对各个测点的数值取小时平均（即取每个时刻点的前后半小时所有数据的平均，作为该时刻点的小时平均值）。

对比温度小时平均值发现，三个测点的温度变化趋势大体相同（图 5）。从 7：30 至 13：30，三个测点的温度都逐步上升；从 16：30 至 18：30，三个测点的温度都逐步下降。从 13：30 至 16：30，镀锌板下 2 号测点的温度先上升后下降，阳光板下的 1 号测点和空地处的 3 号测点温度均保持持续上升的趋势。虽然此时间段，三个测点的温度变化趋势不完全相同，但同一时刻下，三个测点的温度数据值相差并不大，且三个测点的温度最大值也较接近，可认为三个测点的温度总体变化趋势一致。

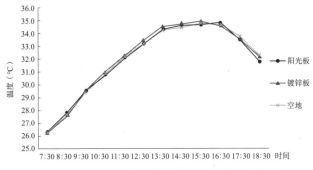

图 5　阳光板、镀锌板和空地三个测点的温度变化

进一步分析两种不同材质的遮阳棚对候车空间的温度改善效果。计算空地（测点 3）的温度值与测点 1 和 2 的平均差值（用空地测试值减去其他测点测试值），最大差值及各时刻差值占空地测量值的平均百分比，以此作为温度改善效果的参考评判值。阳光板对候车环境温度的改善效果为 0.08%，平均差值为 0℃，最大差值为 0.4℃；镀锌板对候车环境温度的改善效果为 –0.23%，平均差值为 0.1℃，最大差值为 –0.3℃。

由数据分析可得，阳光板和镀锌板下的温度与空地温度相差不大，因此可认为，增设阳光板和镀锌板不能改善候车环境的温度。

3.1.2 玻璃板和PC板对候车环境温度的影响

对比温度小时平均值发现，玻璃板、PC板和空地三个测点的温度变化趋势大体相同（图6）：从早上到14：30，温度逐渐上升；14：30至16：30，温度小幅度先降后升；16：30至18：30，温度逐步下降。且从7：30至18：30，各个时刻三个测点的温度数据值都相差不大。14：30至16：30，三个测点温度相差较为明显：玻璃板和PC板温度相近，空地略高0.6℃左右。

进一步分析两种不同材质的遮阳棚对候车空间的温度改善效果。玻璃板对候车环境温度的改善效果为0.29%，平均差值为0.1℃，最大差值为-0.6℃；PC板对候车环境温度的改善效果为0.66%，平均差值为0.2℃，最大差值为0.7℃。

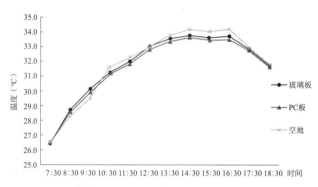

图6 玻璃板、PC板和空地三个测点的温度变化

由数据分析可得，玻璃板、PC板下的温度与空地温度相差不大，因此可认为，增设玻璃板和PC板不能改善候车环境的温度。

3.2 相对湿度实测数据分析

3.2.1 阳光板和镀锌板对候车环境相对湿度的影响

对比相对湿度小时平均值发现，三个测点的变化趋势大体相同（图7），且各个时刻的测试数值相近：早上的相对湿度较高；从早上到中午12：30，相对湿度逐步下降；相对湿度最低值出现在14：30左右；从14：30至18：30，相对湿度逐步上升。

进一步分析两种不同材质的遮阳棚对候车空间相对湿度的改善效果。阳光板对候车环境相对湿度的改善效果为-1.73%，平均差值为-0.6%，最大差值为2.0%；镀锌板对候车环境温度的改善效果为0.05%，平均差值为0.05%，最大差值为0.6%。

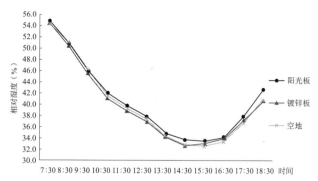

图7 阳光板、镀锌板和空地三个测点的相对湿度变化

由数据分析可得，阳光板和镀锌板下的相对湿度与空地相对湿度相差不大，因此可认为，增设阳光板和镀锌板不能改善候车环境的相对湿度。

3.2.2 玻璃板和PC板对候车环境相对湿度的影响

对比相对湿度小时平均值发现，三个测点的变化趋势大体相同（图8），且各个时刻的测试数值相近：早上的相对湿度较高；从早上到中午12：30，相对湿度逐步下降；12：30至16：30，相对湿度保持稳定；从16：30至18：30，相对湿度逐步上升。

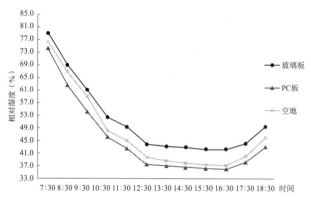

图8 玻璃板、PC板和空地三个测点的相对湿度变化

进一步分析两种不同材质的遮阳棚对候车空间相对湿度的改善效果。玻璃板对候车环境相对湿度的改善效果为-9.05%，平均差值为-3.9%，最大差值为-5.1%；PC板对候车环境温度的改善效果为4.83%，平均差值为2.3%，最大差值为4.7%。

由数据分析可得，玻璃板和PC板下的相对湿度与空地相对湿度相差不大，因此可认为，增设玻璃板和PC板不能改善候车环境的相对湿度。

由以上相对湿度实测数据分析可知，候车环境的温度和相对湿度并不受遮阳棚的有无及遮阳棚材质的影响。在日后的候车亭设计中，若从改善候车环境温湿度的视角出发，则对遮阳棚的有无或者材质选择没有过多的限制，有较大的设计自由；另外，日后可以从遮阳棚的倾斜角度、尺寸面积、围合方式、垂直绿化等角度来进行候车亭形态设计、热环境改善等，以营造更加舒适、美观的候车环境。

3.3 太阳辐射强度实测数据分析

测点实测的太阳辐射数值与全天光照变化有直接关系。各个测点全天基本不被周围的树荫和建筑阴影遮挡，但在某些时刻，太阳辐射传感器探头会被候车亭的阴影遮挡（图9），造成长时间的测试数据骤降（图10、图11）。为得到客观真实的研究结果，决定将部分骤降数据进行删减，用删减后的数据进行分析。太阳辐射强度数据分析采取平均值、差值对比分析法，对各个测点的数值取10min平均值（即取每个时刻点的前后5min所有数据的平均，作为该时刻点的10min平均值）。

图9 太阳辐射传感器的探头被候车亭支架阴影遮挡

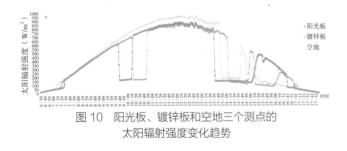

图10 阳光板、镀锌板和空地三个测点的
太阳辐射强度变化趋势

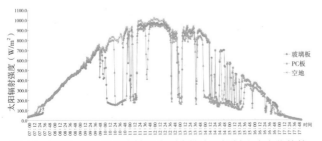

图11 玻璃、PC板和空地三个测点的太阳辐射强度变化趋势

3.3.1 阳光板和镀锌板对候车环境太阳辐射强度的影响

删除异常的骤降值后，发现阳光板、镀锌板和空地三个测点的太阳辐射强度变化趋势大体一致，形似开口向下的抛物线（图12），且测试最大值都在12：00至13：00左右出现。另外发现，在7：40~9：40和11：00~13：30这两个时段，三个测点的数据均为正常水平，未出现异常值，故针对这两个时段，分别进行数据分析。

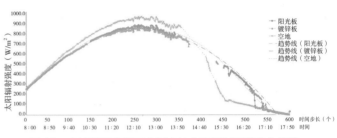

图12 去掉骤降值后三个测点的太阳辐射强度变化趋势

在7：40至9：40时间段内，计算三个测点的10min平均太阳辐射强度，并做出太阳辐射强度随时间变化的折线图（图13）。由图可以看出，3个测点上午时段的平均太阳辐射强度：空地 > 阳光板 ≈ 镀锌板。

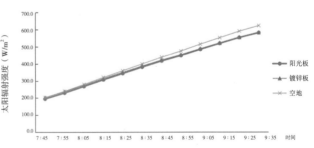

图13 阳光板、镀锌板和空地三个测点的太阳辐射强度变化
（上午）

进一步分析两种不同材质的遮阳棚对候车环境太阳辐射强度的改善效果。阳光板对候车环境太阳辐射强度的改善效果为4.79%，平均差值为18.9W/m²，最大差值为33.0W/m²；镀锌板对候车环境太阳辐射强度的改善效果为2.94%，平均差值为13.0W/m²，最大差值为30.7W/m²。上午时段，太阳辐射强度较小，故三个测点的测试数据值相差不大，遮阳棚对候车环境太阳辐射强度的改善效果不明显。

在11：00~13：30时间段内，计算三个测点的10min平均太阳辐射强度，并做出太阳辐射强度随时间变化的折线图（图14）。由图可以看出，三个测点中午时段的平均太阳辐射强度：空地 > 阳光板 > 镀锌板。

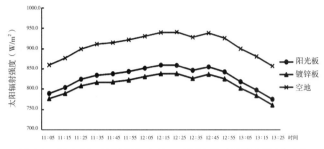

图14 阳光板、镀锌板和空地三个测点的太阳辐射强度变化
（中午）

进一步分析两种不同材质的遮阳棚对候车环境太阳辐射强度的改善效果。阳光板对候车环境太阳辐射强度的改善效果为8.72%，平均差值为72.9W/m²，最大差值为83.5W/m²；镀锌板对候车环境太阳辐射强度的改善效果为10.65%，平均差值为96.W/m²，最大差值为102.7W/m²。

由上午和中午的数据分析可知：①在上午，增设阳光板和镀锌板后候车环境的太阳辐射强度几乎不变；②在中午时刻，增设阳光板和镀锌板后候车环境的太阳辐射强度减小；③相比阳光板，镀锌板遮阳棚对候车环境太阳辐射强度的减弱程度略大一些。

3.3.2 玻璃板和PC板对候车环境太阳辐射强度的影响

删除异常的骤降值后，发现玻璃板、PC板和空地三个测点的太阳辐射强度变化趋势大体一致，且测试最大值都在中午12：00左右出现。另外发现，在7：40~9：40和12：00~12：40这两个时段，三个测点的数据均为正常水平，未出现异常值，故针对这两个时段，分别进行数据分析。

在7：40~9：40时间段内，计算三个测点的10min平均太阳辐射强度，并做出太阳辐射强度随时间变化的折线图（图15）。由图可以看出，三个测点上午时段的平均太阳辐射强度：空地≈阳光板≈镀锌板。

进一步分析两种不同材质的遮阳棚对候车环境太阳辐射强度的改善效果。玻璃板对候车环境太阳辐射强度的改善效果为2.31%，平均差值为12.7W/m²，最大差值为38.5W/m²；PC板对候车环境太阳辐射强度的改善效果为 −1.61%，平均差值为 −2.1W/m²，最

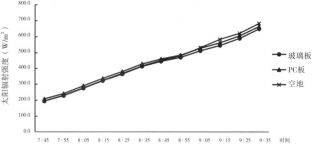

图15 玻璃、PC板和空地三个测点的太阳辐射强度变化趋势
（上午）

大差值为21.6W/m²。上午时段，太阳辐射强度较小，故三个测点的测试数据值相差不大，遮阳棚对候车环境太阳辐射强度的改善效果不明显。

在12：00~12：40时间段内，计算三个测点的10min平均太阳辐射强度，并做出太阳辐射强度随时间变化的折线图（图16）。由图可以看出，三个测点中午时段的平均太阳辐射强度：空地 > 玻璃 > 阳光板。

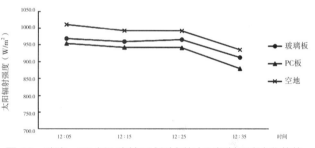

图16 玻璃、PC板和空地三个测点的太阳辐射强度变化趋势
（中午）

进一步分析两种不同材质的遮阳棚对候车环境太阳辐射强度的改善效果。玻璃板对候车环境太阳辐射强度的改善效果为3.14%，平均差值为30.9W/m²，最大差值为42.1W/m²；PC板对候车环境太阳辐射强度的改善效果为5.42%，平均差值为 −53.2W/m²，最大差值为56.7W/m²。中午时段，虽然太阳辐射强度较大，但玻璃板和PC板对候车环境太阳辐射强度的改善效果仍旧不显著。

由上午和中午的数据分析可知：①在上午和中午，玻璃板和PC板对候车环境的太阳辐射强度基本没有改善；②相比上午时刻，中午时刻遮阳棚对候车环境太阳辐射强度的减弱程度略大一些。

3.4 WBGT数据分析

候车空间的热舒适度计算主要分析了湿球黑球

温度（WBGT），其数据由 HD 热指数仪自带的计算程序基于温湿度实测值进行计算得到，可直接输出各个时刻的 WBGT。WBGT 是以预防中暑为初衷所开发出的指标，其数值可以反映温湿度对人的影响，其中涵盖了气温、湿度、辐射热这三个指标。

本次测试中，在玻璃板、PC 板和空地三个测点都放置了 HD 热指数仪，测试时间为 2019 年 10 月 4 日 7：30~18：30，可直接输出每个测点的 WBGT 实测值。WBGT 数据分析采取平均值、差值对比分析法，对各个测点的数值取小时平均值（即取每个时刻点的前后半小时内所有数据的平均，作为该时刻点的小时平均值）。由此可以得到各个测点平均 WBGT 随时间变化的折线图（图 17）。

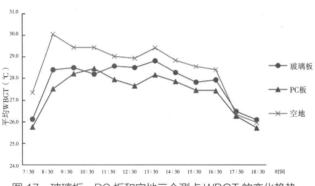

图 17　玻璃板、PC 板和空地三个测点 WBGT 的变化趋势

由图可知，日间空地的 WBGT 值始终比玻璃板和 PC 板略高，到了傍晚时分三个测点的数值才逐渐接近。进一步分析两种不同材质的遮阳棚对候车环境 WBGT 的影响程度。玻璃板对候车环境 WBGT 的改善效果为 2.36%，平均差值为 0.7℃，最大差值为 1.6℃；PC 板对候车环境 WBGT 的改善效果为 3.90%，平均差值为 1.1℃，最大差值为 2.5℃。

由本文 3.1 节所提及的遮阳棚对候车环境温度的影响结果可知：增设玻璃板遮阳棚后，降低温度的平均值为 0.1℃；增设 PC 板后，降低温度的平均值为 0.2℃，远远低于其对 WBGT 的削减效果。可见，玻璃板和 PC 板虽然不具备降温效果，但却能在改善热舒适度上起到较为显著的作用。

4　结论与讨论

本文以亚热带湿热地区的广州市为例，以常见的开敞型公交候车亭为实测对象，在华南理工大学校内开敞广场进行热环境参数实测。本研究探究了四种遮阳棚材质对候车亭的温度、相对湿度、太阳辐射强度、热舒适度共四方面的影响作用。结果表明：①镀锌板、阳光板、玻璃板和 PC 板对候车环境的温度和相对湿度几乎没有改善效果。②镀锌板、阳光板有一定的遮阳效果，且镀锌板略强于阳光板；PC 板和玻璃板的透光性较强，遮阳效果不佳。③玻璃板和 PC 板虽然对温湿度没有改善作用，但对候车环境的 WBGT 有改善效果。

本研究的成果对日后的公交候车亭设计有一定的理论指导意义。以广州市为例，在公交候车亭的设计研究中首先需要考虑地域气候特性和候车人群使用需求，在此基础上，再进行候车亭的形态布局和材质选择等设计工作。由本次研究可知，遮阳棚的材质并不会对候车环境的温湿度产生影响，但透光率较低的材质能在更大程度上削弱太阳辐射强度；增设遮阳棚相较于不增设来说，能在一定程度上改善 WBGT，即便是遮阳棚的材质为透光率较大的玻璃板和 PC 板。故而在实际的公交候车亭设计中，候车亭以设置遮阳棚为优，且遮阳棚尽可能选用透光率较低的材质。

本研究由于时间和精力的限制，对每组试验只进行了一天的实测，可能会存在偶然性误差，且只选取了广州市常见的街道走向——东西走向作为试验候车亭的摆放方向，未进行南北向的测试。此外，候车亭遮阳棚与竖直面之间的夹角、遮阳棚的尺寸面积、竖向遮阳棚的有无、竖向遮阳棚的围合形式等都可能会对候车空间的热环境产生影响，有待进一步研究，以探索最优化的候车亭设计方案。

参考文献

［1］袁华，许安宁. 可持续交通的概念、原则及发展策略 [J]. 道路交通与安全，2005（5）：11-13.

［2］崔猛. 哈尔滨市公交车站小气候环境分析与优化策略研究 [D]. 哈尔滨：哈尔滨工业大学，2017.

［3］王安旭. 我国城市公交车站发展方向研究 [D]. 长春：吉林艺术学院，2009.

［4］张德顺，王振. 高密度地区广场冠层小气候效应及人体热舒适度研究：以上海创智天地广场为例 [J]. 中国园林，2017，33（4）：18-22.

基于无人机 PM2.5 垂直分布方法及影响因素研究

符冰芬[1]，欧阳静[2]，姚灵烨[1]，赵立华[3]

1. 华南理工大学建筑学院；2. 谢菲尔德大学；3. 华南理工大学建筑学院

摘　要：为了建立三维空气质量数据采集方法，观测区域 PM2.5 浓度垂直分布及其与各气象因子的相关性。以校园内某居住小区为例，使用无人机搭载传感器按照不同高度航线飞行、定点悬停和人手持仪器在 1.5m 高度处步行、站立停留的方式，观测该住区室外 PM2.5 浓度、空气温度、相对湿度的分布情况得出：一天内不同时间段 PM2.5 浓度随高度增加变化各异；PM2.5 浓度与空气温度、风速呈负相关，与相对湿度呈正相关。影响因子显著性排序：风速 > 湿度 > 温度。

关键词：风景园林；无人机；PM2.5；气象因素；垂直分布

随着我国城市化进展加快，郊区不断变城市，热岛效应使得城市上空出现温度较高现象，加上车辆使用频率急剧增加，全国大部分地区涌现大范围持续雾霾天气[1]。《2018 中国生态环境状况公报》显示，2018 年全国 217 个城市环境空气质量超标，占 64.2%。以 PM2.5 为首要污染物的天数占重度及以上污染天数的 60.0%，以 PM10 为首要污染物的占 37.2%[2]。大气污染危害体现在对人体健康造成威胁[3]，居住区是居民生活的重要场所，所以 PM2.5 也成为居住区质量评价的重要指标。

PM2.5 观测多通过地面站点、遥感卫星或载人飞机进行，但由于站点数量和高度的有限性及物理屏障的复杂性，载人飞机经费和专业人员限制无法实现方便性，而遥感卫星在微尺度上无法达到一定精确性，因此产生了使用无人机搭载传感器进行空中观测的方法[4-5]。本研究在于确立三维空气质量数据采集系统的方法，通过研究现有空气污染物检测装置，将其改装为可安装在无人机上的专门探头，形成低空三维空气质量采集系统，实现空气质量在中、低高度进行短周期有效定期记录。

有研究表明 PM2.5 质量浓度随高度增加而递减的规律[6-7]，但也有研究表明其在建筑周围随高度增加有总体上升趋势[8-9]；逆温层的存在使大气结构稳定，垂直方向上湍流受抑制，因此污染物垂直方向上扩散较差[10-12]；PM2.5 的日变化出现双峰特征，早晨和夜间出现明显峰值[12-14]。PM2.5 浓度分布与气象因子有相关性，温度升高，太阳辐射增强，大气对流作用加剧，有利于颗粒物扩散而导致浓度降低；高湿天气不利于颗粒物扩散，而风速增大湍流运动加强有利于扩散和运输[14-17]。

不同景观要素会对 PM2.5 产生影响。下垫面方面，硬质铺装上方污染物浓度大于软质地面[18-19]。绿量与浓度呈显著负相关[20]，同时绿化覆盖率也是影响 PM2.5 浓度分布的因素之一，研究表明草地覆盖率与 PM2.5 浓度呈显著负相关[21-22]。在植物配置上乔灌草群落具有最优的滞尘效应[23-24]，单株植被的特征如沉积速率、叶面积密度、高度、树冠、配置方式、叶片特性（多毛、蜡质）、季节变化等都与颗粒物消减作用相关[25]。本文通过实地测试，分析 PM2.5 浓度垂直分布同时间、高度关系并探讨气象因子、景观要素平面与其相关性，旨在探明住区中 PM2.5 分布特征，为住区小气候适宜性设计提供理论依据和方法。

1 实验方法

1.1 场地概况

研究场地位于广州市华南理工大学紫竹苑（113°21′E，23°9′N），该小区周围无大型工厂等污染源，主要污染源为生活及交通排放。小区占地 7760m²，建筑面积 384m²，绿化面积较大，南、北紧邻建筑，东、西为校园道路，车流量较小。场地内植被配置方式多样，由植物、建筑、道路、铺装等要素构成丰富的景观空间，能很好地体现 PM2.5 的分布特征。

1.2 传感器的比较和筛选

为了选择合适的能搭载在无人机上的传感器，收集了市面和研究中常用的几款PM2.5监测仪并进行了对比，发现这些探头在测试精度、测试范围和可监测粒子类型等方面基本上都能满足检测污染物的需求。最终选取了灵嗅传感器，其在硬件方面开发出了能专门搭载在无人机上的相应设备接口，同时重量轻便，对于无人机而言负荷较小；软件方面，灵嗅的输出端APP上有着方便的数据可视化与分析功能，除了能够生成传统的csv文件外，还能实时查看二维空气网格污染地图以及三维大气污染地图，如图1所示。除此之外，灵嗅还能供人手持使用，只需与移动电源搭配，就能简单地使用其测试污染物浓度，它还搭载了不同的内置模块用于检测不同类型颗粒物。将灵嗅搭载在无人机上方，为了保证其最低程度上被机翼螺旋桨对气流造成的扰动而影响，实验分两部分，第一部分无人机搭载传感器飞行，第二部分实验人员手持传感器测试。

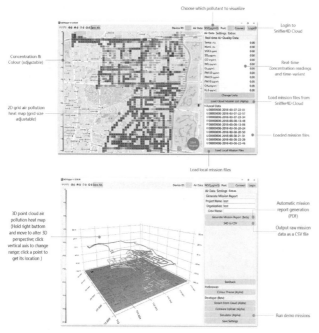

图1 二维和三维污染地图①

1.3 实验仪器

本研究选用大疆四旋翼无人机M210，完全充电后空载时续航时间27min，可以执行0~3000m高度范围内的大气垂直结构观测任务。该无人机内置

GPS导航模块，可精确获知其所处经纬度和垂直高度，定位精度垂直0.5m，水平1.5m。无人机所搭载的传感器为Sniffer 4D（图2），该仪器基于激光散射原理，量程为0~1000μg/m³，分辨率为1μg/m³，可监测经纬度、相对高度、PM1.0、PM2.5、PM10、温度、湿度、气压。本研究仅监测经纬度、高度、PM10、PM2.5，温度、湿度、气压，数据记录时间间隔为1s。出厂前设备已经过厂家的校准。同时地面放置小型气象监测站，由HOBO（温湿度自记仪）、HD（热指数仪）监测温度、湿度、风速等。实验过程中的飞行航线和监测数据可实时传送到PC端，实现可视化。

图2 无人机搭载sniffer 4D传感器

1.4 景观要素划定

景观对微气候的影响范围最小直线距离为10m[26]，所以以监测人员站立点为圆心半径10m的圆形区域为研究范围（图3），对各景观要素平面占比进行划分。各景观要素占比可通过平面图获得，考虑上方有无遮阴造成浓度分布差异，将不同下垫面有无遮阴区分开。

1.5 数据收集及处理

选取9月某一天人活动频繁时间8：00~18：00，分三个时间段8：30~12：00、12：30~15：00、16：30~18：00，每个时间段分别进行空中观测：①无人机搭载传感器在35m、40m、50m、60m、70m、100m高度以2m/s速度沿着图4所示航线飞行；②在选定的6个下垫面（图5）不同高度5m、15m、25m、35m、40m、50m、60m、70m、100m悬停，每个高度悬停30s。地面观测：①测试人员手持仪器在1.5m以1.5m/s速度沿图6所示路线行

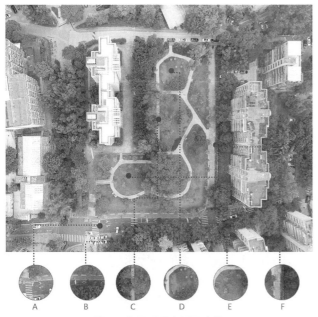

图3　各景观要素平面占比

图4　无人机飞行路线

图5　下垫面悬停布点

图6　人手持传感器行走路线

图7　人手持传感器停留下垫面

走；②测试人员手持仪器离地面1.5m在不同下垫面（图7）停留1min。小型气象站同时监测温度、湿度和风速，每分钟自动记录一次。采用Excel 2016和SPSS 25、Origin 2018进行数据整理分析。

2　结果与讨论

2.1　PM2.5浓度垂直分布特征

通过Origin对数据进行分析可看出，实验当天整体空气质量较好，PM2.5浓度大致在10~30μg/m³。将三个时间段的浓度数据绘制成箱线（图8），可以

看出，总体呈现早晚高、中午低的单谷趋势。上午的浓度在一天中较高，中午整体降低，下午又小幅升高。造成此现象的原因是中午太阳辐射逐渐增强，风速增大（图9），颗粒物消散速度增快导致浓度降低。下午风速逐渐减小，同时从图10和图11可看出下午温度比上午有所升高且湿度降低明显，PM2.5与温度呈负相关关系，与相对湿度呈正相关关系。而PM2.5下午浓度仅小幅增高，这与赵松婷等人[15]发现的规律一致。

上午实验时间段内浓度随高度升高而降低，根据图10可发现，上午随高度升高温度逐渐降低无逆温层出现。中午时间段大气温度升高，太阳辐射增强，

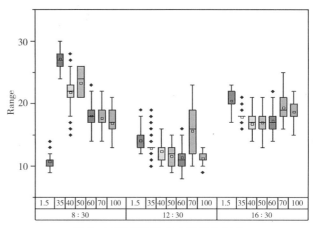

图8　不同高度 PM2.5 浓度分布图

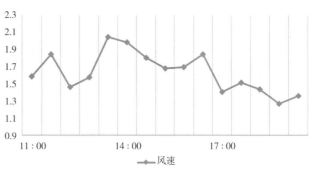

图9　地面观测时段风速变化图

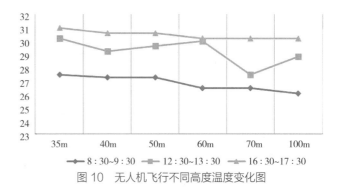

图10　无人机飞行不同高度温度变化图

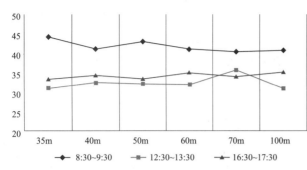

图11　无人机飞行不同高度湿度变化图

大气对流加剧，各高度浓度差异开始减小。下午时间段大气接近中性层结，垂直方向上的湍流强度较大，大气扩散条件较好，污染物混合较为均匀。

2.2　PM2.5浓度与气象因子关系

为了探究PM2.5浓度与气象因子的关系，将人手持传感器在不同下垫面停留所得的PM2.5数据同温度、相对湿度、风速进行斯皮尔曼相关性分析（表1）。可以看出：地面1.5m处PM2.5浓度与空气温度呈中等正相关，与相对湿度呈显著正相关。大气逆温和PM2.5吸湿沉降可很好地解释这一过程。当温度升高，大气湍流运动增强，污染物扩散能力增强；当温度下降，垂直高度出现逆温现象，空气对流运动减弱，颗粒物不易扩散。PM2.5浓度与风速呈显著负相关，当风速增加时，对大气中PM2.5有清除作用[27-28]，可结合当地主导风向，合理规划建筑高度密度、朝向布局，营造通风廊道。

PM2.5浓度与各气象因子相关分析　表1

	变量	相关系数 R	显著性
PM2.5浓度	空气温度	−0.448	0.062
	相对湿度	0.567*	0.014
	风速	−0.771**	0.000

注：R表示相关系数；* 表示在0.05水平上显著相关（双尾检验）；
** 表示在0.01水平上显著相关（双尾检验）。

2.3　PM2.5浓度与各景观要素平面占比关系

为判断下垫面中各景观要素平面占比与PM2.5浓度的相关性，对各景观要素占比同1.5m手持停留所获得的PM2.5浓度进行相关性分析（表2）。无遮阴的硬质地面占比与PM2.5浓度呈弱正相关，而绿地和有遮阴的硬质地面都与PM2.5浓度呈弱负相关，

PM2.5浓度与各景观要素平面占比相关分析　表2

	变量	相关系数 R	显著性
PM2.5浓度	硬质地面占比（无遮阴）	0.041	0.872
	绿地占比	−0.041	0.872
	硬质地面占比（有遮阴）	−0.019	0.942

注：R表示相关系数；* 表示在0.05水平上显著相关（双尾检验）；
** 表示在0.01水平上显著相关（双尾检验）。

说明PM2.5浓度在本次实验中与下垫面各景观要素平面占比无太大相关性。

3　结论与展望

研究通过对不同高度、不同下垫面的PM2.5浓度探究以及气象因子的监测，分析垂直方向上PM2.5浓度分布特征以及与不同气象因子、不同景观要素占比之间的相关性，得出以下结论：

（1）PM2.5浓度的日分布呈现早晚高、中午低的双峰单谷趋势，早上PM2.5浓度随高度的升高而逐渐降低，中午各高度浓度开始相互传输，傍晚各高度浓度混合均匀。

（2）PM2.5浓度一定程度上与气象因子存在相关性，通过分析可知：PM2.5浓度与空气温度呈负中等相关性；与相对湿度呈正中等相关性，相关性在0.05水平上显著；与风速呈强负相关性，相关性在0.01水平上显著。合理规划建筑高度密度、朝向布局，营造通风廊道是有效扩散污染物的方法，不足的是本次相关性样本稍少，日后数据有待进一步测试验证。

（3）PM2.5浓度与下垫面各景观要素平面占比无太大相关性，是否与其他要素相关还需继续探究。

（4）当前研究PM2.5三维分布多使用无人机定点悬停方法，此方法一般针对城市尺度环境，而对于微环境尺度极少系统的三维测试方法。本实验实现无人机定向航线三维监测PM2.5浓度，从测试结果上看规律性不强，后续可尝试改进无人机监测小尺度环境污染物方法，使污染物三维监测平台完善。

注释

① 来源：灵嗅官方网站 https://www.soarability.tech/sniffer4d_cn

参考文献

［1］ WANG Y X. Modeling the contributions of emission, meteorology, and chemistry to high PM2.5 levels over China[C] //Agu Fall Meeting, 2014.

［2］ 2013 中国环境公报：空气质量达标城市仅 4.1%[J]. 领导决策信息, 2014（23）：28-29.

［3］ WANG X, WANG B. Research on prediction of environmental aerosol and PM2.5 based on artificial neural network[J]. Neural Computing and Applications, 2018, 31（2）.

［4］ 丁磊, 方挺. 一种基于无人机的区域环境检测系统：201720184451.4[P]. 2017-02-28.

［5］ 彭艳, 叶金伟, 张利勇, 等. 无人机三维空气质量监测研究 [J]. 测绘科学, 2017, 42（11）：154-157.

［6］ 胡景鹏, 莫菲, 孙敏. 基于旋翼无人机的北京城区 PM2.5 低空垂直分布研究 [J]. 科技创新导报, 2016, 13（35）：8-10.

［7］ WU Y, HAO J, FU L, et al. Vertical and horizontal profiles of airborne particulate matter near major roads in Macao, China [J]. Atmospheric Environment, 2002, 36（31）：4907-4918.

［8］ 张见昕, 姜秋俚. 冬季沈阳市高层建筑周边颗粒物垂直分布规律 [J]. 农业与技术, 2013, 33（1）：168.

［9］ 刘昌伟, 赵勇, 苗蕾, 等. 城市高层建筑大气颗粒物污染和噪声垂直分布特征 [J]. 生态环境学报, 2009, 18（5）：1793-1797.

［10］ 杨龙, 贺克斌, 张强, 等. 北京秋冬季近地层 PM2.5 质量浓度垂直分布特征 [J]. 环境科学研究, 2005（2）：23-28.

［11］ 徐宏辉, 王跃思, 温天雪, 等. 北京秋季大气气溶胶质量浓度的垂直分布 [J]. 中国环境科学, 2008（1）：2-6.

［12］ 丁国安, 陈尊裕, 高志球, 等. 北京城区低层大气 PM10 和 PM2.5 垂直结构及其动力特征 [J]. 中国科学（D 辑：地球科学）, 2005（S1）：31-44.

［13］ 韩素芹, 李培彦, 李向津, 等. 天津市近地层 PM2.5 的垂直分布特征 [J]. 生态环境, 2008（3）：975-979.

［14］ 刘旭辉, 余新晓, 张振明, 等. 阮氏青草林带内 PM10、PM2.5 污染特征及其与气象条件的关系 [J]. 生态学杂志, 2014, 33（7）：1715-1721.

［15］ 赵松婷, 李新宇. 不同环境内 PM2.5 浓度的特征分析及其与气象因子的相关分析 [C] // 2015 年中国环境科学学会学术年会, 中国广东深圳, 2015：5.

［16］ 曾静, 王美娥, 张红星. 北京市夏秋季大气 PM2.5 浓度与气象要素的相关性 [J]. 应用生态学报, 2014, 25（9）：2695-2699.

［17］ 周莉薇. 西安工程大学金花校区 PM2.5 浓度分布研究 [D]. 西安：西安工程大学, 2015.

［18］ 辛凯. 基于无人机监测的城市下垫面与 PM2.5 垂直分布关系研究 [D]. 西安：长安大学, 2018.

［19］ 陈波, 鲁绍伟, 李少宁. 北京城市森林不同天气状况下 PM2.5 浓度变化 [J]. 生态学报, 2016, 36（5）：1391-1399.

［20］ 闫珊珊, 洪波. 公园绿地不同景观空间 PM2.5 分布特征及其影响因素研究 [J]. 风景园林, 2019, 26（7）：101-106.

［21］ 戴菲, 陈明, 朱晟伟, 等. 街区尺度不同绿化覆盖率对 PM10、PM2.5 的消减研究——以武汉主城区为例 [J]. 中国园林, 2018, 34（3）：105-110.

［22］ 孙淑萍, 古润泽, 张晶. 北京城区不同绿化覆盖率和绿地类型与空气中可吸入颗粒物 PM10[J]. 中国园林, 2004（3）：80-82.

［23］ 王憬帆, 彭历. 春季北京望京道路附属绿地不同植物群落对于细颗粒物 PM2.5 浓度的影响 [C] // 中国风景园林学会 2018 年会, 中国贵州贵阳, 2018：5.

［24］ 贾琳. 园林植物配置对大气中 PM2.5 污染的消减效果建模分析研究 [J]. 环境科学与管理, 2019, 44（5）：85-89.

［25］ JANHÄLL S. Review on urban vegetation and particle air pollution-Deposition and dispersion[J]. Atmospheric Environment, 2015, 105：130-137.

［26］ SUN C Y. A street thermal environment study in summer by the mobile transect technique[J]. Theoretical & Applied Climatology, 2011, 106（3-4）：433-442.

［27］ BECKETT K P, Free-Smith P H, Taylor G. Urban woodlands: their role in reducing the effects of particulate pollution[J]. Environmental pollution, 1998, 99（3）：347-360.

［28］ 李沐珂, 沈振兴, 李旭祥, 等. 西安市可吸入颗粒物污染水平及其与气象条件的关系 [J]. 过程工程学报, 2006, 6（S2）：15-19.

适应气候变化的蓝绿基础设施韧性规划研究

余 俏

重庆交通大学建筑与城市规划学院

摘 要：全球气候变化增加了干旱、暴雨、洪水、森林火灾等极端事件的发生频率和强度，快速城镇化不合理的土地利用模式，大规模城市建成区阻断了与自然环境区的连接，大面积不透水地面改变了自然水文过程和排水模式。适应气候变化成为如今地方政府主要的应对理念，城乡韧性被认同为适应气候变化影响的城乡发展新价值目标。本文构建城乡区域的蓝绿基础设施的韧性目标框架，探讨适应气候变化的蓝绿基础设施韧性规划路径。首先是蓝绿基础设施现状资源特征的辨识与评估，其次是多尺度蓝绿基础设施的韧性空间模式，最后是采取韧性管控模式与全生命周期的管理方法，以实现适应气候变化影响的城乡空间的韧性与可持续发展。

关键词：气候变化；蓝绿基础设施；适应性；韧性规划

全球气候变化增加了干旱、暴雨、洪水、森林火灾等极端事件的发生频率和强度，快速城镇化不合理的土地利用模式，大规模城市建成区阻断了与自然环境区的连接，大面积不透水地面改变了自然水文过程和排水模式。面对严峻的气候变化影响和城市化的生态环境问题，适应气候变化成为如今地方政府主要的应对理念①，城乡韧性被认同为适应气候变化及其影响的城乡发展新价值目标，主张通过城市社区资源、物质基础设施等要素的系统调整，提高城市地方社区应对、吸收和利用各种变化的能力，通过改进城市的关键性基础设施，以增强城市面对突发性气候灾害的适应性[1]。

目前城市雨洪管理方法往往孤立于城市规划和设计的视角，其形态和使用质量由于被集中修建在地下既不能被立即感知，也不能满足气候变化影响下城市可持续需求和城市系统、公共设施服务价值利益的需求。从城乡系统和服务中孤立出来的传统规划方法不再有效，因此需要从一个整合和协同的规划视角来争取最大的综合效益。城市景观生态学在城市增长的背景中重新定义了"基础设施"的概念，例如"自然作为基础设施"，不同于以往的技术修补措施[2]，强调用自然空间的生态过程、多重价值及生态系统服务作为应对策略来解决当今城乡空间面临的诸多问题。

蓝绿基础设施在城市研究中被开发出来作为一种概念，超出传统的空间规划和设计策略，通向一个多功能系统的定义和实施[3]。它作为一个整合的系统（绿色、蓝色及灰色基础设施）可以减少径流，增加生物多样性，通过接触有价值的自然资源带来文化与健康效益。土地利用与规划设计中需要的雨洪管理空间和参与雨洪管理的机会也将在蓝色、绿色开放空间的利用中得以体现。

本文引入蓝绿基础设施这个概念，构建适应气候变化的城乡韧性目标框架和规划路径，提出多个嵌套的物质尺度（城乡区域、城镇片区、街道场地）下韧性空间模式和应对不确定性的韧性管控方法。这个路径方法是系统的、整合的，包含不同尺度下的空间组分识别评估、空间规划设计和协同管控过程，以求增加未来城乡韧性来应对气候变化与城市化影响，提升人类社会、经济和居住环境质量。

1 蓝绿基础设施与气候变化适应性

1.1 蓝绿基础设施概念

蓝绿基础设施（blue-green infrastructure）的概念跟绿色基础设施（green infrastructure）的概念及其关联的绿道、生态网络等景观规划的概念非常接近。绿色基础设施是被引入作为一种耦合的环境规划系统来设计和提升城市绿色空间[4]，包含城市内部、城市周围和城市之间的所有人工、自然和半自然的多功能环境系统组分[5]，强调区域、城市郊区和城市绿色空间的数量、质量、多功能效益及栖息地连接作用。而蓝绿基础设施在每个地方的理解略有不同，但它往往是指城市水管理的相关概念例如水敏感城市设计、低冲击开发等，旨在保护自然环境，同时包括绿色空间（树木、草地、灌木等）和蓝色空间（溪流、湖波、坑塘等），是一个内在紧密联系的自然、人工绿色空间和水体的网络系统[6]。

蓝绿基础设施是一种内在联系自然结合设计的生态景观网络系统，是提供多种与水相关的生态系统服务的绿色空间网络[7]，旨在保护水体和恢复区域自然水循环，保护高生态价值的城乡绿色空间，并提供多重功能[8-9]，重点关注水文生态与城市化关系中所产生的价值利益（图1）。Per G. Berg等详细定义了蓝绿基础设施概念，不同于传统的硬质修建性设施如公路、排水系统、共同管线等，它是指"土壤 – 水 – 植被"系统，这个概念包括绿色（植被及其土壤系统）和蓝色（水和有机物）的组分。在结构上，蓝绿基础设施是一个植被和水系连接形成的控制和弹性系统，主要由"植被 – 土壤 – 水"蓝绿要素（湖泊斑块、河流廊道、溪流小径等）构成。[10]

1.2 蓝绿基础设施与气候变化适应性

为缓解气候变化的影响，自然或社会系统对气候变化已有的或可能发生的影响会做出一种调节，以降低相关极端情况的脆弱性或增加其弹性[11]。全球气候变化影响包括温度变化、海平面上升、降雨量变化、热带风暴、物种减少等环境状态，需要针对不同城市的地域气候特征及其主要的气候变化影响在各个层次的规划编制上去优化编制内容[12]。城乡空间蓝绿基础设施的具体适应性内容包括：恢复和促进城市水循环过程，缓解洪涝、干旱与水环境污染；减少地表辐射，增湿降温，防风降尘，遮阳避光，调节微气候，提升环境舒适度；通过森林绿道，引导低碳出行方式和健康游憩活动等[13]。针对每种气候变化影响仔细考量蓝绿基础设施应该具备的适应性内容（表1）。适应气候变化的蓝绿基础设施应依托自然生态过程（特别是流域生态过程），与城市基础设施相结合，能够满足城市栖息者（人和动物）适应不同气候环境要素的多样性和包容性需求，并在减少资源消耗的同时尽可能减小人工建设带来的环境负荷，让自然做工，规划建设低成本投入和低碳过程维护[14]。

2 蓝绿基础设施韧性目标框架

韧性的概念最初整合了生态系统时间中的三种发生变化的概念，被定义为系统在保持基本状态基础上应对变化或干扰的能力[15]。城乡韧性逐渐被

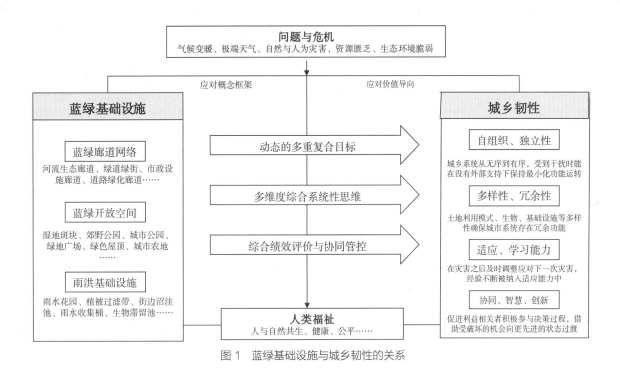

图1 蓝绿基础设施与城乡韧性的关系

气候变化影响与蓝绿基础设施适应性内容　　　　　　　　　　　　　　　　　表1

气候变化影响	蓝绿基础设施适应性内容
雨洪	增加城市透水下垫面，以自然、分散与缓和的方式吸收和消纳暴雨时期的雨洪，净化被污染的地表径流，降低雨洪灾害的影响或发生率
海平面上升	适应水位上升的绿化植物配置，通过预留自然区域（低洼地、湿地、森林、湖泊斑块等）界定城镇用地选址
高温	利用河流廊道、绿道等进行通风通道设计，增加城市内部的绿地和水域面积、覆盖率及植被郁闭度等从而降低城市局部温度
物种减少	除了保护大型自然风景区域以外，保护城市内部和城市边缘区的小型林地生态斑块，并构建生物栖息地网络从而保护生物多样性
干旱、沙尘暴等	乡土植物种植，生态水源地规划管控，优化绿化系统设计特别是防护绿地的合理布局，城郊农林用地生态布局

认知为城镇和乡村在遇到干扰时恢复和继续提供城乡功能的自组织、适应、转变的能力[16-17]。如今城乡生态系统发展应该具有一种非线性动态轨迹特征[18]，具有诸多特征包括自组织、冗余性、多样性、适应能力、协同性与创造性等[19]。城乡韧性明确地把握了人类在塑造生态过程中的角色，展现了社会系统和自然系统通过复杂的相互作用共同演化，并融合考量社会需求、生态约束和品质生活的平衡[20]。

蓝绿基础设施的韧性目标旨在创建韧性区域来对抗气候变化影响下的系统内部和外部的压力，适用于土地利用多样化的城市区域，包括高密度的城市中心区、低密度的城郊区域、工业与农业用地区域，自然生态区域等。它具有多样的复合功能包括：①保护战略性饮用水汇集区的特定自然环境；②减小自然灾害的风险如洪水和山体滑坡；③减缓农业、工业及采矿等活动的环境影响；④减缓城市化对地方气候的影响；⑤提升连接度，整合城市区域和自然保护空间；⑥修复和保护河岸区域、水资源及补给区域和陡峭山顶；⑦恢复生态群落、改善城市中的生态状态，提升生物多样性；⑧界定文化认同和开放空间作为公共社会区域，提供娱乐活动；⑨代表重要的生命支撑和营养循环区域，提供食物的基础生产、饲料、木材和生物能源等[17-21]。

蓝绿基础设施存在于不同的地理层面（如城乡区域、城市、河流盆域/流域/集水区、场地），功能横跨行政管辖边界，除了由分散、多功能的特征元素序列界定，还更加受空间属性比如空间组分、空间布局和空间层级所决定（图1）。需融合考量在多个尺度和不同规划背景，这样在不同的尺度层面才能把系统内部这些嵌套属性的多重效益最大化。

3　蓝绿基础设施韧性规划路径

适应气候变化的蓝绿基础设施韧性规划路径包含三个方面：蓝绿基础设施资源的识别和评估、多尺度的蓝绿基础设施空间模式和韧性管控模式和方法，每个方面的工作内容都环环相扣并动态反馈，及时调校，以便能够实时发挥综合绩效。

3.1　适应性蓝绿资源识别与评估

3.1.1　蓝绿基础设施资源识别

识别潜在的蓝绿基础设施资源，生态支撑过程比如水文流动、水的支流和渗透、地形特征、土壤类型、地下水位，这是蓝绿基础设施识别及发挥其水文绩效的关键考虑要素。关注其内在连通性，储存和渗透组分可以通过线性的水转换组分连接起来，如果一些蓝绿基础设施组分的容量达到极限，那其他组分可以接管过来支撑这些组分的集水功能。在区域和片区层面通过相关数据资料搜集与GIS等工具来识别，在场地层面的微小集水区通过一些城市形态指标（例如渗透地面比率、建筑后退深度、道路绿化形式、植被覆盖、地形特点等，这些指标都与蓝绿基础设施的空间及功能特性密切相关）来识别蓝绿基础设施的潜在空间。城乡空间的蓝绿资源可能包括水文通道旁的大型自然区域、河流廊道、蓄水池、河岸林带、住宅庭院、开放水体、公共空间和绿色广场等（表2）。

3.1.2　蓝绿基础设施资源可行性评估

蓝绿基础设施资源的可行性评估内容主要分为两部分，实用可行性评估和场地可行性评估（图2）。实用可行性评估需要收集流域生态数据包括决定土壤渗透和滞留程度的地形地貌条件（比如坡度、地下水位、土壤类型等），影响蒸发和冷却过程的气候条件（如太阳辐射和温度），蓝绿基础设施的绩

城乡空间蓝绿资源识别一览表　　　　　　　　　　　　　　　　　　　　表2

尺度	水文单元	蓝绿基础设施组分	（潜在）功能
城乡区域（宏观）	区域流域单元	大型自然区域（森林）	动植物栖息地、净化水质
	区域流域单元	大型河流廊道	生物迁徙、污染防护、净化水质
	区域流域单元	大型郊野公园	游憩休闲、动植物栖息地
	区域流域单元	大型湖泊与湿地	水源地、动植物栖息地、净化水质
城镇片区（中观）	次级汇水单元	平坦的湿地	减少下游的洪水量、提供生物栖息
	次级汇水单元	（河岸）蓄水池	净化水质、降低水温、稳固河岸、减缓水土流失、恢复自然栖息地
	次级汇水单元	城市公园	净化空气、环境教育、娱乐休闲
	次级汇水单元	大型居住绿地	景观美化、休闲游憩、净化空气
	次级汇水单元	城市绿道及道路绿化	滞留净化污染、环境教育、娱乐休闲
	次级汇水单元	河岸林带、绿地	污染防护、净化水质、娱乐休闲、通风廊道、净化空气
街道场地（微观）	微观集水单元	住宅庭院	景观美化、集水储水、滞留净化
	微观集水单元	小型坑塘水池	集水储水、滞留净化
	微观集水单元	屋顶平台	集水储水、减缓热岛
	微观集水单元	街旁绿地	景观美化、娱乐休闲、集水净化
	……	……	……

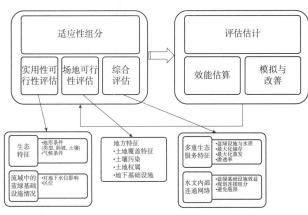

图2　蓝绿基础设施可行性评估

效受这些流域生态特征的影响[22]。当在判读蓝绿基础设施的条件和实用可行性的时候，需要考虑蓝绿基础设施是怎样影响区域和当地地下水位的，例如土壤水分浸润和浅地下水位的下水道排水只发生在该地区的地下水位高于排水管道系统深度的时候。以及评估蓝绿基础设施在流域的区位，例如流域上游的蓝绿基础设施会影响下游的水文过程。而对于场地可行性评估则需要大量基础田野调查数据来了解场地特征，如现状土地利用特征（强度/权属）、土壤和水污染、地下构造特征[23]。通过综合评估生态服务特征、水文连通网络等来评估蓝绿基础设施的综合效益并管理系统不同部分之间的数据交换[24]。

3.2　多尺度蓝绿基础设施韧性空间模式

蓝绿基础设施韧性规划主要在适合于不同规划尺度层级的多功能蓝绿空间的选择与空间布局，涉及城乡区域（宏观尺度）、城镇片区（中观尺度）、街道场地（微观尺度）这三个空间尺度及其汇水单元之间的内在水文生态联系（图3）。

3.2.1　城乡区域层面——蓝绿廊道网络

城乡区域层面的规划目标是基于水文生态适宜性的蓝绿生态廊道网络构建，每个次级流域都包含某些孤立的生态元素，具有静态和动态的特征，让它们在功能性上通过线性结构连接起来，形成"蓝绿廊道网络"，提供多重复合功能，重点旨在尽可能增加自然、半自然区域之间以及城市建成区与自然区域之间的连接度。

蓝绿廊道网络结构搭建过程通过鉴定优先保护生态区，创建生态枢纽，通过最佳的生态路径来区别廊道空间，叠加不同廊道类型，经调整优化形成生态网络并设置复合功能[25]（图4）。蓝绿廊道网络需在不同空间尺度层面增加它们的连通性，包括在集水单元内部的场地微观尺度连接，在次级汇水单元之间的片区中观尺度连接，在贯穿流域单元的区域宏观尺度连接。预期的结果应该是主要自然绿色区域可达性的增加，洪水危机的控制，生态系统服务（气候调控、生物多样性、

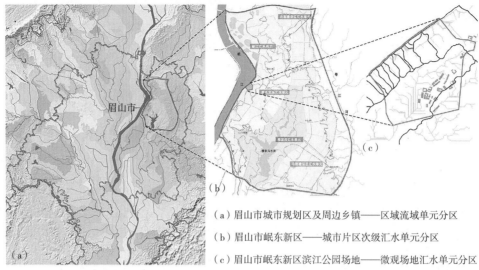

（a）眉山市城市规划区及周边乡镇——区域流域单元分区

（b）眉山市岷东新区——城市片区次级汇水单元分区

（c）眉山市岷东新区滨江公园场地——微观场地汇水单元分区

图3　眉山市多个尺度（城乡区域、城镇片区、场地单元）汇水单元分区

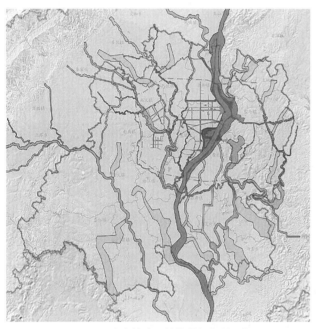

图4　眉山市城乡区域的蓝绿廊道网络

水质净化等）的供给，以及廊道沿线的城乡居民生活宜居性的提升。

3.2.2　城镇片区层面——蓝绿开放空间

蓝绿开放空间的规划需要关联建设区与自然环境区的整合考量。首先结合现状土地利用特征及其环境影响，摸清关联用地造成的水环境影响的特征与机制，对相关性较大的土地利用进行调整，例如在河流出入关键点的分散的较大的商业居住用地，减少生活废水污染。保护和修复蓝绿空间，分区设计和引导控制不同蓝绿开放空间类型、规模、布局、

形态及植物种类配置，以提升用地效率和复合功能（图5）。

其次利用林地、水体及自然排放模式空间载体组织蓝绿复合缓冲带空间体系，在纵向上对蓝绿复合缓冲带进行城乡梯度分区管控，分区控制缓冲带宽度和河流驳岸形式。此外，将建设区内的雨水资源收集、利用与植被景观建设结合起来，以降低景观运行成本，修复水系生态环境并维护其生态服务功能，发挥蓝绿空间在生态支持、环境保护、景观塑造、社会文化活动等多方面的综合功能。

3.2.3　街道场地层面——蓝绿设施节点

以往的雨洪设施的布置经常孤立于自然或城市景观结构和城市布局之外，脱离自然水文过程和城市形态动态。结合自然环境采用分散的雨洪管理措施，分析每个场地的物理条件、规划需求及成本维护等其他限制，结合不同雨洪基础设施的适建性特征来进行适宜性配置，包括：屋顶雨水收集罐、雨水花园、街边沼洼池、滤带、透水停车场、生活污水处理湿地、季节性湿地或雨水临时滞留池，并注意在空间上的系统性和适应性，使其成为上个尺度的蓝绿基础设施中有效的一部分[26]（图6）。

3.3　应对不确定性的韧性管控方法

两种不确定性限制了蓝绿色基础设施的实施：一是生物物理不确定性，关系到未来基础设施绩效和服务供给的物理过程；二是社会政治不稳定性，由于对社会结构、公众偏好和政治支持缺乏信心而

图5　眉山市岷东新区蓝绿空间保护和修复

图6　眉山市岷东滨江公园场地雨洪基础设施布置

造成[27]。生物物理不确定性包括：气候变化及其影响（例如气温上升或降水变化对河流健康的有害影响）、自然灾害、维持基础设施性能和服务供给（设施老化和环境条件变化）等。社会政治不确定性包括：公众偏好、BGI 管理、人口、城市经济发展、机构工作水平、资本成本、对气候变化影响的适当反应以及对 BGI 的多重益处的认识[28]。

面对这些不确定性和障碍，在蓝绿基础设施的规划、管控和实施过程中需要采取弹性的应对策略，包括适应性的蓝绿资源识别和评估来减少或克服生物物理上的不确定性，衔接现有规划编制体系来避免社会政治上可能的矛盾。此外，还应该采用全生命周期的管理方法，将气候变化影响后的新信息融入项目各个阶段的技术，可以根据新的信息不断地评估项目，产生想法，并就如何进一步细化项目做出决策。这是一个反馈循环的重复过程，应该贯穿项目的整个生命周期[29]，是资源管理的正式迭代过程，通过结构化反馈过程增加系统知识，承认不确定性，实现管理目标。

4　结语

在气候变化影响和城市化问题背景下，规划师不得不将蓝绿空间资源整合进土地使用规划中来设计一个适应气候变化及其影响的城乡空间生活环境。在城乡韧性的价值目标导向下，蓝绿基础设施作为结构上的实施系统能通过一种缓和接纳与适应互动的方式来消解对抗力量，减小消极影响，它把现有流域生态模式和过程的知识整合进管理实践开发，并控制结构设计来产生水文生态绩效，城市生态系统的绩效和功能也能随着时间最大化体现[30]，由此塑造人类和自然和谐的共生环境。

深刻认知适应气候变化背景下的蓝绿基础设施的概念内涵，理解其功能特征及其与城乡韧性目标价值的契合关系，搭建多尺度下的蓝绿基础设施规划管控路径，从蓝绿基础设施资源识别与可行性评估，到蓝绿廊道网络构建、蓝绿开放空间规划以及雨洪基础设施布置，并采取韧性管控模式与全生命周期的管理方法。

注释

① 应对气候变化的地方规划干预，形成了不同的目标诉求：一是致力于"减缓"全球气候变化的长期趋势，二是立足于"适应"全球气候变化的即期风险。前者旨在降低城市碳排放以减缓全球温室效应，后者通过提高城市韧性（或弹性）来适应不可避免的气候灾害影响（杨东峰 等，2018）。

参考文献

［1］杨东峰，刘正莹，殷成志.应对全球气候变化的地方规划行动——减缓与适应的权衡抉择[J].城市规划，2018（1）：35-42.

［2］HUNG YY, AQUINO G, WALDHEIM C. Landscape Infrastructure：Case Studies by SWA[M]. Basel：De Gruyter，2012.

［3］GHOFRANI Z, SPOSITOV, FAGGIAN R. A comprehensive review of blue-green infrastructure concepts[J]. International Journal of Environment and Sustainability，2017，6（1）：15-36.

［4］THOMAS K, LITTLEWOOD S. From green belts to green infrastructure? The evolution of a new concept in the emerging soft governance of spatial strategies[J]. Planning, Practice & Research，2010，25（2）：203-222.

［5］GILL S E, HANDLEY J F, ENNOS A R，et al. Adapting cities for climate change：the role of the green infrastructure[J]. Built Environment，2007，33（1）：115-133.

［6］RISTIC R, RADIC B.Blue-green corridors as a tool for mitigation of natural hazards and restoration of urbanized areas：A case study of Belgrade city[J]. Spatium，2013（30）：18-22.

［7］LIAO K H. The socio-ecological practice of building blue-green infrastructure in high- density cities：what does the ABC Waters Program in Singapore tell us?[J]. Socio-Ecological Practice Research，2019（1）：67-81.

［8］LAWSON E, THORNE C，et al. Delivering and evaluating the multiple flood risk benefits in Blue-Green Cities；an interdisciplinary approach [J]. Flood Recovery，Innovation & Response Ⅳ，2014，184.

［9］DUANY A, TALEN E. Transect Planning[J]. Journal of the American Planning Association，2002，68（2）：245-266.

［10］BERG R G, IGNATIEVA M, GRANVIK M，et al. Green-blue Infrastructure in Urban-Rural Landscapes：introducing Resilient Citylands[J]. Nordic Journal of Architectural Research. 2013（2）：11-37.

［11］顾朝林.气候变化与适应性城市规划[J].建设科技，2010（13）：28-29.

［12］洪亮平，华翔，蔡志磊.应对气候变化的城市规划响应[J].城市问题，2013（7）：18-25.

［13］GEORGI N J, DIMITRIOU D. The contribution of urban green spaces to the improvement of environment in cities：Case study of Chania, Greece[J]. Building and Environment，2010，45：1401-1414.

［14］余俏.应对气候变化的城市森林空间规划思考[J].中国名城，2017（1）：46-52.

［15］HOLLING C S. Resilience and stability of ecological systems[J]. Annual Review of Ecology and Systematics. 1973，4（4）：1-23.

［16］MEEROW S，Newell J P, Stults M. Defining urban resilience：A review[J]. Landscape and Urban Planning，2016（147）：38-49.

［17］颜文涛，卢江林.乡村社区复兴的两种模式：韧性视角下的启示与思考[J].国际城市规划，2017（4）：22-28.

［18］ALLISON H E, HOBBS R J. Resilience, Adaptive Capacity，and the "Lock-in Trap" of the Western Australian Agricultural Region[J]. Ecology & Society，2004，9（1）.

［19］李彤玥.韧性城市研究新进展[J].国际城市规划，2017（5）：15-24.

［20］BAKER S. Sustainable development as symbolic commitment：Declaratory politics and the seductive appeal of ecological modernisation in the European Union[J]. Environmental Politics，2007，16（2）：297-317.

［21］NASCIMENTO N, VINÇON-LEITE B, de GOUVELLO B，et al. Green blue infrastructure at metropolitan scale：a water sustainability approach in the Metropolitan Region of Belo Horizonte，Brazil[R]. 2016.

［22］GHOFRANI Z, FAGGIAN R, SPOSITO V. Designing resilient regions by applying blue-green infrastructure concepts[J]. Sustainable City，2016，204：493-505.

［23］FRYD O, BACKHAUS A，et al. Water Sensitive Urban Design retrofits in Copenhagen-40% to the sewer，60% to the city[J]. Water Science & Technology，2013，67（9）：1945-1952.

［24］GHOFRANI Z, FAGGIAN R, Sposito V. Infrastructure for development：blue green Infrastructure[J]. Planning News，2016，42（7）：14-15.

［25］邢忠，余俏，周茜，等.中心城区 E 类用地中的廊

道空间生态规划方法 [J]. 规划师，2017，33（4）：18-25.

［26］邢忠，余俏，靳桥 . 低环境影响规划设计技术方法研究 [J]. 中国园林，2015（6）：57-62.

［27］THORNE C R，Lawson E C，Ozawa C P，et al. Overcoming Uncertainty and Barriers to Adoption of Blue-Green Infrastructure for Urban Flood Risk Management[J]. Journal of Flood Risk Management，2018，11（S2）：960-972.

［28］LAWSON E C. Evaluating the multiple benefits of a Blue-Green Vision for urban surface water management[C] // UDG Autumn Conference and Exhibition. 2015.

［29］ALLEN C R，FONTAINE J J，POPE K L，et al. Adaptive management for a turbulent future[J]. Journal of Environmental Management，2011，92（5）：1339-1345.

［30］BACCHIN T K，ASHLEY R，et al. Green-blue multifunctional infrastructure：an urban landscape system design new approach[C] //13th International Conference on Urban Drainage，2014.

室外风环境模拟评价下的夏热冬冷地区多层居住区植被优化探究

温雅俊[1]，Jaehoon Chung[1]，王燕飞[2]

1. 韩国釜山国立大学；2. 河南科技大学建筑学院

摘　要：居住区室外风环境是居住区微气候的重要组成部分，也是影响居住区生态质量和室内风环境的重要因素。城市中产生的大气颗粒污染物、热岛效应等问题也都与风场有着直接的关联。传统的居住区室外风环境评估主要是改变建筑布局、建筑覆盖率等因子以改善室外风环境，而关于植被绿化对风环境影响的研究还很少。本文以夏热冬冷地区室外风环境为评价标准，利用 ENVI-met 4.2 数值模拟软件分别对有无植被，不同种类、树冠的乔木以及单独乔木与乔灌结合的典型的多层居住区室外风环境分别进行模拟分析，以探究夏热冬冷地区多层居住区的植被优化设计方法。这对今后的居住区景观设计，尤其是对改善一些老旧的多层居住区的室外风环境来说具有重要的指导意义。同时，这也是低成本建设生态宜居城市以及舒适的人居环境的要求。

关键词：室外风环境；多层居住区；植被优化；ENVI-met 数值模拟软件

居住区室外风环境与人们的生活联系最为紧密，同时也是城市微气候的重要组成部分，还是影响城市生态质量和室内风环境的重要因素。城市中产生的大气颗粒物污染、热岛效应等问题也都与风场有着直接的关联。相关城市气候研究者调查研究发现，在诸多气候因素如大气温度、太阳辐射、大气湿度、风速风向中，炎热夏季能够改善人室外舒适性的最重要的因素是风[1]。因此，只要室外的风环境状况比较合适，人们都愿意亲近自然，进行室外活动。改善居住区室外风环境的传统方法主要是改变建筑物的布局或者建筑覆盖率等[2-3]，而关于植被对风环境的影响的研究还较少。随着国际上对城市微气候问题的广泛关注以及计算机模拟技术的不断发展，目前已经出现了一系列的基于绿色植物的微气候模拟软件，比如 PHOENICS、RayMan、DUTE、SOLWEIG、FLUENT 和 ENVI-met 等软件已经经过专业的研究测试，具备较为完善的系统，有很好的适应性与实用性。因此，本文以夏热冬冷地区室外风环境为评价标准，运用 ENVI-met 4.2 数值模拟软件探讨如何优化多层居住区的植被设计，以期营造良好的室外风环境。

1　夏热冬冷地区室外风环境评价标准

户外行人活动区的风环境是对人们日常生活影响最大的，而一般 1.1~1.8m 高为人体日常户外活动区域，因此在对室外风环境设定评价标准时，首先应分析这个高度范围内的风环境，所以一般先分析距离地面 1.5m 左右高处的风环境。关于户外行人高度处的风环境评价一般可采用相对舒适度评价标准，如表 1 所示。

为了控制大气污染物和缓解热岛强度要控制距离地面 10m 高处的风速。相关研究表明，风速和空气中污染物的平均浓度有一定的关系，各种污染物在静风（污染气象学中规定小于 1m/s 的风称为静风[4]）

行人高度处室外风环境舒适度标准　　　表1

活动类型	活动区域	相对舒适度（Beaufort）			
		舒适	可以忍受	不舒适	危险
快步行走	行人道	5	6	7	8
散步、溜冰	停车场入口、溜冰场	4	5	6	8
短时间站或坐	停车场、广场	3	4	5	8
长时间站或坐	室外	2	3	4	8
可以接受的发生频率		/	<1次/周	<1次/月	<1次/年

时浓度最高。研究表明[5]，SO₂和NO₂这两种污染物浓度与风速成反比，但是当风速大于7m/s时，风速与TSP（total suspended particulate）开始成正比关系，这是因为过大的风速会引发二次扬尘，使得污染物不仅没有减少，反而增大了。而相关研究表明[6-7]，风速与城市热岛强度存在一定关系且呈负相关，在一般情况下，当10m高度处的风速大于等于4m/s时，可以有效地缓解城市热岛强度。但是如果遇到一定的困难，该地区10m高度处的平均风速无法达到4m/s时，可以适当降低标准，但不能低于2m/s[8]。而在冬季城市热岛效应可以有效地减少城市下垫面与建筑物的散热，有利于保温，因此冬季可不遵循以上标准[8]。

夏热冬冷地区表现出夏季闷热、冬季湿冷的特点，且持续时间长。综上，可将夏热冬冷地区居住区室外风环境的评价标准总结如下：

（1）室外行人活动集中区域，离地面高度1.5m处的风速值应小于5m/s，冬季风速应尽可能低。

（2）室外行人相对不集中区域或污染物浓度较高的区域，离地面高度1.5m处的风速值可适当提高，但不能大于7m/s。

（3）为加快大气污染物的扩散和减弱城市热岛效应，夏季离地面高度10m处的风速理想值应大于4m/s，但对于日平均风速不足4m/s的地区，可适当降低标准，但不应小于2m/s，同时不能超过7m/s，并争取尽量接近7m/s。

（4）为加快大气污染物的扩散，冬季离地面10m高的风速应大于1m/s，但不能超过7m/s。

2 夏热冬冷地区多层居住区模型的建立

我国的多层居住区从20世纪六七十年代开始出现，此后不断发展。所谓多层建筑是指建筑高度大于10m，小于24m，且建筑层数大于3层，小于7层的建筑。但为了追求更多的空间或利益，房地产开发商一般不愿意只盖4、5层，所以我国大部分的多层居住区为6层。现代居住区建筑组合类型一般有行列式、周边式、点群式和混合式四种，如图1所示。

其中，多层居住区一般采用行列式和周边式两种布局方式。考虑到夏热冬冷地区冬季日照偏少的气候特征，为了满足日照要求，一般很少采用周边式布局。以行列式布局为主，衍生出斜列式和错列式两种布局

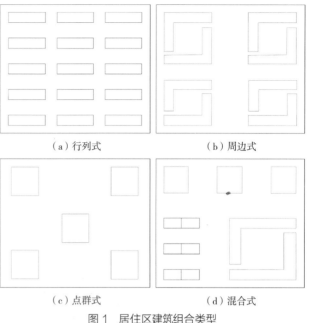

| （a）行列式 | （b）周边式 |

| （c）点群式 | （d）混合式 |

图1 居住区建筑组合类型

形式。相关研究表明，行列式布局的小区室外风环境最差，斜列式布局在各工况下风环境状况均较好，显示出良好的通风性[9]。故本文主要探讨典型的行列式布局的多层居住区。综合考虑城市多层居住区的布局形式、日照间距、防火间距等控制参数，建立了夏热冬冷地区行列式布局的典型城市多层居住区的几何模型，其中长宽高（$L \times B \times H$）为45m×12m×18m，层高为3m。地块面积为180m×150m，日照间距18m，防火间距14m（图2）。

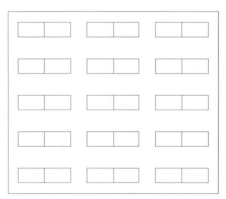

图2 夏热冬冷地区典型的多层居住区模型

3 风环境模拟评价下的多层居住区植被优化探究

3.1 有植被与无植被模拟对比分析

相关研究表明，树冠对风速具有阻挡作用，所以本文主要讨论的植被以乔木、灌木为主。为了研

究植被对风环境的影响，首先进行有植被和无植被的多层居住区室外风环境模拟对比分析。植被选择为夏热冬冷地区居住区中的常见树种——挪威枫（*Acer platanoides*）（树高 15m，冠幅宽度 7m），栽植方式为列植，株距为 8m。首先，在 ENVI-met 4.2 数值模拟软件 SPACES 建模功能中建立有植被和无植被的多层居住区现状模型，如图 3 所示。

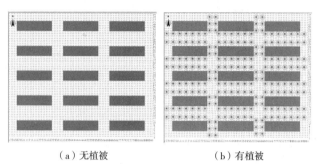

（a）无植被　　　　　　（b）有植被

图3　ENVI-met 软件中有植被和无植被的多层居住区模型

在软件建模基础参数设定中，设定 x、y 轴方向上模拟区域为 180m×150m，网格数为 90×75（分辨率为 2m）。模拟参数包括空气温度、相对湿度、风速、风向等。其中，初始风速设定为 3m/s，来流风向为夏季东南方向，冬季西北方向。由于街区尺度城区热岛强度最高值一般出现在每天的 14：00 左右，模拟比较这一时间段内的气候数据对风环境分析更具有可比性。因此，采用 ENVI-met 4.2 数值模拟软件对小区 8：00~20：00 这一段时间进行模拟计算，提取 14：00 的气候模拟结果进行分析。提取 k=3 即 1.4m 高的气候模拟结果进行人行高度处的风速分析；为了分析是否满足污染物的扩散和减弱热岛效应的指标，提取 k=9 即 11m 高的气候数据；为了更全面地研究整个小区的风环境，又分别提取树冠最高处和大于树冠高度处的数据，即 k=11（h=15m）、k=12（h=17m）的气候模拟数据进行分析。分析结果如表 2 和表 3 所示。

通过分析表 2 和表 3 可得出：

（1）在树的最高高度（15m）下，有植被的小区风速普遍降低，说明植被对风速具有一定的衰减作用，可用来做冬季防风设计；但高于树的最高高度后（大于 15m），有植被的小区风速比无植被的小区风速增大，利于污染物的扩散。

（2）有植被的小区有局部风速增大的现象，同时整个小区的最低风速和最高风速都比无植被的小区风速大，这是因为绿化植物能够降低下垫面的空

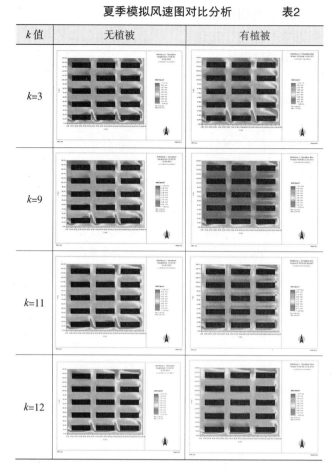

夏季模拟风速图对比分析　　　　表2

k 值	无植被	有植被
k=3		
k=9		
k=11		
k=12		

冬季模拟风速图对比分析　　　　表3

k 值	无植被	有植被
k=3		
k=9		
k=11		
k=12		

气温度,与周围较高的空气温度形成温度差,引起局部空气流动,起到通风的作用[10],因此,可用来做夏季导风设计。

(3)有植被的小区风影区面积增大,夏季风影区主要集中区域依然为西北角,冬季风影区主要集中区域依然为东南角,与来流风方向相反。

(4)有植被的小区风速较大的区域依然主要集中在过道口附近,且过道口附近的风速比无植被的小区风速增大。

3.2 不同种类的乔木模拟对比分析

本文所采用的 ENVI-met 4.2 数值模拟软件中默认的植物模型有限,主要分为阔叶树和针叶树两类,其中,针叶树为常绿乔木。首先进行阔叶树与针叶树的对比分析,根据软件中默认的植物模型选择了树冠形状及高度、宽度均相似的阔叶树挪威枫与针叶树松树进行对比研究,因冬季落叶树会落叶,而软件无法模拟落叶情况,故本节只探讨夏季。模型建立与上一节一致,设定 x、y 轴方向上的模拟区域依然为 180m×150m,网格数为 90×75(分辨率为2m),株距依然为 8m,模型如图 4 所示。

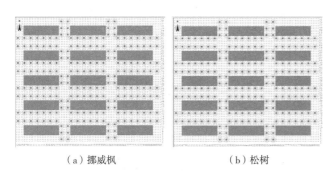

(a)挪威枫   (b)松树

图 4 ENVI-met 软件中不同种类乔木的多层居住区模型

边界参数包括温度、湿度、风速与上一节夏至日研究设定一致,依然采用 ENVI-met 4.2 数值软件对小区 8:00~20:00 这一段时间内进行模拟计算,并分别提取 $k=3$($h=1.4m$)、$k=9$($h=11m$)、$k=11$($h=15m$)、$k=12$($h=17m$)、$k=13$($h=19m$)的14:00 的气候数据结果进行分析。分析结果见表 4。

根据表 4 对比分析可发现:挪威枫和松树在不同高度下的风速模拟图基本相同,其对小区内风速的影响作用相差很小,说明在 ENVI-met 4.2 数值模拟软件中,默认的树形、树冠形状、大小、高度均一致的乔木对风环境的作用是一致的,与乔木的种类关系不大,即与是阔叶树或针叶树关系不大。但

不同种类乔木的模拟风速图对比分析   表4

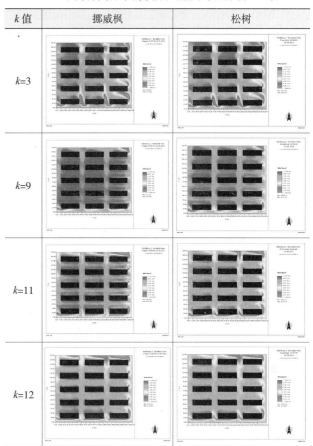

k 值	挪威枫	松树
$k=3$		
$k=9$		
$k=11$		
$k=12$		

在实际中,不同种类的乔木对风环境的作用是有差异的,所以 ENVI-met 4.2 数值模拟软件中默认的植物模型与实际的植物是有一定差异的,具体的差异还有待研究,本文暂不作探讨。

3.3 不同树冠的乔木模拟对比分析

乔木的树冠根据树冠高度 H 和冠幅宽度 D 可大致分为以下 3 类,如表 5 所示。

乔木树冠分类   表5

树冠形状	D/H	示例
圆柱形	<0.5	桧柏、红楠、冬青等
圆锥形	0.5~0.9	雪松、悬铃木等
球形	1.0	油松、柳树等

结合 ENVI-met 4.2 软件中的植物模型(图 5)及表 5 的树冠分类以及夏热冬冷地区居住区内常见树种,本节关于不同树冠的对比分析,分为 3 类,如表 6 所示。

根据表 6,本小节选择圆柱形树冠的挪威枫(高15m,宽 7m),锥形树冠的合欢(高 12m,宽 11m)

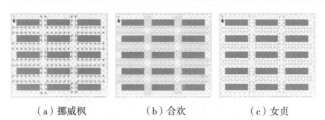

（a）挪威枫　　　　（b）合欢　　　　（c）女贞

图 5　ENVI-met 软件中不同树冠乔木的多层居住区模型

乔木树冠分类　　　　表6

树冠形状	ENVI-met 软件中的模型			树种
圆柱形				挪威枫、栓皮栎、松树、柏树
锥形				黑杨、合欢、皂荚
方形				栾树、垂枝桦、女贞

和方形树冠的女贞（高 5m，宽 5m）作对比分析。因软件无法模拟落叶情况，故本节也只探讨夏季。模型建立和边界参数设置与上一节一致，依然对小区 8：00~20：00 这一段时间内的风速进行模拟计算，因为挪威枫、合欢和女贞分别高 15m、12m 和 5m，所以分别提取 k=3（h=1.4m）、k=6（h=5m）、k=9（h=11m）、k=10（h=13m）、k=12（h=17m）的 14：00 的气候数据结果进行分析，分析结果见表 7。

分析发现：k=3 即 h=1.4m 时，种植没有树冠的挪威枫的小区风速最大。k=6 即 h=5m 时种植三种不同树冠的小区风速都比较低，圆柱形树冠的挪威枫和锥形树冠的合欢的风速比方形树冠的女贞的风速更小，风影区面积更大。k=9 即 h=11m 时，挪威枫和合欢有树冠，且挪威枫比合欢的树冠横截面积大，女贞没树冠，此时种植圆柱形树冠的挪威枫的小区风速最小，比 k=6 时的风速有略微降低，静风区较多，不能满足缓解热岛强度和加快污染物扩散的控制标准；种植圆锥形树冠的合欢和没有树冠的女贞的小区风环境较好，且模拟风速分布图基本相同。k=10 即 h=13m 时，和 k=6 时的风速分布图基本相同，但在与来流风方向相反的西北角，种植合欢比种植女贞的小区静风区面积更大一点。k=12 即 h=17m 时，种植圆锥形树冠的合欢的小区风速较大。

不同树冠乔木的模拟风速图对比分析表　　表7

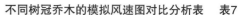

k 值	挪威枫	合欢	女贞
k=3			
k=6			
k=9			
k=10			
k=12			

3.4　单独乔木与乔灌结合模拟对比分析

为了进行更深入的研究，本节将单独乔木与乔灌结合进行模拟对比分析。根据软件中的植物模型，选择挪威枫和挪威枫加含羞草亚科进行对比分析。模型建立和边界参数设置与上一节一致，如图 6 所示，依然对小区 8：00~20：00 这一段时间内的风速进行模拟计算，因为含羞草亚科高 2m，挪威枫高 15m，所以分别提取 k=3（h=1.4m）、k=5（h=3m）、k=9（h=11m）和 k=12（h=17m）的 14：00 的气候模拟结果进行分析，分析结果见表 8。

分析可发现，在树冠最高点以下，乔灌结合的小区风速比单独乔木的风速更低，风影区面积更大，

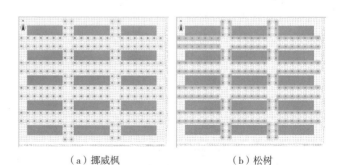

（a）挪威枫　　　　　　（b）松树

图 6　ENVI-met 软件中单独乔木和乔灌结合的
多层居住区模型

单独乔木和乔灌结合的模拟风速图对比分析表　表8

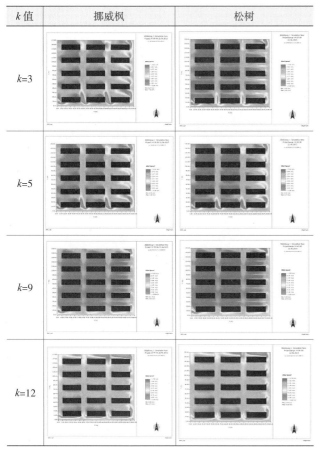

k值	挪威枫	松树
k=3		
k=5		
k=9		
k=12		

而在树冠最高点即15m以上，乔灌结合的小区风速比单独乔木的风速有略微增大。

4 结论

通过本文的模拟对比分析，可知居住区内风影区集中的方向与来流风方向正好相反，为了营造夏热冬冷地区良好的小区风环境，应合理种植乔木，改变小区内的气流环流，本文设定夏热冬冷地区夏季主导风向为东南风，冬季为西北风，为了同时满足夏季的通风和冬季的防风要求，且尽量减少静风区，则小区东南方向上应种植较少的乔木，可用小灌木或草地等取代，这样可以增加夏季的通风量；而在西北方向上应尽量种植常绿乔木，这样可在冬季起到防风的作用。

乔木对风速具有衰减作用，且植被减低风速的效应随风速的增大而增加，这是因为风速大，枝叶的摆动和摩擦也大，同时气流穿过绿地时，受树木的阻截、摩擦和过筛作用，消耗了气流的能量，因

此冬季可用乔木进行防风设计，其中在ENVI-met 4.2数值模拟软件默认的植物模型中，圆柱形树冠的乔木的防风能力最好，乔灌结合的防风效果更好。

乔木能够降低小区下垫面的空气温度，与周围较高的空气温度形成温度差，引起局部空气流动，在炎热的夏季可起到通风的作用，其中在ENVI-met 4.2数值模拟软件默认的植物模型中锥形树冠的乔木风环境变化最显著，为了减弱热岛效应和加快污染物的扩散，小区内的乔木应尽量选择锥形树冠的，而乔木高度应尽量小于10m，这样可提高小区10m高度的风速，可以有效地缓解热岛强度并加快污染物的扩散。

注：文中图片均由作者绘制。

参考文献

[1] ADB RAZAK A, HAGISHIMA A, AWANG SA Z A, et al. Progress in wind environment and outdoor air ventilation at pedestrian level in urban area[J]. Applied Mechanics and Materials, 2016, 819：236–240.

[2] 李晗, 吴家正, 等. 建筑布局对住宅住区室外微环境的影响研究 [J]. 建筑节能, 2016（3）：62.

[3] 王燕飞, 刘丰军, 等. 建筑布局对住宅住区室外微环境的影响研究 [J]. 工业建筑, 2015（3）：57–63.

[4] 张仁泉. 小风和静风状态下TSP大气扩散模式的理论推导 [J]. 中国环境科学, 1997, 17（1）：34–36.

[5] 孙玫玲, 韩素芹, 姚青, 等. 天津市城区静风与污染物浓度变化规律的分析 [J]. 气象与环境学报, 2008, 23（2）：21–24.

[6] 孙洪波. 现代城市新区开发的物理环境预测研究 [D]. 南京：东南大学, 2005.

[7] 王喜全, 王自发, 郭虎. 北京"城市热岛"效应现状及特征 [J]. 气候与环境研究, 2007, 11（5）：627–636.

[8] 吴鑫. 基于CFD技术的居住区室外风环境设计研究 [D]. 重庆：重庆大学, 2015.

[9] 冯雨飞. 与风环境相协同的山地住区空间布局研究 [D]. 重庆：重庆大学, 2018.

[10] 刘加平. 城市物理环境 [M]. 北京：中国建筑工业出版社, 2011.

Study on Vegetation Optimization of Apartments in Hot Summer and Cold Winter Zone Under Simulating Outdoor Environment

Wen Yajun[1], Jaehoon Chung[1], Wang Yanfei[2]

1.Busan National University, South Korea; 2.School of Architecture, Henan University of Science and Technology

Abstract: The outdoor wind environment of apartments is an important part of the microclimate of residential areas and an important factor affecting the ecological quality and indoor wind environment. Problems such as atmospheric particulate pollutants and heat island effects generated in cities are also directly related to the wind field. However, the outdoor wind environment assessment in traditional residential areas is mainly to change the building layout, building coverage and other factors to improve the outdoor wind environment, and the evaluation of the impact of vegetation on the wind environment is still rare. In this paper, the outdoor wind environment in the hot summer and cold winter regions is used as the evaluation standard. The ENVI–met 4.2 numerical simulation software is used to simulate the outdoor wind environment of the typical multi–story apartments with different vegetation patterns. Includes vegetation and no vegetation patterns; arbor patterns of different species and different canopies; patterns of individual trees and tree shrubs combined. Therefore, the vegetation optimization design method for multi–story apartments in hot summer and cold winter areas is explored. This study proposes an optimal design method for outdoor vegetation in residential areas from the perspective of improving outdoor wind environment, which has important guiding significance for future residential landscape design. In particular, it has certain applicability to improving the outdoor wind environment of some old multi–storey apartments. At the same time, this is also a requirement for low-cost construction of an ecologically livable city and a comfortable living environment.

Keywords: outdoor wind environment; multistory residential building; vegetation optimization; ENVI–met numerical simulation software

The outdoor wind environment in the residential area is most closely related to people's lives, and it is also an important part of the urban microclimate. It is also an important factor affecting the ecological quality of the city and the indoor wind environment. Air pollution and heat island effects in cities are also directly related to the wind environment. And the investigation and research of relevant urban climate researchers found that among many climatic factors such as atmospheric temperature, solar radiation, atmospheric humidity, wind speed and wind direction, the most important factor that can improve people's outdoor comfort in the hot summer is wind[1]. Therefore, as long as the outdoor wind environment is more appropriate, people are willing to get close to nature and perform outdoor activities. The traditional methods to improve the outdoor wind environment in residential areas are mainly to change the layout of buildings or building coverage, etc. [2–3], and there are few studies on the impact of vegetation on the wind environment. With the international wide attention to urban microclimate issues and the continuous development of computer simulation technology, a series of green plant–based microclimate simulation software has appeared, such as PHOENICS, RayMan,

DUTE, SOLWEIG, FLUENT, and ENVI–met Etc. These softwares have undergone professional research and testing, have relatively complete systems, and have good adaptability and practicability. Therefore, this paper takes the outdoor wind environment in hot summer and cold winter zone as the evaluation standard, and uses ENVI–met 4.2 numerical simulation software to explore how to optimize the vegetation design of multi-storey apartments in order to create a good outdoor wind environment.

1 Evaluation criteria for outdoor wind environment in hot summer and cold winter

The wind environment in outdoor pedestrian activity areas has the greatest impact on people's daily life, and generally 1.1m to 1.8m high is a daily outdoor activity area for people. Therefore, when setting an evaluation standard for outdoor wind environments, first analyze the wind in this range surroundings. Therefore, the wind environment at about 1.5m above the ground is generally analyzed first. For the evaluation of the wind environment at outdoor pedestrian heights, the relative comfort evaluation standards can generally be adopted, as shown in Tab.1.

In order to control atmospheric pollutants and mitigate the intensity of heat islands, wind speeds 10m above the ground must be controlled. Related research shows that there is a certain relationship between the wind speed and the average concentration of pollutants in the air. The concentration of various pollutants is highest in still winds (winds less than 1m/s specified in pollution meteorology are called still winds [4]). Studies have shown [5] that the concentrations of two pollutants, SO_2 and NO_2, are inversely proportional to wind speed, but when the wind speed is greater than 7m/s, the wind speed and TSP (total suspended particulate) begin to be directly proportional. This is because excessive wind speed will cause secondary dust, which not only does not reduce the pollutants, but further increases the TSP concentration.

Relevant research shows [6–7] that there is a certain relationship between the wind speed and the intensity of urban heat islands, and there is a negative correlation. In general, when the wind speed at a height of 10m is greater than or equal to 4m/s, the intensity of urban heat islands can be effectively alleviated. However, if certain difficulties are encountered, when the average wind speed at a height of 10m in the area cannot reach 4m/s, the standard can be appropriately reduced, but it cannot be lower than 2m/s [8]. In the winter, the urban heat island effect can effectively reduce the heat dissipation of the underlying surface of the city and buildings, which is beneficial to heat insulation, so the above standards may not be followed in winter [8].

Hot summer and cold winter regions show the characteristics of sweltering in summers and wet and cold in winter, and last long. In summary, the evaluation criteria for outdoor wind environment in residential areas in hot summer and cold winter can be summarized as follows:

(1) In areas where outdoor pedestrian activity is concentrated, the wind speed at a height of 1.5m above the ground should be less than 5m/s, and the winter wind speed should be as low as possible;

(2) Relatively less concentrated outdoor pedestrians or areas with higher concentrations of

Comfort standard for outdoor wind environment at pedestrian height   Tab.1

Type of activity	Active area	Relative comfort (Beaufort)			
		Comfortable (m/s)	Can endure (m/s)	Uncomfortable (m/s)	Danger (m/s)
Walk quickly	Sidewalk	5	6	7	8
Walking, skating	Parking lot entrance, ice rink	4	5	6	8
Stand or sit for a short time	Parking lot, square	3	4	5	8
Standing or sitting for a long time	Outdoor	2	3	4	8
Acceptable frequency		/	< 1 time / week	< 1 time / month	< 1 time / year

pollutants, the wind speed at a height of 1.5m above the ground can be appropriately increased, but not more than 7m/s;

（3）In order to accelerate the diffusion of atmospheric pollutants and weaken the urban heat island effect, the ideal value of wind speed at 10m above the ground in summer should be greater than 4m/s. However, for areas where the average daily wind speed is less than 4m/s, the standard can be appropriately reduced, but It should be less than 2m/s, and not more than 7m/s, and strive to be as close as possible to 7m/s.

（4）In order to accelerate the diffusion of atmospheric pollutants, the wind speed 10m above the ground in winter should be greater than 1m/s, but it cannot exceed 7m/s.

2 The establishment of model in hot summer and cold winter

China's multi-storey apartments began to appear in the 1960s and 1970s, and have continued to grow. The so-called multi-storey building refers to a building with a building height of more than 10m and less than 24m, and the number of building layers is greater than 3 and less than 7. However, in order to pursue more space or benefits, real estate developers are generally unwilling to cover only 4 or 5 floors, so most of our multi-storey apartments are 6 floors. There are generally four types of building combinations in modern residential areas: determinant, perimeter, point group and mixed, as shown in Fig.1.

Among them, multi-storey apartments generally adopt two types of layouts: determinant and peripheral. Taking into account the climatic characteristics of less summer sunshine in hot summer and cold winter zone, in order to meet the requirements of sunshine, peripheral layout is rarely used. The determinant layout is mainly used, and two types of layouts, such as oblique and staggered, are derived. The related research shows that the outdoor wind environment in the residential area with the determinant layout is the worst, and the oblique layout has a better wind environment under

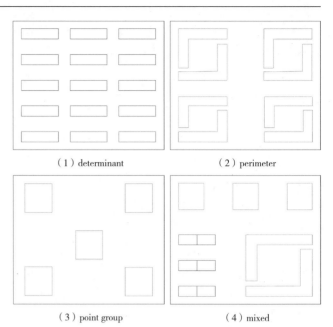

（1）determinant　　　　　（2）perimeter

（3）point group　　　　　（4）mixed

Fig.1　Types of building combinations in apartments

all conditions, showing good ventilation[9].Therefore, this paper mainly discusses multi-storey residential areas with typical determinant layout. The geometric model of a typical urban multi-storey apartments with a deterministic layout in hot summer and cold winter zones is established by comprehensively considering the control parameters such as the layout form, sunlight distance, and fire prevention distance. The length, width, and height（$L \times B \times H$）is 45m × 12m × 18m, with a height of 3m. The plot area is 180m by 150m, the sunshine distance is 18m, and the fire prevention distance is 14m（as shown in Fig.2）.

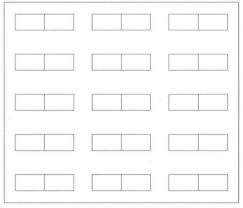

Fig.2　Typical multi-storey apartment model in hot summer and cold winter

3 Study on vegetation optimization of multi-storey apartments based on wind environment simulation evaluation

3.1 Comparative analysis of vegetation simulation and no vegetation simulation

Relevant research shows that the canopy has a blocking effect on wind speed, so the vegetation discussed in this article is mainly trees and shrubs. In order to study the impact of vegetation on the wind environment, the simulation and comparison of outdoor wind environment in multi-storey apartments with and without vegetation were first performed. The vegetation was selected from the common tree species in residential areas in hot summer and cold winter——Acer platanoides (tree height 15m, crown width 7m). The planting method was row planting with a plant spacing of 8 meters. First of all, in the SPACES modeling function of the ENVI-met 4.2 numerical simulation software, the current situation model of multi-layered apartment with and without vegetation is established, as shown in Fig.3.

In the software modeling basic parameter setting, the simulation area in the x and y axis directions is set to 180m × 150m, and the number of grids is 90 × 75 (resolution 2m). Simulation parameters include air temperature, relative humidity, wind speed and direction. The initial wind speed is set to 3m/s, and the incoming wind direction is southeast in summer and northwest in winter. Since the highest value of the heat island intensity in a block-scale urban area generally appears at around 14:00 every day, the climate data in this time period is more comparable to the wind environment analysis. Therefore, the ENVI-met 4.2 numerical simulation software is used to perform simulation calculations on the community from 8:00 to 20:00, and the climate simulation results at 14:00 are extracted for analysis. Extract the climate simulation result of $k=3$, which is 1.4m in height, to analyze the wind speed at the pedestrian height. In order to analyze whether the indicators of pollutant diffusion and the reduction of the heat island effect are met, the climate data of $k=9$, which is 11m in height, is extracted. At the same time, in order to study the wind environment of the whole community more comprehensively, the data of the highest point of the canopy and greater than the highest point of the canopy were extracted to analysis, which is $k=11$ ($h=15m$) and $k=12$ ($h=17m$). The analysis results are shown in Tab.2 and Tab.3.

By analyzing Tab.2 and Tab.3, we can get:

(1) At the highest height of the tree (15m), the wind speed in the community with vegetation is generally

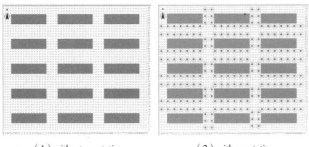

(1) without vegetation　　(2) with vegetation

Fig. 3　Model of apartments with and without vegetation in ENVI-met software

Comparative analysis of simulated wind speed maps in summer　Tab.2

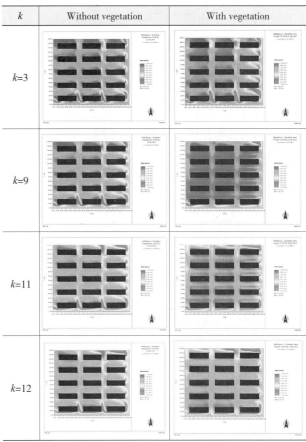

k	Without vegetation	With vegetation
$k=3$		
$k=9$		
$k=11$		
$k=12$		

reduced, indicating that the vegetation has a certain attenuation effect on the wind speed, which can be used for winter wind protection design. However, after the highest height of the tree (greater than 15m), the wind speed of the vegetation-covered area is higher than that of the vegetation-free area, which is beneficial to the diffusion of pollutants;

(2) There is a phenomenon of local wind speed increase in the apartment with vegetation. At the same time, the minimum and maximum wind speeds of the entire residential area are higher than those in the residential area without vegetation. This is because the green plants can reduce the air temperature of the underlying surface, form a temperature difference with the surrounding high air temperature, cause local air flow, and play a role in ventilation[10]. Therefore, it can be used for summer wind design;

(3) The wind shadow area in the apartments with vegetation is increased. The summer wind shadow area

is still mainly concentrated in the northwest corner, and the winter wind shadow area is still mainly concentrated in the southeast corner, which is opposite to the direction of the incoming wind;

(4) The area with larger wind speed in the apartments with vegetation is still mainly concentrated near the aisle, and the wind speed near the aisle is greater than that in the apartments without vegetation.

3.2　Comparative analysis of different tree species

The default plant model in the ENVI-met 4.2 numerical simulation software used in this paper is limited, and it is mainly divided into two categories: Deciduous trees and coniferous trees. Among them, coniferous trees are evergreen trees. First, a comparative analysis of Deciduous trees and coniferous trees was performed. According to the default plant model in the software, the *Acer platanoides* (Deciduous tree) and pine (coniferous tree) with similar crown shape and height and width were selected for comparison. Because the deciduous tree in winter will fall, and the software cannot simulate the situation of fallen leaves, so only summer is discussed. The model establishment is consistent with the previous section. The simulated area in the x and y directions is still 180m × 150m, the number of grids is 90×75 (resolution 2m), and the plant spacing is still 8m. The model is shown in the Fig.4.

The boundary parameters including temperature, humidity, and wind speed are consistent with the settings in the previous section, and ENVI-met 4.2 numerical software is still used to perform simulation calculations on the community from 8 : 00 to 20 : 00. And extract the

Comparative analysis of simulated wind
speed maps in winter　　　Tab.3

k	Without vegetation	With vegetation
$k=3$		
$k=9$		
$k=11$		
$k=12$		

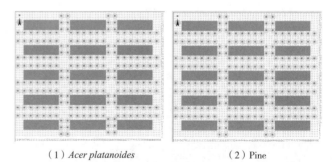

(1) *Acer platanoides*　　　　(2) Pine

Fig.4　Model of different species trees in
ENVI-met software

results of climate data of $k=3$ ($h=1.4$m), $k=9$ ($h=11$m), $k=11$ ($h=15$meters), $k=12$ ($h=17$m), and $k=13$ ($h=19$m) at 14：00 to analyzed. The analysis results are shown in Tab.4.

Comparative analysis of simulated wind speed diagrams of different species of trees   Tab.4

k	*Acer platanoides*	Pine
$k=3$		
$k=9$		
$k=11$		
$k=12$		

According to the comparative analysis in Tab.4, it can be found that the wind speed simulation maps of *Acer platanoides* and pine at different heights are basically the same. They have similar effects on the wind speed in the community. This shows that in ENVI-met 4.2 numerical simulation software, the default tree with same shape, crown shape, size and height has the same effect on the wind environment, and has little to do with the species of tree, that is, it has little to do with whether it is a deciduous tree or conifer. However, in practice, the effects of different species of trees on the wind environment are different, so the default plant model in ENVI-met 4.2 numerical simulation software is different from the actual plant. The specific differences need to be studied. This article will not discuss.

3.3 Comparative analysis of trees with different canopies

The canopy of the tree can be roughly divided into the following three categories according to the crown height H and crown width D, as shown in Tab.5：

Tree canopy classification   Tab.5

Crown shape	D/H	Example
Cylindrical	< 0.5	*Juniperus chinensis*、*Machilus thunbergii*、*Ilex*
Conical	0.5–0.9	*Cedrus*、*Platanus*
Spherical	=1.0	*Pinus tabuliformis*、*Salix*

Combined with the plant model in ENVI-met 4.2 software and the canopy classification in Tab.5 and common tree species in residential areas in hot summer and cold winter regions, the comparative analysis of different canopies in this section is divided into the following 3 categories, as shown in Tab.6：

Tree canopy classification   Tab.6

Crown shape	Models in ENVI-met software			Species
Cylindrical				*Acer platanoides*、*Acer campestre*、Pine、Cypress
tapered				*Populous nigra*、*Albizia julibrissin*、*Gleditsia triacanthos*
square				*Koelreuteria paniculata*、*Betula pendula*、Privet

According to Tab.6, *Acer platanoides* (15m high and 7m wide) with a cylindrical crown, *Albizia julibrissin* (12m high and 11m wide) with a tapered crown, and privets with a square crown (5m high and 5m wide) are selected in this section comparative analysis. The model establishment and boundary parameter settings are consistent with the previous section. As shown in Fig.5, the wind speed during the period from 8：00 to 20：00 is still simulated. Because *Acer platanoides*, *Albizia julibrissin* and privet are 15m, 12m, and 5m high respectively, analysis the climate data at 14：00 when $k=3$ ($h=1.4$m), $k=6$ ($h=5$m), and $k=9$ ($h=11$m),

47

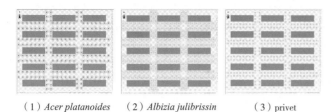

（1）*Acer platanoides*　　（2）*Albizia julibrissin*　　（3）privet

Fig.5　The models of different canopy trees
in ENVI-met software

$k=10$（$h=13$m）and $k=12$（$h=17$m）. The analysis
results are shown in Tab.7.

Comparative analysis of simulated wind speed
diagrams of different canopy trees　　Tab.7

k	*Acer platanoides*	*Albizia julibrissin*	privet
$k=3$			
$k=6$			
$k=9$			
$k=10$			
$k=12$			

According to the above figure, it can be found that
when $k=3$, that is, $h=1.4$m, the wind speed of the
Acer platanoides without a canopy is the highest. When
$k=6$, that is, $h=5$m, the wind speed in the apartment
with three different canopies is relatively low. The wind
speed of the cylindrical *Acer platanoides* and the tapered
Albizia julibrissin is lower than that of the square privet
and the wind shadow area is larger. When $k=9$, that is,
$h=11$m, the *Acer platanoides* and *Albizia julibrissin*
have a crown, and the *Acer platanoides* has a larger
cross-sectional area than that of the *Albizia julibrissin*,
and the privet has no crown. At this time, the wind speed

of the apartment with *Acer platanoides* was the smallest,
which was slightly lower than the wind speed at $k=6$,
and there were more still wind areas, which could not
meet the control standards for mitigating the intensity of
heat islands and accelerating the spread of pollutants;
the wind environment of the apartment with *Albizia
julibrissin* and privet is better, and the simulated wind
speed maps are basically the sam. When $k=10$, that is,
$h=13$m, the wind speed distribution map is basically
the same as that when $k=6$, but in the northwest corner
which is opposite to the direction of the incoming
wind, the still wind area of the apartment with *Albizia
julibrissin* is larger than that of the privet. When $k=12$,
that is, $h=17$m, the apartment with *Albizia julibrissin*
had higher wind speed.

3.4　Comparison and analysis of single tree and tree irrigation

In order to do more in-depth research, in this section,
a separate tree and a tree irrigation are combined for
simulation and comparison analysis. According to the
plant model in the software, *Acer platanoides* and
Acer platanoides plus *Senegalia greggii* were selected
for comparative analysis.The model establishment and
boundary parameter settings are consistent with the
previous section. As shown in Fig.6, the wind speed
during the period from 8 : 00 to 20 : 00 is still simulated.
Because the *Senegalia greggii* is 2 meters high and the
Acer platanoides is 15m high, the climate simulation
results at 14 : 00 when $k=3$（$h=1.4$ m）、$k=5$（$h=3$m）,
$k=9$（$h=11$m）and $k=12$（$h=17$m）were extracted for
analysis. The analysis chart is shown in Tab.8.

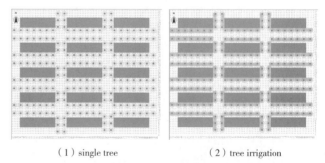

（1）single tree　　　　　　（2）tree irrigation

Fig.6　Model with single tree and tree irrigation in
ENVI-met software

According to the analysis in Tab.8, it can be found that below the highest point of the canopy, the wind speed of the apartment with tree-irrigated is lower than that of the single tree, and the area of the wind shadow area is larger. At the highest point of the canopy, which is more than 15m, the wind speed of the apartment with tree-irrigated is slightly higher than that of the single tree.

Comparison and analysis of simulated wind speed maps of single tree and tree irrigation   Tab.8

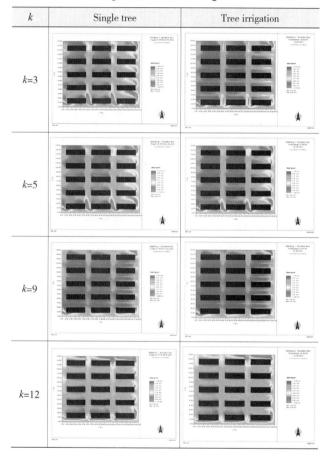

k	Single tree	Tree irrigation
k=3		
k=5		
k=9		
k=12		

4 Conclusion

Through the simulation and comparison analysis in this paper, we can know that the direction of wind shadow area concentration in the residential area is opposite to the direction of incoming wind. In order to create a good outdoor wind environment in hot summer and cold winter zone, trees should be planted reasonably to change the air circulation in the community. The dominant wind direction set in this paper is southeast wind in summer and northwest wind in winter. In order

to meet both the summer ventilation and winter wind protection requirements, and minimize the still wind area, fewer trees should be planted in the southeast direction of the community, which can be replaced by small shrubs or grassland, which can increase the ventilation in summer; Evergreen trees should be planted as far as possible in the northwest direction, so that it can play a role in wind protection in winter.

Trees have a damping effect on wind speed, so trees can be used for windproof design in winter. In the default plant model in ENVI-met 4.2 numerical simulation software, the trees with cylindrical crowns have the best windproof ability, and the combination of trees and irrigation has better windproof effects.

Arbor can reduce the air temperature of the underlying surface of the community, forming a temperature difference with the surrounding high air temperature, causing local air flow, and can play a role in ventilation in the hot summer. In the default plant model in ENVI-met 4.2 numerical simulation software, the tree wind environment of the tapered canopy has the most significant changes. In order to reduce the heat island effect and accelerate the diffusion of pollutants, the trees in the apartment should try to choose the tapered canopy. The tree height should be less than 10 meters as much as possible, which can increase the wind speed at the height of 10 meters in the residential area, which can effectively alleviate the intensity of the heat island and accelerate the diffusion of pollutants.

Note: All the pictures in this article were taken and drawn by the author.

References

[1] ABD RAZAK A, HAGISHIMA A, AWANG SA Z A, et al. Progress in wind environment and outdoor air ventilation at pedestrian level in urban area[J]. Applied Mechanics and Materials, 2016, 819: 236-240.

[2] 李晗, 吴家正, 等. 建筑布局对住宅住区室外微环境的影响研究 [J]. 建筑节能, 2016 (3): 62.

[3] 王燕飞, 刘丰军, 等. 建筑布局对住宅住区室外微

环境的影响研究 [J]. 工业建筑，2015（3）：57–63.

［4］张仁泉 . 小风和静风状态下 TSP 大气扩散模式的理论推导 [J]. 中国环境科学，1997，17（1）：34–36.

［5］孙玫玲，韩素芹，姚青，等 . 天津市城区静风与污染物浓度变化规律的分析 [J]. 气象与环境学报，2008，23（2）：21–24.

［6］孙洪波 . 现代城市新区开发的物理环境预测研究 [D]. 南京：东南大学，2005.

［7］王喜全，王自发，郭虎 . 北京"城市热岛"效应现状及特征 [J]. 气候与环境研究，2007，11（5）：627–636.

［8］吴鑫 . 基于 CFD 技术的居住区室外风环境设计研究 [D]. 重庆：重庆大学，2015.

［9］冯雨飞 . 与风环境相协同的山地住区空间布局研究 [D]. 重庆：重庆大学，2018.

［10］刘加平 . 城市物理环境 [M]. 北京：中国建筑工业出版社，2011.

西南民族聚落环境气候适应机制研究*

郑天昕[1]，夏桂林[2]，温　泉[2]

1.重庆交通大学河海学院；2.重庆交通大学建筑与城市规划学院

摘　要：本文通过分析西南地区典型民族聚落在地域环境尤其是气候的适应过程中，在聚落形态、住居形态与技术体系三个方面的营建特征，总结出西南民族聚落在对地域环境的适应过程中，从被动适应到自律发展，再到可持续发展的机制规律，为当下西南民族地区人居环境建设提供借鉴。

关键词：环境适应机制；自律发展；可持续

当代人类聚居环境以自然界环境、农林环境和生活环境三者为存在基础，其中包含着空间环境、各类资源、生态循环等维持人类基本生存的要素，作为聚居环境存在的必要前提[1]。西南地区由于自然生态环境的复杂性、社会经济发展的不平衡、民族构成的差异、经济生活方式的多样性，致使西南民族聚落在聚落形态、住居形态与技术体系上呈现出不同的特征。

在对气候环境的应对与适应方面，这些聚落或通过被动的环境观适应应对，或主动地通过资源的适度索取和生存智慧改造环境以谋求舒适的生活环境，这些都展现出应对环境气候的不同发展阶段。寻求西南民族聚落对地域环境特别是气候环境适应的发展规律，对保护与维系民族聚落生活环境，推动西南地区民族聚落人居环境建设有着重要的借鉴意义。

1　聚落环境的被动适应

西南地区一些高海拔地区，由于生活环境的相对封闭，至今还存在着以农耕游牧为生计的原生聚落。这些聚落在聚落形态上以风水选址、顺应地形、自然聚合等形式存在；住居形态上通过功能空间的复合化、低舒适度的生活，以及地方材料和低技术的利用等方式，形成原生的地区营建体系。

传统聚落追求"人之居处，宜以大地山河为主"（《阳宅十书》）和"山以水为血脉，以草木为毛发，以烟云为神彩"[2]，在此基础上通过数代的经验积累形成了朴素的环境观。聚落的营建强调山水协调、阴阳相合，虽带有自然崇拜的神秘内容，但却有基于气候环境进行被动适应的科学道理。聚落择向时一般选择坐北朝南，或坐西北朝东南，可以遮挡冬季寒流，夏季迎接湿润海风，南朝向可以保证接受更多的光照；同时，聚落北面一般会有风水林，也可以遮挡西北季风。聚落群体朝向应有利于冬季阳光的引进，避免夏季日照。[3]山体作为聚落存在的基础应选择环境较佳的场所作为依托，水可以吸收微波能量，对太阳光线进行反射和折射，从而降低对聚落的不利影响。山水环境是聚落选址时的要素，高山作为依托，水绕山而过；这就形成了山地聚落的小气候模式。由于山体多由岩石和泥土构成，比热容相对水较小，因此在白天太阳照射的情况下山体温度升高较快，造成山上温度高河流附近温度低的情况，由此产生气压差。山上温度高热空气上升形成低气压区，水面温度低形成高气压区，空气由高气压区流向低气压区，就产生河流吹向山坡的湿润风。夜晚时，山坡温度下降快产生高气压区，水面温度下降慢产生低气压区，这时风向为山坡吹向河面，由此产生水陆风。水陆风的产生改变环境温度提高舒适度。为适应环境人们利用当地的自然资源进行聚落的营建，云南城子村为彝族村落，整个村子为土掌房，人们利用土料、木材进行建造。研

*　基金项目：国家社科基金项目"西南氐羌族系建筑营建文化传承研究"（编号 2018BG04111）资助

究表明,土掌房聚落的选址是综合考虑了气候、地形、水源、农牧等各方面的因素而确立的(图1)。彝族居民一般会选择向阳、开阔、凉爽的半山腰地段建寨,形成良好的小气候环境,有效地利用自然能源。[4] 土掌房在炎炎夏日可以遮挡强烈的阳光,冬季可以抵挡寒风,起到了保温隔热的作用;房屋之间的距离受地形影响,在山脚较宽,越靠近山顶越窄,这样的结构使得山下的湿润风容易进入聚落,聚落内部的污浊空气可以得到更新。

自然环境在一定程度上约束了聚落的发展,为获得更高的环境舒适度,古人在一定程度上使聚落融入环境,表现出一定的适应性。西南地区的彝族和哈尼族聚居于山地,为避免建房占用耕地,多选择在半山腰进行聚落的营建,由此形成了"林—村—田"的立体环境模式,以聚落为中心,山下为田或河流,山顶为风水林,打造出宜居的小气候环境(图2)。西南彝族和哈尼族地处亚热带区域,降水充足,植被旺盛,山间时常云雾缭绕。聚落在山腰的特殊位置使得聚落整体参与到水循环的小气候中去;充足的降水量使得农业生产得以发展,同时保证了水系内的水量。最为典型的应该是哈尼族的梯田模式,田地与河流中的水分蒸发,受河风影响水汽由山脚吹向山顶,经过聚落时带来湿润风,到达山顶汇聚于区域上方;当水汽遇冷时发生凝结,水汽经过物理变化产生降雨,山顶树林吸收一部分水分,而后雨水在重力作用下通过地表径流和地下渗流两种方式流向相对高程较低的农田及河流。水流入哈尼村寨,满足了哈尼族饮用、洗衣、洗菜等日常生活的需要,同时洗菜洗衣等产生的氮、磷等营养物质及有机物等随水系沿山势流入梯

图2 "林—村—田"水循环模式图

田,被水稻分解、吸收,水源得到净化,也在一定程度上满足了水稻的营养需求。[5] "林—村—田"模式不仅利用水循环塑造良好的小气候环境,此过程还促进了能量及物质的传递过程。这正是彝族和哈尼族人民对自然环境长期适应的结果。

原生聚落根据当地的环境条件、小气候类型进行布局,通过选择合适的营建技术和建造材料,打造出人类宜居的生活条件,其中包含了生态学、物理学等多方面因素。从提高生活环境的舒适度入手,利用科学手段打造环境友好型、资源节约型的宜居聚落环境。

2 聚落营建的自律发展

自律发展的聚落营造阶段,表现出通过人工智慧主动营造良好微气候,表现在聚落形态上有机的生长模式,以及主动利用水土资源,兼顾气候与制度以获得较高舒适度生活的住居形态。聚落稳定后,人类对聚落环境进一步选择和改造适应,使其能够长期生存和稳定发展。[6] 桃坪羌寨及色尔古藏寨兼顾居民用水和安全防御的水系组织,白雾村循环利用水资源依照地势高差修建成三级水源,都表明在聚落营造中开始主动地利用地域技术和地方资源,形成自律发展的地区营建体系。

桃坪羌寨地处高山谷底,寨子背后为雪山,先民将雪山融水形成的溪流引入寨子,由于山体落差较大,因此在不需要人工作业的情况下就可将流水引向各家各户(图3)。雪山融水可以保证人们生活用水质量,同时也可满足防御要求,还可用于灌溉和消防。地下挖渠地上建房的方式使得当有战事发生时还可将渠道作为逃生、转移的通道。各家设有

图1 云南泸西县城子村山水位置关系

图3 桃坪羌寨水系示意图

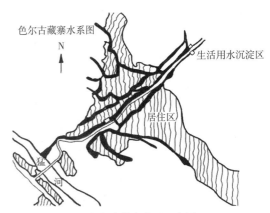

图5 色尔古藏寨水系示意图

图4 桃坪羌寨航拍图

图6 色尔古藏寨航拍图

取水口，并用石板覆盖，取水时打开，平时盖上以减小流水声的干扰。由于气候过于干燥，人居环境并不特别理想，而引入室内的水体成了天然加湿器，能够自然地增加房间内部的湿度，还可以调节室内温度，在炎炎夏季能给室内带来许多凉意，所以羌寨的水系统也是天然"绿色空调"，有对人居环境进行湿度和温度调节的功能（图4）。[7]

色尔古藏寨布置在山谷两侧，全寨垒石为室，与山体环境融合为一体，具有较强的防御功能。寨内水系的古老特色体现在水路流向的多功能考虑以及和道路并行，寨内的空间变化也因水系错落有致。[8]寨民在山谷深处修建蓄水池，引高山雪水入寨，满足日常饮用、灌溉、消防等需求。水道系统穿寨而过，多顺着道路流经主要住宅后流向田地。水道采用明渠和暗渠两种方式进行布置，住宅区和公共区域，为明渠方便取水和改善聚落局部景观，暗渠部分多为道路狭窄地段，满足通行的基本需求；村民在水道落差较大的地方修建水磨坊，利用地势产生的水

动力丰富生活，活跃景观（图5）。色尔古藏寨与桃坪羌寨具有一定的相似性，同是引雪山融水满足生活所需，水道在布置上存在差异，桃坪羌寨的水系流经房屋，位于屋面地下，色尔古藏寨水系多与寨子内部道路并行（图6）。

白雾村由东西走向的一字街发展而来。一字街是明清时期的主要驿道。水系沿一字街以明渠的方式布置，明渠上覆以大石板用作与商铺的连接。由于白雾村所处地势低且较为平坦，道路两侧分别布置水渠，方便取水。在原驿道基础上修建三级水源，分工明确，分别用于饮水、清洗、灌溉等。三条水道相互分离，互不干扰，保证了水体质量；同时还可作为消防、灌溉等用途（图7）。

水系的不同布置方式正是藏羌人民对自然环境的适应与发展，在相似的需求下根据生活环境的不同产生了不同的水道布置形式，使生活条件得到提升；流水产生的噪声干扰借助石板减弱其影响，流水在满足生活需求的同时也参与到热舒适度调控中

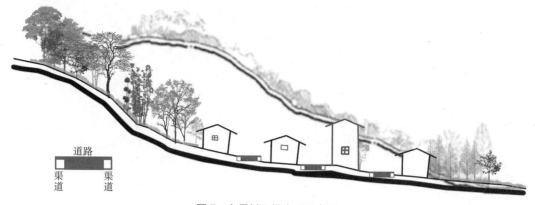

图7　白雾村三级水系示意图

去，这正是人与自然和谐相处的传统模式，源于自然又高于自然。

3　聚落环境的人为调控

人为调控阶段强调可持续发展的聚落营造，发展成为因地制宜、高效和谐、动态适应的模式，体现在聚落营建过程中将基础设施与景观营造高度整合，对废弃物再利用，住居中采取被动式对策调节以获得舒适健康的环境等。丽江大研古镇利用高山雪水形成的"自我净化"系统，以及贵州鲍家屯的水系整治和灌溉系统都体现出更加系统高效的循环利用地方资源与材料，通过适应性技术来实现环境的可持续发展。

在对聚落环境的不断适应、发展过程中人们不断汲取经验，并对生活环境进行适应性改造来达到更高的舒适度。丽江大研古城虽为山城却有江南水乡的特点，古城之中水道棋布，三眼井与河道遍布全城，是人们生活饮水、防火泄洪的主要工程；大研古镇拥有特别的"自我净化"系统，人们利用当地丰富的水资源，白天水道自然流水供人们使用，晚上就将道路堵塞，拦截流水形成水坝，使水位上升没过路面，通过这种方式使路面上的垃圾漂浮，随水流一起冲走并集中处理；此种方式既节约了人力物力又是十分有效的清洁手段；为保证饮用水质量，居民规定早晚为饮用水取水时间，此时段不得进行洗涤活动，且清洗衣物应在食物清洗段的下方，离水道较远的区块就在三眼井中取水；三眼井从高到低分为三个台阶，分别为三个相通的水塘，严格意义上讲最高的第一眼井用于饮用，第二眼用于洗菜，第三眼用于洗衣，同一水流经简单划分既保证

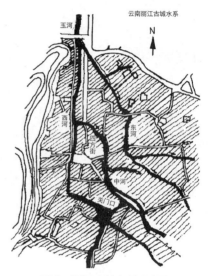

图8　丽江古城水系示意图

了用水质量又实现了水资源的重复利用。古城中的人们利用数百年的经验积累，依托古城环境建造出井然有序的自然格局，使得古城与山水环境融为一体，和谐统一（图8）。

贵州鲍家屯处于喀斯特地貌区，特殊的地质条件使生活条件的提升受到限制，村民利用石块拦水，用黄泥和石灰填缝，建起了行之有效的水利工程。受地质影响，该地区地下河与地上河交错出现，拦水坝的修建使水位升高，水量流失减少，更多的农田得到灌溉减少了水资源的浪费；水大时坝顶可以溢洪，有的溢流面纵剖面为优美光滑的曲线构造；水小时水走龙口和渠道，坝顶可以走路[9]，满足了泄洪和交通的功能。鲍家屯人借助水的重力作用，利用8座（现存7座）形态、高差各异的堰坝工程，实现系统化的自流式灌溉功能[10]。水体本身就是动态的环境，鲍家屯人对基础环境资源进行改造，布局合理，使水资源得到充分利用，实现灌溉、防洪、

水力加工的作用，使得生活质量得到提高，环境因素变得和谐。通过不断的学习与经验的积累，人们实现了对资源的高效利用，将自然材料通过技术加工实现环境的可持续发展。

4 总结

西南地区居民受生活环境影响，在生存和发展上都受到约束。从人们适应自然条件采用因地制宜的方式进行聚落的营建，到利用自然资源修建水利工程改变自然环境，古人通过技术经验的积累逐渐形成了地域性的生产生活方式，不仅使自然景观得到改善更是打造出宜居的生活条件，提升了环境舒适度。这种与自然和谐相处的方式无疑与当代人的环保理念相吻合，本土材料的应用建造、重复使用，都可以为当代的新农村建设提供参考，对生态的可持续发展有重要意义。

总之，西南民族聚落在长期的演化进程中，展现出生态环境保护、地形地貌利用、自然植被利用、微气候的改善等，通过系统化的措施干预优化人居环境，使之转向低成本、低维护、低能耗，从而促进人居环境的可持续发展。这些为生态优先、最小干预、全生命周期与多尺度系统性低影响建设开发提供了科学的方法和营建导则。

注：文中图片均由作者绘制。

参考文献

[1] 刘滨谊. 三元论——人类聚居环境学的哲学基础 [J]. 规划师，1999（2）：81-84，124.

[2] 业祖润. 传统聚落环境空间结构探析 [J]. 建筑学报，2001（12）：21-24.

[3] 翟静. 适应气候的沟谷型传统聚落空间形态解析 [J]. 城市建筑，2014（12）：32-32.

[4] 唐毅. 传统山地建筑的生态价值评析——以滇南彝族土掌房为例 [J]. 中南林业科技大学学报（社会科学版），2013，7（3）.

[5] 高凯，符禾. 生态智慧视野下的红河哈尼梯田文化景观世界遗产价值研究 [J]. 风景园林，2014（6）：64-68.

[6] 董芦笛，樊亚妮，刘加平. 绿色基础设施的传统智慧：气候适宜性传统聚落环境空间单元模式分析 [J]. 中国园林，2013（3）：33-36.

[7] 黄宏波，吴小萱. 论桃坪羌寨的水系统之适应性 [J]. 装饰，2014（7）：101-102.

[8] 李军环，夏勇，张燕. 防御性聚落民居·色尔古藏寨 [J]. 建筑与文化，（11）：214-216.

[9] 吴庆洲. 贵州小都江堰——安顺鲍屯水利 [J]. 南方建筑，2010（4）：78-82.

[10] 李婧，韩锋. 贵州鲍家屯喀斯特水利坝田景观的传统生态智慧 [J]. 风景园林，2017（11）：95-100.

Climate Adaption Mechanism of Ethnic Settlements in Southwest China

Zheng Tianxin[1], Xia Guilin[2], Wen Quan[3]

1. School of hohai，Chongqing Jiaotong University；2. School of architecture and urban planning，Chongqing Jiaotong University；3. School of architecture and urban planning，Chongqing Jiaotong University

Abstract：This paper analyzes the construction characteristics of the typical ethnic settlements in Southwest China in three aspects：settlement form，residential form and technical system in the process of adapting to the regional environment（climate），and sums up the mechanism law of the ethnic settlements adapting to the regional environment from passive adaptation，self-discipline development and sustainable development.

Keywords：environment adaption mechanism；self-discipline development；sustainability

基于不同下垫面数据和城市冠层参数化方案的城市气候数值模拟对比研究 —— 以武汉都市发展区为例

成雅田[1]，吴昌广[1, 2, 3]

1. 华中农业大学园艺林学学院风景园林系；2. 农业部华中都市农业重点实验室；3. 亚热带建筑科学国家重点实验室

摘 要：利用中尺度模式 WRF，以武汉都市发展区晴朗高温小风天气（2018 年 7 月 15 日 ~17 日）为背景，旨在探讨精细化土地利用数据和城市冠层方案的耦合是否能更好地模拟城市气象要素变化，并将模拟结果与华中农业大学气象站观测资料进行对比，结果表明：① 30m 分辨率土地利用数据能更合理地反映研究区域的地表覆盖类型分布，从而提高了近地面温度场和风场的模拟效果；② UCM 试验对 2m 气温的日变化模拟最优，其次分别为 BEP 试验、30m 试验、MODIS 试验。而 BEP 试验对 10m 风速风向的日变化模拟最优，其次分别为 UCM 试验、30m 试验、MODIS 试验。

关键词：中尺度气象模式（WRF）；下垫面；城市冠层；武汉都市发展区

1 引言

近年来，高温热浪、通风不畅、雾霾频发等气候问题对城市人居环境的影响愈发受到公众的关注，营造舒适、健康、安全的城市微气候环境已成为城市品质内涵提升的重点要素。而如何科学、准确地分析城市气候环境特征，是有效提升城市规划应对气候问题的前提和关键。由于受到迁站、观测仪器变更等客观因素的影响，利用实测数据进行城市化影响分析受到一定的制约。随着数值模式的发展和成熟，不少学者利用数值模拟探讨了基于应用场景的城市气候时空分布。中尺度气候模式是针对 10~1000km 尺度天气预报和气象研究需求产生的工具，主要有 WRF、MM5、ARPS 等。[1] 高媛媛等利用精细化下垫面和建筑高度数据替换 MM5 模式中的默认数据研究城市化对局地气象要素的影响，得出城市化会导致气温增加、风速降低[2]。郭飞以大连为例采用高精度城市地形和土地利用数据修正模型自在的数据以提供准确的边界条件，结果表明模拟期内城市存在较强的热岛效应，海风对城市热岛有较强的缓解作用。[3] 该研究领域的一个重要进展是将城市冠层引入陆面过程进行城市热环境的气象研究。Oke 首次提出城市冠层的概念（Urban Canopy Layer）的概念，将城市冠层与城市边界层划分开。[4] 大量研究工作随着冠层概念的提出而展开，王咏薇等学者的一系列研究指出城市冠层模式的引入可以有效地提高数值模拟效果。[5-6] 尽管前人做了大量的工作，但较少聚焦下垫面资料和城市冠层参数化方案对模拟精度的影响。

本文从不同下垫面和城市冠层参数化方案对武汉都市发展区近地面气象要素进行 WRF 模拟，选取 2018 年 7 月 15 日 20：00 至 18 日 2：00（北京时间）晴朗高温小风天气为背景，对比分析了模拟结果与气象站观测数据，旨在探讨精细化土地利用数据和城市冠层方案的耦合是否能更好地模拟城市气象要素变化。

2 模式及算例

2.1 数据来源

本文采用了两种土地利用数据，分别为模式自带的 MODIS 陆面数据和由中国科学院地球大数据共享服务平台提供的 2017 年全国 30m 分辨率土地利用数据（图 1）。通过对比 2017 年武汉都市发展区土地利用数据和 2018 年卫星影像数据，认为其基本可以反映 2018 年城市土地利用分布情况。同时，根据武汉都市发展区 2017 年的土地利用现状数据将城市用地进一步分为：低密度区（第 31 类），不透

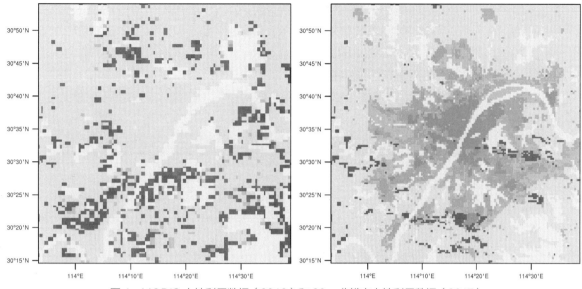

图1　MODIS 土地利用数据（2018）和 30m 分辨率土地利用数据（2017）

水地表占据总地表面积的 20%~49%；中密度区（第
32 类），不透水地表占据总地表面积的 50%~79%；
高密度区（第 33 类），不透水地表占据总地表面积
的 80%~100%。最终得到与实际情况更吻合的下垫
面数据，为城市冠层数值试验提供更准确的城市覆
盖范围和土地利用边界条件。

2.2　参数设置

本文选取的模式为 WRF v3.9.1，试验采用四重
嵌套网格（图 2），模拟区域中心点坐标为（30.24°N，
113.94°E）。第一层区域 d01 分辨率 13.5km，格点
数 58×58；第二层区域 d02 分辨率 4.5km，格点
数 100×100；第三层区域 d03 分辨率 1.5km，格
点数 181×181；第四层网格分辨率 500m，格点数

148×148，总面积 74km×74km，涵盖整个武汉都市
发展区。模式模拟时间从 2018 年 7 月 15 日 12：00
至 17 日 18：00（世界时），前 28h 作为 spin-up 时间。

2.3　方案选取

研究中采用目前 WRF 中较为成熟的由 Mason
及 Kusaka 等发展的单层城市冠层方案（UCM）和
Martilli 等发展的多层城市冠层方案（BEP）。UCM
方案考虑了街道的不同走向和太阳高度角的日变化，
同时还考虑了人为热源的日变化，但不能反映城市
建筑高度参差不齐、密度非均匀等特征。BEP 方案
相比 UCM 方案来说对城市冠层的物理结构描述更详
细，可以区分不同层次内的城市湍流影响。模式的
其他物理方案见表 1。

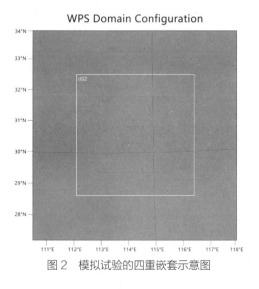

WPS Domain Configuration

图 2　模拟试验的四重嵌套示意图

物理方案设置　　　　　　表1

物理方案	调用方案
mp_physics	Ferrier 微物理方案
Ra_lw_physics	Rrtmg 长波辐射方案
Ra_sw_physics	Rrtmg 短波辐射方案
Radt	10mins
Sf_sfclay_physics	MYJ Monin-Obukhov 近地面层方案
Sf_surface_physics	Noah 陆面过程方案
Sf_urban_physics	UCM、BEP
Bl_pbl_physics	Mellor-Yamada-Janjic TKE 湍流动能方案
Bldt	0
Cu_physics	Kain-Fritsch（new Eta）积云参数化方案
Cudt	5mins

2.4 试验设计

本文分别设计 4 组试验（表 2）：① MODIS 试验，用模式自带的 MODIS 土地利用数据，不使用城市冠层参数化方案；② 30m 试验，采用中国科学院地球大数据共享服务平台提供的 30m 分辨率土地利用数据替换 WRF 默认的土地利用数据，不使用城市冠层参数化方案；③ 30m+UCM 试验，采用 30m 分辨率土地利用数据，城市冠层参数化方案采用 UCM；④ 30m+BEP 试验，采用 30m 分辨率土地利用数据，城市冠层参数化方案采用 BEP。通过对比试验①和试验②可以比较不同土地利用数据对模拟结果的影响，对比试验①、③和②、④可以研究有无城市冠层方案对模拟结果的影响；而比较试验③和④可以研究不同参数化方案对模拟结果的影响。

各试验设计方案　　　　　　　　　　表2

试验名称	试验方案
MODIS 试验	MODIS 土地利用数据，不使用城市冠层参数化方案
30m 试验	30m 分辨率土地利用数据，不使用城市冠层参数化方案
30m+UCM	30m 分辨率土地利用数据，UCM 城市冠层参数化方案
30m+BEP	30m 分辨率土地利用数据，BEP 城市冠层参数化方案

3 试验结果分析

3.1 下垫面方案对比

从温度场来看，采用 30m 精细化土地利用数据替换模式默认的 MODIS 数据，地表覆盖类型变化包括长江、武湖等水体区域，MODIS 土地利用数据精度较低，识别水域范围较广，而 30m 土地利用数据水体范围更精准。根据 MODIS 试验 –30m 试验 2m 空气温度差（图 3），30m 试验较 MODIS 试验结果在长江、武湖等区域 2m 高度处空气温度普遍偏高。其次，在由巨龙湖、柏泉风景区、府河绿化带及金银湖郊野公园组成的府河生态绿楔部分，MODIS 土地利用数据精度较低，无法识别生态空间下垫面的多样性，将其统一识别为农田或林地，因此在这些区域 30m 试验相较 MODIS 试验温度偏低。最后，在武汉都市发展区新城组团区域，30m 土地利用数据相较 MODIS 试验更能反映城市地表的变化，因此在这些区域 30m 试验相较 MODIS 试验温度偏高。

从风场来看，风速差值不大，差异主要在于风向的偏转（图 4）。夜间风向偏转不明显，白天 9：00~19：00，风向偏转较明显，尤其是长江、梁子湖、武湖、后官湖生态绿楔、府河生态绿楔等部分。其原因可能是这些区域 30m 试验所使用的下垫面数据精细化程度较高，能较准确地反映水陆风、绿地风等局地风环流，而 MODIS 试验无法准确反映这一特征。

通过对比分析模拟结果与华中农业大学气象站（114°21′72″E，30°28′570″N）观测值（图 5），可以发现 30m 试验与气象站观测结果吻合度较好，但空气温度和风速值普遍高于观测值。可能由于华中农业大学气象站位于学校实验田内，受局部微气候的影响，温度和风速较低。

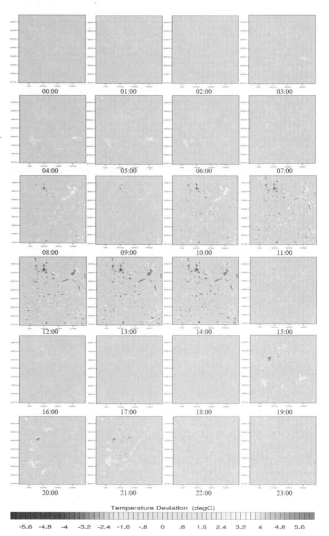

图 3　MODIS 试验 –30m 试验 2m 气温差

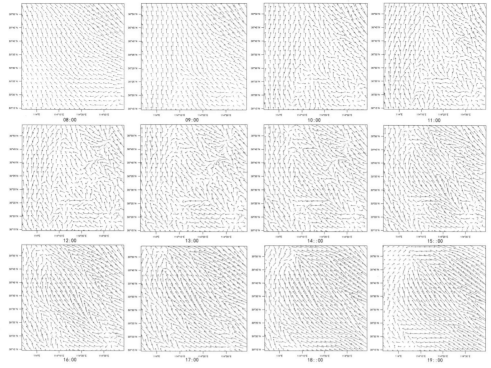

图 4　MODIS 试验 -30m 试验 10m 风向偏转

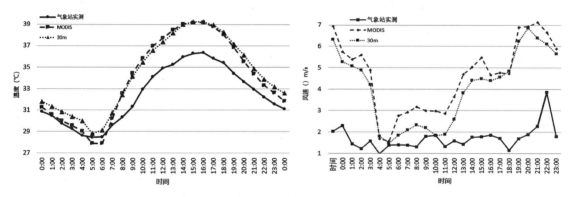

图 5　MODIS-30m- 气象站 2m 空气温度对比　　MODIS-30m- 气象站 10m 风速对比

3.2　城市冠层方案对比

从温度场来看，两种冠层方案都能较好地模拟出 2m 气温变化，误差为 0~2.6℃（图 6、图 7）。根据图 6，BEP 试验相比 UCM 试验城市建成区空气温度白天普遍较高，夜晚较低，但根据图 7，UCM 试验 2m 气温和观测值吻合度更高，BEP 方案中通过设置试验开始时刻下垫面温度和路面、屋面、墙面热传导参数模拟城市热环境变化，其中温度设置受下垫面影响较大，可能导致 2m 气温偏大。

从风场来看（图 8），BEP 相比 UCM 对城市物理结构描述得更详细，可以区分低密度、中密度、高密度区建筑高度分布，从而能更好地反映城市地

区建筑对气流的拖曳作用而导致风向偏转。因此，BEP 相比 UCM，风向偏转主要发生在城市建成区，风速差较小。

4　结论

为了探讨精细化土地利用数据和城市冠层方案的耦合是否能更好地模拟城市气象要素变化，本文利用中尺度模式 WRF，通过两种下垫面资料和不同的城市冠层参数化方案，选取武汉晴朗高温小风天气为背景，设计了 4 组模拟试验。通过对试验结果的分析，可以得出下垫面精度和城市冠层参数化方案对模拟结果的影响，主要结论如下：

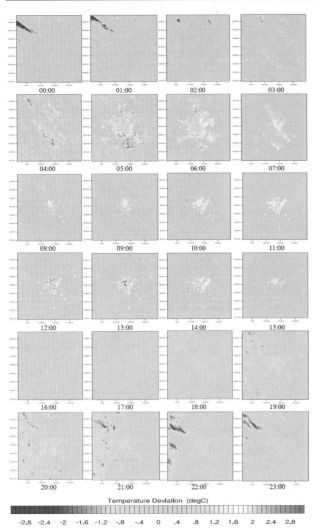

（1）相比 MODIS 数据，30m 分辨率土地利用数据能更合理地反映研究区域的地表覆盖类型分布，因而提高了近地面温度场和风场的模拟效果。

（2）检验 UCM 和 BEP 不同城市冠层方案对近地面气温日变化的模拟能力，由于模式参数和城市实际冠层复杂程度有差别，因此模拟结果和观测值存在着一定的偏差。通过对比 UCM 和 BEP 试验可知，UCM 试验对 2m 气温的日变化模拟最优，其次分别为 BEP 试验、30m 试验、MODIS 试验。而 BEP 试验对 10m 风速风向的日变化模拟最优，其次分别为 UCM 试验、30m 试验、MODIS 试验。

本文仅对武汉都市发展区一次高温个例进行了模拟和分析，得出了一些初步的结论。通过分析不同试验对温度场、风场的模拟差异，讨论了下垫面精度和城市冠层参数化方案对气象要素的模拟差异。但本文对温度场、风场的分析并不能给出 BEP 和 UCM 在 2m 气温模拟差异的根本原因，未来工作可以对比研究 UCM、BEP 或 BEP+BEM 对地表能量平衡，城市冠层短波、长波辐射过程模拟的区别从而更深刻地理解不同方案对城市热岛效应的模拟能力。

注：文中图片均由作者绘制。

图 6　UCM 试验 -BEP 试验 2m 高度处空气温度差

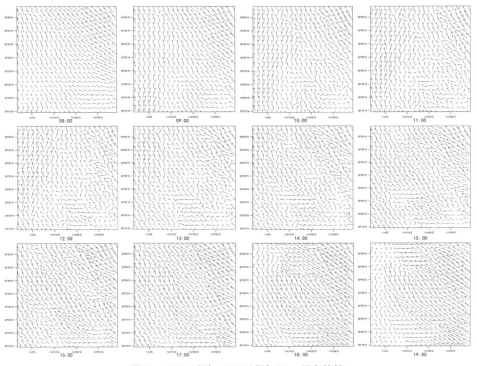

图 7　UCM 试验 -BEP 试验 10m 风向偏转

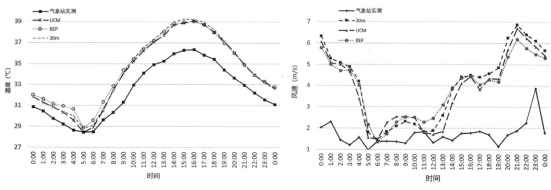

图 8　30m-UCM-BEP- 气象站 2m 空气温度对比　　30m-UCM-BEP- 气象站 10m 风速对比

参考文献

［1］黄菁，张强 . 中尺度大气数值模拟及其进展 [J]. 干旱区研究，2012（2）：273–283.

［2］高媛媛，何金海，王自发 . 城市化进程对北京区域气象场的影响模拟 [J]. 气象与环境学报，2007（3）：60–66.

［3］郭飞 . 基于 WRF 的城市热岛效应高分辨率评估方法 [J]. 土木建筑与环境工程，2017（1）.

［4］OKE T. The surface energy budgets of urban areas[C] // Hosker P R. Modeling the urban boundary layer. Boston：American Meteorological Society，1987.

［5］王咏薇，蒋维楣，刘红年 . 大气数值模式中城市效应参数化方案研究进展 [J]. 地球科学进展，2008（4）：44–54.

［6］王咏薇，任侠，翟雪飞，等 . 南京复杂下垫面条件下的三维城市热环境模拟 [J]. 大气科学学报，2016，39（4）：525–535.

风景园林空间类型与小气候：形态、结构与要素

广场绿化形式对夏季热舒适度的影响研究*

姜丽娟[1]，吴昌广[1, 2, 3]

1. 华中农业大学园艺林学学院风景园林系；2. 农业部华中都市农业重点实验室；3. 亚热带建筑科学国家重点实验室

摘　要：选取狮子山广场开敞硬质式、高密度树阵式、低密度树阵式、中密度自然式和低密度自然式五种绿化形式空间进行 SVF 和小气候测量，采用 PET 作为热舒适指标，分析绿化形式的夏季热环境效应特征及热舒适与 SVF 的相关性。结果表明：相比开敞硬质式，高密度树阵式和中密度自然式降温效应显著，平均降温约 0.69℃和 0.43℃，可改善热舒适度为 2.2℃和 1.1℃；低密度树阵式未表现出降温效应，PET 最高；SVF 与平均 PET 具有较强的正相关性，从不同时间段来看，太阳辐射越强，两者相关性越大。

关键词：广场；绿化形式；热舒适度；SVF；种植密度

目前我国城镇化已经进入快速发展阶段，城市规模的不断扩张导致大量的生态用地逐渐被人工硬质地表取代，城市气候问题日益严峻。[1] 广场作为城市居民休闲、集会、游憩等活动的重要场所，其环境品质直接影响居民的使用率。然而当前城市广场建设多注重视觉效果，未将广场热环境因子纳入规划设计之中 [2]，导致很多广场夏季气候恶劣，空间使用受到限制，缺乏活力。

植物作为广场主要的构成要素之一，可以通过遮阳、蒸腾潜热和对流换热三种方式有效改善广场热环境。[3] 当前已有学者在乔-灌-草三种绿化配置、植物群落结构、常绿及落叶植物冠层对广场小气候的影响等方面做出了定量及定性的研究 [4-6]，但针对植物种植方式、种植密度影响下的不同绿化形式小气候效应研究尚未涉及。本文以武汉市华中农业大学狮子山广场为研究对象，通过实测手段研究广场不同绿化形式的热环境效应特征及热舒适与天空开阔度的相关性，以期为今后城市广场的规划设计提供科学依据。

1　实测场地

武汉地处东经 114°20′，北纬 30°27′，属亚热带季风性湿气候，雨量充沛、四季分明，夏季漫长而炎热，曾被评为中国四大火炉之一。狮子山广场位于武汉市华中农业大学校园南北中轴线上，是华农学子重大节庆活动空间和重要的生活空间。广场呈长矩形，南北长 645m，东西宽 68m，占地面积约为 43860m²，其中绿化覆盖率为 65.1%，乔灌木覆盖率为 42.15%，硬质铺装占地面积为 33.56%。广场绿化形式丰富，可以分为开敞硬质式、高密度树阵式、低密度树阵式、中密度自然式和低密度自然式五种类型。沿广场南北中轴线分别于不同绿化形式所在空间设置 5 个测点（图 1）。

2　测试仪器与方法

2.1　测试仪器

小气候测量仪器为里氏 R-log 7730 热舒适度测试系统，包括热丝风速探头、S-log 温湿度无线探头、S-log 黑球无限探头、E-log 数据记录主机（表 1）。场地测量仪器主要为 Sigma EX DC 4.5mm F2.8 圆周鱼眼镜头，用于测量各测点的天空开阔度（SVF）。

2.2　小气候测量

为排除极端天气因素对实测数据影响，实验选择在晴朗少云的天气进行，测试日期为 2019 年 8月 3 日。实测方法为固定测试，测试仪器距离地面

---

*　基金项目：国家自然科学基金项目（编号 31670705、31770748）、中央高校基本科研业务费专项（编号 2662017JC037）、亚热带建筑科学国家重点实验室开放课题（编号 2017ZB06）共同资助

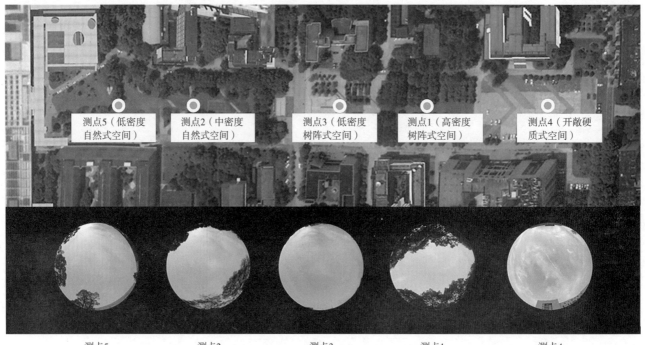

| | 测点5 | 测点2 | 测点3 | 测点1 | 测点4 |

图 1　狮子山广场测点分布图

测试仪器及测量内容　　　　　　　　　　　　　　　　　　　　　　　　表 1

	仪器名称称号	测试参数	仪器精度	适用范围
里氏 R-Log 7730 热舒适度 测试系统	热丝风速探头	风速	0~0.5m/s：±5cm；0.5~1.5m/s：10cm；>1.5m/s：4%	0.01~20m/s
	S-log 温湿度无线探头	空气温度	±0.5℃（5~45℃情况下）；±1℃（<5；>45℃情况下）	-20~60℃
		相对湿度	±2%	0~100%
	S-log 黑球无限探头	黑球温度	±0.5℃（5~45℃情况下）；±1℃（<5；>45℃情况下）	-20~60℃
	R-log 数据传输器	传输参数：风速	—	—
	E-log 数据记录主机	记录参数	—	—

1.5m，测试时间为 6：00~18：00，每分钟采集 1 次数据。

2.3　热舒适评价指标

生理等效温度（Physiological Equivalent Temperature，PET）是指在某一环境中，人体皮肤温度和体内温度达到与典型室内环境同等的热状态时所对应的气温。它同时将人体生理因素与气象要素对热舒适影响纳入模型之中[7]，能够更为科学准确地评估户外热舒适情况，是目前使用最为广泛的户外热舒适评价指标。[8]因此，本文采用 PET 对各测点的综合热环境水平进行评价。

PET 的计算采用德国 Andress Matzarakis 教授研发的 Ray Man 1.2 软件辅助计算，环境因素来源于实测数据；人体因素条件为性别男、身高 175cm、体重 70kg、年龄 30 岁（《热环境人类工效学　代谢率的

测定》GB/T 18048—2008），服装热阻夏季为 0.5clo，新陈代谢率取 115W/m²。

3　结果与分析

3.1　广场热环境分析

统计狮子山广场夏季调研期间微气候数据，空气温度偏高，变化范围是 27.98~39.06℃，平均空气温度为 34.49℃，辐射温度平均值为 42.35℃。测量期间相对湿度变化范围在 41.7%~81.3%，平均相对湿度为 58.48%；风速变化范围在 0.04~2.44m/s，平均风速为 0.93m/s。

3.1.1　空气温度

将各测点空气温度取平均值，并计算得到标准差。如图 2（a）所示，各测点平均气温排名顺序为测点 3（低密度树阵式空间）＞4（开敞硬质式空间）

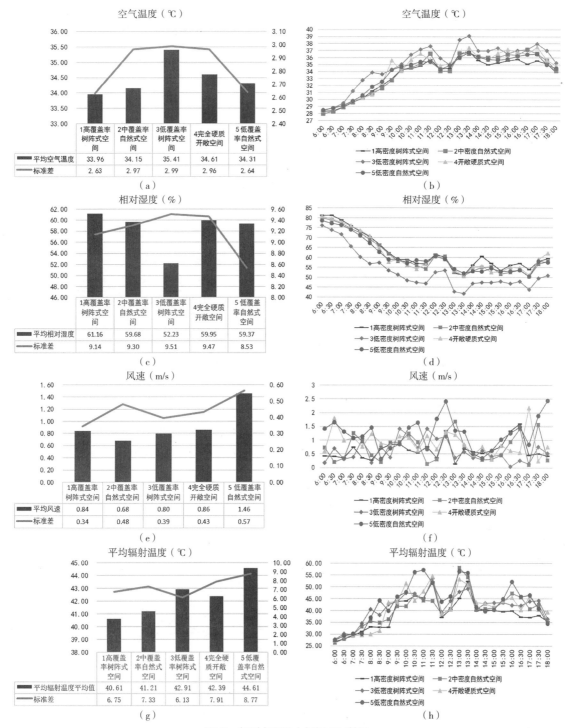

图2 各测点夏季小气候因子情况

> 5（低密度自然式空间）> 2（中密度自然式空间）
> 1（高密度树阵式空间），其中测点3和测点4平均气温较高，分别为35.41℃和34.61℃，均大于广场整体平均气温；其他3种有植被覆盖的测点平均气温均低于开敞硬质式测点4，测点1平均气温最低，为33.96℃，分别较测点3和测点4低1.45℃和0.65℃。

各测点日气温变化趋势基本一致，如图2（b）

所示，在中午13：30与17：00左右出现峰值，12：00~12：30因天空有较多云层出现，太阳辐射减小，气温有所下降。测点3在7：00~18：00，相较其他测点气温几乎处于最高水平；测点4在9：00~18：00，空气温度迅速上升且波动较大，气温仅次于测点3；在6：00~10：00和11：30~13：00，测点1气温略高于测点2，10：00~11：30和13：00~18：00测点1气温显著低于测点2，而测点 5 在 6：00~13：30 时间段，气温基本高于测点 1 和 2，但在 13：30~18：00 时间段，三者气温为测点 2＞测点 5＞测点 1。

可以发现，测点 3 所处空间范围内虽有植被覆盖，但因植物种植密度较低、树木冠幅较小，东南、西南方向空间开阔、硬质地面较多，且南侧邻近道路等多种因素，使其一天之中大部分时间都无遮阴处于太阳辐射之中，从而使得其几乎逐时空气温度最高，平均气温最大。测点 4 虽所处空间无植被覆盖，但其在清晨和傍晚受两侧建筑遮阴的影响，比测点 3 晚 2h 受到太阳直射，最终测点 4 平均空气温度低于测点 3。测点 1、2、5 都不同程度地受到建筑和植被遮阴的影响，测点 1 因周边种植有高密度大乔木，空气温度最为稳定，降温效应最为显著。这说明，绿化虽然可以不同程度地改善广场小气候，但主要是通过植物遮阴的方式实现的，种植密度过低，树木冠幅过小，不一定可以有效调节热环境。

3.1.2 相对湿度

如图 2（c）所示，各测点平均相对湿度排序为测点 1（高密度树阵式空间）＞4（完全硬质开敞空间）＞2（中密度自然式空间）＞5（低密度自然式空间）＞3（低密度树阵式空间）。其中测点 1 平均相对湿度最高，测点 3 最低，分别为 61.16％ 和 52.23％，最高和最低相差 8.93％。

各测点相对湿度的逐时变化趋势较为一致，如图 2（d）所示。测点 3 于 13：30 达最低相对空气湿度值 41.7％，与日最高温度出现时间及测点一致，表明相对湿度与空气温度有一定负相关性。后经 11：30~12：30 短暂的多云天气，相对湿度有所回升，随即 12：30~13：30 相对湿度又迅速下降，并于 13：30 降至谷值，13：30~18：00 相对湿度呈上下波动状态。其中测点 3 在测量时间内各时刻相较其他测点相对湿度始终最低；测点 1 和测点 2，因周边种植较多绿化植物，植物蒸腾作用释放水汽使其相对湿度较高，但在 6：00~13：30 测点 1 略高于测点 2，13：30~18：00 两者之间差异增大，测点 1 显著高于测点 2。测点 2、4、5 相对湿度差异不明显。在 6：00~9：00，测点 2 乔灌草层次丰富，种植密度高，空气不宜扩散，相对湿度较高。然后随着太阳高度角的增加，太阳辐射增强，相对湿度开始下降，但测点 4 和 5 所在空间硬质地面相对较大，两者下降速率略强于测点 2。

3.1.3 风速

如图 2（e）所示，各测点平均风速排序为测点 5（低密度自然式空间）＞4（完全硬质开敞空间）＞1（高密度树阵式空间）＞3（低密度树阵式空间）＞2（中密度自然式空间），其中测点 5 平均风速最大，为 1.46m/s，测点 2 平均风速最小，且与测点 1、3、4 差异不大；但测点 5 和测点 2 标准差相对较高，风环境最不稳定，这是因为东南方向的湖风经开阔的试验田，在测点 5 南侧图书馆与人文楼之间形成了角隅效应，增强了测点 5 的风速，至测点 2 时，因其周边植物的阻挡，使其风速降低。测点 1 平均风速和标准差都较小，因周边植物密集，对风有一定的阻碍作用，但也营造了一个相对稳定的风环境。各测点逐时风速变化趋势复杂，无明显规律，如图 2（f）所示。结果表明风速除了受季节性大气候环境的影响及各测试日当天的主风向、风速影响外，还与各测点所处位置的周边建筑布局、绿化形式以及开敞程度等密切相关。一般情况下认为，开敞空间的风速高于半开敞空间和封闭空间，但测点 4 平均风速却明显小于测点 5，这是因为测点 5 南侧建筑起到引风作用，测点 4 南侧种植高密度树阵减弱了来自东南方向的风。

3.1.4 平均辐射温度

平均辐射温度（Mean radiant temperature，T_{mrt}）是在考虑周围物体表面温度对人体辐射散热强度影响时需要用到的重要指标，是影响人体热舒适的重要因子。它通过结合实测所得的数据空气温度、黑球温度和风速计算得到。如图 2（g）所示 T_{mrt} 平均值排序为测点 5（低密度自然式空间）＞3（低密度树阵式空间）＞4（完全硬质开敞空间）＞2（中密度自然式空间）＞1（高密度树阵式空间），其中测点 5 T_{mrt} 平均值最高，测点 1 最低，分别为 44.61℃ 和 40.61℃，两者相差达 4℃。

各测点逐时平均辐射温度与气温变化基本一致，如图 2（h）所示，但各测点的 T_{mrt} 波动强于空气温度波动，且同时刻下 T_{mrt} 差异明显。测点 4 和 5 波动幅度明显强于其他三个测点，上升和下降速率均较快。测点 1 和 2 周边环境较为稳定，T_{mrt} 相对较低且变化稳定。推测原因为：测点 4、5 受风速影响较大，且周边环境硬质较多，受太阳辐射时，温度上升较快，地表辐射更强；测点 1 和 2 周边植物较多，与 4、5 相反。

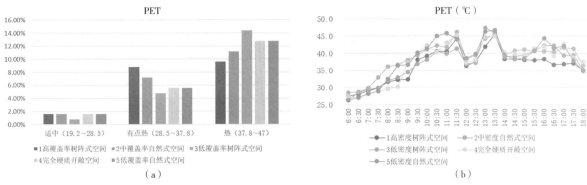

（a）

（b）

图3 各测点夏季热舒适度情况

3.2 热舒适评价

如图3（a）所示，PET平均值排序为测点3（低密度树阵式空间）>5（低密度自然式空间）>4（完全硬质开敞空间）>2（中密度自然式空间）>1（高密度树阵式空间），其中测点3和测点5平均PET较高，分别为38.86℃和38.46℃，测点1平均PET最低，为36.46℃，比测点3低2.4℃。

从逐时变化来看，如图3（b）所示，测点3的PET几乎处于最高水平；测点5在6：00~7：30PET优于测点1和2，其后迅速升高；测点4则在6：00~8：30均优于测点1和测点2，相较测点5其PET迅速升高延后1h。测点1和测点2的PET相对较好，在6：00~12：30两者差距微弱，在12：30~18：00，测点1的PET显著优于测点2。

可以看出，测点3和测点5虽然均缺少一定程度的遮阴，但因测点5风速最高，测点3风速较小，使测点5热舒适度优于测点3。测点1和测点2空气温度相对较低，通风也较为良好，因此其热舒适度也相对较好。

以武汉市夏季绿色开敞空间热中性范围为标准（表2），热舒适选择生理等效温度（PET）作为热舒

夏季遮阴环境nPET中性温度与阈值范围[9] 表2

热感觉标尺		中性温度（℃）	阈值范围（℃）	标准范围（℃）
0	适中	23.9	19.2~28.5	18.0~23.0
1	有点热	33.1	28.5~37.8	23.0~29.0
2	热	42.4	37.8~47.0	29.0~41.0
3	非常热	51.6	47.0~56.2	>41.0

适评价指标。整体来看，广场在6：00~18：00时段，一天中60.8%的时间PET处于"热"的状态，32%处于"有点热"的状态，仅有7.2%的时间处于"适中"的状态。测点1热舒适度最好，测点2次之，测点3最差。

3.3 热舒适与天空开阔度关联性分析

SVF（Sky View Factor）是指空间某点对天空的可见程度，是用于表示包括建筑、树木、地形等因素空间遮阴程度的定量型指标。通过Spearman相关性分析夏季各测点SVF与热舒适的关系，|r|=0.933>0.8，夏季SVF与平均PET均呈现极显著正相关关系，这表明SVF越大，夏季广场空间平均PET越差。

如图4所示，SVF与不同时段PET的相关性各不相同。在6：00~9：00、13：30、17：00时间段

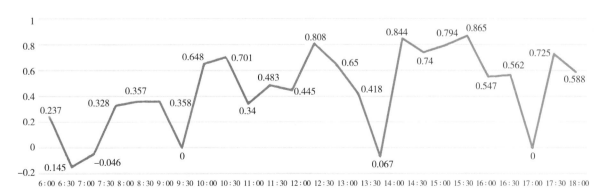

图4 PET与SVF逐时相关性情况

内，|r| < 0.4，SVF 与 PET 相关性较小。这是因为早晨与傍晚太阳斜照，测点 PET 主要受两侧建筑遮阴影响，13：30 因天空有较多云层出现，太阳辐射减小，此时 SVF 与 PET 无明显联系；在 9：30~10：00，12：00、14：00~15：30 时段，太阳辐射较强，SVF 与 PET 相关性显著。由此可以看出，太阳辐射是影响广场热舒适度的重要气象因子，SVF 与 PET 的相关性也与太阳辐射有显著关联，各测点接受的太阳辐射越大，SVF 与 PET 相关性越强，反之，相关性越弱。

4 结论与展望

根据对狮子山广场不同绿化形式所在空间小气候的实测分析和人体舒适度评价研究，可以得出以下结论：①不同绿化形式对广场夏季小气候改善程度不同。相较于开敞硬质式，高密度树阵式、中密度自然式和低密度自然式均表现出一定的降温效应，其中高密度树阵式对广场热环境缓解作用最为显著，平均降温约 0.69℃；中密度自然式和低密度自然式平均降温分别为 0.43℃和 0.29℃；但 6：00~8：30 中密度自然式降温效应优于高密度树阵式；低密度树阵式因种植密度较低、树木冠幅较小，东南、西南方向空间开阔、硬质地面较多，且南侧邻近道路等因素，未表现出降温效应，其所处空间热环境最差，平均气温比开敞硬质式高 0.9℃。②五种绿化形式对人体热舒适（PET）的整体改善程度呈高密度树阵式＞中密度自然式＞开敞硬质式＞低密度自然式＞低密度树阵式趋势；从一天不同时间段来看，06：00~08：30 开敞硬质式空间表现出的人体热舒适性最好，8：30~18：00 高密度树阵式和中密度自然式优于开敞硬质式，可改善人体舒适度分别约 2.2℃和 1.1℃。③SVF 是影响广场绿化形式热环境效应的重要因素，SVF 与平均 PET 具有较强的负相关性，SVF 越大，平均 PET 越差；SVF 与不同时段 PET 的相关性各不相同，且与太阳辐射强度密切相关，太阳辐射强度越大，两者相关性越大。

绿化是调节广场夏季小气候的有效手段，且种植密度高、树木冠幅大的绿化形式降温增湿效应更为显著。但本文仅研究了广场夏季热环境特征，对于夏热冬冷地区，冬季广场需要较为开敞的空间，

接受太阳辐射提高室外温度。同时广场还要发挥游憩、集会、避险等功能，结合《城市绿地分类标准》CJJ/T 85—2017 中城市广场绿化占地比例宜大于等于 35%，且不超过 65% 的规定，未来可以通过长期监测的手段，得出春夏秋冬广场热舒适为热中性的天数分布，寻求最优的广场绿化形式，提高广场使用率。

注：文中图片除标注外均由作者绘制。

致谢：感谢黄卓迪、郑雅心、王婧、成雅田、邹英等同门同学及师弟师妹们对数据收集提供的帮助。

参考文献

［1］阳文锐，李锋，何永 .2003—2011 年夏季北京城市热景观变化特征 [J]. 生态学报，2014，34（15）：4390-4399.

［2］刘伟毅 . 夏热冬冷地区城市广场气候适应性设计策略研究 [D]. 武汉：华中科技大学，2006.

［3］赵敬源，刘加平 . 城市街谷绿化的动态热效应 [J]. 太阳能学报，2009，30（8）：1013-1017.

［4］苏小超，陈志龙，杨晓彬，等 . 城市下沉广场绿化配置对广场内热环境的影响 [J/OL]. 解放军理工大学学报（自然科学版）. [2019-12-14].http: //kns.cnki.net/kcms/detail/32.1430.N.20170918.1547.002.html.

［5］刘滨谊，张德顺，张琳，等 . 上海城市开敞空间小气候适应性设计基础调查研究 [J]. 中国园林，2014，30（12）：17-22.

［6］张德顺，王振 . 高密度地区广场冠层小气候效应及人体热舒适度研究——以上海创智天地广场为例 [J]. 中国园林，2017，33（4）：18-22.

［7］PETE R H. The physiological equivalent temperature - a universal index for the biometeorological assessment of the thermal environment[J]. International Journal of Biometeorology, 1999, 43（2）: 71-75.

［8］吴志丰，陈利顶 . 热舒适度评价与城市热环境研究：现状、特点与展望 [J]. 生态学杂志，2016，35（5）：1364-1371.

［9］张丝雨 . 武汉市绿色开敞空间遮阴环境热舒适研究 [D]. 武汉：华中农业大学，2018.

三峡库区小城镇产业空间环境小气候适应性设计初探
——以特色小镇重庆武陵为例[*]

文肆沁，刘　畅，王蕊灵，杨煜灿，徐　尧，张耀文

重庆交通大学

摘　要：三峡库区已经进入"后三峡时代"，实现库区人居的环境品质提升的关键是全面推进绿色发展。本文以环境小气候改善为研究切入点，以重庆市万州区武陵镇为靶区，开展了库区小城镇产业空间环境小气候适应性设计实证研究。遵循"问题明晰——策略凝练——设计优化"的研究逻辑，首先对应农业产业空间、商贸产业空间、工业产业空间、旅游产业空间，分别选取晚熟龙眼基地、源阳路农贸市场、鸿运造船厂、大唐荔枝园为研究对象，通过环境物理数据实测，关联其空间形态特征，分析场地小气候问题；其次基于"村镇建设生态安全评估与绿色生态建设模式研究"国家重点研发计划课题组的研究积累，构建产业空间与环境小气候间的适应性研究逻辑，凝练优化设计策略；最后，针对部分典型研究地段，综合应用风景园林、城乡规划设计方法，形成具体的适应性优化设计方案，旨在为保障库区人居环境可持续发展累积一点有益的研究尝试。

关键词：环境小气候；产业空间；适应性设计；三峡库区；特色小镇

三峡库区由于长期以来的不合理开发和其特殊的生态环境，一直处于经济薄弱、发展滞后的窘迫状态。以环境小气候为切入点，深入分析研究其小城镇产业空间环境小气候适应性，这对此方案有参考意义和重要的现实必要性。

1 基础概念界定

（1）环境小气候：城市小气候主要研究的是由于下垫面性质的差异或者是人类和生物的活动所造成的小范围内的气候。通过对地表和城市覆盖层内的温度、湿度、风速、辐射的分布和变化的研究，分析其时空分布规律及其形成机制，为设计创造更适宜人类生存的聚居环境提供具体指导。

（2）小城镇产业空间：从空间地理区位，主导产业，生产、生活、生态三个维度，特色小镇创新型人才引入多角度出发，尝试研究特色小镇内部生产、服务、游憩等城镇功能，通过人流配比分析、空间整合从自下而上进行制度优化，结合政府力量，企业的帮助，高校科研院所的技术来完善产、学、研的流程，实现多方面协同的产业空间布局。继而使得特色小镇发展表现出空间紧凑，功能复合，市场化运作为主，政府主导为辅，产、学、研相结合，最终达到产业、旅游、生态、文化、旅游、商业等多元融合目标。

（3）三峡库区：三峡库区是指由于兴建长江三峡水利枢纽工程而被水库淹没的地区，地理位置为北纬29°16′~31°25′、东经106°50′~110°50′。土地总面积55742km²，其中包括重庆市的开县、万州、忠县、巫山、巫溪、石柱、丰都、武隆、江津、长寿、奉节、云阳、渝北、巴南及涪陵，湖北省的宜昌、秭归、兴山、巴东，总人口1598.9万人（2000年）。属于汛后回水淹没区的重庆市主城区由于淹没损失较小，并且经济社会发展水平与方向同库区其他区、县（市）差异比较大，所以通常不将重庆主城区列入三峡库区范围，除了环境保护外。三峡库区的特

* 　基金项目：重庆市教育委员会科学技术研究项目"三峡库区乡村生态资源可持续利用规划方法研究"（编号 KJQN201800732）资助；重庆交通大学校内科学基金课题"三峡库区综合交通网络与生态资产体系耦合机制研究"资助

点为人与地矛盾、生态环境差、经济基础不牢、产业结构层次比较低。

2 小气候适应性设计基础研究

2.1 三峡库区气候背景

三峡库区地处四川盆地与长江中下游平原交会处，属亚热带暖湿季风气候区。夏季漫长，炎热多雨，冬季短暂，温和湿润，全年气候温和，雨量充沛。在大多数地区，最冷的月份（1月），月平均气温低于5.9℃；最热的月份（7~8月）平均气温为24.8~29.3℃；大部分地区温度高于35℃的高温天数大于或等于20天。三峡库区太阳辐射弱，日照时数少，常年静风频率较高，库区各地区主导风向和风向频率分布差异很大。

2.2 武陵镇产业空间小气候特征

为了分析武陵镇的小气候参数，对该地的小气候要素进行了测量（图1），采集现场资料有助于了解基地的小气候状况，分析基地的小气候问题，同时为以后小气候改善的对比研究奠定了资料数据基础。

2.2.1 实测过程

数据采集使用Kestrel 5000风速仪，数据采集高度为1.5m，数据采集内容包括空气温度、露点温度、相对湿度、热力指数以及风速。

数据采集地点为万州武陵镇晚熟龙眼基地、源阳路农贸市场、鸿运造船厂和大唐荔园，4个数据采集点分别对应生态旅游业、农业、工业以及商贸业。4个测点总体位于重庆市万州区武陵镇中西部，总长约2.7km。

数据采集时间为2019年11月23日02：00~23：00，连续21h。

2.2.2 实测结果

本文采用 https：//www.ventusky.com/ 网站所提供的万州市区气象站历史数据作为参考。

对比4个测定点日空气温度、露点温度、相对湿度、热力指数变化（图2），龙眼基地、农贸市场、

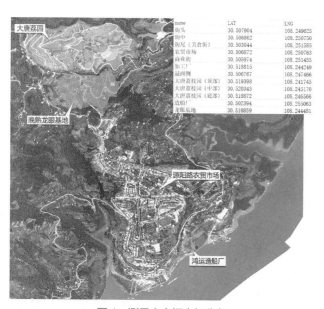

图1　测量点空间坐标分布

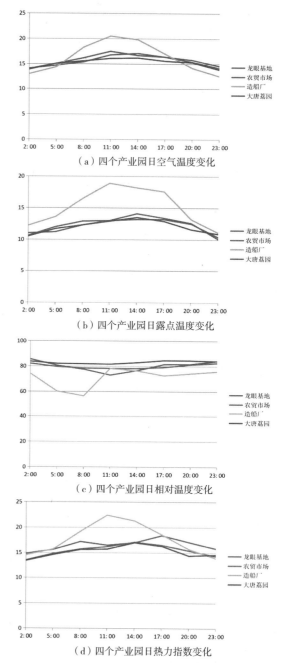

（a）四个产业园日空气温度变化

（b）四个产业园日露点温度变化

（c）四个产业园日相对湿度变化

（d）四个产业园日热力指数变化

图2　4个产业园日空气温度、露点温度、相对湿度、热力指数变化

大唐荔园变化趋势一致，数值接近。造船厂与其他三测点数值差别较大，变化趋势基本一致。4个测点的空气温度和热力指数不同时间的变化较大，变化倾向一致。气温峰值发生在11：00，热力指数峰值发生在14：00~17：00，武陵镇的冬天温度比较温和。

表1~表4数据显示，实测平均温度的极值范围大于气象站平均温度。对比4个测点的相对湿度，露点温度的变化（图2）。参考室内环境，冬天，温度20~25℃时相对湿度30%~80%人体会感觉舒适，露点温度6~18℃人体会感到舒适。武陵镇相对湿度高于80%的时间长，气候潮湿。数据采集期间中测点风速极值为3.96km/h，阵风风速极值为6.48km/h，武陵镇基地风速小，风速变化平稳。

结合三峡库区的大气候背景得出武陵镇气候的特征：

（1）冬季短暂，气候温和湿润，昼夜温差小，风速小，风速变化平稳。

（2）夏季漫长，气候高温多雨，太阳辐射弱，风速小，风速变化平稳。

（3）夏季小气候问题较之冬季更为突出。

3 小气候适应性方案设计

3.1 设计思路、模型选用与设计策略

3.1.1 设计思路与模型选用

选取会影响室外热舒适的热环境的因素，如风速、温度、湿度、平均辐射温度等，进行模拟量化，并综合考虑规划布局形式、下垫面结构形式和建筑物形式的不同所带来的室外热环境的差异性。

ENVI-met模型根据流体力学和热力学以及城市气象学的规律，对城市热环境进行整体的数值模拟，可用于模拟城市小范围的地面、植被、建筑和大气之间的相互作用过程。现阶段ENVI-met已广泛应用于城市微气候、建筑设计、环境规划等方面。ENVI-met涵盖较为全面的气候要素分析，模型能够计算风场、空气温度、空气湿度、湍流、长波辐射通量、短波辐射通量、气体和微粒扩散、地面温度以及土壤温度和含水量的时间分布及空间分布，并考虑各气候要素的相互作用。可以满足本次研究要求。

龙眼基地实测平均温度与气象站温度对照表　　　　表1

时间	2：00	5：00	8：00	11：00	14：00	17：00	20：00	23：00
实测平均数据（℃）	14.1	14.7	15.4	16.8	17.1	16.4	15.8	14.6
气象站数据（℃）	6.8	7.2	7.4	13.6	15.8	14.6	11.3	9.2
差值（℃）	7.3	7.5	8.0	3.2	1.3	1.8	4.5	5.4

农贸市场实测平均温度与气象站温度对照表　　　　表2

时间	2：00	5：00	8：00	11：00	14：00	17：00	20：00	23：00
实测平均数据（℃）	13.9	15.1	16.2	17.5	16.7	16.4	15.4	14.2
气象站数据（℃）	6.8	7.2	7.4	13.6	15.8	14.6	11.3	9.2
差值（℃）	7.1	7.9	8.8	3.9	0.9	1.8	4.1	5.0

造船厂实测平均温度与气象站温度对照表　　　　表3

时间	2：00	5：00	8：00	11：00	14：00	17：00	20：00	23：00
实测平均数据（℃）	13	14.4	18.3	20.5	19.8	17.0	14.2	12.6
气象站数据（℃）	6.8	7.2	7.4	13.6	15.8	14.6	11.3	9.2
差值（℃）	5.2	7.2	10.8	6.9	4.0	2.4	2.9	3.4

大唐荔园实测平均温度与气象站温度对照表　　　　表4

时间	2：00	5：00	8：00	11：00	14：00	17：00	20：00	23：00
实测平均数据（℃）	14	15.1	15.6	16.1	16.2	15.6	15.3	13.9
气象站数据（℃）	6.8	7.2	7.4	13.6	15.8	14.6	11.3	9.2
差值（℃）	7.2	7.9	8.2	2.5	0.4	1.0	4.0	4.7

3.1.2 设计策略

就目前的相关研究进展而言，小气候尚不能用任何方法直接评定。在国内外的小气候研究中主要以热舒适度作为人在户外空间的感受尺度。Cohen和Potchter考察了以色列特拉维夫夏季和冬季不同植被覆盖的各种城市公园的日常和季节气候行为及其对人类热知觉的影响。结果显示，主要影响人类热舒适条件的气候因素是平均辐射温度，树冠茂密的城市公园在夏季具有最大的降温效果，温度可降低3.8℃，生理等效温度（PET）降低18℃，这些结果突出了开放空间对于缓解夏季高温的重要性。华中科技大学的王振在《夏热冬冷地区基于城市微气候的街区层峡气候适应性设计策略研究》中，从微气候与城市街区层峡之间的关系出发，以现场实测数据为基础，应用数值模拟的方法对街区层峡进行动态耦合计算，包括CFX风环境计算，ENVI-met热环境模拟等，从街区层峡的几何特征、布局方式、下垫面属性、绿化水体等多个方面为微气候改善提供设计思路和策略；黄媛在《夏热冬冷地区基于节能的气候适应性街区城市设计方法论研究》中，选取了三种不同的城市基本形态，条式、塔式和庭院式，对于建筑的太阳能效和建筑的采暖和制冷能耗的综合影响研究了朝向、容积率和宽度比等指标。与此同时，比较冬季和夏季的相关性和差异性，这些规律都将有助于转化为设计策略。

3.2 设计方案

武陵镇属于三峡库区冬冷夏热的湿热地区，夏季高温多雨，主导小气候问题为炎热。综合前人的研究成果，现利用植物种植间距改善农业产业空间热舒适度，利用街道高宽比改善综合产业空间热舒适度，利用天空可视域改善工业产业空间热舒适度，利用水体形态改善旅游业产业空间热舒适度。

由于冬季与夏季小气候问题相反，因此在综合考量的基础上对不同的产业空间有所侧重，分别进行夏季和冬季的软件模拟验证。

3.3 软件模拟验证

3.3.1 模拟目标与案例

模拟使用ENVI-met软件，在模拟过程中对方案进行简化处理。

模拟研究1包括一个对照案例A和一个基本案例B，以及实验案例C。案例A为下垫面是土壤的空地，案例B在A的基础上以4m×4m的株行距种植1hm²龙眼，植株高度为2m。案例C模拟验证基于农业农作物种植间距变化对小气候舒适度的影响，在案例A的基础上以6m×6m的株行距种植1hm²龙眼。

模拟研究2包括一个对照案例D和一个基本案例E，以及实验案例F。案例D为下垫面是土壤的空地，案例E街道宽为16m，两侧建筑高8m，街道朝向固定为东西走向。案例F模拟验证基于商贸业街道高宽比变化对小气候舒适度的影响，在案例E的基础上将街道宽度变为24m。

模拟研究3包括一个对照案例G和一个基本案例H，以及实验案例I。案例G为下垫面是土壤的空地，案例H在案例G的基础上种植三峡库区常见树种楝木，落叶乔木，树高10m，以场地几何中心为圆心，半径100m围植3圈。案例F模拟验证基于工业天空可视域变化对小气候舒适度的影响，在案例H的基础上，将种植区域半径变为150m。

模拟研究4包括一个对照案例J和一个基本案例K，以及实验案例L。案例J为下垫面是土壤的空地，案例K在案例J的基础上布置2个直径为100m的圆形水池，前后间距100m，垂直距离30m。案例L模拟验证基于生态旅游业水体形式对小气候舒适度的影响，在案例K的基础上，将水体形态变为不规则流线。

3.3.2 模拟过程

为了保证不同产业空间区域模拟结果的可比性，每个模拟区域的大小设置为1km×1km，网格数为50×50×40，设置网格水平和垂直方向空间分辨率为10m（图3）。冬季模拟日期选为与实地数据获取时间相似的2018年11月23日。模拟时间定为11：00~17：00，包含空气温度峰值。夏季模拟日期综合拟定为2018年万州夏季气象数据较为稳定的7月23日。

武陵镇地理位置：东经108°25′，北纬30°50′。

3.3.3 模拟结果

软件模拟结果表明：

（1）扩大农作物种植间距对小气候舒适度改善无明显变化（图4）。

（2）商贸业中采用1：3的高宽比对小气候舒适度改善有积极意义（图5）。

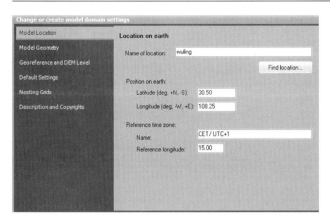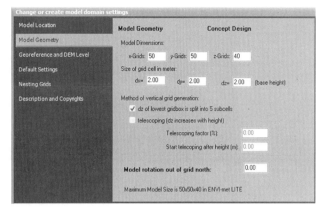

图3 ENVI-met 初始参数设置

（3）扩大天空可视域与小气候舒适度存在正相关关系，在一定范围内天空可视域增加，人体在该场景下的热舒适度会提高（图6）。

（4）改变水体形式有助于改善生态旅游业的小气候舒适度（图7）。

4 结论

研究表明，在进行景观规划之前，了解和分析与景观小气候的相关问题，并在设计解决方案时应用技术解决办法来解决具体的景观问题，这样有助于改善室外小气候的舒适度。风景园林小气候适宜性设计手法的运用不能仅限于对研究成果的生搬硬套，必须通过模拟软件来提高设计方案的科学和可靠性。本实验建立在项目组研究基础上，是对实测推导结论的模拟验证与小气候适宜性设计手法的初步实践。本研究将深入进行并延伸到春秋两个季节，并将对设计手法进一步完善。

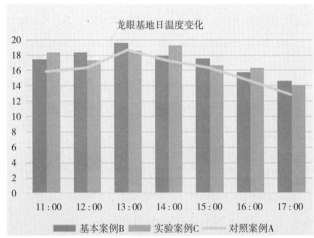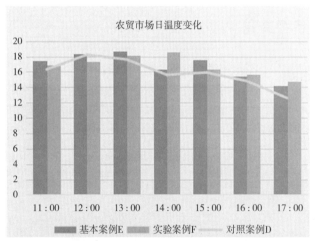

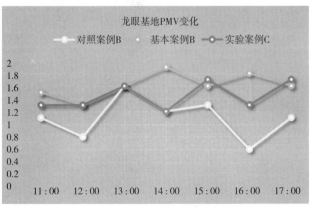

图4 龙眼基地日温度、PMV 测试变化

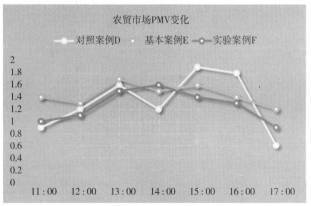

图5 农贸市场日温度、PMV 测试变化

73

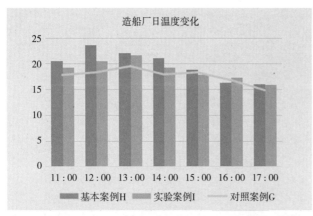

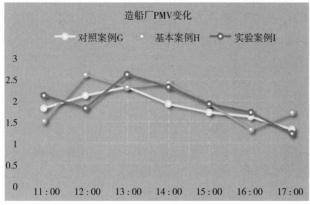

图 6　造船厂日温度、PMV 测试变化

图 7　大唐荔园日温度、PMV 测试变化

参考文献

[1]　刘滨谊，林俊 . 城市滨水带环境小气候与空间断面关系研究——以上海苏州河滨水带为例 [J]. 风景园林，2015（6）：46–54.

[2]　赵万民，李云燕 ."后三峡时代"库区人居环境建设思考 [J]. 城市发展研究，2013（9）.

[3]　赵万民 . 三峡库区人居环境建设十年跟踪 [J]. 时代建筑，2006（4）.

[4]　彭清超 ."三生融合"导向下的特色小镇产业发展及空间布局研究——以南昌市石鼻文创特色小镇为例 [D]. 南昌：江西师范大学，2018.

[5]　赵艺昕，刘滨谊 . 高密度商业街区风景园林小气候适应性设计初探 [C] // 中国风景园林学会 2016 年会论文集 . 2016：225–232.

[6]　杨小乐，金荷仙，彭海峰，等 . 基于夏季小气候效应的杭州街道适应性设计策略研究 [J]. 风景园林，2019，26（2）：100–104.

[7]　吴一洲，陈前虎，郑晓虹 . 特色小镇发展水平指标体系与评估方法 [J]. 规划师，2016（7）.

[8]　李鹏举，崔大树 . 空间交易费用、产权配置与特色小镇空间组织模式构建——基于浙江特色小镇的案例分析 [J]. 城市发展研究，2017（6）.

[9]　毛汉英，高群，冯仁国 . 三峡库区生态环境约束下的支柱产业选择 [J]. 地理学报，2002（5）：553–560.

滨海城市形态对热浪天气的缓解作用 *

郭　飞，赵　君，张弘驰，南鹏飞，尹新远，王作兴

大连理工大学建筑与艺术学院

摘　要：以大连市 2018 年 8 月热浪天气为研究背景，利用 ENVI 对 Landsat 8 遥感数据进行地表温度（land surface temperature，LST）反演。利用基于 Python 的 GIS 空间分析技术计算城市形态参数，包括天空可视因子（sky view factor，SVF）、建筑密度（building density，BD）、容积率（floor area ratio，FAR）、建筑平均高度（average height，AH）和离海岸线的距离（distance from the coastline，DFC）。利用 SPSS 和 GeoDa 计算 LST 与城市形态参数的斯皮尔曼相关系数并建立空间回归模型。结果表明：LST 的莫拉指数高达 0.8，证明其存在明显的空间自相关性；空间误差回归模型（spatial error model，SEM）的参数优于空间滞后模型（spatial lag model，SLM）；通过皮尔逊相关系数分析得到 LST 与 BD、FAR、SVF 及 DFC 呈正相关关系，与 AH 呈负相关，其中 DFC 与 LST 的关系最强；随 DFC 的变化，城市形态参数与 LST 的关系也发生变化，这表明海风渗透作用对热环境产生了较大的影响。本研究为中纬度寒冷地区的滨海城市提供了一种热环境的研究思路及缓解热浪天气的依据和方法，为城市规划师和建筑师创建宜居城市提供重要的参考依据。

关键词：城市形态；地表温度；定量分析

全球气候变暖导致高温热浪事件频发，中国也深受其害。寒冷地区城市气温上升幅度更显著，人因应对经验不足而更脆弱。海风能够显著缓解滨海城市热浪天气，城市形态会加强或削弱这种影响，因此成为一种重要的适应性规划和城市缓解策略。但是城市形态与热环境的定量关系受诸多因素影响，需根据城市地形及自身特征进行深入研究，制约了基于城市形态的热环境缓解策略在实践当中的应用。该研究以滨海城市大连为例，利用空间回归模型对城市形态参数与热环境的相互影响机制进行了探讨，为进行科学定量和精细化的规划及设计提供了重要依据。

1　研究方法

1.1　研究区域概况

研究区域位于大连市中心城区，包括中山区、甘井子区、西岗区以及沙河口区，如图 1（a）所示。研究区域东西长 27.2km，南北长 24.8km，面积约 674.56km²。研究区域内建筑密度较高，介于黄海、

渤海之间，夏季盛行东南风，受海风影响较为严重。在保证样本数充足前提下，将建筑物覆盖的区域划分为 100m×100m 的网格，如图 1（b）所示，计算每个网格内的地表温度和城市形态参数，结果如图 2（b）及图 3（a）~图 3（e）所示。

1.2　卫星遥感反演

利用空气温度来确定城市形态对城市热环境的影响是有限的，因为大多数空气温度测量依赖于实测或本地气象站数据。城市形态与城市热环境的定量研究需要城市规模的温度并需要较高的空间分辨率。此外，许多研究注意到地表温度和空气温度密切相关，并且具有相似的空间分布格局[1-2]。因此，卫星遥感图像或城市气候模型被学者用于研究城市热环境，特别是城市形式形态与热环境的关系[3-4]。本项目采用 Landsat 8 的数据，空间分辨率为 30m，适用于城市范围内高精度的地表温度反演研究。利用遥感数据处理平台 ENVI（The Environment for Visualizing Images）结合 Landsat 8 卫

---

* 基金项目：国家社会科学科基金项目"基于远景预测的城市气候灾害协同防治体系研究"（编号 18BGL233）资助

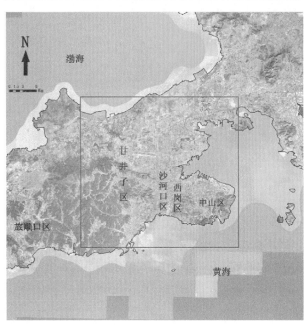

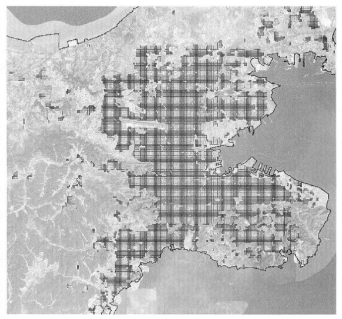

（a）研究区域　　　　　　　　　　　　　　　　　　　　（b）网格划分

图1　研究区域

星遥感数据获取研究区域内的城市地表温度，探究滨海城市热环境的影响因素。

1.3　相关性分析与空间回归模型

回归模型和相关性分析被广泛应用于各种尺度的 LST 分析[5]。为了确定各变量如何影响 LST，通常采用回归分析[6]。然而，由于热传导、对流和辐射以及人为等因素的影响，LST 在空间内是不断变化的，常规的线性回归模型不能很好地解释 LST 的空间变化，考虑到这方面，可以建立空间回归模型，来表示各城市形态参数在空间上对 LST 的影响[7-8]。

该研究先利用 SPSS 验证建筑参数与 LST 的相关性，再利用 GeoDa 建立空间回归模型。

2　结果

2.1　地表温度反演

利用 ENVI 对 Landsat8 卫星遥感图像进行反演，结果如图2（a）所示，热浪期间地表平均温度47.97℃，地表温度最高74.24℃，地表最低温度4.28℃；提取建筑覆盖区域内的 LST，地表平均温度为53.08℃，最高温度74.24℃，出现在甘井子区北部，

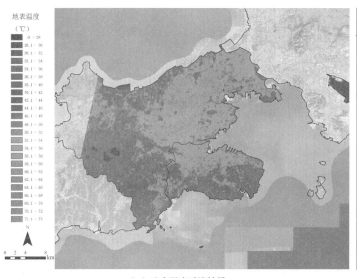

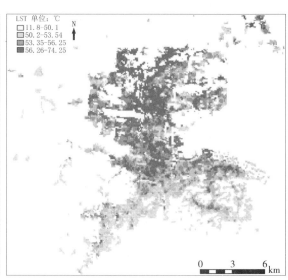

（a）地表温度反演结果　　　　　　　　　　　　　　　　（b）建筑物覆盖范围内的地表温度

图2　地表温度反演

最低温度 11.8℃ 出现在南部沿海地区。说明除自然地理原因外，建筑形态对 LST 也有较大的影响。除 *BD*、*FAR*、*AH*，以及 *SVF* 这四个传统城市形态参数外，根据城市现状，该研究将内陆离海岸线的距离（*DFC*）也作为描述城市形态的一个参数进行研究。

2.2 相关性分析

在进行空间回归前，利用 SPSS 将城市形态因子与地表温度进行斯皮尔曼相关性分析（表1），以此来判断 *LST* 与各城市形态参数的相关性。结果表明 *LST* 与 *BD*、*FAR*、*SVF*，以及 *DFC* 呈正相关，相关性显著；与 *AH* 呈负相关，相关性显著。其中与 *DFC* 的相关性最大，与 *FAR* 的相关性最小。为进一步探究 *DFC* 与 *LST* 的关系，将 *LST* 定为因变量，*DFC* 为自变量，建立一元三次回归模型，如图3（f）所示，0~10000m 范围内 *LST* 随 *DFC* 的变化趋势较为明显，10000m 以后逐步平稳，R^2 为 0.299。据公式（1）求出 *DFC* 对 *LST* 最大影响距离约为 25600m。

$$y=3.28e^{-13}x^3-2.95e^{-8}x^2+8.69e^{-4}+47.16 \quad (1)$$

式中　*y*——地表温度 *LST*；

　　　x——离海岸线距离 *DFC*。

斯皮尔曼相关性分析					表1
	BD	*FAR*	*AH*	*SVF*	*DFC*
斯皮尔曼	0.303**	0.021**	−0.257**	0.034**	0.535**

* 在 0.05 级别（双尾），相关性显著。
** 在 0.01 级别（双尾），相关性显著。

对比 *LST* 与 *DFC* 的空间分布发现在 2500m 范围内 *LST* 的平均温度为 47.62℃，2500~25000m 范围内的平均温度为 53.45℃。在 2500m 范围内采用逐步取样法，进一步分析海洋对地表温度的作用（表2）。发现 *DFC* 对 *LST* 影响在 500m 范围内最大，总体来说 *BD* 对 *LST* 的影响最强，尤其是在 2000~2500m 的范围内。

逐步取样法					表2
	0~500	500~1000	1000~1500	1500~2000	2000~2500
BD	0.320**	0.066	0.061	0.41**	0.448**
SVF	−0.088	0.020	−0.117**	−0.372**	−0.245
AH	0.172**	−0.031	0.099	0.131*	−0.083
FAR	0.280**	0.010	0.070	0.27**	0.268**
DFC	0.233**	0.028	−0.000405	−0.090	0.095

* 在 0.05 级别（双尾），相关性显著。
** 在 0.01 级别（双尾），相关性显著。

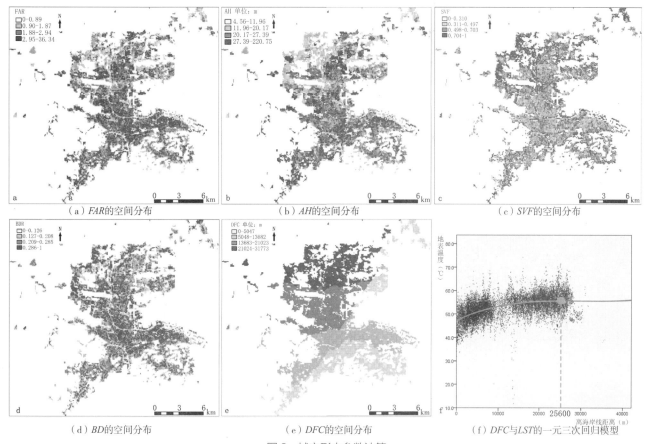

　（a）*FAR* 的空间分布　　　　（b）*AH* 的空间分布　　　　（c）*SVF* 的空间分布

　（d）*BD* 的空间分布　　　　（e）*DFC* 的空间分布　　　（f）*DFC* 与 *LST* 的一元三次回归模型

图3　城市形态参数计算

2.3 空间回归模型

根据相关性分析，设置两组对比试验，Test1 包含的建筑形态因子为 *BD*、*FAR*、*AH*、*SVF* 以及 *DFC*，Test2 包含的建筑形态因子为 *BD*、*AH* 以及 *DFC*，进一步探究建筑形态与地表温度的关联性。首先利用 GeoDa 进行 *LST* 空间自相关分析，得出莫兰指数（Moran's I）为 0.868（图4），表明 *LST* 有高度的自相关性。经过拉格朗日检验（*LM*）和稳健的拉格朗日检验（*R-LM*）来判断适合此类分析的空间回归模型，结果如表3所示，在 Test1 和 Test2 的两组实验中，*SEM* 的 *LM* 值和 *R-LM* 值都大于 *SLM*，因此 *SEM* 模型更加适用于该研究。结果如表4所示，在两组实验中 *BD* 在回归模型中所占的比重最大，而 *DFC* 所占的比重最小。Test1 的 *AIC* 和 *SC* 均小于 Test2，*LL* 值大于 Test2，这说明 Test1 的解释力更好，能够更好地解释 LST 与城市形态的关系。

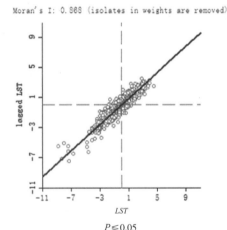

Moran's I: 0.868 (isolates in weights are removed)

$P \leq 0.05$

图4 *LST* 空间自相关计算（Moran's I 散点图）

LM和R–LM检验结果　　表3

	参考值	MI/DF	VALUE	PROB
Test1	Lagrange Multiplier（SLM）	1	12117.0081	0
	Robust LM（SLM）	1	269.3910	0
	Lagrange Multiplier（SEM）	1	25102.2878	0
	Robust LM（SEM）	1	13254.6707	0
Test2	Lagrange Multiplier（SLM）	1	12323.4801	0
	Robust LM（SLM）	1	253.5900	0
	Lagrange Multiplier（SEM）	1	25471.8224	0
	Robust LM（SEM）	1	13401.9323	0

空间误差模型（SEM）各参数回归系数　　表4

城市形态因子	Test1（SEM）	Test2（SEM）
DFC	0.000193	0.000192699
FAR	−0.0539886	
SVF	0.0004492	
AH	−0.00829345	−0.0116397
BD	4.01989	3.56823
CONSTANT	47.7089	47.7667
R^2	0.901645	
Log likelihood（*LL*）	−28115.801927	−28166.01622
Akaike info criterion（*AIC*）	56245.6	56340
Schwarz criterion（*SC*）	56298.6	56370.3

3 结果及讨论

根据上述研究，得到以下结果：

（1）在 *BD*、*FAR*、*SVF*、*AH* 以及 *DFC* 中，*BD* 与 *LST* 的相关性强，在空间回归关系中占比最大，*DFC* 与 *LST* 相关性最强，但在空间回归关系中占比较小；*SVF* 与 *FAR* 与 *LST* 的相关性较小，但在空间回归关系中所占比重均大于 *DFC*。单位面积内 *FAR* 值越高，会导致 *SVF* 值发生变化，影响地表辐射，进而影响 *LST* 的空间热交换。

（2）通过逐步取样法发现随 *DFC* 的变化，各参数与 *LST* 的相关性也发生变化，所以在进行城市设计时为应对热浪，应按离海岸线的距离对城市进行分区，在一定范围内控制建筑形态对海风的阻挡作用，将海风的降温效果发挥到最大；在海风控制范围以外的距离，通过控制 *SVF*、*FAR* 等参数，增加地面阴影面积，降低热辐射。

（3）两组实验结果表明，Test1 的空间回归模型优于 Test2，这可以说明影响 *LST* 因素众多，在实际的城市设计中很难考虑到所有的影响因素，通过空间回归模型可得出各要素所占的比重，将占比较大的因素作为主要研究对象，可增强城市设计的科学性并提高效率。

此研究工作还处于起步阶段，如何利用专业的热环境评价工具，结合城市规划，在城市总体规划和详细规划层面，提出有效的降温策略，提高城市热舒适度是这项研究工作的目的。总体上，这项研究需要整合城市规划、地理、气候等众多专业技术信息，同时还需要促进政府管理、法规、政策和公众参与等方面的全面合作，才能取得令人满意的效果。

参考文献

[1] NICHOL J E, et al. Urban heat island diagnosis using ASTER satellite images and 'in situ' air temperature[J]. Atmospheric Research, 2009, 94（2）: 276-284.

[2] KLOK L, et al. The surface heat island of Rotterdam and its relationship wit, urban surface characteristics[J]. Resources Conservation and Recycling, 2012, 64: 23-29.

[3] SUN Q, WU Z, TAN J.The relationship between land surface temperature and land use/land cover in Guangzhou, China[J]. Environmental Earth Sciences, 2012, 65（6）: 1687-1694.

[4] SUN R, et al.Cooling effects of wetlands in an urban region: The case of Beijing[J]. Ecological Indicators, 2012, 20: 57-64.

[5] LI S T, LI J, Duan P.Relationship between urban heat island effect and land use in Taiyuan City, China[C] // Kao J C M, Sung W P. 2016 International Conference on Mechatronics, Manufacturing and Materials Engineering, 2016.

[6] MORABITO M, et al. The impact of built-up surfaces on land surface temperatures in Italian urban areas[J]. Science of the Total Environment, 2016, 551: 317-326.

[7] BALTAGI B H, et al.Testing for serial correlation, spatial autocorrelation and random effects using panel data[J]. Journal of Econometrics, 2007, 140（1）: 5-51.

[8] YIN C H, et al. Effects of urban form on the urban heat island effect based on spatial regression model[J]. Science of the Total Environment, 2018, 634: 696-704.

城市公园冬季小气候舒适度与游人行为关系分析
——以重庆市永川区兴龙湖为例

姚 阳，程梓易

重庆交通大学建筑与城市规划学院

摘 要：随着城市化进程的加速，中国城市环境问题日益显著，人居环境舒适性的需求非常突出。城市公园是面向公众开放的重要休憩场所，研究城市公园空间要素、景观要素与小气候要素之间的关系，对于指导城市公园景观的设计与建设，提高人们活动空间舒适性有重要意义。本文以重庆市永川区兴龙湖城市公园为例，通过实测样地和问卷调查相结合的方式对城市公园中景观要素形成的空间小气候条件和游客行为特征进行分析，研究空间要素、景观要素对小气候的调节能力，以及小气候舒适度对游人行为的影响，探讨改善城市公园小气候策略与方法。

关键词：城市公园；小气候；游人行为

1 研究概况及方法

1.1 小气候基本概念

所谓小气候就是由于下垫面条件或构造特性影响而形成的与大气候不同的小范围的气候，或由于下垫面条件不同在大气候背景下所表现的小尺度气候特点。这种小尺度的局部气候特点一般是表现在个别气象要素值或个别天气现象（例如雾、霜、雨凇和雷雨等）上，但不会改变决定于大过程（平流、锋面等）的天气特性[1]。

1.2 研究意义

由于中国城市发展的速度加快，城市的建设给环境带来了一系列问题，冬季城市空气污染、雾霾频发等气候问题严重影响了人居生活的质量，带来了巨大的安全隐患，通过研究城市公园小气候可以指导城市空间设计，有效改善城市人居生活环境，提高人们的生活质量。

1.3 兴龙湖基地状况分析

永川区位于长江上游北岸、重庆西部，地处东经105°38′~106°05′、北纬28°56′~29°34′，距重庆市区55km，面积1576km²，人口112万。永川区属于亚热带季风性温润气候，平均海拔300m，平均气温17.7℃，年平均降雨量1015.0mm，平均日照1218.7h。冬季较寒冷，最冷1月日均最高气温为10℃，日均最低气温为4℃；夏季炎热，平均气温22.0~30.0℃；年极端最低气温–2.9℃，年极端最高气温42.1℃。重庆市永川区兴龙湖公园位于兴

图1 兴龙湖公园基地概况图

* 基金项目：重庆市教委科学技术研究项目"重庆市滨江道路设计理念与绿色建设技术研究"（编号 KJQN201800738）资助

龙大道以东，兴建于 2008 年，2010 年建成对市民开放。公园由高 20m 的商业写字楼及住宅三面围合，总占地面积 46.67hm²，其中水体 13.33hm²，山体 11.33hm²。公园以兴龙湖为中心划分为 6 个部分：风尚之港、滨湖林荫道、玲珑湾、茶博园、水晶宫、现代水岸（图 1）。

1.4 基地环境实测方法

在测试前对研究场地进行初步的现场观察，对兴龙湖公园的功能分区、游览路线、景观轴线进行基本了解。重点观察：①观察公园内不同风景园林空间类型对小气候变化的影响以及自身感受到的舒适性变化。②在特定天气状况下的全天时段内，对当天公园内游人不同时间段的活动类型、偏好以及时空分布等进行记录，初步分析广场上使用者行为模式与时间和空间的相关性以及与小气候的相关性，为实测方案的选点做准备。在小气候实测当天，采用手持红外测温仪和风速检测仪以 1h 为记测时间单位进行测量并记录距离地面 1.5m（人的主要活动高度）处温度、湿度、风速等小气候物理指标，同时记录下各实测点的空间组合要素。应用 Excel 软件对实测中不同时间段内不同空间形态下的小气候数据进行初步统计并绘制折线图，进行空间形态要素与小气候物理指标舒适度以及与人的行为模式的相关性分析，由此得出相应的关系结论。

2 调研结果实测分析

2.1 实测数据分析

测试选择 2019 年 12 月 10 日周二，晴朗无大风日进行。天气情况如图 2 所示，当日天气预报最高温 14℃，最低温 6℃，有微风。永川区当天的日出时间约为 7：38，日落时间约为 17：57，因此本次注记调研选择 8：00~18：00 的时段内，在距地面 1.5m 高度处，每间隔 1h 测量一次公园不同的 4 处测试点的风速、空气温度及太阳辐射度。

此次测量记录了公园内 4 种不同的空间结构形式，从早到晚 10h 之间的温度、湿度以及风速数据。测试点一位于公园的中心水景区域即兴龙湖，属于开敞空间，空间结构主要以大面积的水面为主；测试点二位于兴龙湖北侧牌坊处由西向东的大道处，空间内主要以草坪、灌木、大乔木、铺装为主，功能为公园的快速通行道路；测试点三位于公园西侧滨湖林荫大道，以大面积的乔木、灌木以及地被为主，属于三面围合的密闭空间；测试点四位于公园南侧，属于活动空间，空间结构以大面积草坪为主，结合小部分铺装，场地内拥有了供市民游客健身活动的一系列基础设施。从图 3 来看，测试点四的早晚温差（上午 8 点与下午 6 点的平均温度）最大为 7.1℃，测试点二的早晚温差最小为 4.4℃；测试点三在 8：00 的时候温度为 10.8℃，是 4 个测试点中温度最低的，而测试点四在 14：00 的时候达到全天最高温 25℃；4 个测试点的温度在 10：00~12：00 之间都有一个小幅度的下降再上升的过程，在 15：00~16：00 开始逐步下降。

从图 4 来看，冬季公园的湿度变化呈现先下降，在 16：00 左右逐渐回升的趋势，湿度变化与温度无直接联系，但与水面呈正相关。

2.2 兴龙湖公园游人行为分析

在测试当天，对兴龙湖公园内游人的活动类型、时空分布进行观察和记录，分析使用者活动行为，初步判断与小气候舒适度之间的关系。

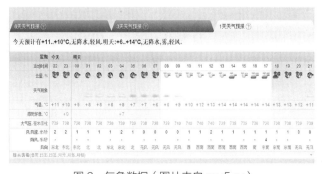

图 2 气象数据（图片来自 rpu5.ru）

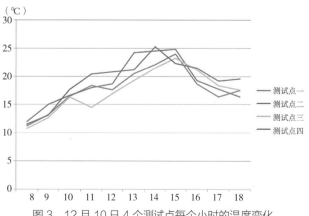

图 3 12 月 10 日 4 个测试点每个小时的温度变化

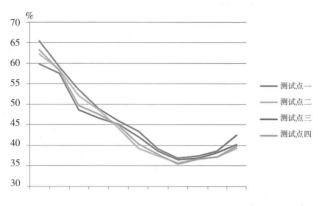

图4 12月10日4个测试点每个小时的湿度变化

2.2.1 冬季8：00~11：00使用者活动及分布情况

该时段使用人群以锻炼者为主，使用者以中老年人为主，多以跳舞、散步、坐憩、交谈、摄影等非剧烈活动为主，青少年使用者较少。8：00左右天空云层较厚，气温基本没有升高，公园东侧使用者分布比较少，大多集中在西侧开阔硬质铺装地带，分布着3处舞蹈人群共约168人，主要集中在公园主入口、中心湖区以及南面入口处休闲活动区。9：00左右，公园内清洁人员增多，开始修剪植物，清理垃圾等。9：30左右，使用人数明显增多，以12~40人左右的群体活动为主，附近幼儿园的20位小朋友及3位老师集中在公园南面开阔的草坪地带，观察大自然并学习绘画。值得注意的是，西侧中心湖区东侧开敞位置的座椅使用者坐憩、聊天的人群一直较多，而东侧围合性较高的座椅则鲜少有人光顾。

2.2.2 冬季11：00~15：00使用者活动及分布情况

该时段，公园内各处均有微风，在14：00~15：00之间，温度达到整天的最高值，也是一天中游人最多的时候。11：00时，广场的跳舞人群逐渐散去，公园内的使用者以通行为主，公园内各处均有微风，风速0.1~0.4m/s。13：00开始，公园内人群开始逐渐增加，人群主要集中在公园南侧的大草坪和中心湖这两个区域。14：00是一天中阳光最充足的时候，游人的活动形式主要以散步、坐憩、交谈、摄影为主，公园内小孩子的比重增加，许多家长带着几个月至2岁左右的儿童闲逛，享受冬日暖阳。

2.2.3 冬季15：00~18：00使用者活动及分布情况

这期间，公园人群的活动方式呈现了多元性，有

骑自行车、踢毽子、打陀螺、滑板、唱歌等活动形式。公园北侧牌坊下面的大道，主要起通行作用，人流量明显增加，人们聚在一起在树下驻足交谈。16：00公园内的风速在0.2~0.5m/s之间，在中心湖区风感最明显，16：50左右，太阳辐射逐渐减弱，南侧草坪上的人群逐渐散去。17：00开始，公园内学生的数量逐渐增加，以穿行公园回家或集中在南侧活动区域内写作业为主。18：00以后，公园内的气温明显下降，路灯亮起，公园内只有极少数散步和锻炼的人群。

2.3 问卷调查结果分析

为了解兴龙湖公园使用者的基本信息，于2019年12月10日对兴龙湖进行调查问卷发放，对使用者的性别、年龄段、使用行为进行分析。当天的天气情况：多云转阴，最高温度15℃，最低温度8℃，东北风2级。当日发放调查问卷100份，回收的有效问卷91份，有效回收率为91%。根据回收的调查问卷结果分析，在冬季，游人主要在9：30~10：30和14：00~16：00这两个时间段在公园进行活动；有48人在公园停留的时间约为30min，有29人在公园停留的时间约为30~60min；游人在公园停留的区位以中心湖区以及南侧大片草坪区域为主；前往公园的目的以观景为主，锻炼以及通行次之。

3 小气候要素分析

3.1 风效指数分析

人体舒适度经过国内外学者的广泛研究，认为只有6个因素对热舒适起主要影响作用，其中4个因素与环境有关，分别是空气温度、空气速度、相对湿度和平均辐射温度；另外两个因素与人有关，分别是人体新陈代谢率（活动量）和服装热阻。[2] 对于室外环境舒适度，影响人体舒适度的主要物理环境因素包括温度、湿度、风速和太阳辐射，同时还受到室外活动者的衣着、活动内容、季节等影响。风效指数（wind chill index）：描述人体对风、温度和日照综合感受的指数，冬半年采用风效指数。风效指数K计算公式[3]：

$$K=-(10\sqrt{V}+10.45-V)(33-T)+8.55S$$

式中 K——风效指数，取整数；

T——某一评价时段内平均温度，℃；

V——某一评价时段内平均风速，m/s；

S——某一评价时段内日照时数，h/d。

我国《人居环境气候舒适度评价》GB/T 27963—2011 中规定了温湿指数和风效指数作为评价室外环境气候舒适度的指标，并将舒适度划分等级（表1）[4]。

人居环境舒适度等级划分表　　表1

等级	感觉程度	湿温指数	风效指数	人群感觉描述
1	寒冷	< 14.0	< -400	很冷，不舒服
2	冷	14.0~16.9	-400~-300	偏冷，较不舒服
3	舒适	17.0~25.4	-299~-100	感觉舒适
4	热	25.5~27.5	-99~-10	有热感，较不舒适
5	闷热	> 27.5	> -10	闷热难受，不舒服

资料来源：《人居环境气候舒适度评价》GB/T 27963—2011

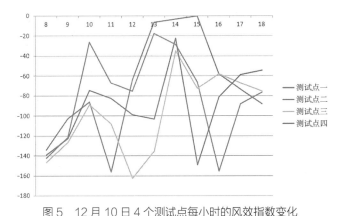

图5　12月10日4个测试点每小时的风效指数变化

根据人居环境舒适度等级划分表和4个测试点每小时的风效指数变化图（图5），可以得出如下结论：测试点二在13:00~15:00之间，风效指数大于-10，人群的感受为闷热难受、不舒服；4个测试点在8:00~10:00这个时间段内的风效指数均在-299~-100之间，人群感觉相对舒适；四个测试点超过一半的时间，风效指数在-99~-19之间，人群感觉有热感，较不舒适。总体来看，冬季前往兴龙湖公园，全天的大部分时间段游人感受较为舒适，在13:00~15:00的时间段内，兴龙湖北侧牌坊处由西向东的大道处会让人感受不舒适，有闷热感受。

3.2　冬季兴龙湖公园使用者行为与时间和空间的相关性分析

通过实地调研发现，在冬季人们主要追求日照，喜欢前往光照充足的开敞空间并做停留，密林的空间全天使用者较少，主要以通行为主，极少有游人停留。冬季场地使用从8:00至19:00，15:00~16:00，整个场地使用者达到全天的峰值，而夜间无明显使用者活动。从整个公园来看，北侧、西侧及南侧活动人数较多，而即使是在光照充足的下午，兴龙湖北侧的空间也鲜少有使用者活动，初步发现，在冬季人们对于场地的选择，会以方便到达且开阔的空间为主。

3.3　冬季兴龙湖公园小气候要素与风景园林要素关系

城市小气候的环境特征是指受场地土壤、地形、降水、太阳辐射、地下水位、风环境、动植物栖息等变化的影响，在小场地范围内所表现出的气候变化特征，各个气候因子如日照、太阳辐射、温湿度、风速及风向和降水等之间也存在一定的关联性[5]。

3.3.1　小气候与空间要素之间的关系

实地测量数据显示：

冬季日间增温效应：开敞空间＞两侧围合空间＞密林覆盖遮阴空间，开敞空间实测时段平均温度较密林覆盖空间高1.4℃。冬季日间增湿效应：东西两侧围合空间＞开敞空间＞密林覆盖遮阴空间，各个空间增湿效应与空间围合程度无明显关系。4个测试点中，测试点四的早晚温差最大为8.1℃，相反测试点二的早晚温差最小为4.4℃，在冬季各空间对温度的调节程度：草坪＋灌木＋大乔木＋铺装的开敞空间＞水体＋湿生植物＋铺装的开敞空间＞草坪＋灌木＋大乔木的密林空间＞草坪＋铺装的半开敞空间。

风效指数的折线图显示：测试点1（即水体＋湿生植物＋铺装的开敞空间）和测试点4（草坪＋铺装的半开敞空间）的人群舒适感最佳，通过实地调研发现游人也更愿意在这两个空间停留休憩。

3.3.2　小气候与景观水体之间的关系

由于兴龙湖水域面积较大，可在一定程度上减缓周围空气的升温。根据实测数据来看，在冬季，水体可以有效增加空气湿度，但是对于温度的调节能力不明显。但在9:00~10:00之间兴龙湖中心湖区有喷泉表演，该测试段内温度无明显上升，动态水体在冬季度具有一定的降温作用。

3.3.3　小气候与风速之间的关系

在测试当天，全天整体风速为微风，经过实测数据显示，风速在0.1~1.5m/s之间，水面附近区域风速一直较明显，风速在16:00达到全天的峰值，由于植物的遮挡，空间的封闭性较强，测试点三在每一个时间段内的风速都是整个公园最小值。

4 结论

冬季的城市广场小气候环境舒适性的营造，主要是通过增加太阳辐射、提高空气的温度，以及地面的温度、降低空气的湿度等方式来实现。[6] 通过合理的植物搭配降低局部温度、光照强度以及合理利用水面提升局部风速是显著改善城市公园小气候的方法。太阳辐射情况与风速大小是影响人群行为的主要小气候要素，在整个场地的设计中，不仅需要考虑到游人冬天喜爱的开敞空间，也需要考虑到夏天人们需求的遮阴降温的密林空间，通过不同的景观要素选择来妥善处理不同季节的实际需求。在公园水体的设置中，应该充分考虑到夏、冬季不同的日照条件、风环境，根据场地现状以及使用者的不同需求，适当增加动态水体的使用，在水体周边合理配置植物、坐憩设施。

参考文献

［1］ 杨柳. 建筑气候学 [M]. 北京：中国建筑工业出版社，2010.

［2］ 庄晓林，段玉侠，金荷仙. 城市风景园林小气候研究进展 [J]. 中国园林，2017，33（4）：23-28.

［3］ 肖荣波，欧阳志云，李伟峰，等. 城市热岛的生态环境效应 [J]. 生态学报，2005，25（8）：2055-2060.

［4］ 中国气象局. 人居环境气候舒适度评价：GB/T 27693—2011[S]. 北京：中国标准出版社，2012.

［5］ 刘蔚巍. 人体热舒适客观评价指标研究 [D]. 上海：上海交通大学，2007.

［6］ 陈雅馨. 基于小气候实测的风景园林空间适宜性改善策略研究——以西安市大雁塔南广场为例 [D]. 西安：西安建筑科技大学，2016.

城市公园老年人活动空间的微气候效应研究
——以青岛市中山公园为例*

胡路瑶，杨　蕾，朱蕊蕊

青岛理工大学建筑与城乡规划学院

摘　要：城市公园作为城市绿地系统的重要组成部分，对于改善城市微气候具有重要作用。城市公园是市民户外休闲活动的主要场所，老年群体作为公园活动的重要参与者，在占比上是城市公园户外游憩活动的较大群体。本文选择具有滨海山地特色的青岛市，以青岛市游人最多、使用最为频繁的综合性公园中山公园为例，选择具有典型秋季气象特征的时间 2019 年 10 月 27 日，对空气温度、相对湿度及风速三个小气候因子进行连续观测，同时采用行为注记法记录老年人群的活动行为，并间隔 20min 记录一次活动空间内的活动人数。结果表明：秋季青岛市城市公园绿色空间影响老年群体活动舒适度的重要微气候因子是温度，老年人户外活动主要考虑活动类型和空间温度而选择活动地点。本研究通过实测、数据分析，结合老年人行为活动特点，探讨如何通过风景园林要素改善城市公园活动空间的微气候，创造健康舒适具有活力的公园空间。

关键词：微气候；老年人；户外活动；城市公园

城市公园作为城市绿地系统的重要组成部分，有助于改善城市品质，调节城市局部微气候[1]，同时城市公园是市民户外休闲活动的主要场所，其舒适性对城市公园的使用率有很大的影响，随着我国老龄化趋势的日益凸显，老年群体作为公园活动的重要参与者，在占比上是城市公园游憩活动的较大群体。有研究表明城市公园的植物、水体、建筑等景观物质要素可产生不同的微气候效应，而太阳辐射照度、气温、风速、风向等微气候参数对空间中人的活动行为和参与度有着重要影响[2]。微气候对游憩活动影响的相关研究表明：微气候影响城市户外空间活动[3]；舒适的微气候环境刺激户外活动[4]，吸引人停留与交流[5]。但当微气候不舒适度值达到一定阈值时，场所将没有休憩活动[5]。而老年群体生理上具有新陈代谢放缓、抵抗力下降、生理机能下降等特征，对温度、风速等环境因子的变化更敏感，从微气候角度对户外休憩场所有着特殊需求。因此研究老年人户外的微气候适应性可为从微气候角度营造适合老年人需求的户外休憩场所提供数据支撑和理论依据。

本文选择具有滨海山地特色的青岛市，以青岛市游人最多、使用最为频繁的综合性公园中山公园为例，选择具有典型秋季气象特征的时间，结合老年群体行为特征研究城市公园户外活动空间的微气候适应性。

1　研究方法及内容

1.1　研究场地

本研究针对滨海山地特色的青岛市开展调研，青岛属于温带季风气候区，由于海洋环境的直接调节，来自洋面上的东南季风及海流、水团的影响，兼具显著的海洋性气候特点，春季气温回升缓慢，较内陆迟 1 个月；夏季湿热多雨，但无酷暑；秋季天高气爽，降水少，蒸发强；冬季风大温度低，持续时间较长。中山公园位于青岛市市南区，常年免费开放，背依太平山，南临汇泉湾，东与八大关建筑群相连，西邻名人雕塑园，占地 75hm²，年游客量达 200 多万人次，是青岛市历史最长、规模最大、设施最完备的综合性

* 基金项目：本研究由国家大学生创新训练项目（编号 201910429091X、201910429129）资助

图 1　研究场地区位图与观测空间分布图

公园[6]。经过前期调研，选取中山公园内老年人群聚集频率活动较高的 7 个活动空间同一时间进行数据观测，7 个活动空间的空间形态多样（图 1），周围无大型建筑影响，空间特征见表 1。

1.2　观测对象

选取在中山公园内进行游憩活动的老人作为观测对象，老年人的年龄按国家现行的退休年龄进行界定：女性 50 周岁及以上，男性 60 周岁及以上。这部分老年人包含本地退休居民、跟随子女进城的老年人以及少数游客。随着心理感受的变化、社会角色的转变，老年人会产生如孤独感、失落感、空虚感等一系列心理问题，导致老年人对活动空间安全感、舒适感以及参与感的需求不同于其他年龄层次人群[7]。老年人尤其倾向于群体性活动，其行为有规律性、重复性的特点，这种固定且重复的行为模式，包括逗留、静坐、聊天、饭后散步、体育锻炼、娱乐活动等[8]。

1.3　研究方法

1.3.1　老年人群行为观测

针对中山公园内人群活动特征，选取秋季天气晴好温度适宜的周六作为观测日（表 2），周六公园人群活动量大，各空间活动具有代表性，在 7：00~18：00 时间段内分别对 7 个活动空间的老年人群体同时进行观测，依据老年人群体行为特点，采用行为注记法记录老年人群体的活动行为，间隔 20min 记录一次活动空间内的活动人数，采用实时影像记录老年人群体的行为活动。

1.3.2　空间微气候因子实测

根据中山公园内景观空间特征，结合对老年人群体行为的初期观察，选择 2019 年秋季晴朗微风的天气对选取的 7 个活动空间同时进行数据观测（表 2），采用台湾路昌 LM8000A 四合一多功能表（表 3）对距离地面 1.5m 处的空气温度、相对湿度及风速三个微气候因子进行连续观测，间隔 20min 记录一次，采用实时影像记录 7 个活动空间的景观环境的变化。

2　结果与分析

2.1　空气温度效应分析

根据实测空气温度数据（图 2），7 个空间的空气温度变化趋势基本一致，8：00~13：00 间的空气温度呈上升趋势；13：00 时空气温度达到一天中的峰值，13：00~18：00 呈下降趋势。7 个空间中空气温度变化幅度最小的是空间 5，空间类型为覆盖空间；平均温度最低的是空间 5（16.9℃），平均温度最高的是空间 3（22.3℃），空间类型为滨水半开敞空间。

2.1.1　乔木覆盖面积对空气温度的影响

在不受场地风速和下垫面的影响下，场地乔木覆盖面积越大，温度越低。乔木覆盖面积相对较大的空间 5 和空间 7 一天内温度变化幅度较小且平均温度低于其他几个空间。空间 5 与空间 6 的植物空间类型同为覆盖空间，下垫面均为混凝土铺装，空间 5 比空间 6 的乔木覆盖面积大，空间 5 的主要树种为日本花柏、刺柏、雪松等常绿乔木，空间 6 的树种是悬铃木，空间 5 植物的遮阴效果显著，使得其覆盖空间空气温度相对较低。同是覆盖空间的植物空间类型，空间 6 的平均温度（20.1℃）高于空间 5（16.9℃），空间 6 的场地活动总人次（589 人次）远远高于空间 5（145 人次）。

2.1.2　空间围合度对空气温度的影响

在不受场地风速和下垫面的影响下，相同的空间类型，场地空间围合度越高，温度越低。空间 2

实验样地基本情况 表1

序号	活动空间特征	主要休憩活动类型	活动空间照片	活动空间航拍图
1	露天开敞空间，休憩面积 600m²，铺装材料为碎石拼接，场地内有帆船形构筑物、休息座椅，周边植物主要有山茶、龙柏、雪松，周围无高大建筑	跳舞 围观 静坐休憩		
2	露天开敞空间，休憩面积 90m²，铺装材料为石板，场地内包含花岗石小品、休息座椅，周边植物主要有水杉、垂柳、樱花，周围无高大建筑	静坐休憩 吹奏乐器		
3	滨水半开敞空间，休憩面积 160m²，毗邻水边，场地内为木质平台，周边植物主要有垂柳、火棘、冬青，周围无高大建筑	跳舞 健身		
4	草坪开敞空间，休憩面积 450m²，疏林草地，有微小坡度。草坪周边植物主要有侧柏、玉兰、雪松，周围无高大建筑	野餐 静坐休憩		
5	覆盖空间，休憩面积 250m²，铺装材料为混凝土，场地内有木质座椅，周边植物主要有日本花柏、银杏、海桐，周围无高大建筑	踢毽子 野餐 静坐休憩		
6	覆盖空间，休憩面积 250m²，铺装材料为混凝土，树池及场地周边为木质座椅，配备健身器材，植物主要有悬铃木、石楠、圆柏，周围无高大建筑	健身 跳舞 静坐休憩		
7	滨水覆盖空间，休憩面积 180m²，毗邻水边，场地内为木质平台，配植乔木旱柳、黄连木，周围无高大建筑	跳舞 赏花 静坐休憩		

中山公园观测日天气情况表　　　　表2

日期	最高温度	最低温度	天气	相对湿度	风向	风力
2019-10-27	18℃	10℃	晴转多云	47%	西南风	3~4级

测量仪器及主要测量参数　　　　表3

仪器名称	储存方式	参数	精度（误差范围）	测试范围	单位	数据输出
台湾路昌 LM 8000 A 四合一多功能表	手动	温度	±1.0	-100~1300	℃	仪器显示稳定数据，手动记录
		湿度	±4	10.0~95.0	%	
		风速	±0.8	0.4~30.0	m/s	

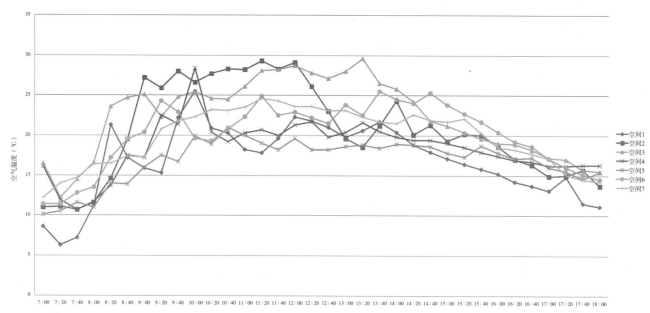

图2　中山公园观测空间空气温度情况

是露天开敞空间，空间4是草坪开敞空间，场地内植被结构类似。空间2空间围合度（D/H=2.51）低于空间4（D/H=2.31），空间2的平均温度（22.3℃）高于空间4（19.8℃），但不同植物群落结构和不同程度的围合空间分别对温度的影响还有待研究。

2.1.3　水体对空气温度的影响

水体表面的蒸发作用会带走热量，对环境具有降温作用[9]。空间6和空间7同为乔木覆盖的覆盖空间，空间7毗邻水体，水体蒸发吸收热量，空间7的平均温度（19.8℃）低于空间6（20.1℃）。空间3与空间7同为滨水空间，下垫面均为防腐木，空间面积接近。因为植物空间类型不同，空间3是半开敞空间，北面种植乔木，南面濒临水体，空间7是覆盖空间，位于水体东南。在9：00~14：00时间段内，受太阳光照，空间3场地内无乔木覆盖，木质铺装吸收太阳光照热量，导致下垫面温度升高，

所以空间3温度高于空间7,空间3平均温度（22.3℃）高于空间7（19.8℃），空间3活动总人次（48人次）低于空间7（207人次）。由此可见光照因素对空气温度的影响比水体对空气温度的影响作用更大。

2.2　相对湿度效应分析

根据实测湿度数据（图3），7个活动空间一天中的湿度变化走势较为一致。8：00~10：00湿度逐渐降低，15：00~18：00湿度逐渐升高。7个活动空间平均空气相对湿度，空间5最高（49.1%），空间3（35.55%）最低。

2.2.1　乔木覆盖面积对湿度的影响

活动空间的乔木覆盖面积与湿度波动情况呈正相关。空间5与空间6铺装材料相同，植物空间类型同为覆盖空间，空间5的乔木覆盖面积大于空间6，乔灌木种类丰富，且空间较密闭，空间6为悬铃

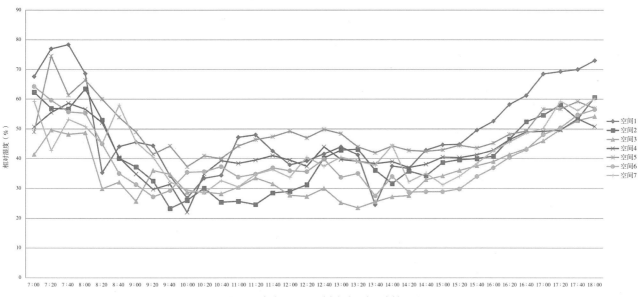

图3　中山公园观测空间相对湿度情况

木树下空间，周围植物围合程度低于空间5，所以空间5的空气相对湿度高于空间6的空气相对湿度。

2.2.2　植物围合程度对湿度的影响

活动空间的植物围合度越强，相对湿度越大，空间3和空间7同样都是木质铺装的滨水空间，空间3的空间限定性（D/H=1.99）低于空间7（D/H=0.88），空间3的相对湿度低于空间7。周边植物的围合程度对无乔木覆盖的开敞空间的湿度有显著影响。尤其是在清晨7：00~9：00和傍晚17：00~18：00影响显著。空间1和空间2同为混凝土铺装的露天开敞空间，空间1周围植物茂密程度较空间2来说相对更高，所以空间1的空气相对湿度高于空间2的空气相对湿度。

2.2.3　水体对湿度的影响

活动空间周围是否有水体和水体面积是影响湿度的因素，但不是决定因素[10]。空间3处于滨水区，底部为木质铺装，周围环境相对空旷，缺乏乔木覆盖，且滨水一侧为南向，受光照影响，空气温度较高，水汽蒸发导致风速较大，相对湿度最低。

2.3　风速效应分析

根据实测风速数据（图4），7个活动空间11h内的平均风速排序为：空间2（0.75m/s）＞空间4（0.74m/s）＞空间6（0.69m/s）＞空间3（0.61m/s）＞空间7（0.58m/s）＞空间5（0.56m/s）＞空间1（0.46m/s）。

活动空间的围合度对空间的风速影响较大，周围植物的茂密程度和高度对风速也有一定影响。7个空间均时常表现出风力微弱甚至完全静风状况。场地中风产生的时间及频率具有很大的不确定性，风速无规律变化，呈现出复杂化的现象。

2.4　老年人群体活动情况与微气候效应以及空间特征之间的关系

2.4.1　微气候因子对老年人群体活动的影响

温度是影响老年人户外活动的主要因素。老年人户外活动主要考虑活动类型和场地温度而选择活动地点，且空间的围合度与活动人次有一定影响（图4）。活动人次与温度呈显著正相关，与湿度呈负相关。其关联强度：温度＞湿度。活动人次均值集中出现在温度11~29℃，当温度上升至20℃时活动人次显著增加。在10：00~11：20时段，空间1和空间6场地内当天有表演活动，老年人群体活动出现了聚集人次很高的现象（图5），该时段自发性群体活动是影响空间1和空间6活动人次的主要因素，与微气候因子非正相关性。观测时段老年人户外休憩人次数与场地面积非正相关性。

2.4.2　空间围合度对老年人群体活动的影响

空间的大小、形状以及长宽高影响着人们对空间的感受，从而影响人们在此场地的活动行为。长宽构成了空间的基面，空间决定了空间的边界。空间围合度可以通过基面的进深（D）与高度（H）的

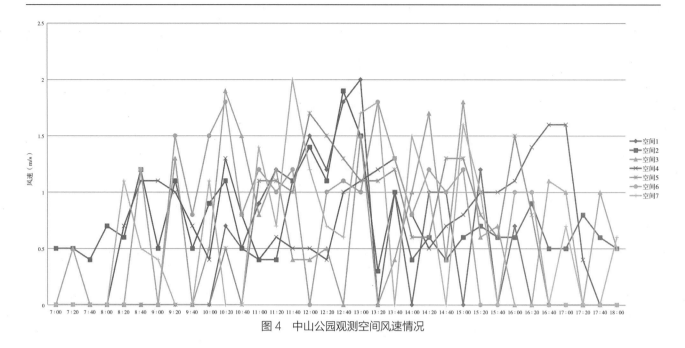

图4 中山公园观测空间风速情况

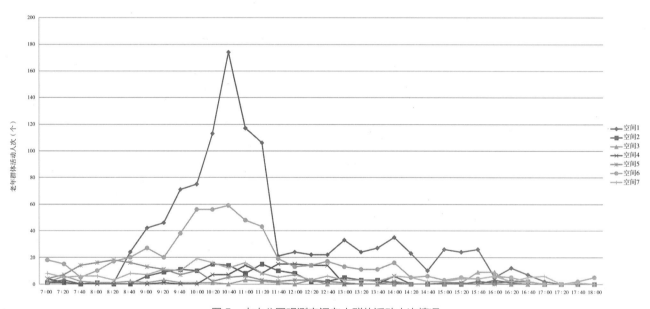

图5 中山公园观测空间老人群体活动人次情况

比值进行衡量。当 $D/H < 1$ 时空间给人封闭的感觉；当 $D/H = 1\sim3$ 时空间尺度较为适宜；当 $D/H > 3$ 时，空间给人空旷的感觉。场地4、5、7没有明确的植物边界，通过测取树与树之间的种植间距 D 来代表空间视距。场地形状不规则，分别选取 2~6 个代表进行采样。详情见表4。

从 7 个空间的 D/H 来看，空间 5、空间 7 的空间围合度比较强，空间亲和力高，但空间内进行活动的人次相较于其他空间较低。空间 5 作为林下覆盖空间其空间围合度更为明显，空间 1 的空间围合度最低，空间限定感最弱，场地视野开阔，场地草本层和灌木层丰富，接近人体高度的灌木层在一定

中山公园观测空间围合度情况表　　　　　　　　　　　　　　　　　　表4

空间编号	1	2	3	4	5	6	7
D/H	7.32	2.51	1.99	2.31	0.45	2.99	0.88

程度上强化了空间的限定，空间 1 由于老年群体自发的表演活动吸引众多老年人观看，场地活动人次最高。空间 2 与空间 4，空间围合度接近，植物类型相近，空间 2 下垫面是石板，空间 4 下垫面是草坪，场地时段平均活动人次接近。空间 3 与空间 7 都是滨水空间，空间 7 的空间围合度强于空间 3，而空间 3 时段平均活动人次高于空间 7。结合每个场地人群活动人次与空间围合度，空间围合度低的空间，活动形式丰富，人群容易被吸引而形成聚集，活动人次高。

3 结论与展望

通过对城市绿地公园老年人群活动空间微气候的实测，结合老年人群体活动人次变化，根据各观测空间的空间结构、空间围合度等进行分析。

场地乔木覆盖面积和场地空间围合度是影响空间温度的主要因子。当空间邻近水体时，太阳光照因素对空气温度的影响比水体对空气温度的影响作用更大。另外植物状况、下垫面、空间结构对各活动空间的共同作用导致不同观测空间温差的出现。活动空间的乔木覆盖面积与湿度波动情况呈正相关，有植物和植物下垫面明显可以增加活动空间的湿度。活动空间周围是否有水体以及水体面积大小是影响湿度的因素，但不是决定因素[10]，活动空间的围合度对空间的风速影响较大，周围植物的茂密程度和高度对风速也有一定影响。7 个空间均时常表现出风力微弱甚至完全静风状况。场地中风产生的时间及频率具有很大的不确定性，风速无规律变化，呈现出复杂化的现象。通过分析数据可知，不同空间结构可增大或降低风速，空间围合度较低的空间相对风速较大。因此一个适宜的空间结构对于营造空间微气候至关重要，不同空间植物状况造成了空间围合度的差异，乔木的覆盖面积和植物下垫面等因素共同造成空间微气候参数的差异。总结得出，温度是影响户外老人活动的主要因素。老年人户外活动主要考虑活动类型和场地温度而选择活动地点，且空间的围合度与活动人次有影响，空间围合度低的空间，活动形式丰富，人群容易被吸引而形成聚集，活动人次高。

城市公园是老年人群体开展户外活动的主要场所，其活动空间微气候舒适度对老年人群体活动至关重要。

营造适宜老年人秋季活动空间要打造围合度低、开敞度高的空间，利于老年人开展丰富的群体活动，同时要注重空间植物的种植，减缓风速，营造空间植物生境打造适老性微气候。同时也应打造不同类型景观要素为主的空间，老年人的不同活动需要微气候适宜的不同类型的空间来满足。

参考文献

［1］ ICHINOSE T. Monitoring and precipitation of urban climate after the restoration of a Cheong-gye Stream in Seoul Korea [J].IAUC Newsletter-International Association for Urban Climate, 2005（11）：11-14.

［2］ 刘滨谊，梅欹，匡纬.上海城市居住区风景园林空间小气候要素与人群行为关系测析 [J].中国园林，2016，32（1）：5-9.

［3］ CHEN L, NG E.Outdoor thermal comfort and outdoor activities：a review of research in the past decade[J]. Cities, 2012, 29（2）：118-125.

［4］ NIKOLOPOULOU M, LYKOUDIS S. Thermal comfort in outdoor urban spaces：analysis across different european countries[J]. Building and Environment, 2006, 41（11）：1455-1470.

［5］ HUANG J, ZHOU C, ZHUO Y, et al.Outdoor thermal environments and activities in open space：an experiment study in humid subtropical climates[J]. Building and Environment, 2016, 103（7）：238-249.

［6］ 徐文斐，王晖.山东省青岛市中山公园规划布局及植物配置的调查研究 [J].北京农业，2011（18）：59-61.

［7］ 孙桂.适合老年人的公园与花园——老年友好型公园的设计与研究 [J].艺术科技，2019（12）：1-2.

［8］ 江乃川，杨婷婷.基于景观需求调查的适老性公共空间景观设计要素调查研究 [J].住区，2019（2）：102-107.

［9］ 吕鸣杨.城市公园小型水体小气候效应实测分析 [D].杭州：浙江农林大学，2019.

［10］ 陈睿智.城市开放空间景观要素的微气候效应——以湿热气候区为例 [C] // 风景园林与小气候——中国第一届风景园林与小气候国际研讨会论文集.北京：中国建筑工业出版社，2018.

城市水体对周边道路的降温效应研究

谢 婧[1]，吴昌广[1, 2, 3]

1. 华中农业大学园艺林学学院风景园林系；2. 农业部华中都市农业重点实验室；

3. 亚热带建筑科学国家重点实验室

摘 要：本研究以武汉为研究区，利用 Landsat 8 遥感影像反演地表温度，分别提取垂直和平行于大型水体的快速路、主干路、次干路地表温度剖面线，并比较与水体不同位置关系的道路温度差异，分析水体降温效应。研究结果表明：①主干路温度（41.21℃）>快速路温度（40.96℃）>次干路温度（39.89℃）；②水体对与之垂直道路的降温效应要普遍优于与之平行道路，其中主干路与水体的不同位置关系造成的温度差异最为显著，约为 2.17℃；快速路次之，约为 1.10℃；次干路最小，几乎无明显降温差异规律。

关键词：城市水体；道路；降温效应；武汉市

1 引言

城市水体是城市生态系统中重要的"子部分"，具有产生冷空气，调节气候的能力。水体周边合理的城市形态布局能够最大化发挥水体的降温效应，其中，道路作为城市空间形态的骨架，在发挥其基本交通作用的同时，也能够作为冷空气传导的载体[1]。因此，更好地理解城市水体对其周边道路的降温效应有利于指导水体周边路网布局。然而，相对有限的研究主要侧重于绿化空间形式[2-4]、人类活动[5-6]对道路的温度影响等，水体对不同位置道路的降温差异研究仍相对缺乏。

武汉市为著名的"百湖之市"，城市热岛效应显著。本研究以武汉市都市发展区为研究区域，利用 2017 年 8 月 21 日 Landsat 8 热红外数据反演地表温度，分别选取垂直和平行于水体的快速路、主干路、次干路各 5 条，在道路上作 4km 的剖面线，并提取 30 条剖面线上的地表温度，探究水体对与之垂直和平行的不同等级道路的温度影响差异，以期为城市道路布局提供切实有效的建议，对于改善武汉市城区环境，促进城市的可持续发展具有重要意义。

2 研究数据与方法

2.1 数据来源

Landsat 数据因其较好的时间连续性和较高的空间分辨率，被认为是现阶段进行地表温度反演的最佳遥感数据。本文地表温度反演所用数据来源于 2013 年 2 月发射的 Landsat 8 卫星搭载的热红外传感器（TIRS）。在保证研究区域内成像质量良好且无云层遮挡的情况下，选取 2017 年 8 月 21 日的遥感数据，用第 10 波段进行武汉市都市发展区的地表温度反演，以期获得道路的地表温度数据。利用 Google Earth 卫星影像数据选取道路，并在 ArcGIS 中提取道路剖面线。

2.2 研究方法

2.2.1 地表温度反演

Landsat 为遥感用户提供了长期的、可供连续观测的热红外遥感影像。应用 Landsat 数据反演地表温度的方法主要包括：大气校正法（又称辐射传输方程法）、单窗算法、单通道算法和劈窗算法[7]。Landsat 8 数据虽有两个热红外波段，但第 11 波段的定标参数不稳定，USGS 建议用户把第 10 波段作为单波段热红外数据使用，故本研究率先排除劈窗算法。而前人基于不同的 Landsat 数据对地表温度反演算法的精度进行了对比分析[8-13]，结果表明，单窗算法与单通道算法在水体、裸地、植被区域拥有较高的反演精度。大气水汽含量为单通道算法计算所需参数之一，而已有研究表明，单通道算法的精度会随着大气水汽含量的增加而降低。因武汉气候湿润，故综合考虑，本研究采用单窗算法进行地表温度的反演。

单窗算法可将大气、地表的影响直接涵盖在演算公式内，其具体算法见式（1）~式（3）：

$$T_s=\{a \cdot (1-C-D)+[(b-1)$$
$$(1-C-D)+1] \cdot T_k-D \cdot T_a\}/C \qquad (1)$$
$$C=\varepsilon \cdot \tau \qquad (2)$$
$$D=(1-\tau)[1+(1-\varepsilon) \cdot \tau] \qquad (3)$$

式中：T_s 为遥感影像反演所得地表温度数值；a 和 b 为回归系数，表达热辐射强度与亮度温度的拟合关系（表1）；ε 为地表比辐射率；C、D 为中间过渡值；τ 为大气透射率，可通过 Landsat 网站查询得到；T_k 为星上亮度温度（K），在 Landsat 8 卫星遥感影像的反演过程中，通常是指 TIRS 10 的亮温；T_a 为大气平均作用温度（K），在无实测大气数据情况下，可依据4种标准大气估算方程得出。以上参数将在下文进行具体阐述。

Landsat 8 TIRS 1 BAND 10不同温度
分布范围下回归系数　　　表1

温度范围（℃）	a	b
0~30	−59.139	0.421
0~40	−60.919	0.428
10~40	−62.806	0.434
10~50	−64.608	0.440

基于单窗算法的原理性演算公式，利用单窗算法的地表温度反演具体步骤如下：

（1）辐射定标

根据 Landsat 8 网站提供的相应参数和公式（USGS，2013），可对 Landsat 8 OLI 数据进行辐射定标，将其亮度值转换为辐射亮度值，见式（4）[14]。

$$L_\lambda=M_L Q_{cal}+A_L \qquad (4)$$

式中：L_λ 为波段 λ 的辐射亮度值；M_L 为波段 λ 的增益值（gain），可从头文件（MTL）中获得，REFLECTANCE-MULT-BAND-10 后的数值；A_L 为波段 λ 的偏移值（offset），在 MTL 文件中为 RADIANCE-ADD-BAND-10 后的数值，Q_{cal} 为影像原始亮度值（DN）。通过查询所下载遥感影像的头文件，得到实验中所需 gain 值为 0.0014894，offset 值为 −7.44700。

（2）亮温反演

亮温是"亮度温度"的简称，指在同波长下，若实际物体拥有等于黑体的光谱辐射强度，则此时黑体的温度被称为实际物体在该波长下的亮度温度。它为

一个假定温度，不具备温度的物理意义。亮温 T_k 作为地表温度反演个重要参数之一，其运算见式（5）[15]。

$$T_k=K_2/\ln (K_1/L_\lambda+1) \qquad (5)$$

式中：K_1 表示辐射亮度，K_2 表示辐射出射度，二者均为定标常数，在不同的传感器中取值不同，详见表2。本研究选用 Landsat 8 OLI 传感器的定标常数，K_1=774.89W/（m²·μm·sr），K_2=1321.08W/（m²·μm·sr）。

不同传感器K_1、K_2取值表　　　表2

影像类别	K_1[W/（m²·μm·sr）]	K_2[W/（m²·μm·sr）]
Landsat 5 TM	606.76	1260.56
Landsat 7 ETM+	666.09	1282.71
Landsat 8 OLI	774.89	1321.08

（3）地表比辐射率的计算

地表比辐射率是反演地表温度的关键参数之一，受地表材料与结构的影响。首先，为了增强遥感影像的可分辨度，对遥感影像进行波段的融合，然后利用监督分类，将影像分为自然地表、城镇地表和水体，这三者的地表比辐射率的计算见式（6）~（8）[16]：

$$\varepsilon=0.9625+0.0614P_v-0.0461P_v^2 （自然地表）(6)$$
$$\varepsilon=0.9589+0.086P_v-0.0671P_v^2 （城镇地表）(7)$$
$$\varepsilon=0.995 （水体）(8)$$

式中，P_v 为植被覆盖度，可由 NDVI 计算得来，其计算公式见式（9）。

$$P_v=\frac{NDVI-NDVI_s}{NDVI_v-NDVI_s} \qquad (9)$$

式中：$NDVI_v$、$NDVI_s$ 分别表示植被和裸地像元的 $NDVI$ 值。其中 $NDVI_v$=0.7，$NDVI_s$=0.05。当 $NDVI<NDVI_s$ 时，P_v=0，此时认为该像元是裸地地区；当 $NDVI>NDVI_v$ 时，P_v=1，表示该像元为植被覆盖地区。

归一化植被指数 $NDVI$ 由 Landsat 8 的可见光波段与近红外波段（第4波段和第5波段）计算得到，见式（10）。

$$NDVI=\frac{\rho_{NIR}-\rho_R}{\rho_{NIR}+\rho_R} \qquad (10)$$

式中：ρ_{NIR} 为近红外波段，ρ_R 为可见光波段。

（4）大气透射率及大气平均作用温度的计算

大气透过率是影响红外辐射传输的重要因素，是指穿过大气之后衰减的电磁辐射通量和入射时的电磁辐射通量的比值，它往往与空气中的水汽含量负相

关[17]。本文以 Landsat 官方网站（https://atmcorr.gsfc. nasa.gov/）查询数值为准[18]。2017 年 8 月 21 日的大气透射率为 0.35。而大气平均作用温度 T_a 的计算参考大气平均作用温度估算方程（表 3）得到。

大气平均作用温度与近地面气温关系式　表3

大气模型类型	大气平均作用温度估算方程
热带	$T_a=17.9769+0.91715T_0$
中纬度夏季	$T_a=16.0110+0.92621T_0$
中纬度冬季	$T_a=19.2704+0.91118T_0$
美国 1976 年标准大气	$T_a=25.9396+0.88045T_0$

本实验中根据纬度夏季的计算公式（11）计算 T_a：

$$T_a=16.0110+0.92621T_0 \qquad (11)$$

式中：T_0 为近地面气温（K），数据可从中国气象科学数据共享服务网（http://data.cma.cn/）与气象站资料查询获取。经查询可知，2017 年 8 月 21 日的近地面气温为 302.1K，根据计算得到 $T_a=295.819K$。

2.2.2　道路的选择与温度提取

（1）道路选取

本次研究选取具有具代表性的大中型水体 9 个：长江、汉江、东湖、后湖、黄家湖、南湖、南太子湖、青菱湖、汤逊湖。为了尽可能地排除其他因素的影响（如用地类型的分布不均、地表温度的自相关等），在选取了一条垂直于该水体的道路后，即在其周边选取一条平行于该水体的道路，保证选取的各个垂直于水体的道路均有一条邻近的平行于水体的道路被选取，使垂直于水体的各级道路与平行于水体的道路一一对应，选取道路详见表 4。

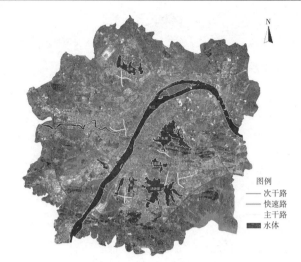

图 1　选取剖面线分布图

最终在长江周边选取快速路 8 条、次干路 2 条；汉江周边选取主干路 2 条；汤逊湖周边选取主干路 3 条；东湖周边选取快速路 2 条、主干路 1 条；后湖周边选取主干路 2 条；青菱湖周边选取主干路 2 条；黄家湖周边选取次干路 4 条；南湖周边选取次干路 2 条；南太子湖周边选取次干路 2 条，具体位置分布图如图 1 所示。

（2）地表温度提取过程

在 ArcGIS 中利用空间分析工具沿选取的 30 条道路作剖面线，平行于水体的道路截选整条道路中最贴近水体的 4km 绘制剖面线，垂直于水体的道路从道路与湖岸线相交处向外围作 4km 剖面线，并提取剖面线上的地表温度曲线进行分析。将地表温度栅格图像转为点要素，并由道路剖面线向外生成 15m 的缓冲区，将道路缓冲区与地表温度图相交，

选取道路名录　　　　　　　　　　　　　　　　表4

水体	快速路		主干路		次干路	
	垂直	平行	垂直	平行	垂直	平行
长江	鹦鹉洲大桥三环线、雄楚大街高架桥、武汉长江三桥武汉大道、天兴洲长江大桥三环线	国博大道、107 国道、建设大道、友谊大道	/	/	铁机路	北洋桥路
汉江	/	/	青年路	解放大道	/	/
汤逊湖	/	/	高新四路、江夏大道	光谷大道	/	/
东湖	二七长江大桥二环线	武汉大道	/	珞喻路	/	/
后湖	/	/	盘龙大道	巨龙大道	/	/
青菱湖	/	/	星光大道	黄金园路	/	/
黄家湖	/	/	/	/	烽胜路、山湖路	白沙四路、邢远长街
南湖	/	/	/	/	南湖路	平安路
南太子湖	/	/	/	/	紫藤路	太子湖北路

提取缓冲区内地表温度数据，由此得到各条道路的地表温度平均值，并对比分析道路与水体的位置关系对道路所受降温效应的影响。

3 结果与分析

3.1 地表温度分布特征分析

地表温度反演的结果如图2所示。都市发展区内，高温区域主要集中在东西湖区产业园区、汉阳工业园区及武钢区域，而在长江流域、东湖、汤逊湖等水体处，则存在着明显的冷桥与冷岛区域。

道路剖面线的地表温度如图3~图5所示。因用地类型及地表材质等差异，道路地表温度曲线上下波动。垂直于水体的温度曲线在起点处多呈现出明显的温度上升趋势，然后逐渐趋于均匀的上下波动，表明靠近水体的道路部分显著受到水体的降温作用，且水体的降温效应具有一定的降温范围，这也与杜红玉[19]等关于冷岛效应的研究结论一致。

图3左侧为垂直于水体的快速路剖面线上提取的地表温度曲线图，右侧为平行于水体的快速路地表温度曲线图。除二七长江大桥二环线外，垂直于水体的快速路地表温度均随着与水体距离的增长而整体呈现上升趋势。在平行于水体的快速路中，国博大道地表温度曲线因其道路剖面线周边用地呈现出两端绿化较多，中间基本无绿化的分布情况而出现温度"中间高，两端低"的分布趋势；建设大道周边融科天城3期的大量绿化而使其剖面线3km左右呈现出大幅度降温；二七长江大桥二环线因道路一端邻近东湖，而另一端邻近长江而在道路4km剖面线的末端地表温度反而

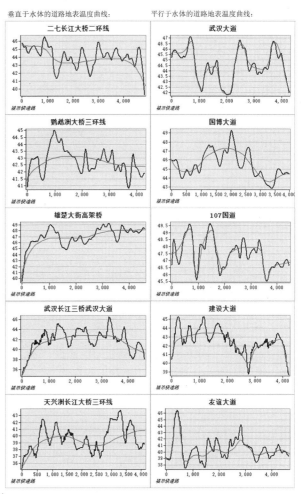

垂直于水体的道路地表温度曲线:　　平行于水体的道路地表温度曲线:

二七长江大桥二环线　　武汉大道

鹦鹉洲大桥三环线　　国博大道

雄楚大街高架桥　　107国道

武汉长江三桥武汉大道　　建设大道

天兴洲长江大桥三环线　　友谊大道

图3　快速路地表温度曲线图

呈现出下降的趋势。平行于东湖的友谊大道因在剖面线起点处有大面积无绿化物资批发中心而出现温度突高值。

图4为主干路地表温度曲线图，从图中可看出，垂直于后湖的盘龙大道地表温度曲线并未像其他垂直于水体的道路温度曲线一样在靠近水体处呈现出明显的温度上升趋势，其主要原因是后湖在盘龙大道附近的水体形态较为复杂，而盘龙大道靠近水体的部分正位于后湖水体的凹陷处，这就导致后湖水体从四面八方将盘龙大道的剖面线前端"包裹"，其降温效应作用于盘龙大道前端剖面线的四周，造成了较长一段距离起伏的降温效果；平行于青菱湖的黄金园路因2.5km处出现大面积绿地，地表温度曲线在此出现低温区域。

图5为次干路的地表温度曲线图，在平行于水体的次干路中，可明显看出，平行于南太子湖的太子湖北路在3.5km处温度曲线出现异常高值，是因为太子湖北路该剖面线节点处穿过了大片硬质铺装，

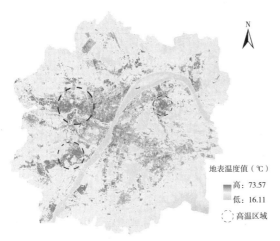

地表温度值（℃）
高: 73.57
低: 16.11
高温区域

图2　武汉市都市发展区地表温度图

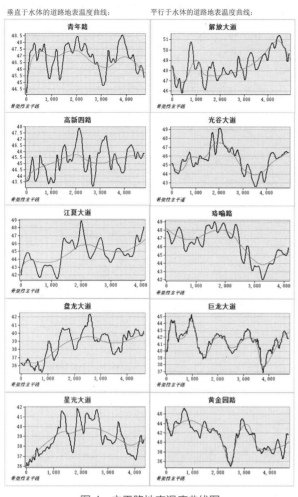

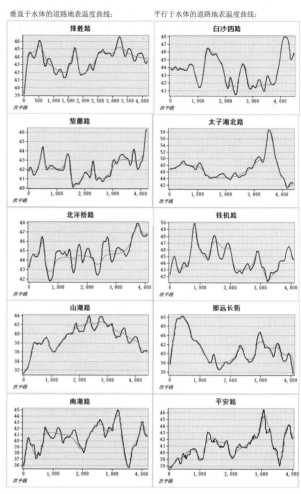

图 4　主干路地表温度曲线图　　　　　　　图 5　次干路地表温度曲线图

邢远长街温度曲线前端突然升起的地表温度也是同样的原因。

3.2　垂直与平行不同等级道路温度差异性分析

　　表 5 为选取道路的地表温度平均值，可知：垂直水体的快速路地表温度分布在 38~43℃，平行水体的快速路地表温度分布在 39~44℃；垂直水体的主干路地表温度分布在 39~43℃，平行水体的主干路地表温度分布在 41~45℃；垂直水体的次干路地表温度分布在 37~40℃，平行水体的次干路地表温度分布在 38~43℃。

　　因实验中无法完全排除其他地表温度的影响因素，故个别实验数据可能出现"异常值"。如快速路中，垂直于东湖的二七长江大桥二环线地表温度反而比平行于东湖的武汉大道温度要高，原因为提取的武汉大道地表温度剖面线所处路段周边为大片的绿地，对武汉大道存在显著的降温效应；次干路中，垂直于南太子湖的紫藤路与平行于南太子湖的太子湖北路

出现较大的温度差值，高达 5.62℃，这是由于紫藤路临湖路段存在大段的绿地降温，而太子湖北路穿过了大片硬质使其温度显著上升，这两点因素为紫藤路与太子湖北路的地表温度差值作出了极大贡献。

　　三种不同等级的道路中，主干路的平均地表温度最高，约为 41.21℃，快速路次之，约为 40.96℃，次干路平均地表温度最低，约为 39.89℃；而三种不同等级的道路地表温度均在位置关系上呈现出同样的规律：与水体垂直的道路地表温度普遍低于与水体平行的道路地表温度。

　　道路地表温度的决定因子除却其周边用地类型等因素外，通风与遮阴是最主要的影响因素[20]。在 30 条随机分布在城区内各处且周边皆有水体的道路中，主干路温度最高，其原因主要为两点：①道路宽度较大，大面积不透水面无遮阴，接受太阳辐射升温较快；②在不同等级道路中，主干路车流量最为集中。快速路虽也缺少遮阴，但其限制速度远高于主干路，所以其温度略低于主干路；次干路车流量少，且大面

道路剖面线平均温度表　　　　　　　　　　　　　　　　表5

		垂直		平行		地表温度差值（平行－垂直）
快速路	二七长江大桥二环线（D）	39.70℃	武汉大道（D）	39.55℃		-0.15℃
	鹦鹉洲大桥三环线（C）	37.86℃	国博大道（C）	41.27℃		3.41℃
	雄楚大街高架桥（C）	43.04℃	107国道（C）	43.62℃		0.58℃
	武汉长江三桥武汉大道（C）	41.80℃	建设大道（C）	42.75℃		0.95℃
	天兴洲长江大桥三环线（C）	39.67℃	友谊大道（C）	40.36℃		0.69℃
主干路	青年路（A）	42.87℃	解放大道（A）	44.70℃		1.83℃
	高新四路（X）	40.45℃	光谷大道（X）	41.30℃		0.85℃
	江夏大道（X）	39.63℃	珞喻路（D）	42.16℃		2.53℃
	盘龙大道（H）	38.79℃	巨龙大道（H）	41.79℃		3℃
	星光大道（L）	38.87℃	黄金园路（L）	41.51℃		2.64℃
次干路	烽胜路（J）	38.90℃	白沙四路（J）	38.62℃		-0.28℃
	紫藤路（Z）	37.06℃	太子湖北路（Z）	42.68℃		5.62℃
	铁机路（C）	40.07℃	北洋桥路（C）	39.92℃		-0.15℃
	山湖路（J）	39.14℃	邢远长街（J）	41.06℃		1.92℃
	南湖路（N）	40.43℃	平安路（N）	41.05℃		0.62℃

积遮阴，故平均地表温度为三者中最低。

而垂直于水体的道路地表温度普遍低于平行于水体的道路地表温度，则极大程度上是因为垂直于水体的道路能更好地成为水体向外输送冷空气的通道。水体因其热容量大而成为一块"冷岛"，而水体与其周边地表之间的温差会形成水陆风，即以天为周期，气压梯度力推动气流由高压（低温）区域向低压（高温）区域移动，具体变现为产生由水体吹向外围的风。平行于水体的道路虽选取路段整体都与水体距离较近，但水体对其的降温效应却难以得到有效的传播，垂直于水体的道路作为最佳"通风廊道"，运输水体上方冷空气，自身地表温度也就普遍低于平行于水体的道路。

4　结论与展望

本研究以"百湖之市"武汉为研究区域，进行城市水体对其周边道路的降温效应研究。研究结果表明：①主干路温度（41.21℃）大于快速路温度（40.96℃）大于次干路温度（39.89℃）。②水体对与之垂直道路的降温效应要普遍优于与之平行道路，其中主干路与水体的位置关系对其自身的温度影响最大，约为2.17℃；快速路次之，约为1.10℃；次干路最小，几乎无明显降温差异规律。本研究扩展了我们对水体作用于道路降温效应的科学认识，并建立了考虑道路与水体位置关系的城市空间形态框

架，可应用于今后相关领域的研究，对改善未来城市规划与人居环境建设具积极意义。

此外，水体的降温机理是复杂的，虽然本实验探究了水体对道路的降温效应，但并没有选取多个时间点数据进行时空分析，验证水体降温效应在时空分布上是否存在着一定的规律。因而，为了更全面地建立水体对道路降温效应研究体系，在今后的研究中，结合时空分布研究水体对不同位置与不同等级道路的降温效应是亟待加强的研究方面。考虑到时空分布与城市建设强度的关联性，还可基于此将城市建设强度与水体对道路的降温效应进行耦合分析，有着全面深入研究的可能性。

参考文献

［1］柏春.城市路网规划中的气候问题[J].西安建筑科技大学学报（自然科学版），2011，43（4）：557-562.

［2］蔡忆菲.城市道路绿化降温模式研究[D].郑州：中原工学院，2019.

［3］余于，李筑苏，甘德欣.长沙市不同绿化配置形式对道路降温的影响研究[J].湖南农业科学，2013（23）：108-111.

［4］任高亮，焦凤.不同道路配置形式降温增湿效应的研究[J].中小企业管理与科技（上旬刊），2010（6）：251-252.

［5］黄士桐.路面洒水降温效果及影响因素分析[D].广

州：华南理工大学，2018.

［6］罗中良. 沥青道路淋水被动蒸发降温的实验研究 [D].
广州：华南理工大学，2017.

［7］史超，王学平，程诚. 基于定量遥感的武汉城市热
岛强度时空格局演变分析 [J]. 测绘与空间地理信息，
2014（12）：113–117.

［8］张船红，郭豫宾. Landsat 影像的地表温度反演及其
强度变化分析 [J]. 测绘科学，2020（3）：1–9.

［9］胡德勇. 城市遥感：要素、形态与作用 [M]. 北京：
科学出版社，2019.

［10］孟宪红，吕世华，张宇，等. 使用 LANDSAT-5TM 数据
反演金塔地表温度 [J]. 高原气象，2005（5）：721–726.

［11］芒亚平，张世强，赵求东. 高寒山区地表温度反演
算法对比——以疏勒河上游流域为例 [J]. 遥感信息，
2016，31（4）：122–128.

［12］黄妙芬，邢旭峰，王培娟，等. 利用 LANDSAT/TM
热红外通道反演地表温度的三种方法比较 [J]. 干旱
区地理，2006（1）：132–137.

［13］金点点，宫兆宁. 基于 Landsat 系列数据地表温度反
演算法对比分析——以齐齐哈尔市辖区为例 [J]. 遥
感技术与应用，2018，33（5）：830–841.

［14］蒋大林，匡鸿海，曹晓峰等. 基于 Landsat 8 的地表
温度反演算法研究——以滇池流域为例 [J]. 遥感技
术与应用，2015，30（3）：448–454.

［15］胡德勇，乔琨，王兴玲，等. 单窗算法结合 Landsat
8 热红外数据反演地表温度 [J]. 遥感学报，2015，19
（6）：964–976.

［16］郭丽红，虞丽青，方俊. 基于 Landsat 5TM 数据反演
地表温度的方法研究——以石城县为例 [J]. 科技风，
2015（9）：21.

［17］王充，汪卫华. 红外辐射大气透过率研究综述 [J]. 装
备环境工程，2011，8（4）：73–76.

［18］胡平. 基于 Landsat 8 的成都市中心城区城市热岛效
应研究 [D]. 成都：成都理工大学，2015.

［19］杜红玉. 特大型城市"蓝绿空间"冷岛效应及其影
响因素研究 [D]. 上海：华东师范大学，2018.

［20］潘娅英，柏春，王亚云. 丽水城区道路规划设计中
的气候问题研究 [J]. 科技导报，2008（8）：67–70.

高速公路对沿线城市湿地生境热环境的影响研究
—— 以广州海珠国家湿地公园二期为例[*]

方小山[1, 2]，宋　轶[1]

1. 华南理工大学建筑学院；2. 亚热带建筑科学国家重点实验室

摘　要：城市湿地生态特征明显，对保持城市的生态系统稳定具有重要意义。广州海珠国家湿地公园是广州中心城区内规模最大的生态绿核。由于处于人口稠密的城市密集区域，现状被多条城市高快速路分割。研究以穿越海珠湿地的道路中等级最高的广州市环城高速为例，利用定点平行观测法进行热环境因子的测定与数理统计分析，验证了高速公路的温升效应，归纳了公路对不同生境的热环境影响规律。研究结果表明：①公路的温升效应对密林灌丛草地生境的影响距离在 30~70m 之间，对果林草地涌滘生境的影响距离在 10m 以内；②无水状态下的果林草地塈生境的热环境调节能力弱，水文状态对生境内气温调控具有较为主导的作用；③果林草地涌滘与密林灌丛草地生境具有稳定、显著的热环境调节能力，受环境温度影响较小。

关键词：高速公路；热环境；湿地生境；生境特征；影响距离

城市湿地是指位于城市及周边，与城市人居环境产生互动作用的水陆过渡性质的生态系统，是城市可持续发展的未来，对保持城市的生态系统稳定具有重要意义[1-4]。但与此同时，城市湿地通常处于环境复杂的城市密集区或城乡混合区，不可避免被城市高快速路、工业区等人为设施分割、蚕食[5]。在土地侵占之外，人为设施的建设还造成了周边气温升高，加剧了城市热岛效应。

已有研究表明交通运输和工业生产的热量排放之和超过人为热量排放（工业生产、交通运输、建筑能耗余热、人体代谢热量）的 70%，交通运输热量是除工业生产外最大的人为热量排放源[6-8]。刘春兰、谢高地、赵慧颖等分别在对白洋淀与呼伦湖湿地的研究中表明，气温升高会引起土壤温度升高、农业耗水量增多和径流减少等多种水文变量，如气温每升高 1℃，呼伦湖湖面面积约减少 28~80km²；此外，温度对湿地动植物的分布、生长、生产率也具有重要作用[9-11]。因此，本文从热环境干扰的角度，探究道路交通对沿线湿地生境热环境的影响规律，一方面作为公路建设环境影响评估的补充，另一方面可以作为公路沿线湿地生境保护设计策略的基础研究。

1　研究区域与生境类型划分

1.1　高速公路热环境影响研究区域

广州海珠国家湿地公园（以下简称"海珠湿地"）是广州中心城区内规模最大的生态绿核，位于海珠区东南部，如图 1（a）所示，总面积为 24km²，是岭南水乡特色的复合型"都市果林湿地"。广州市环城高速公路呈东西走向穿越海珠湿地二期核心区域，穿越路段长约 2.6km，全程以路基－涵洞形式嵌于湿地内部，涵洞包括通人涵洞与通水涵洞。公路路基宽度约 33m，路面距离湿地表面垂直距离约 3m。公路沿线两侧湿地具有鲜明的基塘农业特色，以荔枝与龙眼为主要植被类型，水网纵横，具有典型的涌滘水系与潮汐水道特征①。已有研究表明东西走向的道路对周边温升影响范围在 50~100m 之间，当影响距离高于 100m 时，道路对周边温升的影响逐渐减弱[12]。本文为保证数据完整性，选取公路南

---

*　基金项目：国家自然科学基金面上项目"岭南园林气候适应性设计策略与关键技术研究"（编号 51878286）资助

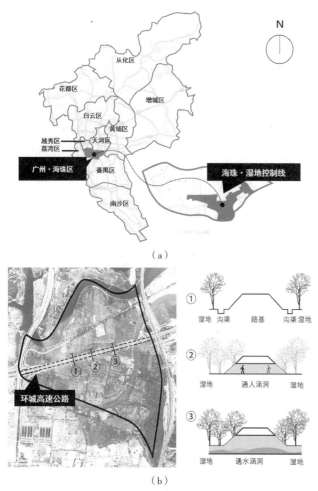

图1 研究区域概况
（a）广州海珠国家湿地公园区位；
（b）广州海珠国家湿地公园二期与环城高速位置关系

北两侧各200m的范围作为研究区域（图1（b））。

1.2 湿地生境类型划分

海珠湿地二期为半自然果林生态系统，包括基塘果林与自然果林两部分。其中基塘果林分为基、塘两个系统，与传统基塘农业中"六分基，四分塘"不同，此区域内基塘布局成狭长线形，塘内的水体以灌溉功能为主，以鱼类养殖功能为辅。"果基"宽8~15m，"塘"宽0.5~4m，相较于基塘农业中的不同水利设施，此区域内的"塘"实际为直接与涌滘相连的"堑"的延伸，如图2（a）所示。基顶距离水面0.5~1m，基面等间距（4~5m）种植果树。基塘系统周边水系包括赤沙滘、土华涌等，内部水系有新围涌。内部纵横交错的堑与渠总长约5.3m，地块外围水窦16座[13]。

由于湿地生境具有多样性，不同特征的生境对热环境的响应能力会表现出较大的不同。因此结合研究

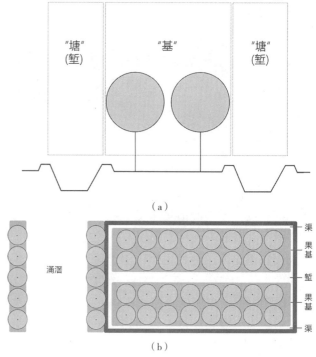

图2 海珠湿地二期基塘农业形式
（a）剖面形式；（b）平面形式

区域的基本情况，本文依据人工参与程度的高低将研究区域内生境划分为自然生境、次生生境与人工生境。按此分类标准自然生境包括密林灌丛草地、灌丛、草地等；次生生境主要基于基塘系统的水利设施分类，如图2（b）所示，包括果林草地涌滘、果林草地堑等；人工生境主要包括园路、景观亭廊等（表1）[14-15]。

2 测试方案

2.1 典型实测生境的选取与实测布点

典型实测生境需要选取高速公路两侧斑块面积占比较大的生境（图3）。首先以基塘系统下产生的次生生境类型为主——果林草地涌滘、果林草地堑，其次选择高速公路紧邻的自然生境类型——密林灌丛草地，以公路边人工生境类型——园路作为对照组测点。基于现有关于公路沿线湿地生境影响的研究[16-18]与场地生境分布情况，为保证样本单元的完整性与调研区域的生境多样性，以穿越海珠湿地二期内的新围涌与高速公路的交点为中心，选取10m×10m大小的生境样方及交点东西向各500m的实测范围。

测点布置分为5类（图4），1类为密林灌丛草地生境测点，2类为果林草地堑生境测点，3类为果

生境单元分类标准 表1

生境类型		分类标准
自然生境	密林灌丛草地	乔木覆盖 >70%，灌木覆盖 >15%
	疏林灌丛草地	乔木覆盖在 30%~70%，灌木覆盖 >15%
	灌丛	丛生灌木、乔木覆盖 <30%，灌木高度小于 1.0m
	草地	草本、木本、地被覆盖 <30%，草本高度 <0.5m
	自然水体	水面面积 >70%
次生生境	果林裸地	乔木覆盖 30%~70%，无灌木或者草本覆盖 <15%
	果林草地	乔木覆盖 >70%，无灌木或者灌木覆盖 <15%
	果林草地涌滘	水面宽度 ≥5m，为堤围基塘系统的主体水系，用于航运与排灌
	果林草地堑	水面宽度 1~5m，人工开挖的小型水道，基塘系统内的毛细水网脉络，与涌滘相连
	果林草地渠（圳）	水面宽度 0.6~1m，人工开挖基塘时连带的排灌设施，通常沿路分布
	塘	水面分维数 ≥1.5，人工开挖的水体汇集区
人工生境	园路	路面宽度 ≥2m，以硬质下垫面为主的线形人群活动区域
	景观亭廊	以人工建造的亭廊为主，硬质下垫面 >70% 的人群活动区域

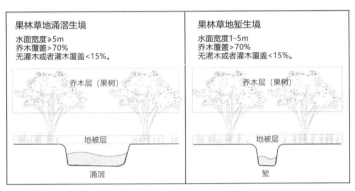

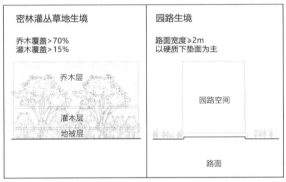

密林灌丛草地　　　　　　　果林草地涌滘　　　　　　　果林草地堑

图3 典型生境类型特征

林草地河涌测点，4 类与 5 类为等距备份补充测点。

2.2 实测时间与仪器

实测采用美国 ONSET 公司的 HOBO Pro V2 U23-001 数据记录仪记录空气温度（T_a）与相对湿度（RH），温度测量范围为 -40~70 ℃，湿度测量范围为 0~100%RH，温度测量精度为 ±0.0.02 ℃（0~50 ℃），湿度测量精度为 ±2.5 %（10%~90%）。仪器放置在防辐射筒内，装配在 1.1m 高的三脚架上。

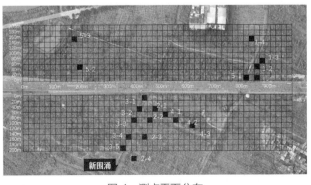

图4 测点平面分布

101

测试日为 2019 年 11 月的广州市典型秋季日，测试当天气象站数据显示温度为 16~28℃[②]，测试时间为 9：30~17：30。

2.2.1 对比数据的选取

测试通过多种途径建立对比分析的参照数据（图 5）。①场地对照组为距离高速公路 1m 以内的园路生境（测点 5-1），作为高速公路 0m 测点。该测点紧邻公路，下垫面材质与公路路面近似，且无缓冲带阻隔，可代表公路对周边热影响的基准温度。②本文采用广州市气象台网站发布的海珠区实时监测数据作为背景气象数据，气象站位置分别位于华洲路 88 号，赤沙路 21 号和新港西路 179 号，分别距离研究区域中心点约 1.5km、3.1km、4.7km。

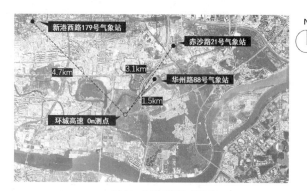

图 5　对比数据点分布

3　测试数据分析

3.1　高速公路路域热环境特征

采用高速公路 0m 的气温数据代表路域气温。在气温变化的空间特征中，如图 6（a）所示，在 16：00 之前，路域气温与气象站监测温度有较大差异，路域气温显著高于同时刻湿地公园周边 3 台气象站监测气温；其中，平均温度高于距离研究区域 1.5km 的华州路气象站 6.0℃，高于赤沙路与新港西路气象站约 4.2℃、4.7℃。在 16：00~17：30 温差减小，4 个测点温度近似，平均温度温差在 1.2℃左右。在气温变化的时间特征中，路域气温与华州路气象站气温日变化值较大，温差分别达到 4.6℃和 4.1℃，赤沙路与新港西路气象站则处于动态平衡状态，始终维持在 27.0℃左右，如图 6（b）所示。

湿地由于其特殊的生态系统，一直被认为是城市重要的"冷岛"[19-20]。综上所述，路域气温与气象站监测气温的差异性，验证了湿地内部的高等级道路交通会造成局部高温的现象；但同时，华洲

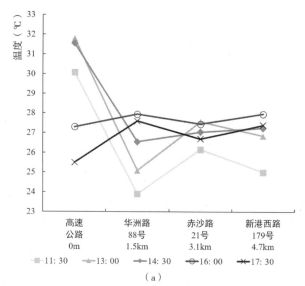

（a）

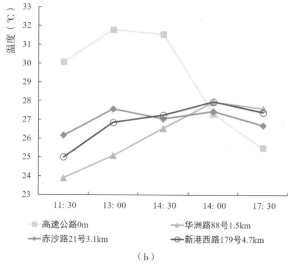

（b）

图 6　对照组气温变化

（a）距离与气温变化；（b）时间与气温变化

气象站与其他气象站的温度差值体现出海珠湿地对于周边环境仍然具有降低气温峰值与延迟峰值时间的作用。

3.2　高速公路热环境影响的距离特征

采用高速公路 0m 的气温数据作为基准数据，该测点作为对照组。如图 7 所示，测试时段内最高温、温差变化幅度对照组均远大于湿地生境内各测点。其中，密林灌丛草地生境内的气温随着与高速公路垂直距离的增加而降低，如图 7（a）所示，在 10m 处（测点 1-1）平均温度比 0m 处低 2.4℃，后趋于平缓，在 70m（测点 1-3）处的平均温度变化速率已低至 0.002℃ /m，30m（测点 1-2）、70m 处气温皆已稳定在 25.5℃左右。可以初步判断公路对密林

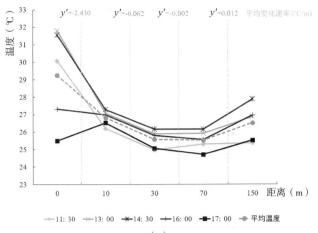

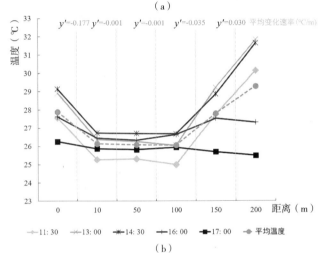

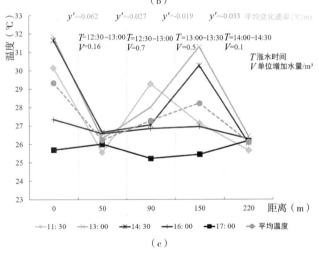

图 7 不同生境类型下公路热环境的影响距离
（a）密林灌丛草地生境；（b）果林草地河涌；（c）果林草地堑

灌丛草地生境的温升距离约在 10~30m 之间。果林草地河涌生境内气温在 10m（测点 3-1）以后稳定平缓，平均温度变化速率保持在 0.001℃/m，10m、50m（测点 3-2）、100m（测点 3-3）气温均已稳定在 26.0℃左右，如图 7（b）所示。可以初步判断公路对果林草地涌溜生境的温升距离约在 10m 之内。

果林草地堑生境的测点中，生境内气温变化较

为复杂，无明显规律。结合测点次生湿地的环境现状，各测点内堑的尺度存在差异，50m（测点 2-1）、90m（测点 2-2）、150m（测点 2-3）和 220m（测点 2-4）内堑宽依次为 0.8m、3.5m、2m、2m；由于距离新围涌水窦距离的不同，各测点涨水时间与涨水量存在差异——50m、90m 测点在 12：30~13：00 内水位上涨，每单位增加水量分别为 0.16m³、0.7m³；150m 测点在 13：00~13：30 内每单位增加水量 0.5m³；220m 测点在 14：00~14：30 内每单位增加水量 0.1m³；对比水位变化与气温变化曲线，90m、220m 测点的气温分别在 11：30 与 13：30 达到峰值，在水位上升后开始大幅、匀速下降；对比 50m、220m 测点水位变化前后，对气温影响并不显著，如图 7（c）所示。可以初步判断相较于公路的温升影响，水体对果林草地堑生境的降温作用更为显著，但降温效应与水面大小、水量变化有关。

3.3 不同类型生境的热环境特征

同样采用高速公路 0m 的路域气温数据作为基准数据，在距离公路 50m 的各类生境测点中，如图 8（a）所示，13：00 之前具有显著的气温差异，高速公路路边（5-1）＞果林草地堑（2-1）＞果林草地堑（5-2）＞果林草地堑（4-1）＞密林灌丛草地（1-2）、果林草地涌溜（3-2）。该时段内堑中水位低至 0.1m 以下，果林生境堑的气温较其他生境气温偏高，其中 2-1 测点在 11：30 之前与路域气温相近；13：00 之后，堑内发生水位变化后，三处果林草地堑生境的气温趋向与涌溜气温近似，略高于密林灌丛草地生境的气温。在距离公路 150m 的各类生境测点中，如图 8（b）所示，各测点基本不受公路温升效应影响，果林草地堑（5-3）大于果林草地堑（2-4）大于密林灌丛草地（1-4）大于果林草地涌溜（3-4）。其中果林草地堑测点 2-4 的气温与路域气温变化趋势相近，最高温达到 32.4℃，且 30.0℃以上时间长达 3h。对比同类测点 5-4 气温稳定维持在 28.5℃左右。两测点样方面积内环境基本一致，样方外环境中，5-3 测点邻近大面积半人工塘。

水体本身会对周边环境产生显著的降温效应[21]，综上所述，反映出水果林草地类乔草结构的生境气温受到水体影响明显，密林灌丛草地此类乔灌草结构的生境能稳定维持气温，并对公路的温升效应消解能力较好。

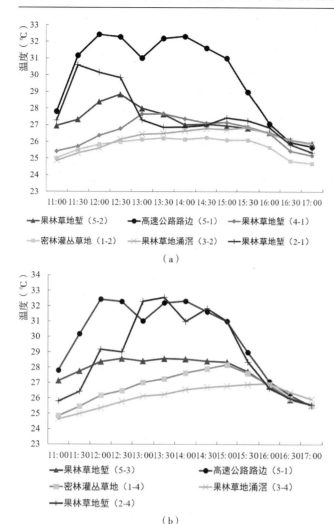

图8 不同类型生境的热环境特征
（a）距离公路50m处；（b）距离公路150m处

4 讨论

4.1 高速公路温升效应与缓冲带设计

本文通过对公路沿线海珠湿地典型生境的气温数据采集，发现不同生境对于公路温升效应具有不同等级的消解能力。目前关于高速公路防护林带宽度没有明确规范，本文提出密林灌丛草地类乔灌生境需要30~70m的缓冲距离，果林草地河涌类乔草水体混合生境只需要10m，可为公路防护林宽度设计提供参考。另外，海珠湿地典型的果林草地堑生境在无水的情况下基本不具备降温能力，公路的温升效应极易造成典型果林生境区域的热环境恶化、出现极端高温等消极现象，同时已有研究[17、18、22]指出公路对水系连通性有显著隔断效应。因此，在海珠湿地二期特有的生境布局中，可考虑公路南北两

侧堑渠的连通，通过水系疏通，并配合建设乔灌草结构的热缓冲林带，达到在有限的建设宽度内最大限度地消解热影响，避免果林出现长时间高温状态。

4.2 湿地生境营造与气候适应性设计

城市化进程的加剧使城市热环境在不断恶化，热岛效应逐渐增强[23-24]，气温升高对城市湿地存在很大的威胁。海珠湿地处于珠江三角洲典型的潮汐水系中[25]，湿地进水与排水具有可控性。相较于纯湖泊、河流型湿地而言，气候变化对海珠湿地水量、水位影响甚微。但对于果林各类生境的气温变化数据分析中，反映出单一的果树草地群落结构气温调节能力弱，受环境温度影响较大。结合各补充测点的数据反馈，在堑渠密集和大体量河涌周边的果林生境气温明显低于其他同类测点，且气温稳定性高。综上所述，为提高果林湿地的气候适应性，可以考虑从传统基塘果林的模式优化与水文格局及水文调控入手。

5 结论

本文对海珠湿地二期公路沿线典型生境进行了热环境数据采集与分析，验证了高速公路的温升效应，以及在不同生境中的热环境影响距离及不同生境的热环境特征。

海珠湿地二期的高速公路使湿地内部产生了局部高温现象；公路温升效应对密林灌丛草地生境的影响距离在30~70m之间，对果林草地涌溇生境的影响距离在10m以内；无水状态下的果林草地堑生境的热环境调节能力弱，水文状态对生境内气温调控具有较为主导的作用。涌溇旁的果林与密林灌丛草地生境具有稳定、显著的热环境调节能力，受环境温度影响较小。

基塘果林是海珠湿地特色的景观模式，果林修复对湿地生态与文化延续皆有重要意义。未来的研究将继续关注不同基塘形式下果林热环境特征，并尝试提出基于气候适应性的海珠湿地特色基塘果林生态修复策略，以适应复杂的城市气候背景。

注：文中图片均由作者绘制。

致谢：感谢华南理工大学亚热带建筑节能中心和广州海珠国家湿地公园的帮助；感谢华桂园设计研究中心全体学生对数据收集提供的帮助。

注释

① 来源：广州海珠国家湿地公园 http://www.ehaizhu.com/
② 来源：广州市气象台 11 月 26 日公布的海珠区气象数据

参考文献

［1］张慧，李智，刘光 . 中国城市湿地研究进展 [J]. 湿地科学，2016，14（1）：103–107.

［2］王建华，吕宪国，城市湿地概念和功能及中国城市湿地保护 [J]. 生态学杂志，2007（4）：555–560.

［3］孙广友，王海霞，于少鹏 . 城市湿地研究进展 [J]. 地理科学进展，2004（5）：94–100.

［4］王国新 . 杭州城市湿地变迁及其服务功能评价 [D]. 长沙：中南林业科技大学，2010：217.

［5］王世福，刘明欣，邓昭华 . 高密度建成区结构健康化的绿心城市设计对策 [J]. 中国园林，2018，34（12）：35–40.

［6］韩贵锋，蔡智，谢雨丝，等 . 城市建设强度与热岛的相关性——以重庆市开州区为例 [J]. 土木建筑与环境工程，2016，38（5）：138–147.

［7］DONG Y，VARQUEZ A C G，KANDA M. Global anthropogenic heat flux database with high spatial resolution[J]. Atmospheric Environment，2017，150：276–294.

［8］LEE S H，SONG C K，BAIK J J，et al. Estimation of anthropogenic heat emission in the Gyeong–In region of Korea[J]. Theoretical and Applied Climatology，2009，96（3）：291–303.

［9］赵慧颖，乌力吉，郝文俊 . 气候变化对呼伦湖湿地及其周边地区生态环境演变的影响 [J]. 生态学报，2008（3）：183–190.

［10］刘春兰，谢高地，肖玉 . 气候变化对白洋淀湿地的影响 [J]. 长江流域资源与环境，2007，16（2）：245–245.

［11］高志勇，谢恒星，李吉锋，等 . 气候变化对湿地生态环境及生物多样性的影响 [J]. 山地农业生物学报，2017（2）：57–60.

［12］曹爱思 . 道路型式对城市热环境影响的遥感和模拟分析 [D]. 广州：华南理工大学，2016.

［13］李丽娇，陈小茹 . 广州海珠湿地二期水系整治实例分析 [J]. 广东水利水电，2015（12）：55–58.

［14］高宇，张云路 . 基于鸟类生境营造的城市湿地公园规划设计植物空间营造研究——以北京莲石湖公园为例 [C] // 中国风景园林学会 2018 年会 . 2018.

［15］黄越 . 北京城市绿地鸟类生境规划与营造方法研究 [D]. 北京：清华大学，2015.

［16］陈均烽，陈其兵，宋国平 . 郎川公路沿线湿地植被类型及水文变化初探 [J]. 四川林业科技，2006（3）：44–52，54.

［17］吴翠翠 . 济 – 菏高速公路建设对稻屯洼湿地的影响及保护措施研究 [D]. 济南：山东师范大学，2008.

［18］曹剑 . 淮盐高速公路沿线湿地水土环境特征研究 [D]. 南京：南京林业大学，2008.

［19］崔丽娟，康晓明，赵欣胜，等 . 北京典型城市湿地小气候效应时空变化特征 [J]. 生态学杂志，2016，34（1）.

［20］张伟，朱玉碧，陈锋 . 城市湿地局地小气候调节效应研究——以杭州西湖为例 [J]. 西南大学学报（自然科学版），2016，38（4）：116–123.

［21］王泽宇 . 城市水域景观的热环境响应研究 [D]. 北京：中国地质大学（北京），2017.

［22］李晓珂，王红旗，李长江，等 . 公路建设对湿地水系连通性的影响及保护措施 [J]. 北京师范大学学报（自然科学版），2015，51（6）：620–625.

［23］江学顶，夏北成，郭泺，等 . 广州城市热岛空间分布及时域 – 频域多尺度变化特征 [J]. 应用生态学报，2007（1）.

［24］邓玉娇，匡耀求，黄锋 . 基于 Landsat/TM 资料研究广州城市热岛现象 [J]. 气象，2010，36（1）：26–30.

［25］蒋陈娟 . 珠江三角洲网河潮汐空间特征 [J]. 中山大学研究生学刊（自然科学·医学版），2007（3）：78–90.

基于热岛效应缓解的城市密集建设区绿色基础设施网络建构探究 *

宋秋明

重庆师范大学地理与旅游学院

摘　要：热岛效应不断加剧已成为影响城市发展的重要环境问题，绿色空间能有效缓解热岛效应已成共识。然而，作为城市核心的密集建设区，却面临绿色空间破碎与热岛效应显著的突出矛盾。较之绿色空间，绿色基础设施网络建构遵循"生态优先、多类型综合、多尺度连接"原则，通过"绿色技术"统筹运用，既能提升"绿色空间"要素生态功能，又能整合连接关键的"非绿色空间"要素，最终形成具有良好"网络效能"和"景观触媒"功能的绿色网络，从而全面有效地促进城市密集建设区热岛效应的缓解。同时，本文基于"冷源—风廊—风口"空间模型，提出了"判别—连接—融入—反馈"的规划流程，并从规划、技术、机制三方面，探讨了绿色基础设施网络建构保障策略，以期为城市密集建设区热岛效应缓解和可持续发展探索一条绿色路径，并为国土空间规划背景下，城市地区生态空间的规划建设提供参考。

关键词：城市密集建设区；热岛效应；绿色空间；绿色基础设施；网络建构

据联合国政府间气候变化专门委员会（IPCC）预测，如果气候上升趋势持续，在未来 100 年，全球平均气温将上升 1.4~5.8℃ [1]。全球变暖致使极地冰川融化、海平面上升、冻土层沼气释放，将给人类社会及其他生物带来灾难性危机 [2]。同时，气候变暖引发了人们对另一种现象的高度关注——城市热岛效应。所谓城市热岛效应，主要是由于人类活动，地表下垫面被改变，水面、绿地等绿色空间减少，人工热源和温室气体排放，以及氮氧化物、粉尘等空气污染，造成城市气温明显高于外围郊区的"城市高温化"现象。热岛效应不仅严重影响了城市环境质量和公众健康，为抵御高温所产生的高耗电量，也给城市带来了巨大的能源压力和经济负担。

1 从"绿色空间"到"绿色基础设施网络"：城市密集建设区热岛效应的绿色应对途径转变

城市绿色空间，通常指"城市绿地系统"①，包括公园绿地、生产绿地、防护绿地、附属绿地和其他绿地 5 种类型 [3]，具有生态服务等多种功能，能有效调节气候、缓解城市热岛效应 [4-6]。随着全球气候变化和城市生态危机加剧，绿色空间的重要性逐渐突显。城市热环境的绿色应对途径与策略 [7-8]、绿色空间与城市气候改善的作用机制及相互规律等方面 [9-14]，已成为当今城市发展开发领域的研究热点。研究表明：绿色空间增减与地表温度升降为反向关系；绿色空间作为城市"冷岛"，对其周边热环境具有明显的缓解作用，且降温效果随距离的增加逐级递减。同时，研究也揭示降温效果与绿色空间特征（面积、形状、组分）之间存在密切关联。绿色空间面积越大、形状越完整，降温效果越明显；绿色空间网络化可大幅提升降温效果；绿色空间组分不同，降温效果不同，其中水体降温效果最佳，然后依次为湿地、林地和草地。总之，增加绿色空间、形成绿色网络、优化绿色空间组分，将有助于城市热岛效应的缓解。

城市密集建设区是城市人口与建设集聚的核心区域。快速城市化进程中，粗放式建设及对经济效益过度追求，导致城市建设用地连绵发展、生态用

---

* 基金项目：重庆市人文社科重点研究基地（编号 19JD030）资助

地逐年减少，绿色空间呈现孤岛化、破碎化，城市生态调控和服务能力严重下降[15-16]。广州都会区生态廊道②、西雅图绿色基础设施等国内外成功案例证实，绿色基础设施理念能有效解决城市密集建设区面临的这一问题。绿色基础设施，概念产生于20世纪末的北美，是一个具有多种功能、强调内部连接性的自然区域及开放空间复合网络。从起初基于保护和增长的"马里兰州模式"发展到后来支持城市可持续发展的"西雅图模式"，作为生态理念和技术方法的绿色基础设施，不仅能运用生态工程手段和绿色技术工具，对已有"绿色空间"进行生态修复及功能提升，还可通过对潜在的、具有关键连接性的"非绿色空间"进行判别、整治，从而缝补原有破碎的绿色空间，为城市密集建设区"绿色基础设施网络"的建构提供可能。较之绿色空间，绿色基础设施网络在全面有效缓解城市密集建设区热岛效应上更具优势。

2 绿色基础设施网络缓解热岛效应的机理解析

从关注区域土地的保护与利用到推动城市可持续发展，绿色基础设施已成为城市的生命支撑系统[17]。通过供给、调节、文化和支持四种功能运用，绿色基础设施为城市提供重要的生态系统服务。其中，适应气候变化、缓解热岛效应作为绿色基础设施生态调节的主要内容，已被广泛研究证实[18]。然而，相关研究更多强调绿色基础设施网络中"绿色空间"生态功能的发挥，而较少关注绿色基础设施网络的整体性功能。所谓"整体性功能"，既包括绿色技术的"修复提升"功能，还包括多尺度绿色基础设施网络的"网络效能"和"景观触媒"功能。

2.1 绿色技术提升要素生态服务功能

绿色基础设施是一个集合了多种绿色技术的"工具箱"，包括人工湿地、雨水花园、绿道、绿色街道、绿色屋顶、绿色墙体等。通过对城市溪流的生态恢复、人工湿地的保护利用、草坪裸地的林灌层增植等，提升绿色基础设施网络中"绿色空间"要素的热岛效应缓解能力。对为增强绿色基础设施网络连接的废弃棕地、低效用地、市政设施等"非绿色空间"要素，可采用生态化基础设施及基础设施生态化、景观化措施。对被纳入绿色基础设施网络的传统社区，则可采用绿色基础设施屋顶、绿色墙体、绿色能源等技术，对建筑进行生态化改造；同时，通过建立雨水花园、生物滞留洼地、透水地面、街边雨水种植池等，改造原有场地和传统街道。植物通过光合作用固碳及水分蒸发吸热、雨水的收集与储存，减少空调等热源使用及增加绿色能源利用，绿色技术的综合运用，可以多尺度、多类型、多途径地缓解城市热岛效应。

2.2 网络效能扩大功能服务的覆盖面

增加连接、构建绿色基础设施网络是绿色基础设施建设的关键。绿色基础设施网络建构过程，既是绿色网络要素生态功能提升的过程，也是绿色基础设施"网络效能"增强的过程。"网络效能"是指网络中节点、连接线和网络整体对空间形成的作用力[16]，由节点效应、流效应、边际效应、影响效应和拓展效应共同构成[19]。网络效能主要集中在节点及连接线周边空间，并随着距离增加而递减，至最低效应线后出现网络效能空白区。通过在空白区增加新的节点和连接线，将产生新的网络效能，进而扩大网络效能覆盖面，直至覆盖整个区域。因此，只要在热岛区增加新的绿色节点和绿色廊道，就能扩大绿色基础设施网络生态功能服务覆盖面，从而减小热岛效应区域。

2.3 景观触媒激发城市低碳发展模式

绿色基础设施网络缓解城市热岛效应，除发挥绿色技术"修复提升"功能和"网络效能"外，还可通过"景观触媒"③功能激发城市低碳发展模式，间接推动城市降温。绿色基础设施作为城市有机组成部分，与城市土地、交通、经济、文化等关联密切。绿色基础设施网络建设既能通过推动城市紧凑发展和土地混合利用，促进生产、生活、生态空间融合，降低通勤距离，减少碳排放，又能通过绿道等低影响交通模式的建设推广，倡导绿色出行。再有，绿色基础设施网络构建强调社区与绿色紧密连接，并有效串联城市自然和文化遗产，建设市民户外休闲、游乐和审美的重要场所，促进城市旅游业发展及休闲商业的繁荣。高能耗、高碳排放的工业产业逐渐向绿色生态经济转型，以及低碳生活的推广普及，将全面有效促进城市热岛效应的缓解。

3 基于热岛效应缓解的绿色基础设施网络建构

基于城市密集建设区"绿色空间"特征认知及"绿色基础设施网络"功能解析。面向城市热岛效应缓解的绿色基础设施网络建构，既要有易于操作的规划方法，又要有面向实施的保障策略。

3.1 网络空间建构的规划方法

（1）目标原则。首先，网络空间建构之初，须明确工作目标，即建立一个能全面有效缓解城市热岛效应的绿色基础设施网络。其次，根据工作目标，结合城市密集建设区的现状条件，制定规划原则：生态优先原则、多类型综合原则、多尺度连接原则。其中，生态优先原则主要指对现状城市公园绿地、城市森林、溪流、湿地等进行优先保护和恢复；为绿色基础设施网络连接需要，对已规划但未建设区域、棕地、低效建设用地等，进行规划调整或改造。多类型综合原则是指除绿色空间外，应整合包括低影响交通、绿色街道、绿色建筑、社区雨水花园等多种类型的绿色基础设施要素。多尺度连接原则要求建构"区域、城市组团、社区"三级绿色基础设施要素的连通，并根据"网络效能"原理，尽可能增加绿色基础设施网络密度，扩大网络效能覆盖面。

（2）空间模型。马里兰州自然资源组织（Maryland Department of Natural Resources）认为绿色基础设施网络是一个由中心控制点、连接通道和场地构成的系统[20]。在城市密集建设区，中心控制点主要指各类城市公园，是城市重要的"冷源"；连接通道包括城市内部河流、基础设施防护带、生态廊道、绿色街道等，是城市主要的"风廊"；场地主要指社区花园、街头公园、城市"微绿地"等城市生活最为密切的公共空间，是散布在社区的"风口"。基于"点—线—网络"结构，建立"冷源—风廊—风口"空间模型，为缓解热岛效应的绿色基础设施网络空间建构提供原型。

（3）规划流程。大自然保护协会（The Nature Conservancy，TNC）提出 SITES 的绿色基础设施网络设计方法，该方法在生态区域和保护地网络的确定与设计中获得了广泛的运用[20]。在城市密集建设区，空间特征及发展诉求均存在较大差异，参考 SITES 的"五步骤法"④，基于热岛效应缓解的绿色

基础设施网络空间建构可遵循"判别—连接—融入—反馈"的基本规划流程（图1）。

首先，识别绿色基础设施网络基础骨架，判定作为"冷源"的中心控制点和作为"风廊"的连接通道。以研究区最新 TM 遥感影像为基础资料，以现状水体、林地、草地等绿色空间要素为识别对象，运用 ArcGIS 分析工具，生成反映研究区生态连接度的绿色基础设施网络基础骨架图（图2）。在此基础上，叠加研究区控制性详细规划图，并结合实地踏

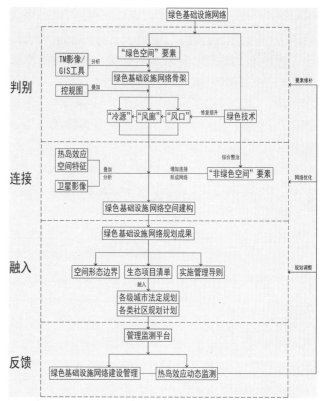

图 1 绿色基础设施网络空间规划流程图

图 2 绿色基础设施网络基础骨架图

勘，了解绿色基础设施网络建设情况，明确"冷源"与"风廊"的空间位置、构成类型和存在问题。同时，根据景观生态学原理和最小耗费距离模型，确定"风廊"潜在的关键连接区（图3）。

其次，运用绿色基础设施技术工具修复"风廊"的连接断点，并根据热岛效应空间分布特征，增加新的连接。通过实地调研，明确"风廊"断点类型，对河流、湿地或植被破坏区域进行生态恢复；运用绿色屋顶、绿色墙体等技术，对硬化场地或现有建筑进行生态改造，强化"风廊"的生态连接性。在此基础上，叠加研究热岛效应空间特征图（图4）和高清卫星航拍影像，在强热岛区域，根据现状条件，布局"风口"及新增次级"风廊"，形成层级完善、网络效能突显的绿色基础设施网络空间规划图（图5）。

再次，将绿色基础设施网络规划成果融入各级城市法定规划，并与各类社区规划与计划相结合。绿色基础设施网络规划成果既包括空间形态边界划定，也包括各类型生态实施项目及实施管理导则。空间形态边界需融入研究区控制性详细规划中，并形成分类管控条则。各类生态实施项目需建立清单，并纳入城市更新和社区改造等计划中。实施管理导则需在绿色基础设施网络日常建设、管理和维护中加以运用。

最后，建立统一管理和长效监控平台，对绿色基础设施网络进行长期关注。监测绿色基础设施网络建设与热岛效应时空变化之间的关系，及时发现绿色基础设施网络建设过程中存在的问题，进而对绿色网络需加强或新增区域进行预判。通过反馈模型的建立，能更好地完善绿色基础设施网络的生态服务功能，提升热岛效应缓解能力。

3.2 保障功能发挥的策略思考

城市密集建设区绿色基础设施网络建构过程中，为保障网络空间生成及效能发挥，有效缓解城市热岛效应，需综合运用规划、技术、机制等多种策略。

（1）规划分类调控。规划调控主要针对未建设用地与绿色基础设施网络相冲突的情况，根据建设用地的出让和建设与否，可采用不同的规划调控策略。对于未出让建设地块，建议直接调出；对于已出让但未建设地块，可通过容积率补偿、异地置换等措施预留出一定宽度的绿色空间。

（2）技术统筹运用。对绿色基础设施网络中的不同类型、不同问题，需统筹运用不同绿色技术进行整治。如对生态已破坏或生态能力较低的绿色空间要素，可采取水体与湿地恢复、植被优化、土壤改善、垂直绿化等修复技术；对非绿色空间要素，可通过绿色街道、雨水花园、透水地面、绿色屋顶等技术，进行建筑与场地改造，提升绿色基础设施网络的连接性与生态性。

（3）机制创新保障。绿色基础设施网络建构涉及人、土地、资金等多种因素，过程复杂、矛盾众多，因此需要创新相应的保障机制。如：政府主导机制，建立统一的管理主体，打破行政边界的人为分割及多部门的条块化管理；企业共建机制，在政府统一的行动框架下，积极引入企业资金，整合社会资源，探索企业协同共建模式；公众参与机制，加强绿色环保、低碳生活的科普宣传，鼓励公众积极参与绿色基础设施网络建设，倡导并践行低碳生活理念，共同打造和维护城市宜居环境。

图3 "冷源"与"风廊"连接图

图4 热岛效应空间特征图

图5 绿色基础设施网络空间规划图

注：图2~图5为重庆市主城北部（嘉陵江以北）城市密集建设区绿色基础设施网络规划图纸。

4　结论与讨论

快速城市化过程中，片面追求经济效益及对生态环境的长期忽视，造成城市密集建设区绿色空间破碎与热岛效应显著的突出矛盾。从"绿色空间"到"绿色基础设施网络"，是城市密集建设区应对热岛效应的主动选择。绿色基础设施既是一种兼顾发展与保护的生态理念，又是包含诸多绿色技术的实施工具。绿色技术的综合运用，既能提升绿色要素的生态功能，又能促进绿色基础设施网络的空间建构。多层级绿色基础设施网络建构，能扩大网络效能覆盖面，全面有效降低城市温度。同时，绿色基础设施网络作为景观触媒，能激发城市低碳发展模式，间接缓解城市热岛效应。基于建构一个全面有效缓解热岛效应的绿色基础设施网络的目标，以及"生态优先、多类型综合、多尺度连接"的原则，结合"冷源—风廊—风口"空间模型，本文提出了"判别—连接—融入—反馈"的规划流程。最后，文章从规划分类调控、技术统筹运用、机制创新保障三方面进行了策略思考，以保障绿色基础设施网络建构及生态功能的有效发挥。

当然，绿色基础设施除能缓解城市热岛效应以外，还具有调节暴雨径流、降低社会脆弱性、增加公园可达性，以及改善空气质量、提升公众健康等多方面功能效益，这些同样是绿色基础设施网络建构过程中需重点考虑的。因此，在城市密集建设区进行绿色基础设施网络空间规划时，需综合上述诸因素，通过研判各因素权重及之间的相互关系，科学评估与全面统筹相结合，才能实现绿色基础设施网络建设的最大效益，使之真正成为支撑城市健康可持续发展的生命系统。

注释

① 由于国内外城市及自然保护发展阶段、研究重点不同，"城市绿色空间"的概念尚未达成共识。在我国，城市绿色空间（Urban Green Space）多指"城市绿地"，本文即为此意。

② 广州都会区规划了"三纵三横"近300km区域生态廊道、500多公里组团生态廊道、800多公里城市绿道。经过初步评估，规划建设实施后，能有效缓解城市热岛效应、明显改善水质、大幅提升空气质量。

③ 相比过去以"建筑为中心"的城市建设理论，景观都市主义理论提出"景观"应作为未来城市发展的主题，并指出景观具有"城市触媒"功能。

④ SITES"五步骤法"：a. 详述网络设计的目的，确定想要的特点；b. 收集和处理景观类型数据；c. 确定并连接网络元素；d. 为保护行动设置优先级；e. 寻找反馈和投入。

参考文献

［1］ IPCC—Intergovernmental Panel on Climate Change. *Second scientific assessment of climate change*, *summary and report*[R]. Cambridge, UK：Cambridge University Press，1995.

［2］ 艾伦·巴伯，谢军芳，薛晓飞. 绿色基础设施在气候变化中的作用 [J]. 中国园林，2009（2）：9-14.

［3］ 常青，李双成，李洪远，等. 城市绿色空间研究进展与展望 [J]. 应用生态学报，2007，18（7）：1640-1646.

［4］ 黄大田. 全球变暖、热岛效应与城市规划及城市设计 [J]. 城市规划，2002，26（9）：77-79.

［5］ 杨振山，张慧，丁悦，等. 城市绿色空间研究内容与展望 [J]. 地理科学进展，2015，34（1）：18-29.

［6］ 韩依纹，戴菲. 城市绿色空间的生态系统服务功能研究进展：指标、方法与评估框架 [J]. 中国园林，2018（10）：55-60.

［7］ 王成，赵万民，谭少华. 基于城市绿色空间功能的"宜居重庆"规划理念 [J]. 城市发展研究，2009，16（10）：59-64.

［8］ 张正栋，蒙金华. 基于城市热岛效应的城市降温通道规划研究——以广州市为例 [J]. 资源科学，2013，35（6）：1261-1267.

［9］ 冯欣，应天玉，李明泽，等. 哈尔滨市热岛效应与绿色空间消长的关系 [J]. 东北林业大学学报，2007，35（5）：55-60.

［10］陈康林，龚建周，陈晓越，等. 广州城市绿色空间与地表温度的格局关系研究 [J]. 生态环境学报，2016，25（5）：842-849.

［11］景高莉，张建军，程明芳，等. 城市绿色空间对周边热环境的降温规律 [J]. 江苏农业科学，2017，45（22）：289-294.

［12］刘焱序，彭建，王仰麟. 城市热岛效应与景观格局的关联：从城市规模、景观组分到空间构型 [J]. 生态学报，2017，37（23）：7769-7780.

［13］陈燕红，蔡芜镔.福州主城区绿色空间演化的热环境效应差异[J].生态学杂志，2019，38（7）：2149-2158.

［14］何瑞珍，张敬东，赵芮，等.绿色空间不同布局的参数化设计及微气候模拟[J].河南农业大学学报，2019，53（3）：441-447.

［15］刘婕.城市密集建成区生态廊道体系规划研究——以广州市为例[J].科技创新与应用，2017（12）：60-61.

［16］舒沐晖.城市密集建设区绿色空间网络的规划布局探索——以重庆市主城区为例[J].城市发展研究，2011，18（6）：6-10.

［17］刘娟娟，李保峰，南茜·若，等.构建城市的生命支撑系统——西雅图城市绿色基础设施案例研究[J].中国园林，2012，28（3）：116-120.

［18］栾博，柴民伟，王鑫.绿色基础设施研究进展[J].生态学报，2017，37（15）：5246-5261.

［19］刘滨谊，吴敏."网络效能"与城市绿地生态网络空间格局形态的关联分析[J].中国园林，2012（10）：66-70.

［20］BENEDICT M A，MCMAHON E. Green infrastructure：linking landscapes and communities[M]. London：Island Press，2006.

基于小气候适宜性的城市公园景观活力评价研究综述 *

张沂珊[1]，罗融融[1#]，罗　丹[2]

1.重庆交通大学建筑与城市规划学院；2.重庆大学建筑城规学院

摘　要：在梳理并归纳近年来大量研究文献的基础上，对小气候与城市公园景观活力的关联性进行了探讨，指出城市公园小气候受到气候、空间和个体三方面因素的综合作用，继而影响城市公园的景观活力。同时，文章介绍了相关研究领域的新思路，即通过现代化技术和观念对城市公园景观小气候进行快速准确的评价，以此为提高城市公园景观活力的设计实践提供科学依据。

关键词：小气候适宜性；城市公园；活力评价

随着城市化进程的加速，我国的城市开放空间建设取得了重大进展，但在建成使用过程中也存在很多问题亟待解决。以城市公园这一常见的开放空间类型为例，截至 2018 年我国共有 16735 个城市公园，仅 2018 年就新建了 1102 个城市公园。[7]这些广泛分布于各大中小城市的公园在数量和体量的"供"方面有了长足提升。但现实问题是，大量而广泛的城市公园并没能完全满足使用者之"需"，造成了"供""需"间的不平衡与矛盾。许多研究已证实：居民外出休闲活动和锻炼的意愿受环境物理的影响较大，而居民活动意愿的降低又会导致空间活力下降。因此，如何厘清小气候因素与空间活力的关系，科学地对城市公园的空间活力进行评价并提出有效的改进措施就显得十分必要和紧迫。本文对国内外城市公园景观活力的评价研究进行了初步整理，以期对相关研究和设计实践提供借鉴。

1　相关概念

1.1　景观活力及其评价

景观是指由物质和空间所构成的自然、人工和活动的结合，在城市公园的研究中，景观既包括了自然景观，又包括了人文景观。国外学者在景观活力研究的早期，主要研究人的活动，因此最开始多使用"Physical vitality"，之后有研究将景观活力的研究对象扩展到了同时包含人和物的因素，即不仅仅是设计层面的景观活动空间，人们在公园的活动空间中进行的活动本身也属于景观的一部分，因此"Landscape activity"这一词开始进入研究学者的视野。[8]

目前，景观活力评价理论主要针对景观偏好、街道景观活力和公共空间景观活力。景观偏好度评价是由卡普兰夫妇在 20 世纪 70 年代提出的[9]，从文化、感知、行为三方面研究人们对不同景观产生的偏好差异。在评价街道景观活力时，主要从安全、艺术审美和可达性角度进行评价。Gidlow（2012）等人对公共空间活力进行评价时，将影响因素分为自然因素、园路、休憩设施等。[10]Saelens（2006）等人对公共空间景观评价时提出的因素包括园路、水体、便利设施和娱乐设施等。[11]Giles（2003）在制定公共空间评价标准时提出了 3 个评价指标，即防护性、舒适性和愉悦性。[12]

国内，汪海、蒋涤非（2012）的研究为我国公共空间活力评价体系作出了重大贡献，以使用者需求为出发点，以感官活力、社会活力、经济活力和文化活力为角度，分析了影响城市公共空间活力的因素。[4]基于大量实地调查结果，运用统计分析方法，

---

* 基金项目：重庆市大学生创新创业训练计划项目"基于 SD 法的重庆市社区体育公园空间活力评价及优化设计研究"（编号 S201910618001）[1-6]；国家自然科学基金青年项目（编号 51708052）；中国博士后科学基金项目（编号 2017M622964）；2020 年重庆市教委人文社会科学类研究项目（编号 20SKGH089）；重庆市大学生创新创业训练计划项目（编号 S201910618001）

\# 通讯作者，电子邮箱：344057347@qq.com

建立了评价城市公共空间活力模型，得到城市公共空间活力评分和等级划分。

近年来，景观活力评价方法已经开始从审美评价方法转向综合评价方法，即主客观结合，通过实地观察、现场访问和问卷调查，收集数据，利用主成分分析法和因子分析法分析数据，得到权重和排序。

1.2 小气候适宜性

通常情况下把在一定区域内各地所具有的共同气候特征叫作大气候。城市形态影响了城市空气循环，近地层气候环境有着复杂的影响因素，需要考虑大尺度的风环境状况，又需要考虑城市微观因素，如地形、植被、水体、建筑密度等小气候城市下垫面的组成状况。[13]而在大气候下各局部受地形、坡度、植被、地面覆盖方式的不同所产生的与一般大气候不同的气候特点，称之为小气候。

小气候适宜性主要就是通过空间布局规划设计改善场地小气候环境，比如空间形态、地形、植被和下垫面等方式，最大限度地营造满足人类舒适需求的活动空间，减少不必要的能源消耗，促进人类可持续发展，对改善人居环境，促进城市发展等方面有着重要作用。城市公园小气候的研究涵盖了包括自然地理学、气象与气候学、环境物理学、生命科学、城乡规划学和建筑学等多个学科。[10]彭历、王矛芊重点解析了依托城市游憩绿地空间改善小气候适应性的建构途径（图 1）。[14]

2 小气候感知舒适度对公园景观活力的影响

园林是人类追求最理想的人居环境的产物，创造更加舒适宜人的小气候环境，是享受园林生活乐趣的前提。大量实验研究表明，基于以人为本的原则，公园景观活力与人的小气候感知舒适度呈正向相关，而小气候感知舒适度主要受到三方面因素影响：气候因素、个体因素和空间因素。

2.1 气候因素的影响

城市公园小气候受城市整体气候的影响，城市气候由区域气候、区域地理环境等背景性因素共同作用，因此，大范围下的空气温度和相对湿度难以改变，但基于城市公园尺度的场地小气候可以通过景观布局等设计规划进行一定程度的改良，从而营造出更加适宜人活动的舒适环境。例如 Chen 在研究中发现使用者主观热感知投票（TSV）结果存在显著的季相性差异：秋冬季主观热感知与空气温度及太阳辐射呈显著正相关，春夏季反之。同时研究证明行为持续时长与主观热感知评价呈高度正相关。[15]Watanabe 研究了城市热环境与路人行为的关系，发现炎热夏季时的街区路口处，树荫下平均温度更低，因此聚集了更多居民，验证了城市公共空间中，空气温度与人行为的关联性，并提出：要创造舒适的城市热环境就要做好城市阴影区域设计。[16]陈菲等针对严寒城市气候特征和使用者的需求，归纳总结了严寒城市公共空间景观活力评价指标体系（图 2），为同类型公共空间的规划设计提供帮助。[17]

城市公园小气候感知舒适度还与热环境及热舒适度关联最大，与风速关联相对最小，但无论冬季还是夏季，人们都不愿在有风的天气出行。Lin 等人研究发现，居民的热感知评价和热可接受性与热环境之间具有相关性，空间的使用率受太阳和热环境影响。我国台湾地区公园冷热两季室外热舒适与公园使用率的关系研究结果指出，公园使用率与太阳辐射有关，且天空视角系数和参与者可接受的热舒适范围也会影响公园使用率。中国北方室外热舒适研究发现，居民的热感觉随季节发生变化，空气温度是影响居民热偏好的主要因素，太阳辐射次之，而湿度最弱。[18]通过大量不同地区的实验，排除地域性差异可以得出，人的热感知评价和热偏好是影响人们行为活动的重要因素，风速、相对湿度等小气候要素在不同地区影响程度不同，但都次于温度。可以说基于小气候适宜性的风景园林规划设计，

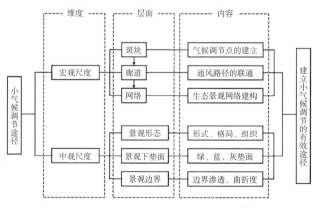

图 1　改善小气候适应性的建构体系 [14]

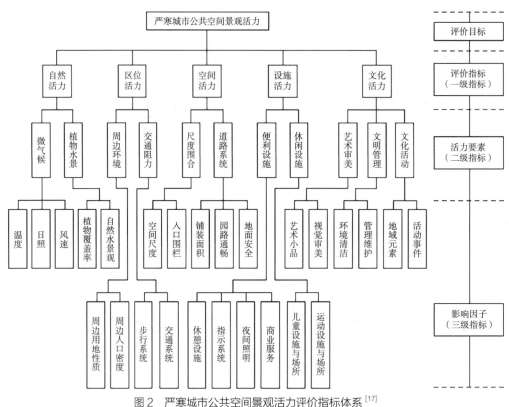

图2 严寒城市公共空间景观活力评价指标体系[17]

主要是调节温度与人的感受和季节变化之间的和谐统一。

2.2 个体因素的影响

个体因素主要体现在个体生理与心理上。

根据儿童和青年人的景观空间选择偏好，验证了年龄与小气候舒适度的关联特征。[19]个体生理方面，性别、年龄影响小气候舒适度感知，女性对于热不舒适较男性更为敏感；而相同性别的人，年纪越轻，对于热不舒适度的敏感性就越高，老年人对热感觉的敏感性较低，但老年人更易受热压力的威胁。陈菲等研究表明影响老年人到严寒城市公共空间活动的主要因素有5项，并指出完善安全性管理制度以及美景度和舒适度是吸引老年人外出活动的重要因素。[5]Gidlow根据儿童和青年人的景观空间选择偏好，验证了年龄与小气候舒适度的关联特征。[21]另外，人的身体素质和行为方式也影响着其小气候感知。体质较好的人小气候感知舒适度范围相对于体质弱者大；正在维持锻炼健身行为的人，小气候舒适度范围相较于无健身行为的人更大。

个体心理方面，人的经历、期望和文化态度等

共同影响其小气候感知。对于相同的户外温度，长期处于空调环境中的人比生活在自然通风环境中的人有更小的小气候感知舒适度范围[20]。

2.3 空间因素的影响

施加这一影响的主要因素是下垫面种类（建筑物、构筑物、水体、广场、道路、植被、土壤等）、空间尺度功能、景观布局、植物布置等，不同的空间格局深刻地影响着空间内的小气候质量，影响人感知小气候的舒适度。

2.3.1 下垫面种类

例如日本学者Vu Thanh Ca在东京西部城市多摩实地测验公园与周边地区小气候差异。结果表明：植被可以显著改善周围城镇气候；在中午，公园草地地表温度明显低于沥青路面、混凝土路面，而气温（距地1.2m）也比周边商业区和停车场温度低近2℃。[21]陈睿智以湿热气候区的典型城市——成都市百花潭公园为例，通过实测发现湿热地区城市公园夏季改善小气候舒适度的关键是通风和遮阴，而顺应风向的水体景观对改善场地小气候舒适度的效果最明显。[22]大量实验证明城市公园小气候受下垫面种类影响较大，山体、水体以及植物等园林

要素都是改善小气候感知的重要因素。而且，城市公园小气候适宜性不仅改善了公园景观活力，还将影响映射至公园周边场地，创造了更加舒适的人居环境。

2.3.2 空间尺度功能

薛申亮、刘滨谊等人通过研究表明上海市苏州河滨水带应采用临水 – 乔草 – 半开敞空间和临水 – 乔灌草 – 半围合空间的绿地形式，以达到最大化满足人体热舒适度的要求。[25] 熊瑶等人以瞻园为例，在遵循小气候适宜性理念基础上，科学地解读了城市小尺度开放空间的布局设计及空间组织。[24] 丁沃沃等人则以城市整体形态为研究对象，进行城市形态与其外部空间小气候的关联性研究。[25] 由于空间尺度和功能大幅度影响着人在该空间的行为活动，因此不同尺度的空间应该结合人的行为营造适宜的小气候环境。赵晓龙等人验证了舒适的小气候环境是有效提高休闲体力活动水平的重要基础因素。[26] 公共空间景观活力感知受到空间尺度和人个体因素的影响。例如，城市公园中的健身步道属于狭长的运动空间，在风景园林规划设计时应该控制空气温度变化及风速，来营造一个小气候感知舒适的空间，继而提高其景观活力。

2.3.3 景观布局

不同景观空间类型及组成要素对小气候感知舒适度有显著影响。开阔型空间和围合型空间分别通过获取更多太阳辐射量和提高空气温度来改善居民冬季室外热舒适，但对夏季室外热舒适有负面影响。夏季覆盖性空间通过阻挡或减少辐射通量成为热舒适度最好的景观空间。水体在改善居民室外热舒适方面具有两面性，夏季通过吸收热量降低空气温度达到缓解热应力的作用，冬季结冰后则通过增大辐射量提高热舒适度。

冯秋霜等人的研究结果也证实了景观要素的布局模式同样影响着小气候适宜性。他们对水体的面积进行模拟得到数据表明，水体面积越大，提高热舒适的程度越高；同时，在阳坡设置水体对场地热环境的改善作用高于在阴坡设置；而顺应风向的水体能最大限度地优化场地热环境。[10] 马椿栋等人以上海世纪广场和辰山植物园为例，对比研究风景园林中的地形设计与风湿热等小气候要素、热感受之间的关系，发现热舒适性较好的是坡向与风向垂直的地形景观的迎风坡脚处，分析其主要环境影响因

素和作用规律，进而提出城市广场热舒适性能优化的地形设计策略。[27]

2.3.4 植物布置

栽植树木或布置屏障设施以构建围合型空间，对于减弱风速，提高居民室外热舒适有积极作用[20]。赖寒、冯娴慧采用树冠荫蔽度和植物围合度两个核心指标，选取 3 种不同类型的植物群落，实地观测近地面温度、风速、风向、湿度，研究不同植物群落类型与小气候效应的相关性。[28]

Cohen 通过实测研究了夏季和冬季对以色列特拉维夫不同植被覆盖的各种城市公园的季节变化规律及其对人类热感觉的影响，发现树冠茂密的城市公园在夏季和冬季白天具有最大降温效果。在夏季，它将温度降低 3.8℃，PET 热舒适度降低 18℃，而在冬季，温度降低最多 2℃，PET 热舒适度降低 10℃。[29] 埃雷尔等人在研究中发现，不同类型的植被会以不同的方式影响使用者。[30]

3 相关领域技术发展

近年来，公共空间活力评价方法已经开始从审美评价方法转向综合评价方法。主客观结合，通过实地观察、现场访问和问卷调查，收集数据，利用层次分析法（AHP）分析数据，得到权重和排序。经常采用公共空间环境评价法（Environmental Assessment of Public Recreation space，EAPRS），通过专业人士对公共空间给出高信度的评分。[11]

随着数字化时代的到来，出现了一种有别于前数字化时代的新型公共空间价值——赛克法则[31]，它通过对公共空间的社会互动（Social Inter-action）、情境体验（Environmental Experience）和创意趣味（Creative Interestingness）3 个要素的考量，构建了评价公共空间使用效应的衡量体系。与传统公共空间评价有所不同，它不仅局限于传统方法中以空间尺度、生态环境等实体空间为主体分析，而是要把人的感知作为主体，围绕人的需求、心理以及各类条件因素建构综合性的评价体系。[32]

此外，伴随着位置服务技术的进步以及相应服务产品的普及，为深度挖掘居民活动、量化活力，以及探究城市活力与建成环境的关系提供了技术支撑。[33] 叶宇等人提出了城市空间活力的二象性，通过空间句法、空间矩阵和混合功能等方法对空间

形态进行定量化表达，并与非本地居民的 GPS 活动轨迹的空间密度聚类结果展开叠加分析，发现了基于空间形态定量化表达的高活力空间与实际活动的高密度分布在空间上存在较高的耦合性。[34]Wu 等人采用一周的 GPS 活动调查数据，将表征社区空间形态、公共交通通达性、建筑密度、用地混合度、日常服务设施便利性的各项指标作为影响社区活力的城市形态因子，采用多层建模的方法识别了影响社区活力的因子。[35]罗桑扎西等人收集了居民匿名手机信令数据，采用空间叠加的方法测度并评价南京市公园综合活力。[36]利用手机大数据的活力测度方法有助于更加真实、多维地反映城市公共空间的活力，为塑造宜居高效的城市公共空间，提升空间品质提供更加多样的、现代的技术路径和方法指导。

由此可见，对城市空间的定量评价研究方法主要是以构建指标体系，建立评价模型为主。但此类定量研究方法需要大量真实可靠的数据支撑，因此大数据技术的应用将是未来研究趋势，科技的进步以及大数据应用对空间活力评价研究提供了新的可能性与新的要求。

4 总结与展望

大量的实地研究为各个地区乃至全球的一系列有差异的城市公园公共空间设计提供了可参考的舒适阈值[37]，验证了城市公园小气候由气候、个体和空间三个主要因素影响着人的感知舒适度，继而对城市公园景观活力造成影响。这一研究结论对于后续的城市公园规划设计，以及提升居民生活质量都具有重要的参考意义。

以实地调研采集数据结合问卷的城市公园景观活力评价方法，在当前研究领域成为主导，结合使用者需求、心理感受等要素的评价体系也逐渐受到人们的关注。除此之外，随着大数据时代的来临和现代技术运用的便利，将给城市公园活力评价研究带来新的契机——基于大量可靠的现实数据和可视化数据分析等技术，将更加准确快速地评价不同类型城市公园景观活力，为相关领域设计者提供更有说服力的现实依据和设计思路。

总而言之，基于小气候因素对城市公园景观活力进行评价是十分必要且可行的，目前相关方法已

较为成熟。它将推动风景园林师从环境物理角度出发，关注使用者的感受与需求，科学地进行城市公园的规划设计探索。这将成为实现城市公园与居民间"供""需"关系平衡的必经之路，也终将通过景观活力的提升触发周边区域的发展，从而推动城市品质迈上新的台阶。

参考文献

［1］刘滨谊 . 风景园林三元论 [J]. 中国园林，2013（11）：38-46.

［2］王菁，王雪松，覃琳，等 . 基于 SD 法的重庆滨水空间活力评价研究 [J]. 重庆建筑，2019，18（1）：30-33.

［3］陈菲 . 严寒城市公共空间景观活力评价研究 [D]. 哈尔滨：哈尔滨工业大学，2016.

［4］汪海，蒋涤非 . 城市公共空间活力评价体系研究 [J]. 铁道科学与工程学报，2012（1）：56-60.

［5］陈菲，林建群，朱逊 . 基于公共空间环境评价法（EAPRS）和邻里绿色空间测量工具（NGST）的寒地城市老年人对景观活力的评价 [J]. 中国园林，2015（8）：106-110.

［6］陈菲，朱逊，张安，严寒城市不同类型公共空间景观活力评价模型构建与比较分析 [J]. 中国园林，2020，36（3）：92-96.

［7］国家统计局 . 中国统计年鉴 2019[M]. 北京：中国统计出版社，2019.

［8］俞孔坚 . 景观设计专业学科与教育 [M]. 第 2 版 . 北京：中国建筑工业出版社，2016.

［9］汤晓敏 . 景观视觉环境评价的理论、方法与应用研究：以长江三峡（重庆段）为例 [D]. 上海：复旦大学，2007.

［10］冯秋霜 . 基于微气候适应的绵阳山地公园活动空间规划策略研究 [D]. 绵阳：西南科技大学，2019.

［11］SAELENS B E，FRANK L D，AUFFREY C，et al. Measuring physical environments of parks and playgrounds：EAPRS lnstrument development and lnter-rater reliability[J]. Journal of Physical Activity and Health，2006（3）：190-207.

［12］GILES CORTI B，MACINTYRE S，CLARKSON J，et al. Environmental and lifestyle factors as-sociated with overweight and obesity in perth，Australia[J]. American Journal of Health Promotion，2003（1）：93-102.

［13］苏钠，周典，孙宏生 . 基于小气候适应的滨水景观带游憩规划研究——以沣河综合改造为例 [J]. 华中建筑，2018，36（12）：67-70.

［14］彭历，王予芊 . 城市游憩绿地小气候适应性设计策略解析 [J]. 华中建筑，2017（1）.

［15］CHEN L, WEN Y, ZHANG L, et al. Studies of Thermal Comfort and Space Use in an Urban Park Square in Cool and Cold Seasons in Shanghai[J]. Building and Environment, 2015, 94: 644-653.

［16］WATANABE S, LSHII J. Effect of outdoor thermal environment on pedestrians' behavior selecting a shaded area in a humid subtropical region[J]. Building and Environment, 2016, 95: 32-41.

［17］陈菲，渠水静，张安 . 严寒城市公共空间景观活力度评价指标体系实证分析 [J]. 城市建筑，2018，287（18）：121-125.

［18］许敏 . 城市公园绿地不同景观空间热舒适研究 [D]. 杨凌：西北农林科技大学，2019.

［19］GIDLOW C J, ELLIS N J, BOSTOCK S. Development of the Neighbourhood Green Space Tool（NGST）[J]. Landscape and Urban Planning, 2012（4）.

［20］YANG W, WONG N H, JUSUF S K. Therm al Comfort in Outdoor Urban Spaces in Singapore[J]. Building and Environment, 2013（2）: 426-435.

［21］CA V T, ASAEDA T, ABU E M. Reductions in air conditioning energy caused by a nearby park[J]. Energy & Buildings, 1998, 29（1）: 83-92.

［22］陈睿智，韩君伟 . 湿热气候区城市露天开放性空间景观要素对微气候舒适度的影响研究 [J]. 城市建筑，2017（1）：39-42.

［23］薛申亮，刘滨谊 . 上海市苏州河滨水带不同类型绿地和非绿地夏季小气候因子及人体热舒适度分析 [J]. 植物资源与环境学报，2018，27（02）：110-118.

［24］熊瑶，金梦玲 . 浅析江南古典园林空间的微气候营造——以瞻园为例 [J]. 中国园林，2017（4）.

［25］丁沃沃，胡友培，窦平平 . 城市形态与城市微气候的关联性研究 [J]. 建筑学报，2012（7）：22-27.

［26］赵晓龙，卞晴，侯韫婧，等 . 寒地城市公园春季休闲体力活动水平与微气候热舒适关联研究 [J]. 中国园林，2019，35（4）：86-91.

［27］马椿栋，刘滨谊 . 地形对风景园林广场类环境夏季小气候热舒适感受的影响比较——以上海世纪广场和辰山植物园为例 [C] // 中国风景园林学会 2018 年会论文集 . 北京：中国建筑工业出版社，2018.

［28］赖寒，冯娴慧 . 基于树冠荫蔽度和植物围合度的植物群落与微气候效应相关性研究——以广州市林科院实测为例 [J]. 城市建筑，2018，302（33）：100-104.

［29］COHEN P, POTCHTER O, MATZARAKIS A. Daily and seasonal climatic conditions of green urban urban open spaces in the Mediterranean climate and their impact on human comfort[J]. Building and Environment, 2012, 51: 285-295.

［30］埃维特·埃雷尔，戴维·泊尔穆特，特里·威廉森 . 城市小气候——建筑之间的空间设计 [M]. 叶齐茂，倪晓晖，译 . 北京：中国建筑工业出版社，2014：163.

［31］郭湘闽，Gianni Talamini. 赛克法制——数字化时代中欧公共空间的新价值观 [M]. 哈尔滨：哈尔滨工业大学出版社，2017：40-164.

［32］杜姣琳，聂庆娟，基于赛克法则的城市公园绿地类公共空间活力营造策略探究——以保定府河公园为例 [J]. 林业与生态科学，2019，34（3）：327-335.

［33］张程远，张淦，周海瑶 . 基于多元大数据的城市活力空间分析与影响机制研究：以杭州中心城区为例 [J]. 建筑与文化，2017（9）：183-187.

［34］叶宇，庄宇，张灵珠，等 . 城市设计中活力营造的形态学探究：基于城市空间形态特征量化分析与居民活动检验 [J]. 国际城市规划，2016，（1）：26-33.

［35］WU J, TA N, SONG Y, et al. Urban form breeds neighborhood vibrancy: A case study using a GPS-based activity survey in suburban Beijing[J]. Cities, 2018, 74: 100-108.

［36］罗桑扎西，甄峰 . 基于手机数据的城市公共空间活力评价方法研究——以南京市公园为例 [J]. 地理研究，2019，38（7）.

［37］刘滨谊，魏冬雪 . 城市绿色空间热舒适评述与展望 [J]. 规划师，2017，33（3）.

上海世华锦城景观空间小气候适宜性评价*

刘滨谊，李创伟

同济大学建筑与城市规划学院

摘　要：通过上海世华锦城小区游园内景观空间夏季极端天气日的小气候要素、生理指标实测与问卷调查，探讨景观空间小气候物理环境、使用者生理指标和心理感知之间的关系，4个测试日共获得问卷195份。结果表明：①有景观空间的测点比空地测点的空气温度低；②绿化遮盖的景观空间比无绿化遮盖的景观空间空气温度低；③景观空间降低太阳辐射作用明显，绿化遮盖的景观空间降幅最大；④生理指标皮肤温度与景观空间小气候之间存在正相关性；皮肤电除与景观空间小气候相关性较大外，与人的心理活动和情绪反应也存在重要的相关性；⑤吹风感与景观空间下人体热舒适相关性大。本研究成果可为上海住区内游园夏季热环境下的景观空间小气候营造和适宜性优化提供依据。

关键词：景观空间；小气候；生理指标；小气候适宜性

城市居民生活水平的不断提升，使得城市居民的生活方式呈现多样化，休闲娱乐、游憩旅游等方面的需求也逐步呈现高增长率和高要求标准，对居住环境的宜居要求也不断提高。城市住区中的游园是城市居民的重要交往空间，游园中的景观空间则是人聚集居民最多的地方，除具有供人休息、遮阴、避雨等功能外，同时也可满足人们在室外活动时的心理和生理诉求。住区居民在游园活动时可通过自主选择景观空间来调节室外活动时的热不舒适性。[1-3]

在快速城市化进程和城市热岛效应的影响下，如何提升城市居民所在居住区的环境品质和使用功能，以满足居民日益增长的对居住区内休闲游憩、社交功能、安全便利以及户外舒适性场所的需求，这是本研究尝试探索的出发点。

本研究的母课题组针对上海"三类九种"城市户外空间开展的研究中，围绕风景园林小气候系统功效形成要素、风景园林小气候适应性空间要素与空间形态结构和风景园林小气候适宜性物理评价与感受评价已取得一些成果，其中城市广场、城市街道的研究成果相对较多[4-7]，城市居住区的研究成果目前较少[8-12]，因此，本研究尝试探索上海城市居住区游园内景观空间小气候物理环境与人的热生理

和适宜性之间的关系，为母课题组有关城市居住区的研究添砖加瓦。

1　研究方法

1.1　实验场地

上海地理位置优势，属亚热带季风性气候，为夏热冬冷气候区，极端最高气温月集中在7、8月份。

本研究的实验地——世华锦城位于上海浦东新区，东靠上南路，西邻洪山路，北至杨思路，南至阪泉路。世华锦城建于2008年，是上海市中低价普通商品房第一批招标项目和供应试点项目，该小区总建筑面积20万m^2，容积率1.8，绿地率40%，多高层混合型住宅小区。图1中标注三个测试点位置，分别为测点1廊架、测点2四方亭、测点3空地。各测点的基本信息情况见表1。

各测点基本信息表　　　　表1

测点	描述	材质			地形	临边环境	遮阴状态
		顶面	底面	侧面			
测点1	廊架	植物	石材	柱子	平地	草地	植物遮阴
测点2	亭子	木质	石材	柱子	平地	广场铺地	屋顶遮阴
测点3	空地	—	石材	—	平地	—	无遮阴

* 基金项目：国家自然科学基金重点项目"城市宜居环境风景园林小气候适应性设计理论和方法研究"（编号51338007）资助

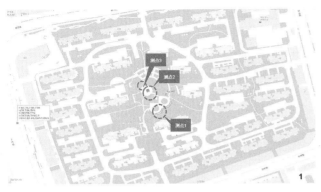

图1 世华锦城测点图

1.2 实测实验

1.2.1 小气候测试

本研究小气候测试的仪器设备采用美国产Watchdog小型气象站，共3台，分别安装在图1所示的三个测点，自地面到设备顶部约1.5m左右，符合小气候研究范围高度。仪器采集数据设定为每10min自动记录1次。本研究主要采集景观空间下的空气温度、相对湿度、风速和太阳辐射四个小气候因子。

实测实验选在2017年的7月的连续两个周末进行，共计4天。每个实验日的测试时间段为7:00~18:00，每日连续测试时长为11h，总共测试时长为44h。4个实验日中极端最高空气温度为42.2℃。

1.2.2 生理指标

本研究生理指标主要采集皮肤温度、皮肤电、心率三个指标，仪器设备采用国产北京津发科技股份有限公司研发和生产的ErgoLAB人－机－环境同步生理信号可穿戴式传感器。生理指标在景观空间小气候测试同步的情况下进行，采集时长为5min每人每个测点。

1.2.3 问卷调查

受试者选定健康良好的青年人。在景观空间小气候物理环境数据和人的生理数据采集的同时，对受试者同步进行问卷调查。问卷包含三部分内容，第一部分为受试者的基本信息，包括性别、年龄、职业、身高、体重、籍贯以及在沪时间，受试者的着装情况、户外活动时长、耐热程度等；第二部分为受试者对小气候因子空气温度、相对湿度、太阳辐射、风速的实际热感觉和热舒适投票指标等内容；第三部分为受试者对景观构筑空间及临边环境视觉感受和舒适度的投票指标等内容。

问卷调查中的投票指标根据ASHRAE 55–2013标准的PMV 7级热感觉投票指标（冷、凉、稍凉、中性、稍暖、暖、热）来设定，其中受试者的实际热感觉投票TSV为7级投票指标，湿度感HUS、吹风感AMS、太阳辐射热RSV、热舒适采用5级投票指标。参考ASHRAE 55–2013标准，还设置了景观构筑空间的围合度、美景度、遮阴度等4级投票指标。

2 结果

2.1 各测点小气候数据结果

4个实验日中各测点小气候因子总体情况如下：日平均空气温度范围31.6~36.2℃，日最高空气温度范围34.4~42.2℃，日平均相对湿度范围44.6%~60.7%，日平均风速范围0.02~1.45m/s，太阳辐射范围30.4~466.5W/m²。图2~图6是2017年夏季极端高温天气日各测点日平均空气温度、日最高空气温度、日平均相对湿度、日平均风速和日平均太阳辐射4种小气候因子对比折线图。总体上，4个实验日内各测点日平均空气温度和日最高空气温度呈上升趋势，为测点3（空地）>测点2（亭子）>测点1（廊架）；各测点日平均相对湿度变化相对较小，总体上呈下降趋势，是人体感觉舒适的湿度范围；各测点日平均风速和日平均太阳辐射的变化较大。测点2（亭子）风速最大，测点1（廊架）风速最小，原因在于测点2位于广场中央，周围无任何遮挡物，四面八方均有来风，测点2则由于其空间高度不高，其顶部的绿化密集，南面又有建筑物遮挡，因此风速最小；4个实验日内日平均太阳辐射总趋势为测点3（空地）>测点1（廊架）>测点2（亭子），测点3的太阳辐射值为太阳直射地球表面的真

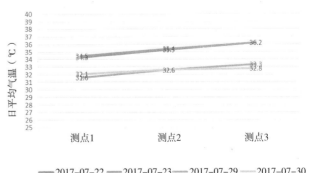

图2 各测点日平均气温对比折线图

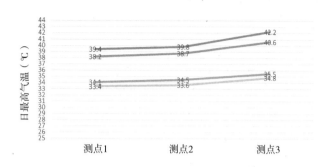

图 3　各测点日最高气温对比折线图

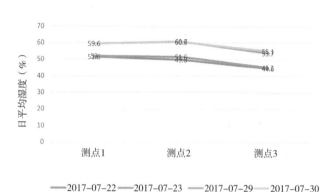

图 4　各测点日平均湿度对比折线图

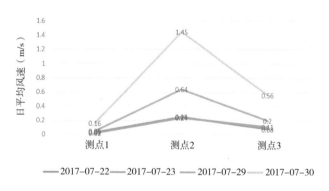

图 5　各测点日平均风速对比折线图

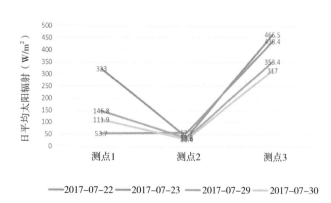

图 6　各测点日平均太阳辐射对比折线图

实数值，将测点 3 作为定量参照可知，景观空间测点 2 的降低太阳辐射作用可达 10 倍，而测点 1 的将太阳辐射作用则在 1~8 倍左右。

2.2　生理指标结果

图 7~ 图 9 是 4 个实验日内受试者在各测点的皮肤温度、皮肤电和心率指标的对比折线图，图中指标数据均为整理后的皮肤温度、皮肤电和心率信号平均幅值的综合平均值。总体上，4 个实验日内各测点皮肤温度指标呈上升趋势，为测点 3（空地）＞测点 2（亭子）＞测点 1（廊架），皮肤温度与各测点空气温度的上升趋势排序一致，这说明人的生理指标皮肤温度与各测点小气候空气温度之间存在正相关性；各测点皮肤电指标的总体趋势为测点 1（廊架）＞测点 3（空地）＞测点 2（亭子），这与各测点小气候空气温度的排序不一致，为什么不一致呢？因为影响皮肤电水平的因素有 3 个，分别是觉醒水平、温度、活动。另外，心理现象也和皮肤电水平有密切关系，而情绪反应会引起皮肤电水平的急剧变化。因此，人的生理指标皮肤电除与小气候空气温度因子有相关性以外，人的心理活动和情绪反应也是其重要影响因素，且因个体的差异性而存在较大的差异和无规律性；各测点心率指标的总体趋势为测点 3（空地）＞测点 1（廊架）＞测点 2（亭子），相关研究表明，人的心率指标与空气温度存在相关关系，平均心率会随空气温度的上升而增高，而从图 9 各测点心率指标对比这线图来看，心率与空气温度并未呈出完全一致的规律性，究其原因，可能与室外复杂的环境因素有关系，一方面因室外环境下的空气温度、太阳辐射、风速等存在较大的瞬时变化性，另一方面，受试者对室外

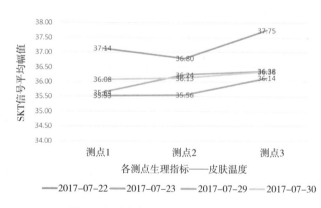

各测点生理指标——皮肤温度

图 7　各测点皮肤温度指标对比折线图

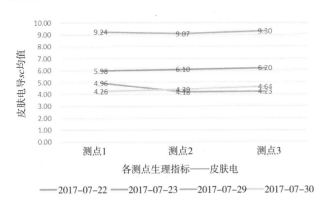

图8 各测点皮肤电指标对比折线图

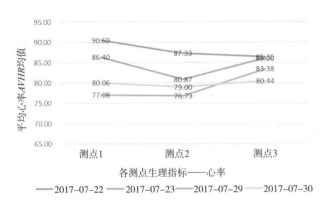

图9 各测点心率指标对比折线图

环境下的小气候热生理感受也因个体的差异而存在较大不同，因此，由于室外环境的复杂性及受试者个体的差异性，本研究的受试者平均心率与小气候空气温度因子未表现出一致的相关性。总体而言，皮肤温度作为室外环境下人的热生理指标测试，与小气候空气温度因子存在正相关性；皮肤电除与空气温度相关外，与人的心理活动和情绪也有较大关系；心率指标在实测实验过程中存在较大的不稳定性，数据分析结果与空气温度的变化趋势呈现不完全一致的规律性，因此，不建议心率指标作为室外生理测试指标。

2.3 问卷调查结果

4个实验日期间共获得有效问卷195份。问卷调查的填写与小气候物理环境数据和人的热生理指标采集同步进行。

图10~图14是4个实验日内受试者在各测点的热感觉、热舒适、太阳辐射热、湿度感、吹风感的投票结果堆积柱形图。

由图10可知，受试者在测点1的热感觉投票为适中（PMV=0）的百分比最大，为36%；最低占比出现在测点3，仅为7%。热感觉投票的总体趋势为：测点1（廊架）＞测点2（亭子）＞测点3（空地）。与各测点的空气温度变化趋势一致，即受试者对测点1的热感觉最好，测点3的热感觉最差。

图11为各测点热舒适投票，由图可知，受试者在测点1的热舒适投票为比较舒适（PMV=1）的百分比最大，为26%；最低占比出现在测点3，仅为3%。热舒适投票的总体趋势为：测点1（廊架）＞测点2（亭子）＞测点3（空地）。与各测点的空气温度变化趋势一致，即受试者感觉测点1的热舒适最好，测点3的热舒适最差。

图12为各测点太阳辐射热的投票，由图可知，受试者在测点1的太阳辐射热投票为刚好（PMV=0）的百分比最大，为52%；最低占比出现在测点3，仅为8%。太阳辐射热投票的总体趋势为：测点1（廊架）＞测点2（亭子）＞测点3（空地），与各测点的空气温度变化趋势一致，即受试者感觉测点1的太阳辐射热最小，测点3的太阳辐射热最大，这与实际测得的小气候太阳辐射因子结果不太一致，原因一方面可能是受瞬时吹风感的影响，另一方面可能是受试者个体对景观构筑空间及临边环境的瞬时主观感觉因素而形成的结果差。

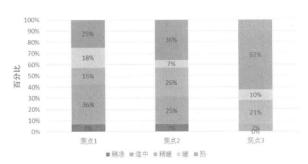

图10 各测点热感觉投票堆积柱形图

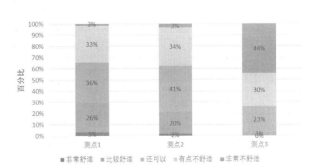

图11 各测点热舒适投票堆积柱形图

图 13 为各测点湿度感的投票，由图可知，受试者在各测点的湿度感投票为刚好（*PMV*=0）的百分比相差不大，从小气候相对湿度因子的湿度范围 44.6%~60.7% 来看，每个测点的湿度均符合人体感觉舒适的区间值。而图中测点 2 的湿度感投票为刚好的占比有 70%，是受试者湿度感最好的测点，这与测点 2 所处的地理位置有关，其位于广场中央，周边无任何遮挡物，通透，空气流动性大。

图 14 为各测点吹风感的投票，由图可知，受试者在测点 2 的吹风感投票为刚好（*PMV*=0）的百分比最大，为 39%；最低占比出现在测点 3，为 26%。吹风感投票的总体趋势为：测点 2（亭子）>测点

1（廊架）>测点 3（空地），与各测点的风速测试数据表现一致，即受试者感觉测点 2 的吹风感最大，测点 3 的吹风感最小。

图 15~ 图 17 是 4 个实验日内受试者对各测点的空间围合、视觉美景度、遮阴度的投票结果堆积柱形图。由图 15 可知，测点 1 为半围合空间，测点 2、测点 3 三基本无围合。由图 17 可知，测点 1 的遮阴度较好，测点 2 为半遮阴，测点 3 无任何遮阴。从图 16 视觉美景度的投票结果可知，测点 1 的视觉美感度最好，测点 3 的视觉美感度最低。通过与各测点的小气候空气温度对比和联系思考，当人直接暴露在极端气温下时，则无心看风景。

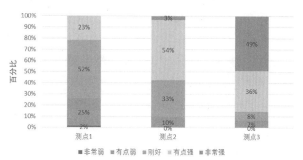

图 12　各测点太阳辐射热投票堆积柱形图

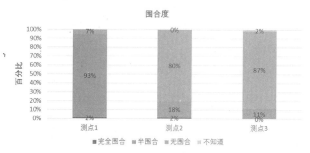

图 15　各测点空间围合度投票堆积柱形图

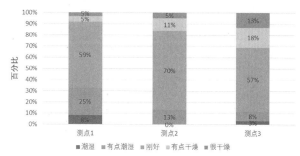

图 13　各测点湿度感投票堆积柱形图

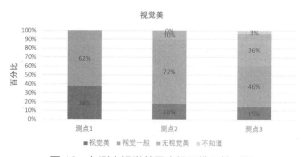

图 16　各测点视觉美景度投票堆积柱形图

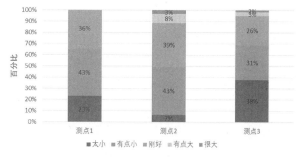

图 14　各测点吹风感堆积柱形图

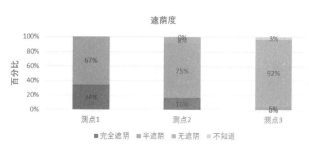

图 17　各测点遮阴度投票堆积柱形图

3 讨论

3.1 景观空间小气候物理环境与生理指标

夏季，人体最适宜的温度比25℃稍高，是26~28℃。当气温上升超过33℃后，人体开始发热、情绪产生波动，这时候就需要采取一些措施来调节体温。根据有关医学保健方面的测试资料表明，当人的正常体温为37℃时，人体皮肤表面的温度约为33℃左右，当空气温度高于33℃时，人就会有热的感觉。而当环境温度在18~25℃，相对湿度40%~60%，气流速度（风速）0.15m/s时，人体处于最正常最理想的热平衡状态，也就是说，感觉最为舒适，反应最为良好。

本研究的小气候实测实验中，前两个实验日各测点的日平均温度均已超出人体热平衡状态的临界温度33℃，后两日的日平均温度也基本接近33℃，均已引起受试者在户外的热不舒适感；相对湿度和风速则处于人体感觉良好的区间值。4个实验日中，各测点所测得的受试者生理指标皮肤温度均高于人体热平衡状态的临界温度33℃。

3.2 景观空间小气候物理环境与热舒适

除太阳辐射热投票指标以外，受试者问卷调查中的热感觉、热舒适、湿度感、吹风感均与景观空间小气候物理环境的实测数据变化趋势一致，说明受试者的热舒适感觉与实际测得的小气候数据基本呈正相关性。

3.3 视觉感知与热舒适和生理指标

从本研究的问卷调查结果分析来看，受试者的视觉感知与热感觉、热舒适之间存在正相关性。而相关研究表明，人的生理指标皮肤温度、皮肤电、心率指标除与温度有关外，心理现象、情绪反应也会影响生理指标的波动。本研究通过问卷调研初探了视觉感知与热舒适和生理指标之间的相关性，但三者之间的具体相关性还有待进一步的探索和研究。

4 结论

本研究对上海城市居住区内的景观空间进行了夏季极端天气共计4天44h的小气候物理环境、生理指标实测实验和受试者问卷调查研究，验证了居住区内景观空间环境小气候、人的生理指标和热舒适三者之间的相关性。

小气候因子空气温度是影响人体热舒适的主要因素，也是影响人的生理指标皮肤温度、皮肤电、心率的主要因素，但由于人的个体因素，如心理活动、情绪等原因，以及室外实测实验中的诸多复杂因素，皮肤电和心率指标存在不稳定性。本研究中有绿化遮盖的景观空间降低太阳辐射作用大；瞬时吹风感对人的热舒适起到较大的调节作用。

注：文中图片均由作者绘制。

致谢：感谢博士生魏冬雪、彭旭路以及硕士生应静怡、赵晨欣等对实测实验提供的帮助。

参考文献

[1] 刘滨谊，梅欹．风景园林小气候感受影响机制和研究方法 [C] // 中国风景园林学会．中国风景园林学会 2015 年会论文集．北京：中国建筑工业出版社，2015：255-259.

[2] 刘滨谊，赵晨欣．中国古典园林风景园林小气候适应性设计初探 [C] // 中国风景园林学会．中国风景园林学会 2016 年会论文集．北京：中国建筑工业出版社，2016：37-44.

[3] 刘滨谊，魏冬雪．场地绿色基础设施对户外热舒适的影响 [J]．中国城市林业，2016，14（5）：1-5.

[4] 刘滨谊，魏冬雪，李凌舒．上海国歌广场热舒适研究 [J]．中国园林，2017，33（4）：5-11.

[5] 魏冬雪，刘滨谊．上海创智天地广场热舒适分析与评价 [J]．中国园林，2018，34（2）：5-12.

[6] 邵钰涵，刘滨谊．城市街道空间小气候参数及其景观影响要素研究 [J]．风景园林，2016（10）：98-104.

[7] 赵艺昕，刘滨谊．高密度商业街区风景园林小气候适应性设计初探 [C] // 中国风景园林学会．中国风景园林学会 2016 年会论文集．北京：中国建筑工业出版社，2016：234-241.

[8] 刘滨谊，梅欹，匡纬．上海城市居住区风景园林空间小气候要素与人群行为关系测析 [J]．中国园林，2016（1）：5-9.

[9] 刘滨谊，魏冬雪．城市绿色空间热舒适评述与展望 [J]．规划师，2017，33（3）：102-107.

［10］张博 . 西安城市街道空间形态夏季小气候适应性实测初探 [D]. 西安：西安建筑科技大学，2015.

［11］柏春 . 基于小气候的住区室外适老活动场地设计策略研究 [J]. 中外建筑，2018（12）：53–55.

［12］LE K J，Fang L M，He X B，et al. Relationship between forest city landscape pattern and thermal environment：A case study of Longquan City，China[J]. Journal of Applied Ecology，2019，30（9）.

秋季社区体育公园小气候要素与人群行为关系的研究
——以重庆市为例*

张沂珊[1]，田剑枞[1]，陈春兴[1]，刘淘孟[1]，展　雪[1]，罗融融[1]，罗　丹[2]

1. 重庆交通大学；2. 重庆大学建筑城规学院

摘　要：以重庆南岸区丹龙社区体育公园为调查对象，通过测试风景园林空间小气候要素数据、发放问卷调查使用者感受等方法，旨在发掘小气候要素与公园空间类型以及使用者行为及其感受之间的复杂关系。研究发现：①风景园林的空间朝向、绿化覆盖率和植物空间类型是影响公园小气候的主要空间因素；②温度是影响公园使用者行为的最主要小气候要素；③遮阴则成为秋冬季节影响使用者选择活动场地的关键因素。研究提出了小气候适应性社区体育公园设计改造策略，包括：①合理设计不同季节空间的遮蔽性，以提高热舒适度；②合理设置风景园林空间的朝向，提升风的利用率和适宜度；③合理增加绿植覆盖率，提升湿舒适度；④提高公园内部植物搭配的新颖性。

关键词：社区体育公园；小气候要素；人群行为；秋季

2017年10月18日，习近平总书记在党的十九大报告中提出了"健康中国"的发展策略，指出"要把人民健康放在优先发展的战略地位"，"推动全民健身和全民健康深度融合"。因此，社区体育公园这种新型公共空间应运而生，它以满足群众体育健身休闲等基本生活需求为根本目标，以城市建成区微小地块的更新改造为主要方式，极大提升了市民的生活质量。前期研究中，从"空间体验"和"使用情况"两方面出发，选取重庆市南岸区三个社区体育公园为对象进行调研，结果显示：环境的舒适性、设备的完善性、功能的多样性是社区体育文化公园富有活力的重要保证。结合笔者观察，以及重庆夏热冬冷的显著气候特征，发现气候要素对人群行为活动同样产生了直接影响，尤其是在短暂的春秋季节，人们对户外活动的意愿和需求都明显升高。

为进一步明确环境的小气候要素与使用者行为间的关系，本文将以南岸区丹龙社区体育公园为样本，采用现场实测、问卷访谈、数量统计以及行为注记法等方法，通过其结果分析厘清小气候要素、社区体育公园空间类型、使用者行为及其舒适感受三者间的复杂关系，并以此为依据，初步提出基于小气候适宜性的社区体育公园空间改善策略。

1　研究方法及内容

1.1　实验场地

丹龙社区体育公园位于重庆南岸区，北临城市主干道丹龙路，建设用地面积3803m²，主要服务对象为芸峰·天梭派住区居民，以运动结合林荫为特色，体育文化为主题。除篮球场、羽毛球场、乒乓球场等大众运动场地外还设有健身跑道、老人儿童主题场、青年健身场，以全方位满足市民运动健身的需求。

1.2　实验方法

1.2.1　预调研

记录丹龙社区体育公园及周边现状，根据场地空间类型将公园划分为开敞空间、半开敞空间两个分区（表1、图1），并基于实地观察在每个分区内选择3个人群高聚集点作为测量基点（表2、图2）。此外，笔者在与使用者的交流访谈中初步了解到：

---

*　基金项目：重庆市大学生创新创业训练计划项目"基于SD法的重庆市社区体育公园空间活力评价及优化设计研究"（编号S201910618001）[1-6]；国家自然科学基金青年项目（编号51708052）、中国博士后科学基金项目（编号2017M622964）、2020年重庆市教委人文社会科学类研究项目（编号20SKGH089）

#　通讯作者，电子邮箱：344057347@qq.com

因其与居住区和幼儿园相邻，所以带孩子来玩的居民较多，居民对场地整体的满意程度较高、场地利用率较高。

丹龙社区体育公园空间特征　　表1

类型	面积（m²）	硬质铺装面积（m²）	植被围合方式	植被覆盖率（%）
开敞区	1835	1247	东西围合	32
半开敞区	1320	343	完全围合	74

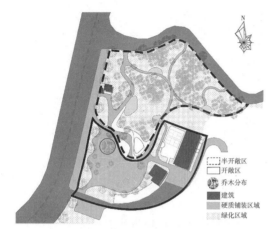

图1　丹龙社区体育公园空间分布及示意图

丹龙社区体育公园空间测点特征　　表2

序号	测点名称	测点所在区域	测点选择依据	测点及周边环境照片
1	道路交叉口	开敞区	处于交通交会处，场地较为开阔	
2	儿童活动区旁	开敞区	设施丰富，人群活动频繁	
3	健身跑道最高点	开敞区	全园制高点，视野开阔，人群活动较频繁	
4	草坪旁硬质铺装场地	半开敞区	草坪和小径之间的小型硬质铺装场地，常有人活动	
5	公园北侧休息小场地	半开敞区	安静的休息场地，设有四处石凳，常有人活动	
6	草坪与下凹小场地之间	半开敞区	此点周围设施较为丰富，常有人活动	

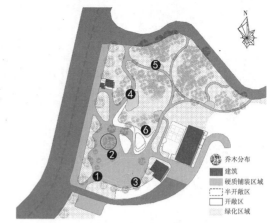

图2　丹龙社区体育公园空间测点分布图

1.2.2　小气候要素实测与人群行为观测

重庆秋季多阴雨天，为避免阴雨天居民外出活动意愿降低，造成调研数据的有效性低。本研究选取了2019年11月3日和12月7日两个多云且非工作日，以及11月15日多云工作日作为观测日进行实测（表3），控制变量的同时保证了数据的可信度。

丹龙社区体育公园实测天气情况表　　表3

日期	天气情况	温度（℃）	风向	风力	是否工作日
2019年11月3日（周日）	多云	14~22	南风	小于3级	否
2019年11月15日（周五）	多云	9~21	东南风	3级	是
2019年12月7日（周六）	多云	6~15	东南风	3级	否

结合预调研结果，选择每个观测日的7:30~20:30，使用Kestrel5500手持式气象仪，对距离地面1.5m高度的小气候要素——空气温度、湿度、风速——每隔1h对6个测点进行实测。研究旨在发现不同空间类型与小气候要素之间的复杂关系，同时为使用者舒适度评估奠定小气候要素数据基础。

针对丹龙社区体育公园使用者活动特征，选取每观测日7:30~20:30对使用者行为进行观测记录，每隔1h进行拍照和记录，借助行为注记法记录使用者空间分布情况，分析使用者行为活动模式。

1.2.3　问卷调查与访谈

对场地小气候要素和人群行为实测记录的同时，笔者于观测日每日7:30~20:30随机抽取各测点使用者进行问卷调查，共发放问卷130份，收回有效问卷127份。

问卷分别要求受试者对当前温度、湿度、风进行舒适性感受评估和偏好选择，此外还对使用者的遮阴偏好进行了调查（有遮阴，无遮阴想晒太阳，无所谓）。其中热舒适评价分为五级（冷，稍微有点冷，刚好，稍微有点热，热），热偏好采用麦金泰尔量表（希望再低点，不变，再高点）。湿感受评价包括空气湿度感受评价（很干燥，有点干燥，刚好，有点潮湿，很潮湿）、闷感受评价（很闷，有点闷，一般，比较舒畅，很舒畅）以及湿度偏好选择（希望湿度再低点，不变，希望湿度再高点）。风感受评价分为风力评价（没有风，一点点风，有明显的风，大风，狂风）和风力偏好选择（希望风更小点，不变，希望风更大点）。

2　实验结果与分析

2.1　社区体育公园空间人群分布时空分析

3天中统计在公园停留10min以上的共计912人次（图3），将一天分为4个时段（7:30~10:30，10:30~13:30，13:30~17:30，17:30~20:30）对每个时间段3天内人群的空间分布进行分析（图4）。

2.1.1　开敞空间

开敞空间建设完成度比较高，多为大面积硬质铺装，场地丰富，设施器材也大都集中在开敞空间，此区域方便使用者进行休息、锻炼、交谈等日常活动，在各个时间段都占有公园大部分的使用者比例。

2.1.2　半开敞空间

半开敞空间植被覆盖面积大，停留休憩空间比较少，隐私性较强，以休憩、聊天、静坐、遛狗等活动为主，使用者大都是独自一人或两三个人进行活动。该部分也承担起连接周边居住区和公园开敞空间之间的交通功能。在10:30~13:30和13:30~17:30这两个时间段使用的人数较多。

图3　丹龙社区体育公园3天空间注记图

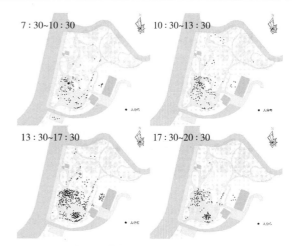

图4　丹龙社区体育公园3天各时间段空间注记图

2.2　社区体育公园空间小气候要素测定结果与分析

对公园两个划分空间区域内的风景园林小气候要素（空气温度、风速和相对湿度）进行实测数据的统计和分析，结合空间特征和对使用者的行为观测，结果如下。

2.2.1　空气温度的实测结果

3天内两处社区体育公园空间的各时间段平均空气温度（图5），大部分时间空气温度都是开敞空间高于半开敞空间。分析结果如下。

（1）公园呈现南北方向布局，开敞空间位于南部，日照时间较半开敞空间长，且开敞空间的硬质铺装面积较大，吸收太阳辐射能力强，且长时间保持较高的局部温度，但空气流通性较好，与外界保持着持续性的空气流通。根据观察笔者发现在上午9:30太阳辐射达到较大值之后，使用者活动范围大多在阳光充足的开敞空间及阳光可照射的范围内。一直持续到17:30太阳落山前，仍有部分使用者在此处活动，并且尽量保持自己在阳光可达范围内。

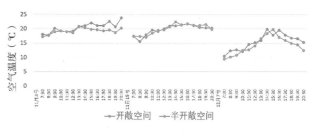

图5　丹龙社区体育公园空间空气温度对比图

（2）半开敞空间植被覆盖率高，由于植物的蒸腾蒸发作用以及对于太阳辐射的阻挡反射使得半开敞空间的温度上升较开敞空间缓慢且幅度小，获得的热量少，则温度相对低一些。

2.2.2 风速的实测结果

3天内两处社区体育公园空间的各时间段平均风速（图6），大部分时间开敞空间的平均风速高于半开敞空间。通过场地分析可知：重庆属于亚热带季风气候，夏季盛行风向是西南风，冬季盛行风向是东南风，而其他两个季节则是盛行风向转换的时候，没有相对固定的风向。公园除了东南方向视线较为通透，其余方位都有乔木或是建筑进行遮挡，风比较难进入到公园内部，进入公园内部的风更难进入植被丰富的半开敞区，因此开敞空间的风速在各时间段内基本都高于半开敞空间。

图6 丹龙社区体育公园空间风速对比图

2.2.3 空气相对湿度实测结果

3天内两处社区体育公园空间的各时间段平均空气相对湿度（图7），多数时间开敞空间平均空气相对湿度低于半开敞空间空气相对湿度。分析可知：半开敞空间的绿化覆盖率（74%）较开敞空间的绿化覆盖率（32%）高，乔灌木较多，空间较为密闭的半开敞区域保湿效果显著。另外开敞区风速较大，一定程度上也降低了空气的相对湿度。

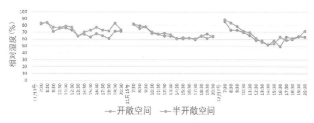

图7 丹龙社区体育公园空间相对湿度对比图

2.3 社区体育公园空间人群热舒适问卷结果

2.3.1 热感觉评价

3天时间内，开敞空间共有58人次（65.9%）

选择了"刚好"，29人次（33.0%）选择了"稍微有点冷"，1人次（1.1%）选择了"稍微有点热"；半开敞空间共有29人次（74.4%）选择了"刚好"，9人次（23.1%）选择了"稍微有点冷"，1人次（2.5%）选择了"稍微有点热"（图8）。

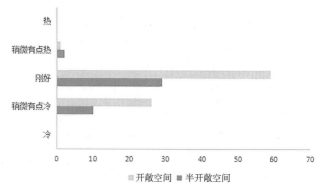

图8 丹龙社区体育公园空间热感受对比图

热偏好投票结果显示：3天时间内，开敞空间中有37人次（42.0%）希望温度"再高点"，有51人次（58.0%）希望温度"不变"。半开敞空间中有12人次（30.8%）希望温度"再高点"，有26人次（66.7%）希望温度"不变"，有1人次（2.5%）希望温度"再低点"（图9）。

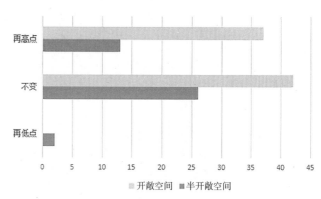

图9 丹龙社区体育公园空间热偏好对比图

结合气象实测结果可初步推断，人群对于开敞空间的热舒适要求相较于半开敞空间更高。

2.3.2 风感觉评价

在风速感受方面，开敞空间和半开敞空间的受访者的评价较为相似（图10），两个空间都是多数人选择了"一点点风"（开敞空间68.2%，半开敞空间71.8%），在风偏好方面的选项分布也基本符合（图11），两个空间的多数人都选择了希望风"不变"（开敞空间69.3%，半开敞空间69.2%）。由此可知人群大多对于公园现状的风力比较满意。

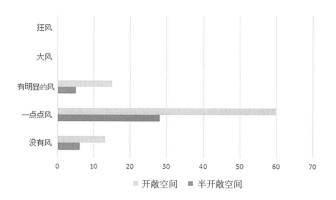

图 10　丹龙社区体育公园空间风感受对比图

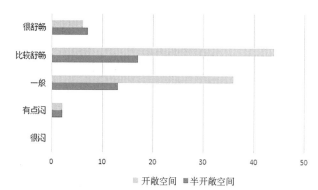

图 13　丹龙社区体育公园空间闷感受对比图

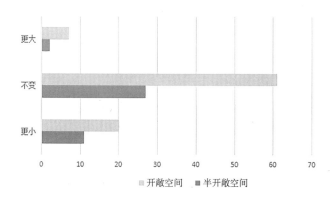

图 11　丹龙社区体育公园空间风速偏好对比图

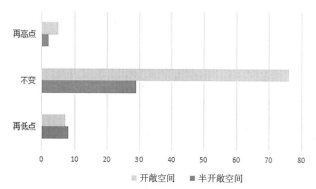

图 14　丹龙社区体育公园空间湿度偏好对比图

可见公园的湿度对于使用者人群来说相对适宜。

2.3.3　湿感觉评价

在湿度感受方面（图 12），开敞空间和半开敞空间的受访者评价选项分布较为相似，两处空间的大多数人都觉得空气的相对湿度"刚好"（开敞空间 75.8%，半开敞空间 28.1%），绝大部分受访者都会觉得该时间点的场地空间相对湿度会让他们觉得"一般""比较舒畅""很舒畅"（三项共 96.9%，图 13），这表明使用者在该社区体育公园普遍呈现积极的感受。经过分析可知：这与公园丰富的植被和较低的风速有着密切关联。在湿度偏好方面两部分空间的选项分布也基本一致（图 14），大部分受访者也都选择让空气相对湿度"不变"（开敞空间 86.4%，半开敞空间 74.4%）。

2.4　社区体育公园空间小气候环境与人群行为感受关系分析

社区体育公园空间小气候要素影响居民的活动与行为，分析如下。

（1）通过观察静坐休憩的人群可以知道，随着阳光照射区域的变化，人群偏向于在能照射到阳光的区域活动，而公园中这部分区域大都集中在社区体育公园开敞空间中。分析 3 天内开敞空间人群活动类型结构（图 15）可以发现：其中有 31 人次选择了"带孩子玩"的选项，占问卷总数的 31.2%，儿童游乐设施处于小叶榕的冠层之下，阳光难以穿透，家长会站在儿童的角度感受温度，对环境温度的要求也会随之提高。受访者中 65.4% 的人明确表示希望"无遮阴，想晒太阳"，仅有 15.7% 的人希望"有遮阴"，剩下 18.9% 的人则表示"无所谓"（图 16）。其原因主要是重庆的秋冬季节以阴雨、多云天气为主，空气湿度大且气温较低，因此人们在户外活动中对不遮阴的偏好较为明显，大多希望能直接接触到阳光；而希望有遮阴的居民表示：由于夏季漫长且温度过高，居民的体表温度感受非常直接且强烈，

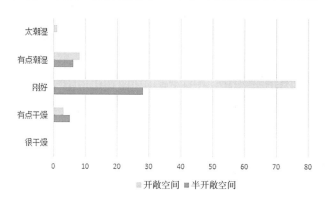

图 12　丹龙社区体育公园空间湿度感受对比图

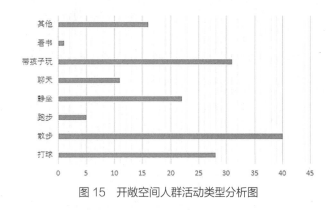

图 15　开敞空间人群活动类型分析图

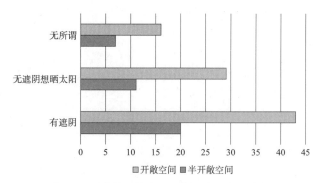

图 16　丹龙社区体育公园空间遮阴偏好对比图

因此内心对于树木荫蔽的需求一直延续到了秋冬季节。这也反映出小气候要素不仅对人的体表感受有直接影响，并且也会对心理感受产生持续性的作用。

（2）10：30~17：30，重庆秋冬季节在此时间段相较于其他时间的太阳辐射量大，空气温度高，开敞空间升温速度及幅度较半开敞空间大，大多数的受访者倾向于在阳光充足的地方活动，大多数的受访者也评估体感温度"刚好"，在 7：30~10：30 和 17：30~20：30，整体环境温度都比较低，但受访者还是普遍认为体感"刚好"。

3　基于风景园林空间对于体育公园小气候的改善策略

　　通过上述研究发现，风景园林的空间朝向、绿化覆盖率和植物空间类型是影响公园小气候的主要空间因素；温度是影响公园使用者行为的最主要小气候要素；遮阴则成为秋冬季节影响使用者选择活动场地的关键因素。综上所述，为提高城市体育社区公园使用率，设计时必须充分考虑不同类型的空间搭配，以改善和提高使用人群热舒适度以及满意程度，本文据此提出以下设计参考策略。

　　（1）合理设计不同季节空间的遮蔽性，以提高热舒适度。

　　根据调研数据及访谈结果可知：不同季节中，使用者对遮阴的偏好有较大差异，因此在空间的遮蔽性设计上要结合植物的季相变化做到灵活应变，减少单一用人工构筑物的方式进行固化遮阴。以种植重庆地区常见的刺槐、鹅掌楸等落叶树种为例，不仅四季都有景可观、每每不同，并且在使用者偏好无遮阴的春秋冬三季能有较好的透光性，在需要遮阴的夏季能利用树冠提供良好的顶层覆盖面。

　　（2）合理设置风景园林空间的朝向，提升风的利用率和适宜度。

　　公园的空间朝向影响太阳辐射、空气湿度、风速。大量研究发现太阳辐射与空气温度是影响户外空间使用率的主要因素[7]，与户外空间使用频率呈负相关。但是本研究发现其实户外活动不仅仅与前两者有关，除去温度之外，风和湿度也是影响风景园林空间感受和活动不可忽视的小气候要素，风速在影响人群行为及舒适性方面起到了重要的作用。场地的搭配和空间类型的搭配有利于气流的疏导，增加空气的流量和场地的热传递。在设计方面，应尽量使公园朝向与城市夏季主导风保持一致，与冬季寒流保持抵触，这样可以使公园内部形成冬暖夏凉的独特小气候。

　　（3）合理增加绿植覆盖率，提升湿舒适度。

　　植被空间营造越复杂，灌木以及小乔木的数量越大，高度越高，风速会降低得越明显，导风的能力越差；乔木的数量是减少太阳辐射量的关键影响因素。而多重的乔灌木搭配可以有效地增加空气相对湿度，提高人体湿感受。不同的空间类型搭配使公园内部形成独有的小环境可导致局部的温度差，使得空间内部空气流动。

　　（4）提高公园内部植物搭配的新颖性。

　　研究发现，在非人体舒适的微气候环境下，一定的主观意愿及社交需求缓解了公园使用者的热感知[8]。因此具有一定趣味性、新颖性的植物搭配可以有效地提高公园使用率。与此同时，不同的植物空间搭配可以使得公园内形成不同的空间疏密度，以达到小环境、小气候的新型营造。

4　结语

　　社区体育公园的空间活力和利用率常见于建成

环境评价中，被视为公园设计是否成功的重要依据。已有的研究表明：一定的气象参数显著影响了户外公共空间的使用情况。空气温度、风速和相对湿度是影响人群行为活动和空间选择的主要气象因子，能对公园使用者产生生理和心理方面的影响，是社区体育公园景观设计中应重点关注和考量的因素。

本文是对丹龙社区体育公园的小气候要素及使用者行为进行的初步研究，展现了调研结果和少量的改善策略。未来将进一步丰富样本对象，对风景园林小气候空间与人群行为的关系作更为深入的调查和研究，以期为相关类型的设计提供参考。

注：文中图片均由作者绘制。

参考文献

［1］刘滨谊 . 风景园林三元论 [J]. 中国园林，2013，29（11）：38-46.

［2］王菁，王雪松，覃琳，等 . 基于 SD 法的重庆滨水空间活力评价研究 [J]. 重庆建筑，2019，18（1）：30-33.

［3］陈菲 . 严寒城市公共空间景观活力评价研究 [D]. 哈尔滨：哈尔滨工业大学，2016.

［4］汪海，蒋涤非 . 城市公共空间活力评价体系研究 [J]. 铁道科学与工程学报，2012（1）：56-60.

［5］陈菲，林建群，朱逊 . 基于公共空间环境评价法（EAPRS）和邻里绿色空间测量工具（NGST）的寒地城市老年人对景观活力的评价 [J]. 中国园林，2015（8）：106-110.

［6］陈菲，朱逊，张安 . 严寒城市不同类型公共空间景观活力评价模型构建与比较分析 [J]. 中国园林，2019：1-8.

［7］刘滨谊，梅欹，匡纬 . 上海城市居住区风景园林空间小气候要素与人群行为关系测析 [J]. 中国园林，2016，32（1）：5-9.

［8］赵晓龙，卞晴，侯韫婧，等 . 寒地城市公园春季休闲体力活动水平与微气候热舒适关联研究 [J]. 中国园林，2019，35（4）：80-85.

热舒适、疲劳度、愉悦度
——基于综合指标考量的沿江公园休闲步道设计 *

席天宇，秦　欢，王浩舜，金　虹

哈尔滨工业大学建筑学院；寒地城乡人居环境科学与技术工业和信息化部重点实验室

摘　要： 为落实"以人为本"的景观设计理念，选定"热舒适""疲劳度""愉悦度"作为评价指标，以哈尔滨市斯大林沿江公园林荫步道和阳光步道作为研究对象，展开调研和实测。研究结果表明：与林荫步道相比，阳光步道人们的生理温度出现不同程度上升（体核温度、局部皮肤温度），热感均值上升1.56，疲劳度上升0.4，愉悦度和热舒适分别下降0.5和1.1。依据研究结果，给出哈尔滨沿江公园休闲步道休憩、遮阳设施设计的合理性建议，可作为现行沿江公园以人为本设计理念的有益补充。

关键词： 沿江公园；休闲步道；热舒适；疲劳度；愉悦度

1　背景综述

1.1　我国沿江公园建设情况

滨水公园自然资源丰富，集合了绿地、水体、生物多样性等多重优势，被认为是城市中最具生命力与变化的景观形态之一，是城市理想的生态走廊、高质量的城市绿线[1]。自20世纪后期，我国滨水区开发在城市建设中日益受到重视[2]，各城市开始充分挖掘水体潜在价值开发了诸多滨水公园（表1），其中有江水自然资源优势的城市开展了沿江公园的相关建设，如重庆、上海、武汉、长沙、哈尔滨等。重庆市从20世纪90年代初期开始重视两江沿线的开发，在渝中区完成了长江左岸、嘉陵江右岸总计9.6km岸线的综合整治，重庆主城区由此掀起了滨江建设的热潮[3]；上海市作为国际著名的滨江旅游城市之一，黄浦江两岸的滨水旅游资源丰富，其中仅滨水自然旅游资源就有8处[4]；武汉市大堤口江滩公园长约1100m，面积约4万m²，大部分地段都修建成滨水步行道[5]；长沙市湘江风光带根据建成效果，呈现滨江广场景观带、滨江休闲景观带、滨江园林景观带三大滨江景观区域，长4.5km[6]。

沿江公园作为城市滨水公园的重要组成部分，提

我国部分城市沿江公园的建设概况[2]　　表1

城市	滨水带状公园	长度（km）	宽度（m）	面积（hm²）	建设年份
杭州	湖滨公园	1	120	12.94	1929
哈尔滨	斯大林公园	1.75	50	10.2	1953
宜昌	宜昌滨江公园	11.3	37	35	1983
福州	江滨大道公园	2.6	8~20	28	1985
上海	外滩滨江风景带	1.05	—	188.8	1995
长沙	湘江风光带	12	40~120	—	1995
上海	浦东滨江大道	10	50	5	1997
珠江	情侣路	17	22	36.6	1999
南京	秦淮河公园绿地	2.6	33	135.7	2000
武汉	汉口江滩公园	2.4	160~180	78	2003
南通	南通滨江公园	9.5	100~207	30	2005
重庆	南滨公园	6.8	—	22	2005
芜湖	芜湖滨江公园	9.5	100~200	—	2011
牡丹江	江南带状公园	4.9	70~280	50	2011
福州	闽江公园北岸	5.5	100	47.5	—
福州	闽江公园南岸	7	100	67	—
杭州	滨江风情大道	6.6	两侧各50	66	—

* 基金项目：国家自然科学基金重点项目"严寒地区城市微气候调节原理与设计方法研究"（编号51438005）资助

供了公共活动场所，诱导了城市有序发展和人的行为，构成了城市景观，维持改善了生态环境等功能，这些功能共同组成了城市沿江公园在城市中存在的意义[7]。

1.2 休闲步道影响因素

休闲步道作为沿江公园重要构成要素之一，主要通过路径引导游人与环境的互动，将其他各个大小功能不一的空间（船坞、广场、公园）和游憩设施等有机地组合起来，形成驳岸完整的场所感，其设计要考虑人们行走时的舒适度和愉悦感[8]。通常情况下，城市公园往往具有高比例的绿化，园中道路多以林荫步道为主，但由于沿江公园自然资源特殊，其休闲步道的设置及设计有其自身的规律和特性。沿江公园近水侧的休闲步道通常顺水而建，考虑到亲水性、观景等需求设计为无视线遮挡或单侧种植绿化的阳光步道，其形式与河道形态相适应。相比之下，沿江公园林荫步道的外在形式则更多受到规划层面和设计理念的影响：或与阳光步道平行建设（图1），或穿插于沿江公园大面积的景观规划中，呈现出比阳光步道更为自由的形态，如图2（a）所示。以武汉汉口江滩公园为例，一期

设计有两条沿江休闲步道，第一条坐落于标高最低的第三级平台，是为了满足防洪需求所建堤岸，在非洪期水位下降自然而形成的步道，为无遮蔽的亲水型阳光步道类型，第二条也位于靠江一侧，与江岸平行，同样是无遮蔽的观景型阳光步道类型；林荫步道的设计则穿插于江畔公园景观带中，以弧线作为组织形式，将不同功能主题的节点串联起来（观景平台、水上乐园、下沉剧院等），如图2（a）所示；二期汉口江滩公园阳光步道依旧顺水而建，保留了观景阳光步道，取消了为满足防洪需求所建堤岸自然形成的亲水阳光步道，代之以生态绿化种植，林荫步道则分布于靠近观景阳光步道长江内侧的附属空间中，为垂直交叉路网形式，如图2（b）所示。

断面形式对沿江步道的设计也有一定的影响。对于具有季节性水文变化特征的水域来说，其断面形式需充分考虑水位变化：洪水期泾水量较大，为了防洪需要，要设置很宽的江道断面；枯水期水量较小，水位下降导致该断面露出[9]。针对这种河道变化的规律性与差异性，通常采用多层台阶式断面结构，水位较低时可以保证一个连续的"蓝带"，洪水期，允许淹没较低的台阶，非洪期，这些台阶则作为城市中理想的开敞空间环境，具有较好的亲水性，适合居民的休闲游憩[10]。受地域性影响，我国北方地区沿江公园多采用这种断面驳岸设计，在低层平台形成一条亲水型阳光步道，在高层平台形成一条观景型阳光步道，同时再辅以林荫步道以增加空间的活跃性和丰富性（图3）。

1.3 以人为本的设计理念

滨水公园的设计多通过体现文化内涵、表达美学观念、保护自然景观、呼应历史文脉等为核心开展，其结果更多的是对设计理念的形式语汇表达。如今，

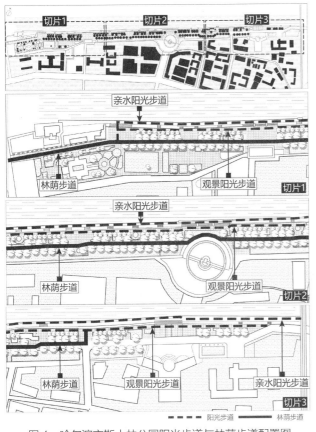

图 1 哈尔滨市斯大林公园阳光步道与林荫步道配置图

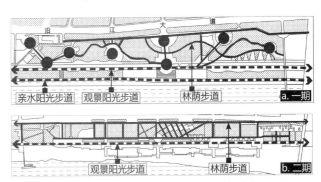

图 2 武汉市汉口江滩公园阳光步道与林荫步道配置图

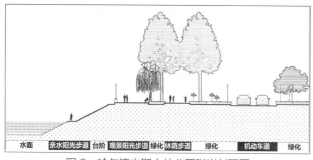

图3 哈尔滨市斯大林公园驳岸剖面图

随着社会物质生活愈加丰富,个人精神需求愈加受到关注,"以人为本"的理念在多个领域扩展开来,越来越多的景观园林学者也从人的需求角度出发开展了一系列相关研究。刘滨谊通过对滨水区域发展的基本取向——公共性研究,建议滨水设计要以公众的需求为优先,提出了"景观的营造应该以生态保护为主,景观与'游憩'使用相结合的新思路"[11]。高配涛基于视觉、听觉、触觉、嗅觉以及味觉的角度去提升滨水区舒适性,优化设计满足人们的感官感受,希望能够对现代城市线形滨水区的规划设计起到积极的作用[12]。陈程、吴霜、李旭亮从使用者行为模式的角度对城市滨水绿地游憩空间的改造提升给出相应的建议[13]。朱报国从游人活动特征的角度,对滨水步道景观营造作了探讨,以期为城市滨水空间中滨水步道的设计提供理论借鉴[14]。余帆从构建滨水步道评价体系的角度,对苏州滨水步道进行评价,为步道的空间功能与景观进一步合理化和完善提出建议[15]。路爽调研西安滨水空间设计之后,认为在设计和规划场地中的休憩设施之前,应当先调查研究使用者的行为活动习惯,希望把人的行为和活动纳入到休憩设施的规划设计要素中[16]。

"以人为本"的设计理念需要设计者进一步加强对人的多方位体验感需求的考虑。热舒适、疲劳度、愉悦度是人们多方位体验感的重要组成内容,部分学者对此也开展了一定的研究。李俊锦对长沙两处滨江空间调研发现,该区域所设置的公共设施数量尤其是休憩座椅的数量相对较少是最大问题[17],影响了人们平时来到滨江休闲的切身感受[6]。杨璐调研武汉大堤口江滩公园时指出:整个场地中仅有一处有顶长廊,没有其他遮阳设施和植被,整个夏季白天少有使用者在此停留[5]。Tzu-Ping Lin指出当公园的热舒适度提高时,公园活动的人群数量会越多,空间更具活力[18]。

本文从"以人为本"设计理念出发,选取哈尔滨市斯大林沿江公园为研究对象,基于体核温度、皮肤温度、热感觉、热舒适、疲劳度、愉悦度等生理、心理基础数据,构建体验感评价要素,探索沿江公园阳光步道和林荫步道对游人愉悦度、疲劳度、热舒适综合指标的影响。研究结果将作为沿江公园设计理念和原则的有益补充,以期为沿江公园休闲步道景观设计和设施建设提供理论依据。

2 斯大林公园简介

斯大林公园位于哈尔滨市,是我国早期沿江公园的代表,全长1750m,体现了哈尔滨独特的地域特色[19]。松花江天然水质较好,风光旖旎,吸引了大量游客[20]。园内植物种类多且丰富,草坪覆盖面积达全园面积60%[21]。由于哈尔滨处于松花江中游,水位变化显著(水位线111.7~118.5m)[22],故沿江而建的公园驳岸采用了双层台阶式护坡断面结构。园内三条主要休闲步道皆位于这两级平台上(图3)。亲水阳光步道位于标高较低的第二级平台,在非洪季节露出,无种植绿化,此处行走的游人会受到阳光直射的影响。观景阳光步道位于标高较高的第一级平台,是亲水阳光步道与公园主路之间过渡性质的空间,兼具交通与观景作用,该步道种植了必要的绿化遮阳,同时为使行人观江视线通透,仅在单侧种植旱柳(Salix matsudana)。林荫步道作为公园主路,主要承担了公园的交通疏散功能,两侧种植有高大的乔木加杨(Populus × canadensis Moench)。第一级平台的两条休闲步道沿途有雕塑、广场、历史建筑等,离水面较远[23]。公园的两级平台上下层空间由台阶连接,防洪堤岸一直延伸入水中。

公园的休闲空间——广场,以防洪纪念塔为中心,在其两侧沿休闲步道设置,其中广场游乐设施单一,主要以自发性活动为主,如放风筝、钓鱼、踢毽子等[20]。由于沿江公园呈现狭隘"带状",一定程度上限制了活动广场的面积[24],这些自发性活动只能在特定的大尺度广场进行,例如防洪纪念塔广场区[25]。

公园内的休憩设施以座椅为主,分布于第一级平台的两条休闲步道上,呈线形分布。孙岩对休憩设施数量建立"满意度李克特量表",得出:斯大林公园的休憩设施数量满意度仅 3.74/5，大量游人坐在围栏上既不美观又存在安全隐患[20]。同时公园缺乏为人遮阳的有顶建筑物、构筑物，仅仅设置了一些遮阳伞，为行人遮蔽阳光的遮阳设施数量上并没有达到要求，以致不少游人通过草坪到树荫下遮阳[25-26]。

3 实验设计

哈尔滨冬季寒冷，一年内供暖期近 7 个月，因此市内公园的主要游览期为夏季，其中 6 月、7 月、8 月的游人数量增长明显[24]。在此期间，斯大林公园游人数量在各个时段内均较多，通常，9:00~11:00 游客量开始第一次上升，11:00~13:00 数量并无减少，13:00~17:00 游客量出现第二次上升，且 50% 以上的游客停留时长达 1~3h[20]。为了与其公园实际情况保持一致，实验选择在游客数量集中的时间段：10:00~12:00 和 12:30~14:30 开展，每次实验过程持续 2h，其中室外停留时间不少于 1h。

除了气候因素，衣着也会对人体主观热舒适产生一定的影响，研究证明：哈尔滨夏季空气温度一般高于 20℃，人们的穿衣系数稳定在 0.5clo[27]，因此受试人员统一着装系数为 0.5clo，即 T 恤、长裤、运动鞋[28]。

实验过程分为三个阶段——预备阶段：研究人员提前在身体各部位固定纽扣温度计 iButton，在空调房内静坐 30min，使身心条件均达到舒适状态；试验阶段：实验者离开空调房去公园休闲步道（阳光步道／林荫步道）行走 60min；恢复阶段：室外实验结束后，回到空调房间。实验期间，心理数据：热感觉、热舒适、愉悦度、疲劳度（体能状态）等通过主观问卷获得，每 5min 填写一次；皮肤生理温度由 iButton 测量，其位置分布如图 4 所示，仪器设定为每 1min 读取一次数据并自动储存。

4 结果与分析

室外实验期间，上午平均风速为 1.2m/s，空气温度为 26.6℃，相对湿度为 36.6%，黑球温度为 32.88℃；下午平均风速为 1.1m/s，空气温度为 28.3℃，相对湿度为 31.2%，黑球温度为 34.00℃（气象参数实测仪器见表 2）。

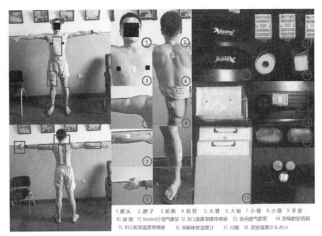

1. 额头　2. 脖子　3. 前胸　4. 后背　5. 大臂　6. 大腿　7. 小腿　8. 小腹　9. 手部　10. 脚部　11. Kestrel小型气象站　12. BES温度传感器　13. 医用透气胶带　14. 防辐射铝箔箱　15. BES黑球温度传感器　16. 耳蜗体核温度计　17. 问卷　18. 皮肤温度计Button

图 4 人体局部皮肤温度和体核温度测量仪器及布置图

气象参数仪器列表　　　　表2

气象参数	仪器型号	量程	精度	采样周期
风速（m/s）	Kestrel 小型气象站	0.4~40 m/s	±0.1m/s	2s~12h
温度（℃）	BES-01 温度传感器	-30~50℃	±0.5℃	10s~24h
湿度（%RH）	BES-02 湿度传感器	0~99% RH	±3%rh	10s~24h
黑球温度（℃）	BES-03 黑球温度传感器	-30~50℃	±0.5℃	10s~24h

4.1 生理温度

人体在非均衡条件下的冷热感觉受身体不同部位皮肤温度的影响[29-31]。因此，本实验对"亲水阳光步道"和"林荫步道"人们各部位皮肤温度变化进行了动态监测（图 5）。

研究结果显示，与林荫步道相比，阳光步道人体各局部皮肤温度均出现不同程度的上升，其中，手、小腿、脖子、大臂、大腿上升最为明显，均超过 1℃，分别为：1.98℃、1.71℃、1.68℃、1.37℃、1.29℃；后背、脚、前胸、小臂、额头部位上升幅度相对较小，分别为 0.92℃、0.86℃、0.55℃、0.54℃、0.18℃。

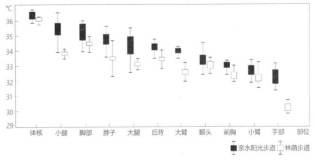

图 5 人体各部位皮肤温度箱型图

从人体各部位温度均值横向比较来看，亲水阳光步道和林荫步道结果均显示小腿和脚是人体皮肤温度最高的部位，小腿温度均值为 35.39℃（阳光步道）和 33.68℃（林荫步道），脚部温度均值为 35.2℃（阳光步道）和 34.34℃（林荫步道）。此外，后背、大臂、前胸部位温度也较高，阳光步道以上各部位温度均值依次为 34.23℃、33.93℃、32.93℃，林荫步道以上各部位温度均值依次为 33.31℃、32.56℃、32.41℃。暴露在空气中的小臂和手温度最低，阳光步道和林荫步道小臂温度依次为 32.61℃、32.28℃，手部温度依次为 32.07℃、30.00℃。

"阳光步道"和"林荫步道"体核温度测量结果显示，随着散步时长的增加，体核温度均会有所上升，阳光步道与林荫步道相比体核温度均值高 0.35℃。

总体来看，与阳光步道相比，林荫步道的遮阳作用对于降低夏季斯大林公园散步休闲人群各部位皮肤温度、体核温度均具有良好的效果。

4.2 热感觉（Thermal Sensation Vote）

如图 6 所示，林荫步道人们的热感觉持续保持稳定，热感觉投票长时间保持在 -0.5 左右，因此与时间相关性较弱（$R^2=0.01$），40min 左右人们的热感投票开始上升，但仍维持在适中范围内。

与林荫步道实验结果不同，阳光步道人们的热感觉投票与散步时长呈线性正相关，随着时间的增加人们的热感觉投票持续上升（公式 1，2）。前 30min 人们的热感觉投票维持在 1 左右（微热），30min 以后热感觉投票超过 1（微热），45min 热感觉投票达到 2（热）。

$$TSV（r）=0.03T+0.42 \qquad (1)$$
$$TSV（s）=0.01T-0.58 \qquad (2)$$

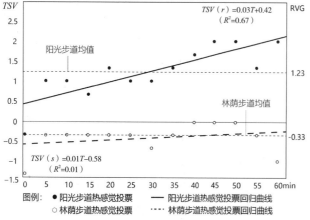

图 6　热感觉投票与散步时长关系图

式中：$TSV（r）$、$TSV（s）$、T，分别代表阳光步道受试者的热感觉投票值、林荫步道受试者的热感觉投票值和散步时长。

研究结果表明，人们在林荫步道散步期间全部 60min 过程内，热感投票值皆小于等于 0（适中），热感投票均值为 -0.33（偏凉爽），与阳光步道热感投票均值相比低 1.56 个单位，可见林荫步道可有效降低夏季炎热气候的影响，为沿江休闲人群提供一个凉爽的散步空间起到显著作用。

4.3 热舒适（Thermal Comfort Vote）

如图 7 所示，人们在阳光步道和林荫步道散步的热舒适投票均与散步时长呈线性负相关，随着时间的增加，人们的热舒适度随之下降：

$$TCV（r）=-0.03T+0.34 \qquad (3)$$
$$TCV（s）=-0.02T+1.18 \qquad (4)$$

式中：$TCV（r）$、$TCV（s）$、T，分别代表阳光步道受试者的热舒适投票值、林荫步道受试者的热舒适投票值和散步时长。

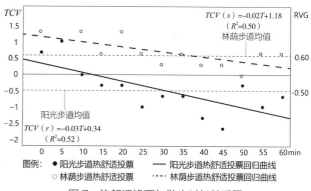

图 7　热舒适投票与散步时长关系图

阳光步道实验前 15min 人们热舒适投票维持在舒适区间（$TCV>0$），15min 后，受试者热舒适投票降至不舒适区间（$TCV<0$），45min 时达到 -1.67，整个过程热舒适投票均值为 -0.5（偏不舒适）。

林荫步道受试者在整个实验过程中热舒适投票皆维持在舒适区间（$TCV>0$），热舒适投票均值为 0.6（偏舒适），高出阳光步道受试者 1.1 个单位。

综合热感觉投票和热舒适投票实验结果，林荫步道可有效降低夏季斯大林公园休闲散步人群的热感并提升热舒适度，林荫步道散步人群的热感和热舒适始终维持在凉爽和舒适区间，相比之下，阳光步道人群随着散步时间的增加热感上升且热舒适感受下降。林荫步道受试者热感觉投票在前45min保持平稳但热舒适投票随时间有规律缓慢下降，证明热舒适不仅仅受热感影响，还应该考虑其他因素的综合影响。

4.4 体能状态（Physical Fitness Index）

如图8所示，阳光步道和林荫步道受试者体能状态均与散步时长呈高度线性负相关：

$$PFI(r)=-0.05T+0.88 \quad (5)$$
$$PFI(s)=-0.06T+1.84 \quad (6)$$

式中：$PFI(r)$、$PFI(s)$、T，分别代表阳光步道受试者的体能状态投票值、林荫步道受试者的体能状态投票值和散步时长。

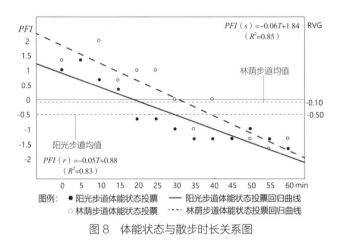

图8 体能状态与散步时长关系图

行走时间越长，人们体能状况越差，疲劳感增加。阳光步道实验前20min人们感觉精力充沛（$PFI>0$），20min后，人们开始感到疲劳（$PFI<0$），整个过程的疲劳度投票均值为-0.5。林荫步道实验前30min人们感到精力充沛（$PFI>0$），行走至30min后，开始产生疲惫感，整个过程的体能状态投票均值为-0.1。

研究结果表明，林荫步道不但可以有效降低散步人群热感和提升热舒适度，与阳光步道相比，人们在林荫步道散步更不容易感觉疲劳，林荫步道受试者的体能均值也比阳光步道高出0.4个单位，实验开始前30min，林荫步道受试者的体能值明显优于阳光步道，随着时间继续增加，50min以后，阳光步道与林荫步道受试者疲劳度接近持平，降低至-1.5~-2区间范围。

4.5 愉悦度（Emotional Valence Index）

如图9所示，人们在林荫步道和阳光步道散步的愉悦度投票均与散步时长呈线性负相关：

$$EVI(r)=-0.03T+0.50 \quad (7)$$
$$EVI(s)=-0.02T+0.74 \quad (8)$$

式中：$EVI(r)$、$EVI(s)$、T，分别代表阳光步道受试者的心情愉悦度投票值、林荫步道受试者的心情愉悦度投票值和散步时长。

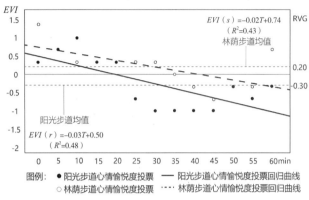

图9 心情愉悦度与散步时长关系图

阳光步道实验前20min受试者心情愉悦度为正值，前10min出现了较为明显的上升，高于林荫步道，应该是受阳光步道亲水性的影响所致，20min后，阳光步道受试者心情愉悦度投票降至负区间。林荫步道受试者前30min心情愉悦度保持稳定（0.3），30min后开始下降，35min后降至负区间范围。

人们的心情愉悦度影响因素复杂，除本实验考量的热感觉、热舒适、疲劳度以外，还受到沿途景色等其他因素影响，如本实验阳光步道的亲水性等。从实验结果来看，林荫步道受试者的整体愉悦度高于阳光步道受试者，尽管实验初期阳光步道受试者的愉悦度高于林荫步道，但受试者的愉悦度下降速度很快，且长时间维持在有些不愉悦状态（-1），最终阳光步道受试者的愉悦度均值（-0.3）低于林荫步道受试者愉悦度均值（0.2）0.5个单位。

5 结论与建议

本文选定热感觉、热舒适、疲劳度和愉悦度作为综合考量指标，对哈尔滨市斯大林沿江公园展开调研，研究结果显示：

（1）与阳光步道相比，林荫步道可有效降低人体皮肤温度（0.18~1.98℃）和体核温度（0.35℃）；改善人体热感觉（降低1.56）和提升热舒适度（提高1.1）。

（2）阳光步道人们的热感觉投票与散步时长

呈线性正相关，热舒适投票均与时间呈线性负相关，受试者 15min 后热舒适投票即降至不舒适区间（TCV<0），45min 时达到 –1.67，整个过程热舒适投票均值为 –0.5（偏不舒适）。

（3）林荫步道受试者热感前 45min 保持稳定（–0.5），热舒适投票却随时间缓慢下降，但始终保持在舒适区间范围，证明人们的热舒适不是热感单方面决定的，还应考虑其他因素的综合影响。

（4）与阳光步道相比，人们在林荫步道散步更不容易感觉疲劳，前 30min 林荫步道受试者体能值明显优于阳光步道，50min 后阳光步道与林荫步道受试者疲劳度接近持平，降低至 –1.5 至 –2 区间范围。林荫步道受试者 30min 开始感觉到疲劳，阳光步道受试者 20min 开始感觉疲劳，最终林荫步道受试者体能均值比阳光步道均值高出 0.4 个单位。

（5）受到阳光步道亲水性影响，前 10min 阳光步道受试者愉悦度体验明显优于林荫步道。10min 后阳光步道受试者愉悦度快速下降，最终阳光步道受试者的愉悦度均值（–0.3）低于林荫步道受试者愉悦度均值（0.2）0.5 个单位。

综合研究结果，结合斯大林公园现状给出以下建议：

（1）林荫步道散步人群的热感觉和热舒适始终维持在舒适区间，因此从降低人们疲劳度角度出发应具备更大的改善空间。依据研究结果，与游客人群数量相适宜的休憩设施不宜超过 30min 步行距离设置。斯大林公园林荫步道休憩设施以座椅为主，合计设置座椅 62 把，沿整个公园呈连续带状方式布置（图 10）。从布置连续性上看，满足 30min 步行距离的要求，但最多仅可同时容纳 186 人休憩，这相对于斯大林公园夏季散步人群数量来看是不够的。斯大林公园沿步道设置 26 个广场作为景观节点（图 11），其中作为景观节点标志物的雕塑广场、花坛广场共有 12 个，活动广场有 14 个，可以考虑在这些广场增加一定数量的休憩座椅，创造一定数量的集中型休憩空间，提升休憩场所人数收纳能力以降低人们的疲劳程度。

（2）阳光步道可从增设遮阳设施和通往林荫步道的路径两个方面提升散步人群的热舒适感受。依据研究结果，夏季在阳光步道休闲人群散步 15min 热舒适投票即降至不舒适区间，因此林荫步道通路和遮阳设施设置间距宜不超过 15min 步行距离。斯大林公园阳

图 10 哈尔滨市斯大林公园休憩设施数量及位置分布图

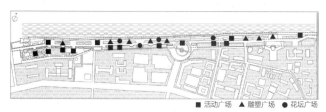

图 11 哈尔滨市斯大林公园休闲广场类型及位置分布图

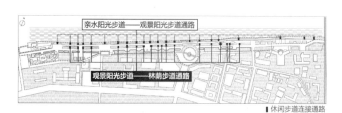

图 12 哈尔滨市斯大林公园休闲步道连接通路位置及分布图

光步道前往林荫步道通路有 19 条，设置情况如图 12 所示，从分布的位置和数量上看，满足 15min 步行距离要求，但均需人们从阳光步道移步至林荫步道才能满足遮阳避暑的需求。研究结果表明，阳光步道的亲水性可有效提升人们的心情愉悦度，因此可考虑在阳光步道增设一定数量的遮阳观景设施，以同时满足人们的热舒适和观赏江景的多重需求。

（3）阳光步道座椅设置情况如图 10~图 12 所示，与林荫步道座椅设置方式一致，为沿江呈线形布置，合计 36 把。从布置连续性上看，满足 20min 步行距离的要求，容纳同时休憩人数为 108 人，与林荫步道同样面临休憩空间不足的问题。由于阳光步道为线形空间且座椅布置较为连续，人们的休憩宜结合林荫步道系列广场集中休憩空间和遮阳观景设施的增设做协同设计考虑。

"以人为本"设计理念需要设计者进一步考虑人的多方位体验感需求，热舒适、疲劳度、愉悦度是人们多方位体验感的重要组成内容。本研究选定"热舒适""疲劳度""愉悦度"作为评价指标，以哈尔滨市斯大林沿江公园阳光步道和林荫步道作为研究对象展开研究，研究结果可作为现行沿江公园"以人为本"设计理念的有益补充。

参考文献

[1] 李金路. 论城市绿线 [J]. 北京园林，1996（10）：13-16.

[2] 史美佳. 北方城市滨水带状公园规划设计研究 [D]. 哈尔滨：东北林业大学，2013.

[3] 秦趣，杨琴，冯维波. 重庆都市区两江四岸滨水旅游资源定量评价初探 [J]. 国土与自然资源研究，2011（3）：59-61.

[4] 王红霞. 黄浦江两岸滨水旅游资源整合研究 [D]. 上海：上海师范大学，2016.

[5] 杨璐. 武汉市滨江公共空间使用状况研究 [D]. 武汉：华中科技大学，2005.

[6] 乔文静. 城市滨江亲水性休憩设施设计研究 [D]. 长沙：中南林业科技大学，2017.

[7] 刘立明. 城市滨水公园景观研究 [D]. 南京：东南大学，2004.

[8] 邓苏函. 滨水公共开放空间设计探讨与分析——以重庆市主城区滨江公共开放空间为例 [D]. 重庆：重庆大学，2007.

[9] 何其畅. 防洪减灾功能下的北方城市河道景观设计研究 [D]. 西安：西安建筑科技大学，2018.

[10] 束晨阳. 城市河道景观设计模式探析 [J]. 中国园林，1999（1）：8-11.

[11] 刘滨谊. 城市滨水区发展的景观化思路与实践 [J]. 建筑学报，2007（7）：11-14.

[12] 高配涛. 城市线性滨水公共空间设计及舒适性研究 [D]. 天津：天津科技大学，2013.

[13] 陈程，吴霜，李旭亮，等. 以使用者行为模式为导向的滨水游憩空间改造——以长沙市湘江风光带（天心区段）为例 [J]. 中外建筑，2013（7）：90-91.

[14] 朱报国. 滨水步道景观设计研究 [D]. 上海：上海交通大学，2012.

[15] 余帆. 上海市苏州河滨水步道空间调查研究 [D]. 上海：上海交通大学，2014.

[16] 路爽，石慧. 外部空间环境中的休憩设施的设计研究 [D]. 西安：西安建筑科技大学，2007.

[17] 李俊锦. 城市公共游园中的河溪亲水性研究 [D]. 合肥：合肥工业大学，2013.

[18] LIN T P, TSAI K T, LIAO C C, et al.Effects of thermal comfort and adaptation on park attendance regarding different shading levels and activity types[J]. Building and Environment, 2013（59）：599-611.

[19] 王珊珊，路毅. 基于地域文化的斯大林公园景观设计研究 [J]. 山西建筑，2019（1）：194-196.

[20] 孙岩. 哈尔滨市开放式公园使用状况评价及优化策略研究 [D]. 哈尔滨：东北林业大学，2015.

[21] 赵冬琪. 寒地带状植物群落空间特征对春季微气候影响模拟研究 [D]. 哈尔滨：哈尔滨工业大学，2018.

[22] 张杰. 松花江哈尔滨段水位枯、洪水期历史规律分析 [J]. 黑龙江气象，2008（1）：17-18.

[23] 康丹. 影响滨水公园人群压力缓解的环境因子探究 [D]. 哈尔滨：东北农业大学，2019.

[24] 叶亚光. 城市滨水区景观规划设计调查以哈尔滨市斯大林公园为例 [J]. 黑龙江科技信息，2010（36）：340.

[25] 高宇. 哈尔滨市公园绿地的设计研究 [D]. 哈尔滨：东北林业大学，2010.

[26] 王海霖. 哈尔滨市开放公园降低养护管理成本的设计研究 [D]. 哈尔滨：东北林业大学，2011.

[27] CHEN X, XUE P N, LIU, L, et al.Outdoor thermal comfort and adaptation in severe cold area: a longitudinal survey in Harbin, China[J]. Building and Environment, 2018（143）：548-560.

[28] ASHRAE.ANSI/ASHRAE55-2004.Thermal environmental conditions for human occupancy[S]. Atlanta: American Society of Heating, Refrigerating and Air Condition in Ennineers, Inc. 2004.

[29] ZHANG H, ARENS E, HUIZENGA C, et al.Thermal sensation and comfort models for non-uniform and transient environments—Part I: Local sensation of individual body parts[J]. Building and Environment, 2010（45）：380-388.

[30] Arens E, Zhang H, Huizenga C. Partial- and whole-body thermal sensation and comfort—Part I: uniform environmental conditions[J]. Journal of Thermal Biology, 2006（31）：53-59.

[31] Arens E, Zhang H, Huizenga C. Partial- and whole-body thermal sensation and comfort—Part II: non-uniform environmental conditions[J]. Journal of Thermal Biology, 2006（31）：60-66.

校园户外空间夏季小气候环境提升设计研究[*]

梅　歆，李天劼，金冰欣，陈　炜

浙江工业大学

摘　要：为解决杭州校园开敞空间夏季高温闷热的小气候环境现状，本研究通过对气温、地温、太阳辐射、湿度、风力等小气候数据的现场测定与结果分析，计算户外空间的 PET 指数及其对使用者的热感受影响，继而总结出本地夏季小气候环境的改善措施主要体现为遮阴、降温、通风除湿三方面。研究在此基础上，以实测场地为对象，进一步使用 Ecotect、ENVI-Met 等软件模拟验证了本文提出的改造策略可有效提升小气候环境与热感受，初步证明该设计策略的有效性和可行性。研究结论有助于为杭州户外空间的小气候适应性设计提供具有地域性的量化数据与指标，优化场地风景园林小气候适应性设计与改造，从实践层面提高校园开敞空间的小气候环境和热舒适度。

关键词：校园户外空间；小气候环境；设计策略；气象数据可视化模拟

随着人类建成环境气候的全球性恶化，城市局地气候面临严峻考验。城市中的校园空间作为构成城市的基本空间类型之一，是城市人群，尤其是大学师生日常活动的主要场所，对于师生日常学习与生活起重要的影响作用。杭州地区夏季高温高湿的气候严重影响校园户外空间热舒适度和使用率[1]，适应小气候的空间设计研究势在必行。

1　研究目的

本研究场地位于杭州高教园区，由大学师生、附近居民和单位工作人员组成，使用人群数量繁多。研究基于场地特殊性提出的校园小气候提升方法与策略具有重要的夏季环境改善作用，并可对类似空间的微改造做出设计范例，体现参考价值与意义。

2　研究内容

研究探讨杭州校园不同下垫面材质对局地空间的小气候环境影响，以风景园林学科设计方法，提出相应的小气候环境提升设计方案，并模拟改善后的小气候环境状况，以验证设计方案的环境提升效果。研究从小气候要素与景观要素方面构筑研究内容的主要组成部分。

2.1　小气候要素

对城市区域的小气候物理要素的特征研究多基于客观数据的定性或定量评价体系，除了常见的空气温度、湿度、太阳辐射、气压、风向风速外，生态学、环境学、地理学等学科在各自研究特征的基础上，增加降水、空气污染物、挥发性有机物、土壤温度等要素。本研究以风景园林学科为基础，在前人[2]研究基础上，将风景园林小气候以风、温、热、湿进行分类。

2.2　景观要素与小气候

本研究场地中包含的景观要素主要有地形朝向、植被、水体等，本文着重讨论它们对小气候的影响结果。已有研究对于景观要素与小气候的探讨主要涉及以下内容。Bonan[3]论证了地表吸收、释放地辐射热量取决于下垫面材料的热力属性。Spronken-Smith 等人[4]测得城市公园能降低周围大气温度

---

　*　基金项目：浙江省自然科学基金探索 Y 类项目"西湖风景园林带夏季小气候机理与感应评价研究"（编号 LY20E080025）；浙江省教育厅一般科研项目"校园户外空间小气候适应性研究"（编号 Y201941786）；浙江工业大学课堂教学改革项目"环境设计专业虚拟仿真实验教学改革"共同资助

1~2℃。园林的地形可影响光照、温度、风速和湿度。Armson[5] 对英国曼彻斯特公园的研究表明，草地可降低下垫面温度达 8℃，树荫可降低下垫面温度达 10℃。就风条件而言，Starke 等人[6] 建议凸面地形、脊地或土丘等可阻挡冬季寒风。相反，地形亦可对夏季风进行汇集、引导[7]。据 Shashua-Bar 等人[8] 的研究可知，在城市区域增种树木有利于削减热应力。夏季白昼期间，水池具有较好的降温作用[9]，在遮阴条件下，降温效果更佳。

2.3 模拟分析

在小气候要素及其研究对象作用规律的研究基础上，众多研究对小气候环境进行了模拟推演。许多和规划、设计类的建模、可视化软件结合的基于空气动力学 CFD 软件，如 ENVI-met、Ecotect 等，已广泛应用于风景园林、城乡规划、建筑设计等相关领域[10]。

如刘滨谊等人[11-12] 针对夏热冬冷地区提出了基于气候适应性的专业设计建议，通过实践项目的建设，并在实际施工过程中检验了相关适应性设计手法的成效，还研究了城市广场[13]、街道[14]、居住区[15] 空间形态中诸多小气候要素及人体热舒适度感受的相互关系，研究结果表明融入气候考量的空间形态设计可直接改善户外热舒适度。洪波等人[16] 研发了 SPOTE 模型，可计算植被对辐射、对流、传导和空气流动的影响。在集总参数模型 CTTC 在建筑群的作用研究方面，孟庆林等人[17] 研发了室外热环境分析软件 DUTE。邱静等人[18] 通过被动式蒸发冷却下向通风技术 PDEC，着重探讨了应用于高温地区的低碳建筑建设。

3 研究方案

3.1 研究计划

本研究依据夏季校园户外开敞空间中的小气候要素，通过对场地中地形地势、气温、湿度、太阳辐射、地温等要素的测定。进而，提出了降温、除湿、遮阴、通风四大改造策略。同时，通过环境学参数化模拟，对改造前后小气候进行对比，检验了提出的适应性改造策略对改善校园户外园林开敞空间夏季小气候的实际效能（图 1）。

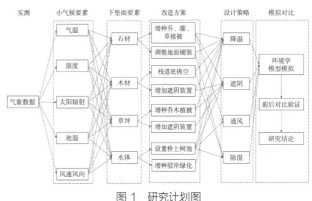

图 1　研究计划图

3.2 研究场地

研究场地位于杭州小和山高教园区某高校的中心广场，该地块南朝图书馆，北靠群山，西邻大草坡，东邻教学楼和篮球场。研究分别选取草坪、木材、石材、水体 4 个测点，对不同下垫面材质所属空间进行小气候数据实测。所定测点均为人群使用频繁，空间顶部无遮盖物，且在高教园区具有一定代表性的场地（表 1）。

测点情况表　　表1

测点位置分布示意图	测点编号	测点 1	测点 2	测点 3	测点 4
	下垫面材质	草坪	木材	石材	水体
	测点情况	8000m² 上升阳坡	607.7m² 靠近草坪	1506.5m² 环绕小花坛	1600.0m² 位于桥面
	现场照片				

3.3 研究方法

3.3.1 实测方法

据杭州气象局历年数据显示，杭州湿热天气最显著的时间段为每年7~8月。研究将夏季实测时间定为2019年7月16日至23日中人群活动较密集的7：00~18：00，测试期间天气为晴、无云或者多云。其中7月19日遇雨，实验中断。测试共计7日。测试期间，所有气象数据记录均设为每15min记录一次。

实验所用测试仪器为YGY-QXY手持式气象仪、Ws2021地温测试仪、GM8910太阳辐射测试仪。各类仪器的测量参数如表2所示。实验前，所有仪器均已校准各项测试参数。观测期间，除地温测试仪放在地面外，所有仪器均放置在离地1.5m处测量。

因实测场地是大量师生每日活动必经之处，为避免人群触碰对仪器灵敏度造成干扰，在不影响测试结果的前提下，于仪器外标识"请勿触碰"警示，同时安排测量人员看护，最大限度防止外部干扰。

3.3.2 模拟方法

实验同时，对研究区域内的河道（宽度、走向）、地表（坡面形式、高差）、绿化带（植被空间结构）等景观要素尺度、位置等信息进行测绘，并结合Google Earth中该场地的卫星遥感图，绘制广场设计图，运用SketchUp、Rhino 6等软件制作场地三维仿真模型。

3.3.3 数据统计分析方法

数据分析与模拟主要应用Rhino 6的参数化平台Grasshopper与RayMan1.2等参数化工具协同Microsoft Excel软件，基于实测数据，建立气象与热舒适数据库；使用集成环境Anaconda 3下的Python 3.6及Matplotlib、Pandas、Seaborn等库绘制数据分析、可视化图表；并配合SketchUp、Rhino 6等建筑BIM建模软件，采用ENVI-met 4.4.3、Ecotect Analysis等软件模拟场地气象情况，开展各下垫面空间的小气候差异化分析。

本研究采用PET（生理等效温度）热舒适指标衡量使用者在户外的热舒适度（HTC）感受，在软件RayMan1.2导入大气温度、湿度、云层含量、风速等实测数据，设人体因素为性别男，身高175cm，体重70kg，年龄30岁，服装热阻夏季为0.5clo，活动新陈代谢率为80W/m²。

4 实测结果与分析

4.1 各测点小气候要素实测结果对比

4.1.1 与城市气温对比

夏季广场各测点与杭州市平均气温对比如图2所示，气温随着时间推移整体呈波动上升趋势。各测点气温均高于杭州市平均气温，其中，测点2气温在7月20日达到最高，与杭州市气温峰值最高差约达12.8℃。

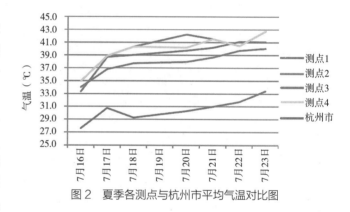

图2 夏季各测点与杭州市平均气温对比图

4.1.2 大气温度对比

图3显示了各测点相同时段内的7日平均气温值。可见，四个测点的温度整体趋势呈中午高，早晚低，于7：00~11：00间，各测点升温速率较快，

测试仪器及主要参数   表2

仪器	数据存储方式	时间间隔	所测参数	误差	测试范围	单位	数据输出方式	放置位置
YGY-QXY手持式气象仪	自动	15min	大气温度	±0.3	-30~80	℃	使用数据导出程序将数据导入Microsoft Excel数据库	置于距地面1.5m高处
			相对湿度	±3	0~100	%		
			风力	±0.3	0~30	km/h		
			风向	±1	16个方位			
Ws2021地温测试仪	手动	15min	地面温度	±1~2	-20~50	℃	手动记录并将数据输入Microsoft Excel数据库	置于地表
GM8910太阳辐射测试仪	手动	15min	太阳辐射	±3	0~55000	W/m²	手动记录并将数据输入Microsoft Excel数据库	置于距地面1.5m高处

不同测点温度差值逐渐增大。其中,测点2升温最快,于10:30左右达其温度峰值43.8℃;测点4于9:00左右达其温度峰值42.4℃,13:00后,其气温保持低于其他测点;测点1的整体大气温度低于其他测点,尤其在清晨时间段,其气温低于其他测点约3.6℃;测点3在12:00左右达到峰值42.4℃,随后,其大气温度高于其他测点,降温速率慢。

图3 大气温度对比图

4.1.3 地温对比

测试期间,各测点地面温度整体呈正午高,早晨和傍晚低的趋势(图4、图5)。测点2处地温较高,13:15时达到最高值,与测点4差值最大可达约6.8℃。测点4处地温整体较低。测点3温度稍高,于12:15时达其峰值46.6℃。测点1与测点3温度相差不显著,于13:00时达其峰值。

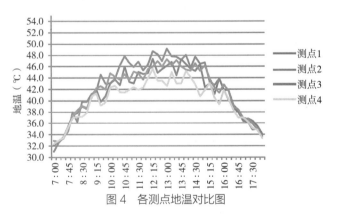

图4 各测点地温对比图

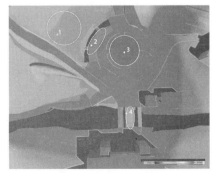

图5 各测点地温示意图

4.1.4 大气湿度对比

对比各测点,如图6所示,四个测点的大气湿度值整体呈先下降后上升趋势,在正午时达到最低点,傍晚有所上升。测点2、测点4的湿度降低较快,测点2处的大气湿度谷值可低至36.7%。测点1湿度降速最为缓慢,与测点2最大可差10.6%。

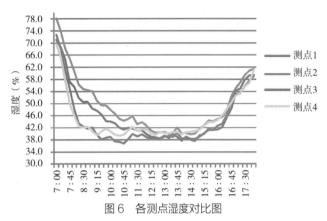

图6 各测点湿度对比图

4.1.5 太阳辐射对比

本实验测点上空均无覆盖物,太阳辐射直接作用于仪器,场地整体受太阳辐射影响明显。

经Ecotect软件处理可知,测试期间场地上空太阳运动轨迹与太阳高度角,如图7所示。表明校园空间夏季受直接太阳辐射时间较长,各测点受太阳辐射直接作用持续时间长,在一定程度上会加剧户外空间中的热岛效应。由图8可知,各测点太阳辐射量差异不显著。

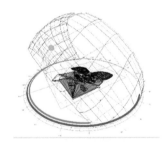

图7 测试期间太阳运动轨迹

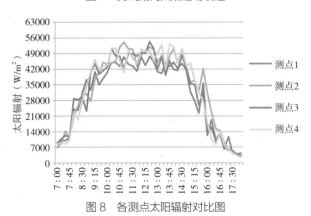

图8 各测点太阳辐射对比图

4.1.6 PET 对比

PET 值变化情况如图 9 所示。7：00~8：30 期间，各测点 PET 值从约 38℃ 骤增至 52℃。8：30~14：30 期间，各测点 PET 值维持 55℃ 以上。14：30~18：00 期间，PET 陡降至 32℃。其中，测点 4 的 PET 于 7：00~11：00 较其他测点高。早晨，测点 4 的 PET 高于其他测点。故较测点 3 处 PET 最高，测点 4 其次。

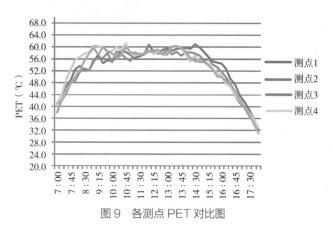

图 9　各测点 PET 对比图

4.2　各数据交叉分析

研究对实测得到的气象数据进行 Pearson 相关分析，探讨不同下垫面区域气温、湿度、风速、太阳辐射、地温、PET 等数据的相关度。Pearson 相关度系数可由式（1）算得。研究使用 Python 3.6 中 Pandas 包的 corr（）函数，对实测所得各气象因子间的 Pearson 相关系数 R 进行测算，结果如表 3 所示。

$$R=\frac{\sum_{i=1}^{n}(x-\bar{x})(y-\bar{y})}{\sqrt{\sum_{i=1}^{n}(x-\bar{x})^2(y-\bar{y})^2}} \qquad （1）$$

式中　R——Pearson 系数；

　　　n——样本总数；

　　　x——样本；

　　　$\bar{x}$——样本平均数。

通过相关性分析可知，各测点的气温、湿度均呈高度线性相关。各测点的地温均受太阳辐射与湿度的显著影响。在各影响因素中，风速与其他因素的关联度最弱。其中，测点 2 的地温受不同因素的影响程度最大，测点 4 的地面温度变化规律最为特殊。

基于 Python 3.6 的 Matplotlib 与 Windrose 等包，加权计算各测点在夏季的风频率与风向后，使用 Seaborn 包最终绘制的各测点处夏季风玫瑰图，如图 10 所示。由图可知，测试期间在各测点中，各测点的风向差别不显著。因山坡地形作用，各测点西侧与西北侧风力较小。

各测点各气象要素间 Pearson 关联度系数 R 对比　　表 3

测点1

R 值	气温	湿度	风速	太阳辐射	地温	PET
气温	1	/	/	/	/	/
湿度	−9.054**	1	/	/	/	/
风速	0.2406	−0.2601	1	/	/	/
太阳辐射	0.6434*	−0.5949*	0.0933	1	/	/
地温	0.8505**	−0.7756*	0.1528	0.7169*	1	/
PET	0.7930*	0.7659*	0.1683	0.7438*	0.8110**	1

测点2

R 值	气温	湿度	风速	太阳辐射	地温	PET
气温	1	/	/	/	/	/
湿度	−0.8584**	1	/	/	/	/
风速	0.1451	−0.3018	1	/	/	/
太阳辐射	0.6107*	−0.6518*	0.2578	1	/	/
地温	0.5779**	−0.6859*	0.2406	0.6669*	1	/
PET	0.8790*	0.7468*	0.1030	0.7283*	0.8442**	1

测点3

R 值	气温	湿度	风速	太阳辐射	地温	PET
气温	1	/	/	/	/	/
湿度	−0.8681**	1	/	/	/	/
风速	0.2059	−0.2238	1	/	/	/
太阳辐射	0.5375*	−0.6242*	0.1877	1	/	/
地温	0.7240*	−0.8049**	0.2436	0.7335*	1	/
PET	0.8125**	0.6933*	0.1324	0.7544*	0.7488*	1

测点4

R 值	气温	湿度	风速	太阳辐射	地温	PET
气温	1	/	/	/	/	/
湿度	−0.8755**	1	/	/	/	/
风速	0.009361	−0.7231*	1	/	/	/
太阳辐射	0.5279*	−0.5522*	0.0257	1	/	/
地温	0.1180	−0.1189	0.0533	0.7134*	1	/
PET	0.6977*	0.6549*	0.0343	0.7010*	0.7130*	1

** 高度线性相关；* 中度线性相关。

4.3　PET 的景观要素影响初析

小气候各要素变化都会对 PET 产生影响。因此，分析景观要素对热舒适度的影响，需探讨各个景观下垫面要素对 PET 及热感受程度分布的不同影响。

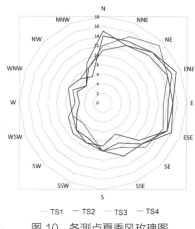

图 10　各测点夏季风玫瑰图

　　TS1 —— TS2 —— TS3 —— TS4

　　根据金荷仙[19]团队研究的 PET 值与热感受对应表（表 4），可知 7：30~17：00 期间，各测点的热舒适度皆为"十分热"；7：00~7：30 与 17：00~17：30 期间，该场地的热舒适度为"热"；17：30~18：00，该场地的热舒适度为"温暖"。故该场地整体 PET 值普遍偏高且延续时间长，致使 4 个测点热感受普遍较差（图 11）。

PET值与热感受程度关系　　　　表4

热感受程度	十分冷	冷	凉爽	舒适	温暖	热	十分热
PET（℃）	< 4	4~8	8~18	18~23	23~35	35~41	> 41

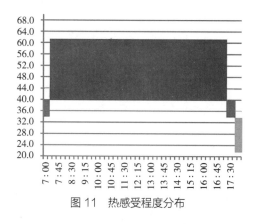

图 11　热感受程度分布

　　测点 1 在 7：00 时 PET 可与测点 2 相差约 7~8℃，但正午左右与其他测点相比相差不大。因测点 1 的下垫面为草等地被植物，自身可产生蒸腾作用，起到降低气温的作用，且附近种植有大型乔木，乔木的降温作用较草坪更显著[3]，故测点 1 的热感受程度整体优于其他测点。总体上，测点 1 所在草坪具显著降温作用。但因测点所处位置缺乏遮阴设施，故受日照辐射直接作用时间长，因此，适当增加遮阴物，如构筑物

或大乔木等将有利于改善此处热环境。

　　测点 2 所处的木质铺装材料散热性较差，13：00 时与附近测点 4 的 PET 值相差 7~8℃，加上通风效果较弱，因此测点 2 的 PET 值远高于其他测点。故预计相应增强测点 2 处的通风能力，应将增强该处的热舒适感受。

　　测点 3 处的大气温度变化幅度最为显著。12：00后，由于测点 3 处的石质下垫面比热容小，升温慢，降温亦慢，致使此处大气温度、地面温度长时间较高。又因缺乏遮阴植被、设施，测点 3 处 PET 值常态性地高于其他测点，峰值相差甚至达约 2.9℃。此外，因广场西北、东北两侧有较大地形抬升，且测点 3 西北侧为草坪迎风阳坡，故受来自草坪方向风对热感受产生一定改善作用，但风力较弱。故改善测点 3 处的热感受，须结合降温、遮阴、通风除湿等措施。

　　测点 4 处附近的水体对小气候参数具有积极效应。水体较显著的降温作用，使测点 4 处 PET 值明显低于其他测点，例如，与测点 2 处约 5℃的 PET 平均差值。13：00 后，测点 4 的气温平均值低于广场 3.2℃左右。但由于桥面受太阳辐射直接作用时间长，故 PET 值在较长时段仍处于较高值。11：00 后，因测点 4 位于空气对流通道的迎风面，风力较大，间接导致大气湿度有所下降[20]；但因午间时段风力减小，测点 4 处 PET 值与其他测点相比，仅相差约 2℃。故改善测点 4 的热感受，应相应增强午间时段的降温、通风除湿等设计措施。

5　小气候适应性设计

5.1　设计策略

　　针对高温、高湿夏季风景园林空间的小气候调节，本研究提出的改造策略主要通过植被、水体等风景园林要素相互组合，以实现降温、遮阴、通风除湿的调节目的。

5.1.1　遮阴策略

　　在夏季炎热的气象环境中，人们大多偏向选择凉爽的环境，树荫能适应人群的夏季需求[8]。Chang 等人[21]建议，公园等露天场所的下垫面铺装面积应小于 50%，并且树木、灌木和其他遮蔽物的总面积应大于 30%。白昼期间时段出现的园林冷岛效应，是土壤湿度与遮阴共同作用的结果。由于树荫阻隔

了直射地表的阳光，铺设合理的草坪区域，地表温度通常比周边硬质下垫面低[22]。而且，种植乔木的同时可增加群落结构，单一的人工遮阴会导致植被的退化[23]，在乔木下保证光源处，可种植小灌木等搭建稳定的植被群落，同时满足人群的不同需求。Emmanue等人[22]的研究证明，建筑物和植被对场地的遮盖、围合可影响太阳辐射，故提高空间围合度可在白昼期间起降温作用。

5.1.2 降温策略

在户外环境中，利用植被和水体制造大面积植被遮挡阳光[24]，水体受热导致水分蒸发可部分实现降温[25]。另外，以更接近于自然植物群落[26]的近自然地被群落种植方式栽培植物群落，使之分布结构合理，也有益于营造风景园林小气候环境。遮阴设施可阻挡短波辐射量，降低表面温度。测点2在缺乏遮阴的情况下，比热容大，周围温度较高，变化幅度大。测点3因铺装材料的比热容较大，故其地温变化幅度也大。改造方案中，通过增植冠幅较大的乔木，以达到降温效果，降低大气温度，遮挡太阳辐射[23]。

5.1.3 通风与除湿策略

本研究发现，除研究发现的差异之外，风也是影响人群活动的小气候因素，在广场无遮阴的情况下，主要受到来自草坪方向的气流影响。广场走向设置与夏季主导风向一致更利于增大空气流速，降低空气温度[27]。在南方校园中，校园广场设计应与夏季主导风向一致，并保持湿度舒适[28]。于迎风处减少正面挡风乔木，以增加风力，在通风条件得以改善的同时，有效降低空气湿度。

5.2 改造设计方案

在上述改造策略的基础上，研究结合对夏季校园小气候的实测，综合分析在夏季主导风和静风条件下的局部环流特征，提出对夏季校园小气候的改造方案。场地改造前后总平面图对比如图12所示。

研究场地主要受来自场地南北向与东西向的气流影响。场地南部的图书馆建筑架空中廊构造形成南北向的自然通风廊道，但气流在途经桥面时受来自沿河流形成的东西向气流干扰，削弱了部分风力。为增强场地中的南北向主导风，方案在桥面上增设行列式树池，种植适量冠幅适宜的落叶乔木[29]，创造峡谷风道，起到引导南北气流的作用；与此同时，

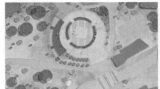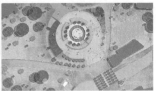

图12 场地小气候适应性改造前后总平面图对比

阻挡东西向气流，加强广场区域风力聚集。此外，朝阳坡地设计也是增加风力的重要措施之一。改造在阳坡增植常绿大乔木结合层次较多的地被植物，也能对小气候起到一定自发性改善作用。改造方案在道路与广场硬地上减少混凝土、石材等材料的使用，降低太阳辐射热量与反射量，改为铺设浅色的地砖地面，并种植草地，从而起到降温的作用[30]。

6 设计前后模拟对比

通过各模拟软件的数据验证，发现本次设计改造对场地内部的温度、湿度、风力以及PET值有较大改善效果。

6.1 地温模拟对比

依据设计策略，本研究依据提出的小气候适应性改造设计使用SketchUp、Rhino 6等软件对该场地做出适应性改造模型（图13）。将改造后模型导入模拟软件ENVI-met，对该场地改造后的夏季各时段、各测点处的地面温度分布状况及PET值进行参数化模拟，评估本研究提出的改造设计对局地小气候的改善效果。取得的ENVI-met模拟结果如图14和表5所示。

测点1　　　　　　　　测点2

测点3　　　　　　　　测点4

图13 场地改造后模型效果图

图14与表5结果证明,本研究提出的降温、遮阴、通风除湿等措施,对改善研究测点所在的校园户外空间夏季小气候状况的效果较为显著。对比小气候适应性设计的前后地温值,适应性改造方案使场地前后的昼夜温差明显减小,对于降低正午时段各测点地温效果显著。尤其在正午13∶00,通过场地小气候适应性改造,对于测点1,地温下降约1.09℃;对于测点2,地温下降约1.56℃;对于测点3,地温下降约2.78℃;对于测点4,地温下降约1.08℃。夏季清晨、傍晚时段,各下垫面间的地温差同比缩减10.24%,可见改造方案对于缓和场地各测点间温差有一定作用。

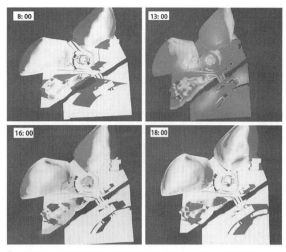

图14 场地改造后夏季各时段平均地温分布模拟图

场地改造前后夏季各时段地温模拟对比 表5

测点	时间	8∶00		13∶00		16∶00		18∶00	
		模拟	地温(℃)	模拟	地温(℃)	模拟	地温(℃)	模拟	地温(℃)
测点1	改造前		32.18		39.12		38.48		33.21
	改造后		31.91		38.03		36.85		33.13
测点2	改造前		36.23		43.33		39.05		34.76
	改造后		35.77		41.77		38.48		33.81
测点3	改造前		33.62		42.96		38.57		36.04
	改造后		32.83		40.18		37.83		34.96
测点4	改造前		35.14		38.86		37.68		33.52
	改造后		34.75		37.78		36.97		32.98

6.2 湿度模拟对比

通过 Ecotect Analysis 模拟场地改造前后各测点附近的湿度分布（表 6），改造后该场地各测点处湿度得到一定程度的下降。场地靠北侧区域除湿效果尤为明显。其中，测点 1、测点 3 湿度下降最为显著，分别达 30.2% 与 22.1%。模拟结果也论证了本研究提出的场地微改造策略对降低户外开敞空间中湿度的作用。

场地改造前后夏季湿度分布模拟对比　　　　　　　　　　　　　表6

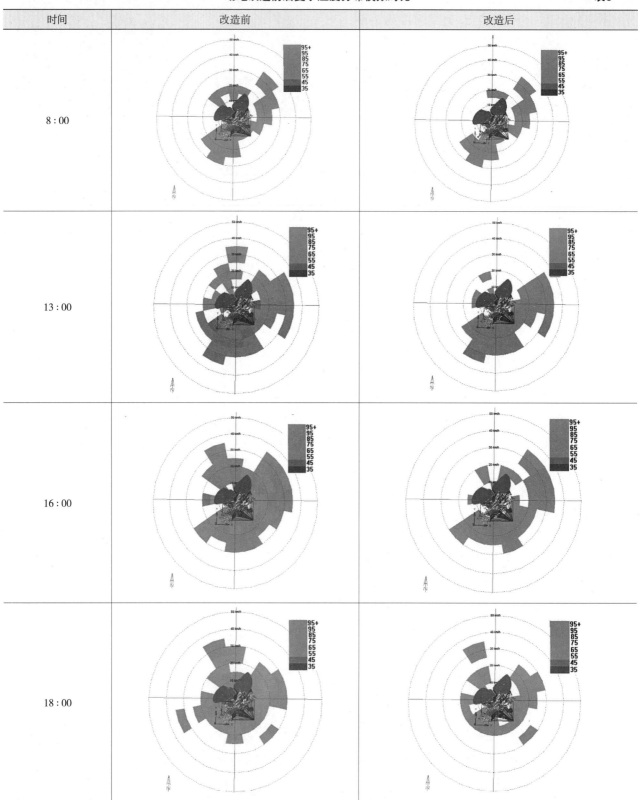

时间	改造前	改造后
8：00		
13：00		
16：00		
18：00		

6.3 风力模拟对比

同时，通过 Ecotect Analysis 中的 CFD 模拟分析插件 Winair4，对改造前后的风力分布做了模拟（表7）。对比可知，图书馆中庭、桥上树池区域、路口、广场中央区域、山体鞍部间的南北向区域中，本研究提出的改造设计措施增大了南北向主导风，从而有效增加以测点3、测点4为中心的风力

聚集[31]，对园林冷岛（PCI）效应在白昼期间的维持起到作用。CFD 模拟论证了本研究提出的该校园户外景观空间适应性改造方案对改善该地散热、通风具有一定效果。

6.4 PET 模拟对比

同时，本研究通过 Ecotect Analysis 模拟场地改造前后各测点附近的 PET 指数分布，见表8。对比改

场地改造前后夏季各时段风力分布CFD模拟对比　　　　　　　　表7

	改造前	改造后
8：00		
12：00		
16：00		
18：00		

造前后 PET 模拟值,通过遮阴、通风措施可使午间 13∶00 时,测点 2、测点 3 各时段的 PET 值得到普遍较显著的下降,行人的热舒适通过小气候的改善得到提升,如图 15 所示。小气候适应性改造设计后,在受午间强烈太阳辐射影响下,由于植被增种、下垫面材料替换,各测点的 PET 值均有不同程度的下降。8∶00~18∶00 期间,测点 1 与测点 4 的 PET 值基本保持恒定,测点 2 与测点 3 的 PET 值则有明显下降。

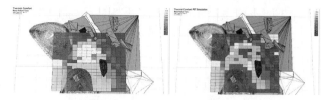

图 15　场地改造前后夏季午间 13∶00 PET 值分布对比

7　总结与展望

基于测试场所的空间形态和测试时间的既定条件,对实测气象数据进行对比和相关性分析,初步验证通过空间形态、植被以及水体、构筑物等的更改,可实现遮阴、降温、通风除湿策略在现实中的应用。

研究得出的结论:首先,夏季人们趋向于在凉爽的气候环境中活动,猛烈的太阳辐射和硬质地表造成空气温度的升高,对户外活动造成较大影响。增植高大乔木,提高空间绿量,保证植被对小气候的自然调节是遮阴措施和降温措施的主要作用。其次,人工峡谷风的创造可在夏季较显著地实现通风降温效果,结合硬质铺装能一定程度地降低空气湿度,缓解夏季闷热的小气候感受。

本次实测与模拟分析是杭州地区户外小气候环境研究中校园户外空间部分的阶段性成果,重在运用模拟手段验证,根据实测结果提出设计改造策略

场地改造前后夏季各时段PET模拟对比　　　　　　　　　　　　　　　表8

测点 / 时间		8:00		13:00		18:00	
		模拟	PET（℃）	模拟	PET（℃）	模拟	PET（℃）
测点 1	改造前		39.42		44.88		39.16
	改造后		38.57		40.89		38.73
测点 2	改造前		42.00		50.03		39.80
	改造后		40.73		47.92		39.65
测点 3	改造前		42.10		48.56		42.08
	改造后		40.88		41.74		40.49
测点 4	改造前		36.01		41.75		35.47
	改造后		35.92		39.68		35.63

并加以验证。其余户外空间及小气候适宜性监测与模拟研究，有待进一步的深入展开。

参考文献

［1］佚名. "火炉"的"帽子"被摘除 [N]. 扬子晚报，2013-07-12.

［2］刘滨谊，彭旭路. 从中国国家自然科学基金项目看城市与风景园林小气候研究热点内容 [C] // 风景园林与小气候——中国第一届风景园林与小气候国际研讨会论文集. 北京：中国建筑工业出版社，2018.

［3］BONAN G B. The microclimates of a suburban Colorado（USA）landscape and implications for planning and design[J].Landscape and Urban Planning，2000，49（3-4）：97-114.

［4］SPRONKEN-SMITH R A，OKE T R. The thermal regime of urban parks in two cities with different summer climates[J]. International Journal of Remote Sensing，2014，19（11）：2085-2104.

［5］ARMSON D，STRINGER P，ENNOS A R. The effect of tree shade and grass on surface and globe temperatures in an urban area [J]. Urban Forestry & Urban Greening，2012，11（3）：245-255.

［6］STARKE B，SIMONDS Jo. Landscape Architecture-A manual of Land Planning and Design[M].McGraw-Hill Professional，2006：43-46.

［7］张顺尧，陈易. 基于城市微气候测析的建筑外部空间围合度研究——以上海市大连路总部研发集聚区国歌广场为例 [J]. 华东师范大学学报（自然科学版），2016（6）：1-26.

［8］SHASHUA-BAR L，PEARLMUTTER D，ERELL E. The influence of trees and grass on outdoor thermal comfort in a hot-arid environment[J].International Journal of Climatology，2011，31（10）：1498-1506.

［9］HAN S，MUN S，HUH J. Changes of the Micro-climate and Building Cooling Load Due to the Green Effect of A Restored Stream in Seoul，Korea[R]. University of Seoul，2007.

［10］TSITOURA M，MICHAILIDOU M，TSOUTSOS T，et al. A bioclimatic outdoor design tool in urban open space design[J]. Energy and Buildings，2017，153：368-381.

［11］刘滨谊，梅欹，匡纬. 上海城市居住区风景园林空间小气候要素与人群行为关系测析 [J]. 中国园林，2016，32（1）：5-9.

［12］赵艺昕，刘滨谊. 高密度商业街区风景园林小气候适应性设计初探 [C] // 中国风景园林学会. 中国风景园林学会2016年会论文集. 北京：中国建筑工业出版社，2016：234-241.

［13］刘滨谊，魏冬雪. 场地绿色基础设施对户外热舒适的影响 [J]. 中国城市林业，2016（5）：1-5.

［14］陈昱姗. 城市街道小气候人体舒适性机制与评价研究 [D]. 上海：同济大学，2017.

［15］杨戈. 上海居住区风景园林空间布局与人体热舒适度关系测析 [D]. 上海：同济大学，2017.

［16］洪波，林波荣. 基于实测和模拟的居住小区冬季植被优化设计研究 [J]. 中国园林，2014，30（9）：104-108.

［17］孟庆林，李琼. 城市微气候国际（地区）合作研究的进展与展望 [J]. 南方建筑，2010（1）：4-7.

［18］邱静，李保峰. 被动式蒸发冷却下向通风降温技术的研究与应用 [J]. 建筑学报，2011（9）：29-33.

［19］彭海峰，杨小乐，金荷仙，等. 校园人群活动空间夏季小气候及热舒适研究 [J]. 中国园林，2017（12）：47-52.

［20］SHIH W-M LIN T-P，TAN N-X. Long-term perceptions of outdoor thermal environments in an elementary school in a hot-humid climate[J]. International Journal of Biometeorology，2017，61（1）.

［21］CHANG C R，LI M H. Effects of urban parks on the local urban thermal environment [J]. Urban Forestry & Urban Greening，2014，13（4）：672-681.

［22］EMMANUE R，ROSENLUND H，JOHANSSON E. Urban shading-a design option for the tropics a study in Colombo，Sri Lanka[J]. International Journal of Climatology，2007，27（14）：1995-2004.

［23］Yun H H，Qin J G L，Chan Y K D. Micro-scale thermal performance of tropical urban parks in Singapore [J]. Building & Environment，2015，94：467-476.

［24］冯悦怡，李恩敬，张力小. 校园绿地夏季小气候效应分析 [J]. 北京大学学报（自然科学版），2014（5）：812-818.

［25］WANG Y F，FRANK R B. Thermal comfort in urban green spaces：a survey on a Dutch university campus[M]. Wageningen University，2015.

［26］王晶懋，刘晖，梁闯，等 . 校园绿地植被结构与温室效应的关系 [J]. 西安建筑科技大学学报（自然科学版），2017（5）：708-713.

［27］BLOCKEN B. LES over RANS in building simulation for outdoor and indoor applications：A foregone conclusion[J]. Building Simulation, 2018, 11（5）：821-870.

［28］CARLSON T N, ARTHUR S T. The impact of land use land cover changes due to urbanization on surface microclimate and hydrology：a satellite perspective [J].Global & Planetary Change, 2000, 25（1）：49-65.

［29］刘晖，宋菲菲，郭锋，等 . 基于场地生境营造的城市风景园林小气候研究 [J]. 中国园林，2018（2）：18-23.

［30］CHATZIDIMITRIOU A, YANNAS S. Microclimate design for open spaces：Ranking urban design effects on pedestrian thermal comfort in summer[R]. Aristotle University of Thessaloniki, Greece, 2016.

［31］SHENG T, ZHIYONG L, GENBAO Z, et al. Preliminary Plan of Numerical Simulations of Three Dimensional Flow-Field in Street Canyons[C] // International Conference On Intelligent Computation Technology and Automation, 2009：152-155.

Research on Innovation Design of Microclimate Environment in Campus Outdoor Space [*]

Mei Yi, Li Tianjie, Jin Bingxin, Chen Wei

Zhejiang University of Technology

Abstract: To solve the microclimate condition with characteristics of high-temperature and high-humidity in open campus spaces in Hangzhou City, this research measures ecological data and calculates PET parameters of outdoor spaces to analyse effects that microclimate brings towards users in the site. Three aspects of innovation strategies, including enlarging areas in shades, decreasing temperature, decreasing humidity and improving ventilation, which aim at improving local microclimate conditions are being put forward. Based on innovation plan and the practical environments of the site, simulation software Ecotect, ENVI-Met, etc. are being utilized to evaluate before-and-after microclimate environment conditions and thermal senses, which has indicates that innovation design strategies would be effective on practical landscape architecture design. This research provides adaptive quantified data and parameters for microclimate adaptive design in Hangzhou, which can be regarded as an example of innovation design on improving microclimate environments and thermal comfort levels.

Keywords: campus outdoor space; microclimate environment; design strategy; metrological data simulation and visualization

With rapid worsening of climate conditions in human-made environments on a global basis, local climate in urban areas are facing dire circumstances. As one of basic types of basic sites in urban, campus space is one of main sites for people in urban area to participate in their daily activities, especially for pupils and professors in colleges and universities. Thus, open spaces in campus do play significant roles in their academic activities and daily livings. For climate conditions of high-humidity and high-temperature in Hangzhou City during summer has been seriously affect thermal comforts and practical use efficiencies of campus outdoor spaces [1], hence, researches of microclimate-adapted landscape space design are urgently necessary at present.

1 Aims of Research

The site in this research is located at one of high academic areas in Hangzhou, which has a wide range of users, including professors and pupils in campus, residence in surrounding communities, staffs working in companies and commercial groups nearby, etc. Based om specific characteristics of the site, this research puts forward innovation approaches and design strategies to bring improvements to microclimate in campus open spaces, which can be regarded as a practical instance of innovation design in spaces with similar conditions with its unique value of appliances.

* This research is supported by type Y Discovering project Theorical and Reactional Evaluating Research of Microclimate in landscape architectural Belts in West Lake Direct (No. LY20E080025) and common scientific research project Research of Adaptivity in Campus Outdoor Spaces (No. Y201941786) of Zhejiang Provincial Natural Science Foundation and practical innovating project Teaching Innovation of Virtual reality Experiment in Environmental Design of Zhejiang University Of Technology

2 Contents of Research

This research holds discussions on influences that different materials of underlying surfaces bring to small-scale local microclimate and puts forward plans of related innovation design based on design techniques of landscape design subject. Also, microclimate conditions after processing innovations has been simulated by professional software to evaluate the practical effects of innovation strategies, components of main contents in this research are being separated from elements of microclimate as well as elements of landscape.

2.1 Element of Microclimate

Most of researches on microclimate characteristics of physical elements in urban areas have been set on qualitative or quantitative evaluation systems on basis of objective data. In addition to common elements, such as air temperature, humidity, solar radiation, atmospheric pressure, wind direction and wind speed, ecology, varieties of subjects including ecology, environmental studies, geography, etc. have also processed their researches on factors such as rain precipitation, air pollutant, volatile organic compound and soil temperature. Based on disciplines of landscape architecture subject and studies of previous scholars [2], types of landscape climate microclimate should be classified by standards of wind, temperature, heat, and humidity.

2.2 Elements of Landscape and Microllimate

For landscape elements in the experimental site of this research include topological condition, vegetation and water body, thus, this research mainly discusses influences that they bring to microclimate. Contents of existing researches of landscape architecture designs and microclimate studies are mainly related to following subjects. Bonan [3] indicates that the amount of radiation absorbed and released by earth surfaces depends on thermal properties of underlying surfaces themselves. Spronken-Smith, et al. [4] discover that urban parks have effects on decreasing

air temperature in surroundings for 1–2℃. Shashua [5]'s research indicates that planting trees in urban area is an effective method to decrease thermal stress. During daytime in summer, pools in landscape area has remarkable effects on decreasing temperatures, while their effect would be more obvious when covered in shades. Several elements, including sunlight, temperature, wind speed and humidity can be influenced by topological conditions of landscape areas. The research by Armson [5] expresses that lawns can decrease temperatures of underlying surfaces for 8℃, while shades can decrease temperatures of underlying surfaces for 10℃. As for the element of airflow, Starke, et al. [6] suggest utilizing convex terrains, ridges or mounds for creating barrier to keep sites free from chilly winds during winter. In contract, topology can also be utilized to collect and lead airflows during summer [9].

2.3 Techniques of Ecological Simulations

Many aerodynamics-based CFD software and plug-ins, including *ENVI-MET*, *ECOTECT ANALYSIS*, etc., combined with commonly used planning/design modelling software and VR software, are also widely used in landscape architecture design, urban planning, civil architectural design and other related fields[10].

On the basis of the studies on rules of microclimate elements, a large number of studies have simulated and derived environments according to ecological data. For areas with high temperature in summer and low temperature in winter, Liu Binyi et al. [11–12] propose professional design strategies based on climate adaptability. Through several practical projects, the effectiveness of relevant adaptive design techniques in the actual construction process had been tested, quantified results of urban squares [13], streets [14] and residential areas [15] has also been analysed. Furthermore, spatial relationships among various microclimate elements and human thermal comfort has been studied, which shows that spatial space-shape designs planning with considerations on microclimate can improve outdoor thermal comfort directly.

SPOTE model invented by Hong Bo, Lin Borong[16] is being applied to calculate influences of radiation, airflow, heat transportation towards air conditions. For parameterised technical model CTTC applying in researches on effects of building groups, Meng Qinglin, et al. [17] have invented thermal simulation analysis software DUTE for outdoor environment. Qiu Jing[18] provides PDEC technology, one of passive evaporative techniques for cooling down ventilation, which focuses on the construction of low-carbon architectures for high-temperature areas.

3 Plans of Research

3.1 Routine of Research

According to elements of microclimate in campus outdoor space during summer, this research has processed measurements of ecological data, containing parameters as topological condition, air temperature, relative humidity, solar radiation and surface temperature. Furthermore, four aspects of design strategies, including decreasing temperature, decreasing humidity, increasing areas in shades and improving ventilation circumstances have been put forward. Simultaneously, with scientific techniques of parameterizing simulations, before-after comparisons had been accomplished to evaluate practical improving effects that adaptive strategies putting forward by this research bring towards microclimate conditions in campus landscape outdoor open space (Fig.1).

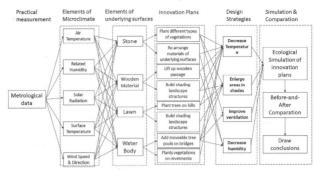

Fig.1 Routine of this research

3.2 Site of Research

Test spots in this study is located at one of universities in the direct of Mountain Xiaohe, Hangzhou (30°13′15.2″N, 120°01′34.9″E). There was a square in the central part, of which a library building is located in its direction of east, hills in both its north and south, a lawn in its west, as well as main academical buildings and basketball court in its north. Four test spots have been chosen among areas covered with different materials of underlying surfaces, all of which was near the square (Tab.1). These 4 typical test spots were commonly been put in use in the campus, while there was no covering being found in surrounding areas.

3.3 Method of Research

3.3.1 Method of experiments

As it is indicated in data report of Hangzhou Weather Bureau, a public weather service provider, the period with most serious condition of high-humidity and high-temperature are among July and September

Introduction of test spots   Tab.1

Locations of test spots	Test Spot No.	Test Spot 1	Test Spot 2	Test Spot 3	Test Spot 4
	Materials of underlying surfaces	Lawn	Wooden material	Stone	Water body
	Related introductions of test spots	8000m²on slope of the lawn	607.7m²near the lawn	1506.5m²surrounded by tiny gardens	1600.0m²on one of bridges
	Photographs of test spots				

annually. Setting references as weather report and practical data recordings, experiments had been processed during 7：00 to 18：00 every single day from 16th to 23rd July 2019. During the testing period, weather conditions are sunny, cloudless and cloudy. Metrological data had been recorded for every 15 minutes.

Instruments including YGY-QXY portable metrological tester, Ws2021 surface thermometer and GM8910 solar radiation tester are being adapted in the experiment. The measuring limits of these instruments have been introduced in detail in Tab.2. Instruments had been checked to ensure they work correctly before experiments started. All testers except surface temperature tester, which had been put on the surface directly, all instruments had been put at positions 1.5 meters above earth surfaces.

For the site of this study is located at the place where pupils participating in their daily activities, it is necessary to avoid participators causing unexcepted interferes to accuracy of instruments, thus, note boards with "Please do not touch the instrument" had been placed nearby. Also, researchers had done protective precautions to avoid unnecessary disturbs which could lead to mistakes.

3.3.2 Methods of architectural modelling

In addition, geological data and landscape-architectural scales of elements in the site had been recorded during experiments, including weighs and depths of water bodies, types and directions of slops, types and altitudes of underlying surfaces, vegetation structures of plant belts. A detailed AutoCAD landscape architecture graph had been drawn with assistance of Google Earth, while a typical 3-dimension architectural model had been made by BIM software SketchUp and Rhino 6 according to those recordings above.

3.3.3 Methods of mathematical statistics analysis

During data statistics and parameterized simulations, parameterization tools Grasshopper and RayMan 1.2 has been utilized along with a database consists of metrological data, human activity recordings and thermal comfort data is built by Microsoft Excel. Data analysis charts are been calculated and drawn by Matplotlib, Pandas, Seaborn running on Python 3.6, and metrological simulations were processed by software ENVI-met, Ecotect Analysis, etc., by which the analysis of differentiation among distinct underlying surfaces can be processed.

Parameter PET（physiological equivalent temperature）, a thermal comfort indicator, is adapted in this study to measures participators' outdoor thermal comfort（HTC）experience in this study. Data of basic metrological parameters, including air temperature, humidity, amount of cloud, wind speed, etc. are being imported into software RayMan 1.2 to run PET simulation. The parameter of the ideal user is set as a 175cm-tall, 70kg-weigh 30-year-old male, while the thermal resistance in summer season is set as 0.5 Clo., the metabolic parameter during participations is been set as $80W/m^2$ during periods when users going for a stroll.

Main parameters of instruments used in experiments   Tab.2

Instrument	Data storage	Breaks	Related Parameter	Margin of error	Limit of measurement	Unit	Data output	Position during experiments
YGY-QXY portable metrological tester	Automatic	15min	Air temperature	±0.3	-30–80	℃	Use a connectivity program to transmit data to computer	1.5m above the ground
			Relative humidity	±3	0–100	%		
			Wind speed	±0.3	0–30	km/h		
			Wind direction	±1	16 directions			
Ws2021 surface thermometer	Manual	15min	Surface temperature	±1–2	-20–50	℃	Record data manually and type data into Microsoft Excel	On the ground
GM8910 solar radiation tester	Manual	15min	Solar radiation	±3	0–55000	W/m^2	Record data manually and type data into Microsoft Excel	1.5m above the ground

4 Results and Analysis of Data

4.1 Comparations of Microclimate Elements in Experiments

4.1.1 Comparison of Average Air Temperature of 4 Test Spots vs. Hangzhou City

The comparison of air temperature among all test spots vs. average values of Hangzhou is shown in Fig.2. During the period, air temperature increases gradually as time passing by. Air temperature values of these test spots are higher than average air temperatures in Hangzhou City, among which the air temperature of Test Spot 2 had reached the max point on 20th July, also led it to be 12.8 ℃ higher than max point in Hangzhou City.

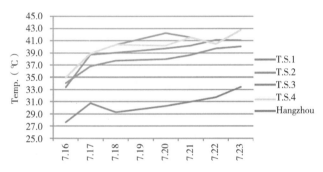

Fig.2 Average air temperatures of 4 test spots vs. average air temperatures of Hangzhou City

4.1.2 Comparation of Air Temperature

The comparison among values of air temperature is shown in Fig.3. By comparing these data, it can be discovered that air temperature of 4 test spots were commonly of high levels in noon and of low levels in morning and evening. During 7:00 to 11:00, the temperature of all test spots increased quickly and differences between them could be obviously seen. Test Spot 2 arisen its temperature faster than other spots, which had reached its max point at 43.8 ℃. The max point of Test Spot 4 had reached 42.4 ℃ at 9:00, and its temperature had become lower than other test spots after 13:00. General air temperature values of Test Spot 1 were lower than other teat spots, especially in morning, during which its temperature value was 3.6 ℃ lower than the former.

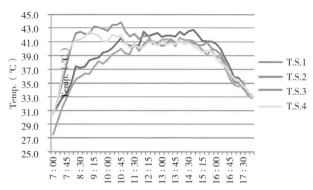

Fig.3 Comparison of air temperature of 4 test spots

4.1.3 Comparison of Relative Humidity

Comparison of humidity is shown in Fig. 4. With changes of air temperature values during the day, general humidity values in 4 test spots had shown common phenomenon of declining first and staring increased afterwards. By noontime, humidity values reached their lowest point. By evening-time, humidity values had increased. The declining speed of Test Spot 2 and 4 was obviously faster. The lowest humidity value of Test Spot 2 was 36.7%, which was lower than the max value of Test Spot 1 for 10.6%.

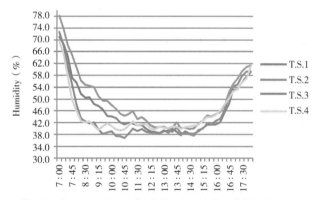

Fig.4 Comparison of relative humidity of 4 test spots

4.1.4 Comparation of Surface Temperature

Comparison of surface temperature is shown in Fig.5 and Fig.6, Surface temperature values of Test Spot 2 was the highest, which had reached its max point at 13:15, approximately 6.8 ℃ higher than Test Spot 4. Surface temperature of Test Spot 4 is generally low, while the surface temperature of Test Spot 3 is slightly higher, which had reached its max point at 46.64 ℃ in 11:15. Differences between Test Spot 1 and 3 had not ever been obviously discovered yet, while their values reached highest points at around 13:00.

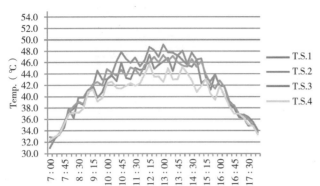

Fig.5   Comparison of surface temperature of 4 test spots

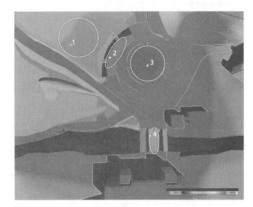

Fig.6   Surface temperatures of 4 test spots during noontime

4.1.5   Comparation of Solar Radiation

There have been no covering appliances on every test spot in this research, thus, the solar radiation has been affecting on instruments directly and the whole site has been remarkably affected by strong solar radiations.

By data processing with software *Ecotect analysis*, graphics of solar motion trajectories and solar elevation angles during test periods has been drawn. As it is indicated in Fig.7, campus spaces have been exposed in strong solar radiation for long time during summer, which also affected both 4 test spots in the site. Obviously, that has intensified effects of Urban Heat Island (UHI) in outdoor landscape spaces. Also, as it is indicated in Fig.8, differentiations among total amounts of solar radiation cannot be obviously distinguished.

4.1.6   Comparation of PET Value

Comparison of PET values is shown in Fig.9. During 7：00–8：30, PET values of 4 test spots has quickly increased from approximately 38℃ to 52℃. During 8：30–14：30, PET values of 4 test spots were totally

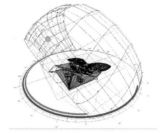

Fig.7   Solar motion trajectories during experiments

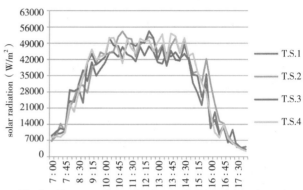

Fig.8   Comparation of solar radiation of 4 test spots

higher than 55℃. During 14：30–18：00, PET values of 4 test spots has decreased to approximately 32℃, among which, PET values of Test Spot 4 has been higher than other test spots during 7：00–11：00. During morning, PET value of Test Spot 4 was the highest among test spots, while test spot 4 is second only to than the former.

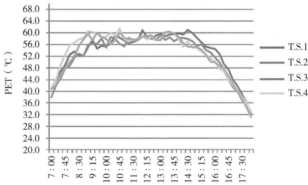

Fig.9   Comparation of PET values of 4 test spots

4.2   Cross–analysis of Data

Based on metrological data from experiments, the research has processed Pearson correlation analysis to figure out degrees of correlations among parameters of air temperature, relative humidity, wind speed, solar radiation, PET, etc. of different underlying surface.

surface Pearson correlation parameter can be calculated by formula（1）By programming on Python 3.6 under integrated environment Anaconda 3 with imported package Pandas, which has the function "corr（ ）" to calculate Pearson correlation parameter. Values of R, the parameter of correlations, has been calculated, results of which are shown in Tab.3.

$$R=\frac{\sum_{i=1}^{n}(x-\overline{x})(y-\overline{y})}{\sqrt{\sum_{i=1}^{n}(x-\overline{x})^{2}(y-\overline{y})^{2}}} \qquad (1)$$

In the formula R——Pearson parameter；

N——the total amount of samples；

x——he value of each sample；

$\overline{x}$——the average value of each sample.

Correlation analysis above shows that the temperature and humidity of each test points are of high−degree linear correlation. Surface temperatures of each test spots are significantly affected by solar radiation and humidity. Among these influencing factors, the correlation between

Pearson Correlation Parameters R of ecological elements among 4 test spots　　　　Tab.3

Test Spot 1

R	Air Temperature	Relative Humidity	Wind Speed	Solar Radiation	Surface Temperature	PET
Air Temperature	1	/	/	/	/	/
Relative Humidity	−9.054**	1	/	/	/	/
Wind Speed	0.2406	−0.2601	1	/	/	/
Solar Radiation	0.6434*	−0.5949*	0.0933	1	/	/
Surface Temperature	0.8505**	−0.7756*	0.1528	0.7169*	1	/
PET	0.7930*	0.7659*	0.1683	0.7438*	0.8110**	1

Test Spot 2

R	Air Temperature	Relative Humidity	Wind Speed	Solar Radiation	Surface Temperature	PET
Air Temperature	1	/	/	/	/	/
Relative Humidity	−0.8584**	1	/	/	/	/
Wind Speed	0.1451	−0.3018	1	/	/	/
Solar Radiation	0.6107*	−0.6518*	0.2578	1	/	/
Surface Temperature	0.5779**	−0.6859*	0.2406	0.6669*	1	/
PET	0.8790*	0.7468*	0.1030	0.7283*	0.8442**	1

Test Spot 3

R	Air Temperature	Relative Humidity	Wind Speed	Solar Radiation	Surface Temperature	PET
Air Temperature	1	/	/	/	/	/
Relative Humidity	−0.8681**	1	/	/	/	/
Wind Speed	0.2059	−0.2238	1	/	/	/
Solar Radiation	0.5375*	−0.6242*	0.1877	1	/	/
Surface Temperature	0.7240*	−0.8049**	0.2436	0.7335*	1	/
PET	0.8125**	0.6933*	0.1324	0.7544*	0.7488*	1

Test Spot 4

R	Air Temperature	Relative Humidity	Wind Speed	Solar Radiation	Surface Temperature	PET
Air Temperature	1	/	/	/	/	/
Relative Humidity	−0.8755**	1	/	/	/	/
Wind Speed	0.009361	−0.7231*	1	/	/	/
Solar Radiation	0.5279*	−0.5522*	0.0257	1	/	/
Surface Temperature	0.1180	−0.1189	0.0533	0.7134*	1	/
PET	0.6977*	0.6549*	0.0343	0.7010*	0.7130*	1

**High level of linear correlation；* Middle level of linear correlation.

wind speed and other factors is the weakest. Among them, the surface temperature of Test Spot 2 is mostly affected by various factors, the variation rule of Test Spot 4 is most unique.

Based on a program by Python 3.6, with Package Matplotlib, Windrose, etc., an algorithm program has been made to process weight calculation of wind frequency and wind direction of each test spots in summer. Then, by utilizing package Seaborn, a wind rose chart of each test spots has been drawn, as shown in the Fig.10. It can be seen from the figure that the wind direction of each test spots was not significantly different from each other during experiments. Also, due to the existing terrain of hillside, the wind on the west side and northwest side of each test spot is weaker than other test spots.

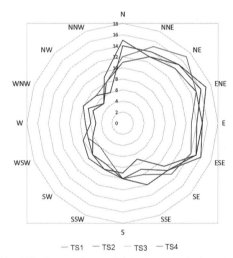

Fig.10　Wind rose chart of 4 test spots during summer

4.3　First–step Analysis on Effects of PET Values Towards Elements of Landscape

Changes of any elements of microclimate can affect the value of PET. Therefore, it is necessarily acquired to make further discussions on different influences caused by the elements of underlying surfaces in landscape towards the microclimate environment for analysing the influences of landscape elements towards levels of thermal comfort.

According to the relationship between descriptions of thermal senses and PET values putting forward by Team of Jin Hexian[19] in Tab.4, thermal sense levels of

The relationship between descriptions of thermal senses and PET values　Tab.4

Thermal Senses	Extremely Cold	Cold	Cool	Comfortable	Warm	Hot	Extremely hot
PET(℃)	< 4	4–8	8–18	18–23	23–35	35–41	> 41

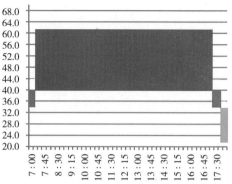

Fig.11　Separation of thermal sense levels

4 test spots in the site is "Extremely hot" during 7:30–17:00, thermal sense levels of 4 test spots in the site is "hot" during 7:00–7:30 and 17:00–17:30, while thermal sense levels of 4 test spots in the site is "warm" during 17:30–18:00, as shown in Fig.11.

For Test Spot 1, it can be approximately 7–8℃ higher than the area covered with wooden material at 7:00. However, compared with other inspection points around noon, there were not difference on humidity values among 4 test spots. The general air temperature of the lawn was lower than other test spots, and the values of humidity was generally in higher degrees compared with other 3 test spots. The reason may be explained as the follow: lawn of the test spot itself can be transpiration and it had effects on decreasing air temperature. In addition, there were a great many tall trees and other types of vegetations being planted nearby, also, the cooling effect of the trees is more obvious than that of the lawn[3]. However, the surface temperature of the lawn was higher than that of the area near water body. Overall, the area of lawn has shown its significant cooling effect. Otherwise, for vegetations and landscape structures are of lack on some parts of the lawn, thus the lawn has been directly exposed in solar radiation. Therefore, the strategies of decreasing temperature and enlarging areas in shades has been put forward to improve thermal senses here.

As for Test Spot 2, for heat-releasing ability of wooden material was weak, especially for the time around 13:00, at which its PET value was even 7-8℃ higher than which of the area near water body. Also, for ventilation condition was poor, PET value of Test Spot 2 is higher than elsewhere. Thus, the ventilation of Test Spot 2 should be improved, while strategies of decreasing temperature and humidity has been put forward to improve thermal senses here.

The most obvious changes of parameters had been discovered on Test Spot 3. For heat-releasing capacity of the stone material that covered the ground of Test Spot 3 is weak, thus the speed of temperature-raising was low and the speed of temperature-declining was also low, thus, the air temperature of Test Spot 3 had been higher than elsewhere, which was approximately 2.9 ℃ higher than other spots. For the area surrounds the square is obviously large, while there was a southern-faced lawn on western side of its topological position, thus the weak airflow from the west-north direction could also influence the square. Therefore, strategies combined with decreasing temperature, enlarging areas in shades, improving ventilation and decreasing humidity have been put forward.

The influence that water body near Test Spot 4 brought to microclimate parameters had been remarkably indicated on value changes of metrological elements. It can be easily discovered from comparisons above that the water body has its special effect on temperature-declining, which can be observed from the fact that the PET of Test Spot 4 was lower than elsewhere, which was even 5℃ lower than Test Spot 2 during extreme periods. After 13:00, PET value of Test Spot 4 was lower than elsewhere, which was 3.2℃ lower than which of Test Spot 3. Comparing with other test spots, the value of PET here was only 2-3℃ higher than elsewhere, for the test spot was set at the windward side, where the river flowed fleetly, as well as did the wind speed, which led to the declining of humidity [20]. Thus, strategies combined with decreasing temperature, improving ventilation and decreasing humidity have been put forward to improve thermal senses here.

5 Adaptive Design According to Microclimate

5.1 Design Strategies

Aims at improving microclimate in landscape spaces with characteristics of high-temperature and high-humidity during summer, this research puts forward innovation strategies to improve microclimate in landscape spaces with high temperature and high humidity in summer. By combining landscape elements, such as vegetation, water body, etc. according to scientific means, four types of innovation aim including decreasing temperature, increasing area in shades, improving ventilation and decreasing humidity would be achieved during practical appliances.

5.1.1 Decreasing temperature

In outdoor environment, by setting shades to block out sunlight with vegetations and water bodies[8], evaporation effect by heat-absorbed water own its function on decreasing temperature[21].

In addition, cultivating plant communities in a method of near-naturally-covered planting [22] which is similar to natural plant communities will make distribution structures of vegetation more reasonable, and it will also be of beneficial on creating microclimate environments of high-liability in landscape spaces.

By adding appliances which can produce shades, the amount of short-ware radiation can be blocked out, thus values of surface temperature can turn to lower levels. At the condition of lacking shades, the specific heat capacity of Test Spot 2 was at extreme high levels, thus the surrounding surface temperature was also at high levels. As for test spot 3, for the specific heat capacity of its underlying surface made by stone was large, thus the surface temperature had also changing in larger scales. By planting more amounts of tall and arbors with large crowns to block out strong sunshine, the air temperature would be decreasing simultaneously[23].

5.1.2 Increasing area in shades

During unbearable weather conditions in summer season, participators would prefer to take their necessary activities in cooler environment[24], therefore, the places in shades could be one of their adaptive and ideal choices. Chang et al. [21] suggested that the underlying surfaces in open spaces, such as parks, should be less than 50%, and the total areas of trees, shrubs and other shelters should be greater than 30%. Effects of Park Cool Island (PCI) in parks during daytime is mainly performed by combined actions of soil moisture and shading. For the shade blocks direct sunlight from the ground, at the same time, the surface temperature of a reasonable turf area would usually be lower than which of mostly all rigid underlying surfaces around it [25]. Also, structure of plant communities could also be enriched when planting arbors, foe the single artificial shades could lead to degeneration of vegetations [26]. Some small-size shrubs could be planted at some parts with sufficient amount of sunshine underneath arbors to construct steady and complete structures of plant communities, which could also satisfy aesthetics requirements of users.

5.1.3　Improving ventilation and decreasing humidity

It had been discovered that wind is one of the significant microclimate elements that affect activities of participators. At the condition that without any shade, the square was mainly influenced by the slow-speed breezes from its resource as the lawn. When orientation of the square being the same as the dominant wind direction in summer season, the speed of airflows could get increased and values of humidity could be decreased [27]. In the region south of Yangtze River, the design of ecological squares in campus should be in accordance to the dominant wind directions of summer season, which could be of help of keeping suitable degrees of humidity. Less arbors should be planted near windward area [27], for which may influence vicinal wind speeds. Once the ventilation conditions being improved, the air humidity would effectively be reduced.

5.2　Innovation Plan

Based on innovation strategies being put forward above and data collected from practical experiments of microclimate conditions in campus during summer, this research analyses regional characteristics of airflows in

Fig.12　Comparation of before-and-after plane graphics of the site

situations of directing by winds and without wind and puts forward an innovation plan for landscape architectural innovation of the site. Before-and-after plane graphics of the site is shown in Fig.12.

5.2.1　Rearrangements of Vegetations

Test Spot 3 was mainly affected by the north-southern and east-western airflows in the site. Though the structure of the courtyard attached to library building in southern direction has formed a natural ventilation corridor, the airflow has been disturbed by the western airflow when it passes the bridge, and thus the wind speed has been weakened. In order to enhance the north-south dominant wind in the main site, it is necessary to add tree pools on bridges and plant a proper amount of trees with appropriate crowns in rows to create a "vale canyon" [28], which will guide the north-south airflow. At the same time, they will also be effective on blocking the east-western airflows and strengthening the gathering of wind in the square area.

Studies by Emmanue et al. [29] indicates that the covering and enclosing of architectures and vegetations on the site can affect solar radiation, so increasing enclosing degrees of them can play an important role in decreasing air temperature during the day and improve human thermal comfort. Denser canopies can also weaken solar radiation and reduce heat flows during night-time.

In addition, the innovation of sunny slopes is one of significant measures to increase wind speeds. Reconstruction plans of planting more amount of large evergreen trees on sunny slope combined with multilayer ground cover plants has some spontaneous effects on improving microclimate.

5.2.2　Improving Material of Underlying Surfaces and Amount of Vegetations

Reduce the use of concrete, stone and other

materials on roads and hard-surficial grounds will reduce the amount of solar radiation heat and reflection. Moreover, by laying light-coloured floor tiles and enlarging area of lawn, temperature in surroundings will be decreased [30-31].

6　Before-and After simulations

Based on design strategies, for preforming the adaptive innovation plan in this research, an accurate model of the site has been made by professional architecture modelling software SketchUp and Rhino 6

(in Fig.13).

6.1　Before-and-After Simulation of Ground Temperature Environment

Researches imported the after-innovation model into ecological simulation software ENVI-met through platform Grasshopper, the conditions of surface temperature and values of PET have been simulated by parameterised methods. The analysis figures are used to evaluate improving effects putting forward by this research towards small-scale local microclimate. Results of simulation by ENVI-met are shown in Fig.14 and Tab.5.

Before-and-After simulation results on average surface temperature of 4 test sport during difference time in summer　Tab.5

Test Spots/ Before & Afeer		8:00		13:00		16:00		18:00	
		Simulation	S.T.(℃)	Simulation	S.T.(℃)	Simulation	S.T.(℃)	Simulation	S.T.(℃)
Test Spot 1	Before		32.18		39.12		38.48		33.21
	After		31.91		38.03		36.85		33.13
Test Spot 2	Before		36.23		43.33		39.05		34.76
	After		35.77		41.77		38.48		33.81
Test Spot 3	Before		33.62		42.96		38.57		36.04
	After		32.83		40.18		37.83		34.96
Test Spot 4	Before		35.14		38.86		37.68		33.52
	After		34.75		37.78		36.97		32.98

Fig.13　Renderings of the site model after adapting the innovation plan

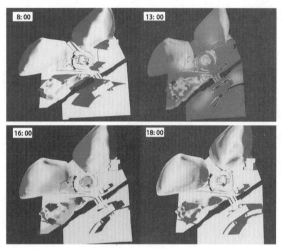

Fig.14　Before-and-after simulation of average surface temperature in the site during different periods in summer

As shown in Fig.14 and Tab.5, results of simulation by ENVI-met indicates that innovation strategies putting forward by this research, including decreasing wind, enlarge areas in shades, improving ventilation

and decreasing humidity, will remarkably improve microclimate environments surrounds 4 test spots in the site of campus outdoor landscape space. Comparing surface temperatures before and after innovations, it can be clearly seen that the differentiation of surface temperature between daytime and night-time as well as during noontime would be largely decreased. Especially for the condition of 13 : 00 at noon, surface temperature of Test Spot 2 has decreased for 1.56℃, while a 2.78℃ decrease would take place at Test spot 3, a 1.09℃ decrease would take place at Test Spot 1 and a 1.08℃ decrease at Test Spot 4. Also, the differentiation of surface temperatures among test spots would be decrease for 10.24%. Thus the microclimate-oriented innovation plan would bring beneficence on decreasing differentiation of surface temperature among test spots in the site.

6.2　Before-and-After Simulation of Humidity Environment

A Before-and-after simulation of separation of relative humidity has been made by software *Ecotect Analysis*, as shown in Tab.6. It can be discovered that the total amount of humidity would be decreased by adapting innovation strategies, especially for northern parts of the area. The humidity of Test Spot 1 and Test Spot 3 decrease sharply, each for degree of 30.2% and 22.1%. Ecological simulation also indicates that site innovation strategies in this research would be effective on decreasing humidity in campus open spaces.

A Before-and-After simulation of separation of total relative humidity　　　　Tab.6

Time	Before Innovation	After Innovation
8 : 00	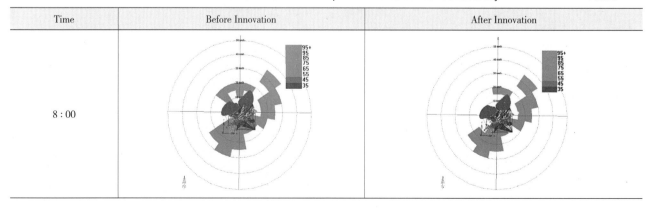	

Continued

Time	Before Innovation	After Innovation
13 : 00	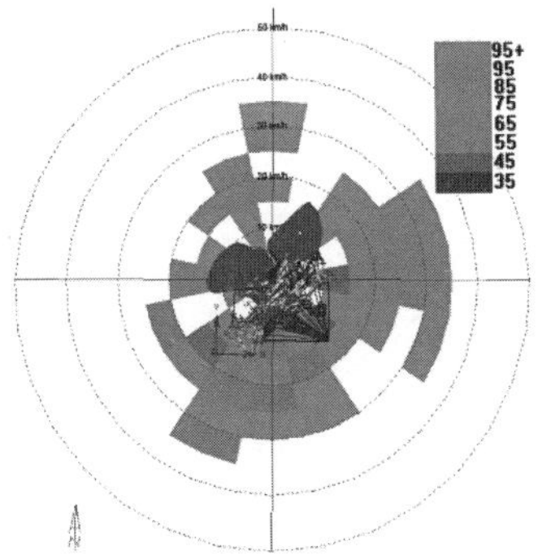	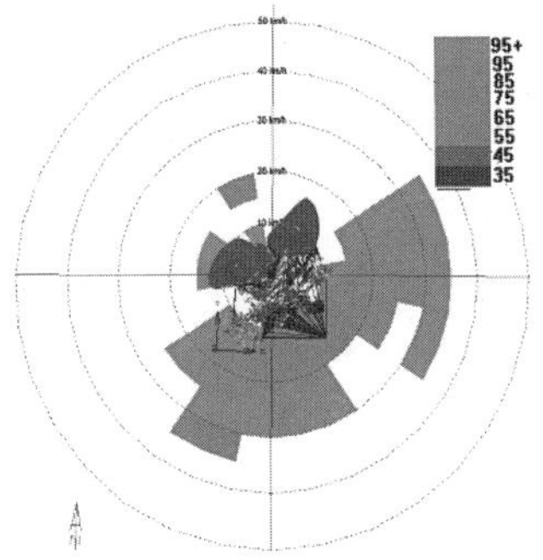
16 : 00	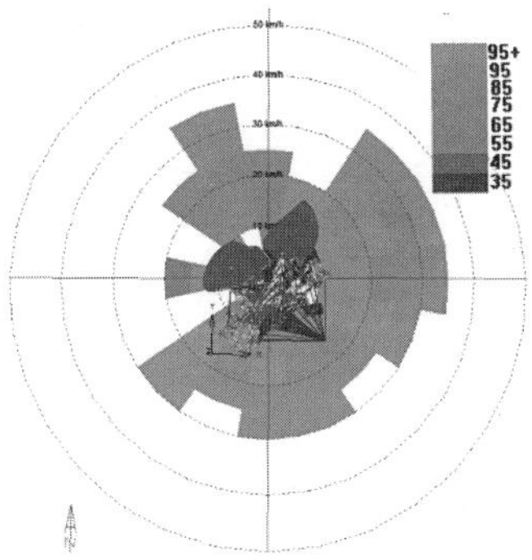	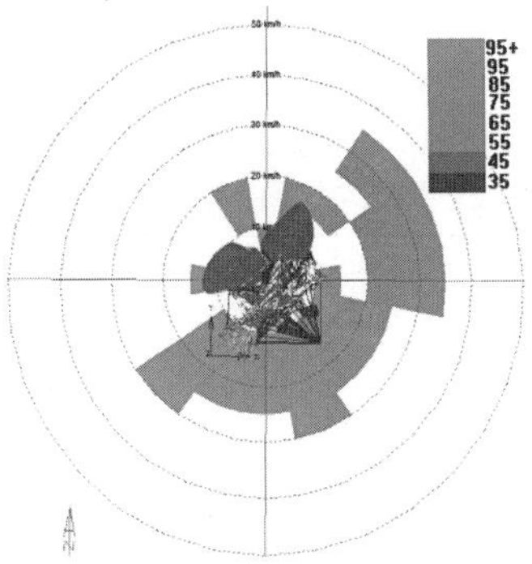
18 : 00	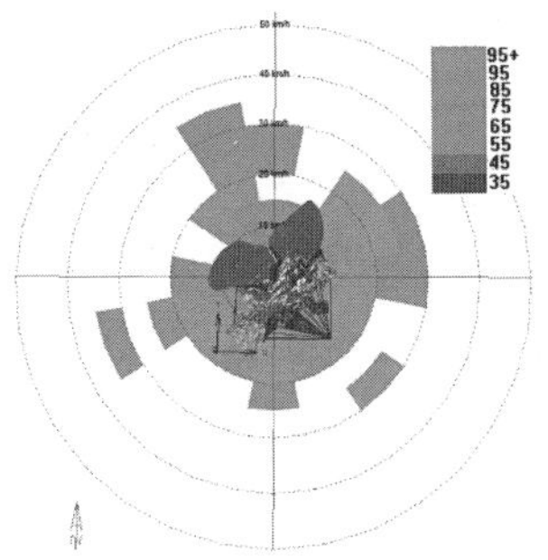	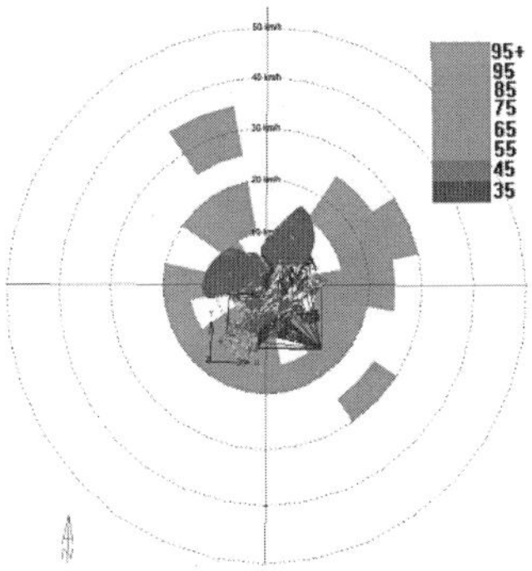

6.3 Before-and-After Simulation of Wind Environment

Simultaneously, by CFD analysing plug-in Winair4 in Ecotect Analysis, the separation of wind has been simulated, as shown in Tab.7. By comprehensions among these simulation results, it can be obviously seen that innovation strategies put forward would increase wind speeds of south-northern direction, which could create airflows passing courtyard of library building, tree pools on bridges, crossroads, central part of the square and saddle of the hill. That will be effective on strengthening and collecting wind-gathering [31] at the centre of square and on bridges, which could also maintain beneficial effects of Park Cool Island (PCI) during daytime. CFD simulation indicates that that adaptive outdoor landscape innovation strategies in campus spaces would improve ventilation and heat-releasing ability at a certain degree.

6.4 Before-and-After Simulation of PET

At the same time, this research uses Ecotect Analysis to simulate the distribution of the PET values near each test spots before and after the site innovation, as shown in Tab. 8. Comparing the simulated values

165

Before–and–After CFD simulation results on wind speeds of 4 test spots during different time in summer   Tab.7

Time	Before Innovation	After Innovation
8 : 00		
12 : 00		
16 : 00		
18 : 00		

of PET before and after the innovation, as shown in Fig.15, through shading and ventilation measures being adapted, PET values at each period of Test Spot 2 and 3 can be significantly reduced at 13 : 00, and the thermal comfort of pedestrians would be improved through the improvement of microclimate, as shown in Fig.15. After the adaptation design of the microclimate, during the period with influence of strong solar radiations at noon time, PET value of each test spots decreased to varying degrees due to adding of vegetation and replacements of improper underlying surface materials. From 8 : 00 to 18 : 00, PET values of Test Spot 1 and 4 remained commonly constant, and PET values of Test Spot 2 and 3 decreased significantly.

Before-and-After simulation results on average PET value of 4 test spots during different time in summer　Tab.8

Test Spots/Before & After		8 : 00		13 : 00		18 : 00	
		Simulation	PET (℃)	Simulation	PET (℃)	Simulation	PET (℃)
Test Spot 1	Before		39.42		44.88		39.16
	After		38.57		40.89		38.73
Test Spot 2	Before		42.00		50.03		39.80
	After		40.73		47.92		39.65
Test Spot 3	Before		42.10		48.56		42.08
	After		40.88		41.74		40.49
Test Spot 4	Before		36.01		41.75		35.47
	After		35.92		39.68		35.63

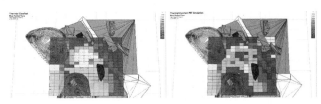

Fig.15　Comparation of PET values separation at 13 : 00 in the site

7　Final Conclusions

Based on practical measurements of microclimate data in outdoor campus open space in Hangzhou, this research compares and analyses the impacts of materials of underlying surfaces towards thermal comfort levels. Also, primary evaluation of strategies in practical design, including enlarging areas in shades, decreasing temperature, decreasing humidity and improving ventilation, which aim at improving local microclimate conditions by varieties of variation among shape of space, vegetation, waterbody and architecture are being done.

Conclusions that the research gets includes following aspects. To begin with, for strong radiations and hard materials of underlying spaces have negative effects on increasing air temperature, people would prefer to participate in their activities in spaces with cooler microclimate. By planting taller arbors and enlarge amount of vegetations, effects of enlarging areas in shades and decreasing temperature can be developed by natural modulations. Secondly, "vale canyon" created by artificial methods can realise effects of improving ventilation and decreasing temperature. When underlying surfaces built with hard materials combines with "vale canyon" can decrease air relative humidity and improve thermal senses by decreasing temperature and humidity.

This research, including its practical experiments and its simulation analysis is the phase achievement of researches on outdoor microclimate environment in Hangzhou. Thus, design innovation strategies are being put forward according to practical measurements. Other types of outdoor spaces, as well as monitors and simulations of their effects in microclimate-adapted design, are left to be further studied.

Strategies of innovation design for outdoor campus open space, including decrease temperature, increase area in shade, improve condition of ventilation, decrease humidity are been put forward. These findings are of assistance on taking further steps on adaptive innovation deign of similar outdoor open spaces on improving microclimate. Meanwhile, this research provides research methodology and design strategies of constructing ecological campus by exploring researches and appliances of ecological campus during summer. Moreover, on basis of practical experiments, ecological simulations of effects after innovations has been processed by programming, which are scientific arguments of practical validity of the innovation plan.

References

［1］ 佚名.“火炉”的“帽子”被摘除 [N]. 扬子晚报, 2013-07-12.

［2］ 刘滨谊, 彭旭路. 从中国国家自然科学基金项目看城市与风景园林小气候研究热点内容 [C] // 风景园林与小气候——中国第一届风景园林与小气候国际研讨会论文集. 北京: 中国建筑工业出版社, 2018.

［3］ BONAN G B. The microclimates of a suburban Colorado（USA）landscape and implications for planning and design[J].Landscape and Urban Planning, 2000, 49（3-4）: 97-114.

［4］ SPRONKEN-SMITH R A, OKE T R. The thermal regime of urban parks in two cities with different summer climates[J]. International Journal of Remote Sensing, 2014, 19（11）: 2085-2104.

［5］ ARMSON D, STRINGER P, ENNOS A R. The effect of tree shade and grass on surface and globe temperatures in an urban area [J]. Urban Forestry & Urban Greening, 2012, 11（3）: 245-255.

［6］ STARKE B, SIMONDS Jo. Landscape Architecture-A manual of Land Planning and Design[M].McGraw-Hill Professional, 2006: 43-46.

［7］ 张顺尧, 陈易. 基于城市微气候测析的建筑外部空间围合度研究——以上海市大连路总部研发集聚区国歌广场为例 [J]. 华东师范大学学报（自然科学版）, 2016（6）: 1-26.

［8］ SHASHUA-BAR L, PEARLMUTTER D, ERELL E. The influence of trees and grass on outdoor thermal comfort in a hot-arid environment[J].International Journal of Climatology, 2011, 31（10）: 1498-1506.

［9］ HAN S, MUN S, HUH J. Changes of the Micro-climate and Building Cooling Load Due to the Green Effect of A Restored Stream in Seoul, Korea[R]. University of Seoul, 2007.

［10］ TSITOURA M, MICHAILIDOU M, TSOUTSOS T, et al. A bioclimatic outdoor design tool in urban open space design[J]. Energy and Buildings, 2017, 153: 368-381.

［11］ 刘滨谊, 梅欹, 匡纬. 上海城市居住区风景园林空间小气候要素与人群行为关系测析 [J]. 中国园林, 2016, 32（1）: 5-9.

［12］ 赵艺昕, 刘滨谊. 高密度商业街区风景园林小气候适应性设计初探 [C] // 中国风景园林学会. 中国风景园林学会 2016 年会论文集. 北京: 中国建筑工业出版社, 2016: 234-241.

［13］ 刘滨谊, 魏冬雪. 场地绿色基础设施对户外热舒适的影响 [J]. 中国城市林业, 2016（5）: 1-5.

［14］ 陈昱姗. 城市街道小气候人体舒适性机制与评价研究 [D]. 上海: 同济大学, 2017.

［15］ 杨戈. 上海居住区风景园林空间布局与人体热舒适度关系测析 [D]. 上海: 同济大学, 2017.

［16］ 洪波, 林波荣. 基于实测和模拟的居住小区冬季植被优化设计研究 [J]. 中国园林, 2014, 30（9）: 104-108.

［17］ 孟庆林, 李琼. 城市微气候国际（地区）合作研究的进展与展望 [J]. 南方建筑, 2010（1）: 4-7.

［18］ 邱静, 李保峰. 被动式蒸发冷却下向通风降温技术的研究与应用 [J]. 建筑学报, 2011（9）: 29-33.

［19］ 彭海峰, 杨小乐, 金荷仙, 等. 校园人群活动空间

夏季小气候及热舒适研究 [J]. 中国园林,2017（12）: 47-52.

［20］SHIH W-M LIN T-P，TAN N-X. Long-term perceptions of outdoor thermal environments in an elementary school in a hot-humid climate[J]. International Journal of Biometeorology, 2017, 61（1）.

［21］CHANG C R，LI M H. Effects of urban parks on the local urban thermal environment [J]. Urban Forestry & Urban Greening, 2014, 13（4）: 672-681.

［22］EMMANUE R，ROSENLUND H，JOHANSSON E. Urban shading-a design option for the tropics a study in Colombo, Sri Lanka[J]. International Journal of Climatology, 2007, 27（14）: 1995-2004.

［23］Yun H H，Qin J G L，Chan Y K D. Micro-scale thermal performance of tropical urban parks in Singapore [J]. Building & Environment, 2015, 94: 467-476.

［24］冯悦怡，李恩敬，张力小. 校园绿地夏季小气候效应分析 [J]. 北京大学学报（自然科学版），2014（5）: 812-818.

［25］WANG Y F，FRANK R B. Thermal comfort in urban green spaces: a survey on a Dutch university campus[M]. Wageningen University, 2015.

［26］王晶懋，刘晖，梁闿，等. 校园绿地植被结构与温

室效应的关系 [J]. 西安建筑科技大学学报（自然科学版），2017（5）: 708-713.

［27］BLOCKEN B. LES over RANS in building simulation for outdoor and indoor applications: A foregone conclusion[J]. Building Simulation, 2018, 11（5）: 821-870.

［28］CARLSON T N，ARTHUR S T. The impact of land use land cover changes due to urbanization on surface microclimate and hydrology: a satellite perspective [J].Global & Planetary Change, 2000, 25（1）: 49-65.

［29］刘晖，宋菲菲，郭锋，等. 基于场地生境营造的城市风景园林小气候研究 [J]. 中国园林，2018（2）: 18-23.

［30］CHATZIDIMITRIOU A，YANNAS S. Microclimate design for open spaces: Ranking urban design effects on pedestrian thermal comfort in summer[R]. Aristotle University of Thessaloniki, Greece, 2016.

［31］SHENG T，ZHIYONG L，GENBAO Z，et al. Preliminary Plan of Numerical Simulations of Three Dimensional Flow-Field in Street Canyons[C] // International Conference On Intelligent Computation Technology and Automation, 2009: 152-155.

不同植被结构绿地夏季微气候特征及其对人体舒适度的影响

张 涺，邱 玲，张 祥，朱 玲，高 天

西北农林科技大学

摘 要：研究证明不同植被结构绿地对于改善微气候具有至关重要的作用。本文选取宝鸡市 9 种不同植被结构绿地类型作为研究对象，对其在夏季炎热期间的微气候特征进行了研究。采用人居气候不舒适度指数（Discomfort Index，DI）作为评价指标，比较了不同植被结构绿地对人体舒适度影响的差异。结果显示：①在夏季高温天气里，不同植被结构绿地在不同时段可显著降低空气温度、风速和提高环境相对湿度；夏季公园内绿地平均温度为 30.5℃，降温均值为 1.1℃ ±2.4℃；内部湿度较为舒适（50.5%~60.6%），与非绿地硬质广场相比湿度增加均值为 4.8% ±1.3%，降温增湿效果最佳的是半闭合阔叶多双层林（PBM）绿地，且在早晨 8：00~10：00 效果最好；②空气温度、相对湿度、风速三个微气候因子与人居气候不舒适度呈显著相关性，温度越低，湿度越高，风速越低，人体舒适度越好；③不同植被结构绿地间降低不舒适指数率的差异达到了显著水平，说明植被的不同结构特征对绿地微气候和不舒适指数的改善具有重要的调节作用。改善人居气候不舒适度最佳时段与最佳环境为早晨 8：00~10：00 的半闭合阔叶多双层林（PBM）绿地，改善不舒适度效果最差的环境为开敞草坪（OG）。因此，若在夏季炎热时期外出活动，不同时段应选择不同植被结构绿地进行活动。建议城市居民在夏季炎热多在半闭合式阔叶落叶乔木与常绿灌木搭配地被的绿地进行活动而非开阔绿地环境，且最佳锻炼时间为早晨 8：00~10：00 时间段。

关键词：城市绿地；植被结构；微气候；不舒适指数

城市绿地作为城市生态系统的重要组成部分，对改善空气质量、减轻城市热岛效应、降温增湿以及调节小气候均有显著的作用[1]。根据《城市绿地分类标准》，城市绿地被分为以下五类：公园绿地、生产绿地、防护绿地、附属绿地与其他绿地[2]。其中城市公园绿地是城市绿地系统中最主要的部分，其面积相对较大，植被结构类型丰富，不仅能为人们提供休憩娱乐的绿色空间，也是保护城市生物多样性的重要环节，受到国内外学者的关注[3-5]。目前，国内外对城市公园不同绿地类型与不同小气候特征的关系研究较多，但大多数研究多根据公园不同用地性质进行分类[6]。植被结构作为体现绿地时空分布特征，反映绿地生态功能动态变化的重要因子，是城市绿地能否有效地履行环境功能的关键，学者们却很少系统地研究不同植被结构绿地对小气候改善程度的能力[7]。

因此，本研究依据适用于公共绿地的生态单元制图分类系统，融入植被结构因子，选取西北地区宝鸡市城市公园内不同植被结构类型的绿地为研究对象，以非绿地硬质广场作为对比，展开夏季小气候实测。分析了不同植被结构所反映的不同植被结构绿地类型与小气候之间的关系，并采用人居气候舒适度，综合分析城市公园绿地环境与人体舒适度之间的关系。探索绿地对小气候产生影响的具体机制，以期建立西北地区城市绿地小气候效应设计指标体系，进而为有效维持生物多样性水平，提高城市人居环境舒适性提供一定的理论依据和实践方法。

1 研究方法

1.1 研究区域概况

宝鸡市位于陕西省关中平原西部，是陕西、宁夏、甘肃、四川省的交会处，东西长 156.6km，南北宽 160.6km，全市总面积 18172km²。全市地形地貌复杂，平均海拔约为618m。南、西、北三面环山，以山地、丘陵为主，渭河贯穿市区中心。气候类型为暖温带半湿润气候，冬冷夏热。春季气候多变且少雨，夏季干燥伴随高温酷暑，秋季降温迅速且阴雨连绵，冬季寒冷干燥，日照较少。年均气温为13.0℃，为无风或微风。年平均日照时数约为1860~2250h，年平均降雨量约为710mm[8-9]。

1.2 城市公园绿地植被结构分类与研究样地

本文依据适用于公共绿地的生态单元制图分类系统，结合宝鸡市城市绿地环境特征，按照植被结构的特征对宝鸡市公共绿地类型进行划分[10]。共分为3个等级。第一级的划分基于植被的横向结构，即观察在一个水平投影面上，植被要素中植物个体的分布方式和整体的空间布局；第二级的划分依据是植被类型，如植物叶片的形态、大小等；第三级主要对绿地的竖向结构特征进行划分，即植被要素中不同高度的乔木层、灌木层、地被层、草本层在垂直方向上的组合形式。

基于上述分类系统，本研究在宝鸡市城区居民使用频率较高的公园内部选择面积相似且生态群落较为稳定的不同植被结构城市公园绿地，其中包含了9个典型类型的绿地与1个非绿地硬质广场，共10个样地（表1）。

1.3 实地测量方法与仪器

1.3.1 微气候测量方法与仪器

结合宝鸡市实地状况与相关气象资料，本研究实地测定时间于2017年7月、8月进行，每月选取三天在晴朗、无风或微风且监测前3d无降水出现的天气进行监测。每日监测共分为5个时间段：

8:00~10:00，10:00~12:00，12:00~14:00，14:00~16:00，16:00~18:00。在实测中，每块样地均匀选取距离中心5m位置的两侧放置仪器，设置测量点。

在距离地面高约1.5m的位置使用手持式自动气象站（FC-36025）对所有研究样地内气象因素——温度、相对湿度、风速进行同步监测。监测前对仪器进行调零。在同一时间段内，测试组员对所有样地同时进行监测，每个时间段均按同一顺序对所有样地进行监测。利用手持式GPS接收机（Garmin GPSmap 629sc）对不同研究样地沿其边缘进行实地经纬度定点测量，将样地坐标导入ArcGis 10.2软件并结合宝鸡市卫星图片对样地面积进行准确计算。

1.3.2 人体舒适度评价

人体舒适度是以人体接近大地，与其之间的热交换原理为基础，评价人类在不同气候条件下舒适度的一项生物气象指标[11-12]。夏季时温、湿度是影响人体舒适度的主要影响因子，因此本研究采用Thom提出的不舒适指数（Discomfort Index，DI）对人体热舒适度进行评价，其计算公式如下：

$$DI=t-0.55（1-0.01r）（t-14.5）$$

式中：DI表示不舒适指数；t为空气温度；r为相对湿度。一般而言，在夏季时DI值越大，人体感觉越不舒适。不舒适度等级共划分为5级，具体划分等级标准见表2。

本研究根据9个绿地样点的空气温、湿度数据，根据上式计算不舒适指数（DI），将其与非绿地硬质铺装广场不舒适指数（DI）值进行对比，计算各城市公园绿地对人体舒适度的改善状况，以综合评价宝鸡市9种不同植被结构城市公园绿地对人体舒适度的调节作用。

研究区域绿地分类与分布地点　　表1

分类层级	绿色空间							
第一级	开敞式绿地（乔灌木冠幅小于10%）	半开敞/半闭合式绿地（乔灌木冠幅介于30%~70%）					闭合式绿地（乔灌木冠幅大于70%）	
第二级	草坪	灌木	阔叶林	针叶林	针阔叶混交林		阔叶林	针阔叶混交林
第三级	—	—	单层结构	多层结构	单层结构	单层结构	多层结构	单层结构	多层结构
类型字母代码	OL	OS	PBO	PBM	PCO	PMO	PMM	CBO	CMO
分布地点	渭河湿地公园	渭河湿地公园	人民公园	人民公园	人民公园	渭河湿地公园	人民公园	人民公园	人民公园

注：第一级中O为开敞式绿地（open green space），H为半闭合式绿地（half-closed green space），C为闭合式绿地（closed green space）；第二级中L为草坪（lawn），S为灌木（shrub），B为阔叶林（broadleaved），C为针叶林（coniferous），M为针阔混交林（mixed coniferous broad leaved）；第三级中O为单层结构（one layered），M为多层结构（more than one layered）。

171

等级	不舒适指数	感受程度
1	69.0~71.0	少部分人感到不舒适
2	72.0~74.0	大部分人感到不舒适
3	75.0~79.0	绝大多数人感到不舒适
4	80.0~84.0	几乎所有人都感觉不舒适
5	>84.0	具有中暑风险

*DI*及人体不舒适度水平　　　表2

改善情况（%）=[（$DI_{非}$－$DI_{各绿}$）/ $DI_{非}$]×100

其中，$DI_{非}$指非绿地硬质铺装广场不舒适指数值，$DI_{各绿}$指各个绿地不舒适指数值。

1.4 数据分析处理

由于每个测量日的基础天气数据不同，为了将数据标准化，数据处理以城市非绿地硬质铺装广场微气候数据与公园绿地内部气象站监测数据之差开展宝鸡市不同植被结构公园绿地类型微气候现状的分析对比。即非绿地硬质铺装广场微气候数据减去公园绿地内部气象站监测数据。如温度差表示为△t，则△t_1、△t_2、△t_3、△t_4、△t_5分别表示公园绿地内在8：00~10：00，10：00~12：00，12：00~14：00，14：00~16：00，16：00~18：00时间段的温度差，以此类推，湿度差表示为△r，风速差表示为△v。

本研究利用Microsoft Office Excel 2016进行数据录入与整理，通过统计学软件SPSS 25.0软件（IBM，Armonk，NY，USA）对不同植被结构城市公园绿地的温度、湿度、风速进行统计分析及方差显著性检验及其与不舒适度指数的相关性分析，并绘制图表。

2 结果

2.1 宝鸡市公共绿地夏季微气候现状研究

夏季测量日内，宝鸡市城市公园绿地均温为29.5℃，非绿地硬质铺装广场从8：00~18：00每两个小时测得的温度变化在21.0~38.6℃之间，相对湿度变化在31.3%~82.9%之间，风速变化在0~0.4m/s之间。

2.1.1 不同植被结构公园绿地类型夏季温度分析

炎热夏季9个不同植被结构公园绿地在五个时段测得的平均温度分别为26.8℃、29.3℃、31.6℃、32.9℃和32.2℃，以上时段与公园外硬质空间对应时段温度的平均差值△t分别为2.3℃、1.3℃、1.2℃、

0.1℃、0.5℃，即△t_1>△t_2>△t_3>△t_5>△t_4>0（表3）。表明城市公园不同植被结构绿地在炎热夏季均能起到降低户外温度的效果，且温度越低，降温效果越好，在早晨时段8：00~10：00达到最佳降温效果。

不同群落不同时段温度差　　　表3

群落	不同时段的温度差（℃）				
	△t_1	△t_2	△t_3	△t_4	△t_5
CBO	2.38	1.47ab	1.63a	1.42a	2.35a
CMO	3.68	2.88ab	1.23a	1.18a	1.17b
OG	0.87	−0.77c	0.75c	−2.43c	−2.28c
OS	0.58	−0.07bc	1.02c	−2.05c	−1.47c
PBM	3.85	3.05a	2.02a	1.88a	1.93b
PBO	2.47	1.93ab	1.10a	0.72a	1.25b
PCO	3.32	1.90ab	0.83ab	0.37ab	0.23bc
PMM	2.12	1.53ab	1.15a	0.55a	2.03b
PMO	1.97	0.35b	0.87bc	−1.12bc	−1.08c
M	2.25	1.34	1.18	0.06	0.46

单因素方差分析结果显示不同植被结构公园绿地类型在一天中不同时段的累积温度差值具有显著差异（$p = 0.00$）。样地PBM的累积温差值为12.73℃，显著高于其他植被结构绿地降温效果，样地开敞绿地（OG）与开敞灌木（OS）的累积温差值最小，按降温作用差异排序为半闭合阔叶多双层林（PBM），闭合针阔混交单层林（CMO），闭合阔叶单层林（CBO）>半闭合阔叶单层林（PBO），半闭合针阔混交多双层林（PMM）>半闭合针叶单层林（PCO）>半闭合针阔混交单层林（PMO）>开敞灌木（OS），开敞绿地（OG）。

交互对比发现（图1），样地PBM、CMO、PCO在一天中的温差变化大致呈现出从早到晚递减的趋势，也就是说，随着外界温度的降低，这些植被结

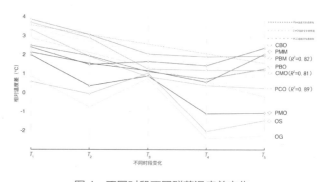

图1　不同时段不同群落温度差变化

构的降温效果会逐渐减弱。样地 PBO、CBO、OS、OG、PMM、PMO 的温差变化没有呈直线变化，而是先上升再下降，证明这些绿地在外界高温的条件下降温效果反而好于外界温度较低的情况，尽管如此，这些绿地在中午时分的最佳降温时段降温效果仍不如降温效果直线下降的绿地环境。绿地样地降温最大值约为 3.85℃，出现在 8：00~10：00 时段的半闭合阔叶多双层林（PBM）绿地。

2.1.2 不同植被结构公园绿地类型夏季湿度分析

9 个不同植被结构公园绿地在五个时段测得的平均空气湿度分别为：66.6%、61.2%、54.2%、50.5% 和 51.2%；同时段测得公园外硬质空间的平均空气湿度分别为：61.3%、56.9%、48.5%、46.1%、46.7%，低于公园内部。故公园绿地内外在以上时段的平均相对湿度差为 △r_3 < △r_1 < △r_5 < △r_4 < △r_2 < 0（表4），表明城市公园在夏季具有提高空气湿度的效果，但不同时段公园绿地增加湿度的效果并无显著差异（p=0.73）。在不同植被结构绿地中，不同时段累积增湿效果具有显著差异，半闭合阔叶多双层林绿地（PBM）的增湿效果最佳，累积增加约 35.3% 的相对湿度，显著高于其他样地，降湿效果最弱的是开敞绿地（OG）。按照增湿作用差异的排序为半闭合阔叶多双层林绿地（PBM），半闭合针叶单层林（PCO），闭合针阔混交单层林（CMO），闭合阔叶单层林（CBO），半闭合阔叶单层林（PBO），半闭合针阔混交多双层林（PMM）> 半闭合针阔混交单层林（PMO），开敞灌木（OS），开敞绿地（OG）。

整体而言，根据图 2 可以看出，只有样地 PBM

的增湿变化大致呈现出从早到晚递减的趋势。最佳增湿效果出现在 12：00~14：00 时段的样地 CMO、PCO，增加湿度均值为 10.45%。样地 OS 与 PMO 的相对湿度差在 14：00~18：00 时段有较小正值出现，表明此时段这两种植被结构并不具备增湿效果，反而会使湿度降低。

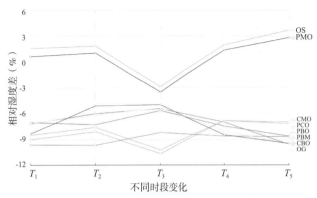

图 2 不同时段不同群落相对湿度差变化

2.1.3 不同植被结构公园绿地类型夏季风速分析

夏季公园绿地内 9 个样地在五个时段的平均风速值分别为 0.16m/s、0.11m/s、0.13m/s、0.13m/s、0.12m/s。与绿地外部硬质广场在以上时段的平均风速差表现为：△v_5 > △v_4 > △v_2 > △v_3 > △v_1 > 0，表 5 表明城市绿地公园在夏季并未对风速的提升有所改善，并呈现风速降低的趋势。对比分析可以得出，风速在 16：00~18：00 时段显著高于其他时段（p=0.00，F=8.51）。在不同植被结构绿地中，样地半闭合针叶单层林（PCO）与闭合针阔混交单层林（CMO）的平均风速显著高于其余样地（p=0.00，F=17.45）。

不同群落不同时段相对湿度差　　表4

群落	不同时段的相对湿度差（%）				
	△r_1	△r_2	△r_3	△r_4	△r_5
CBO	−8.33a	−5.10abc	−4.97	−8.47a	−9.47
CMO	−8.50a	−7.60a	−10.22	−6.82a	−6.98
OG	−7.12ab	−6.15ab	−5.35	−7.98b	−9.58
OS	1.60b	1.85bc	−2.88	1.98b	3.68
PBM	−9.62a	−9.67a	−8.20	−8.62a	−8.68
PBO	−7.03ab	−7.27a	−5.65	−7.45a	−8.63
PCO	−9.00a	−8.10a	−10.68	−6.82a	−7.18
PMM	−7.17ab	−6.00ab	−5.42	−6.99a	−9.58
PMO	0.65c	1.05bc	−3.50	1.38b	2.82
M	−6.06	−5.22	−6.32	−5.53	−5.96

不同群落不同时段风速差　　表5

群落	不同时段的相对风速差（m/s）				
	△v_1	△v_2	△v_3	△v_4	△v_5
CBO	0.42	0.55	0.43	0.73	0.83
CMO	0.48	0.58	0.50	0.73	0.83
OG	0.45	0.52	0.43	0.67	0.80
OS	0.05	0.30	0.17	0.43	0.45
PBM	0.40	0.48	0.50	0.73	0.80
PBO	0.40	0.58	0.43	0.70	0.77
PCO	0.48	0.58	0.50	0.73	0.83
PMM	0.45	0.52	0.43	0.67	0.80
PMO	0.22	0.32	0.35	0.27	0.47
M	0.37	0.49	0.42	0.63	0.73

2.2 不同植被结构公园绿地夏季微气候的关系

根据不舒适度指数公式计算出公园不同植被结构绿地及非绿地硬质广场在不同时段的人居气候不舒适指数。在炎热夏季时节，不舒适度指数得分越高，人体越觉得不舒适。虽然从表6可以看出不同类型绿地对于降低不舒适指数数值具有功效，但因素方差结果显示，绿地对于人居气候不舒适度的改善并未具有显著效果（$p=0.72$）。此外，风速、温度、湿度对气候不舒适指数均有极显著影响（$p<0.01$）。在微气候因子中，不舒适指数与空气温度及风速呈极显著的正相关（$R=0.99$，$p=0.00$；$R=0.17$，$p=0.00$），与相对湿度（$R=-0.81$，$p=0.00$）表现为显著负相关关系，即随着温度的升高、风速的增大、相对湿度的降低，人居气候舒适度越差。这是因为 DI 指数的计算公式是由空气温度和相对湿度共同构成来描述人体在夏季的舒适度的综合影响指标，因而与温度和湿度具有明显的相关性。此外，风速的变化可能造成空间内空气对流速度增加从而加速空气中的相对湿度的蒸发，间接影响了 DI 指数的变化。由表6可以看出，非绿地硬质广场在一天的实验时间之内 DI 指数平均值为83.30，即表示在夏季，8：00~18：00 时间范围内，身处这种环境中大部分人群都会感到不舒适。单因素方差分析结果显示不同植被结构降低不舒适指数率的差异达到了显著性水平（图3）。

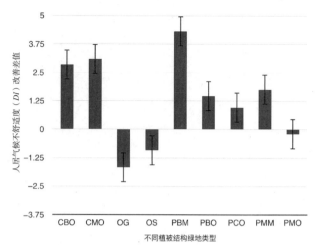

图3 不同植被结构人居气候不舒适度改善情况

不同群落不同时段风速差						表6
绿地类型	8：00~10：00	10：00~12：00	12：00~14：00	14：00~16：00	16：00~18：00	日均值
非绿对照组	82.33	83.20	83.44	83.60	83.13	83.30
CBO	81.91	84.54	76.65	74.39	75.14	78.53
CMO	81.59	86.24	77.87	75.79	76.81	79.66
OG	81.86	85.59	77.41	74.32	75.37	78.91
OS	80.68	84.65	77.94	74.16	77.31	78.95
PBM	79.82	84.26	76.08	73.81	75.15	77.82
PBO	81.37	84.84	77.70	74.59	76.46	78.99
PCO	81.59	86.24	77.87	75.79	76.81	79.66
PMM	81.86	85.59	77.41	74.32	75.37	78.91
PMO	80.97	83.79	77.30	74.42	77.11	78.72

有趣的是，研究发现并非所有的城市公园绿地都具有降低不舒适指数的功效，如图3所示，相比于非绿地硬质广场，开敞灌木（OS）、开敞绿地（OG）

与半闭合针阔混交单层林（PMO）绿地降低不舒适指数值分别为 $-1.67 < -0.93 < -0.20 < 0$，表明在夏季炎热时期这三种植被结构绿地无法有效调节小气候，改善缓解极端高温导致的热不舒适性。其余6种植被结构绿地均具有缓解热不舒适性的功能，排序为半闭合阔叶多双层林绿地（PBM）>闭合针阔混交单层林（CMO），闭合阔叶单层林（CBO），半闭合针阔混交多双层林（PMM），半闭合阔叶单层林（PBO），半闭合针叶单层林（PCO）。

3 结论与建议

本研究对城市公园绿地植被结构进行横向结构、植被类型、竖向结构3个层次较为详细的分类，选取宝鸡市9种典型城市公园绿地与非绿地硬质广场相比，通过对树荫下与阳光下的温度、湿度与风速三种气象参数的监测。运用人居气候不舒适度指数，定量分析了夏季一日内不同时间段、不同植被结构对城市居民夏季人体舒适度的影响。发现城市公园绿地对于改善城市夏季微气候具有一定的功效。具体结论如下：①与非绿地硬质广场相比较，降低温度达到了显著的差异。一日之内早晨8：00~10：00 时段半闭合阔叶多双层林（PBM）绿地的降温效果最佳。②在相对湿度方面，虽然数理统计上并未达到显著水平，但相比于硬质环境，公园绿地还是具有增加相对湿度的功效。增湿最佳的时间段是8：00~10：00 的半闭合阔叶多双层林（PBM）绿地与12：00~14：00 的闭合针阔混交单层林（CMO）绿地与半闭合针叶单层林（PCO）绿地。③城市公园绿地对改善夏季人体舒适度有一定的功效，一天之内不同时段无显著差异但不同植被结构绿地的改善效应不同。半闭合阔叶多双层林（PBM）绿地具有最强的降低人居气候不舒适度的功效。

可以看出，在研究的 9 种不同植被结构公园绿地中，半闭合阔叶多双层林（PBM）绿地一日中任何时段对降低温度、增加湿度和降低风速方面都具有较好的效果。改善人体不舒适度的效果也最佳。这是因为半闭合阔叶多双层林（PBM）绿地内植被结构的横向结构、竖向结构都较为丰富，具有更多的、更密集的树枝与树干，起到更好的隔热保湿降低风速的作用。因此，建议城市公园在设计时，注意植被结构的空间构建。此外，建议城市居民在一日不同时间段中选择不同植被结构进行外出锻炼。如上午可以选择在半闭合阔叶多双层林（PBM）绿地进行锻炼，而在中午时段尽量选择在半闭合阔叶多双层林（PBM）与闭合针阔混交单层林（CMO）这两种植被结构的绿地进行游憩锻炼。若在下午时段进行锻炼，尽量多选择闭合阔叶单层林（CBO）与半闭合针阔混交多双层林（PMM）绿地。

综上所述，在城市绿地的规划过程中，应不断完善城市的绿化体系，提高乔木数量及树荫量，适当增加阔叶树种的种植面积，将植被结构横向结构、植被类型、竖向结构 3 个层次和小气候环境结合起来。同时，城市居民夏季要合理安排锻炼时间与场地，以确保在炎热天气锻炼时可以不受高温的影响获得更好的舒适感。

由于本研究仅选取了温度、湿度与风速三个气候指标量化人体舒适度。而人体舒适度不仅与空气温度、相对湿度与风速有关，还应以热辐射、光照强度等作为主要评价因子。因此，在今后的相关研究中应考虑多种因子在不同植被结构绿地下对人体舒适度的综合作用。

注：文中图片均由作者绘制。

参考文献

[1] 刘滨谊，张德顺，张琳，等.上海城市开敞空间小气候适应性设计基础调查研究 [J]. 中国园林，2014，30（12）：17–22.

[2] 邱玲，朱玲，王家磊，等.基于生态单元制图的宝鸡市城区生物多样性保护规划研究 [J]. 生态学报，2020，40（1）.

[3] 杨赉丽.城市园林绿地规划 [M].第 3 版.北京：中国林业出版社，2012.

[4] WANG H X, WANG Y H, YANG J, et al. Morphological structure of leaves and particulate matter capturing capability of common broad-leaved plant species in Beijing[R]. Tianjin, PEOPLES R CHINA: International Conference on Industrial Technology and Management Science(ITMS), 2015.

[5] 曹丹，周立晨，毛义伟，等.上海城市公共开放空间夏季小气候及舒适度 [J]. 应用生态学报，2008，19（8）：1797–1802.

[6] 陈睿智,董靓.国外微气候舒适度研究简述及启示 [J]. 中国园林，2009（11）：81–83.

[7] 邱玲，刘芳，张祥，等.城市公园不同植被结构绿地削减空气颗粒物浓度研究 [J]. 环境科学研究，2018，31（10）：1685–1694.

[8] 赵昕，任志远.宝鸡市 2004 年生态足迹分析 [J]. 生态经济，2006（11）：116–119.

[9] 朱永超，任志远.基于 GIS 和景观生态学的西部地区城镇建设用地扩展研究——以宝鸡市中心城区为例 [J]. 干旱区资源与环境，2012，26（4）：67–72.

[10] GAO T, QIU L, HAMMER M, et al. The importance of temporal and spatial vegetation structure information in biotope mapping schemes: a case study in Helsingborg, Sweden[J]. Environmental Management, 2012, 49（2）: 459–472.

[11] LENZHOLZER S, KOH J. Immersed in microclimatic space: microclimate experience and perception of spatial configurations in Dutch square[J]. Landscape & Urban Planning, 2010, 95（1）: 1–15.

[12] NASIR R A, AHMAD S S, AHMED A Z. Physical activity and human comfort correlation in an urban park in hot and humid conditions[J]. Procedia–Social and Behavioral Sciences, 2013, 105（2）: 598–609.

郑州居住区户外活动场地微气候优化研究 *

杜　杨，陈　红，薛思寒

郑州大学建筑学院

摘　要：伴随中国经济持续高速增长，城市环境问题日益凸显，城市居民对生活环境的关注度与日俱增。城市住区作为与居民生活联系最密切的户外空间，其微气候环境的优劣对促进居民户外交流活动、保障居民身心健康发挥着重要作用。因此，本文旨在厘清住区微气候的时空变化规律的基础上，明晰对住区微气候产生主要影响的关键设计要素，从而有针对性地对住区户外活动场地环境进行优化。拟采用微气候现场实测与数理统计分析相结合的方法，通过对比冬夏两季郑州住区居民主要活动区域微气候的差异，探析其变化规律及产生原因，进一步从场地位置选择、建筑空间布局及景观绿化配置角度，提出优化郑州住区户外活动场地环境舒适度的合理建议。

关键词：户外活动场地；建筑空间布局；景观绿化配置；微气候

1 引言

近年来随着人们对健康的重视程度越来越高，户外活动日益受到人们的关注。研究表明经常参与有他人参与的集体活动能从健康、心理两个方面改善居民的健康状况[1]。可见，营造舒适的户外活动场地对改善居民居住质量与健康状况具有重大意义。当前，国内外学者的研究主要针对个别城市气候特点进行，其结论不尽相同。在国外，学者在对蒙特利尔室外空间热舒适性的研究中得出温度是影响舒适度的最重要的参数，接下来是风速、太阳辐射和相对湿度。在对新西兰城市的研究中得出了最大阵风风速是影响室外热舒适最主要的因素，而周围空气温度则是最次要的影响因素的结论[2]。与此同时，国内学者的研究根据气候区域不同主要集中在哈尔滨、北京、天津、南京、武汉、上海、广州、深圳 8 个城市。学者们对不同地域的研究均肯定建筑空间布局和景观绿化配置对住区户外空间的微气

候环境舒适性具有不同程度的改善作用，但各地的研究结论亦各有其侧重。例如，学者在对以哈尔滨为代表的严寒地区微气候研究中学者们发现平面绿量、绿化结构、植被高度、绿化布局、绿地周边建筑布局等是影响高层住区微气候的主要因素，并肯定了近地生长的松柏树在冬季城市控制风速的作用[3-4]。在寒冷地区，学者们以京、津两城市为代表进行研究后也发现居住区绿地具有明显的降温增湿效应，绿地面积愈大，降温增湿作用越强；不同层次结构绿地对室外热环境的改善程度存在差异[5-7]。在夏热冬冷地区，学者们对南京、上海等地新建多层居住区活动空间舒适度的特征研究中发现建筑布局会显著地影响到住区整体平均风速，空间内热量充足、湿度较低、风力微弱且不连续是冬季适宜人群活动空间的主要特征[8-10]。在夏热冬暖地区，如广州、深圳，学者们经研究发现，住区风速受到太阳辐射、温度等影响不大，主要受到建筑和绿化植物布局的影响。在对不同建筑空间布局的模拟研究中发现正

---

* 基金项目：国家自然科学基金青年基金项目"设计要素协同作用下的寒冷地区住区室外环境多目标优化研究"（编号 51808503）；华南理工大学亚热带建筑科学国家重点实验室开放基金项目"基于要素协同的住区外部空间环境优化设计研究——以豫南地区为例"（编号 2018ZB03）；河南省重点研发与推广专项"基于综合性能优化的郑州绿色住区人居环境模拟预测方法研究与应用"（编号 182102310813）；河南省高等学校重点科研项目计划"郑州地区城市公共空间环境舒适性综合评价模型研究"（编号 19A560020）共同资助

排列点群式布局的滨河住区室外平均风速最大，错排列点群式平均风速相比于正排列点群式较小，风影区较大，室外风环境比正排列点群式的室外风环境差[11-16]。可见，不同城市的研究成果既有共通之处，亦表现出地域性差异。这是由于我国地域广大带来的各地巨大的气候条件差异，亦有不同地域居民对户外舒适度的评价标准因地而异的因素。因此针对特定城市的研究成果难以在全国广大地区推广。郑州作为中原地区中心城市，地处寒冷、夏热冬冷两气候区过渡地带，其气候表现出明显的地域特征。然而目前针对郑州气候特点的住区室外空间舒适性研究仍然较少。因此本研究拟结合郑州地域气候条件，通过现场测试，重点对住区居民活动场地的温度、湿度、风速三个指标因子进行数据收集和分析，旨在探究影响郑州住区居民活动场地微气候条件的因子和作用机制，进而从设计的角度对优化居民户外活动舒适性提出建议。

2 实验方法

2.1 基地概况与测点选择

实验基地位于河南省郑州市郑东新区龙湖东路与春华街交会处的河南农业大学家属院（34°48′ N、113°48′ E①），住区为新建高层住宅小区，基地东西两侧临主要道路，基地周边无底层商业网点围合。住宅部分采用南北向行列式布局，17层高52.5m，住区内丰富的景观环境层次，为本次实验提供了有利的条件。根据居民的行为习惯，重点考察居民日常活动频率较高区域的微气候环境状况。选择超市前广场、中心花园、绿化停车场、组团道路、宅前小路等居民活动较为集中的区域进行测点布置。基地及测点具体情况详见图1、表1。

2.2 实验仪器

本次实验拟利用HOBO U23-001温湿度记录仪对空气温度、相对湿度两个因子进行测量；利用WFWZY-1万向风速仪对风速因子进行测量；利用Fluke MT4温枪对地表温度进行测量。其中，HOBO U23-001温湿度记录仪是美国Onset的HOBO系列的数据记录器之一，具有质量可靠、反应快的特点，其空气温度量程为-40~70℃，测量精度为±0.21℃（0~50℃），分辨率为0.02℃；其相对湿度

图1 河南农业大学龙子湖家属院总平面图

- ❶ 主入口附近超市前广场
- ❷ 主入口附近停车场
- ❸ 活动中心前小花园
- ❹ 楼前入户通道
- ❺ 社区主要人行道路
- ❻ 社区主要车行道路

冬季目标住区各测点基本情况说明表　表1

	测点1	测点2	测点3	测点4	测点5	测点6
下垫面材质	硬质地面	植草砖	硬质地面	硬质地面	硬质地面	硬质地面
周围绿化情况（乔、灌木）	灌草	草	灌草	竹、灌草	乔灌草	乔灌草
冬季是否树荫树下	否	否	否	否	是	否
夏季是否树荫	否	否	否	否	是	是

量程为0~100%，精度为±2.5%，分辨率为0.03%。WFWZY-1万向风速仪风速量程为0~30m/s，精度为±0.05m/s（0.05~30m/s），分辨率为0.01m/s。Fluke MT4温枪量程为-1~400℃，精度为±2℃，分别率为0.2℃。根据实验仪器的性能特点，将HOBO U23-001温湿度记录仪、WFWZY-1万向风速仪放置在监测空间相应测点距离地面1.5m高度处，温度仪器读取时间间隔设为60min，风速仪器读取时间间隔设为10min。

2.3 实验方案

本实验选择在冬季晴朗天气条件下适宜人群户外活动的白天进行，根据住区居民的活动规律，在同一住区内选取不同测点，在各测点处针对地表温度、空气温度、相对湿度、风速四个微气候因子，进行8∶00~18∶00连续10h的住区微气候实测。重

点关注同一居住区内，不同建筑空间布局及景观绿化配置条件下微气候环境的差异。

3 实验结果与分析

从热环境、风环境和湿环境 3 个方面，分类统计实测数据，对实验测得的地表温度、空气温度、相对湿度、平均风速（60min 平均值）四个微气候因子数据进行比较分析，进而厘清住区微气候的时空变化规律，明晰对住区微气候产生影响的关键因素，从而有针对性地对优化住区户外活动场地环境提出建议。

3.1 热环境分析

3.1.1 地表温度

本研究中各测点地表温度实验数据白天均呈现出先升后降的趋势（图 2），全天最高温度出现在 11：00~15：00 之间。地表温度变化与日照条件变化基本一致，此外可见日照是影响地表温度变化的直接因素（图 3）。此外硬质地面地表温度在冬季表现按测点序号排序为：测点 1 >测点 6 >测点 5 >测点 3 >测点 4，在夏季表现按测点序号排序为：测点 1 >测点 3 >测点 4 >测点 5 >测点 6，表明地表温度与全天日照累计时间呈正相关。此外，在相似的日照条件和空间环境下，下垫面为植草砖的测点 2 地表温度明显低于测点 1，表明下垫面材质的不同会影响地表温度，绿植下垫面具有明显的降低地表温度的作用。

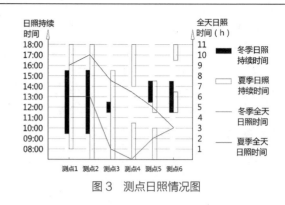

图 3　测点日照情况图

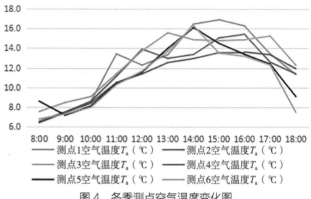

图 4　冬季测点空气温度变化图

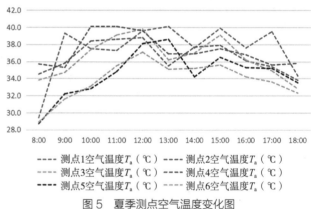

图 5　夏季测点空气温度变化图

因此，改善居住区地表温度因子，可以从以下方面入手：首先，通过合理的建筑排布、场地位置选择、景观绿化配置，以在冬季获得更多日照；合理布置落叶乔木，利用其冬季落叶的生长特点，可以同时满足冬夏两季对改善场地微气候舒适性的不同需要。其次，采用植草砖等绿植下垫面而非硬质地面以改善夏季户外场地的地表温度条件。

3.1.2 空气温度

各测点空气温度数据如图 4、图 5 所示。通过对各测点空气温度数据的处理分析可以看出：整体而言，冬季、夏季白天各测点空气温度均呈现出先升后降的趋势。硬质地面区域冬季各测点空气温度测点 1

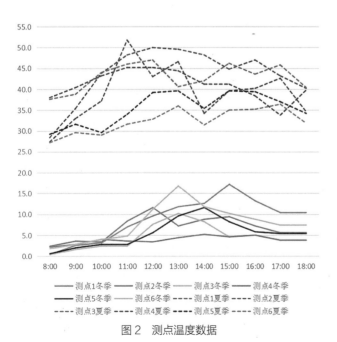

图 2　测点温度数据

大于测点 3 大于测点 5、测点 6 大于测点 4,夏季测点 1 大于测点 3、测点 4 大于测点 5 大于测点 6。与各测点冬夏两季日照时间条件基本呈正相关,冬季测点 4 空气温度与其他硬质地面测点空气温度水平相差并不大,这表明日照条件对住区空气温度因子存在一定的影响,但影响程度有限。设计者能够通过合理设计建筑空间布局优化户外场地日照时间进而在一定程度上改善住区空气温度水平。其次,在相似的建筑空间布局条件及周围绿化景观布置条件下,冬夏两季下垫面为植草砖的测点 2 全天空气温度均低于下垫面为硬质地面的测点 1;此外,早晨和傍晚,测点 2 温度变化曲线也较测点 1 更为平稳。表明下垫面的材质对住区空气温度有一定影响。相较于硬质地面,植物蒸腾作用使得绿化地面会在一定程度上降低白天的空气温度,同时也有维持空气温度的稳定、降低温差的作用。再次,两个季节傍晚各测点空气温度均下降,但在冬季,周围高大茂密灌木栽植量大的测点 5、测点 6 空气温度最低且下降速度最快。可见,在冬季高大茂密的灌木会显著降低人行高度上的空气温度,加快温度下降,不利于居民的活动。与冬季情况不同,夏季早上 8∶00 东侧无建筑树木遮挡影响的硬质地面测点中,测点 3、测点 4 空气温度明显高于测点 1、测点 5、测点 6;18∶00 西侧无建筑遮挡的测点 4 空气温度也要高于测点 1、测点 3、测点 5、测点 6。这表明,在夏季早上及傍晚东、西向日照对测点空气温度水平影响很大。由于夏季早上和傍晚室外温度相对较低,是住区居民(特别是老年人)活动的集中时间,因此增加东、西向上的建筑和绿化遮阳对优化户外活动场地微气候舒适性十分必要。

3.2 湿环境

各测点相对湿度数据如图 6、图 7 所示。通过对各测点相对湿度数据的分析对比,可以看出:首先,冬夏两季白天各测点相对湿度变化整体呈先降后升的趋势。其次,在相似的建筑空间布局和绿化景观配置条件下,硬质地面的测点 1 全天相对湿度水平要低于测点 2。表明不同的下垫面材质会对室外场地相对湿度产生影响。再次,冬季空气温度差异最小的早上和傍晚时段内,硬质地面测点中植被层次丰富的测点 3、测点 5、测点 6 相对湿度水平高于几乎无绿化的测点 1,但与测点 4 相对湿度差异关系并不明显。而在夏季,测点 3、测点 5、测点 6 相对湿度

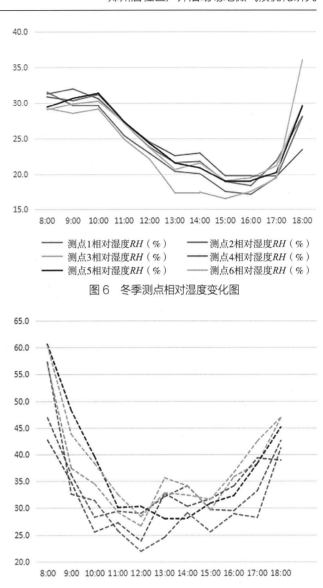

图 6　冬季测点相对湿度变化图

图 7　夏季测点相对湿度变化图

都要高于测点 1、测点 4。这表明白天植物的蒸腾作用会显著提升周围环境的相对湿度水平,因此夏季绿化配置是影响室外场地相对湿度的主要因素,而在冬季植物对环境相对湿度的影响不如夏季明显。

3.3 风环境

为了厘清建筑对住区内居民活动空间风环境的影响作用,引入建筑间距系数 $α$ 来表征单一方向上建筑对户外场地遮蔽作用的强弱程度,即 $α=HL/D$。其中,H 是测点 a 对应方向上相邻建筑 A 的建筑高度,L 是对应方向上最近建筑 A 的宽度,D 是测点与最近建筑 A 的间距(图 8)。经计算,本次研究中各测点东南西北四个方向上建筑间距系数如表 2 所示。

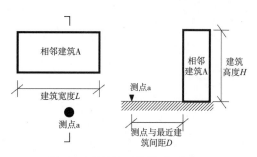

图8 建筑遮挡系数说明示意图

住区各测点东南西北方向上建筑间距系数表　表2

建筑系数	测点1	测点2	测点3	测点4	测点5	测点6
南向建筑间距系数 α	18	30.69	3.861	333.36	52.14	0
北向建筑间距系数 α	40.48	2.97	32.66	0	0	0
东向建筑间距系数 α	4	0	7.22	0	38.76	107.73
西向建筑间距系数 α	10.6	0	7.6	0	26.03	45.98

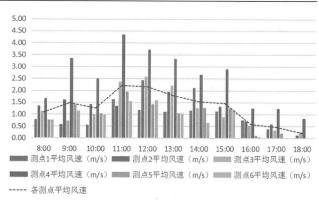

图9 夏季各测点风速变化图

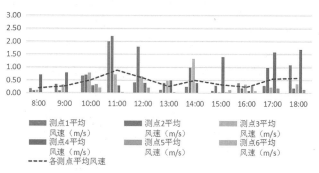

图10 冬季各测点风速变化图

冬夏两季各测点风速变化分别如图9、图10所示，根据数据计算冬季测点平均风速高低关系为测点4＞测点2＞测点3＞测点5＞测点1＞测点6；夏季测点平均风速高低关系为测点4＞测点2＞测点1＞测点3＞测点5＞测点6。对比分析各测点平均风速数据可以看出：冬夏两季各测点风速高低水平情况整体相似但略有差异。冬季测点4全天风速明显高于其他测点，测点2、测点3也处于较高水平，测点1、测点5、测点6平均风速则较低，各测点风速整体与东、西向上建筑间距系数呈负相关，而与南北向上建筑间距系数关系并不明显。表明在冬季室外场地风环境受东西两个方向上的建筑遮挡影响较大。因此，冬季居民活动空间宜在东西两侧采取遮风措施。从遮风角度来看，结合错列式的建筑布局靠近建筑东西山墙布置户外活动场地能够充分利用建筑本身的遮挡作用，使场地获得更为适宜的风环境，因而较传统的行列式布局更具优势。夏季测点2、测点4平均风速接近各测点最高水平，这一点与冬季情况类似；测点1、测点3平均风速接近中等水平；测点5、测点6平均风速接近最低水平，但各测点风速差异绝对值较冬季小。可见夏季测点风速仍受建筑遮挡的作用，测点平均风速与东西方向上建筑间距系数仍呈负相关的关系，但夏季东西方向上的建筑遮挡作用对测点平均风速水平

的影响不如在冬季明显。

4　结论与讨论

建筑空间布局、景观绿化配置和下垫面类型的选择是影响住区微气候环境的三个主要因素。针对郑州地区的气候特点结合本次实验数据分析，对改善郑州地区居住区居民户外活动场地微气候环境适宜性提出如下设计建议。

从建筑角度讲，首先，合理增大建筑间距，以减少建筑遮挡对居民活动空间日照时间的影响。采用错列式布局并靠近建筑东西山墙布置户外活动场地。其次，针对冬夏两季不同的气候特点，在开阔区域布置广场满足冬季居民活动需要。夏季居民活动场地则可根据实际情况充分利用建筑阴影区域或窄小区域布置。对于中心绿地则可合理分区布置，如图11所示。最后，在居民日常活动的区域减少硬质地面的面积，可以用植草砖代替。

从绿化角度看，首先，选取落叶乔木作为住区居民活动场地周围的绿化树种，地面宜采用植草砖的形式。其次，减少人行高度上的高大常绿灌木在居民主要活动区域内部绿化中的使用比例，因为在实验中发现，冬季高大的灌木在傍晚会使空气温度

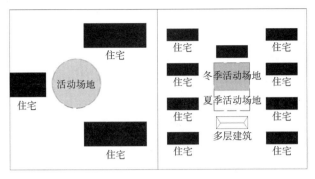

图 11 错列式布局与中心绿地分区示意图

变化过快且在夏季会减缓风速，不利于居民活动。此外，冬季居民活动场地周边尤其是东西两边宜采取遮风措施，如种植近地生长的乔木、灌木以减缓风速。而夏季居民活动场地四周不宜围合。场地内以高大乔木为中心成团间隔布置小灌木以充分发挥植物遮阳、降温的作用，同时保持人行高度上的通透，方便自然风进入，如图12所示。

　　本实验为郑州地区新建高层住宅区居民活动场地的微气候实地实验，研究对比讨论了冬夏两季住区内不同区域的热环境、湿环境、风环境的差异及其原因。提出了分别针对冬夏两季住区居民活动场地的选址、布局的建议，但仍存在一定不足。首先，未能将微气候的物理数据和实际感受评价结合，后续研究将继续推进实地数据测试，并增加使用者感官体验方面的数据搜集。其次，受实验地环境条件差异复杂，且实验仪器精度的局限，本研究中实验方案设计、数据精度仍有优化提升的空间。接下来，将在现有研究成果的基础上，继续扩大实验范围，

以期得到更多更准确的实验样本数据，从而对郑州地区室外场地微气候展开更加深入的研究。

　　注：文中图片均由作者绘制。

　　致谢：感谢郑州大学建筑学院和河南农业大学提供的帮助。

注释

① 来源：百度地图拾取坐标系统。

参考文献

[1] 冷红，李姝媛.冬季公众健康视角下寒地城市空间规划策略研究[J].上海城市规划，2017（3）：1-5.

[2] 赖达祎.中国北方地区室外热舒适度研究[D].天津：天津大学，2012.

[3] 吴昌广，夏丽丽，林姚宇，等.深圳市典型住区热环境特征及其影响因子分析[J].哈尔滨工业大学学报，2015（6）：59-62.

[4] 冷红，袁青，郭恩章.基于"冬季友好"的宜居寒地城市设计策略研究[J].建筑学报，2007（9）：18-22.

[5] 陈朝阳，张伟.不同下垫面对城市街区热环境影响的数值仿真研究——以中新天津生态城动漫园区为例[J].天津城建大学学报，2018（1）：59-61.

[6] 任斌斌，李薇，谢军飞，等.北京居住区绿地规模与结构对环境微气候的影响[J].西北林学院学报，2017（6）：289-295.

[7] 于琦人，孟飞，张常旺.高层住宅区绿化树种对室外热环境影响研究[J].山东建筑大学学报，2018（6）：49-55.

[8] 张伟.居住小区绿地布局对微气候影响的模拟研究[D].南京：南京大学，2015.

[9] 种桂梅.基于微气候效应的城市多层居住区内开放空间优化配置研究[D].南京：南京大学，2018.

[10] 梅欹，刘滨谊.上海住区风景园林空间冬季微气候感受分析[J].中国园林，2017（4）：12-17.

[11] 马晓阳.绿化对居住区室外热环境影响的数值模拟研究[D].哈尔滨：哈尔滨工业大学，2014.

[12] 杨召.深圳滨河住区建筑布局对室外热环境影响研究[D].哈尔滨：哈尔滨工业大学，2014.

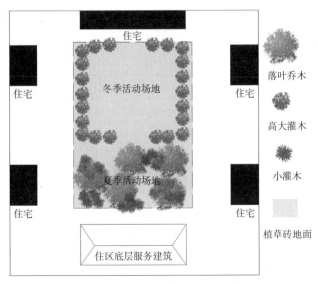

图 12 住区中心绿地分区布置示意图

181

［13］吴昌广，房雅萍，林姚宇，等.湿热地区街头绿地微气候效应数值模拟分析[J].气象与环学报，2016，32（5）：99–106.

［14］薛思寒，谢凌峰，王琨.基于数字模拟的建筑外部空间要素协同优化布局研究——以湿热地区为例[C]//数字、文化——2017全国建筑院系建筑数字技术教学研讨会暨DADA2017数字建筑国际学术研讨会论文集.北京：中国建筑工业出版社，2017：163–168.

［15］李英汉，李英汉，王俊坚，等.深圳市居住区绿地植物冠层格局对微气候的影响[J].应用生态学报，2011，22（2）：343–349.

［16］陆筱慧.绿化对居住区微气候影响研究综述[J].山西建筑，2019，45（4）：203–204.

校园景观对局地微气候影响的研究 *

郑文亨，李倍宇，康家胜，姜春宏，韦芳芳

桂林电子科技大学建筑与交通工程学院

摘　要：为研究桂北地区不同景观布局对校园微气候的影响，本文选取桂林市某高校校区内具有典型代表的水域、林地、草地和架空楼层为校园微气候研究的监测对象，通过实测数据对比了不同景观类型对营造局地微气候的差异，利用数值模拟分析了不同景观布局对校园微气候热舒适的影响。结果显示：①不同景观类型下垫面的形成肌理，是造成其局部微气候产生差异的根本原因；②相比其他园林景观，架空楼层底部能营造一个更为舒适稳定的空间环境；③草地景观对于营造校园微气候环境和提高人群活动空间的舒适性效果最为显著。本文研究结果对于桂北地区校园景观设计和校园微气候研究具有一定参考意义，可为改善校园微气候和提高校园人群活动空间的舒适性提供科学依据。

关键词：大学校园；人群活动空间；景观微气候；现场测试；CFD

校园微气候指的是在校园空间尺度范围内，由于下垫面类型、地形方位、园林景观以及建筑布局等各种环境因素综合作用，在局部地区空间内形成的独特气候状况[1-4]。校园景观作为校园生态环境的重要组成部分，其设计直接影响到校园微气候的舒适性和安全性[5]。近年来，随着各地高校的校园面积不断扩大，校园设施配置也日趋完善齐全，因此人们对校园景观布局及微气候的关注度日益提高。目前对校园微气候的研究方法主要包括气象站监测法[6]、现场定点监测法[7]、移动取样测试法[8]、CFD数值模拟和遥感监测法[9]。学者们采用现场定点监测法对寒冷地区校园微气候的研究中发现，绿地植物对校园微气候的影响最为显著，提出增加植地覆盖率有利于改善校园微气候[10-12]；针对影响热环境的建筑群落的研究发现，在夏热冬冷地区和夏热冬暖地区通过控制建筑因子（如建筑形态、建筑高度和架空层高度等）对营造区域微气候的热环境、风环境具有较好的促进作用[13-15]；同时，在夏热冬冷地区和夏热冬暖地区开展的校园人群活动空间舒适性的研究中发现，校园树荫廊道在夏季有较好的增湿降温作用，并建立了适用于当地的室外热环境评价指标 ASV*[16-17]。校园是广大师生学习、生活的主要活动空间，校园景观中的植物、水体、道路等对改变校园人群活动空间的温度场、湿度场、气流场有着显著作用。然而，针对桂林地区校园景观布局对其微气候的影响并未得到深入研究。

本文以桂林电子科技大学花江校区为研究对象，通过实地定点监测的方法获得了校园微气候环境参数（空气温度、相对湿度、空气流速等）的日动态变化，探究了不同环境参数对校园微气候的影响程度。本文研究的目标是：①分析不同景观类型对校园微气候的影响和差异；②分析不同景观布局对校园微气候的影响；③分析不同景观布局对人群活动空间舒适的影响。旨在为校园景观设计提供指导建议，以期营造舒适的绿色生态校园。

1　研究区域概况与研究方法

1.1　研究区域概况

桂林电子科技大学花江校区（N25°18′，E110°25′）位于桂北地区，地处夏热冬暖地区和夏热冬冷地区交界地带，气候环境独特，夏季炎热潮湿，冬季温暖湿润，四季分明。校区占地面积约4000亩，四面环山，丘陵纵横勾勒，系典型喀斯特

---

* 基金项目：广西自然科学基金面上项目（编号 2018GXNSFAA138071）

地貌，校区内建筑群落分散其中，园林景观类型多样，林地、湖泊相互映衬。本文选取校园内具有典型代表的区域为测试对象（图1），以下垫面类型划分测试区域，主要由教学楼、林地、草地、湖泊和大理石校道等组成。

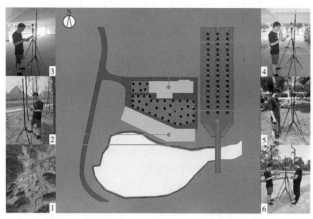

图1 桂林电子科技大学花江校区测试区域
1-校区地形图（取自谷歌地图）；2-17教湖岸；3-17教架空层；
4-16教架空层；5-中心花园；6-迎宾大道

1.2 研究方法和评价指标

1.2.1 测试时间、内容及方法

测试选择在晴朗、无云的天气下进行。测试时间为2019年的9月11日~12日共计两天，每天8：00~19：00连续监测。测试地点包括湖岸地带（草地）、教学楼架空层底部（其中，17教教学楼的架空层为南北朝向的半敞开式架空层，教学楼一层北面无外墙，南面有开窗外墙，共计46个2100mm×1800mm的外窗沿一层北外墙均匀分布，东西面有外墙；16教教学楼的架空层为南北朝向的敞开式架空层，东西面有外墙）、林地和大理石路面。测试内容包括空气温度、相对湿度、空气流速、太阳辐射强度、黑球温度、下垫面温度、CO_2浓度等环境参数。此外，对测试地点的场地尺寸也进行了测量记录。

温湿度仪采用自动记录模式连续监测记录，仪器固定安置在距地面1.5m高度处，每15min记录一次该段时间内环境温湿度的平均值；太阳辐射强度、黑球温度、空气流速、CO_2浓度以及下垫面温度为人工测试记录，仪器均固定在专用支架距地面1.5m高度处，每小时测试记录一次，每个测点的测试时间为5min，相应数据取测试时间内连续监测数据的平均值。仪器型号和参数见表1。

仪器参数表　　　　　　　　　　表1

仪器名称	型号	测量内容	测量范围	测量精度
温湿度自记录仪	HOBO U23-001	室外温度、相对湿度	-20~70℃，5%~95%	±0.2℃，±2.5%
太阳辐射仪	Apogee MP-200	太阳辐射强度	0~1999W/m²	±5%
万向微风速仪	Swema 03	空气流速	0.05~3.00m/s	±0.03m/s
手持热度指数计	WBGT 8778	黑球温度	0~80℃	±1.5℃
CO_2浓度监测仪	ZG-106	CO_2浓度	0~3000ppm	±50ppm
红外温度计	FLUKE-59	下垫面温度	-18~275℃	±2℃（0~100℃内）
徕卡全站仪	Disto™ S910	场地尺寸	0.05~300mm	±1.0mm

注：测量仪器满足《热环境工效学——物理量测量仪器》ISO 7726：2002标准要求。

1.2.2 评价指标

（1）偏相关系数

同一个微气候区域内不同类型的景观还会营造出局部微气候，这是由于不同类型的景观组成肌理不同，因此其对环境气象因子的适应能力和调节能力也会存在一定差异。考虑到环境气象因子之间对不同景观局部微气候的影响不是简单叠加或独立作用的，而是相互渗透、彼此关联的复杂关系。因此，本文利用SPSS软件将不同景观类型与气象因子做偏相关分析（也称净相关分析）[18]，以探究环境气象因子对不同类型景观的影响。

（2）人体舒适度评价指标（CIHB）

本文采用近年来国内学者普遍认可的人体舒适度指标（comfort index of human body，*CIHB*）[19]作为评价校园人群活动空间的舒适状况指标，该评价指标共分为9个等级（表2）。人体舒适度指标（*CIHB*）是衡量人体对所处户外环境舒服程度的指标，是评价人居环境、户外人群活动空间舒适度的重要指标之一。该指标通过环境中的空气温度T_a（℃）、相对湿度RH（%）和空气流速v（m/s）来计算人体舒适度指数，其计算公式如下：

$$CIHB=1.8T_a-0.55(1.8T_a-0.26)(1-RH)-3.2\sqrt{v}+32 \quad (1)$$

（3）综合舒适度指标（CCI）

由于炎热和寒冷都会对环境的舒适度产生显著影响，所以为了更方便、准确地分析和评价人们在户外活动空间的舒适感，国内学者提出了以温湿指数X_{THI}、风效指数X_{WEI}和着衣指数X_{ICL}为基础，通

人体舒适度指标　　　表2

指数段	等级	对应人体舒适感
＞85	4	人体感觉很热，极不舒服，需要注意防暑降温，以防中暑
80~85	3	人体感觉炎热，很不舒服，需要注意防暑降温
76~79	2	人体感觉偏热，不舒服，需要适当降温
71~75	1	人体感觉偏暖，较为舒适
59~70	0	人体感觉最舒适，最可接受
51~58	-1	人体感觉偏凉，不舒服，需要注意保暖
39~50	-2	人体感觉偏冷，很不舒服，需要注意保暖
26~38	-3	人体感觉很冷，很不舒服，需要注意保暖防寒
≤25	-4	人体感觉寒冷，极不舒服，需要注意保暖防寒，防止冻伤

过采集研究区域的空气温度 T_a（℃）、相对湿度 RH（%）和空气流速 v（m/s）等环境参数，同时结合人体活动状态和服装热阻，建立了综合舒适度评价模型（comprehensive comfort index，CCI）[20]，共分为4个舒适度等级（表3），其指标计算公式如下：

$$CCI=0.6 \times X_{THI}+0.3 \times X_{WEI}+0.1 \times X_{ICL} \quad (2)$$

$$X_{THI}=(1.8 \times T_a+32)-0.55 \times (1-RH) \times (1.8 \times T_a-26) \quad (3)$$

$$X_{WEI}=-(10 \times \sqrt{v}+10.45-v) \times (33-T_a)+8.55 \times S \quad (4)$$

$$X_{ICL}=\frac{33-T_a}{0.155 \times H}-\frac{H+A \times R \times cosa}{H \times (0.62+19.0 \times \sqrt{v})} \quad (5)$$

式中，X_{THI}、X_{WEI} 和 X_{ICL} 分别为温湿指数、风效指数和着衣指数的分级赋值[20]，0.6、0.3 和 0.1 分别是其对应的权重系数；S 为日照时数，本文根据实测数据取 9h/d；H 为人体代谢率的 75%，本文取62.25W/m²；A 为人体对太阳辐射的吸收情况，本文取0.06；R 为下垫面接收到的垂直阳光的太阳辐射，本文计算采用实测数据；a 为太阳高度角，本文取 65。

综合舒适度指标　　　表3

指标值	舒适等级
1 ≤ CCI < 3	不舒适
3 ≤ CCI < 5	较不舒适
5 ≤ CCI < 7	较舒适
7 ≤ CCI ≤ 9	舒适

2　结果与分析

2.1　热环境评价

校园内的林地、湖泊等不同类型的园林景观以

一定的面积分散其中，在空间上形成了不同的下垫面属性，而不同性质的下垫面是形成局地微气候的重要因素。表4为综合考虑 9 月 11 日~12 日这两天测试区域内各测点环境气象参数的实测统计数据。图2为实测期间按上午（8：00~11：00）、中午（12：00~15：00）和下午（16：00~19：00）统计的环境参数累积值（每个区间内按每小时平均值累加）。表4数据显示，测试区域内热湿环境变化较大（其中，空气温度变化波幅为18.59℃，相对湿度变化波幅为52.19%），空气流速适中，太阳辐射强度较低。表5数据显示，从累积空气温度值来看迎宾大道＞湖岸＞中心花园＞16教架空层＞17教架空层；从累积黑球温度来看迎宾大道＞中心花园＞湖岸＞17教架空层＞16教架空层；从累积空气相对湿度来看17教架空层＞16教架空层＞中心花园＞湖岸＞迎宾大道；从累积空气流速来看迎宾大道＞中心花园＞16教架空层＞湖岸＞17教架空层。由此看来，不同景观类型营造的局部微气候环境彼此之间差异较大。总体上看，中午时段的空气温度和空气流速最高，相对湿度最低，环境状况变现为高温干燥，上午时段和下午时段分别次之。此外，可以看出架空楼层底部的环境空气温度和黑球温度最低，相对湿度较高，且其日变化较为稳定；相反迎宾大道的局部空间内空气温度和黑球温度最高，相对湿度较低。说明大理石校道对于营造舒适的户外微气候环境起到的是加热减湿的作用，而架空楼层能在户外空间中营造一个相对低温湿润且平稳、舒适的局部环境（平均气温降低 3.23℃，平均相对湿度升高8.08%）。相对来说，湖泊、林地和草地则是起到了降温增湿的作用。

测试区域气象参数　　　表4

气象参数	平均值	最大值	最小值	标准差
空气温度（℃）	33.16	45.54	26.95	3.64
相对湿度（%）	47.03	79.14	26.95	11.53
空气流速（m/s）	0.605	3.300	0.050	0.535
太阳辐射强度*（W/m²）	208	906	0	277

* 为各测点的仪器在 1.5m 高度平面接收到的总太阳辐射强度。

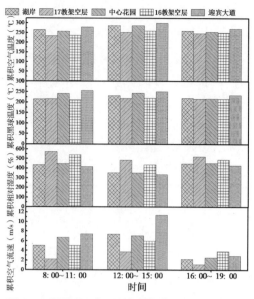

图2　不同景观下垫面局部微气候环境参数累积值

2.2 不同下垫面地表温度与局部微气候的相关关系

地表温度除了受到下垫面性质的影响外，还会受到环境气象因子的综合作用。为分析不同气象因子与不同下垫面地表温度之间的相关性，将不同下垫面的地表温度分别和各气象因子进行偏相关分析，结果见表5。其中，太阳辐射强度和黑球温度对下垫面地表温度影响的显著性较高，其对下垫面为湖泊、林地以及大理石校道的地表温度呈正相关关系，如图3（a）所示；对下垫面为草地的地表温度呈负相关关系，如图3（b）所示。表5的数据显示：太阳辐射强度对下垫面地表温度的相关性依次为中心花园（林地）＞迎宾大道（大理石校道）＞湖泊（水

域）；黑球温度对下垫面地表温度的相关性依次为湖泊＞中心花园＞迎宾大道。从下垫面的综合蓄热性来看水域＞大理石校道＞林地；从下垫面的综合热辐射反射率来看水域＞林地＞大理石校道。说明下垫面的蓄热性和热辐射反射率是影响局部微气候的重要因素。

此外，太阳辐射对架空层地表温度呈负相关关系，而黑球温度对架空层地表温度呈正相关关系。这是由于架空层的遮阳作用阻挡了阳光直射进入到架空层的地面，对太阳辐射起到抑制作用，一定程度上降低了架空层内部空间的温升；黑球温度侧面反映了空间内的热辐射强度，黑球温度越高说明空间内的物体对外发射的热辐射越强，低温物体吸收到辐射热后温度升高。

而近地面处（$H=1.5m$）的空气温度、相对湿度以及空气流速对下垫面地表温度影响的显著性较低。这是由于近地面空间内直接与下垫面接触的空气，其热湿传递除受到外部大空间环境的影响外，促使该空间内部环境参数发生不同改变的主要因素是与其直接接触的下垫面类型。空气与下垫面进行热湿交换发生焓变的同时，空气也会和下垫面进行物质（湿交换）和能量（热量、动量）交换，如图3（c）所示。说明下垫面温度与空气温度、相对湿度以及空气流速之间的统一性较高，故彼此之间的偏相关性较低。

2.3 热舒适评价

图4为根据式（1）～式（5）计算得到的测试期间各测点人体舒适度指标（CIHB）与综合舒适度

不同下垫面地表温度与气象因子的偏相关系数　　表5

分析变量	控制变量	偏相关系数					
		湖泊	湖岸（草地）	17教架空层	中心花园	16教架空层	迎宾大道
太阳辐射强度	空气流速、黑球温度、空气温度、相对湿度	0.035	−0.040	−0.470**	0.425*	−0.756***	0.075
空气流速	太阳辐射、黑球温度、空气温度、相对湿度	0.260	0.003	0.382*	−0.126	−0.045	0.401*
黑球温度	太阳辐射、空气流速、空气温度、相对湿度	0.632***	−0.169	0.290	0.380*	0.861***	0.115
空气温度	太阳辐射、空气流速、黑球温度、相对湿度	−0.219	0.406*	0.396*	0.516**	−0.138	0.160
相对湿度	太阳辐射、空气流速、黑球温度、空气温度	−0.394*	0.172	−0.029	0.255	−0.217	0.187

* 表示显著性 $\rho < 0.1$，显著性（双侧）为"较显著"；** 表示显著性 $\rho < 0.05$，显著性（双侧）为"显著"；*** 表示显著性 $\rho < 0.01$，显著性（双侧）为"极显著"。

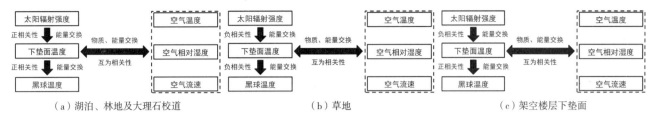

（a）湖泊、林地及大理石校道　　　　　　（b）草地　　　　　　（c）架空楼层下垫面

图3　不同下垫面地表温度与气象因子的关系

指标（CCI）结果。图4（a）显示，各测点中人体舒适度指标（CIHB）为一级（人体感觉偏暖，较为舒适）的占比由高到低分别为中心花园＞16教架空层＞湖岸＞17教架空层＞迎宾大道，其对应的平均综合舒适度指标值（CCI）分别为3.18、3.16、3.25、3.58和3.50，均属于"较不舒适"等级；图4（b）显示，各测点中综合舒适度指标为"较不舒适"等级的占比由高到低分别为17教架空层＞迎宾大道＞16教架空层＞中心花园＞湖岸，其对应的平均人体舒适度指标值分别为75.15%、74.98%、73.74%、73.52%和74.20%，除17教架空层属于二级指标外（人体感觉偏热，不舒服，需要适当降温），其他测点均属于一级指标（人体感觉偏暖，较为舒适）。

由此可以看出，不能单一地通过人体舒适度指标或综合舒适度指标去评价环境的舒适性程度。因此，将人体舒适度指标与综合舒适度指标值分别进行多元线性回归分析和偏相关分析。多元线性回归分析结果显示：人体舒适度指标与综合舒适度指标的拟合系数 R^2=0.40，偏相关系数为0.113，说明人体舒适度指标与综合舒适度指标之间存在一定相关性，但显著性不高。此外，由于综合舒适度指标与温湿指数 X_{THI}、风效指数 X_{WEI} 和着衣指数 X_{ICL} 直接相关，分别对其进行多元线性回归分析，结果显示：拟合系数 R^2 分别为0.64、0.03和0.07，人体舒适度指标与温湿指数 X_{THI} 之间存在较高的线性关系，且显著性很强。说明环境的温湿度是影响人体舒适性的显著性原因，人员着装和空气流速对其的影响程度分别次之。

中位数：也称中值，是一组有序数组中位于中间位置的数。

3　数值模拟

3.1　模拟方案设置

本文的CFD数值模拟计算工具选用PHOENICS（2014版）软件来进行仿真求解。图5为根据实际场地及其景观构件测量的空间尺寸建立的场地及景观

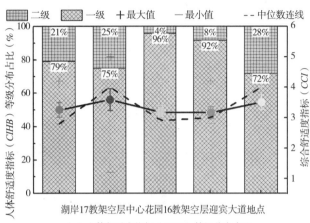

（a）人体舒适度指标（CIHB）等级分布占比

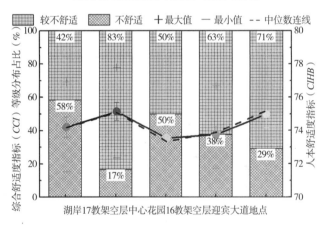

（b）综合舒适度指标（CCI）等级分布占比

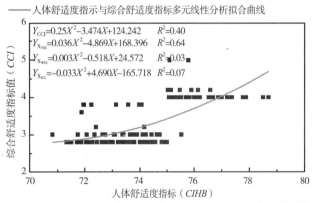

分析变量	控制变量	偏相关系数（CIHB）	显著性
CCI	X_{THI}、X_{WEI}、X_{ICL}	0.113	0.000
X_{THI}	CCI、X_{WEI}、X_{ICL}	0.427	0.224
X_{WEI}	CCI、X_{THI}、X_{ICL}	−0.132	0.157
X_{ICL}	CCI、X_{THI}、X_{WEI}	−0.243	0.461

（c）CIHB与CCI线性回归及偏相关分析

图4　人体舒适度指标与综合舒适度指标

构件模型。为保证计算区域内的流场充分发展，有学者[21]提出可以场地垂直方向上最高的构件尺寸 H 为基准，进出口边界尺寸不小于 6H，顶部边界尺寸不小于 3H。因此，本文考虑建筑高度及周边景观尺寸后，模拟区域尺寸设为 320m×280m×80m（长×宽×高，区域内最高建筑高度 H 为 21m）。在此基础上，表 6 为本文根据实际场地的景观布局设置的 5 种模拟方案，目的在于通过改变场地中的景观布局，用数值模拟的方法探究不同景观布局对校园局地微气候的影响和差异。

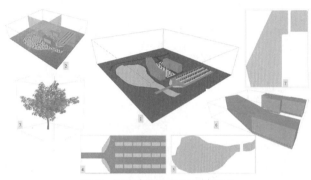

图 5 场地模型及景观构件模型
1-场地模型； 2-网格划分； 3-植物模型； 4-迎宾大道； 5-湖泊；
6-16教、17教学楼； 7-中心花园

不同景观布局模拟方案　　　　表6

方案	各类景观面积占比	备注
方案1	林地 5.6%、草地 64.55%、水域 12.8%、大理石路面 11.85%、建筑占地 5.2%	实际场地景观布局
方案2	林地 1.15%、草地 69%、水域 12.8%、大理石路面 11.85%、建筑占地 5.2%	中心花园由林地换成草地（增加草地面积）
方案3	林地 2.1%、草地 64.55%、水域 16.3%、大理石路面 11.85%、建筑占地 5.2%	中心花园由林地换成水域（增加水域面积）
方案4	林地 5.6%、草地 77.35%、水域 0%、大理石路面 11.85%、建筑占地 5.2%	湖泊换成草地（去除水域）
方案5	林地 18.4%、草地 64.55%、水域 0%、大理石路面 11.85%、建筑占地 5.2%	湖泊换成林地（增加林地面积）

3.2 模拟结果分析

为验证模拟结果的准确度，将实际场地的数值模拟结果与实测数据进行对比。图 6 数据显示：各测点的实测数据与方案 1 模拟结果相比，温度场、湿度场和气流场的平均误差分别为 -0.58%、-0.70% 和 -7.52%，最大误差分别为 6.73%、-3.48% 和

9.70%。可以发现模拟结果的温湿度数值与实测结果较为接近，均在仪器的测量误差范围内，流速场模拟结果的误差稍大，分析其中原因是：①用于模拟的场地模型与实际场地存在一定差异，对于实际场地的很多情况无法完全还原，导致模拟结果与实测结果必然存在一定误差；②测量误差的存在。将实测数据与方案 1 的模拟结果进行线性回归分析，发现其温度场、湿度场和气流场的相关系数 R^2 分别为 0.769、0.854 和 0.683，模拟结果与实测结果存在较高相关性。因此从总体来看，模拟结果在一定程度上能反映出实际场地的环境状况，具有一定参考价值。

本文以方案 1 的模拟结果代表实测结果，图 6 的数据显示：方案 2（减少林地增加草地）、方案 3（减少林地增加水域）分别与方案 1 对比，区域内的温度场和气流场均为下降趋势，湿度场均为上升趋势；方案 4 与方案 1 对比（减少水域增加草地），区域内的温度场和气流场均为上升趋势，湿度场均为下降趋势；方案 5 与方案 1 对比（减少水域增加林地），区域内的温度场、气流场和湿度场均为下降趋势。在此基础上，结合图 7 的模拟结果图，可以发现林地、草地和水域对于局地微气候均能起到降温增湿的作用，从降温效果来看水域＞草地＞林地，从增湿效果来看水域＞林地＞草地。从流速场的模拟结果来看，草地对流速场起到促进作用，而水域和林地则对流速场起到抑制作用，且林地对流速场的抑制作用大于水域。分析其中原因，水域受到太阳辐射后，液体表面发生蒸发作用，产生上升的热湿气流，对于来流空气起到了一定的阻挡作用；而林地的蒸发作用虽没有水域强，但林地对来流空气的阻力系数远大于水域，因此林地对来流空气也具有一定的阻挡效果。

从人体舒适度评价指标（CIHB）来看，不同景观布局的整体舒适度水平由高到低依次为方案 4＞方案 5＞方案 2＞方案 3＞方案 1，且各方案的整体舒适度指标均为"舒适"等级。由此说明不同景观布局不但对校园微气候的营造产生一定影响，而且不同景观布局对于人群活动空间的舒适度也有一定的调节作用，其中草地对于校园营造良好的微气候环境和提高人们的舒适感方面效果最为明显，该结论与参考文献 [5]、参考文献 [18] 的部分结论吻合。

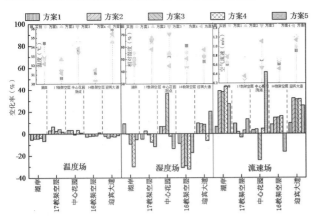

图6　不同景观布置方案模拟结果

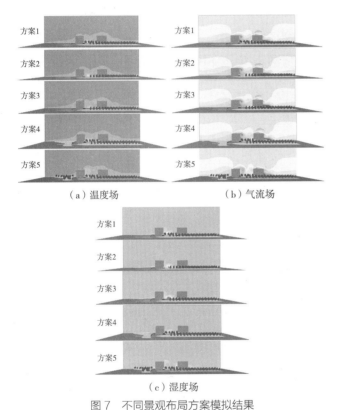

（a）温度场　　　　（b）气流场

（c）湿度场

图7　不同景观布局方案模拟结果

4　结论

园林景观对于校园营造良好的微气候和舒适的校园人群活动空间均具有重要作用。本文通过实测数据和数值模拟结果的分析和讨论，可得出以下主要结论：

（1）相对其他景观类型的空间来说，架空楼层能营造一个相对低温湿润、舒适稳定的局部环境。相比其他景观空间，架空楼层底部的平均温降为3.23℃，平均相对湿度升高8.08%。

（2）不同类型景观的下垫面形成肌理不同，因

此对同一气象环境的响应也存在较大差异。太阳辐射强度和黑球温度是影响不同类型景观下垫面地表温度的主要因素，环境温湿度是影响校园户外微气候环境人体舒适性的根本原因。

（3）林地、草地和水域对于校园局地微气候能起到降温增湿的作用，草地对空间流速场起到促进作用，而水域和林地则对流速场起到抑制作用。相比之下，草地景观对于营造校园微气候环境和提高环境舒适度的效果最为明显。

参考文献

［1］吴仁武，晏海，舒也，等.竹类植物夏季微气候特征及其对人体舒适度的影响 [J]. 中国园林，2019，35（7）：112-117.

［2］PERINI K，MAGLIOCCO A. Effects of vegetation，urbandensity，building height，and atmospheric conditions on local temperatures and thermal comfort[J].Urban Forestry & Urban Greening，2014，13（3）：495-506.

［3］KONGF H，YIN HW，JAMES P，Effects of spatial pattern of green space on urban cooling in a large metropolitan area of eastern China[J]. Landscape and Urban Planning，2014，128（5）：35-47.

［4］KETTERER C，MATZARAKIS A. Human-biometeorological assessment of heat stress reduction by replanning measures in Stuttgart，Germany[J]. Landscape and Urban Planning，2014，122（3）：78-88.

［5］杨真静，杜春兰.校园景观对局地热环境影响研究 [J]. 中国园林，2017（8）：88-91.

［6］华俊玮，祝善友，高牧原，等.多源参数在晋江城市热岛分析中的差异性 [J]. 遥感信息，2017，32（5）：93-101.

［7］张伟，朱玉碧，陈锋.城市湿地局地小气候调节效应研究——以杭州西湖为例 [J]. 西南大学学报（自然科学版），2016，38（4）：116-123.

［8］乔治，田光进.基于MODIS的2001年—2012年北京热岛足迹及容量动态监测 [J]. 遥感学报，2015，19（3）：476-484.

［9］曹畅，李旭辉，张弥，等.中国城市热岛时空特征及其影响因子的分析 [J]. 环境科学，2017，38（10）：3987-3997.

［10］许敏，洪波，姜润声．校园行道树对夏季室外行人热舒适的影响研究 [J/OL]．中国园林，http：//kns.cnki.net/kcms/detail/ 11.2165.TU.20190809.1149.002.html

［11］熊瑶，金梦玲．南京林业大学校园不同类型绿地冬季微气候效应分析 [J]．西北林学院学报，2018，33（1）：281-288．

［12］梁涛，何瑞珍，陈珂珂，等．校园绿色空间布局对微气候的效应研究 [J]．河南农业大学学报，2017，51（3）：414-420．

［13］李雅箐，梁炜，曹伟．亚热带地区典型城市热岛格局分析——以南宁为例 [J]．城市发展研究，2018，25（7）：14-18．

［14］刘建麟，牛建磊，张宇峰．建筑架空高度及风向对行人区微气候的影响评估 [J]．建筑科学，2017，33（12）：17-124．

［15］DU Y X，MAK C M，LIU J L，et al. Effects of lift-up design on pedestrian level wind comfort in different building configurations under three wind directions[J].Building and Environment，2017，117：84-99．

［16］彭海峰，杨小乐，金荷仙，等．校园人群活动空间夏季小气候及热舒适研究 [J]．中国园林，2017（12）：47-52．

［17］赵凌君，李丽，周孝清，等．广州地区校园夏季室外热环境舒适性研究 [J]．建筑科学，2016，32（8）：93-98．

［18］杨雅君，邹振东，赵文利，等．6 种城市下垫面热环境效应对比研究 [J]．北京大学学报（自然科学版），2017，53（5）：881-889．

［19］胡琳，胡淑兰，苏静，等．陕西省人体舒适度变化及其对气象因子的响应 [J/OL]．干旱区研究，2019（6）．

［20］曹云，孙应龙，吴门新．近 50 年京津冀气候舒适度的区域时空特征分析 [J]．生态学报，2019，39（20）：3．

［21］庄智，余元波，叶海，等．建筑室外风环境 CFD 模拟技术研究现状 [J]．建筑科学，2014，30（2）：108-114．

风景园林小气候适宜性评价：物理性与健康性

广州市街区绿化廊架夏季热环境调节作用研究 *

肖毅强，梁　妮，林瀚坤

华南理工大学建筑学院，亚热带建筑科学国家重点实验室

摘　要：为探究绿化廊架对夏季微气候及人体热舒适度的影响，本文以位于广州市越秀区一绿化廊架为实测对象，在其周围和内部设置 5 个测点进行微气候观测。采用生理等效温度（PET）指标量化人体热舒适感受，综合分析和评价夏季绿化廊架的热环境状况。结论：绿化廊架可在白天带来一定降温作用，同时能降低外来流风速，有效阻挡太阳辐射，提供良好的热舒适度，SVF 与太阳辐射关系密切，绿化廊架的微气候调节效果与树阵相接近。本研究成果希望能为湿热地区绿化廊架设计策略提供参考。

关键词：风景园林；微气候；绿化廊架；室外热环境

微气候是与生物最直接相关的生活环境，受到温度、湿度、风速、辐射等气象参数的共同影响，它源于大气候、中气候、地区气候，相比之下，因范围有限受空间下垫面环境影响更大，从而常具有特殊性与可塑性[1]。风景园林空间是当今社会人们亲近自然的有效途径，它基于风景园林学的视角，涵盖了包括地形地貌、植（动）物、建（构）筑物、水体等多种物质形态在内的空间构成，是人们日常生活、工作游憩的空间[2]。廊架作为常见的景观空间要素，是在景观园林中建造的供游人休息、景观点缀之用的建筑体，主要采用防腐木材、竹材、石材、金属、钢筋混凝土为主要原料，添加其他材料凝合制造，可以与亭、榭等组成富有形式美感和层次丰富的建筑群体，与自然生态环境和谐搭配，既能满足园林绿化设施实用功能又能够美化环境[3]。绿化廊架是指有爬藤植物覆盖在顶部的廊架，常见的爬藤植物有使君子、三角梅、紫藤、油麻藤等。绿化廊架通常是半围合结构，相对于建筑实体更加轻盈，由柱子和廊顶组成，部分还带有格栅状的围合，形成半闭合的空间。在夏季，绿化廊架的微气候因素与人体的热舒适感受息息相关，如空气温度（T_a）、相对湿度（RH）、黑球温度（T_g）、风速（V_a）等，然而现阶段缺乏绿化廊架对夏季热环境调节作用的定量分析。本研究旨在通过微气候观测并采用生理等效温度（PET）指标量化人体热舒适感受，综合分析和评价夏季绿化廊架的热环境状况，并与树阵这一景观要素的热环境状况进行对比，以期为风景园林空间的设计策略提供参考。

1　研究方法及内容

1.1　测试区介绍

广州属南亚热带典型的季风海洋气候，温暖多雨、光热充足、温差较小、夏季长。测试区位于广州市越秀区都府街区，社区连通越华路、仓边路、东风路、正南路，往来人员众多，绿化面积达 37%。测试区内有一长 11.5m、宽 3.2m、高 2.5m 的绿化廊架，呈南北走向，廊架顶部由爬藤植物使君子覆盖。廊架东南侧为小东营科普文化广场，廊架东西两侧分别为 5 层建筑和 3 层建筑。

1.2　微气候实测内容

本研究的目的是探究绿化廊架对室外热环境的调节作用，因此实测于 2019 年 9 月 7 日一个晴朗弱风的典型夏季气象日进行，实测时间段为 8：00~19：00。测试主要是进行绿化廊架及其周围环境的微气候观测，根据场地情况合理布置 5 个测点（图 1）：测点 1 位于廊架中央，测点 2 位于距离廊

---

*　基金项目：国家自然科学基金（编号 51478188、编号 51908220）资助

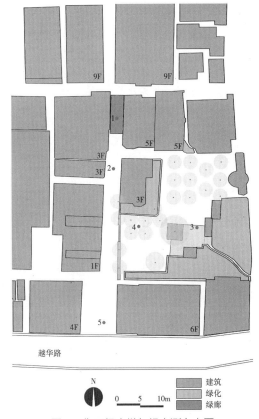

图1 街区绿廊微气候实测布点图

图例：
- 建筑
- 绿化
- 绿廊

N
0 5 10m

越华路

架5m处无遮挡位置，测点3位于廊架南侧一广场的无遮盖处，测点4位于广场的树阵间，并设置1个室外对照点。在各个测点距离地面1.5m处架设测试仪器，仪器每5min记录一次测点气象参数，包括T_a、RH、T_g和V_a。生理等效温度PET是迈耶（H. Mayer）和霍普（P. Höppe）[4]于1987年专门为室外环境开发的一种热舒适评价通用指标。1999年，德国弗赖堡大学的安得里亚斯（Andreas Matzarakis）教授[5]将生理等效温度PET划分为9个生理应激等级（表1）从人体热舒适角度为室外热环境评价提供了标准。

Rayman模型主要用于分析微气候舒适度指标——生理等效温度（PET）[7]。本次测试仪器无法直接测得计算PET所需要的平均辐射温度（MRT），故根据ISO7726标准中MRT的计算公式将实测得到的黑球温度（T_g）、空气温度（T_a）及风速（V_a）代入其中，计算各测点逐时MRT值。

$$MRT=\left[\left(T_g+273\right)^4+\frac{0.25\times10^8}{\varepsilon}\left(\frac{|T_g-T_a|}{D}\right)^{\frac{1}{4}}\times\left(T_g-T_a\right)\right]^{\frac{1}{4}}-273$$

式中：发射率ε为0.95；黑球直径D为50mm。

之后将各测点的空气温度（T_a）、黑球温度（T_g）、MRT导入Rayman，选定夏季人体平均服装热阻为0.3clo，人体条件为身高175cm、体重70kg、年龄35岁、新陈代谢率为115W/m²的男性为计算时的个体参数。

1.3 测试仪器介绍

测试仪器及仪器性能见表2。

为了减少太阳辐射影响导致产生温湿度数据偏差，实测时将HOBO温湿度自记仪放置于百叶防辐射箱中，用于记录空气温度（T_a）和相对湿度（RH）。测试时，将两种仪器固定于三脚架上，距离地面约为1.5m高。天空可视因子（Sky View Factor，SVF）是指地面某点对天空的可见程度，是描述城市形态和空间冠层结构的重要指标，也是影响室外热环境的重要因素[8]。采用带有鱼眼镜头的相机拍摄均匀天空条件下的各测点天空鱼眼照片，用于分析各测点天空遮挡情况。拍摄时，通过支架上的罗盘将仪器朝北固定，借助自平衡架调整平衡螺钉令相机水平后，采用相机自拍功能拍照。之后将采集到的照片用Hemiview分析软件进行分析。

不同PET对应的热感觉等级及应激反应[6]　　表1

PET	热感觉	生理应激反应
≤ 4℃	很冷	极端冷应激
4~8℃	冷	强冷应激
8~13℃	凉	中冷应激
13~18℃	稍凉	轻微冷应激
18~23℃	舒适	无热应激
23~29℃	稍暖	轻微热应激
29~35℃	暖	中等热应激
35~41℃	热	强热应激
≥ 41℃	非常热	极端热应激

仪器型号及参数　　表2

仪器名称	测试要素	测量范围	测量精度	分辨率
HOBO温湿度自记仪	空气温度（℃）	-40~70	±0.18℃（25℃）	0.02（25℃）
	相对湿度（%）	0~100	±0.25%（10%~90%）	0.03%
HD32.3热指数仪	黑球温度（℃）	-10~100	±0.3℃	0.1
	风速（m/s）	0~5	±0.05（0~1m/s）±0.15（1~5m/s）	0.01
Cannon EOS 60D单反相机	鱼眼照片		Sigma EX-DC 4.5mm鱼眼镜头	

2 测试结果分析

为了避免实验结果的偶然性，对实测得到的 T_a、RH、T_g 和 V_a 等微气候因子数据取间隔为 1h 的平均值，通过比较平均值的逐时变化差异和测试时段内总平均值，得出各测点之间的微气候差别。进而采用生理等效温度（PET）指标量化人体热舒适感受，综合分析夏季绿化廊架的热环境状况。

2.1 空气温度分析

整体对比测点 1~4 和对照点的空气温度差值，由图 2 可以看出，测试时段（8:00~19:00）内测点 1~4 空气温度均小于对照点，且这 4 个测点日变化趋势相近，5 个测点空气温度整体日变化上呈现出以下特点：上午增温速率较下午更快，其中对照点升温最快，因其处于空旷且天空无遮挡的环境；测点 2 和测点 3 因为同样无遮挡，上午升温曲线相似；测点 1 上午升温速率最慢。除去参照点，其中测点 2 在 14:00 达到最高温度 35℃，测点 1 因为有绿化廊架顶部叶片层的遮挡，温度总体处于较低水平，于 8:00 达测试时段最低 29.6℃，于 14:00 达测试时段最高 33.4℃，相较于对照点的最高温度降低 5.4℃，相较于测点 4 的最高温度降低 1.4℃。

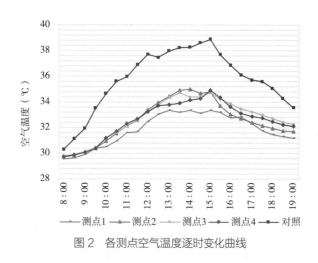

图 2　各测点空气温度逐时变化曲线

测点 1 的空气温度相较于对照点平均降低 4℃，比测点 2 平均降低 1℃，且比测点 4 平均降低 1.5℃（图 3）。测点 4 的空气温度相较于对照点平均降低 2.5℃，降低程度次于测点 1。其中，测点 1 和测点 4 均为有遮盖测点，测点 2 和测点 3 均为无遮盖测点，前者的平均空气温度小于后者，说明有无遮盖对于

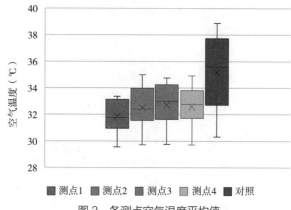

图 3　各测点空气温度平均值

测点的空气温度有一定的影响。相比而言，测点 1 比测点 4 温度更低，说明绿廊空气温度减弱程度较树阵更明显。

2.2 风速分析

测点 1~4 全天风速变化趋势复杂，无明显规律（图 4）。测点 1 和测点 4 风速整体变化范围明显小于对照点，测点 1 的风速相较于测点 2 平均降低 0.1~0.4m/s，测点 3 的风速相较于测点 4 平均降低 0.1m/s。测点 1 的平均风速为 0.35m/s，测点 4 的平均风速为 0.22m/s（图 5）。由此得出绿廊和树阵

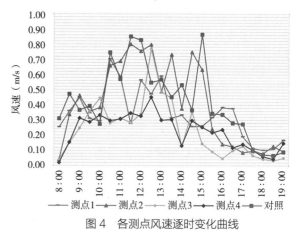

图 4　各测点风速逐时变化曲线

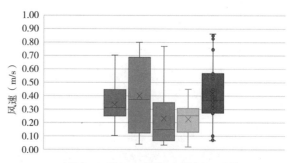

图 5　各测点风速平均值

都有稳定风速的作用，有利于居民开展一些日常户外活动。风速测点1因为处于南北向的巷道中，而测点4四周围蔽较多，导致前者稳定风速的效果弱于后者。且5个测点的平均风速均在0.5m/s的范围内，最大风速在1m/s以下，在风级划分中属于0级（无风，风速0~0.2m/s）和1级（软风，风速0.3~1.5m/s），即人体无明显"吹风感"[9]。

2.3 太阳辐射分析

人体与周围环境表面的辐射热交换取决于各表面的温度以及人与表面间的相对位置关系。黑球温度系美军户外训练中为防止热伤亡事故而提出的热指标，是ASHRAE[10]和ISO7243[11]标准所选定的热应力指标。黑球温度不涉及个人变量，单纯描述环境的炎热程度，适合用于评价物理环境。黑球温度变化主要受太阳辐射影响，测试时段（8：00~19：00）内，太阳辐射为主要的辐射源，黑球温度的变化可以间接反映各测点太阳辐射的变化。测点1~4全天黑球温度和变化幅度均小于对照点，测点1和测点4黑球温度整体变化趋势相似，测点2和测点3相似（图6）。其中无遮盖的测点2和测点3在13：00达到黑球温度最大值44℃，有遮盖的测点1在13：00达到黑球温度最大值33.39℃，另外一有遮盖测点4在15：00达到黑球温度最大值35.4℃。测点1的黑球温度相较于测点2平均降低1.5℃，相较于对照点平均降低11.5℃，相较于测点4平均降低1.5℃（图7）。可见绿化廊架可以显著降低太阳辐射强度，且黑球温度的降低对人体舒适感受改善具有一定的作用。

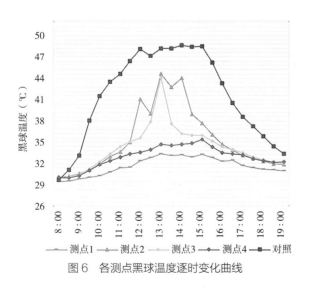

图6 各测点黑球温度逐时变化曲线

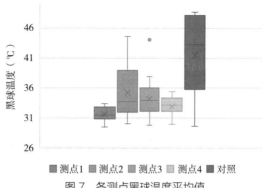

图7 各测点黑球温度平均值

2.4 相对湿度分析

总体来看，各测点相对湿度与空气温度呈相反的变化趋势（图8）。测点1~4总体的变化趋势无明显差异，对照点始终较低，最低值都出现在15：00~16：00。测点1在16：00~17：00时段太阳辐射较强时出现了4%的波动，其他时段相对湿度为5个测点中最高。测点3虽然为无遮盖测点，但因相对湿度还受环境植物蒸腾作用影响，测点3周围有一定的绿化量，因而其相对湿度也较高，而同样无遮盖的测点2周围则缺乏绿化量，其相对湿度整体偏低（图9）。

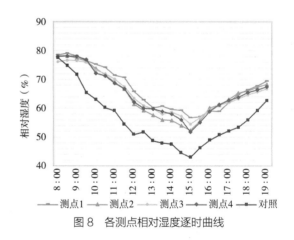

图8 各测点相对湿度逐时曲线

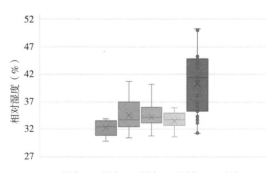

图9 各测点相对空气湿度平均值

2.5 生理等效温度分析

通过计算得到各测点在测试时段（8：00~19：00）的 MRT 值，得到各测点平均辐射温度逐时变化曲线（图10），总体来看，各测点的 MRT 日变化趋势与黑球温度日变化趋势相似，即测点的平均辐射温度受太阳辐射的影响（图11）。

利用 Rayman 软件计算得出各测点的 PET 逐时曲线（图12），总体来看 PET 的最大值为50.3℃，最小值为29.9℃，各测点平均 PET 最大差异9℃。其中无遮盖的测点2、3和对照点 PET 变化幅度较大，由此得出 PET 受太阳辐射影响，有遮盖的测点较无遮盖的测点更为舒适。其中有遮盖的测点1和测点4的日间 PET 波动较为稳定，测试时段内的最大值和最小值分别相差4℃和5.3℃，测点1的 PET 平均值相较于测点2平均降低1.7℃（图13），相较于测点4平均降低1.8℃，相较于对照点平均降低9℃。测点1的 PET 整体稳定在31~33.5℃之间，测点4的 PET 稳定在32.5~35℃之间，都属于"暖"（表1），

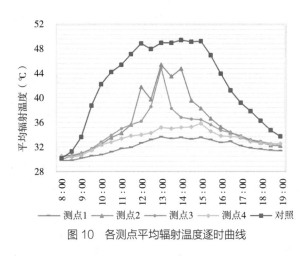

图 10 各测点平均辐射温度逐时曲线

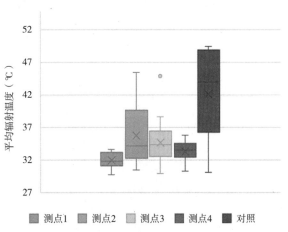

图 11 各测点平均辐射温度平均值及变化范围

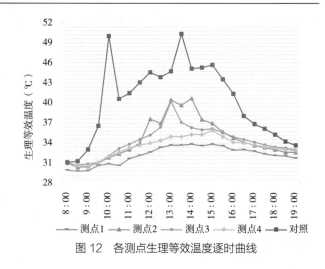

图 12 各测点生理等效温度逐时曲线

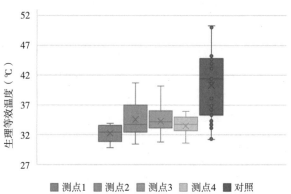

图 13 各测点生理等效温度范围区间及平均值

说明绿廊和树阵都可以提供更好的热舒适度。前者因为太阳辐射减弱程度更加明显，PET 平均值也比后者更小，绿廊较树阵的热舒适度更好一些。对照点因为无遮盖且周围无绿化，临近街道受汽车尾气影响也较为严重，故其 PET 变化范围最大，平均值也更高，热舒适度最差。测点1因为有良好的降温增湿环境以及稳定的风速，为所有测点中最舒适的空间。

2.6 天空可视因子分析

通过计算测点的 SVF 值，可得各测点的天空遮挡程度，SVF 反映该点天空开敞与遮挡程度，影响该点所受到的太阳辐射，从而有利于比较各测点遮挡太阳辐射的程度大小。测点1的 SVF 值为0.14，测点4的 SVF 值略大，为0.22（图14），而测点4的太阳辐射强度大于测点1，可见测点的 SVF 与其所受太阳辐射关系密切。通过计算得出，测试时段（8：00~19：00）内测点1的平均 MRT 为32℃，测点4的平均 MRT 为34℃（图11），前者小于后者，

图 14 测点 1（左）和测点 4（右）的天空鱼眼相片

前者的 SVF 值也小于后者，由此推测 SVF 值和 MRT 值存在密切关联。

3 结果与讨论

通过以上对夏季绿化廊架以及周围空间的热环境实测和结果分析得出以下结论：①绿化廊架和树阵均可在白天带来一定降温作用，前者降温效果优于后者。②绿化廊架能降低外来流风速，提供相对稳定的微风环境。③太阳辐射强度是影响室外热环境的重要因素，绿化廊架相对于无遮盖空间可以有效阻挡太阳辐射，相对于树阵的效果要好，可以提供更加良好的热舒适度。④SVF 与太阳辐射关系密切，进而影响热舒适度。⑤绿化廊架的微气候调节效果与树阵相接近，略微优于后者。本研究成果以期为湿热地区绿化廊架设计策略提供参考。

本实验旨在研究夏季绿化廊架的热环境调节作用，仍存在一些不足之处。首先，微气候测试仅在白天 8：00~19：00 进行，缺乏夜间调查数据和现场问卷调查；其次，测试只进行了一天，应该选取多个典型夏季日进行连续几天的实测；最后，未对廊架顶部覆盖植物和树阵广场树木的叶面积指数（Leaf Area Index，LAI）进行讨论，后续将针对这几个方面深入研究。

参考文献

［1］ PENG L, JIM C. Green-roof effects on neighborhood microclimate and human thermal sensation[J].Energies，2013，6（2）：598-618.

［2］ 龙燕 . 城市边缘区风景园林空间特征研究 [D]. 武汉：武汉大学，2014.

［3］ 刘忠梅 . 浅谈园林景观中的廊架设计 [J]. 现代园艺，2019（11）：142-143.

［4］ BROWN R. Design with microclimate：the secret to comfortable outdoor space[M].Washington：Island Press，2010.

［5］ MATZARAKIS A，MAYER H，IZIOMON M G. Applications of a universal thermal index：physiological equivalent temperature[J]. International Journal of Biometeorology，1999，43（2）：76-84.

［6］ SANTAMOURIS M，ASIMAKOPOULOS D. Passive cooling of buildings[M]. London：Routledge，1996.

［7］ GULYAS A，UNGER J，MATZARAKIS A. Assessment of the microclimatic and human comfort conditions in a complex urban environment：modelling and measurements[J]. Building and Environment,2006（12）：1713-1722.

［8］ OKE T R. Canyon geometry and the nocturnal urban heat island：comparison of scale model and field observations[J]. Journal of Climatology，1981，1（3）：237-254.

［9］ 薛思寒 . 基于气候适应性的岭南庭园空间要素布局模式研究 [D]. 广州：华南理工大学，2016.

［10］ ASHRAE. ASHRAE Standard 55-2004. Thermal environmental conditions for human occupancy[S]. Atlanta，GA：American Society of Heating，Refrigiratingand Air-Conditioning Engineers，2004.

［11］ PARSONS K. Heat stress standard ISO 7243 and its global application[J]. Industrial Health，2006，44（3）：368-379.

基于 LUR 模型的深圳市 PM10 质量浓度空间分布模拟 *

肖乾坤[1]，吴昌广[1, 2, 3]

1. 华中农业大学园艺林学学院；2. 农业部华中都市农业重点实验室；3. 亚热带建筑科学国家重点实验室

摘 要：本研究基于 LUR 模型，利用深圳市 PM10 浓度监测数据和相关的气象、土地利用和城市建设数据，构建四季 LUR 模型，并模拟了深圳市四季 PM10 浓度的空间分布。结果表明：①春季模型纳入变量为温度和 1500m 内建筑密度，夏季为风速、2000m 内商业用地、2500m 内居住用地和工业用地，秋季为 3000m 内工业用地，冬季为温度、湿度、1200m 内高速路长度和 2000m 内商业用地。②四个季节 PM10 高浓度区分布不同，春季分布在龙华、坂田一带，夏季分布在公明和南山，秋季分布在光明、观澜、平湖，冬季分布在公明、龙华、横岗等区域。

关键词：LUR 模型；PM10 质量浓度；空间分布；深圳市

1 引言

随着我国城市化进程的快速发展，大城市空气污染问题日益突显，雾霾现象频发，严重影响了城市空气环境质量。城镇化建设和工业生产的过程中产生了大量可吸入颗粒物 PM10（指环境空气中空气动力学当量直径小于等于 10μm 的颗粒物）等微尘污染[1]。长期悬浮在空气中的可吸入颗粒物可以被人体吸入，沉积在呼吸道，引发呼吸系统和肺部疾病，大气中 PM10 浓度的上升会导致我国人群每日总死亡率、心脑血管疾病死亡率和呼吸系统疾病死亡率的增加[2]。快速准确地了解 PM10 浓度及其时空分布规律，对空气污染暴露评估研究和空气质量的改善具有重要意义。

传统的地面监测方法受监测点数量及位置的影响，无法满足城市大范围的污染物浓度空间分布的高分辨率要求。1997 年，Briggs 等首次应用土地利用回归（Land Use Regression，LUR）模型研究了污染物的空间分布[3]。LUR 模型是模拟城市尺度大气污染物浓度空间分布的通用模型，具有构建简单、成本低、模拟精度较高的特点，目前已经成功应用于北美和欧洲一些城市 NO₂、NOₓ、PM2.5 年平均浓度的估算，成为研究城市大气污染物浓度时空分异最主要、最体系化的方法之一。国内应用相对较少，陈莉等应用 LUR 模型模拟了天津市 PM10 和 NO₂ 浓度的空间分布[4]，焦利民等基于 LUR 模型探究了武汉市 PM2.5 浓度的空间分布[5]。Liu 等人应用土地利用回归模型对上海市内 PM2.5 和 NO₂ 的影响因素和分布特征进行了评估[6]。考虑到土地利用方式、人口分布和气象条件等方面的差异，本研究以深圳市为研究区，结合空气质量监测站点一年的 PM10 浓度监测数据和气象、土地利用和城市建设数据，通过 ArcGIS 叠加分析、缓冲区分析和 SPSS 多元统计分析等方法构建四季 LUR 模型，探究了深圳市四个季节 PM10 浓度的影响因子，并进一步模拟近地表四季 PM10 浓度的空间分布。

2 材料与方法

2.1 研究区概况

深圳市地处南部沿海地区，珠江入海口的东北部（22°27′~22°52′N，113°46′~114°37′E）。属于亚热带季风性气候，年平均气温 22.4 ℃，年降雨量 1933.3mm，常年主导风向为东南偏东风。全市总面积 1996.85hm²，常住人口 1302.66 万人。本研究以深圳市为研究区，如图 1 所示，包含 9 个行政区和

---

* 基金项目：国家自然科学基金项目（编号 31670705）、中央高校基本科研业务费专项（编号 2662017JC037）、亚热带建筑科学国家重点实验室开放课题（编号 2017ZB06）共同资助

图1 空气质量监测站点分布图

1个新区：福田区、罗湖区、南山区、盐田区、宝安区、龙岗区、坪山区、龙华区、光明区、大鹏新区。

2.2 数据收集与处理

LUR 模型的自变量包含各种对污染物浓度产生影响的因素，常用的有土地利用、道路交通、气象、人口密度、地形等[7]。在本研究中，加入了建筑密度这一影响因子，对土地利用、道路交通和建筑密度建立不同缓冲区以获得建立模型的潜在变量。所有的数据通过 ArcGIS10.5 处理，并转换到同一地理坐标系与投影坐标系。

2.2.1 PM10 质量浓度数据

收集了 2012 年 3 月~2013 年 2 月分布在深圳市的 19 个空气质量监测点逐小时 PM10 浓度数据，求算出每个监测点的 PM10 月均浓度值。监测点位置如图 1 所示。

2.2.2 预测变量数据

污染源与人口因子：由于无法获得具体的污染排放量数据和人口分布数据，根据污染企业排放清单（深圳市政府数据开放平台，网址：https://opendata.sz.gov.cn/），统计每个监测点所在街道的污染企业数量作为污染源数据。以监测点所在行政区的人口密度作为该点的人口密度[4]，人口密度数据来源：深圳市 2012 年和 2013 年统计年鉴。

DEM 和气象数据：利用得到的深圳市地形数据，在 ArcGIS 中提取每个监测点的高程数据，即每个测点的高程。采集与空气质量站点匹配的各个气象监测点气候要素数据，本研究选取的气候要素包括风速、温度和湿度，求算各个测点气候要素的月均值。

城市建设数据：包含道路长度和建筑密度。由于无法获取道路交通量数据，以道路长度表征交通变量。交通变量的最大缓冲半径一般为 1000m[8]，以 PM10 监测点为圆心，设置 300m、600m、900m、

1200m 的缓冲区，计算缓冲区内高速路、主干道和所有道路的总长度，得到代表交通状况的预测变量。根据收集的深圳市建筑普查数据，设置 500m、1000m、1500m 的缓冲区，计算缓冲区内的建筑密度，得到代表建筑密度的预测变量。

土地利用数据：根据获得的深圳市法图规划数据，提取了居住用地、工业用地、水体、绿地、商业用地、教育科研用地的面积作为表征土地利用的自变量。以监测点为圆心，分别做半径 500m、1000m、1500m、2000m、2500m、3000m 的缓冲区，计算缓冲区内 6 种用地的面积，获得代表土地利用的预测变量。

2.3 LUR 模型构建

LUR 模型中，通常以污染物监测数据为因变量，以土地利用、道路交通、气候要素和人口密度等为自变量建立多元线性回归方程。通式为

$$Y = a + \beta_1 X_1 + \beta_2 X_2 + \cdots + \beta_n X_n + \varepsilon$$

其中，Y 为因变量，即月均 PM10 浓度；β_1、$\beta_2 \cdots \beta_n$ 为待定系数；X_1、$X_2 \cdots X_n$ 为自变量，即与 PM10 浓度相关的地理变量；ε 为随机变量。模型构建的算法采用吴建生等提出的后向算法[9]，具体的步骤如下：①对所有自变量与因变量进行单变量回归分析[10]，记录所有自变量的正负方向作为变量的先验方向（表1）；②计算所有自变量与因变量的相关性，每类因子的自变量根据相关性绝对值的大小依次排序，确定与因变量相关程度最高的自变量，即排序最高变量；③剔除每类因子中与排序最高变量相关性显著的变量（Pearson 检验中 $r > 0.6$ 的变量），以消除变量之间的共线性；④对剩余自变量和因变量进行逐步多元线性回归，并剔除以下自变量：在显著水平下不满足 T 检验或模型先验假定的。模型精度检验采用 Holdout Validation 法[11]，每个季度随机抽取 45 个数据作为训练样本建模，剩下 12 个数据作为检验样本，通过实测样本与预测样本的吻合度检验模型精度。

3 结果分析

3.1 LUR 模型结果分析

根据相关性分析与 LUR 模型构建方法，剔除掉与 PM10 相关性不合先验假定的变量，找出每类因

LUR模型预测变量表　　　　　　　　　　　　　　　　　　　　　表1

数据类型	预测变量	先验方向	数据类型	预测变量	先验方向
污染源	污染源数量（个）X_1	+		500m X_{28}	+
人口密度	人口密度（人/km²）X_2	+		1000m X_{29}	+
地形地貌	高程（m）X_3	−		1500m X_{30}	+
气象因素	风速（m/s）X_4	−	工业用地（m²）	2000m X_{31}	+
	温度（℃）X_5	−		2500m X_{32}	+
	湿度 X_6	−		3000m X_{33}	+
道路交通	/			500m X_{34}	+
高速路长度（m）	300m X_7	−		1000m X_{35}	+
	600m X_8	−	商业用地（m²）	1500m X_{36}	+
	900m X_9	−		2000m X_{37}	+
	1200m X_{10}	−		2500m X_{38}	+
主干道长度（m）	300m X_{11}	+		3000m X_{39}	+
	600m X_{12}	+		500m X_{40}	+
	900m X_{13}	+		1000m X_{41}	+
	1200m X_{14}	+	教育科研用地（m²）	1500m X_{42}	+
道路总长度（m）	300m X_{15}	+		2000m X_{43}	+
	600m X_{16}	+		2500m X_{44}	+
	900m X_{17}	+		3000m X_{45}	+
	1200m X_{18}	+		500m X_{46}	+
建筑密度	500m X_{19}	+		1000m X_{47}	+
	1000m X_{20}	+	绿地（m²）	1500m X_{48}	+
	1500m X_{21}	+		2000m X_{49}	+
土地利用	/			2500m X_{50}	+
居住用地（m²）	500m X_{22}	+		3000m X_{51}	+
	1000m X_{23}	+		500m X_{52}	−
	1500m X_{24}	+		1000m X_{53}	−
	2000m X_{25}	+	水体（m²）	1500m X_{54}	−
	2500m X_{26}	+		2000m X_{55}	−
	3000m X_{27}	+		2500m X_{56}	−
				3000m X_{57}	−

子中与PM10相关性排序最高的变量，再去除每类因子中与排序最高变量皮尔森相关系数大于0.6的变量后，最终参与LUR模型构建的自变量个数分别为春季23个，夏季24个，秋季28个，冬季26个，对春、夏、秋、冬四个季节分别进行逐步多元线性回归，最终LUR模型结果见表2。构建的四个模型中，春季进入模型的两个变量分别是温度和1500m缓冲区内的建筑密度，夏季进入模型的4个变量分别是风速、2000m缓冲区内的商业用地面积、2500m缓冲区内的工业用地面积和居住用地面积，秋季进入模型的只有一个变量，为3000m缓冲区内的工业用地面积，冬季进入模型的4个变量分别为温度、湿度、1200m缓冲区内的高速路长度和2000m缓冲区内的商业用地面积。

春季、夏季和冬季都有气象要素进入到模型中，对PM10浓度呈现出显著的负影响，有助于PM10浓度的降低。土地利用方式中，绿地没有进入到四个模型中，在单变量回归分析中，与PM10浓度呈正相关，这与其他许多研究不同。绿地对污染物的影响与绿地的植物配置、绿地布局和绿地规模有关[12]。绿地对可吸入颗粒物会起到一定的沉降作用，但过于密集的绿地布局阻碍风的运动，使得PM10难以

四季LUR模型结果 表2

四季 LUR 模型	R^2	调整 R^2	标准估计误差（μg/m³）
$Y_春=168.263-5.276X_5+128.605X_{21}$	0.794	0.782	11.11
$Y_夏=59.03-6.43X_4+4.081\times10^{-6}X_{26}+5.413\times10^{-6}X_{32}+1.496\times10^{-5}X_{37}$	0.655	0.615	6.54
$Y_秋=66.035+5.976\times10^{-6}X_{33}$	0.277	0.258	20.98
$Y_冬=459.372-11.853X_5-2.56X_6-0.004X_{10}+3.553\times10^{-5}X_{37}$	0.867	0.848	10.32

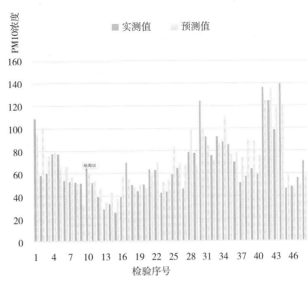

图2 检验样本的实测值与模拟值

扩散，浓度升高。水体对 PM10 浓度表现出负相关，但最终没有进入到模型中，相关研究表明，大面积的水域对空气污染有缓解作用。在一定的缓冲区内，随着人为活动区的增加，水体的规模会减小，对 PM10 的降解清除作用也会相应的减小。居住用地、工业用地和商业用地在不同季节被纳入到模型中，均对 PM10 有一定的正影响，较多的人为活动和工业生产活动会增加 PM10 的排放。在城市规划时，适当调整土地利用方式，有助于减少城市 PM10 的产生，同时营造良好的通风环境，促进城市中 PM10 的扩散。

四个季节模型的调整 R^2 波动不大，春季、夏季和冬季的调整 R^2 大于 0.6，秋季模型的调整 R^2 较低，模型的解释力相对较弱。不同季节，PM10 浓度受到的影响不同，污染物的分布不仅受土地利用、交通密度、污染源距离等因素的影响，还会受到风力、风向、降雨量、气压等自然因素的影响[3、13-15]。城市车流是城市中 PM10 的重要来源之一，本文中用道路长度表征道路交通数据，对城市道路车流的污染评估存在一定的误差。城市微环境和不同企业的工业排放量对 PM10 浓度的影响，也会对拟合结果产生影响，这些是可能导致秋季模型调整 R^2 较小的原因。

为了进一步探究模型的拟合效果，图2列出了四个季节48个检验样本实测值与模拟值。通过计算各个检验样本的模拟值与实测值的差异，得出春夏秋冬四个季节的平均绝对误差分别为 11.80μg/m³、8.82μg/m³、13.76μg/m³、15.95μg/m³，说明构建的四个季节的 LUR 模型模拟效果较好，可以用来估计深圳市四季的 PM10 浓度分布。

3.2 四季 PM10 浓度空间分布特征

得到经过检验的方程后，利用 ArcGIS 平台以深圳市为全域建立 5km×5km 的网格，提取网格中心点的各个自变量，并根据回归方程计算出 PM10 质量浓度。以各中心点数据为基础进行 Kriging 插值，得到深圳市四季 PM10 质量浓度空间分布图（图3~图6）。一年中呈现出冬季 > 秋季 > 春季 > 夏季的年变化特征，这与王明洁等得出的研究结果一致[16]。四个季节中 PM10 浓度冬季最高，秋季次之，夏季最低，春季略高于夏季，与实测点呈现出的结果一致。整体来看，PM10 高浓度区主要分布在龙华、公明、光明、观澜、松岗、龙岗等建筑密度和开发强度较高、工业用地与居住用地占比较大的区域；低浓度区主要分布在东南地区的葵涌、南澳、大鹏、盐田等开发强度低、人为活动少、拥有大型水体、生态环境良好的区域。对比各监测点的月均 PM10 浓度，模拟结果与实际结果一致，大部分地区 PM10 低浓度时间段主要是 5~8 月及夏季时段，高浓度时间主要是秋季的 10 月和冬季的 1 月，部分地区如松岗、沙井、龙华、坑梓、光明和观澜 3 月的 PM10 浓度较高，均超过了 100μg/m³。

各个季节的 PM10 浓度分布表现出一定的差异，在春季有一个高浓度中心，出现在龙华、坂田一带，污染物浓度高于周边地区，结合建设用地布局规划图（图7）和综合交通规划图（图8），该区域建筑较为密集，周边的客运、货运等交通站点较多，产生的 PM10 多于其他地区；夏季出现两个高浓度中心，一个在公明，一个在南山，全市整体浓度较低，最高为 57.03μg/m³，据深圳市气象局报道，深圳市夏季主导风向为东南偏东风，PM10 受到夏季风的影响

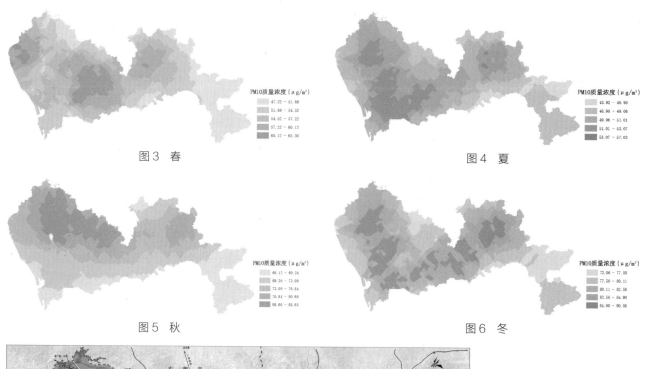

图 3 春

图 4 夏

图 5 秋

图 6 冬

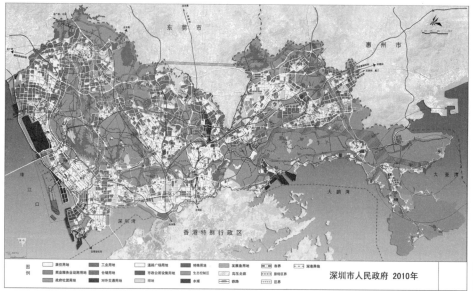

图 7 深圳市 2010~2020 年
建设用地布局规划图

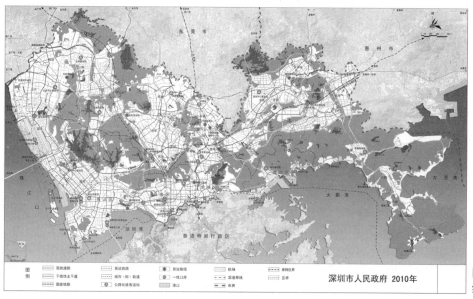

图 8 深圳市 2010~2020 年
综合交通规划图

显著，但受凤凰山、羊台山和塘朗山的阻挡，污染物扩散受阻；公明处在背风侧，受到夏季风影响较小，因此两个地区在夏季相对其他地区浓度偏高；秋季，由于工业用地对PM10浓度有显著影响，高浓度区主要出现在光明、观澜、平湖，对比用地规划图，这几个地区工业用地占比较多，污染物浓度较高；在冬季，PM10高浓度区分布较为均匀，主要在公明、龙华、横岗、坪山等开发强度较高的区域，冬季相对寒冷，干燥少雨，PM10受自然环境影响较小，更多受到城市内部用地、交通等因素影响，产生PM10的来源广泛，扩散与沉降能力较弱，导致冬季的PM10浓度最高。在未来的发展中，可适当调整产业结构，减少工业用地的比例，发展高新技术产业；结合气候特点规划绿地的格局和植物配置，提高绿地对PM10等颗粒物的消减作用；合理规划城市空间布局，营造更好的城市通风效能，提高PM10的扩散能力，从而降低城市的PM10质量浓度。

4 结论与展望

本文结合深圳市2012~2013年19个空气监测点的PM10质量浓度数据，同时提取各站点海拔高度、气象要素及其周边区域的污染源个数、人口密度、道路长度、建筑密度、土地利用类型等7类因子，构建了春、夏、秋、冬四个季节PM10浓度的LUR模型，并利用Kriging插值对深圳市全域进行了PM10浓度的空间分布模拟。结果表明：

（1）深圳市四个季节PM10浓度LUR模型纳入的变量不同，春季模型纳入的变量为温度和1500m缓冲区内的建筑密度；夏季模型纳入的变量为风速、2000m缓冲区内的商业用地、2500m缓冲区内的居住用地和工业用地；秋季模型纳入的变量为3000m缓冲区内的工业用地；冬季模型纳入的变量为温度、湿度、1200m缓冲区内的高速路长度和2000m缓冲区内的商业用地。说明不同季节深圳市PM10浓度受到的影响存在差异，整体来看主要受到气候要素和城市建设中土地利用方式这两类因子的影响。

（2）各个季节PM10浓度由于受到的影响不同，高浓度区空间分布存在一定的差异。春季高浓度区分布在龙华、坂田一带；夏季高浓度区分布在公明和南山；秋季高浓度区分布在光明、观澜、平湖；冬季高浓度区分布较均匀，主要在公明、龙华、横

岗、坪山等区域。低浓度区主要分布在葵涌、南澳、大鹏等开发强度较低、人为活动少、生态环境良好的区域。

随着我国经济水平的显著提高，人们愈发关注城市的空气质量，越来越多的学者开始投入到污染物浓度、污染物分布及污染物暴露评估的研究中，LUR模型是目前模拟城市尺度大气污染时空分异的常用方法之一，在国内应用较少。加上我国城市发展存在明显差异，地域特征明显，自然条件复杂，LUR模型在已有的研究中均表现出不同的效果，相关研究有待进一步深入。未来的研究中，通过城市监测网络获得更准确的监测数据、道路车流量数据、人口分布数据，或将卫星遥感数据融入LUR模型中，以提高模型的精度，进而提高空间分布模拟的精度。

注：文中图1~图6均由作者绘制，图7、图8来源：深圳市政府数据开放平台。

参考文献

[1] 赵敬源. 城市街谷空间污染物扩散与分布[M]. 北京：中国建筑工业出版社，2019.

[2] 黄雯，王洪源，王旗. 我国大气可吸入颗粒物污染对人群死亡率的影响[J]. 中华预防医学杂志，2011，45（11）：1031-1035.

[3] BRIGGS D, COLLINS S, ELLIOTT P, et al. Mapping urban air pollution using GIS: a regression-based approach[J]. International Journal of Geographical Information Science, 1997, 11（7）：699-718.

[4] 陈莉，白志鹏，苏笛，等. 利用LUR模型模拟天津市大气污染物浓度的空间分布[J]. 中国环境科学，2009，29（7）：685-691.

[5] 焦利民，徐刚，赵素丽，等. 基于LUR的武汉市PM2.5浓度空间分布模拟[J]. 武汉大学学报（信息科学版），2015，40（8）：1088-1094.

[6] LIU C, BARRON H, WANG D F, et al. A land use regression application into assessing spatial variation of intra-urban fine particulate matter（PM2.5）and nitrogen dioxide（NO$_2$）concentrations in City of Shanghai, China[J]. Science of the Total Environment, 2016, 3: 607-615.

［7］ SLAMA R，MORGENSTERN V，CYRYS J，et al. Traffic-related atmospheric pollutants levels during pregnancy and offspring's term birth weight：a study relying on a land-use regression exposure model[J]. Environmental Health Perspectives，2007，115（9）：1283–1292.

［8］ BEELEN R，HOEK G，VIENNEAU D，et al. Development of NO_2 and NOx land use regression models for estimating air pollution exposure in 36 study areas in Europe-The ESCAPE project[J]. Atmospheric Environment，2013，72：10–23.

［9］ 吴健生，谢舞丹，李嘉诚. 土地利用回归模型在大气污染时空分异研究中的应用[J]. 环境科学，2016，37（2）：413–419.

［10］ MISKELL G，SALMOND J，LONGLY I，et al. A novel approach in quantifying the effect of urban design features on local-scale air pollution in central urban areas[J]. Environmental Science & Technology，2015，49，9004–9011.

［11］ WANG M，BEELEN R，BELLANDER T，et al. Performance of multicity land use regression models for nitrogen dioxide and fine particles[J]. Environmental Health Perspectives，2014，122（8）：843–849.

［12］ 王兰，廖舒文，王敏. 影响呼吸系统健康的城市绿地空间要素研究——以上海市某中心区为例[J]. 城市建筑，2018（9）：10–14.

［13］ 曲晓黎，付桂琴，贾俊妹，等. 2005—2009 年石家庄市空气质量分布特征及其与气象条件的关系[J]. 气象与环境学报，2011，27（3）：29–32.

［14］ 刘彩霞，边玮瓅. 天津市空气质量与气象因子相关分析[J]. 中国环境监测，2007，23（5）：63–65.

［15］ 郑美秀，周学鸣. 厦门空气污染指数与地面气象要素的关系分析[J]. 气象与环境学报，2010，26（3）：53–57.

［16］ 王明洁，朱小雅，陈申鹏. 1981~2010 年深圳市不同等级霾天气特征分析[J]. 中国环境科学，2013，33（9）：1563–1568.

基于低影响开发理念的城市硬化路面雨水利用潜力分析
——以广州某高校地块为例*

陆筱慧，李　琼

华南理工大学；亚热带建筑重点实验室；广州市景观建筑重点实验室

摘　要：在城市化进程加快，灰色基础设施大量建设的背景下，城市热岛效应以及城市水资源短缺、雨水资源浪费、城市洪涝等系列水问题日益严峻。采用透水路面代替不透水路面来改善上述问题，需要耗费大量的人、财、物，但如果通过低影响开发设施，将雨水收集并用于路面淋水降温，可有效实现城市水资源利用与热环境改善。本文采用 SWMM 模型对广州市某高校内地块进行降雨量和径流量分析，探讨通过雨水回收实现路面淋水降温的可行性，结果表明地块中的降雨量远高于地表的下渗量是导致场地洪涝的主要原因，场地中的雨水资源主要以废水的方式排放，造成大量的雨水资源浪费，如将场地中的雨水回收可满足周边路面淋水降温的需求。由此可见，采用低影响开发理念的雨水利用方式，在实现路面淋水降温、改善城市热环境方面具有一定潜力。

关键词：雨水利用；路面淋水；城市热环境；水资源；SWMM

城市化进程加快，城市扩张，下垫面结构发生改变，使城市热环境和水环境发生了急剧变化。就热环境层面而言，路面对太阳辐射的反射率分布在 4%~43%[1]，硬质地表一天的热辐射量可达自然地表的 10.7 倍[2]，夏季沥青路面的表面温度可接近 70℃[3]。可见，不透水铺装可导致热环境恶化，在洛杉矶、芝加哥等美国城市，其不透水铺装面积占城市总面积的 22%，而在我国，北京的不透水铺装面积达到 77%，上海的不透水硬质铺装面积更是高达 80% 以上[4]，路面高温现象成为当前亟待解决的问题。对此，已有不少学者针对路面降温以缓解热岛效应进行了相关研究。Li 通过对比实验分析了不透水、透水的连锁混凝土、沥青以及普通混凝土路面的热工特性，结果表明，高反射和透水材质可改善路面温度，但夏季在透水材质完全干燥的情况下，其表面温度的上升幅度反而高于沥青路面[5]。采用透水路面替换不透水路面可以改善城市热环境，然而该方式需要耗费大量的人力、物力和财力，但如果采用收集雨水对路面淋水，水分蒸发过程吸收

热量以降温效果的方式调节热岛效应则具有更好的经济效益。罗中良通过现场实测表明，淋水可使沥青路面的表面温度下降约 8.21℃，使地表上 1m 高度的空气温度下降 1.30℃，但在 1.5m 高度处无显著变化[6]。方伟茜对淋水后的路面温度变化进行了实测研究，研究结果表明，在夏季 11：00~15：30 期间对路面进行喷淋后的 5~30min，沥青路面降低的表面平均温度为 11.7℃，最大降温幅度可达 15.2℃[7]。杜翔宇利用铺装试件测试淋水作用下试件表面及内部各层温度的变化，结果显示试件在淋水作业后的降温幅度与太阳总辐射强度相关性最大，降温约在淋水后的 10~20min 开始，试件表面温度平均可下降 5.13~8.53℃[8]。

就水环境方面而言，我国一方面面临人均可用水贫乏的困境，另一方面又面临着特大暴雨频发带来的洪涝灾害（图 1）。据统计，我国有 2/3 的国土遭受不同程度的洪涝灾害，造成了巨大的生命财产损失。

为应对暴雨洪涝灾害，国内外先后推出与国情相符的雨洪管理措施。美国提出了"暴雨径流最佳

---

*　基金项目：国家自然科学基金（编号 51778237、编号 51590912）；广东省自然科学基金（编号 2015A030306035）；广州市科技计划项目（编号 201804020017）；华南理工大学中央高校基本科研业务费项目（编号 2019ZD29）

图1 2018年广州市特大暴雨后出现洪涝①

管理措施"(BMPs)和低影响开发(LID)模式；英国提出了"可持续城市排水系统"(SUDS)相关理论；澳大利亚进行了"水敏感性城市设计"[9-11]。国内，2014年北大教授俞孔坚首次提出"海绵城市"的概念，同年住建部颁布了《海绵城市建设技术指南——低影响开发雨水系统构建（试行）》[12-13]，开始构建我国水生态循环系统，保障城市排洪防涝安全。面对大量的雨水资源，国外较早开始雨水利用研究。德国的雨水利用设施标准始于1989年，并在1992年建立起"二代"雨水利用技术，并在随后的十年间不断地发展创新[9]。日本于20世纪80年代，开始推行"雨水渗透计划"，采用透水性铺装路面，减少地表径流，并对下渗雨水进行回收，沉淀净化后用于洗车、冲厕或灌溉等[13]。在我国，雨水资源收集利用的研究起步较晚，绝大多数城市仍采用大面积的不透水铺装，且直接将地表径流汇入污水井，将雨水资源当作"废水"进行简单排放。2010年，全国水资源总量为30906.4亿 m^3，降雨总量为65849.6亿 m^3，降雨总量是水资源总量的2倍多；宁夏水资源总量为 $93 \times 10^8 m^3$，年均降雨总量为 $151.8 \times 10^8 m^3$，降雨总量是水资源总量的16倍；北京水资源总量为 $23.1 \times 10^8 m^3$，年均降雨总量为 $85.9 \times 10^8 m^3$，降雨总量是水资源总量的4倍左右[14]，可见每年我国大量的雨水资源被白白流失。

由此可见，基于雨水资源化的基础，将回用的水资源进行路面淋水降温，既可提高雨水利用率，又有利于缓解热岛效应，具有显著的生态效益。然而，目前我国基于海绵城市理论的雨水回收利用仍处于起步阶段，研究成果仍较少。为了解广州地区雨水利用的潜力，本文通过分析广州地区某高校地块的降雨量及径流量，探讨广州地区回收雨量及雨水利用对热环境改善的意义。

1 研究方法

1.1 研究区域概述

研究地块位于广州市天河区五山路华南理工大学内工农路段。地块面积约为 $8570m^2$，呈现北高南低的趋势，东北部与华南农业大学由围墙分隔，西北部为由绿地围合的停车场，南部为一处下凹洼地，内有亚热带建筑节能中心实验楼。

通过实地调研发现（图2、表1），亚热带建筑节能中心所在处为场地下凹处，与长江南路车行道的高差可达3m以上；路面坡度较大，均为不透水沥青材质，车行道与人行道之间存在着15cm高度的道牙，车行道路主要以"雨水口——地下管网"的排水方式为主；人行道两侧的绿化形式以60cm高度的花池为主，局部直接与绿地相连，绿地坡度较大，人行道雨水难以在绿地汇集下渗，主要以"雨水口——地下管网"的排水方式为主。就雨水基础设施整体而言，该地块雨水口、排水明渠分布不均，数量较少，且雨水井往往高于路面不便于雨水排放，在台风暴雨天气，常出现严重洪涝现象，对同学们的日常生活造成严重阻碍。

1.2 场地降雨量及径流量分析

为研究不同降雨历时和不同暴雨重现期条件下的径流系数、总径流量以及绿地对洪峰时的削减作用，本节采用暴雨强度公式以及SWMM模型，对场地内的降雨历时、重现期、降雨量以及地表径流量进行分析。

图2 地块现状分析图

1.3 场地降雨量分析

广州市短历时暴雨概率分布遵循皮尔逊 III 型，且造成广州市内涝灾害的较大暴雨历时多在 2h 以内，最大 1h 暴雨强度在 30mm 以上，本文所研究的暴雨时长为 60min 和 120min，降雨量根据广州市短历时暴雨强度公式确定：

$$q=\frac{2424.17（1+0.533\lg T）}{（t+11.0）^{0.668}} \qquad (1)$$

式中　q——暴雨强度，$L/（s·hm^2）$；

　　　T——设计重现期，a；

　　　t——降雨历时，min。

通过计算，发现降雨量与降雨时长、重现期呈正比关系；在不同的重现期、相同降雨历时条件下，呈现出随着重现期增长，降雨量也呈现出增长的趋势；在不同的降雨历时、相同重现期条件下，表现出随着降雨历时增长，降雨量也呈现出增长的趋势。同时，随着重现期的增长，每分钟暴雨降雨量也会提升（图3）。

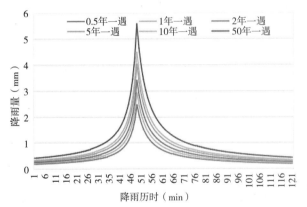

图3　不同暴雨强度的雨量分布图

不同暴雨强度的累计雨量　　　　表1

重现期	降雨历时 t（min）								
	5	10	15	20	30	45	60	90	120
1.5	12.54	21.02	27.39	32.11	37.89	44.34	48.84	53.24	57.78
2	13.52	22.82	29.98	35.82	43.14	51.23	56.95	62.80	68.23
3	14.65	24.89	32.90	39.79	49.17	58.98	66.00	73.62	80.20
5	15.87	27.13	35.99	43.87	55.68	67.21	75.56	85.18	93.13
10	17.33	29.82	39.65	48.56	63.50	76.96	86.81	98.94	108.66
20	18.67	32.28	42.96	52.70	70.65	85.76	96.93	111.41	122.84
30	19.41	33.64	44.78	54.94	74.62	90.62	102.50	118.31	130.73
50	20.31	35.31	46.99	57.64	79.46	96.51	109.23	126.69	140.33

1.4 场地径流量分析

为对场地进行地表径流量分析，本节采用 SWMM 模型进行模拟。SWMM 模型是 1971 年由美国环境保护局（EPA）研发的，可用于模拟动态降雨—径流的软件，该模型可以模拟城市区域内径流量的单一事件或模拟长期连续的事件。此外，SWMM 模型考虑了各种水文过程，如时变降雨、地表水的蒸发、渗入水向地下含水层的穿透、利用各种类型低影响开发（LID）设施捕获和直流降雨/径流等；可根据场地的降雨量、汇水区面积以及管道的设置，利用径流组件，计算出该区域中径流量和水质[15-16]。SWMM 在雨洪管理应用上已经得到了广泛的实践。

1.4.1 SWMM 构建及参数设计

SWMM 模型构建需要了解场地中各个地表类型的占比、场地的坡度以及各个子汇水区的分布，对此本文采用地理信息系统（ArcGIS）对该地块进行了信息概化（图4~图6）。场地北部的坡度比南部的坡度陡峭，南部类似于下凹的盆地，低于场地北部的高程，地表径流呈现由北向南、由东北向西南、由西北向东南汇聚的趋势；下垫面材质主要为不透水沥青、水泥、植草砖、绿地等，由于不透水铺装加上硬质屋顶的面积较大，占场地面积的45.05%，在雨水汇聚时容易加快地面径流的流速，使场地内达到洪峰的时间缩短，

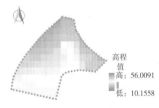

图4　地块高程分析

图5　地块坡度分析

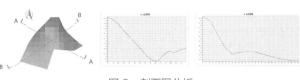

图6　剖面图分析

且硬质铺装占比较高，降雨时易产生更多的地表径流量，为该场地带来更多的洪涝可能性。

此外，SWMM 模型参数还包括经验参数。子汇水区的经验参数包括不透水曼宁系数、透水曼宁系数、不透水洼蓄深度、透水洼蓄深度；下渗模型采用霍顿模型，需要确定最大下渗率、最小下渗率以及衰减系数，最终取值见表 2，不透水比例以及径流系数的取值见表 4。

参数取值　　　　表2

参数	Name	参数取值
不透水曼宁系数	N-Imperv	见表3
透水曼宁系数	N-Perv	见表3
不透水洼蓄深度	D-Imperv	2mm
透水洼蓄深度	D-Perv	10mm
不透水区无洼地无透水比例	%Zero-Imperv	50
管道糙度	Roughness	0.012
最大下渗率	MaxRate	103.81mm/h
最小下渗率	MinRate	11.44mm/h
衰减系数	Decay	2.75

坡面汇流的曼宁系数 n 取值[16]　　表3

表面	曼宁系数 n
平滑沥青面	0.011
平滑水泥面	0.012
一般水泥面	0.013
水泥碎石面	0.024
狗牙草草地	0.41
疏灌木丛林区	0.4

场地汇水区面积与径流系数汇总表　　表4

汇水面类别	面积（hm²）	面积占比（%）	雨量径流系数取值	径流系数平均值
硬质屋顶	1170	13.65	0.9	
绿化屋顶	871.88	10.17	0.35	
混凝土硬质场地	1498	17.48	0.9	
沥青路面	1192.5	13.92	0.9	0.52
植草砖	672.92	7.85	0.35	
绿地	3164.7	36.93	0.15	
总计	8570	100	/	

2　模拟结果分析及优化建议

由于场地中存在着大量的硬质铺装，在遭受暴雨侵袭时，场地无法及时下渗，导致大量雨水成为地表径流；同时，场地中的平均坡度在 3° 左右，长坡会增加水流的速度，使雨水在绿地等可透水下垫面停留的时间缩短。因此，0.5 年一遇、降雨历时为 60min 的暴雨情况下便可产生约 214m³ 的径流量，5 年一遇、降雨历时为 120min 的强降水在场地中可产生约 489m³ 的径流（表 5）。可见，随着重现期以及降雨历时越长，由于下渗率低，场地中所产生的径流量就越大，同时还产生大量的雨水资源；目前我国雨水资源的回收利用现状仍较为落后，充沛的雨水资源不进行存储利用而是以废水形式排放，造成了大量的水资源浪费。为改善水资源浪费、增加雨水下渗率，相关学者所提出的"海绵城市理论"便是采用低影响开发设施来减少地表径流、削减洪峰，对此本研究以该地块为例，对绿地及硬质铺装增加生物滞留池、雨水花园、绿色屋顶、透水铺装等低影响开发设施，具体工况见表 6。

重现期为0.5年、1年和5年，降雨历时为60min、120min条件下的径流量　　表5

降雨历时（min）	0.5年一遇总径流量（m³）	1年一遇总径流量（m³）	5年一遇总径流量（m³）
60	214	266	360
120	220	351	489

场地低影响开发设施设计工况　　表6

工况	低影响设施	设计范围
Case1	生物滞留池	全部绿地改造
Case2	雨水花园	全部绿地改造
Case3	绿色屋顶	100%绿化
Case4	透水铺装	广场及道路增加透水处理

通过对比不同的低影响开发设施效果（表 7）发现，在场地中增加雨水花园与绿色屋顶对径流量的削弱效果最佳，这是由于雨水花园和绿色屋顶是由植物、泥土以及砾石结构构成，模仿自然地表可有效将雨水汇集、过滤、渗透，雨水被植物以及泥土吸收，有效降低了地表径流量；同时雨水花园及绿色屋顶的土层厚度与设施深度对雨水的滞留储蓄起到积极作用。其次，透水铺装对径流量也有一定的

低影响开发设施设计后的场地径流量　表7

工况	降雨历时 （min）	重现期 （a）	径流量 （m³）	削减率
Case1 滞留池	60	0.5	202	5.6%
	120		208	5.5%
	60	1	248	6.6%
	120		334	4.8%
	60	5	342	5%
	120		463	5.3%
Case2 雨水花园	60	0.5	162	23.9%
	120		171	22.3%
	60	1	198	25.9%
	120		265	24.5%
	60	5	274	23.9%
	120		369	24.5%
Case3 绿色屋顶	60	0.5	163	23.8%
	120		176	20%
	60	1	197	25.9%
	120		257	26.8%
	60	5	283	21.7%
	120		390	20.2%
Case4 透水铺装	60	0.5	189	11.7%
	120		203	7.8%
	60	1	223	16.17%
	120		300	14.5%
	60	5	317	11.94%
	120		429	12.3%

削弱效果，透水铺装是一种多孔介质，能使雨水下渗进入到泥土，补充地下水，维护土壤与地下水平衡。在场地中，道路及广场占比高达30%以上，所采用的均为不透水铺装，在暴雨来临时导致径流流速加快，加快雨洪峰值的时间，加大排水设施的压力；将不透水铺装改为透水铺装，降低地表径流流速，有利于雨水下渗，使场地中的径流量得到改善。此外，由于透水铺装具有保水性，在高温天气可与空气进行热湿交换，减少对太阳辐射的吸收，增加空气湿度、降低空气温度，对城市热环境改善起积极作用。滞留池的原理与雨水花园类似，但规模普遍较小，主要种植低矮的草类，对雨水的截留作用不如雨水花园强，由于该场地中的坡度较大，减少了雨水在滞留池的停留时间，因此表现出滞留池对径流量的削弱效果最弱的现象。可见，在城市低影响开发改造时，可通过增加雨水花园、绿色屋顶以及透水铺装的手法，不仅有利于降低地表径流流速，削弱洪峰峰值，促进雨水下渗，减少地表径流，还可以缓解城市热环境恶化。

3　雨水利用潜力分析

通过SWMM模型模拟可得，对于0.85hm²左右的地块，5年一遇、降雨历时为120min的强降水在场地中便可产生约489m³的径流量，增加了雨水花园后，也能产生369m³的雨水径流，如果能合理回收再利用，可有效缓解我国人均水资源匮乏的现状。目前，雨水资源的回收主要用于绿化灌溉、道路清洗、厕所冲刷方面。按照《民用建筑节水设计标准》GB 50555—2010规定[17]，绿化灌溉的年均灌水定额取0.28m³/（m²·a），日均浇水定额取2L/（m²·d），地块的绿化灌溉日用水量约为8.073m³/d，浇洒道路用水定额取0.5L/（m²·d），道路清洗日用水量约为1.345m³/d，可见一场雨所带来的雨水资源远高于场地中所需的维护水量，丰富的雨水开发利用具有巨大的潜力。

城市化加快，不透水路面在城市中占据着大量的比例，道路每日洒水不仅为了对道路进行清洁，而且不少学者已经验证了路面淋水可有效调节城市热环境，对路面降温增湿起积极作用。方伟茜[7]提出在夏季淋水的时间定为40~50min一次，罗中良[6]提出在蓄水能力差的路面需要通过缩短淋水频率并增加淋水量实现降温；如果采用自来水资源进行道路清洁、路面淋水降温，势必会浪费水资源，危害水资源安全。可见，在我国雨水资源丰富、但城市化严重、气候炎热的广州地区，将雨水资源回收用于城市道路的清洗与降温具有无限潜力，不仅有利于节约水资源，更能对城市热岛效应起缓解作用。

4　结论

在城市化严重，硬质路面增多，极端天气频发，强降水带来洪涝灾害以及我国人均水资源匮乏的背景下，本研究采用SWMM模型对广州地区华南理工大学中的某地块进行降雨与径流量分析，发现雨水资源回收利用对热环境改善具有巨大的潜力。研究结果如下：

降雨量与降雨时长、重现期呈正比关系；在不同的重现期、相同降雨历时条件下，呈现出随着重现期增长，降雨量也呈现出增长的趋势；在不同的降雨历时、相同重现期条件下，表现出随着降雨历时增长，降雨量也呈现出增长的趋势；同时，随着重现期的增长，每分钟暴雨降雨量也会提升。

由于场地中不透水面积比重较大，且坡度在3°左右，不利于雨水停留及下渗，且加快了地表径流的速率，因而0.5年一遇、降雨历时为60min的暴雨便可产生约214m³的径流量，5年一遇、降雨历时为120min的强降水在场地中可产生约489m³的径流。

增加低影响开发设施可削弱场地中的地表径流量，其中由于将雨水汇集、过滤、渗透，雨水花园和绿色屋顶对径流的削减效果最佳，其次，透水铺装通过降低地表径流流速，促进雨水下渗，使场地中的径流量也得到较好改善。由于透水铺装具有保水性，在高温天气可与空气进行热湿交换，减少对太阳辐射的吸收，增加空气湿度、降低空气温度，对城市热环境也可起改善作用。

场地中绿化灌溉日用水量约为8.073m³/d，道路清洗日用水量约为1.345m³/d，一场雨所带来的雨水资源远高于场地中所需的维护水量，可见将雨水资源回收用于城市道路的清洗与降温具有无限潜力。

注：文中图片及表格均由作者拍摄及绘制。

致谢：感谢华南理工大学建筑学院提供的帮助；感谢导师李琼研究员的悉心指导以及所提供的帮助。

注释

① 来源：中国国家应急广播 http://www.cneb.gov.cn/2018/06/08/PHOA1528441277762242.shtml#PHOT1528441766681283

参考文献

［1］ STATHOPOULOU M, SYNNEFA A, CARTALIS C, et al. A surface heat island study of Athens using high-resolution satellite imagery and measurements of the optical and thermal properties of commonly used building and paving materials[J]. Int, J.Sustain. Energy, 2009（28）: 59-76.

［2］ 杨文娟，顾海荣，单永体. 路面温度对城市热岛的影响 [J]. 公路交通科技，2008（3）: 147-152, 158.

［3］ 赵昕，刘洋. 路表反射率对路面表面温度影响研究 [J]. 科技创新与应用，2013（30）: 211-212.

［4］ 敖靖. 城市透水性铺装系统对局地热湿气候调节作用的研究 [D]. 哈尔滨：哈尔滨工业大学，2014.

［5］ LI H, HARVEY J T, HOLLAND T J, et al. The use of reflective and permeable pavements as a potential practice for heat island mitigation and storm water management[J]. Environmental Research Letter, 2013, 8（4）.

［6］ 罗中良. 沥青路面淋水被动蒸发降温的实验研究 [D]. 广州：华南理工大学，2017.

［7］ 方伟茜. 湿热气候区路面雨水喷淋蒸发冷却系统设计方法研究 [D]. 广州：华南理工大学，2018.

［8］ 杜翔宇. 湿热地区硬化路面淋水降温机理及淋水方案评价研究 [D]. 广州：华南理工大学，2019.

［9］ 刘畅. 雨水资源利用与"海绵城市"建设 [J]. 建材与装饰，2019（24）: 123-124.

［10］ 裴力. 海绵城市建设下的广州天河智慧城核心区城市绿地规划设计研究 [D]. 广州：华南理工大学，2017.

［11］ Prince George's County. Low-impact Development: An Integrated Design Approach[M]. US: Maryland Department of Environmental Resource, 1999.

［12］ 吴丹洁，詹圣泽，李友华，等. 中国特色海绵城市的新兴趋势与实践研究 [J]. 中国软科学，2016（1）: 79-97.

［13］ 汪洋，王健，王超阳. 日本的雨水管理及其应用设施 [J]. 现代园艺，2019（20）: 156-158.

［14］ 高学睿，闫程晟，王玉宝，等. 黄土高原典型区雨水资源化潜力模拟与评价 [J/OL]. 农业机械学报，2020, 51（1）: 275-283.

［15］ 董欣，陈吉宁，赵冬泉. SWMM模型在城市排水系统规划中的应用 [J]. 给水排水，2006, 32（5）: 111-114.

［16］ SWMM用户操作手册 [EB/OL].https://jz.docin.com/p-306530157.html.

［17］ 中华人民共和国住房和城乡建设部. 民用建筑节水设计标准：GB 50555—2010[S]. 北京：中国建筑工业出版社，2010.

基于通风效能模拟的武汉市滨江居住区建筑布局研究 *

李思韬[1]，吴昌广[1, 2, 3]

1. 华中农业大学园艺林学学院；2. 农业部华中都市农业重点实验室；
3. 亚热带建筑科学国家重点实验室

摘　要：以武汉市滨江居住区为对象，提炼 15 种典型建筑布局模式，利用 CFD 技术对不同模式的夏季行人高度处风环境进行模拟，综合平均风速、风速衰减率、风速离散度、静风面积比等参量，定量评估建筑布局和建设强度对居住组团通风效能的影响。结果表明：开敞型建筑布局内部风环境良好，并以点式高层的布局模式最佳；围合型建筑布局的劣势体现在较高的风速衰减率，不利于江风渗透；建设强度方面，呈现高层中密度空间形态的建筑布局其通风效能普遍优于多层高密度类。研究结果可为滨江居住区建设提供参考。

关键词：通风效能；滨江居住区；CFD 模拟；武汉市

城市持续的高强度发展，使城市气候问题日益凸显，严重影响了城市居民的身心健康及日常活动。良好的居住区通风环境不仅有助于缓解局部热岛效应、促进空气污染物扩散还具有改善室外人体舒适度等重要作用。因此，如何通过合理的建筑布局将外部气流导入居住区内部，已成为规划设计中提高居住区通风环境的重要途径。

目前，从研究的城市形态类型来讲，可将该尺度风环境模拟评估分为两大类[1]。第一类通过建构理想模型以研究不同建筑空间形态的风环境特征，如杨俊宴等人通过在固定地块内建立多组理想化模型，从而对平均高度、建筑密度、错落度等空间形态指标与风环境进行耦合分析[2-3]；李秉璋对板式和点式建筑进行理想化建模，分别探讨了不同建筑形态下的街区建筑间距、错列度等形态指标与滨江街区江风渗透能力间的关系[4]。第二类一般基于实际场地的地形和气候条件并具有较高精度的建筑模型，依据数值模拟结果对现状建筑布局或多个设计方案进行优劣比较，从而对风热环境优化提出规划设计策略。如席睿通过对西安市的 8 处居住小区进行风

环境模拟，以研究冬夏两季建筑密度、平均高度和围合度等居住区空间形态指标与风环境间的关系，探索提升居住区空气质量的规划策略[5]。第一种研究类型可基于大量的回归分析去研究空间形态指标和风环境特征间的关联性，由于建筑形体一般简化为矩形棱柱，同时建筑高度和组合方式相对单一，在描述居住区建筑布局复合多元的特征时存在一定局限性[6-11]。第二种研究类型的真实性和实用性较强，并可以通过场地测量以实现对模拟结果的验证，充分展现了 CFD 技术的应用优势[12-16]。

本文以武汉市二环线内长江沿岸 1km 空间范围的滨江区域为研究对象，在基于对实际场景一定数量的研究基础上，选出具有典型特征的居住区建筑布局模式，并依据武汉市滨江居住区建设的相关规定进行理想模型的构建，使模拟对象在保有一定共性的同时可以展现实际居住区建筑组合的多样性。最后，通过 PHOENICS 软件的风环境模拟功能，以提高滨江居住区通风效能为目标，研究江风渗透背景下不同滨江居住区空间形态与风环境特征间的关系。

---

* 基金项目：国家自然科学基金项目（编号 31670705）、中央高校基本科研业务费专项（编号 2662017JC037）、亚热带建筑科学国家重点实验室开放课题（编号 2017ZB06）资助

1 滨江居住区典型建筑布局模式

1.1 居住区建筑布局概况

鉴于武汉市滨江范围内建筑布局的复杂性，首先对滨江街区的三维空间形态进行分析。龙瀛等人选用建筑密度和建筑层数两个指标对我国 63 个城市形态类型进行了划分，其中武汉市属于典型的多高层均匀密度型，并以多层高密度、高层高密度、低层高密度以及高层中密度的形态类型为主，覆盖城市街区的 80% 以上[6]。结合武汉市滨江地区的实际街区空间形态进行调查，发现武昌与汉口两地的街区空间形态差异显著，从卫星图中可见，汉口滨江范围内出现多处建设于 20 世纪末期并呈现多层高密度形态的城市居住区，而隔岸相对的武昌区则多为高层中密度的现代居住区（图 1），经过实际调查发现，两种形态对应于《武汉市主城区用地建设强度管理规定》文件中强度四区和强度二区两种建设强度（表 1）。

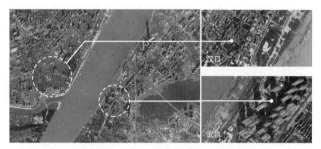

图 1　研究范围内汉口、武昌街区空间形态对比强烈

武汉市主城区居住用地建设强度指标控制表　表 1

用地类型	指标类型	强度一区	强度二区	强度三区	强度四区
居住用地	容积率	3.2	2.9	2.5	1.5
	建筑密度	≤ 20%	≤ 20%	≤ 25%	≤ 25%

在确定滨江街区三维形态的基础上，以多层高密度和高层中密度的两类居住区为重点对象，对住宅建筑布局方式进行分类整理，并选取开敞型（对照组）、单面围合型、多面围合型、单边起伏型和向心起伏型 5 种典型居住组团类型（图 2）。

1.2 居住区典型建筑布局模式

以 2015 年《武汉市主城区用地建设强度管理规定》文件中强度二区和强度四区两种建设强度作为居住组团的建模依据（表 1），根据建筑形态、高度及空间关系等要素在 5 种典型居住组团的基础上

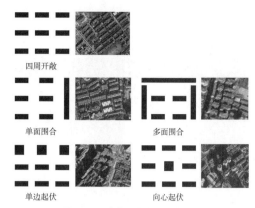

图 2　5 种典型居住组团类型

单面围合　　多面围合

单边起伏　　向心起伏

组合出 15 种建筑布局模式，并抽象为开敞型（A 类工况）、多层围合型（B 类工况）和起伏型（C 类工况）三组基本工况类型（图 3）。其中建筑模型包含板式建筑（15m×40m）和点式建筑（30m×30m）两种基本建筑形态以及由两个板式建筑连栋组成的长连续面板式楼（15m×80m），试验模型均于 200m×210m 的模式范围内进行构建；建筑高度分多层和高层两类，其中多层建筑统一设定为 6 层，模型高度为 20m，高层建筑具有 15 层和 20 层两种规格，依据民用建筑防火和日照的基本需求，控制建筑前后间距和侧向间距。

研究范围内的滨江地区建筑以两种朝向为主：一是与江面平行，该朝向既可以获得良好的江景条件还有助于武汉夏季西南季风的流通，总体上呈西

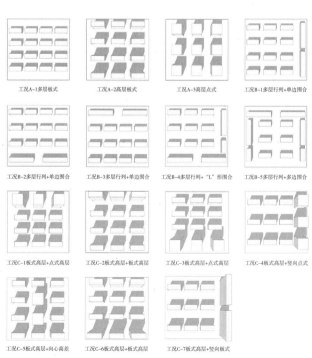

工况A-1多层板式　工况A-2高层板式　工况A-3高层点式　工况B-1多层行列+单边围合

工况B-2多层行列+单边围合　工况B-3多层行列+单边围合　工况B-4多层行列+"L"形围合　工况B-5多层行列+多边围合

工况C-1板式高层+点式高层　工况C-2板式高层+板式高层　工况C-3板式高层+点式高层　工况C-4板式高层+竖向点式

工况C-5板式高层+向心高差　工况C-6板式高层+板式高层　工况C-7板式高层+竖向板式

图 3　多高层住宅典型建筑布局模式

南 – 东北方向；二是垂直于江面，该方向便于形成较为开阔的滨江景观视廊。本次模拟为强化水陆热力环流对滨江居住区的影响，将居住区主体建筑平行于江面设置，从而便于判断不同建筑布局模式对江风渗透的影响。同时，为使评估模式的模拟环境更符合滨江街区的实际场地特征，以研究区域内武昌中部的临江大道与和平大道围合而成的滨江街区为参考对象，将评估模式纵向、横向分别扩展1个和3个街块，构成包含14个居住组团的街区环境（扩充的居住组团均按照A1工况设置），其中城市主干道位于滨江街区的南北端，城市支路则构成街区内部网络。武汉市滨江街区建筑与江岸距离集中于200~300m，故取其中间值250m，长江宽度设置为1200m（图4）。

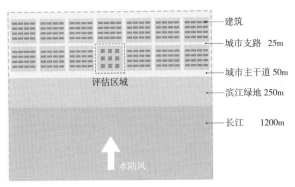

图4　滨江街区模型示意图

（图中标注：建筑；城市支路 25m；城市主干道 50m；滨江绿地 250m；长江 1200m；评估区域；水陆风）

2　CFD 模拟过程

2.1　计算域及边界条件设置

计算域范围设定为 3000m × 3000m × 500m，采用渐变式的网格划分方式，在兼顾计算机处理能力的条件下，设定基础网格尺度为 10m × 10m × 5m 并覆盖整个计算域；在此基础上创建辅助加密网格（范围大于评估区域），网格尺度为 4m × 4m × 3m，计算网格数量大致控制在 500 万左右。

计算域入口采用速度入口边界条件，出口为压力出口边界，环境相对压力为 0Pa；来流风根据初始风场在数值方向的梯度分布，并采用风廓线指数律公式，公式如下：

$$\frac{U_Z}{U_0} = \left[\frac{Z}{Z_0} \right]^a \qquad （1）$$

式中，U_Z 为高度 Z 处的水平方向风速；U_0 为参考高度 Z_0 的风速；a 为地形粗糙度所决定的幂指数，

依据《民用建筑绿色性能计算标准》中的计算要求，本次模拟对象为有密集建筑群的城市市区，故取值 0.22。

2.2　气象数据设置

在实际情况中，城市滨江地区的风场往往较为混乱，为更好地判断水陆热力环流对滨江地区的影响，模拟试验将江风风向设定为垂直于长江，取夏季水陆风风速平均值 1.2m/s，其余气象条件依据武汉市夏季典型气象日 14 时的气象数据设置（表2）。

武汉市夏季典型气象日14时的气象数据　　表2

时间	干球温度（℃）	相对湿度（%）	水平总辐射照度（W/m²）	水平散射辐射照度（W/m²）
14：00	30.9	68	562.82	328.49

2.3　模型参数设置

滨江居住区模型主要由建筑、道路、水体、绿地以及下垫面构成，水陆风的形成主要依赖于下垫面的温度差，并反映在温度、辐射系数、对流换热系数和太阳辐射吸收系数上，本次模拟的相关参数设定参考表3。

模型参数设置　　表3

属性	温度（℃）	辐射系数	对流换热系数[W/（m²·℃）]	太阳辐射吸收系数
建筑	—	0.9	10	0.5
道路	—	0.8	30	0.5
水体	25	1.0	—	0.5
绿地	—	1.0	100	0.5

2.4　风环境评价指标

长江是武汉市一级通风廊道，如何充分利用并引导江风向高密度发展的城市内部渗透，是滨江地区建筑布局的重要影响因素。基于通风效能视角，综合平均风速、风速衰减率、风速离散度、静风面积比以及街区整体平均风速（以下简称为"整体平均风速"）5 个参量，定量评估在长江水陆风影响下滨江居住区典型建筑布局模式夏季行人高度 1.5m 处的风环境特征。

平均风速：考虑到风场的复杂性，通过 1.5m 处的平均风速以反映夏季行人高度处的整体风速概况。

213

静风面积比：城市静风会带来闷热、呼吸不畅、污染物聚集等问题，严重影响居民生活。本次模拟的静风区是指 1.5m 高度处风速小于 1.0m/s 的区域，并以静风面积比处于 0~0.3 范围内为良，0.3~0.5 为差，0.5 以上为极差。

风速离散度：在具有相同的平均风速时，风速离散度越大说明居住区内部存在较大的静风或者强风区域，风速离散度越小则说明风速分布相对均匀，通风效益也更好。具体公式如下：

$$\sigma = \sqrt{\frac{1}{n}\sum_{i=1}^{n}(x_i - \mu)^2} \qquad (2)$$

式中，σ 为风速离散度；n 为测点数量；μ 为居住区风速平均值。

风速衰减率：采用风速衰减率以评估居住组团对江风渗透的影响，风速衰减率越低说明江风渗透通畅，居住区通风效能良好。计算公式如下：

$$F = (V_Q - V_H)/V_Q \times 100\% \qquad (3)$$

式中，F 为风速衰减率；V_Q 为上风向城市主干道中线平均风速；V_H 为模式后方道路中线平均风速。

3 滨江居住组团夏季风环境模拟结果分析

3.1 建筑布局对居住组团风环境的影响

3.1.1 开敞型建筑布局

在开敞型建筑布局模式 A1、A2、A3 中，A1 由多层板式建筑构成，A2 为高层板式，A3 为高层点式。其中 A2 和 A3 模式垂直于长江的纵向道路在狭管效应的作用下气流运动较强，利于江风渗透，并于迎风面第一排建筑间的峡口处和建筑角部区域形成了较高风速（图 5），最高风速可达 2.53m/s。

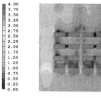

| A1 多层板式 | A2 高层板式 | A3 高层点式 |

图 5　开敞型建筑布局风速模拟云图

此外，A2 模式的静风面积比和风速离散度均大于 A3 模式（表 4），这说明在相同建筑强度和建筑布局类型的条件下，高层点式建筑的通风效能优于高层板式建筑。总体上，开敞型建筑布局类型的风环境质量较好，并以 A3 模式最佳。

开敞型建筑布局风环境模拟结果　　表4

工况	A1	A2	A3
平均风速（m/s）	1.28	1.57	1.86
全域平均风速（m/s）	1.60	1.57	1.58
风速衰减率	0.00%	−10.06%	−1.81%
静风面积比	35.05%	21.70%	13.76%
风速离散度	0.59	0.78	0.53

3.1.2 多层围合型建筑布局

围合类建筑布局中 B1、B2、B3 模式属于单面围合型，B4、B5 为多面围合型。在单面围合类的模式中，B1 模式由于右端的道路空间较为开阔，使江风得以充分流通，从而获得较高的平均风速，但由于住区的主体部分出现了大面积的静风区域（图 6），整体风环境不佳；B2 和 B3 模式与 A1 模式具有相同的建筑密度、容积率以及建筑迎风面积比（表 5），比较发现，虽然 B2、B3 模式的平均风速大于 A1，但二者都具有较高的风速衰减率，不利于江风渗透。此外，上风向围合的 B2 模式在平均风速和风速衰减率上均优于下风向围合的 B3 模式，这是由于 B2 模式的建筑布局使来流入口集中于一处，使江风从居住区中部纵向深入后方街区，虽然在狭管效应的作用下提高了内部平均风速，但住区

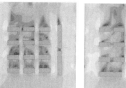

| B1 多层行列+单面围合 | B2 多层行列+单面围合 | B3 多层行列+单面围合 |

| B4 多层行列+"L"形围合　　B5 多层行列+多面围合 |

图 6　多层围合型建筑布局风速模拟云图

多层围合型建筑布局风环境模拟结果　　表5

工况	B1	B2	B3	B4	B5
平均风速（m/s）	1.49	1.32	1.28	1.26	1.58
全域平均风速（m/s）	1.61	1.60	1.61	1.63	1.66
风速衰减率	16.67%	9.82%	14.67%	13.86%	0.00%
静风面积比	22.03%	33.33%	28.45%	37.72%	21.93%
风速离散度	0.53	0.64	0.61	0.69	0.55

两侧的风速明显低于中部，同时后排建筑的背风区域产生了较大的风影区，影响了下风向街区的风环境。

B类建筑除B5模式外，对江风渗透均有显著的阻滞作用。B5模式虽然在多层围合类住区中有着最高的围合度，但却有着最佳的内部风环境，通过分析发现该布局模式充分运用了内部空间，并保持了较大的建筑间距，同时中部保留的通风廊道降低了风速衰减率，有效提高了居住组团的通风效能。虽然如此，该布局方式阻碍了夏季主导风的流通，降低了模拟结果的实际参考价值。

3.1.3 起伏型建筑布局

在起伏类建筑布局中，C1、C2的高层建筑位于下风向，C3、C6位于上风向，C4、C7位于单侧，而C5位于中部。比较C1、C2模式发现，位于下风向的高层建筑会在后方街区产生较大的风影区（图7），且板式高层的存在进一步增大了居住区组团对来流风的阻碍，影响了江风的流通；C3模式的内部风环境优于C6，这主要得益于点式高层不仅可以在布局方式上获得更多的来流入口数，同时还保持了较低的建筑迎风面积比。单侧起伏类的C4和C7模式，其内部风环境分为差异性较大的两个部分，其中主体部分由于过小的建筑间距，产生了大面积的静风区域。C6为向心起伏型布局，有着C类工况中最高的平均风速，总体风环境良好，但风速离散度较高（表6）。

起伏型建筑布局风环境模拟结果　　表6

工况	C1	C2	C3	C4	C5	C6	C7
平均风速（m/s）	1.51	1.58	1.67	1.42	1.70	1.58	1.40
全域平均风速（m/s）	1.56	1.56	1.57	1.57	1.56	1.53	1.63
风速衰减率（%）	1.23	10.83	−8.54	29.94	−3.80	10.13	18.83
静风面积比（%）	23.68	28.57	19.67	23.33	22.03	30.16	26.27
风速离散度	0.68	0.84	0.62	0.72	0.80	0.92	0.76

结合对照组A2、A3模式发现，在相同建设强度下的高层建筑布局中，纯点式建筑布局的通风效益优于点板结合的混合式建筑布局，而纯板式建筑布局的通风效益最差，C类工况的实验结果也说明，在一定条件下，将高层建筑布置于上风向可以获得更好的通风效益。

3.2　建设强度对居住组团风环境的影响

本次模拟依据两种建设强度分布进行建模，体现在居住区空间形态上分别是高层中密度（对应武汉市居住区建设强度二区，下称强度Ⅰ）和多层高密度（对应武汉市居住区建设强度四区，下称强度Ⅱ），其中强度Ⅰ对应的模式为A2、A3以及C类全部模式，强度Ⅱ为A1及B类全部模式，不同建设强度的建筑布局模式模拟结果如图8所示。

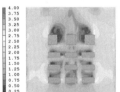

C1 板式高层+点式高层　　C2 板式高层+板式高层　　C3 板式高层+点式高层

C4 板式高层+竖向点式　　C5 板式高层+向心高差　　C6 板式高层+板式高层

C7 板式高层+竖向板式

图7　起伏型建筑布局风速模拟云图

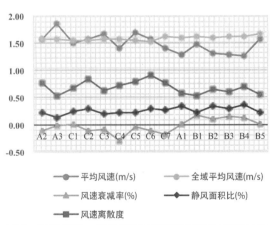

图8　强度Ⅰ型、Ⅱ型建筑布局风环境模拟结果统计图

总体上，在狭管效应及建筑边角加速效应的作用下，强度Ⅰ型模式内纵向道路的内部风速普遍较高，不仅提高了居住区的平均风速还利于江风纵向深入城市内部，良好的通风效能有利于居住区风环

境质量的提升。虽然由高层建筑构成的强度Ⅰ型模式在平均风速和风速衰减率上占优，但风速离散度却高于强度Ⅱ型模式，这主要是由于高层建筑在背风侧会产生较大的风影区所致，这也解释了强度Ⅰ型模式的居住区整体平均风速普遍低于强度Ⅱ型模式。此外，强度Ⅰ型居住区迎风面第一排建筑间的峡口和建筑角部区域所产生的较高风速可能会在冬季成为一个不利于行人活动的环境因素。

4 结论与展望

（1）在进行模拟的15个居住区模式中，开敞型建筑布局与其他布局类型相比，其内部风环境相对良好，不仅具有较高的平均风速，还利于江风纵向深入城市内部；多层围合型建筑布局虽然没有对平均风速产生不良影响，但该布局方式对江风渗透有较为显著的阻滞作用（风速衰减率达10%~15%），故在实际建设中应当予以慎重考量；起伏型建筑布局有着较高的内部风速且纵向街道有利于江风渗透，但高层建筑产生的较大风影区对居住区内部及周边区域的风环境带来了不利影响，并以高层建筑布置于下风向时更为显著。在所有建筑布局模式中，以高层点式建筑构成的开敞型模式（A3模式）具有最佳的通风效能。

（2）在相同建筑布局条件下，高层板式建筑虽有利于提高居住区的空间利用效率，但其通风效益明显弱于同等高度的点式建筑，同时还会在背风侧产生较大的风影区。研究结果表明，在高层建筑布局中，纯点式和点板混合式的建筑布局模式在通风效益上更具优势。

（3）呈现高层中密度空间形态的强度Ⅰ型建筑布局模式虽然在平均风速和江风渗透方面普遍优于多层高密度空间形态的强度Ⅱ型，但强度Ⅰ型较高的风速离散度和静风面积比说明内部风速分布不均，且存在较大的静风区域。

此外，从强度Ⅰ型的街区整体平均风速略低于强度Ⅱ型这一模拟结果可见，单个居住组团内部风环境的好坏不能完全反映所处街区整体风环境的优劣。以居住组团为单位，通过建设强度的准确分配以实现滨江居住区整体通风效益的最大化是实际规划中的重点以及难点。

参考文献

[1] TOPARLAR Y, BLOCKEN B, MAIHEU B, et al. A review on the CFD analysis of urban microclimate[J]. Renewable and Sustainable Energy Reviews, 2017, 80: 1613-1640.

[2] YU C W, CHIU Y H. Environmental-comfort building layout principle for a coastal industrial park[J]. Theoretical and Applied Climatology, 2019, 138 (1-2): 1013-1023.

[3] 杨俊宴，张涛，傅秀章. 城市中心风环境与空间形态耦合机理及优化设计[M]. 南京：东南大学出版社，2016.

[4] 李秉璋. 江风利用视角下滨江街区空间控制性设计策略研究[D]. 武汉：华中科技大学，2016.

[5] 席睿. 居住区风环境与空间形态指标耦合分析——以八个西安市已建居住小区为例[C] // 共享与品质——2018中国城市规划年会论文集（05城市规划新技术应用）. 北京：中国建筑工业出版社，2018：1049-1060.

[6] 龙瀛，李派，侯静轩. 基于街区三维形态的城市形态类型分析——以中国主要城市为例[J]. 上海城市规划，2019，3（3）：10-15.

[7] 曾穗平，田健，曾坚. 基于CFD模拟的典型住区模块通风效率与优化布局研究[J]. 建筑学报，2019，605（2）：24-30.

[8] 王晶. 基于风环境的深圳市滨河街区建筑布局策略研究[D]. 哈尔滨：哈尔滨工业大学，2012.

[9] 甘月朗. 城市空间形态指标对于街区通风研究的适用性分析[D]. 武汉：华中科技大学，2014.

[10] 任超，袁超，何正军，等. 城市通风廊道研究及其规划应用[J]. 城市规划学刊，2014（3）：52-60.

[11] 丁沃沃，胡友培，窦平平. 城市形态与城市微气候的关联性研究[J]. 建筑学报，2012（7）：22-27.

[12] 李军，荣颖. 武汉市城市风道构建及其设计控制引导[J]. 规划师，2014（8）：115-120.

[13] 左芸，李文驹，许建丰，等. 东兴市江平新城水系风道对建筑布局的影响研究[J]. 建筑与文化，2016（8）：80-81.

[14] 周曦，张芳. 开放街区背景下城市滨水空间更新策略研究——以苏州市为例[J]. 现代城市研究，2017（11）：38-44.

[15] 陈一峰. 居住区形态的控制研究[J]. 住区，2015（3）：26-39.

[16] 叶锺楠. 我国城市风环境研究现状评述及展望[J]. 规划师，2015（S1）：240-245.

解读岭南山地园林风环境设计策略
——以广州白云山双溪别墅为例*

方小山[1, 2]，何雪莹[1]

1. 华南理工大学建筑学院；2. 亚热带建筑科学国家重点实验室

摘　要：通过分析岭南山地园林的选址与布局、造园要素的利用等设计手法，对岭南山地园林风环境设计策略进行剖析与总结。同时以具有岭南山地园林代表性的广州白云山双溪别墅为例，通过场地特征的分析以及风环境的实测，对其中通风设计手法对风环境的实际影响进行分析，从而对岭南山地园林风环境的设计策略进行验证。希望对广州白云山庭院及岭南山地园林的微气候研究提供基础资料以及研究思路，并对现代山地园林的设计实践起到指导作用。

关键词：岭南山地园林；风环境设计策略；双溪别墅

1　引言

1.1　山林地避暑的传统智慧

计成在《园冶》"相地"中将土地类型分为山林地、城市地、村庄地、郊野地、傍宅地和江湖地6类，并提出"园地唯山林最胜"，表达了山林地应该作为相地首选的观点。

"自成天然之趣，不烦人事之工"，古人认为地形起伏带来的视点变化，以及自然水源带来的山水相胜，为山林地带来了天然的景观优势。山地园林逐渐成为文人墨客们的向往所在，作为隐逸文化的象征存在。

此外，"因山造园以得清凉"，山林地特有的气候环境也使山地园林成为古人的避暑胜地。由于海拔高、植被覆盖率高等原因，山地较平原常常具有温度低、湿度大的特点，同时昼夜温差产生的"山谷风"更给山地气候带来巨大影响。如康熙对承德避暑山庄的描述："山近轩居万山深处之高坡，因高得爽；碧静堂因地区阴森，得凉静；玉岑精舍由于谷风所汇，山涧穿凉"，可见山林地的避暑优势所在。

1.2　岭南山地园林通风设计研究现状

首先是对岭南四大名园等传统岭南园林中整体地形设计及叠石手法对于通风的影响作用的研究。莫伯治首先提出粤中庭园石景筑山着重于意境表达的观点[1]，陆琦进一步分析了岭南园林各种叠石造景的手法[2]，在乔德宝对顺德清晖园布局的通风设计研究中也有涉及清晖园前低后高的地形对于风环境的影响[3]。

其次对山地中单体建筑的通风设计研究，包括对现代住区景观、传统民居，以及以白云山一系列山地建筑为主的酒店园林及别墅景观的气候适应性研究。在夏桂平对岭南建筑的现代性理念适应性的研究中提出建筑设计顺应山地地形是岭南庭院适应湿热地区气候环境的地域性表达的观点，并对适应山地地形的建筑形态及其通风组织进行了详细论述[4]；黎玉洁讨论了湿热地区山地住宅总体选址、布局形式，以及单体形态特征的通风设计手法[5]。其中对于白云山双溪别墅的研究，主要以空间组织、材料装饰、设计思想与手法等地域性文化特征为主[6-9]，对于其在通风设计及气候适应性研究方面则涉及较少。

此外还有山地现代公园景观地形的适应性研究。

---

*　基金项目：国家自然科学基金面上项目"岭南园林气候适应性设计策略与关键技术研究"（编号51878286）

金海湘以广州花都马鞍山公园为例提出挖掘场地地形优势的对策[10]，杨振宇以广州市黄埔区南岗山公园为例分析了山地公园设计的理念与原则[11]。

总体而言，目前对于岭南山地园林的通风设计，尤其是风速的量化实测研究较少，对于地形景观空间小气候效应的实测研究有待加强。

1.3 研究目的与意义

广州快速城市化带来了城市热岛效应加剧、区域气候环境变化显著的问题，湿热气候影响着人们生活环境的舒适性，地域气候敏感性和适应性正在遭遇挑战。白云山为广州城区中低温区块，为广州城市热环境带来了巨大影响。然而关于岭南园林造园艺术及气候适应性策略的研究目前仍需发展和完善，尤其是在山地园林方面的研究。

在此背景下，本次研究补充岭南园林中山地园林部分的基础资料，完善岭南园林理论系统。对白云山双溪别墅的测试数据能够真实地反映和记录岭南山地园林夏季风环境和相关微气候现状，提供了宝贵的科学基础数据，对设计具有参考意义。

2 岭南山地园林通风设计策略

2.1 岭南地区气候特点概述

岭南属于东亚季风气候区南部，具有热带、亚热带季风海洋性气候特点，其中广州属于亚热带季风海洋性气候，夏长冬暖，天气潮热，雨量充沛。日照时间长，太阳辐射南部多于北部，东部多于西部。每年4~9月为雨季，干湿季节分明，夏季降水量占全年的70%~80%，春冬季少雨。

岭南地区主导风向夏半年盛行东南、偏南、西南风，冬半年盛行偏北风、东北风，岭南庭院常常利用自然的通风技术进行散热除湿，以适应湿热地区炎热潮湿的环境。

岭南地貌则以山地、丘陵地形为主，与台地、平原地形交错，具有复杂多样的特点。

2.2 岭南山地园林通风设计策略

自然通风根据形成原因可以分为风压通风和热压通风，岭南山地园林具有良好的通风条件，温度较平原也低，温差变化小，因此风压通风可以作为岭南山地园林实现自然通风的主要手段。风压通风是利用迎风面和背风面之间的压力差来实现自然通风[12]。

2.2.1 选址与布局设计策略

（1）选址多在山谷或者山麓

气流经过山地表面时由于地形的凹凸起伏形成压力差，从压力高的地方流向压力低的地方，使得山地不同位置形成山顶风、山谷风、顺坡风等小环境风。相较于山顶风区域，山谷风区域更适合于人居环境，山谷风形成热力环流（图1），为场地在白天带来凉爽的风，在夜晚带来温暖的风。同时山谷也是溪涧的汇聚地，常常有优质水源，也便于庭院布局营造水源风。

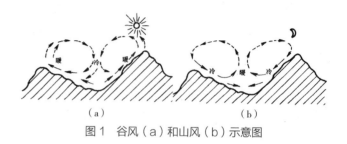

图1 谷风（a）和山风（b）示意图

（2）布局整体"朝南背北""前庭后院"

在中国传统风水理论中，前有水源后有靠山乃风水宝地。在盛行偏南风的夏季，南风通过水面后由于水陆温差形成水陆风，为庭院与建筑带来凉爽清洁的空气；在盛行偏北风的冬季，北风被高山挡住，避免寒冷的空气进入庭院中；同时应当避开空气污染源的常年主导风下风向，保障舒适的居住环境。此外，对于建筑总体布局的朝向与风向夹角应尽量小，建筑单体迎风面一般平行或斜交于山体等高线，使得迎风面风压动力大，从而增强建筑通风，由于同时考虑到建筑的遮阴功能，根据之前的研究中计算机模拟结果，在岭南地区风的入射角在45°左右可以达到最好的通风条件[4]。

2.2.2 造园要素设计策略

（1）利用建筑和山石通风

岭南山地园林本身已经具有天然的地形条件，在针对地形高差本身的处理上，有斜坡地和波形变化两种类型（图2）。斜坡地的地形，建筑顺应地形，常常在底层形成架空结构引导通风，由于建筑的遮阴隔热功能使得底层架空空间的温度低于外部，山风通过时得到了冷却；波形变化的地形，常常形成多层平台，地形高差形成断崖岩壁具有迎风面的作用，可以起到围合的作用形成通风廊道，同时岩壁

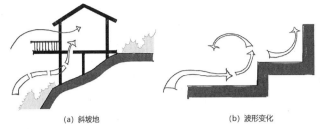

图2 斜坡地（a）和波形变化（b）示意图

本身作为冷源，与周围空气进行交换，可以降低整体通风环境的温度[13]。

（2）利用水体通风

山地通常具有天然的泉源，在夏季季风的上风向处设置大体量的水池将泉水汇聚于此，以硬质垂直驳岸增加水体平均深度形成"深池"，深池对经过的山风有着降温作用（图3），将凉爽的风送往下风处的建筑的同时，在水面由于热量交换使水蒸发形成了水源风，加强了通风效果；而山泉由于山地地形高差经常形成"飞泉洒激"的动态水体，水体在快速下落的过程中带起周边的空气流动，同样对通风有着加强作用。

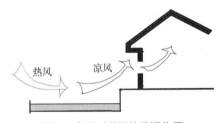

图3 水面对通风的降温作用

（3）利用植物通风

山地中常常拥有着丰富的植被，乔木高大繁茂，巨大的树冠下形成一个天然冷源区域（图4），起到对山风降温的作用；植物沿着地形等高线的垂直方向多层次密植，可以与地形结合形成天然的廊道，引导通风；而植物在建筑前疏植，风从枝干与树叶间穿过，因间隙狭窄而提高风速，将凉爽的风送向建筑[14]。

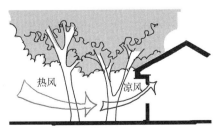

图4 植物对通风的降温作用

3 双溪别墅秋季风环境实测与分析

3.1 选地背景及研究目标

双溪别墅位于广州市白云山顶摩星岭风景区内，原址为"双溪寺"，因流经场地内一东一西两条溪水"日溪"和"月溪（甘溪）"而得名，同时以五宝泉作为泉源。

坐落在白云山主要山脊线下坡坡势较缓位置的山谷地带，被两条次要山脊线所夹（图5），对广州夏季主导的东南风具有很好的引导作用，对冬季主导的西北风则有遮挡御寒的功能，同时山谷又易形成山谷风热力环流，在白天带来凉爽的风，在夜晚带来温暖的风。

图5 双溪别墅选址示意图

场地三面环山，北面背靠碧云峰，南面可眺望山下城市美景。内部地势北高南低，建筑群位于较高的北侧，南侧最低处为主入口和放生池，地形高差达18m，整体选址坐北朝南，布局前庭后院。

建筑甲座设计师为郑祖良、金泽光、何光濂，建筑乙座设计师为莫伯治、吴威亮，结构设计师为郑昭。双溪别墅是对双溪古寺环境的继承和发展，是优秀的山地园林，是岭南传统造园手法与现代新技术新理念的结合，是亚热带气候适应性庭园的精品。

本次研究的目标在于具有实践指导性地针对白云山双溪别墅的通风设计策略提出。基于现场测试数据，总结归纳白云山双溪别墅的通风设计要素和通风设计策略，对设计实践具有较大参考意义。

3.2 测试方案

2019年11月29日在白云山双溪别墅通过实测获取各测点风环境因子（空气温度T、相对湿度RH、空气流速W）数据，测试仪器见表1。取15个点进行测试（图6），每隔30min记录一次风速，

各测点空间形态基本情况　　表1

仪器及型号	测量参数	测量范围	测量位置	采集频率
HOBO Pro v2 U23-001 温湿度自记仪	空气温度 T_1 相对湿度 Rh	-40~70℃ 0~100%	所有测点	1min（自动）
TSI 9515 数字风速仪	空气流速 W 空气温度 T_2	0~5m/s	所有测点	30min（手动）
热指数仪 HD32.3	黑球温度 T_g	-10~100℃	测点15	1min（自动）

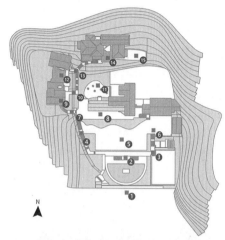

图6　双溪别墅实测选点与测点照片

每次记录多个数据，并筛除风速过小的数据后取平均值，最终取各测试点的平均值。

3.3　实测结果与分析

3.3.1　整体风环境分析

（1）风速与风向分析

针对双溪别墅的风速分析，由于风速时刻变化，并且实测过程中是每半小时记录一次，因此针对风速的极值和平均值进行分析更有意义。平均风速能比较客观地反映测试过程中整个空间的通风状态，极值能反映出存在的通风潜力和弊端。

参考表2、表3的划分标准，根据2019年11月29日双溪别墅各测点实测风速变化（图7）可以得到：所有测点的平均风速均在0.3m/s以上且小于0.8m/s，最大风速不超过2.0m/s，整体庭院呈软风环境，有良好的空气流通，处于令人舒适的范围。

Beaufort风级划分标准（节选）[3]　　表2

级别	名称	风速		地面物特征
		m/s	km/h	
0	静风	0~0.2	<1	静止，烟直上
1	软风	0.3~1.5	1~5	烟能表示方向，但风标不转动
2	轻风	1.6~3.3	6~11	人面部感觉有风
3	微风	3.4~5.4	12~19	树叶和嫩枝摇动不息，轻薄的旗帜展开
4	和风	5.5~7.9	20~28	能吹起灰尘和碎纸，小树枝摆动
5	劲风	8.0~10.7	29~38	多叶小树摇摆，内陆水面有小水波

庭院风速的评价分析参考表[3]　　表3

风速	说明
$V > 0.2m/s$	基本通风风速
$V \approx 0.5m/s$	以一层建筑为主的庭院内可通过综合营造形成舒适静居游赏环境的风速
$1.0m/s < V < 5.0m/s$	室外舒适风速

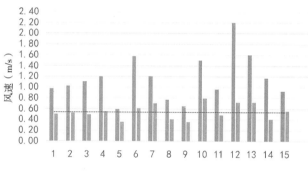

图7　各测点风速变化

全园平均风速为0.54m/s，测点1、2、3、4、6、11、15都靠近全园平均风速。其中测点1处于园外无遮蔽空旷公路上，测点2、3处于放生池露天平台前后同一通道上，测点4、6分别处于露天平台西、东侧楼梯通道上，测点11为五宝泉所在的庭院平台，测点15为全园最高平台、甲座东侧庭院位置。这7个测点分布全园，主要为楼梯通道和空旷平台，保障了双溪别墅的基本通风环境。

测点7、10、12、13的平均风速略高于全园平均风速，为全园通风状态最佳的空间。其中测点12

处于天井前，测点 7、10、13 则皆处于流水之上。由此可见，双溪别墅通风状态最佳的空间主要集中在西侧流水区域。

测点 5、8、9 则略低于全园平均风速。其中测点 5 原为空旷的露天平台，现状用于餐饮营业，推测是茶座的布置降低了测点 5 通风效果，并从而影响了测点 8（露天平台后五宝泉前平台）的通风效果，测点 9 为乙座建筑底层通道，原推想建筑底层架空可以营造通风空间，但测点 9 的通风效果并未达到预期。

针对双溪别墅的风向分析，根据 2019 年 11 月 29 日双溪别墅实测各测点风向记录总结①（表 4），同时结合白云区广源中路景泰北街 9 号气象站的当天风向数据，分析庭院主要通风方向（图 8）。

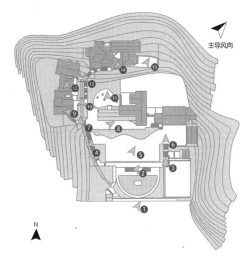

图 8　各测点主要风向示意图

根据白云区广源中路景泰北街 9 号气象站的当天风向数据，当天的主导风向为西风和西南风，大部分测点的风向与主导风向吻合。由于庭院中地形呈波形变化，高差较大，形成了许多岩壁，对风向有遮挡作用。风主要沿着西侧月溪进入建筑，测点 4、7、10、13 形成了双溪别墅的主要通风廊道；吹向放生池的风则比较分散，主要由右侧通道一路向上，受到岩壁的遮挡，在各个平台测点 5、11、15 形成回风区；引向建筑群的风由通透的墙体与窗户进入

建筑，乙座测点 12、甲座建筑测点 14 各有一个天井，进入建筑的风受到天井的拔风效果产生风压穿过建筑，形成建筑的穿堂风。

（2）温度分析

温度差异是形成热压通风的重要条件。从各测点在测试期间的温度变化折线图（图 9）和平均温度折线图（图 10）中可以分析得到：测点 1、2、5、8、15 由于所处位置空旷且会受到太阳直射影响，其平均温度相对其他测点位置都比较高；测点 4、7、10、13 由于靠近西侧月溪处受到动态水体的影响，其平均温度相对其他测点位置都比较低。

全园平均气温最高不到 17.0℃，全天平均气温为 16.3℃，低于当天白云山气象站的平均温度

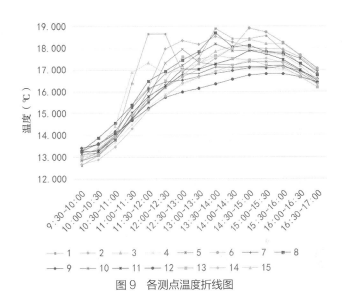

图 9　各测点温度折线图

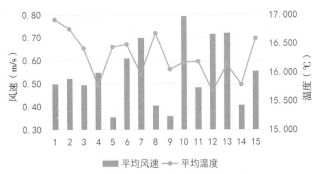

图 10　各测点平均风速与平均温度对比

2019年11月29日白云区广源中路景泰北街9号气象站数据										表4
时间	9:00	10:00	11:00	12:00	13:00	14:00	15:00	16:00	17:00	平均
气温（℃）	14.5	15.3	16.4	17.0	18.0	19.5	20.2	20.0	19.8	17.9
风速（m/s）	4.0	3.8	4.3	2.5	1.1	2.6	2.2	2.7	3.7	3.0
风向	西南	西	西	西南	东南	西北	西	西南	西南	西南

17.9℃，不同测点的平均最大温差仅有 1.2℃，由此可以推测，热压通风的作用不是主导通风类型，秋季双溪别墅的主要通风类型为风压通风。

（3）总体评价

双溪别墅主要通风类型为风压通风，整体呈软风环境，处于令人舒适的范围。楼梯通道和空旷平台保障了双溪别墅的基本通风环境，西侧月溪流水区域是全园通风状态最佳的空间，同时形成了双溪别墅的主要通风廊道，甲座、乙座建筑的天井具有拔风效果，形成建筑的穿堂风。

3.3.2　主要通风要素分析

（1）建筑与地形的结合

如图 11 所示，将测点进行选择与分类，选择了 9 个测点分为 3 组，其中测点 4、5、6，测点 7、8、11，测点 13、14、15 分别为三类地形高度上同一水平的点。在保证其他影响因子相同的情况下，测点 4、7、13 为靠近水体的测点，测点 5、8、15 为空旷平台上的测点，测点 6、11、14 为经过廊道后

的测点。

对同一地形高度的三组测点计算平均风速，可以得出该地形高度下的庭院平均通风水平。由图 12 中柱状图及其趋势线数据可见，在双溪别墅中，通风状态随着地形高度的增加而变好，甲座所处位置是通风能力最强的地形高度。

（2）水体对地形的利用

如图 13 所示，选择西侧月溪流水旁的测点 4、7、10、13，与同地形同环境条件但不靠近水体的测点 6、11、9、14 进行平均风速的对比，分析水体通风要素对风环境的影响。对比有无水体下的平均风速两组柱状图（图 14）可以得出：双溪别墅中水体对于通风有着明显的增强效果。

如图 15 所示，对水体进行分类，分为西侧月溪的动态水体与南侧入口旁放生池的静态水体。将两者分别在有水体情况下的平均风速除以无水体情况下的平均风速，得到动静水体分别对庭院的通风效果。对比飞瀑和静池的通风效果柱状图（图 16）可以得出：利用地形形成的动态水体（飞瀑）对于通风的增强效果明显强于静态水体（静池）。

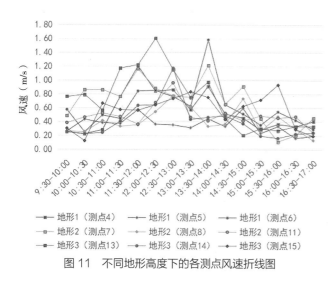

图 11　不同地形高度下的各测点风速折线图

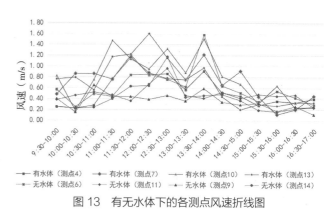

图 13　有无水体下的各测点风速折线图

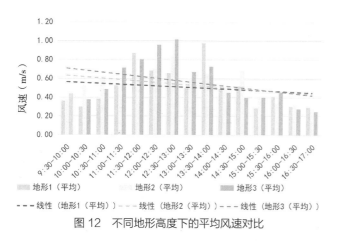

图 12　不同地形高度下的平均风速对比

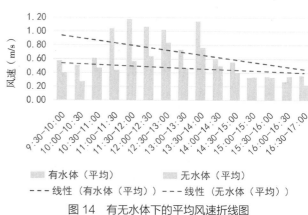

图 14　有无水体下的平均风速折线图

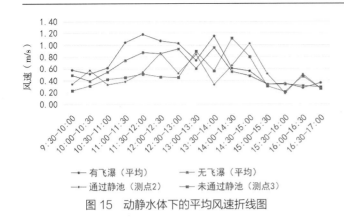

图 15 动静水体下的平均风速折线图

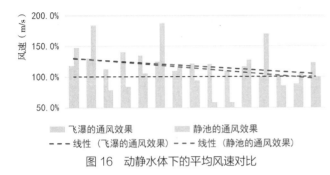

图 16 动静水体下的平均风速对比

（3）植物对地形的利用

将双溪别墅测试当天的主要风向与植物平面图进行重叠，分析通风廊道与植物的关系。由图17可以得出：西侧乔木主要垂直于等高线密集布置，与地形及月溪结合形成了通风廊道，对风向具有引导作用，将风引向了建筑群；而东侧的乔木则平行于等高线疏植，在水池、平台周围及建筑周围形成围合空间，对空气具有增强和冷却效果。

3.4 双溪别墅通风设计策略

（1）建筑——依山而建，因高得爽

双溪别墅呈波形阶梯式地形，建筑群结合地形位于场地最高处（图18），根据实测结果可见，风速随着地形高度而增强，建筑群在拥有最佳的私密性和视野的同时，也具有全园最佳的通风环境。乙座与甲座别墅水平于地形的等高线分布（图19），依据地形的走势自由灵活地层层展开，巧妙地融于山林之中，地处迎风坡，夏季偏南风通风效果较好，冬季偏北风被山阻隔通风较差。

从建筑构造上来说，双溪别墅建筑弱化了墙体的概念，大面积采用敞厅、花窗、底层架空的结构，以虚实结合的方式达到整体的通透。乙座建筑（图20）南面上层敞厅下层底层架空，敞厅向南，通透无窗，前方少乔木遮挡，与乙座建筑的天井形成了乙座建筑的穿堂风；月溪位于架空层之上，溪水从下流过，溪水带动的空气穿过底层架空，因底层的遮阴与狭窄的通道，对通风有着降温的作用。甲座建筑（图21）入口向南，设置门廊，门廊与甲座建筑天井在同一轴线上相通，吹向甲座的南风经过门廊由天井而出，形成甲座良好的通风。

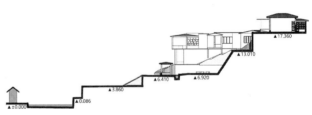

图 18 双溪别墅建筑分布剖面图

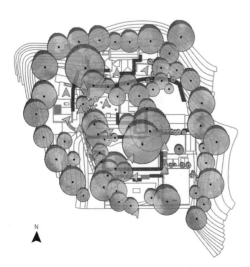

图 17 主要风向与植物平面图

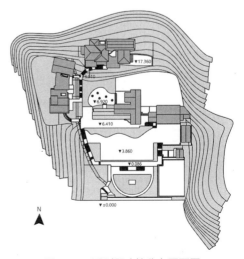

图 19 双溪别墅建筑分布平面图

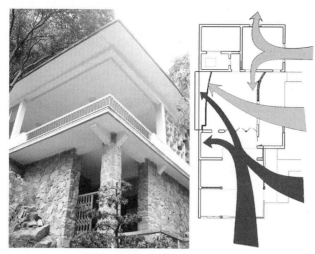

图20　乙座建筑结构与通风示意图

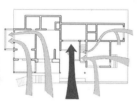

图21　甲座建筑结构与通风示意图

（2）水体——跌溪成瀑，积泉为池

双溪别墅如今东侧日溪已经干枯，溪道隐没在山林之间难以轻易辨认，只剩西侧的月溪经过人工引水还保留着之前"瀑布交流"的情形，如图22（a）所示。两座别墅分别坐落在溪流两侧，通道内川流不息，倚山拾级而上，增强了别墅与溪流的关系，流动的溪水跌落成瀑，加强了对建筑的通风效果。

月溪一路向下，在场地的南侧入口处汇聚于一半圆形放生池，如图22（b）所示，池中设玄武石，石像注视正南方。放生池位于全园最南部最低地势

图22　月溪（a）与放生池（b）示意图

处，南风进入庭院首先经过水面的冷却，形成水源风，为后续平台及建筑带来凉爽洁净的空气。

（3）植物——山树为盖，岩壁为屏

双溪别墅植物种类丰富，与白云山的大环境融合十分紧密。

从南部入口到北部的建筑群，灌木随着进入别墅的路径不断伸展，乔木的体态也更加舒展，植物垂直于地形等高线由南向北密度逐渐增大，如图23（a）所示，预示着建筑主体的到来，形成明显的竖向围合廊道空间，引导通风。

放生池、茶座与五宝泉等平台乔木数量虽少，冠幅却比较大，平行于等高线疏植，结合岩壁围绕平台形成围合空间，如图23（b）所示，巨大的冠幅下形成冷却空间，对空气具有增强和冷却效果。

（a）　　　　　　　　　　（b）

图23　西侧密植（a）与东侧疏植（b）示意图

4　小结

本文首先对山林地避暑的传统智慧及岭南山地园林的研究现状进行了概括，通过分析岭南山地园林的选址与布局、造园要素等设计手法，对岭南山地园林风环境设计策略进行总结。

通过实测的方法，对广州白云山双溪别墅进行了风环境的分析与总结。双溪别墅主要通过风压通风，整体处于令人舒适的软风环境范围，其主要通风廊道——西侧月溪流水区域是全园通风状态最佳的空间。根据实测结果分析，将双溪别墅的通风设计概括为三点策略：建筑依山而建，因高得爽；水体跌溪成瀑，积泉为池；植物山树为盖，岩壁为屏。

希望对广州白云山庭院及岭南山地园林的微气候研究提供基础资料以及研究思路，并对现代山地园林的设计实践起到指导作用。

致谢：感谢华南理工大学亚热带建筑节能中心提供的帮助；感谢博士生刘爽、吴任之以及硕士生宋轶、谢诗祺、牛玉容、姜思羽对数据收集提供的帮助。

注释

① 来源：广州市气象台发布 2019 年 11 月 29 日白云区广源中路景泰北街 9 号气象站数据。

注：除图 1 来源为《山谷风》（中国农业出版社 1986 年版），其余均为作者或拍摄。

参考文献

［1］莫伯治. 岭南庭园概说 [J]. 建筑史，2003（2）.

［2］陆琦. 岭南造园与审美 [M]. 北京：中国建筑工业出版社，2005.

［3］乔德宝. 顺德清晖园布局的通风设计研究 [D]. 广州：华南理工大学，2016.

［4］夏桂平. 基于现代性理念的岭南建筑适应性研究 [D]. 广州：华南理工大学，2010.

［5］黎玉洁. 西南湿热地区山地生态住宅设计研究 [D]. 长沙：湖南大学，2010.

［6］庄少庞. 由传统经验到现代实践——莫伯治早期建筑创作的庭园空间构成 [J]. 华中建筑，2012（10）：10–13.

［7］林广思. 岭南庭园艺术继承与创新——基于双溪客舍乙座别墅的考察 [J]. 装饰，2014（7）：76–78.

［8］孟悦. 试论双溪客舍乙座别墅的文化地域性格 [J]. 聊城大学学报（自然科学版），2015（4）：42–46.

［9］祝学雯. 双溪别墅历史建筑场所活化研究 [D]. 广州：华南理工大学，2017.

［10］金海湘. 城市山地公园规划建设对策探讨——以广州花都区马鞍山公园规划设计为例 [J]. 广东园林，2009，31（2）：32–35.

［11］杨振宇. 山地公园设计问题——广州市黄埔区南岗山公园设计 [J]. 广东科技，2007（S1）：254–255.

［12］熊志嘉，麦恒. 浅析岭南地区传统建筑的自然通风技术 [J]. 江苏建筑，2015（3）：111–113.

［13］鲍沁星，邱雯婉，宋恬恬，等. 中国传统园林避暑营造历史探析 [J]. 中国园林，35（1）：46–51.

［14］缪佳伟. 重庆地区传统民居通风优化策略研究 [D]. 重庆：重庆大学，2014.

悬浮颗粒物分布影响下的居住组团相邻建筑优化设计 *

马西娜

长安大学建筑学院

摘　要：为缓解目前城市雾霾严重这一环境问题，采用实地调研、选点测试与 CFD 仿真模拟的方法，选取已建成的西安市居住组团为研究对象。从城市设计的角度，提炼具备可比性指标——"居住组团相邻建筑高度比"的物理模型，运用实地测试以及 CFD 模拟建立合理的数值模型，进而对不同的相邻建筑高度比进行模拟研究，通过对组团内部及外部空间空气品质的差异分析，定量地研究不同居住组团形态对大气悬浮颗粒物稀释扩散的影响。最终，综合考虑垂直方向的湍流特征，以及微气候影响下的污染物浓度分布规律，得到在西安市居住组团中，悬浮颗粒物的浓度与建筑层高类型有关，并且与建筑的高差大小有关；相邻建筑对比高度最优方案为北侧建筑 9 层（1∶1）以及 18 层（2∶1）,3 层（3∶1）以及 15 层（3∶5）为不宜选项。

关键词：相邻建筑高度比；数值模拟；居住组团；空间形式；悬浮颗粒物

近年来，伴随着快速城市化进程以及工业的迅速发展，由大气悬浮颗粒物引起的雾霾现象，已经成为影响居民健康以及正常生活的主要大气污染问题。城市居住组团是城市建成环境中最为重要的城市活动场所与室外空间，而居住组团作为中国传统居住组团形式的主体与精华，更是居住规划中最基本的布局模式之一[1-2]。但目前对于居住组团空间中悬浮颗粒物的分布研究仍是空白，针对这一问题，本文以居住组团为研究对象，以微气候因素为嫁接桥梁，研究介于单体建筑和城市中尺度层面之间的居住组团悬浮颗粒物分布的问题[3]。在能源匮乏、环境日益恶化的今天，重新认识和定位居住组团空间，以现代科学技术的观点审视居住组团中相邻建筑关系，定量地研究其颗粒物分布情况，对改善组团空间环境质量及人居环境具有积极作用，也为城市规划设计的定量化研究起到一定的指导作用。本文通过实测数据建立居住组团热污耦合分布的数值模型，对西安市居住组团空间功能布局中的相邻建筑高度比这一指标进行模拟研究，分析该指标对悬浮颗粒物浓度分布的改良作用。鉴于城市的复杂性，本文选择了微气候条件因素对悬浮颗粒物影响程度大的风环境进行悬浮颗粒物浓度分布的模拟研究。最终根据模拟结果对该指标提出合理阈值，得到量化的结果，使居住组团空间形态的设计更易应用于工程建设中[4]。

1　数值模型建立

针对西安市的居住组团空间形态，运用流体动力学和热力学以及城市气象学等相关规律，对实测小区的风环境和颗粒物浓度分布进行真实整体的模拟，并通过实测数据对其验证，为居住组团空间形态中不同相邻建筑高度比的悬浮颗粒物研究建立热污耦合数值模型。

1.1　CFD 数值计算模型

上海市地处 120°52′~122°12′ E, 30°52′~ 31°53′ N，平均海拔 4m；属亚热带季风性气候，为夏热冬冷气

---

*　基金项目：国家自然科学基金青年项目"高密度环境下城市绿地－建筑三维景观格局对大气细颗粒物的影响机制及尺度效应——以西安市为例"（编号 51908039）、国家自然科学基金面上项目"城市空间构成对悬浮颗粒物分布的影响机理与控制"（编号 51678058），以及陕西省自然科学基础研究计划"关中高密度住区绿地景观对悬浮颗粒物分布的影响机理与调控"（编号 2019JQ-567）资助

候区，7、8 月份气温最高。

根据本文研究的居住组团空间这一对象，选择 Autodesk Simulation CFD 来对其户外微气候进行研究。Autodesk Simulation CFD 的特点在于智能化程度高，自动网格技术强，分析功能强大，后处理人性化高，可进行对比分析等。其主要功能有对流体流动、传热及运动的仿真分析[5]。本文采用最常用且较为成熟的湍流模型以及 Autodesk Simulation CFD 强大的自动网格划分技术，通过微分方程的离散和求解，精细模拟不同建筑高度的居住组团空间中悬浮颗粒物与流场分布。

1.1.1 标准的 k-ε 湍流模型

在城市室外环境的研究中，使用频率最高的是标准的 k-ε 湍流模型，而这类模型研究的主要内容是耗散率以及湍流的功能，若假定流场内外全是湍流，而忽略分子间的黏性的话，标准 k-ε 模型成立有效[4-6]。本文以该模型为研究模型，该模型作为一个半经验公式其方程式如下：

$$\frac{\partial k}{\partial t} + \frac{\partial}{\partial t_j}(u_j k) = \frac{\partial}{\partial t_j}\left[\left(v_0 + \frac{v_t}{\sigma_k}\right)\frac{\partial k}{\partial x_j}\right] + G - \varepsilon \quad (1)$$

$$\frac{\partial \varepsilon}{\partial t} + \frac{\partial}{\partial t_j}(u_j \varepsilon) = \frac{\partial}{\partial t_j}\left[\left(v_0 + \frac{v_t}{\sigma_\varepsilon}\right)\frac{\partial \varepsilon}{\partial x_j}\right]$$
$$+ \frac{C_1 \varepsilon}{k} G - C_2 \frac{\varepsilon^2}{k} \quad (2)$$

式中　k——湍能；

ε——湍能耗散速率；

σ_k、σ_ε、C_1 和 C_2——经验常数；

G——湍能生成，表达式为：

$$G = v_t\left(\frac{\partial u_i}{\partial x_j} + \frac{\partial u_j}{\partial x_t}\right)\frac{\partial u_j}{\partial x_j} \quad (3)$$

1.1.2 微分方程的离散和求解

本文采用的是有限体积法（Finite Volulne Methed，FVM），这种方法是先将整个计算域划分成为若干个控制体积进行网格化。其次，对微分方程这里运用离散格式进行离散化。最后辅以边界条件和初始条件，对空间各点的未知参数进行求解，反复迭代，最终得到满意结果。有限体积法的计算效率是比较高的，能够在网格不太精确情况下显示出比较准确的积分守恒，就是有限体积法优势所在[7]。

1.1.3 网格尺寸与划分

在数值模拟过程中，模型的网格划分是影响模拟数值计算的重要部分。为了减少网格边界对其中心区域的影响，以及减少网格整体尺寸过大而产生

的过度损耗计算，小区的模型网格划分单元精细度调整在 0.3 左右，在大的范围体块中采用均一网格（Uniform Mesh）进行划分，另外在较小的范围体块中采用非均一网格（Non-uniform Mesh）进行划分，为刻画更为精密的流场提供可能性。

1.2 边界条件的设置

1.2.1 气候条件初始值

本文选择西安市为研究样本，场地实测选取全年最冷月的大寒日进行，是雾霾天气在全年表现最为明显的时间。据西安市全年以及测试当日的气象数据得到主导风向为东北风，参照全年平均风速与测试当日风速，边界条件冬季风速取 1.7m/s[3-6]。通过实测经验得到冬季悬浮颗粒物浓度出现的最高时段为 14：00 左右，而一般全天的最高气温通常出现在 14：00~15：00，因此温度设为 5℃，气压为标准状态 101325Pa，在此条件下饱和蒸汽压是 87260Pa，相对湿度取 52%。

1.2.2 PM2.5 浓度场初始值

西安市 2014 年 PM2.5 年平均浓度值为 76g/m³，超过国家环境空气质量二级标准 1.17 倍[2]。24h 平均第 95 百分位数的浓度为 194，超过国家环境空气质量日平均值二级标准 1.59 倍[8]。监测点日平均值范围为 11~506μg/m³，最大超标倍数为 5.75 倍[7-8]。在城市环境中，由于建筑的密度很高，单一的悬浮颗粒污染物排放源排放量不大，但是数量庞大的情况下，可以认为排放源为面源污染的扩散形式[8-9]。本文不考虑汽车尾气和周边其他复杂环境的影响，只考虑空气中 PM2.5 的背景浓度。在美国和西欧，背景浓度大约为 3~5μg/m³，澳大利亚的背景浓度也在 5μg/m³ 左右[10-11, 16-17]。中国尚无公开的数据，根据 2012 年 3 月我国公布的新《环境空气质量标准》GB 3095—2012 仍保留了之前一直执行的 150μg/m³ 为 PM10 的日均浓度限值，并按照 PM2.5 占 PM10 的 50% 的比例设立了 PM2.5 日均浓度值为 75μg/m³[12-13]。

1.3 实测数据的验证

实测的数据主要是针对城市中人们日常生活中的 PM2.5 近地污染浓度，是以人类呼吸高度的 1.5m 为测试距离[14]，该高度对于室外活动的居民最具备研究意义。本文通过 2015 年 1 月至 3 月选择西安市

小寨商圈内的长安大学家属区内硬质铺装与绿地两个不同的测试点测取 PM2.5 的浓度，并提取西安市环保局每天公布的相应时刻的气象数据进行对比分析，发现实测数据与气象数据的长期变化规律基本一致，但实测数据明显大于气象数据，如图 1 所示。分析其原因，是由于规范规定气象数据一般均在 10m 高度以上的气象塔测得，并且测试点一般均设置在城市的郊区，因此可以得到的实测数据具备有效性。

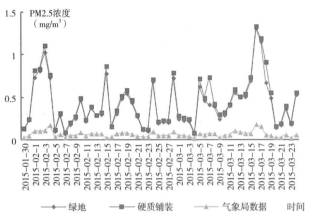

图1 2015 年 1 月至 3 月 PM2.5 的实测数据与气象公布数据对比图

1.4 数学模型的验证

实地测试的数据采集选择冬季采暖期中能够代表本季节特征的时间段，即冬至与大寒之间。2015 年 1 月 14 日 17：00 至次日 17：00 的 25 个时间段内，选择西安市雁塔区长安大学家属区内获得实测结果，对 CFD 软件建立的数值模型进行验证，得到以下结果：

图 2 为实地测试与模拟风速数值的对比变化图，可以看出其变化规律基本一致。实测的居住组团周

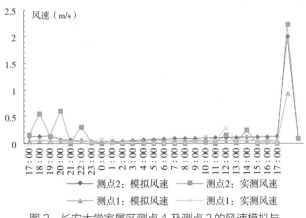

图2 长安大学家属区测点 1 及测点 2 的风速模拟与实测数值比较

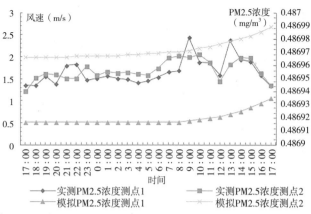

图3 颗粒物流场模拟数值与实测数据对比图

边庞大的城市建筑环境成为实测地的重要地形阻碍因子，整体的风速变化规律基本一致，误差率在允许范围内，且数值也十分接近，模拟结果接近真实情况。

由图 3 可以看出实测值比模拟值高，其原因为在模拟建立的环境中因素单一简单，而实测环境为复杂的建筑和人为活动场地，所受到的影响复杂而多元，使得实测值高于模拟值，但是两者 PM2.5 分布和变化趋势基本一致，因此模拟能够反映真实的 PM2.5 扩散特征。

本研究利用 CFD 模拟技术建立了庭院式居住组团热污耦合分布的数值模型，并与实测结果进行了对比分析，模拟结果与测试结果在误差允许范围内吻合良好，证实了数值模型的正确性，使进一步优化指标成为可能。

2 悬浮颗粒物与居住组团空间形态中相邻建筑特征的关系

基于对理论与实地调研所提出的组团空间相邻建筑高度的指标形态进行提炼，为研究西安市居住组团空间形态中相邻建筑高度的悬浮颗粒物分布情况提供物理模型。结合前文建立的数值模型，对西安市居住组团进行 CFD 数值模拟，得到西安市居住组团相应的合理布局方案，为城市空间形态设计研究提供量化依据。

2.1 典型居住组团相邻建筑高度的空间布局提炼

居住组团首先要选取合理且环境优越的地域布置，其次要遵循紧凑合理的原则。对于城市中的居住组团，不仅要考虑与主导风向的关系，还应该重

视居住组团规划布局形态在微气候影响下相邻建筑高度的变化，对悬浮颗粒物分布做出相应合理的应对[15-17]。本文采取了实地调研的方法，对西安市120个居住组团进行走访（图4），最终选用改变南北侧建筑物的相对高度比，研究组团建筑周围的微气候与颗粒物的扩散情况。

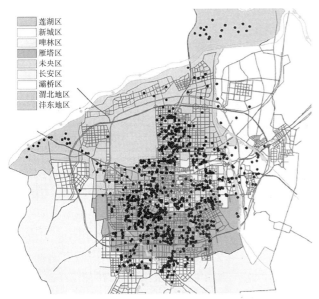

图4 采集西安市各行政区居住组团空间分布图

结合理论与实地调研，确定建筑物高度的比例因子，选择3层、6层、9层、12层、15层和18层对比研究。其中3层建筑属于低层，6层和9层为多层，12层为小高层，18层为高层，基本将建筑层高类型包含于此，形成相互之间合理布局的验证范围。在数值模拟中，考虑突出模拟后的数据具有可比性，组团南侧建筑选用趋于范围中间的9层建筑作为固定因素，保持建筑物的日照间距系数不变，并选用西安日照间距系数标准值1.2为本次物理模型的日照系数（图5）。建筑群组中的北侧建筑高度与南侧建筑高度的比例在物理模型的剖面中分别为：3层（1:3）、6层（2:3）、9层（1:1）、12层（4:3）、15层（5:3）、18层（2:1）。

2.2 居住组团的相邻建筑高度比模拟研究

居住组团中在南向建筑高度与楼间距不变的情况下，相邻建筑的不同高度极大程度地影响了进入组团内部的流体大小，并且直接影响组团内风环境变化，同时这种变化也影响着空间内温湿环境的改变。因此，研究相邻建筑高度差值变化对悬浮颗粒

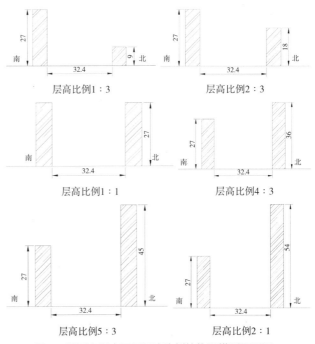

图5 组团空间中不同层高比例的物理模型平面图

物扩散的研究有着极为重要的作用。以下分别为东北45°来风，在考虑温度、湿度综合作用下，对相邻建筑间不同高度差的风速、流场、污染物扩散情况的详细解析。

2.2.1 风速风向

图6是东北来风的条件下不同相邻建筑高度，于下午1.5m高度的空气风速矢量平面图。图7是1.5m高度的风速数据对比图。

由图6以及图7中对比不同相邻建筑高度的居住组团算例，可以看出整体风速并没有表现出明显的规律性，但是可以看出9层的风速最大，分开比

相邻建筑3层1:3　　相邻建筑6层2:3　　相邻建筑9层1:1

相邻建筑12层4:3　　相邻建筑15层5:3　　相邻建筑18层2:1

图6 不同相邻建筑层高的组团空间1.5m平面风速矢量图

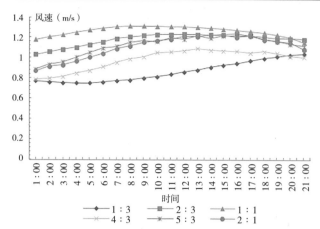

图 7　不同相邻建筑层高的组团空间内 1.5m 西侧出风口处风速对比

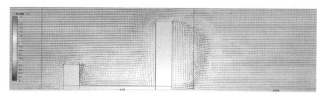

相邻建筑3层（1：3）

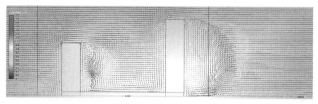

相邻建筑6层（2：3）

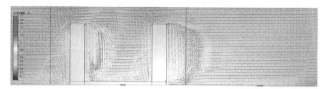

相邻建筑9层（1：1）

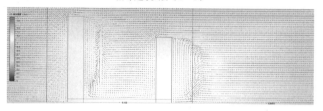

相邻建筑12层（4：3）

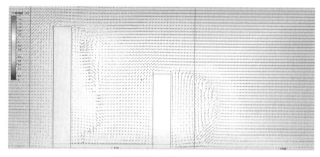

相邻建筑15层（5：3）

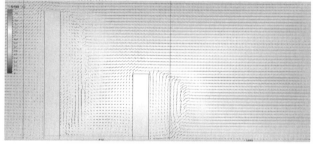

相邻建筑18层（2：1）

图 8　不同相邻建筑的组团流体西侧出口处风速矢量剖面图

较发现多层的 3 个算例风场表现出随层数的递增风速递减的趋势。相邻建筑层高的 6 个算例同时对比发现，3 层的风速最小，9 层最大，而高层 12~18 层的建筑组团风速位于 3 层与 6 层之间；由此可以看出，多层建筑整体风速要大于高层建筑。

2.2.2　湍流特征

图 8 是各组团西侧出风口处的剖面图，剖面显示不同相邻建筑高度的组团空间对流体的影响。在南侧建筑与间距不变的情况下，对比可以看出不同的相邻建筑高度对于空间内部流体的改变程度也有不同，在建筑表面尤为显著。

对于 3 层的算例中，可以看出气流从东侧和北侧建筑的顶部进入组团空间，在建筑的南侧附近附着形成旋涡，并且贴近建筑南壁面，整个组团的背风向，出现环形湍流，呈现出风速较弱，且紧贴建筑表面循环不散。此外，对于相同条件下的 6 层、9 层、12 层、15 层和 18 层的涡流均与建筑有一定的距离，而组团空间内部的流体也随着高度的增加，均匀的层流面积减小；而建筑整体组团的背风向建筑壁面形成的环流面积可以看出，多层的面积要大于高层，且风速小于高层。

2.2.3　悬浮颗粒物分布特征

图 9 是东北来风条件下，不同相邻建筑高度 1.5m 高度的细颗粒物浓度分布图，而具体浓度大小通过 1.5m 高度的颗粒物浓度数据对比图来比较，如图 10 所示。通过比较可以分析出，城市居住组团空间多层的颗粒物浓度分别表现出因相邻建筑高度的增加而递减的趋势，而中高层规律性并不显著。

通过对浓度分布图的比较分析，可以看出城市居住组团空间的颗粒物浓度与多层组相邻建筑高度的颗粒物浓度分别表现出因相邻建筑高度的增加而递减的趋势，浓度变化为 9 层（1：1）大于 6 层（3：2）大于 3 层（3：1），而中高层组规律性并不显著。综合两组比较相邻建筑的悬浮颗粒物

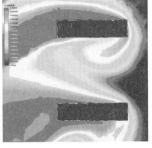
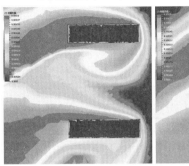
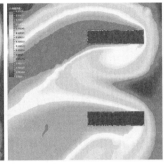

相邻建筑3层（1：3）　　　　相邻建筑6层（2：3）

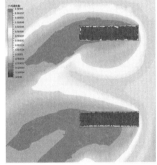
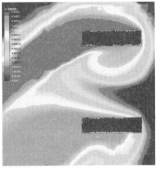

相邻建筑9层（1：1）　　　　相邻建筑12层（4：3）

相邻建筑15层（5：3）　　　　相邻建筑18层（2：1）

图9　组团空间中不同层高比例的物理模型平面图

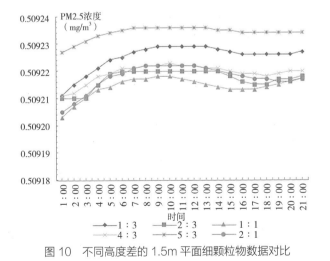

图10　不同高度差的1.5m平面细颗粒物数据对比

浓度排序：9层（1：1）＜6层（3：2）＜18层
（2：1）＜12层（3：4）＜3层（3：1）＜15层
（3：5）。

3　基于悬浮颗粒物的西安市居住组团空间形态立面布局规划策略与指引

基于前文的研究结果，分析总结出西安市居住组团相邻建筑高度的最优方案，以及立面空间形态的规划策略，以此作为缓解悬浮颗粒物污染的居住组团规划策略与指引。

3.1　相邻建筑高度

在同一个居住组团空间中，经过数值模拟研究发现，不同建筑物的不同高度对其微环境气候会造成不同的影响，而组团建筑的迎风面高度类型不同，城市居住组团空间内的风环境影响程度也不尽相同，因此在研究规律时，将多层建筑与高层建筑分开比较，在1.5m高度平面的结论为：多层建筑类型随北侧建筑的增高而浓度递减，中高层组规律性并不显著。通过将高层与多层糅合对比可以看出细颗粒物污染物的浓度与建筑层高类型有关，并且与建筑的高差大小有关。

综合分析组团算例的剖面湍流特征优选项与污染物浓度优选项，最终得到相邻建筑对比高度最优方案如图11所示，北侧建筑9层（1：1）以及18层（2：1）为最优选择，层高为6层（3：2）和12层（3：4）为可选项，3层（3：1）以及15层（3：5）为不宜选项。

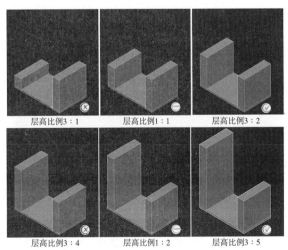

层高比例3：1　　层高比例1：1　　层高比例3：2

层高比例3：4　　层高比例1：2　　层高比例3：5

图11　组团空间合理相邻建筑高度的综合评判

3.2　居住组团立面形态

（1）空间具有相互包容性的匀称性，宜人、舒适的围合空间。道路与住宅建筑之间应保持平衡状态，形成令人舒适的立面空间。人在道路的一端，以45°角的视野应该覆盖对面建筑物的底端与顶部的全部立面，但不超过对面建筑的高度，人在这样的空间内可产生舒适的违和感。

（2）在居住组团的立面中因遵循统一的形式美，达到统一、均衡、比例、尺度、韵律、风格、色彩以及布局中的序列设计。设想和描绘其组团空间的外部构图，形成和谐统一的整体。

4 结论

从城市设计角度，基于前人对悬浮颗粒物、微气候以及居住组团空间形态的理论研究，通过实地调研采集的西安市居住组团信息，提炼居住组团不同相邻建筑高度空间形态的布局；利用实地测试的结果，验证数值模拟，通过CFD数值模拟对相邻建筑高度空间布局模型进行量化计算，得到目前西安市居住组团相邻建筑高度的适宜方案，同时总结排除最差方案，以此对城市规划设计起到一定的量化指导作用。以上工作得到如下结论：

（1）通过将高层与多层糅合对比可以看出悬浮颗粒物的浓度与建筑层高类型有关，并且与建筑的高差大小有关。

（2）相邻建筑对比高度最优方案为北侧建筑9层（1∶1）和18层（2∶1），3层（3∶1）和15层（3∶5）为不宜选项。

注：文中图片均由作者绘制。

参考文献

［1］中华人民共和国住房和城乡建设部.民用建筑热工设计规范：GB 50176—2016[S].北京：中国建筑工业出版社，2017.

［2］陈有川，张军，等.《城市居住区规划设计规范》图解[M].北京：机械工业出版社，2009：31-55.

［3］刘加平.城市环境物理[M].北京：中国建筑工业出版社，2011.

［4］陈云浩，李京，李晓兵.城市空间热环境遥感分析——格局、过程、模拟与影响[M].北京：科学出版社，2004：5-6，187-188.

［5］胡世明.气体释放源的三维瞬态重气扩散研究[J].劳动保护科学技术，2002，3（20）：28-30.

［6］中华人民共和国住房和城乡建设部.严寒和寒冷地区居住建筑节能设计标准：JGJ 26—2018[S].北京：中国建筑工业出版社，2019.

［7］中华人民共和国住房和城乡建设部.城市居住区规划设计标准：GB 50180—2018[S].北京：中国建筑工业出版社，2018.

［8］谢耘耕，郑广春，陈玮，等.2013年中国雾霾认知调查报告[R].新媒体与社会，2013（10）：156-175.

［9］冯娴慧，王绍增.城市建筑生态布局模式研究[C]//2004城乡规划年会论文集：城市生态规划，2004：525-529.

［10］陈丽红，孟宏睿.新时期小区规划初探[J].陕西工学院学报，2000，16（4）：47-52.

［11］彭新东，姜金华.城市大气污染物扩散模拟系统开发[J].高原气象，2002，21（2）：139-144.

［12］程雪玲，胡非，崔桂香，等.街区污染物扩散的数值研究[J].城市环境与城市生态，2004，17（4）：1-4.

［13］赵敬源，刘加平，等.庭院式民居夏季热环境研究[J].西北建筑工程学院学报（自然科学版），2001，18（1）：8-11.

［14］林启才，张振文，杜利劳.2013年西安市大气污染物变化特征及成因分析研究[J].环境科学与管理，2014，39（10）：52-55.

［15］霍小平，吴晓冬.寒冷地区高层建筑低密度住区风环境探讨[J].城市问题，2009（12）：33-37.

［16］SALAMANCA F, MARTILI A, TEWARI M, et al. A study of the urban noundary layer using different ruban parameteriantion and high-resloutin urban canopy parameters with WRF[J]. Journal of Applied Meteorology and Climatology, 2009, 48：484-501.

［17］VISWANATHAN A K, TAFTI D K. Detached eddy simulation of turbulent flow and numerical issue: from RANS to DNS and LES [Z].2012.

城市景观带风景园林要素配比与小气候舒适度的相关性研究——以上海世博公园和陆家嘴滨江带为例 *

刘滨谊，黄弥儿

同济大学建筑与城市规划学院

摘　要：为探究城市景观带小气候舒适度随不同景观要素配比变化的特征和规律，本文以上海世博公园和陆家嘴滨江带两处为实验地，选择在夏季极端天气下进行小气候测试和热舒适感受调查。研究通过实测计算和统计分析，以生理等效温度（PET）作为小气候舒适度评价指标，建立城市景观带小气候舒适度分级评价标准。通过对乔灌、水体、草坪及硬质铺装配比与 PET 的相关性分析和回归分析，确定景观要素配比与 PET 的相关程度，给出景观要素配比的阈值及适宜的取值范围。最后，以达到较低的 PET 值为原则，结合景观要素在空间配置上的约束条件，提出较为适宜的城市景观带风景园林要素配比的初步参考值。

关键词：城市景观带；风景园林要素配比；小气候舒适度；相关性

风景园林小气候适应性课题研究目标是通过改变可以影响近人尺度户外环境气候的风景园林要素，以求改善人体关于小气候感受的舒适性。在大气候背景下，风景园林要素及其空间组合方式和配置比例，可以影响风、湿、热环境，从而影响人体小气候舒适程度，其中以植物、水体和铺装材料对小气候舒适度的影响最为显著。

在小气候舒适度研究领域，董靓、陈睿智等通过实地监测和调查问卷，给出湿热地区园林微气候舒适度的评价参数、评价指标、评价标准以及舒适度分级的划分[1]。Tomás Galindo 等在河岸地区开展实测和问卷调查，结合测点的生理等效温度（PET）和热感觉投票（TSV）情况，提出适用于当地户外环境的 TSV-PET 标度，得到户外可接受的 PET 范围[2]。薛思寒等对传统岭南庭园的典型场地进行现场实测及热舒适问卷调查，计算出夏季室外 PET 的阈值范围，建立适用于岭南庭园夏季室外热环境的评价标准，同时利用 ENVI-met 软件进行庭园景观要素配置的量变模拟，定量分析不同的景观要素对庭园室外热环境舒适度的影响[3]。Hyunjung Lee 等通过软件模拟，比较不同乔木、草坪和硬质铺装覆盖率方案中 PET 值的大小，从量化的角度，总结乔

木和草坪对人体热应激的缓解效果[4]。An-Shik Yang 等结合实测和数值模拟，以 PET 为人体热舒适评价指标，通过比较 PET 值为舒适的区域在总面积中的占比，对 3 个不同树木、草坪和硬质铺装配比的城市公园设计方案进行评价筛选[5]。Zhao 等人以不同叶面积指数的植被、不同反照率的铺装和水体为研究对象，通过改变以上各景观要素在空间中的占地率，形成多种小气候适应性设计方案。在 ENVI-met 软件中，比较各方案对 PET 的降低效果[6]。

围绕风景园林要素对于小气候舒适度的影响研究，刘滨谊研究团队已经开展了一些先期的研究。本团队博士研究生魏冬雪、彭旭路在上海城市广场和街道的夏季小气候物理实测及大众心理热舒感受调查，得到了上海城市广场小气候热舒适的生理等效温度（PET）范围[7-8]；硕士研究生林俊在关键要素乔灌草的配植控制上，对小气候要素及人体热舒适的影响，提出了乔灌草绿量比例的参考值[9]。

目前关于景观要素对小气候舒适度的影响及适应性设计研究，多数是单要素的或者多要素定性的小气候效应分析。例如，Edward Ng、Klemm、Jihui Yuana、Theeuwes 等人研究了乔木覆盖率、草坪覆盖率、水体面积率对小气候因子及人体热舒适的影

---

* 基金项目：国家自然科学基金重点项目"市宜居环境风景园林小气候适应性设计理论和方法研究"（编号 51338007）资助

响规律，提出了适宜的景观要素比例[10-13]。这些研究较少从多要素配比定量地考量对小气候舒适度联合作用的影响。这种把多种景观要素的作用割裂开来，忽视要素配比和要素之间的影响，无疑会使研究结论和适应性的设计策略带有片面性和缺少系统性、全局性、实用性及真实性，这与风景园林的精确化发展要求是不相符的。

在风景园林要素配比对小气候及其舒适度的影响研究方面，以往的工作多偏于单个要素的影响研究，为进一步发现多个要素共同影响下的规律，尝试以植物、水体和软硬质铺装三者的配比作为研究对象，同时兼顾其三者的空间构成，以生理等效温度作为小气候舒适度指标，研究小气候舒适度随不同植物、水体、软硬质铺装要素配比变化的特征和规律，以期在前人结论的基础上，为改善风景园林小气候舒适度，发现更为细化定量的指标，这也就是本研究的基本目标。

1 实验与配比测定

1.1 研究对象

上海是中国东南沿海的特大城市，地理上位于北纬30°67′~31°88′和东经120°87′~122°20′之间。上海位于亚热带季风性气候区，具有亚热带季风性气候特征，冬冷夏热，雨热同季，日照充足，降水充沛。上海夏季的极端高温天气一般集中出现在7~8月，温度高达40℃左右。

上海世博公园位于上海浦东新区的世博园中心滨江区块。该景观带为东西走向，北邻黄浦江，南

至世博大道，西起后滩公园，东接世博园区庆典广场，长度约1.5km，宽度约为140~300m，占地面积约24hm²，绿化覆盖率约为51.8%。是上海世博园区的核心绿地和黄浦江两岸重要的滨江景观带。园中植物与道路、建筑、水体结合布置，主要类型包含乔木和花灌木，低层为大片的地被植物和绿色草坪。园内水体分东西两段：西段为自然湿地，东段为人工浅水水体。园中主要铺装类型分别为透水路面和耐践踏草坪。

陆家嘴滨江带位于黄浦江中段东南岸，东起其昌栈渡口，西至东方明珠塔脚，全长约2.5km，东北—西南走向，宽50~150m，绿化覆盖率约为42.0%。陆家嘴滨江带是黄浦江公共岸线中具有代表性的公共空间之一，具有自然生态、防洪、城市开敞空间和旅游休闲等多种功能。陆家嘴滨江带开放空间以满足市民活动为目标，其慢行系统包含漫步道、跑步道和骑行道，自西向东贯穿整个场地。滨江带景观空间以疏林草地为主，分散种植的乔木、斜坡和台地形式的草坪和大比例的硬质铺装场地，共同形成滨江带宽敞开阔的空间格局，与绿树成荫、水静草深的世博公园形成鲜明的对比。

1.2 数据采集

本研究分别在世博公园和陆家嘴滨江带各选取8个测点，共16个测点（图1、图2），进行户外小气候物理实测。户外实测选择在夏季极端天气时段内进行，实测采集数据包括：空气温度、相对湿度、风速风向及太阳辐射等小气候因子。近三年上海市夏季天气气象历史数据显示，上海7、8月份气温最

图1 上海世博公园平面图及测点分布

图2　上海陆家嘴滨江带平面图及测点分布

高，月平均气温高达 33~36℃，7 月末至 8 月初为持续高温天气主要集中的时段。结合 2019 年 7 月具体天气预报情况，实测时间确定在 2019 年 7 月 23 日 ~ 25 日和 7 月 28 日 ~ 30 日，共计 6 个测试日，每天测试时间为 7：00~18：00。

测试仪器采用美国生产的 Watchdog 小型气象站，其主要技术参数、测量范围和精度见表 1。设备装配在 1 个 1.5m 高的三脚架上，设定为每 15min 自记 1 次。实验日可能出现的气象波动，其产生的数据特异性会对研究结果产生影响。为减少数据特异性的影响，研究团队分别在 2 处实验场地内，选择具备典型气候特征的测试日各 3 天，进行户外实测。每天实测结束后，研究团队对数据进行纠错，

将 3 天测量数据的算术平均值作为最终测量结果，以消除因数据特异性而产生的误差。

1.3　风景园林要素配比测定

本研究分别以乔灌覆盖率、水体占地率、草坪覆盖率和硬质铺装率作为描述空间内植物、水体及软硬质铺装风景园林要素配比的测定指标（表 2、表 3）。景观要素配比测定的范围，是以各实测点为圆心、半径为 10m 的圆形区域。区域中各景观要素配比通过红外线测距仪、鱼眼镜头以及 Google Earth Pro、ArcGIS 软件来测量和计算。乔灌覆盖率为大小乔木和大灌木树冠投影总面积与空间总面积之比，水体占地率为各类水体总面积与空间总面积之比，

美国WatchDog 2000小型气象站主要技术参数及测量范围和精度　　　　表1

主要技术参数	测量范围和精度
存储容量：可存储数据数 10584	空气温度 –32~100℃，精度 ±0.6℃
内存类型：非丢失性内存	相对湿度 10%~100%（5~55℃），精度 ±3%
测量间隔：1~60min 自定义测量间隔	风速 0~241km/h，精度 ±5%
操作环境：–30~55℃	太阳辐射度 0~1500W/m^2，精度 ±5%

世博公园测点情况　　　　表2

测点编号	景观要素配比 乔灌：水体：草坪：硬质铺装	测点照片	测点鱼眼照片
S1	0.27：0.46：0.26：0.28		

235

续表

测点编号	景观要素配比 乔灌：水体：草坪：硬质铺装	测点照片	测点鱼眼照片
S2	0.30 ： 0.37 ： 0.43 ： 0.20		
S3	0.38 ： 0.00 ： 0.44 ： 0.56		
S4	0.24 ： 0.40 ： 0.38 ： 0.22		
S5	0.29 ： 0.00 ： 0.10 ： 0.90		
S6	0.68 ： 0.00 ： 0.76 ： 0.24		
S7	0.64 ： 0.00 ： 0.47 ： 0.53		
S8	0.27 ： 0.07 ： 0.93 ： 0.00		

陆家嘴滨江带测点情况			表3
测点编号	景观要素配比 乔灌：水体：草坪：硬质铺装	测点照片	测点鱼眼
L1	0.06：0.00：0.54：0.46		
L2	0.16：0.00：0.39：0.61		
L3	0.17：0.02：0.42：0.56		
L4	0.14：0.00：0.62：0.39		
L5	0.08：0.00：0.41：0.59		
L6	0.10：0.19：0.34：0.47		
L7	0.04：0.00：0.37：0.63		
L8	0.26：0.00：0.54：0.46		

草坪覆盖率为包括乔灌木冠下草本植物总面积与空间总面积之比，硬质铺装率为道路和广场等硬质铺装总面积与空间总面积之比。

1.4 小气候舒适度评价指标

生理等效温度（Physiologically Equivalent Temperature，PET）是目前普遍使用且被认为最适合用于评价户外人体热舒适度的客观性评价指标，其定义为"在某一室内或户外环境中，人体皮肤温度和体内温度达到与典型室内环境同等的热状态时所对应的气温"。PET 综合考虑包括温度、相对湿度、风速、太阳辐射强度等影响人体热感的环境因子，并加入服装热阻、平均活动量等与人体活动相关的物理参数，能够更为精准地反映热环境和相对真实的人体热感温度[14]。

1.5 热感觉热舒适投票调查

热感觉投票（Thermal Sensation Vote，TSV）和热舒适投票（Thermal Comfort Vote，TCV）调查采用现场随机访问和网上问卷调查相结合的方法。现场随机访问为定时在测点处随机询问，网上问卷调查是利用问卷星发放问卷。TSV 使用 9 点标度（非常冷、冷、微冷、凉、不冷不热、暖、微热、热、非常热），TCV 使用 4 点标度（非常不舒适、不舒适、舒适、非常舒适）。

2 舒适度评价

2.1 小气候舒适度测试统计

本研究使用 RayMan 1.2 软件计算 PET，在软件中输入世博公园和陆家嘴滨江带两处各实测点的实测数据，包含：实测时间、人体生理参数、地理信息及空气温度、相对湿度、风速、太阳辐射等小气候因子。其中，人体生理参数设置为：性别男、身高 175cm、体重 75kg、年龄 35 周岁、服装热阻 0.5clo、活动量 80W。研究团队根据以上参数，分别计算出各测点 PET 值，用 Excel 软件求出 PET 的最大值、最小值、平均值及标准差。

2.2 小气候舒适度评价标准

根据 TSV 和 TCV 调查结果，确定世博公园和陆家嘴滨江带的小气候舒适度评价分级标准。运用 Excel 软件，分别以 TSV、TCV 和 PET 为变量进行回归分析，得到世博公园和陆家嘴滨江带的 TSV、TCV、PET 三者的解析关系，计算出对应于 TSV 和 TCV 的 PET 值，确定小气候舒适度评价分级标准（表4、表5）。

3 实验结果与分析

3.1 各测点 PET 实验结果评价与比较

世博公园和陆家嘴滨江带夏季白天各测点 PET 的最大值、最小值、平均值及标准差见表6、表7。实验结果显示（表6、表7，图3、图4），世博公园和陆家嘴滨江带各测点的 PET 平均值都超过了舒适的值（表4、表5），均不属于舒适的范围。可见在夏季极端天气条件下，上海城市景观带白天的户外小气候环境基本上是不舒适的。因此，对各测点小气候舒适度的评价是 PET 值越小越好，PET 值越小则不舒适程度越低，测点的景观要素配比对小气候舒适度改善的作用越强。

比较两实验地各测点的小气候（图5、图6），总体上，世博公园各测点的平均 PET 值均低于陆家嘴滨江带，这说明世博公园小气候舒适程度高于陆家嘴滨江带。图5和图6显示了各测点按 PET 值由低到高排序的结果。世博公园为：S1 < S6 < S8 < S7 <

PET的热感觉评价标准								表4
热感觉	非常冷	冷	微冷	凉	不冷不热	暖	微热	热	非常热
TSV	−4	−3	−2	−1	0	1	2	3	4
PET（℃）	−18	−8.7	7.12	9.90	19.2	28.5	37.8	47.1	56.4

PET的热舒适评价标准				表5
热舒适	非常不舒适	不舒适	舒适	非常舒适
TCV	−2	−1	1	2
PET（℃）	58.7	50.1	26.4	7.12

上海世博公园各测点景观要素配比及夏季PET的比较　　　　表6

测点	景观要素配比	PET（℃）			
	乔灌：水体：草坪：铺装	最大值	最小值	平均值	标准差
S1	0.27：0.46：0.26：0.28	34.93	27.87	32.50	4.94
S2	0.30：0.37：0.43：0.20	52.67	26.90	36.78	8.31
S3	0.38：0.00：0.44：0.56	60.63	26.20	38.79	10.90
S4	0.24：0.40：0.38：0.22	57.63	30.00	40.04	9.14
S5	0.29：0.00：0.10：0.90	50.80	28.00	39.35	7.90
S6	0.68：0.00：0.76：0.24	38.77	25.77	32.53	5.14
S7	0.64：0.00：0.47：0.53	40.17	27.73	35.00	5.56
S8	0.27：0.07：0.93：0.00	40.27	26.03	33.98	5.75

上海陆家嘴滨江带各测点景观要素配比及夏季PET的比较　　　　表7

测点	景观要素配比	PET（℃）			
	乔灌：水体：草坪：铺装	最大值	最小值	平均值	标准差
L1	0.06：0.00：0.54：0.46	56.37	26.17	44.74	8.09
L2	0.16：0.00：0.39：0.61	56.00	26.60	42.97	8.74
L3	0.17：0.02：0.42：0.56	52.00	25.43	42.74	7.04
L4	0.14：0.00：0.62：0.39	52.30	26.03	42.93	7.05
L5	0.08：0.00：0.41：0.59	59.37	25.33	42.34	8.41
L6	0.10：0.19：0.34：0.47	61.97	25.63	42.91	11.66
L7	0.04：0.00：0.37：0.63	59.17	25.87	47.27	10.01
L8	0.26：0.00：0.54：0.46	60.37	25.83	46.94	8.92

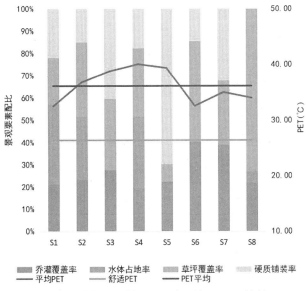

图3　世博公园测点景观要素配比及 PET 比较

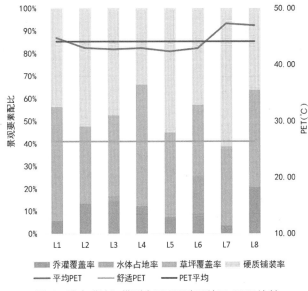

图4　陆家嘴滨江带测点景观要素配比及 PET 比较

S2＜S3＜S5＜S4，陆家嘴滨江带为：L5＜L3＜L6＜L4＜L2＜L1＜L8＜L7。对比结果发现，具有较大乔灌、水体和草坪占比和较小硬质铺装占比的测点，尤其是乔灌占比较大、铺装占比较小的测点，都具有较低的 PET 值。

根据 PET 越小越好的原则，可以选择测点中PET 值最小的 S1、S6 和 S8 的景观要素配比，初步作为城市景观带景观要素配比的参考值。这些测点景观要素配比的特点，就是相对较大的乔灌、水体、草坪占比和相对较小的硬质铺装占比。然而由于实

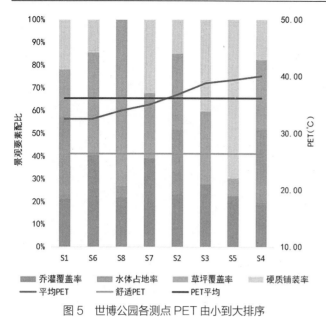

图5 世博公园各测点 PET 由小到大排序　　　　　　图6 陆家嘴滨江带各测点 PET 由小到大排序

测选择的测点空间样本数量有限，并且以上测点的小气候舒适度仍属于不舒适范围。缺少对小气候舒适度随景观要素配比变动规律的考察，仅以有限的实测点小气候舒适度的比较，给出配比参考值无疑存在一定的局限性。因此本研究还将进一步对景观要素配比与小气候舒适度的变化规律进行量化分析。

3.2 景观要素配比与 PET 相关性分析

为进一步揭示和量化风景园林要素配比与小气候舒适度的相关程度，分别采用皮尔逊（Pearson）简单相关系数法和斯皮尔曼（Spearman）等级相关系数法，对各景观要素配比和 PET 进行相关性分析（表8）。通过比较相关系数值的大小及其相关显著性，判断各景观要素配比与 PET 的相关密切程度，在确定景观要素配比参考值时，以此作为决定景观要素配比取值先后顺序的依据。

结果显示，乔灌覆盖率、水体占地率、草坪覆盖率与 PET 呈负相关，硬质铺装率与 PET 呈正相关，按相关程度由大到小的排序为乔灌覆盖率、硬质铺装率、

水体占地率、草坪覆盖率。其中乔灌覆盖率和硬质铺装率与 PET 分别在 0.01 水平和 0.05 水平上显著相关。

3.3 PET 与景观要素配比的变动关系

由于同时将乔灌、水体、草坪及硬质铺装四个景观要素配比综合在一起研究较为复杂，本研究先分别考察小气候舒适度与各景观要素配比之间的数量变动关系，再综合所得到的结论，提出最适宜的风景园林要素配比参考值。为此，分别对各景观要素配比与 PET 进行回归分析，得到 PET 随各景观要素配比变化的计算公式（图7~图10），通过计算，给出各景观要素配比阈值和适宜的取值区间。

计算结果（表9~表12）显示：

乔灌覆盖率在 0~71.26% 的区间内，PET 随配比的增大而下降，降速为每增加 10% 的配比，PET 约降低 2.4℃。乔灌覆盖率达到 68.84% ~71.26% 时，PET 达到最小值 33.69℃，此时舒适度最高，但仍属于不舒适范围。当乔灌覆盖率超过 71.26% 后，PET上升，舒适度逐渐降低。乔灌覆盖率为 100% 对应

景观要素配比与PET的相关性分析　　　　　　　　　　　　　　　　表8

		PET	乔灌覆盖率	水体占地率	草坪覆盖率	硬质铺装率
PET	Pearson 相关性	1	−0.730**	−0.387	−0.237	0.507*
	显著性（双侧）		0.001	0.138	0.376	0.045
PET	Spearman 相关性	1	−0.786**	−0.412	−0.093	0.464
	显著性（双侧）		0.000	0.113	0.733	0.070
N		/	16	16	16	16

注：** 代表 P < 0.01；* 代表 P < 0.05

的 PET 值为 36.19℃ ≥ 26.4℃，仍属于不舒适的范围。

水体占地率在 0~19.04% 的区间内，PET 随配比的增大而略有上升，每增加 10% 的配比，PET 上升约 1.9℃。水体占地率达到 19.04% 时，PET 达到最大值 41.33℃，此时舒适度最差。此后随着水体占地率的增加，PET 呈较快速度下降。在配比大于等于 54.90% 时，PET 小于等于 28.50℃，能够进入舒适的范围。

草坪覆盖率在 0~44.62% 的区间内，PET 随配比的增大缓慢上升，小气候舒适度有所下降，PET 的上升率约为每增加 10% 的配比，PET 上升 2.7℃。草

坪覆盖率达到 44.62% 时，PET 达到最大值 41.38℃，小气候舒适度最差。随后在草坪 PET 为 30.24℃，虽然小气候舒适度最好，但仍属于不舒适范围。

硬质铺装率在 0~65.83% 的区间内，PET 随配比的增大而上升，小气候舒适度下降。PET 的增速为每增加 10% 的配比，PET 约上升 16.5℃。硬质铺装率达到 65.83% 时，PET 有最大值 37.81℃，此时小气候舒适度最差。在硬质铺装率大于等于 65.83% 之后，PET 缓慢下降，每增加 10% 的硬质铺装率，PET 降低 8.6℃。硬质铺装率等于 100% 时，PET 最低为 39.46℃。

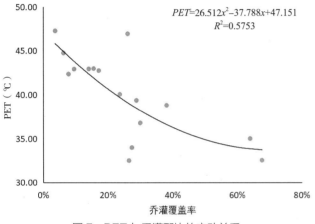

图7　PET 与乔灌配比的变动关系

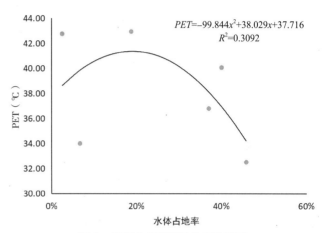

图8　PET 与乔灌配比的变动关系

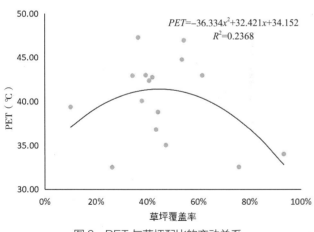

图9　PET 与草坪配比的变动关系

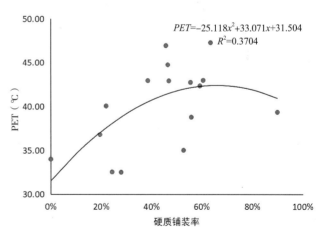

图10　PET 与硬质铺装配比的变动关系

乔灌覆盖率与小气候舒适度分级对应关系　　　　　　　　　　表9

乔灌覆盖率（%）	PET（℃）	TSV	TCV	热感觉	热舒适
0	47.15	3	−0.69	热	不舒适
31.80	37.81	2	0.17	微热	不舒适
71.26	33.69	1.56	0.50	微热	不舒适
80.00	34.21	1.61	0.46	微热	不舒适
100	36.19	1.83	0.31	微热	不舒适

水体占地率与小气候舒适度分级对应关系　　　　　　　　　　　　　　　　表10

水体占地率（%）	PET（℃）	TSV	TCV	热感觉	热舒适
0	37.72	1.99	0.19	暖	不舒适
19.04	41.33	2.38	−0.13	微热	不舒适
37.84	37.81	2	0.18	微热	不舒适
54.90	28.50	1	0.87	暖	舒适
57.78	26.36	0.77	1	暖	舒适
66.13	19.20	0.00	1.38	不冷不热	舒适
75.16	9.900	−1	1.72	凉	舒适
77.59	7.120	−1.30	2	微冷	非常舒适

草坪覆盖率与小气候舒适度分级对应关系　　　　　　　　　　　　　　　　表11

草坪覆盖率（%）	PET（℃）	TSV	TCV	热感觉	热舒适
0	34.15	1.61	0.47	暖	不舒适
13.30	37.81	2	0.18	微热	不舒适
44.62	41.38	2.38	−0.13	微热	不舒适
75.98	37.81	2	0.18	微热	不舒适
100	30.24	1.19	0.75	暖	不舒适

硬质铺装率与小气候舒适度分级对应关系　　　　　　　　　　　　　　　　表12

硬质铺装率（%）	PET（℃）	TSV	TCV	热感觉	热舒适
0	31.50	1.32	0.52	暖	不舒适
23.13	37.81	2	0.18	微热	不舒适
65.83	42.39	2.49	−0.22	微热	不舒适
100	39.46	2.18	0.04	暖	不舒适

4　讨论与建议

综合此前的分析结果，提出适宜的城市景观带风景园林景观要素配比参考值。在给出配比参考值时，需综合考虑以下三个方面：①小气候舒适度与景观要素的相关性；②景观要素配比阈值；③空间内景观要素配置的约束条件。

从相关密切程度考虑，根据各景观要素与PET相关系数由大到小的排序及其相关显著性，PET与乔灌和硬质铺装配比的关系最为密切，受乔灌和铺装配比的影响最为显著，因此应优先确定乔灌和硬质铺装的配比，其余要素依序取值。

从景观要素配比阈值及取值区间考虑，乔灌配比在0~70%的范围内越大越好，以小于等于70%为宜；硬质铺装配比在0~65%的范围内越小越好，可根据设计尽量取最小值；水体配比在19%~100%的范围内越大越好，以不小于19%为界；草坪配比在45%~100%的范围内越大越好，小于45%对PET的影响作用不明显。

而景观要素在空间内的配置约束条件，主要包括以下两个方面：①水面不种植乔灌木，乔灌木覆盖面积与水体占地面积不重叠；②乔灌覆盖面积可以与草坪和硬质铺装面积重叠，但不能大于草坪和硬质铺装的面积之和。

结合实测结果及配比依据，选择对小气候舒适度改善程度较高的风景园林要素配比，按照PET越小越好的原则，给出适宜的乔灌、水体、草坪、硬质铺装配比初步参考值（表13）。

上海城市景观带风景园林要素配比方案 表13

方案	配比			
	乔灌：水体：草坪：硬质			
实测的配比值	0.3 ： 0.5 ： 0.2 ： 0.3			
	0.7 ： 0.0 ： 0.8 ： 0.2			
	0.3 ： 0.1 ： 0.9 ： 0.0			
适宜的配比参考值	0.7 ： 0.3 ： 0.7 ： 0.0			

5 结语

为研究夏季小气候舒适度随不同植物、水体、软硬铺装要素配比变化的特征和规律，提出适宜的城市景观带风景园林要素配比，本研究选择上海世博公园和陆家嘴滨江带为测试地点，在夏季极端天气下，进行小气候实测和热舒适感受调查。研究以PET为小气候舒适度评价指标，以乔灌覆盖率、水体占地率、草坪覆盖率和硬质铺装率为风景园林要素配比的测定指标，通过对实测数据的统计分析，得出小气候舒适度与各景观要素配比之间的定量关系。

根据热感觉、热舒适调查结果并通过计算得到上海城市景观带小气候舒适范围为7.12~28.5℃。对比实测结果，世博公园和陆家嘴滨江带各测点均不在舒适的范围内。因此，在夏季极端条件下，对户外空间环境小气候舒适度的评价，可直接通过PET值的比较，PET越低，小气候舒适度越高。各测点的PET值大小及景观要素配比显示，乔灌木和硬质铺装的配比对PET影响最为显著。PET随乔灌配比的增大而下降，随硬质铺装配比增加而升高。小气候舒适程度相对较高的测点均具有较高乔灌、水体、草坪配比和相对较低的硬质铺装配比的特点。

实测研究与模拟研究的区别在于，测点内不只包含单一的景观要素，而是同时存在植物、水体及软硬铺装等多种景观要素，PET实测值是多种景观要素共同作用下的结果。本文结合实测数据的统计结果，综合考虑以下三个方面的内容：①乔灌、水体、草坪和硬质铺装与PET的相关程度；②各景观要素的阈值与取值区间；③各景观要素在空间配置上的约束条件。按照PET值越小越好的原则，提出较为适宜的城市景观带风景园林要素配比的初步参考值为0.7 ： 0.3 ： 0.7 ： 0.0。

由于本文所提出的风景园林要素配比参考值，仅考虑如何达到PET最小，对实际规划设计的指导作用无疑存在局限性，而且也未经过计算验证。因此，在后续研究中，要考虑进一步优化配比值的问题，例如，可以引入草坪和硬质铺装的面积比，细化景观要素配比的取值范围；通过多元回归分析，考察PET与多个景观要素配比的数量变动关系，对参考值进行验证比较，进一步总结细化适宜的景观元素配比参考值，为城市风景园林小气候适宜性规划设计理论提供指导。

参考文献

［1］陈睿智，董靓. 湿热气候区风景园林微气候舒适度评价研究 [J]. 建筑科学，2013，29（8）：28-33.

［2］GALINDO T，HERMIDA M.A. Effects of thermo-physiological and non-thermal factors on outdoor thermal perceptions：The Tomebamba Riverbanks case[J]. Building and Environment，2018，138：235-249.

［3］薛思寒. 基于气候适应性的岭南庭园空间要素布局模式研究 [D]. 广州：华南理工大学，2016.

［4］LEE H，MAYER H，CHEN L. Contribution of trees and grasslands to the mitigation of human heat stress in a residential district of Freiburg，Southwest Germany[J]. Landscape and Urban Planning，2016，148：37-50.

［5］YANG A S，JUAN Y H，WEN C Y，et al. Numerical simulation of cooling effect of vegetation enhancement in a subtropical urban park[J]. Applied Energy，2017，192：178-200.

［6］ZHAO T F，FONG K F. Characterization of different heat mitigation strategies in landscape to fight against heat island and improve thermal comfort in hot-humid climate（Part II）：Evaluation and characterization[J]. Sustainable Cities & Society，2017，35.

［7］魏冬雪, 刘滨谊. 上海创智天地广场热舒适分析与评价 [J]. 中国园林, 2018, 34（2）: 5-12.

［8］刘滨谊, 彭旭路. 上海南京东路热舒适分析与评价 [J]. 风景园林, 2019, 26（4）: 85-90.

［9］林俊. 上海城市滨水带小气候要素与空间断面关系测析 [D]. 上海: 同济大学, 2015.

［10］NG E, CHEN L, WANG Y, et al. A study on the cooling effects of greening in a high-density city: An experience from Hong Kong[J]. Building & Environment, 2012, 47: 256-271.

［11］KLEMM W, HEUSINKVELD B G, LENZHOLZER S, et al. Street greenery and its physical and psychological impact on thermal comfort[J]. Landscape and Urban Planning, 2015, 138: 87-98.

［12］YUAN J, EMURA K, FARNHAM C. Is urban albedo or urban green covering more effective for urban microclimate improvement?: A simulation for Osaka[J]. Sustainable Cities and Society, 2017, 32: 78-86.

［13］THEEUWES N E, SOLCEROVÁ, A, STEENEVELD G J. Modeling the influence of open water surfaces on the summertime temperature and thermal comfort in the city[J]. Journal of Geophysical Research: Atmospheres, 2013, 118（16）: 8881-8896.

［14］吴志丰, 陈利顶. 热舒适度评价与城市热环境研究: 现状、特点与展望 [J]. 生态学杂志, 2016, 35（5）: 1364-1371.

Study on Correlation between Proportioning of Landscape Elements in Urban Landscape Belts and Microclimate Comfort Degree——Take World EXPO Park and Lujiazui Waterfronts Belt in Shanghai as Examples *

Liu Binyi, Huang Mier

College of Architecture and Urban Planning, Tongji University

Abstract: In order to explore the characteristics and regularity of the microclimate comfort of urban landscape belts with different proportions of landscape elements, the World Expo Park and Lujiazui Waterfronts Belt were chosen as study areas to conduct microclimate measurement and thermal comfort survey in extreme summer weather. PET was adapted as microclimate comfort degree evaluation index in the study, through calculations and statistical analysis, and microclimate comfort degree evaluation standard for urban landscape belts was established. Via the correlation analysis and regression analysis of proportioning of arbors and shrubs, water, grass and hard pavement and PET, the correlation degree between landscape element proportion and PET was determined, and the threshold and appropriate value range of proportion of landscape elements were obtained. Finally, based on the principle of achieving lower PET value, in combination with the limitations on the allocation of landscape elements in the space, a preliminary reference value for the appropriate proportion of landscape elements in urban landscape belts was proposed.

Keywords: urban landscape belt; proportioning of landscape elements; microclimate comfort degree; correlation

The landscape microclimate responsive project aims at improving the comfort degree of human by changing landscape factors which can affect the outdoor climate at human scale. Under climatic background, landscape elements and their spatial combination and configuration ratio can affect wind, humidity, and thermal environments, and thus affect microclimate comfort degree of human. Among them, plants, water and paving materials have the most significant impact on microclimate comfort degree.

In the field of research on microclimate comfort degree, Rui-Zhi C, Liang D et al. [1] proposed the evaluation parameter, evaluation indicator, evaluation criterion for the comfort level of microclimate of landscape architecture as well as classification indicator

for the comfort level of microclimate humid-hot climate area via field monitoring and questionnaires. Tomás Galindo et al. [2] conducted on-site measurement and questionnaires survey in riverbanks zones, in basis of Physiologically Equivalent Temperature (PET) and Thermal Sensation Vote (TSV), the appropriate PET-TSV scale for local context was proposed and an Acceptable Temperature Range of PET outdoor threshold range of Lingnan garden summer outdoor environment and established the evaluation standards suitable for the summer outdoor thermal environment of Lingnan garden. ENVI-met software was also employed in the study for quantitative simulation of garden landscape elements allocation to make quantitative analysis of the effect of different levels of landscape elements on the garden

* Funded by the National Natural Science Foundation of China's Key Project "Research on Micro Climate Adaptability Design Theory and Method of Landscape Architecture in Urban Livabie Environment" (No.51338007)

outdoor thermal environment comfort[3]. Hyunjung Lee et al. [4] compared PET values of scenarios of different coverage of trees, grasslands and hard pavement via simulation, the qualification of contributions of trees and grasslands to the mitigation of human heat stress were put forward. Via outdoor measurement and numerical simulation, An-Shik Yang et al. [5] used PET as the human thermal comfort evaluation index, compared the percentages of the thermal comfortable area in the total area for evaluation and selection of 3 design cases of urban park with different coverage ratio of trees, grass and hard pavements. T.F.Zhao et al. [6] took trees with different leaf area indexes, pavement with different albedo and water as research objects, and generated a variety of microclimate responsive design cases by changing the coverage of the above landscape elements and compared the reduction of PET values in each case through the ENVI-met software.

Liu Binyi's research team have some advanced on impacts of landscape elements on microclimate comfort degree. Dongxue Wand Peng Xulu obtained PET rang of microclimate comfort of urban squares and streets in Shanghai through Outdoor physical measurements and public psychological questionnaires [7, 8]. Lin Jun explored impacts of planting of arbor trees, shrubs and grass on microclimate elements and human thermal comfort and put forward reference value of green quantity proportion of arbor trees, shrubs and grass [9].

Recent researches on the impact of landscape elements on microclimate comfort degree and related responsive design are mostly involved in qualitative analysis on microclimate effect of single or multiple elements. For example, Edward Ng, Klemm, Jihui Yuana, Theeuwes et al.studied the influence of coverage ratio of arbors, grass and water on microclimate elements and human thermal comfort, and proposed appropriate proportions of landscape elements[10-13]. These researches rarely quantitatively considered on the combined effects of the multiple element ratio on microclimate comfort. This separation of the effects of multiple landscape elements, ignoring the interaction of elements and their proportioning, undoubtedly make the

conclusions and responsive design strategies one-sided and lack of systematization, comprehensive, practicality and facticity, which is inconsistent with the precise development requirements of landscape architecture.

In the research of the influence of the proportioning of landscape elements on microclimate and comfort degree, previous work mostly focused on impact of single element. In order to further discover the laws under the impacts of multiple elements, the proportioning of plants, water and pavements is taken as the research object, as well as their spatial structure. The PET is used as an index of microclimate comfort degree. The purpose of this study is, by exploring the variations of microclimate comfort degree with proportioning of plants, water and pavement, to find more detailed and quantitative indicators on basis of previous study and improve the landscape microclimate comfort degree.

1 Experiment and Proportioning Measurement

1.1 Study Area

Shanghai (30°67'~31°88'N; 120°87'~122°20'E) is a large city on the southeast coast of China. Shanghai has the characteristics of subtropical monsoon climate with hot summer and cold winter, rain and heat over the same period, abundant precipitation and sunshine. Summer extreme heat generally occurs between July and August in Shanghai, with temperature as high as about 40℃.

Shanghai World Expo Park is located in the riverside area of the World Expo Center in Pudong New Area, Shanghai. The landscape belt runs from east to west, facing Huangpu River in the north, Expo Road in the south, Houtan Park in the west, and Expo Celebration Plaza in the east. The length is about 1.5 kilometers, the width is about 140-300m meters, and the area is about 24 hectares. The green coverage rate is about 51.8%. It is the core green space of Shanghai World Expo Park and an important waterfronts landscape belt along the Huangpu River. Plants in the park are designed in combination with roads, buildings, and water, including trees and flowering shrubs with large area of ground plants and green lawns. Water in the park is divided into two sections: natural wetland water body in the west section, and artificial shallow ponds in the east section. The main pavement types in the park are permeable pavements and trampling-resistant lawn.

Lujiazui Waterfronts Belt is located on the east bank of the Huangpu River, stretching from the Qichangzhan Ferry in the east to the foot of the Oriental Pearl Tower in the west. It has a total length of about 2.5km, runs from east to west, and is 50–150m wide. The green coverage is about 42.0%. Lujiazui Waterfronts Belt is one of the representative public space in the public shoreline of the Huangpu River, with various functions including natural ecology, flood control, urban open space, and tourism

and leisure. In order to meet citizens'needs for activities, slow-moving system with paths for jogging, running and cycling runs through the entire site from east to west. The dominant landscape in the site is sparse wood grassland. Scattered-planted trees, lawn in slope and terrace form and sites with a large area of hard pavement, forming spacious and open waterfronts landscape, which is different from World Expo Park with shaded trees, flourish grass and still water.

1.2　Data collection

In this study, respectively, 8 measurement points, 16 measurement points in total (Fig. 1, Fig. 2), were selected in the Expo Park and the Lujiazui Waterfronts Belt to conduct outdoor physical microclimate measurements. The outdoor measurement is carried out

Fig.1　Plan of World Expo Park, Shanghai and distribution of measurement points

Fig.2　Plan of Lujiazui Waterfronts Belt, Shanghai and distribution of measurement points

under extreme weather in summer. The collected data include：micro-climate factors such as air temperature，relative humidity，wind speed and direction，and solar radiation. As historical weather data of summer weather in Shanghai in the past three years shown，the highest temperatures occurs in July and August，with monthly average temperatures as high as 33-36℃. Late July to early August is the period when the continuous high temperature weather occurs. Based on the specific weather forecast in July，the actual test time is 23-25 and 28-30，July，2019，6 days，and the test time is 7：00-18：00 every day.

Watchdog mini meteorological station manufactured in U.S. was adopted as the test instrument，of which main technical parameters，measurement range and accuracy are shown in Tab. 1. All instruments were placed at a height of 1.5m above the ground on tripods with the data recorded every 15 minutes. The specificity of the data caused by meteorological fluctuations on the experimental day will affect the research results. Therefore，to reduce the impact of data specificity，researcher chose 3 days with typical climatic characteristics in each survey site for outdoor measurements. Every day，at the end of measurement，

researcher corrected the data and used the arithmetic mean of the three-day measurement data as the final result to eliminate errors due to the specificity of the data.

1.3 Measurement and calculation of the proportioning of landscape elements

In this study，coverage of plants，water，grass and hard pavement were used as indicators of the proportion of plants，water，grass and hard pavement landscapes in the space（Tab. 2，Tab. 3）. The area of landscape element ratio is a circle with each measurement point as the center and a radius of 10m，in which the proportioning of landscape elements is measured and calculated via infrared rangefinder，fish-eye lens，and Google Earth Pro and Arc GIS software. The plant coverage rate is the ratio of the total area of the tree canopy and the large shrub canopy to the total space area. The water area rate is the ratio of the total area of water to the total space area. The grass coverage rate includes the ratio of the total area of herbaceous plants under the canopy of arbor trees and shrubs to the total area of space. The hard pavement rate is the ratio of the total area of hard pavement and space to roads and squares.

Main technical parameters， measurement range and accuracy of the
Watchdog mini weather station manufactured in U.S.   Tab.1

The main technical parameters	Measuring range and accuracy
storage： Number of storable data 10584	Air temperature： -32℃ -100℃ accuracy ±0.6℃
Memory type： Non-Lost Memory	Relative Humidity： 10% to 100%（5 to 55℃）accuracy ±3%
Measurement interval：1-60min custom measurement interval	Wind speed：0-241km/h accuracy ±5%
Operating environment： -30-55℃	Solar radiation： 0~1500W/m^2 accuracy ±5%

Test point at World Expo Park in Shanghai   Tab.2

Number	proportioning of landscape elements arbor trees and shrubs : water : grass : hard pavement	photos of test points	fish eye photos of test points
S1	0.27 : 0.46 : 0.26 : 0.28		

Continued

Number	proportioning of landscape elements arbor trees and shrubs : water : grass : hard pavement	photos of test points	fish eye photos of test points
S2	0.30 : 0.37 : 0.43 : 0.20		
S3	0.38 : 0.00 : 0.44 : 0.56		
S4	0.24 : 0.40 : 0.38 : 0.22		
S5	0.29 : 0.00 : 0.10 : 0.90		
S6	0.68 : 0.00 : 0.76 : 0.24		
S7	0.64 : 0.00 : 0.47 : 0.53		
S8	0.27 : 0.07 : 0.93 : 0.00		

Test point at Lujiazui Waterfronts Belt in Shanghai　　　　　　　　　　Tab.3

Number	proportioning of landscape elements arbor trees and shrubs : water : grass : hard pavement	photos of test points	fish eye photos of test points
L1	0.06 ：0.00 ：0.54 ：0.46		
L2	0.16 ：0.00 ：0.39 ：0.61		
L3	0.17 ：0.02 ：0.42 ：0.56		
L4	0.14 ：0.00 ：0.62 ：0.39		
L5	0.08 ：0.00 ：0.41 ：0.59		
L6	0.10 ：0.19 ：0.34 ：0.47		
L7	0.04 ：0.00 ：0.37 ：0.63		
L8	0.26 ：0.00 ：0.54 ：0.46		

1.4 Evaluation Index of Microclimate Comfort

Physiologically Equivalent Temperature（PET）is an objective evaluation index currently widely used and considered to be the most suitable for evaluating the outdoor human thermal comfort. It is defined as "in a certain indoor or outdoor environment, human skin The temperature at which the temperature and body temperature reach the same thermal condition as a typical indoor environment." PET comprehensively considers environmental factors that affect human thermal sensation, including temperature, relative humidity, wind speed, and solar radiation, and adds physical parameters related to human activity such as clothing thermal resistance and average activity to more accurately reflect the thermal environment and Relatively real human thermal temperature [14].

1.5 Thermal Comfort Vote and Thermal Sensation Vote Survey

Thermal Sensation Vote（TSV）and Thermal Comfort Vote（TCV）surveys included on-site random interviews and online questionnaires. Random interviews were inquiries at the measuring points at regular intervals. Online questionnaires are conducted on "Wenjuanxing", an online platform for data collection questionnaire survey. TSV with a 9-point scale（very cold, cold, slightly cold, cold, not cold and hot, warm, slightly hot, hot, very hot）, and TCV with a 4-point scale（very uncomfortable, uncomfortable, comfortable, very comfortable）were adapted in the surveys.

2 Evaluation of Microclimate Comfort Degree

2.1 Measurement and Statistics Microclimate Comfort Degree

PET was calculated through RayMan 1.2 software, in which data collected at measurement points including measurement time, geographical information, human physiological parameters and microclimate elements, such as air temperature, relative humidity, wind speed, and solar radiation at the Expo Park and the Lujiazui Waterfronts Belt was input. Human physiological parameters are as follow: gender is man, height is 175cm, weight is 75kg, age is 35-year-old, clothing insulation is 0.5clo, activity parameter is 80w. The EXCEL software was adapted to obtain maximum, minimum, average and standard deviation of PET of each measurement point.

2.2 Microclimate comfort evaluation criteria

EXCEL software was adapted for regression analysis of the relationships among TSV, TCV, and PET to calculate the corresponding values of PET and establish evaluation grading criteria for the microclimate comfort degree in the World Expo Park and Lujiazui Waterfronts Belt（Tab. 4, Tab. 5）.

3 Experimental results and analysis

3.1 Results and Evaluation of PET

The maximum, minimum, average, and standard deviation of PET in summer at the World Expo Park and

Thermal evaluation criteria for PET　　　　　　　　　　　　　Tab.4

Thermal sensation	very cold	cold	Slightly cold	cool	neither cold nor hot	warm	Slight heat	heat	very hot
TSV	−4	−3	−2	−1	0	1	2	3	4
PET（℃）	−18	−8.7	7.12	9.90	19.2	28.5	37.8	47.1	56.4

Thermal comfort evaluation criteria for PET　　　　　　　　　　　　Tab.5

Thermal comfort	Very uncomfortable	uncomfortable	Comfortable	Very comfortable
TCV	−2	−1	1	2
PET（℃）	58.7	50.1	26.4	7.12

Lujiazui Waterfronts Belt are shown in Tab.6 and Tab.7. As the results（Tab.6, Tab. 7, Fig. 3, Fig. 4）shown, that the average PET values at each point of the World Expo Park and Lujiazui Waterfronts Belt exceed the PET values of microclimate comfort degree（Tab. 4, Tab. 5）, which are not in the comfortable. Under the extreme weather conditions in summer, outdoor microclimate environment in urban landscape belts in Shanghai during the daytime is basically uncomfortable. Therefore, the evaluation principle of the microclimate comfort degree of each measuring point is that lower PET value is better, lower PET value means higher microclimate comfort degree and more significant effect of the proportion of the landscape elements on the microclimate comfort degree improvement.

As shown in Fig.5 and Fig.6, in general, the average PET value of each point in the World Expo Park is lower than the Lujiazui Waterfronts Belt, indicating that the microclimate comfort degree of the Expo Park is higher than that of the Lujiazui Waterfronts Belt. Fig.5 and Fig.6 show the results of sorting the PET at each measurement point from low to high. The order of PET value of measuring points from lowest to highest is S1 <S6 <S8 <S7 <S2 <S3 <S5 <S4 in the World Expo Park,

and L5 <L3 <L6 <L4 <L2 <L1 <L8 <L7 in the Lujiazui Waterfronts Belt. The comparison results show that, PET value of measuring points with high proportion of arbor trees and shrubs, and grass and water and low proportion of hard pavement, especially those with with larger proportion of arbor trees and shrubs and low proportion of hard pavement is relatively low.

Due to the lowest PET value, proportioning of landscape elements at point S1, S6, and S8 can be selected as the reference value for the proportioning of landscape elements of the urban landscape belt. The characteristics of these measuring points are relatively large proportions of arbor trees and shrubs water and grass, and relatively low proportion of hard pavements. However, the number of sample measuring points are limited, and the microclimate comfort degree of the above measurement points is still uncomfortable. In lack of analysis on the changing law of microclimate comfort degree with the proportioning of landscape elements, there is still some limitations in obtaining the reference value of the proportion of landscape elements only by comparing the microclimate comfort degree of measuring points. Therefore, this study will further quantify the changes in landscape element and microclimate comfort degree.

Comparison of Landscape Elements in World Expo Park in Shanghai and
Comparison of PET in Summer   Tab.6

measuring points	proportioning of landscape elements	PET（℃）			
	arbor trees and shrubs : water : grass : hard pavement	Max	Min	Avg	Stdev
S1	0.27 : 0.46 : 0.26 : 0.28	34.93	27.87	32.50	4.94
S2	0.30 : 0.37 : 0.43 : 0.20	52.67	26.90	36.78	8.31
S3	0.38 : 0.00 : 0.44 : 0.56	60.63	26.20	38.79	10.90
S4	0.24 : 0.40 : 0.38 : 0.22	57.63	30.00	40.04	9.14
S5	0.29 : 0.00 : 0.10 : 0.90	50.80	28.00	39.35	7.90
S6	0.68 : 0.00 : 0.76 : 0.24	38.77	25.77	32.53	5.14
S7	0.64 : 0.00 : 0.47 : 0.53	40.17	27.73	35.00	5.56
S8	0.27 : 0.07 : 0.93 : 0.00	40.27	26.03	33.98	5.75

Comparison of landscape element ratios and summer PET in Lujiazui Waterfronts Belt of Shanghai   Tab.7

measuring points	proportioning of landscape elements	PET（℃）			
	arbors and shrubs : water : grass : have pavement	Max	Min	Avg	Stdev
L1	0.06 : 0.00 : 0.54 : 0.46	56.37	26.17	44.74	8.09
L2	0.16 : 0.00 : 0.39 : 0.61	56.00	26.60	42.97	8.74
L3	0.17 : 0.02 : 0.42 : 0.56	52.00	25.43	42.74	7.04

Continued

measuring points	proportioning of landscape elements	PET (℃)			
	arbors and shrubs : water : grass : have pavement	Max	Min	Avg	Stdev
L4	0.14 : 0.00 : 0.62 : 0.39	52.30	26.03	42.93	7.05
L5	0.08 : 0.00 : 0.41 : 0.59	59.37	25.33	42.34	8.41
L6	0.10 : 0.19 : 0.34 : 0.47	61.97	25.63	42.91	11.66
L7	0.04 : 0.00 : 0.37 : 0.63	59.17	25.87	47.27	10.01
L8	0.26 : 0.00 : 0.54 : 0.46	60.37	25.83	46.94	8.92

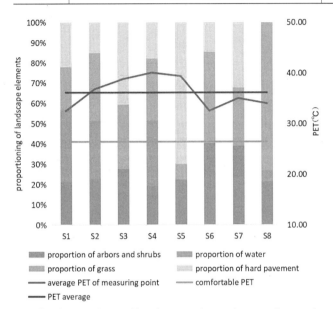

Fig.3 Comparison of landscape element proportion and PET at World Expo Park

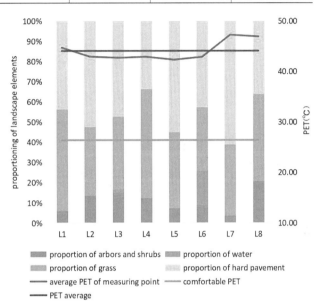

Fig.4 Comparison of landscape element proportion and PET in Lujiazui Waterfronts Belt

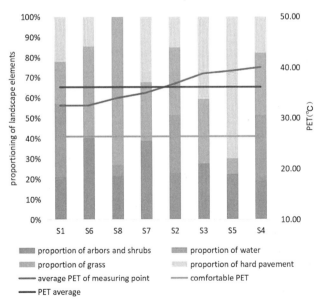

Fig.5 Sorting points of World Expo Park from small to large in PET

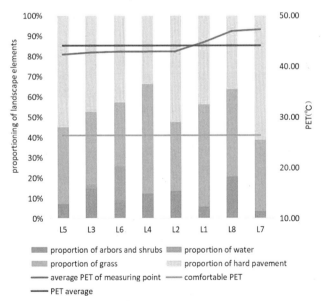

Fig.6 Sorting points of Lujiazui Waterfronts Belt from small to large in PET

3.2 Correlation Analysis on Proportioning of Landscape Elements and PET

In order to further reveal and quantify the correlation between the proportioning of landscape elements and microclimate comfort degree, Pearson's simple correlation coefficient and Spearman's rank correlation coefficient were adapted to analyze the proportion of each landscape element and PET（Tab.8）. By comparing the correlation coefficient and correlation significance, the closeness of the relationship between the landscape element proportion and PET, which can be used as basis for the order for determination on the values of proportion of landscape elements when putting forward the reference landscape elements proportioning.

The results showed that the proportions of arbor trees and shrubs, water, and grass were negatively correlated with PET, and that of hard pavements was positively correlated with PET. Based on closeness of relation among proportion of each landscape elements and PET, landscape elements were sorted in this order: arbor trees and shrubs>hard pavement>water>grass. Among them, proportions of arbor trees, shrubs and hard pavement were significantly correlated with PET at 0.01 and 0.05 levels, respectively.

3.3 Variations in PET with proportioning of landscape elements

For it is complicated to directly explore proportion landscape elements ratios of arbors and shrubs, water, grass, and hard pavement altogether, quantitative relationship between the microclimate comfort degree and the proportion of each landscape element were studied at first. In basis of which, the most suitable reference value for the proportion of landscape elements was proposed. Therefore, regression analysis is used to obtain the calculation formula for the variations of PET with the proportion of each landscape element（Fig.7 to Fig.10）. Through calculation, the threshold and appropriate value range of landscape element proportion were put forward.

As shown in the results（Tab.9 to Tab.12）, within

the range of 0 to 71.26%, PET decreased with the increase of the proportion of arbors and shrubs. For each 10% increase in the proportion, PET decreased by about 2.4℃. When the proportion reached 68.84% ~ 71.26%, PET reaches the minimum value of 33.69℃. At this time, PET value was the lowest, but the microclimate environment was uncomfortable. When proportion of arbors and shrubs exceeds 71.26%, PET rises and microclimate comfort degree gradually decreases. When proportion reaching 100%, the corresponding PET value is 36.19℃, which is over 26.4℃ and still in the range of uncomfortable in microclimate.

In terms of water proportion, within the range of 0~19.04%, PET increased slightly with the increase of proportion. For each 10% increase in the proportion, PET increased by about 1.9℃. When the water proportion reaches 19.04%, PET reached a maximum of 41.33℃ and the microclimate comfort degree is the lowest. Since then, with the increase in the water proportion, PET has declined rapidly. When the proportion is 54.90% with corresponding PET value of 28.50℃, the microclimate comfort degree is comfortable.

When the grass proportion varies in the range of 0 to 44.62%, PET slowly rises with the increase of the proportion, and the comfort degree of the microclimate decreases. The increase rate of PET is approximately 2.7℃ for every 10% increase in the proportion. When the grass proportion reaches 44.62%, PET reached a maximum of 41.38℃, and the microclimate comfort degree was the lowest. Within the range of 44.62% to 100%, PET continued to decline rapidly. When the coverage was 100%, the minimum PET was 30.24℃. Although the microclimate comfort degree was the

Correlation Analysis on Proportioning of Landscape Elements and PET　　　　Tab.8

		PET	Proportion			
			arbors and shrubs	water	grass	hard pavement
PET 配	Pearson Correlation Sig.（to-tailed）	1	−0.730**	−0.387	−0.237	0.507*
			0.001	0.138	0.376	0.045
PET	Spearman Correlation Sig.（to-tailed）	1	−0.786**	−0.412	−0.093	0.464
			0.000	0.113	0.733	0.070
N	/	/	16	16	16	016

highest, it still was the uncomfortable in microclimate comfort.

Within the range of 0 to 65.83%, PET increases with the increase of the hard pavement proportion, and the microclimate comfort degree decreases. The growth rate of PET is that for every 10% increase in the proportion, PET increases by about 16.5. When the hard pavement proportion reaches 65.83%, PET has a maximum value of 37.81℃ and the microclimate comfort degree is the lowest. When the hard pavement proportion is over 65.83%, PET slowly declines. For every 10% increase in the hard pavement proportion, PET decreases by 8.6℃. When the hard pavement proportion is 100%, the corresponding PET is 39.46℃, which is the lowest PET when proportion varying in the range of 65.83% to 100%.

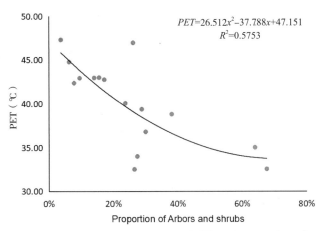

Fig.7　The relationship between PET and proportion of arbors and shrubs

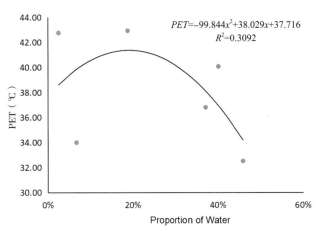

Fig.8　The relationship between PET and the proportion of water

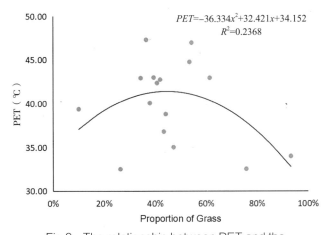

Fig.9　The relationship between PET and the proportion of grass

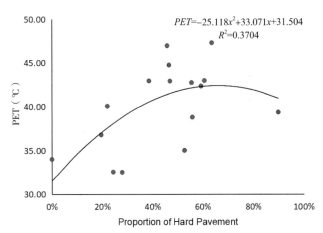

Fig.10　The relationship between PET and the proportion of hard pavement

Correspondence between proportion of arbors and shrubs and microclimate comfort degree classification　　　　　Tab.9

proportion of arbors and shrub (%)	PET (℃)	Thermal comfort	TCV	Thermal sensation	TSV
0	47.15	uncomfortable	−0.69	hot	3
31.80	37.81	uncomfortable	0.17	slightly hot	2
71.26	33.69	uncomfortable	0.50	slightly hot	1.56
80.00	34.21	uncomfortable	0.46	slightly hot	1.61
100	36.19	uncomfortable	0.31	slightly hot	1.83

Correspondence between proportion of water and microclimate comfort degree classification　　Tab.10

proportion of water（%）	PET（℃）	Thermal comfort	TCV	Thermal sensation	TSV
0	37.72	uncomfortable	0.19	warm	1.99
19.04	41.33	uncomfortable	−0.13	slightly hot	2.38
37.84	37.81	uncomfortable	0.18	slightly hot	2
54.90	28.50	comfortable	0.87	warm	1
57.78	26.36	comfortable	1	warm	0.77
66.13	19.20	comfortable	1.38	neither cold nor hot	0.00
75.16	9.900	comfortable	1.72	cool	−1
77.59	7.120	Very comfortable	2	slightly cold	−1.30

Correspondence between proportion of grass and microclimate comfort degree classification　　Tab.11

proportion of grass（%）	PET（℃）	Thermal comfort	TCV	Thermal sensation	TSV
0	34.15	uncomfortable	0.47	warm	1.61
13.30	37.81	uncomfortable	0.18	slightly hot	2
44.62	41.38	uncomfortable	−0.13	slightly hot	2.38
75.98	37.81	uncomfortable	0.18	slightly hot	2
100	30.24	uncomfortable	0.75	warm	1.19

Correspondence between proportion of hard pavement and microclimate comfort degree classification　　Tab.12

proportion of hard pavement（%）	PET（℃）	Thermal comfort	TCV	Thermal sensation	TSV
0	31.50	uncomfortable	0.52	warm	1.32
23.13	37.81	uncomfortable	0.18	slightly hot	2
65.83	42.39	uncomfortable	−0.22	slightly hot	2.49
100	39.46	uncomfortable	0.04	warm	2.18

4　Discussion and Suggestion

Based on the previous analysis results, a suitable reference value for the proportion of landscape elements in the urban landscape belt is proposed. When putting forward the reference value, the following three aspects need to be comprehensively considered: the correlation between the microclimate comfort degree and the landscape elements, the threshold value of the landscape element proportion, and the limitations on the allocation of landscape elements in the space.

Considering the closeness of the correlation, according to the correlation coefficients and correlation significance of the proportion of landscape elements and PET, PET is most closely related to and significantly affected by proportion of arbors and shrubs and hard pavement. Therefore, when reference proportioning value, proportions of arbors and shrubs and hard pavement should be determined first, and the values another elements should be selected in order.

In terms of threshold value and range of proportion of landscape elements, within 0 to 70%, the proportion of arbors and shrubs is the larger the better, so the appropriate proportion is less than 70%; within 0 to 65%, the proportion of hard pavements is the smaller the better, the proportion should be as small as possible on basis of design; the proportion of water is the larger the better when varying from 0 to 100%, and the proportion should not be less than 19%; the proportion of grass is the larger the better, for proportion less than 45% has no significant impact on PET.

The limitations on landscape elements proportion in the space include two aspects: First, arbors and shrubs shouldn't be planted on the water, and the area of arbors and shrubs should not overlap with that of water; Second, the area of arbors and shrubs can overlap with that of grass and hard pavement, but should be smaller than the total area of grass and hard pavement.

Based on experiment results and principle of proportion above, to obtain lowest PET value, the reference value of appropriate proportioning of arbors and shrubs, water, grass and hard pavement is put forward (Tab.13).

5 Conclusion

In order to study the characteristics and regularity of microclimate comfort degree with different proportioning of plants, water, and pavement in summer and propose appropriate proportioning of landscape elements in urban landscape belts, the World Expo Park and Lujiazui Waterfronts Belt were selected as study sites to conduct outdoor microclimate measurement and thermal comfort survey under the extreme weather of summer in Shanghai. The survey chose PET as the evaluation index of microclimate comfort degree, and took coverage of plants, water, grass and hard pavement as indicators of the proportion of plants, water, grass and hard pavement landscapes in the space. Through the statistical analysis of the measurement data, the quantitative relationship between the microclimate comfort degree and the proportion of landscape element is obtained.

According to the thermal sensation and thermal comfort survey results and calculations, the range of microclimate comfort degree of urban landscape belts in Shanghai is 7.12–28.5℃. Compared with the outdoor measurement results, the measurement points at the World Expo Park and Lujiazui Waterfronts Belt are not comfortable. Therefore, in the extreme weather conditions of summer, the evaluation of the outdoor microclimate comfort degree can be directly compared with the PET value. The lower the PET is, the higher the microclimate comfort degree is. The PET value and the proportioning of landscape elements of each measurement point show that the proportion of arbors and shrubs and hard pavement has the most significant effect on PET. PET decreased with the increase of the the proportion of arbors and shrubs, and increased with the increase of the proportion of hard pavement. The measuring points with relatively high microclimate comfort degree all have the characteristics of larger proportion of arbors and shrubs, water and grass and smaller proportion of hard pavement.

The difference between outdoor measurements and simulation is that the measurement points not only contains a single landscape element, but also multiple landscape elements such as plants, water, and pavements. The measured value of PET is the result of the combined effect of multiple landscape elements. Based on the statistical results of the measured data, this paper comprehensively considers 3 aspects: the correlation of arbors and shrubs, water and pavements with PET, the threshold and range of value of each landscape element, and the limitations on the spatial configuration of each landscape element. According to the principle that the PET value is the lower, the better, a suitable preliminary reference value for the proportioning of the landscape elements in the urban landscape belts was put forward, which is 0.7 : 0.3 : 0.7 : 0.

Because the reference value proposed in this paper only considers how to achieve the minimum PET value, it is undoubtedly limited in actual planning and design,

Proportioning of landscape elements in urban landscape belts in Shanghai		Tab.13
	Value of Proportioning	
	arbors and shrubs : water : grass : hard pavement	
proportioning in outdoor measurement	0.3 : 0.5 : 0.2 : 0.3	
	0.7 : 0.0 : 0.8 : 0.2	
	0.3 : 0.1 : 0.9 : 0.0	
reference proportioning	0.7 : 0.3 : 0.7 : 0.0	

and it has not been verified by calculation. Therefore, in the subsequent research, we should consider the issue of further optimizing the value. For example, the ratio of area of grass and hard pavement is introduced to refine the value range of the landscape element proportioning; Through multiple regression analysis, we can explore quantity relationship among PET and proportion of multiple landscapes and verify and compare reference values for further summary and refinement of appropriate reference values of landscape element proportioning, providing guidance for theory of urban landscape microclimate responsive planning and design.

References

［1］陈睿智，董靓. 湿热气候区风景园林微气候舒适度评价研究 [J]. 建筑科学，2013，29（8）：28-33.

［2］GALINDO T , HERMIDA M.A. Effects of thermo-physiological and non-thermal factors on outdoor thermal perceptions: The Tomebamba Riverbanks case[J]. Building and Environment, 2018, 138: 235-249.

［3］薛思寒. 基于气候适应性的岭南庭园空间要素布局模式研究 [D]. 广州：华南理工大学，2016.

［4］LEE H, MAYER H, CHEN L . Contribution of trees and grasslands to the mitigation of human heat stress in a residential district of Freiburg, Southwest Germany[J]. Landscape and Urban Planning, 2016, 148: 37-50.

［5］YANG A S, JUAN Y H, WEN C Y, et al. Numerical simulation of cooling effect of vegetation enhancement in a subtropical urban park[J]. Applied Energy, 2017, 192: 178-200.

［6］ZHAO T F, FONG K F . Characterization of different heat mitigation strategies in landscape to fight against heat island and improve thermal comfort in hot-humid climate（Part II）: Evaluation and characterization[J]. Sustainable Cities & Society, 2017, 35.

［7］魏冬雪，刘滨谊. 上海创智天地广场热舒适分析与评价 [J]. 中国园林，2018，34（2）：5-12.

［8］刘滨谊，彭旭路. 上海南京东路热舒适分析与评价 [J]. 风景园林，2019，26（4）：85-90.

［9］林俊. 上海城市滨水带小气候要素与空间断面关系测析 [D]. 上海：同济大学，2015.

［10］NG E, CHEN L, WANG Y, et al. A study on the cooling effects of greening in a high-density city: An experience from Hong Kong[J]. Building & Environment, 2012, 47: 256-271.

［11］KLEMM W, HEUSINKVELD B G, LENZHOLZER S, et al. Street greenery and its physical and psychological impact on thermal comfort[J]. Landscape and Urban Planning, 2015, 138: 87-98.

［12］YUAN J, EMURA K, FARNHAM C . Is urban albedo or urban green covering more effective for urban microclimate improvement?: A simulation for Osaka[J]. Sustainable Cities and Society, 2017, 32: 78-86.

［13］THEEUWES N E, SOLCEROVÁ, A, STEENEVELD G J . Modeling the influence of open water surfaces on the summertime temperature and thermal comfort in the city[J]. Journal of Geophysical Research: Atmospheres, 2013, 118（16）: 8881-8896.

［14］吴志丰，陈利顶. 热舒适度评价与城市热环境研究：现状、特点与展望 [J]. 生态学杂志，2016，35（5）：1364-1371.

下垫面对西安夏季城市微气候影响的测试研究 *

刘大龙 [1, 2]，马　岚 [1]，刘加平 [1, 2]

1.西安建筑科技大学建筑学院；2.西部绿色建筑国家重点实验室

摘　要：选择 4 种具有代表性的城市下垫面（沥青路面、混凝土路面、铺面砖地面、草地）作为观测对象，使用测量仪器对下垫面热环境参数进行测量。在此基础上分析了不同下垫面微气候特征和地表温度变化特征，以及下垫面地表温度和气象参数、物理性质的影响关系，对比研究了不同下垫面的微热环境影响，结果如下：不同下垫面地表上方空气温度、太阳辐射、相对湿度和风速共同构成的下垫面微气候环境存在差异，不同下垫面地表温度的日变化一般呈先上升后下降的单峰形态，沥青地表温度在全天均高于其他下垫面；气温、太阳辐射以及空气相对湿度与下垫面地表温度的关联性显著；材料热物理性质会影响下垫面地表温度表现，但影响程度不同，由高至低依次为热扩散率、比热容和反射率；四种下垫面热环境舒适度从高到低依次是草地、混凝土、铺面砖、沥青。本研究可为优化城市热环境设计提供科学依据。

关键词：下垫面；城市微气候；热舒适；热环境；物理性质

中国快速城市化建设中面临的城市环境问题日益突出。伴随着人口的迅猛增长，建筑密度的爆炸性增加，城市的气候、生态环境越来越受到人为因素的影响，出现了诸如城市热岛、雾霾、各类污染等不利于城市环境和可持续发展的严重问题。城市居民追求健康舒适的户外环境与各类城市气候恶化的负面影响之间的矛盾日益突出。因此研究城市要素与环境要素之间的互动关系对于营造健康、宜居的城市环境具有重要意义。

城市下垫面是城市地表的构成形式，是城市不同于乡村的显著特征，是城市中最基本的构成要素。硬化、大热容、强反射等一系列城市下垫面的特征，使得城市中的热量交换明显不同于乡村[1]。研究表明城市微气候的变化与城市下垫面性质有密切关系[2]，是城市热岛形成的关键因素，是影响城市热环境的重要因素[3-4]。

为探索下垫面对城市微气候环境的影响问题，国内很多学者对此开展了现场测试研究。李伟强等对广州大学生活区某宿舍楼的室外气候特征进行了现场实测，得出单体建筑周围热环境与风速、风向

和太阳辐射强度、下垫面性质等的关系[5]；张磊等对华南理工大学东湖的测试，获得了水体、乔木、草地和硬地等设计方法对热环境的影响程度[6]；李英等对北京三里屯地区城市下垫面热环境研究，发现该地区的绿化方式、铺地材料以及环境设计方面存在许多不利于热环境的地方并提出解决方案[7]；杨雅君等在深圳选择 6 种具有代表性的城市下垫面，研究得出气温、空气相对湿度以及太阳辐射等气象参数与下垫面温度之间具有显著相关性[8]。

梳理上述研究，发现以下问题：①对南方湿热气候研究多，对北方干旱气候研究少；②更注重下垫面影响下微气候特征的总体分析，缺少下垫面影响城市微气候的机理研究；③缺少下垫面对室外人体热感觉影响的研究。针对上述问题，本文以西安热效应显著的夏季为研究对象，通过测试建立不同类型下垫面与微气候特征间的量化关系，然后分析下垫面的物理性质，探索下垫面对微气候的影响机理，最后分析了下垫面对室外人体热舒适性的影响。期望为城市环境改造，提升户外活动品质提供借鉴。

---

* 　基金项目：国家自然科学基金资助项目（编号 51878536、51578439、51590913）

1 测试概况

本文以西安为测点，选择城市中常见的铺面砖、草坪、沥青、水泥 4 种下垫面作为测定要素，通过比较研究确定下垫面与城市气象参数的影响关系。

1.1 测试仪器及测试方法

实验地点为西安建筑科技大学校园，时间为 2018 年 7 月 18 日 8：00 到 7 月 21 日 8：00，连续测试 72h。测试参数及仪器如表 1 所示，总辐射表采集下垫面上方总辐射、散射辐射、直射辐射、南向总辐射强度。

1.2 测点布置

在西安建筑科技大学校园内，布置 4 组测温装置，选取 4 种不同的下垫面，测点的具体位置及周边环境如下：沥青地面选择开阔的篮球场，水泥地面周围无遮挡，铺砖地面选择开阔的广场，草坪周围无遮挡。测量下垫面表面温度的做法是将探头用胶带固定在下垫面表面。测量温湿度及风速的做法是将仪器挂在三脚架上，距离地面约 1m。各测点位置下垫面性质如图 1 所示。

测试仪器及精度　　　　表1

测量参数	测量仪器	仪器精度	采集频率（min）	采集方式
空气温度	温湿度块	±0.5℃	10	自动
空气湿度	温湿度块	±5%	10	自动
表面温度	四通道温度计	±0.5℃	10	自动
太阳辐射	总辐射表	≤ 5% W/m²	30	手动
风速	风速仪	±0.3m/s	10	自动

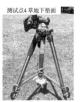

图1　现场测点照片

2 测试结果与分析

2.1 不同下垫面微气候特征分析

图 2 和图 3 分别为不同下垫面地表上方空气温度、太阳辐射、相对湿度和风速的变化特征，这些

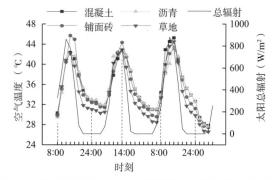

图 2　不同下垫面地表上方空气温度和太阳总辐射变化特征

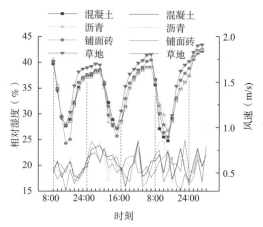

图 3　不同下垫面地表上方相对湿度和风速变化特征

因素共同构成了下垫面微气候环境。4 种下垫面地表上方空气温度日内变化趋势与太阳辐射基本上一致，总体上都呈现先上升后下降的变化趋势。下垫面间的温度差值在一天内的不同时间段也有所不同。早上 8：00，下垫面间的空气温度差值较小，13：00~15：00，空气温度达到峰值，差值也达到最大。草地上方的空气温度在全天都是最低，其余 3 种硬质下垫面的空气温度在不同时段呈现不同的变化。

4 种下垫面地表上方相对湿度日内变化趋势与空气温度基本相反，总体上都呈现先下降后上升的变化趋势。草地上方的相对湿度在全天都是最高，接下来是铺面砖、混凝土和沥青的全天相对湿度较低。4 种下垫面的风速总体趋势呈波状上下浮动，规律性不是很明显。

为了综合研究不同下垫面构成的微气候环境差异，将 4 种下垫面的气象参数数值中的最小值定为基准值，其余下垫面的对应气象参数的数值与基准值的比值定为相对变化率，以此来研究 4 种下垫面构成的微气候环境的差异与优劣。表 2 为下垫面平均空气温度、平均湿度和平均风速以及与基准值对应的相对变化率。图4是不同下垫面微气候气象参数相对值。由表2和图4可知，4种下垫面构成的微气候环境具有明显差异，平均空气温度呈现沥青＞混凝土＞铺面砖＞草地的特征，平均湿度呈现草地＞铺面装＞沥青＞混凝土的特征，平均风速呈现铺面砖＞混凝土＞沥青＞草地的特征。综上，同一种气象参数在不同下垫面环境下呈现不同的数值与优劣表现。说明气象参数与下垫面之间的影响关系因为下垫面的不同而有所差异。

下垫面地表微气候特征对比　　　　表2

		混凝土	铺面砖	沥青	草地
平均值	平均空气温度（℃）	35.44	35.09	35.55	34.03
	平均相对湿度（%）	34.44	34.9	34.55	35.96
	平均风速（m/s）	0.6	0.64	0.58	0.53
相对值	温度基准值	34.03	34.03	34.03	34.03
	温度变化率	1.04	1.03	1.05	1
	湿度基准值	34.44	34.44	34.44	34.44
	湿度变化率	1	1.02	1.01	1.04
	风速基准值	0.53	0.53	0.53	0.53
	风速变化率	1.13	1.2	1.09	1

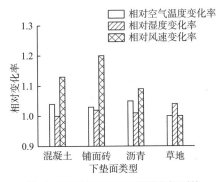

图4　不同下垫面微气候特征相对值

2.2　不同下垫面地表温度日变化特征

地表温度是下垫面热特征的重要表征，是分析下垫面与微气候关系的纽带。图5为下垫面地表温度的变化特征。由图5可知，从温度变化形态上看，4种下垫面地表温度一天内变化趋势与气温基本上一致，总体上都呈现先上升后下降的变化趋势。地表温度从早上8：00开始上升，由于空气温度升高以及太阳辐射增强，地表吸收热量而温度随之升高，至13：00~15：00达到一天温度的峰值，之后逐渐下降。下垫面间的温度差值在一天内的不同时间段也有所不同。早上8：00，下垫面间的地表温度差值较小，

13：00~15：00，地表温度达到峰值，差值也达到最大。因此，不同下垫面的地表温度变化幅度与地表温度峰值不同，同时也受到空气温度的影响。

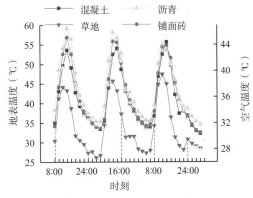

图5　下垫面地表温度变化特征

3　下垫面对城市微气候的影响机理

对下垫面物理性质的分析可以解释因为下垫面的差异导致的气象参数和地表温度变化程度和数值不同的原因。材料的热物理性参数包括材料的密度、比热容、导热系数、反射率等，而热扩散率是导热系数与比热容和密度的乘积之比，公式如下：

$$a=\frac{\lambda}{\rho c} \qquad (1)$$

式中　α——热扩散率，m^2/s；
　　　λ——导热系数，$W/(m \cdot K)$；
　　　ρ——密度，kg/m^3；
　　　c——比热容，$J/(kg \cdot K)$。

以上参数不同，升高相同的温度所吸收的热量不同，传递转移热量的快慢不同，因而室外空间常见的下垫面材料在太阳辐射作用下吸收的热量多少和传递热量的快慢不同。

表3为下垫面地表温度和物理性质。图6为下垫面地表温度和物理性质的相关系数。由表3和图6可知，材料热物理性质均会影响下垫面地表温度表现，但影响程度不同。综合来讲，材料的热扩散率与下垫面地表温度的相关性最高，影响最大，而材料的反射率和比热容对于下垫面地表温度的影响不如热扩散率。

由图6知，单独分析下垫面地表温度的变化规律，下垫面平均地表温受到材料反射率影响最大，下垫面地表温度日较差受材料比热容影响最大，下垫面地表温度标准差受到材料热扩散率影响最大。

下垫面地表温度和物理性质　　表3

		混凝土	铺面砖	沥青	草地
地表温度	平均温度（℃）	40.81	41.94	43.68	33.81
	日较差（℃）	23.41	24.29	24.69	19.57
	标准差（℃）	7.12	7.81	7.86	6.63
物理性质	反射率	0.64	0.52	0.43	0.49
	比热容[J/（kg·K）]	980	920	700	1200
	热扩散率（10^{-7}m²/s）	4.08	4.06	2.31	8.47

图7为下垫面地表温度和材料反射率的变化趋势。材料的反射率是下垫面反射的太阳辐射与太阳总辐射的比值，表现的是下垫面对太阳辐射的反射能力。由图7可知，除了草地外，随着反射率的减少，下垫面地表平均温度随之增加。

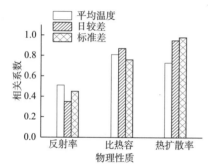

图6　地表温度和下垫面物理性质相关系数

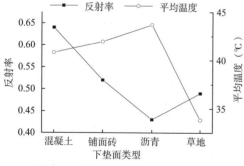

图7　下垫面地表平均温度和反射率

因为反射率决定了能进入下垫面太阳辐射的多少，会直接影响到下垫面的温度场，而反射率与下垫面的颜色、光滑程度和使用情况有关。混凝土、铺面砖和沥青三者的光滑程度依次降低，颜色依次加深。颜色越浅、光滑程度越高的下垫面反射率越高，反射的太阳辐射越多。而草地并不符合这一规律，主要是由于草地的温度不仅受到太阳辐射的影响，也受到植被蒸腾、植物气孔调节和草坪与下层土壤热交换等因素影响，变化情况比较复杂。

图8为下垫面地表温度日较差和材料比热容的变化趋势。由图8可知，随着比热容的降低，下垫面地表温度的日较差越大，说明下垫面地表温度升温越快，升高的温度也越多。在四种下垫面里，草地是日较差最小的，而沥青是日较差最大的，说明草地的地表吸收的热量最少。

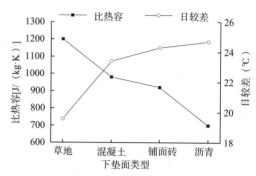

图8　下垫面地表温度日较差和材料比热容

图9为下垫面地表温度标准差和材料热扩散率的变化趋势。材料热扩散率代表材料温度趋于一致的能力，热扩散率越大，说明材料的温度变化越稳定，反之，材料的温度变化越不稳定。由图9可知，随着材料热扩散率的降低，下垫面地表温度的标准差越高，地表温度的变化越不稳定，地表温度变化越明显。4种下垫面，草地是温度变化最稳定的，而沥青是温度变化最不稳定的。

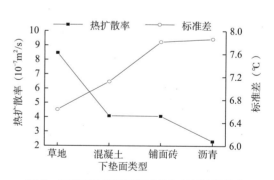

图9　下垫面地表温度标准差和材料热扩散率

4　下垫面对城市微热环境的影响分析

上述研究表明，不同下垫面具有显著不同的微气候特征，而这些不同的微气候哪些让人舒适，哪些需要改造？这些问题直接决定着不同下垫面的应用和城市热环境的改造优化。要解决该问题，首先需要明确对于室外热环境的评价问题。

在室外热环境的评价研究中，国内外部分学者认为对于复杂多变的室外热环境，理想实用的热指标应将物理变量与个人变量分开。指标仅描述环境的"冷热"程度，而不包含个人因素的影响。湿球黑球温度WBGT（Wet-Bulb Globe Temperature）是纯物理的简单的热应力指标，不涉及个人变量，符合这一要求[9]。WBGT指标的计算式为：

$$WBGT=0.7T_s+0.2T_g+0.1T_a \quad (2)$$

式中　T_a——空气干球温度，℃；

　　　T_s——空气自然湿球温度，℃；

　　　T_g——黑球温度，℃。

在国际上，WBGT指标已被ISO 7243标准体系认证，在我国，已经有相关的评价体系和标准将WBGT作为室外热安全的评价指标。自然湿球温度和黑球温度为复合环境参数，不易测量，因此采取WBGT指标的简化计算公式[10]：

$$WBGT=1.157T_a+17.425RH+2.407×10^{-3}SR-20.550 \quad (3)$$

式中　T_a——空气干球温度，℃；

　　　RH——相对湿度，%；

　　　SR——总太阳辐射照度，W/m²。

由于采用空气温度、相对湿度和太阳辐射等常规气象参数计算WBGT，与WBGT的定义式相比，简化关联式使用方便。WBGT是纯环境因素的指标，它与个人主观因素的关系已经建立，见表4，即假设人体身着夏装，在不同的活动状态推荐有不同的WBGT安全极限值。例如在休闲状态，人体的新陈代谢率$M<117W/m^2$，此时对人体安全的最高WBGT值为32~33℃，当环境的WBGT值较长时间地超过该值，应当采取安全保护措施避免人体受到热损伤。

由图10可知，草地是4种下垫面中最符合人体热舒适的下垫面，但是草地也有超过32℃的时间段，因此正午不宜在草地久留。而其他3种下垫面，白天大部分时间段都处于人体不舒适范围内，不适合停留，综合比较3种硬质下垫面，沥青最不适宜。热环境代表性下垫面能够在一定程度上反映城市用地，对于进一步研究城市区域热环境具有一定的现实意义。

5 总结

以西安为测点，以夏季气候条件为背景，选取4种典型城市下垫面类型（草地、沥青路面、混凝

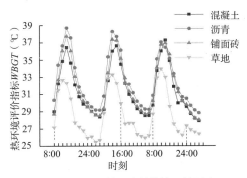

图10　不同下垫面室外微热环境影响

土路面、铺面砖路面）作为观测对象，通过测试系统分析了不同下垫面的温度变化特征和气象参数、物理性质的影响关系，对比研究了不同下垫面的微热环境影响，主要结论如下：

不同下垫面地表上方空气温度、太阳辐射、相对湿度和风速共同构成的下垫面微气候环境存在差异。下垫面不同会产生差异明显的微气候。

材料热物理性质均会影响下垫面地表温度表现，但影响程度不同。材料的热扩散率与下垫面地表温度的相关性最高，影响最大，而材料的反射率和比热容对于下垫面地表温度的影响不如热扩散率。下垫面地表温度日较差受到材料比热容影响最大，随着比热容的降低，下垫面地表温度的日较差越大。下垫面地表温度标准差受到材料热扩散率影响最大，随着材料热扩散率的降低，下垫面地表温度的标准差越高。

选用湿球黑球温度作为室外热环境评价标准。计算表明：草地是4种下垫面中最符合人体热舒适的下垫面。而其他3种下垫面，白天大部分时间段都处于人体不舒适范围内，不适合停留，综合比较3种硬质下垫面，沥青最不适宜。

ISO 7243推荐的*WBGT*阈值　　　　表4

新陈代谢水平	新陈代谢率 M（W·m⁻²）	*WBGT* 阈值（℃）			
		热适应好的人		热适应差的人	
0	$M<117$	33		32	
1	$117<M<234$	30		29	
2	$234<M<360$	28		26	
/	/	A	B	A	B
3	$360<M<468$	25	26	22	23
4	$M>468$	23	25	18	20

注：A为感觉不到空气流动；B为感觉到空气流动。

注：文中图片均由作者绘制。

参考文献

［1］高国栋，陆渝蓉.中国地面辐射平衡与热量平衡[M].北京：科学出版社，1982.

［2］刘霞，王春林，景元书，等.4种城市下垫面地表温度年变化特征及其模拟分析[J].热带气象学报，2011，27（3）：373–378.

［3］邢永杰，沈天行，刘芳.太阳辐射下不同地表覆盖物的热反应及对城市热环境的影响[J].太阳能学报，2002，23（6）：717–719.

［4］GAITANI N，MIHALAKA Kou G，SANTAMOURIS M. On the use of bioclimatic architecture principles in order to improvethermal comfort conditions in outdoor spaces[J]. Building and Environment，2007（1）：317–324.

［5］李伟强，周孝清.广州市单体建筑室外微气候热环境研究[J].建筑科学，2009，25（6）：58–60.

［6］张磊，孟庆林.湿热地区大学校园夏季热环境测试与分析[J].建筑科学，2011，27（2）：48–51.

［7］李英，周杨娜.北京三里屯地区城市下垫面热环境研究[J].低温建筑技术，2010，32（7）：10–112.

［8］杨雅君，邹振东，赵文利，等.6种城市下垫面热环境效应对比研究[J].北京大学学报（自然科学版），2017，53（5）：881–889.

［9］董靓，陈启高.户外热环境质量评价[J].环境科学研究，1995，8（6）：42–44.

［10］张磊，孟庆林，赵立华，等.室外热环境评价指标湿球黑球温度简化计算方法[J].重庆建筑大学学报，2008，30（5）：108–111，117.

武汉市绿色空间格局与小气候相关性分析及适应性策略研究

喻智婧，王玥玮

中国地质大学

摘　要：武汉市在城市化进程的快速推进和大规模建设的背景下，城市绿色空间格局趋于碎片化，各绿色空间的变化不同程度地影响了城市的小气候环境。本文以武汉市东湖区域为例，基于 2006~2017 年连续的遥感数据，利用 ArcGIS 技术对整个区域进行空间剖分，将区域内绿地划分为城市公园绿地（综合公园、公共景区）、生态绿地（防护绿地、生产绿地）、附属绿地（居住绿地、商业空间）以及其他等 4 类进行调查以深入研究绿地格局的变化，并运用经验模式分解 EMD 对影响各绿色空间面积变化的 6 个小气候因素（温度、湿度、风、降雨量、太阳辐射）及其关联度进行研究。研究表明不同类型绿地中裸土、水体、植被、不透水层与温度、湿度、降雨量、气压以及日照数存在不同程度的相关影响，根据研究结果中的相关性数值对武汉东湖区域内不同绿地类型中的水体、植被和不透水层，分别提出设计树池收集雨水维持湿度、优化植被结构及增加下垫面渗水率等景观优化策略来改善东湖区域的微气候环境，促进城市绿色空间的可持续发展。

关键词：绿色空间；微气候；适应性策略；EMD

1　研究背景

随着全球气候变暖、城镇化进程的快速推进，城市绿地空间不断减少，夏季高温持续时间越来越长，地表温度持续创新高，使得城市气候环境逐渐恶化，已经严重影响了城市人居环境的舒适度。城市绿色空间是人居环境最主要的部分，其中绿地被认为是一种能降低城市温度、缓解热岛效应的有效途径[1]，在小气候环境中扮演着极为重要的角色。

在一定区域内各地所具有的共同气候特征称为大气候。而在大气候下各区域因地形、植被、地面覆盖方式的不同所产生的与一般大气候不同的气候特点称为小气候。国外气候学家认为小气候是贴近地面的空间，其影响范围小到几十米或几米之间[2]，国内学者也认为小气候是在下垫面、地形、水域等影响下形成小范围的气候特点[3]。

近年来政府为了改善城市人居环境，加大了对城市绿色空间建设的投入以提高城市绿色空间小气候的舒适性，也吸引了很多学者研究的注意力。

2　研究方法

选取武汉市区较集中的绿色空间作为研究对象，进行绿色空间格局变化的调研，对小气候影响变量中的空气温度、相对湿度、日照、风向及降雨量进行研究，进行不同空间的小气候比较，从而初步了解各绿色空间格局变化与小气候的相关关系。

2.1　研究对象

武汉市位于中国中部地区，主城区 420km^2，属于典型亚热带季风气候，具有光能充足、热量丰富、夏热冬冷等气候特点，常住人口约 400 万人，人口密度较大。武汉东湖位于武昌区东部，占地面积约 88km^2，是亚洲最大的城中湖，国家 5A 级风景名胜区，武汉建成区内最重要的大型生态斑块。武汉东湖区域的大面积水域和绿色空间很大程度地影响着城市生态系统的调节功能，但自然条件较为优越的城市绿色空间如何能在小气候环境持续发展，本文从水体优化设计、下垫面和植被三个方面提出适应性策略。

2.2 土地分析

为长时间在较大区域范围内进行城市土地变化观测，采用人工地况调研的方法，将会耗费大量的人力与物力，而随着遥感技术的飞速发展，在大尺度上进行持续精细的监测已成为可能。本文利用遥感图像，实现对武汉东湖区域的变化特征进行持续的观测研究。

光谱遥感，作为一种极为有效的城市变化监测的数据来源，在提供了更多有效信息的同时，也提出了更高的预处理要求。由于拍摄角度、光线条件等方面的问题，为提高图像的城市地物分类的准确度，在本研究中，图像进行了系统辐射校正和几何校正。为解决遥感图像上的土地利用/覆盖特征，采用人机交互目视解译相结合的方法，进行图像矫正。在图像分类模块，基于目视解译的结果，并充分借鉴以往学者的研究成果，采用最大似然估计算法（Maximum Likelihood Method）进行分类。

遥感影像剪裁是利用东湖范围线数据，同时配合2017年及其他年份遥感影像数据，运用 ArcGIS 12.0 进行坐标投影转换，将 WGS84 数据转为西安 80 坐标系下的数据，采用 ENVI 5.0 软件裁剪已校正的 TM 影像，得到 2017 年的东湖区域遥感影像图（图 1）。

图 1　2017 年武汉东湖区域遥感影像及分区图

城市不同绿色空间的绿地因功能不同，绿化结构也有明显差异。根据《城市绿地分类标准》CJJ/T 85—2017，城市绿地一般分为以下五类：公园绿地、生产绿地、防护绿地、附属绿地、其他绿地。根据实际情况可以进行归类以方便调研，例如武汉东湖区域，城市公园绿地有市级综合公园、区域性综合公园以及各专类公园；生产绿地有一处苗圃在森林公园内；附属绿地有居住区绿地和高校附属绿地；其他绿地有森林公园、湿地公园。本研究将研究区域土地划分为城市公园绿地、生态绿地、附属绿地以及其他，由于武汉东湖区域内防护绿地面积较小，生产绿地面积较小且在森林公园内，故将生产绿地、防护绿地以及其他绿地均归于生态绿地中；而待开发以及待修复的绿地归到其他中。

2.3 经验模式分解 EMD

城市绿地系统的时间序列纬度大，异构性强，加之复杂的小气候环境影响因素致使序列分析困难，运用 EMD（Empirical Mode Decomposition）进行分解可获得更具规律性的子序列，再对各子序列分别建立相关性模型。

基于大数据思维，将东湖区域的绿地面积可视为由若干个本征模函数（intrinsic mode function，IMF）组成的一个面积序列。由 IMF 定义知：IMF 的每一个振动周期，只有一个振动模式，没有其他复杂的奇波。显然非线性、随机性的绿地面积比序列不是 IMF，因此利用 EMD 分解绿地构造需基于假设：①待分解的东湖区域是由简单的 IMF 组成；②组成原始区域的各类型绿地每一个 IMF 分量相互独立。

基于上述分析，对给定区域面积进行模态分解的具体步骤如下。

步骤 1：找出原始区域面积序列 $x(t)$ 中所有局部极大值点和局部极小值点，然后用两条光滑的曲线将所有的极小值点与极大值点分别连接，相应地形成 $x(t)$ 的下包络线 $e_{low}(t)$ 和上包络线 $e_{up}(t)$。

步骤 2：计算上包络线 $e_{up}(t)$ 和下包络线 $e_{low}(t)$ 的平均值 $m_1(t)$，即：

$$m_1(t) = \frac{e_{up}(t) + e_{low}(t)}{2}$$

步骤 3：计算原始区域面积序列 $x(t)$ 和包络线均值 $m_1(t)$ 的差值，即：

$$h_1(t) = x(t) - m_1(t)$$

步骤 4：如果 $h_1(t)$ 满足 IMF 条件，那么 $h_1(t)$ 就是求得的第一个 IMF 分量，它必须包含时间序列中最短的周期分量；否则应将 $h_1(t)$ 视为原始时间序列，重复步骤 1 至步骤 3，直到第 k 次迭代后的差值 $h_1^k(t)$ 满足 IMF 条件成为第一个 IMF 分量，记为：

$$a_{IMF1}(t) = h_1^k(t)$$

通过限定标准差 S_D 来判断筛选过程是否停止，以此判断 $h_1^k(t)$ 是否为 IMF 分量：

$$S_D = \frac{\sum_{t=0}^{T} |h_1^{k-1}(t) - h_1^k(t)|^2}{\sum_{t=0}^{T} |h_1^k(t)|^2}$$

式中：$h_1^{k-1}(t) - h_1^k(t)$ 为 $h_1^k(t)$ 的上下包络线的平均值。标准差 S_D 的取值一般为 0.2~0.3。

步骤 5：从区域面积序列中将第一个 IMF 分量 $a_{IMF1}(t)$ 分离出后，即可得到的剩余分量 $r_1(t)$，即：

$$r_1(t) = x(t) - a_{IMF1}(t)$$

步骤 6：将 $r_1(t)$ 作为新的时间序列，再重复步骤 1 至步骤 5，直到剩余分量的幅值比预设值小或残余分量变为单调函数或常数为止，即可得到 $x(t)$ 的所有 IMF 分量和剩余分量，该过程可以表示为：

$$\begin{cases} r_1(t) - a_{IMF2}(t) = r_2(t) \\ r_2(t) - a_{IMF3}(t) = r_3(t) \\ \vdots \\ r_{n-1}(t) - a_{IMFn}(t) = r_n(t) \end{cases}$$

式中：$r_n(t)$ 为单调函数，此时可称为残差分量；模态数目 n 取决于原始时间序列和预设值。原始区域面积序列 $x(t)$ 可由 IMF 分量和残差分量描述为：

$$x(t) = \sum_{n=1}^{n} a_{IMFn}(t) + r_n(t)$$

经步骤 1 至步骤 6 可将原始区域面积序列分解为不同频率的子序列，即 IMF 和残差 r，然后分别对各子序列进行特征相关分析，包括植被区域、水域、不透水层和裸土。为找出导致各子序列不同波动频率的影响因素，本文采用相关系数分析降水量、平均气压、平均气温、平均相对湿度、月日照百分率、日照时数，其计算方法如下：

$$r(X,Y) = \frac{C_{ov}(X,Y)}{\sqrt{V_{ar}[X]V_{ar}[Y]}}$$

3 实验及结果分析

3.1 实验研究

本文的研究区域为武汉市东湖区域。本研究中使用的城市土地持续变化监测数据为 2006~2017 年 Landsat TM5、7、8 的遥感数据产品（空间分辨率统一重采样为 1m），数据来源于谷歌地球（https://www.google.com/earth/）；使用的天气数据为同样时长的 20：00~20：00 时降水量、平均气压、平均气温、平均相对湿度、月日照百分率和日照时数，数据采集于中国气象数据网（http://data.cma.cn/）。

本实验分为三个步骤：

（1）采用最大似然估计算法，对图像进行分类，根据图像的特征，我们将武汉市东湖区域的土地类别分为四类，分别是：植被区域、水域、不透水层和裸土。

（2）为分析东湖区域不同功能区在 12 年中各个土地类别的变化状况，首先将整个区域分为 4 个区域类别，分别是：城市公园绿地、生态绿地、附属绿地和其他绿地。再计算每一个区域中，每一个土地类别所占区域比率。

（3）针对每一个区域的土地类别比率的时间序列，采用 EMD 的算法进行序列分解，进一步采用相关系数分析本文中收集的天气数据对于每一个区域中的每一个土地类型的影响。

3.2 实验结果

按照前文的算法和研究步骤，对序列 $x(t)$ 进行 EMD 分解，将时间序列 $x(t)$ 分解成多个 IMF 分量和 1 个剩余分量，为了了解各个变量针对于每一个 IMF 分量项是否都存在显著性关系，对序列 $x(t)$ 分解后的各 IMF 分量进行针对于不同变量的相关系数均值分析。通过不同土地类型对时间序列的分解，形成多个信号分量，而这些信号分量是原有时间序列按照前文规则分解而来，但是其却具有非常重要的气候与绿地类型信息。这里的高频项是指气候指数与不同类型绿色空间的波动频率高的数据，而低频项则相反，按照以上规则，不同区域内绿地与不同土地类型的关联系数表见表 1。

各因素与不同类型绿地的相关系数表　　表1

		城市公园绿地	生态绿地	附属绿地	其他
降水量	裸土	0.185	0.02	0.149	0.004
	植被	−0.309	−0.119	0.197	0.091
	水体	0.078	0.079	−0.103	−0.1
	不透水层	0.188	0.002	−0.113	0.207
平均气压	裸土	0.027	0.01	0.187	0.079
	植被	0.177	−0.131	−0.232	−0.009
	水体	−0.273	−0.154	−0.121	0.038
	不透水层	0.216	0.322	0.194	−0.296
平均气温	裸土	0.053	0.16	0.038	0.107
	植被	0.364	0.075	−0.044	0.152
	水体	−0.211	−0.266	−0.04	−0.138
	不透水层	−0.102	0.051	0.214	−0.201
平均相对湿度	裸土	−0.008	−0.128	0.134	−0.138
	植被	−0.353	−0.195	0.253	−0.178
	水体	0.138	0.234	0.019	0.175
	不透水层	0.31	0.158	−0.301	0.141

续表

		城市公园绿地	生态绿地	附属绿地	其他
月日照百分率	裸土	−0.153	−0.04	−0.106	−0.001
	植被	0.294	0.107	0.012	0.162
	水体	−0.175	−0.101	−0.104	−0.101
	不透水层	0.027	0.093	0.152	−0.241
日照时数	裸土	−0.155	−0.06	−0.146	−0.001
	植被	0.295	0.159	−0.045	0.164
	水体	−0.157	−0.108	−0.124	−0.111
	不透水层	−0.013	0.072	0.18	−0.187

3.3 气候因素关联性分析

由实验结果表 1 可知：

3.3.1 降水量

在表中降水量与附属绿地中植被的相关系数较大为 0.197。除水体、城市公园里的植被和附属绿地的不透水层以外，其余均有正相关性，其中对于裸土分量上数值趋向于 0，其影响最小，对其他土地中的裸土面积影响系数为 0.004。当一年内武汉市区内降雨量被大幅度改变的时候，附属绿地中的植被用地面积占比相较于降雨量呈较为显著的正相关关系，对区域内裸土面积几乎没有影响。

3.3.2 平均气压

在表中平均气压与生态绿地中的不透水层土地的相关系数为 0.322，数值最大。除城市公园里的植被以外，其余区域中的植被均有负相关性。当一年内武汉市区内平均气压被改变时，平均气压对不透水层用地面积占比相较于降雨量呈较为显著的正相关关系。

3.3.3 平均气温

在表中平均气温与城市公园绿地中的植被相关系数为 0.364，数值最大，与所有绿地类型中的水体相关系数值为负的，与所有绿地类型中的裸土相关系数值为正的，当一年内武汉市区内温度变化起伏明显时，平均气温对水体面积占比相较于其他因素呈较为显著的负相关关系，对裸土面积占比相较于其他因素呈较为显著的正相关关系。

3.3.4 平均相对湿度

在表中平均湿度与附属绿地中的植被相关系数为 0.253，数值最大。与所有绿地类型中的水体相关系数值为负的。当一年内武汉市区内湿度变化起伏明显时，平均湿度对水体面积和附属绿地中的植被占比相较于其他因素呈较为显著的正相关关系。

3.3.5 月日照百分率

在表中月日照百分率与城市公园绿地中的植被相关系数为 0.294，数值最大。与所有绿地类型中的水体、裸土相关系数值为负的。当一年内武汉市月日照百分率变化起伏明显时，平均湿度对植被面积、裸土面积占比相较于其他因素呈较为显著的负相关关系，与城市公园绿地中的植被呈较为显著的正相关关系。

3.3.6 日照时数

在表中月日照百分率与城市公园绿地中的植被相关系数为 0.295，数值最大，与所有绿地类型中的水体、裸土相关系数值为负的，当一年内武汉市日照时数变化起伏明显时，平均湿度对植被面积、裸土面积占比和月日照百分率同样相较于其他因素呈较为显著的负相关关系，与城市公园绿地中的植被呈较为显著的正相关关系。

4 对武汉城市绿地规划设计的优化策略研究

4.1 东湖绿地水体优化设计

影像显示武汉东湖区域内有大面积水体，水体的比热容较大，日晒强烈时可以有效降低周围环境温度，有效调节周围环境湿度，在日晒较弱时提升周围温度。沿湖边缘有东湖绿道及周边城市公园、森林公园等，具有良好的户外活动条件，视野开阔且适宜停留活动。因此在东湖区域内与水体交界处的现有绿色空间内，设置一些边缘处景观设计可提高该区域活动人体的舒适性，如延伸进湖面的亲水平台、简易的休息座椅或树池等，方便活动人群停留娱乐或休息，同时树池还有收集雨水的功能，沿水体边缘处的蓄水装置可以直接排入湖泊中。研究显示在公园绿地和附属绿地中的水体也受气候影响较大，公园内的景观节点上增加构筑物或垂直绿化，例如绿墙。绿墙在城市绿色空间中不仅能增加绿化效果和美观效果，还能提高绿地生态环境，降低周围气温。Rabah 等在 2015 年的研究中指出绿墙可以很有力地改善小气候遮阳面积，增加湿度，降低城市热岛效应，进而改善城市街道的舒适度[4]。

4.2 东湖绿地植被结构优化设计

研究显示在不同类型绿地区域中植被对温度相关系数值有明显差异，说明植被对小气候的调节作用至关重要，是优化小气候环境的重要因素。生态绿地区域上有许多原生态植物，靠近水体的植被有助于绿地生态的自我调节，靠近人群活动区域的植被可进行适当修剪使其美观，合适的植物可以围绕其周边进行再设计成为新的景观小品。在城市公园绿地和附属绿地中的植被区域由于面积受限可人为选择性种植，绿色空间中草坪：灌木：乔木的比例为1：3：5时植被结构比较合理[5]，其中乔木能产生较大遮阴，降温效果较为显著，随着乔木覆盖率增加，温度降低越多[6-7]。

4.3 东湖城市公园绿地下垫面优化设计

由研究结果可以发现，城市公园绿地中的植被比其他区域内的植被更易受气候因素影响，而水体在城市公园绿地和生态绿地中比在其他区域内更易受降水量的影响。调研发现，城市公园中的水体和植被多于附属绿地又少于生态绿地。其下垫层对雨水的调节能力也介于两者之间，而下垫面小气候效应直接影响园内活动人群的舒适性。城市公园内下垫面的类型有很多，如水体、绿地、广场、道路等。下垫面上层的覆盖面也显著影响下垫面的小气候舒适度，合理的铺装、植被有利于提升小气候舒适性。可供城市公园区域中的广场和道路铺装选择的材料众多。但是武汉东湖区域内城市公园中常见的路面透水铺装材料是通过其孔状结构渗水。在投入使用后仍需要定期维护，因为城市公园内的道路车流量和人流量相对其他绿地空间较高，空气中的尘粒、机动车的排放物质以及人为的遗弃物都有可能落入透水铺装材料的缝隙中，堵塞材料渗水的孔隙，大大降低铺装材料的雨水渗透效果。城市公园路面的渗水率下降，直接影响周围空气中的湿度。但是常见透水砖孔隙的堵塞基本出现在材质的近表面。城市公园内的管理人员可以在日常维护中采用真空机清除透水材料孔隙的堵塞物，以保证公园内路面的雨水渗透率。虽然透水性路面铺装材料会存在孔隙堵塞的隐患，但依然比裸土、人工草坪及不透水层的透水性高。

5 结论

武汉东湖区域拥有良好自然环境，但城市发展导致绿地格局在不断变化，绿色空间面积一直在缩减。本文基于东湖区域的遥感数据建立 DEM 分析，通过研究表明不同类型绿地中裸土、水体、植被、不透水层与温度、湿度、降雨量、气压以及日照数存在不同程度的相关影响，植被在不同类型绿地中与气候因素的关联性数值有明显差异，水体和裸土与气候因素呈明显的正相关，在城市公园和附属绿地中比在其他类型绿地中更显著，不透水层在各绿地类型中与气候关联无显著差异。改善城市小气候环境不仅靠自然系统的调节，还需要人为维护，故在不同绿地类型中的水体、植被和不透水层，分别提出设计树池收集雨水维持湿度、优化植被结构及增加下垫面渗水率等景观优化策略来营造良好的东湖区域小气候环境。

注：文中图片均由作者绘制

参考文献

[1] 张昌顺，谢高地，鲁春霞，等.北京城市绿地对热岛效应的缓解作用[J].资源科学，2015（6）：1156-1165.

[2] 庄晓林，段玉侠，金荷仙.城市风景园林小气候研究进展[J].中国园林，2017（4）：23-28.

[3] 傅抱璞，翁笃鸣，虞静明，等.小气候学[M].北京：气象出版社，1994.

[4] 邵钰涵，刘滨谊.城市街道空间小气候参数及其景观影响要素研究[J].风景园林，2016（10）：98-104.

[5] 魏冬雪，刘滨谊.上海创智天地广场热舒适分析与评价[J].中国园林，2018（2）：5-12.

[6] OKE T R. The energetic basis of the urban heat island[J]. Quarterly Journal of the Royal Meteorological Society, 1982, 108（455）：1-24.

[7] 程志刚，李炬，周明煜，等.北京中央商务区（CBD）城市热岛效应的研究[J].气候与环境研究，2018，23（6）：633-644.

The Analysis and Evaluation of Thermal Comfort at Correlation Analysis and Adaptability Strategy of Green Space Pattern and Microclimate in Wuhan

Yu Zhijing， Wang Yuewei

China University of Geosciencess

Abstract：In the context of the rapid advancement of urbanization and large−scale construction in Wuhan，the urban green space pattern tends to be fragmented，and changes in various green spaces have affected the urban microclimate environment to varying degrees. This article uses the East Lake area of Wuhan as an example. Based on the remote sensing data from 2006 to 2017，the entire area is spatially divided using ArcGIS technology. The green space in the area is divided into urban park green areas（comprehensive parks，public scenic areas）and ecological green areas.（Protected green space，production green space），auxiliary green space（residential green space，commercial space）and other four categories are investigated to further study the changes of green space pattern，and the empirical model is used to decompose the six microclimate factors that affect the changes in the area of each green space.（Temperature，humidity，wind，rainfall，solar radiation）and their correlations. The research shows that the bare soil，water bodies，vegetation，impervious layers and temperature，humidity，rainfall，air pressure，and the number of sunshine in different types of green land have different degrees of correlation. According to the correlation values in the research results，the differences in Wuhan East Lake area are different. In the water body，vegetation and impervious layer of the green space type，landscape optimization strategies such as designing tree ponds to collect rainwater to maintain humidity，optimize vegetation structure，and increase the water seepage rate of the underlying surface are proposed to improve the microclimate environment of the East Lake area and promote the urban green space. sustainable development.

Keywords：green space；microclimate；adaptability strategy；EMD

1 Introduce

With the global warming and the rapid progress of urbanization，the space of urban green space has been continuously reduced，the duration of high temperatures in summer has been getting longer，and the surface temperature has continued to reach new highs. As a result，the urban climate has gradually deteriorated，which has seriously affected the urban living environment Comfort. Urban green space is the most important part of human living environment. Among them，green space is considered as an effective way to reduce urban temperature and mitigate the heat island effect[1]，and plays a very important role in the microclimate environment.

The common climatic characteristic of each place in some regions is called the macroclimate. In a large climate，the climatic characteristics that are different from the general macroclimate due to the different terrain，coverage，and ground coverage methods are called microclimates. Foreign climatologists believe that microclimate is close to the ground，and its range of influence is as small as tens of meters or several meters [2]. Domestic scholars also believe that microclimates form a small range of climatic characteristics under the influence of the underlying surface，terrain，and water [3].

In recent years, in order to improve the living environment of urban people, the government has increased the emphasis on urban green space construction to improve the microclimate comfort of urban green spaces, which has also attracted the attention of many scholars.

2 Research methods

Select the more concentrated green space in Wuhan urban area as the research object, investigate the change of the green space pattern, study the air temperature, relative humidity, sunshine, wind direction and rainfall among the microclimate influence variables, and compare the microclimates in different spaces. A preliminary understanding of the correlation between changes in green space patterns and microclimates.

2.1 Research objects

Wuhan is located in central China with a main urban area of 420km². It belongs to a typical subtropical monsoon climate. It has sufficient light energy, abundant heat, and hot summers and cold winters. It has a permanent population of about 4 million people and a large population density. Located in the east of Wuchang District, Wuhan East Lake covers an area of about 88 square kilometers. It is the largest urban lake in Asia, a national 5A-level scenic spot, and the most important large ecological patch in the built-up area of Wuhan. The large area of water and green space in the East Lake area of Wuhan greatly affect the regulation function of urban ecosystems, but how can urban green spaces with better natural conditions continue to develop in a microclimate environment. Adaptation strategies are proposed in three aspects of vegetation.

2.2 Land analysis

In order to observe urban land changes in a large area for a long time, using artificial land survey methods will consume a lot of manpower and material resources. With the rapid development of remote sensing technology, continuous fine-tuning on a large scale will

be performed. Monitoring will be possible. This paper will use remote sensing images to realize continuous observation and research on the changing characteristics of Wuhan East Lake region.

Spectral remote sensing, as a very effective data source for urban change monitoring, not only provides more effective information, but also puts forward higher pre-processing requirements. Due to shooting angle, lighting conditions and other issues, in order to improve the accuracy of the classification of urban features in the image, in this study, the image was systematically corrected for radiation and geometry. In order to solve the land use / cover characteristics on remote sensing images, a method of human-computer interaction visual interpretation was used to correct the image. In the image classification module, based on the results of visual interpretation and fully drawing on the research results of previous scholars, the Maximum Likelihood Method was used for classification.

The remote sensing image clipping is based on the East Lake extent line data, and at the same time with 2017 and other years remote sensing image data, using ArcGIS 12.0 for coordinate projection transformation, converting WGS84 data into Xi'an 80 coordinate system data, using ENVI 5.0 software to crop the corrected TM image, the remote sensing image of Donghu Lake in 2017 (Fig.1).

Due to the different functions of green spaces in different green spaces in cities, the greening structure also differs significantly. According to "City Green Space Classification Standard", urban green space is generally divided into the following five categories: park green space, production green space, protective green space, auxiliary green space, and other green spaces.

城市公园绿地
生态绿地
附属绿地
其他

Fig.1　2017Zones of remote sensing images in the Donghu Lake region of Wuhan

According to the actual situation, it can be classified to facilitate investigation. For example, in the East Lake area of Wuhan, the city park green space includes city-level comprehensive parks, regional comprehensive parks, and specialized parks; there is a nursery in the production green space in the forest park; and the attached green land has a residential area Green spaces and green spaces affiliated to colleges and universities; other green areas include forest parks and wetland parks. This study divides the research area land into urban park green space, ecological green space, auxiliary green space and others. Because the area of protected green space in Wuhan East Lake area is small, the area of production green space is small and it is in a forest park. Other green lands belong to ecological green lands; green lands to be developed and to be restored belong to other lands.

2.3 Empirical mode decomposition EMD

The time series of urban green space system has large latitude, strong heterogeneity, and complicated microclimate environmental factors make the sequence analysis difficult. Decomposition using EMD (Empirical Mode Decomposition) can obtain more regular subsequences. Establish correlation models separately.

Based on big data thinking, the area of green space in the East Lake region can be regarded as an area sequence composed of several intrinsic mode functions (IMF s). By the definition of the IMF, each vibration cycle of the IMF has only one vibration mode and no other complicated odd waves. Obviously, the non-linear and random green space area ratio sequence is not IMF. Therefore, the use of EMD to decompose the green space structure is based on the assumptions: ① the East Lake area to be decomposed is composed of simple IMF; ② each type of green land in the original area constitutes an IMF component mutually independent.

Based on the above analysis, the specific steps of modal decomposition for a given area are as follows.

Step 1: Find all local minima points and local minima points in the original region area sequence $x(t)$, and then connect all the minima points to the maxima points with

two smooth curves, respectively. Ground forms the lower envelope $e_{low}(t)$ and the upper envelope $e_{up}(t)$ of $x(t)$.

Step 2: Calculate the average value $m_1(t)$ of the upper envelope $e_{up}(t)$ and the lower envelope $e_{low}(t)$, that is:

$$m_1(t) = \frac{e_{up}(t) + e_{low}(t)}{2}$$

Step 3: Calculate the difference $h_1(t)$ between the original region area sequence $x(t)$ and the envelope mean $m_1(t)$, that is:

$$h_1(t) = x(t) - m_1(t)$$

Step 4: If $h_1(t)$ meets the IMF condition, then $h_1(t)$ is the first IMF component obtained, it must contain the shortest periodic component in the time series; otherwise, $h_1(t)$ should be considered as the original time series, Repeat steps 1 to 3 until the difference $h_1^k(t)$ after the k iteration meets the IMF condition and becomes the first IMF component, denoted as:

$$a_{IMF1}(t) = h_1^k(t)$$

Determine whether the screening process is stopped by limiting the standard deviation S_D to determine whether $h_1^k(t)$ is an IMF component:

$$S_D = \frac{\sum_{t=0}^{T} |h_1^{k-1}(t) - h_1^k(t)|^2}{\sum_{t=0}^{T} |h_1^k(t)|^2}$$

In the formula: $h_1^{k-1}(t) - h_1^k(t)$ is the average value of the upper and lower envelopes of $h_1^k(t)$ The value of the standard deviation S_D is generally 0.2–0.3.

Step 5: After separating the first IMF component $a_{IMF1}(t)$ from the area are a sequence $x(t)$, the remaining component $r_1(t)$ of $x(t)$ can be obtained, that is:

$$r_1(t) = x(t) - a_{IMF1}(t)$$

Step 6: Using $r_1(t)$ as the new time series, repeat steps 1 to 5 until the amplitude of the remaining component is smaller than the preset value or the residual component becomes a monotonic function or constant, then $x(t)$ of all IMF components and residual components, the process can be expressed as:

$$\begin{cases} r_1(t) - a_{IMF2}(t) = r_2(t) \\ r_2(t) - a_{IMF3}(t) = r_3(t) \\ \quad\quad\quad \vdots \\ r_{n-1}(t) - a_{IMFn}(t) = r_n(t) \end{cases}$$

In the formula: $r_n(t)$ is a monotonic function,

which can be called a residual difference component at this time; the number of modes depends on the original time series and the preset value. The original area are a sequence $x(t)$ can be described by the IMF component and the residual component as:

$$x(t) = \sum_{n=1}^{n} a_{\mathrm{IMF}n}(t) + r_n(t)$$

After steps 1 to 6, the original area sequence can be decomposed into sub-sequences with different frequencies, that is, IMF and residual r. Then, each sub-sequence can be subjected to feature correlation analysis. Vegetation area, water area, impervious layer and bare soil are: To find out the influencing factors that lead to different fluctuation frequencies of each subsequence, this article uses correlation coefficients to analyze precipitation, average pressure, average temperature, average relative humidity, percentage of monthly sunshine, and hours of sunshine. The calculation method is as follows:

$$r(X,Y) = \frac{C_{\mathrm{ov}}(X,Y)}{\sqrt{V_{\mathrm{ar}}[X]V_{\mathrm{ar}}[Y]}}$$

3 Experiments and results analysis

3.1 Experimental research

The study area of this paper is Wuhan Donghu area. The urban land continuous change monitoring data used in this study are remote sensing data products of Landsat TM5, 7, 8 from 2006 to 2017 (the spatial resolution is uniformly resampled to 1m) ..com / earth /); the weather data used is 20-20 hours of precipitation, average pressure, average temperature, average relative humidity, percentage of monthly sunshine and sunshine hours for the same duration, and the data was collected from China Meteorological Data Network //data.cma.cn/) .

This experiment is divided into three steps:

Steps 1. Use the maximum likelihood estimation algorithm to classify the images. According to the characteristics of the images, we classify the land types in the East Lake area of Wuhan into four categories, namely: vegetation areas, waters, impervious layers, and bare soil.

Steps 2. In order to analyze the different functional areas of the East Lake region, in the past 12 years, the change of each land category was divided into four regional categories: urban park area, ecological area, subsidiary area and other areas. Calculate the ratio of the area occupied by each land category in each area;

Steps 3. For the time series of the land category ratio in each area, the EMD algorithm is used to decompose the sequence, and the correlation coefficient is used to analyze the impact of the weather data collected in this paper on each land type in each area.

3.2 Experimental results

According to the previous algorithm and research steps, the sequence $x(t)$ is EMD-decomposed, and the time series $x(t)$ is decomposed into multiple IMF components and a residual component. In order to understand whether each variable is for each IMF component item, There is a significant relationship. The analysis of the mean value of the correlation coefficients of each IMF component for the sequence $x(t)$ for different variables. The time series is decomposed through different land types to form multiple signal components. These signal components are decomposed from the original time series according to the previous rules, but they have very important information about climate and green land types. Here the high-frequency term refers to the data with high fluctuation frequency of the climate index and different types of green space, while the low-frequency term is the opposite. According to the above rules, the correlation coefficient table of green land and different land types in different regions is shown in Tab.1.

3.3 Correlation analysis of climate factors

From the experimental results in Tab.1:

3.3.1 Precipitation

In the table, the correlation coefficient between precipitation and the vegetation in the affiliated green space is 0.197. Except for water bodies, vegetation in urban parks, and impervious layers in the affiliated green space, the rest have positive correlations. Among them, the numerical trend for the amount of bare soil At 0, it has the least impact, among which the coefficient

Correlation coefficients of various factors and different types of green land　　　Tab.1

		Cite Park green	Bio-green	Affiliated green	other
rain	soil	0.185	0.02	0.149	0.004
	vege	−0.309	−0.119	0.197	0.091
	water	0.078	0.079	−0.103	−0.1
	layer	0.188	0.002	−0.113	0.207
pres	soil	0.027	0.01	0.187	0.079
	vege	0.177	−0.131	−0.232	−0.009
	water	−0.273	−0.154	−0.121	0.038
	layer	0.216	0.322	0.194	−0.296
temp	soil	0.053	0.16	0.038	0.107
	vege	0.364	0.075	−0.044	0.152
	water	−0.211	−0.266	−0.04	−0.138
	layer	−0.102	0.051	0.214	−0.201
hum	soil	−0.008	−0.128	0.134	−0.138
	vege	−0.353	−0.195	0.253	−0.178
	water	0.138	0.234	0.019	0.175
	layer	0.31	0.158	−0.301	0.141
Sun-rate	soil	−0.153	−0.04	−0.106	−0.001
	vege	0.294	0.107	0.012	0.162
	water	−0.175	−0.101	−0.104	−0.101
	layer	0.027	0.093	0.152	−0.241
Sun_time	soil	−0.155	−0.06	−0.146	−0.001
	vege	0.295	0.159	−0.045	0.164
	water	−0.157	−0.108	−0.124	−0.111
	layer	−0.013	0.072	0.18	−0.187

of influence on the bare soil area of other land is 0.004. When the rainfall in Wuhan city is greatly changed within one year, the proportion of the area of vegetation in the auxiliary green land will be compared. The rainfall showed a significant positive correlation, which had little effect on the area of bare soil in the region.

3.3.2　Average air pressure

In the table, the correlation coefficient between the average air pressure and the impervious land in the ecological green space is 0.322, which is the largest value. Except the vegetation in the urban park, the vegetation in the other areas has a negative correlation. When the air pressure is changed, the ratio of the average air pressure to the area of the impervious layer has a more significant positive correlation than the rainfall.

3.3.3　Average temperature

In the table, the correlation coefficient between the average temperature and the vegetation in the green space of the city park is 0.364, the largest value. The correlation coefficient value with the water body in all types of green land is negative, and the correlation coefficient value with the bare soil in all types of green land is positive. When the temperature fluctuations in Wuhan urban area are obvious within one year, the average temperature has a more significant negative correlation with the area of water compared to other factors, and the ratio of the bare soil area has a more significant positive correlation with other factors..

3.3.4　Average relative humidity

In the table, the correlation coefficient between the average humidity and the vegetation in the affiliated green land is 0.253, the largest value, and the correlation coefficient with the water body in all types of green land is negative. When the humidity changes significantly in Wuhan in one year, the average humidity affects the water body. Compared with other factors, the area and the proportion of vegetation in the affiliated green space have a significantly positive correlation.

3.3.5　Percentage of monthly sunshine

In the table, the correlation coefficient between the percentage of the monthly sunshine and the vegetation in the urban park green space is 0.294, the largest value, and the correlation coefficient with the water body and bare soil in all types of green land is negative. When the percentage of the monthly sunshine change in Wuhan urban area fluctuates within one year When it is obvious, the average humidity has a more significant negative correlation with the vegetation area and the proportion of bare soil area than other factors, and it has a more significant positive correlation with the vegetation in the urban park green space.

3.3.6　sunshine hours

In the table, the correlation coefficient between the percentage of the monthly sunshine and the vegetation in the urban park green space is 0.295, which is the largest value. The correlation coefficient with the water body and bare soil in all types of green land is negative. When the percentage of the monthly sunshine change in Wuhan is fluctuating within one year When it is obvious, the average humidity has a significantly negative correlation with the area of vegetation, bare soil area and the percentage of moon and sun compared with other factors, and it has a more significant positive correlation with the vegetation in urban parks.

4   Research on optimization strategies of urban green space planning and design in Wuhan

4.1   Optimized design of Donghu green space water body

The image shows that there is a large area of water in the East Lake area of Wuhan. The specific heat capacity of the water is large. It can effectively reduce the ambient temperature when the sun is strong, effectively adjust the humidity of the surrounding environment, and increase the temperature when the sun is weak. Along the lake's edge are the East Lake Greenway and surrounding city parks, forest parks, etc., which have good outdoor activity conditions, have a broad view and are suitable for staying activities. Therefore, in the existing green space at the boundary of the East Lake area with the water body, setting up some landscape designs at the edges can improve the comfort of the active human body in the area, such as a hydrophilic platform extending into the lake, simple rest chairs or tree pools, etc. It is convenient for the active crowd to stay for entertainment or rest. At the same time, the tree pond also has the function of collecting rainwater. The water storage device along the edge of the water body can be directly discharged into the lake. Studies have shown that water bodies in park green spaces and affiliated green spaces are also greatly affected by climate, and structures or vertical greening, such as green walls, are added to the landscape nodes in the park. The green wall can not only increase the greening effect and aesthetic effect in the urban green space, but also improve the ecological environment of the green space and reduce the surrounding air temperature. In a 2015 study by Rabah et al., It was pointed out that green walls can greatly improve the shading area of microclimates, increase humidity, reduce the urban heat island effect and thus improve the comfort of urban streets [4].

4.2   Optimized Design of Vegetation Structure of Donghu Greenland

The research shows that there are obvious differences in the values of the temperature-related coefficients of vegetation in different types of green areas, which indicates that the regulation of vegetation on microclimate is very important and it is an important way to optimize the microclimate environment. There are many original ecological plants on the ecological green area. The vegetation close to the water body helps the self-regulation of the green space ecology. The vegetation close to the crowd area can be properly trimmed to make it beautiful. Suitable plants can be redesigned around the periphery to become new. Landscape sketches. The vegetation area in the urban park green space and auxiliary green space can be artificially planted selectively due to the limited area. The vegetation structure is reasonable when the ratio of lawn : shrub : arbor is 1 : 3 : 5 in green space [5], among which trees can produce The larger the shade, the more significant the cooling effect; as the tree coverage increases, the temperature decreases more [6-7].

4.3   Optimized Design of Green Underground Surface of Donghu City Park

From the results of the study, we can see that the vegetation in urban parks is more susceptible to climatic factors than the vegetation in other areas, and water bodies in urban parks and ecological green spaces are more susceptible to precipitation than in other areas. The water body and vegetation are more than the auxiliary green space and less than the ecological green space. The ability of the underlying layer to regulate rainwater also tends to the area between the two, and the microclimate effect of the underlying surface directly affects the comfort of the active people in the park. There are many types of underlying surfaces in city parks, such as water bodies, green spaces, squares, and roads. The coverage of the upper surface of the underlying surface also significantly affects the microclimate comfort of the underlying surface. Reasonable paving and vegetation are conducive to improving the comfort of the microclimate.

There are numerous materials available in the plaza and road paving options in the city park area. However, the pavement permeable pavement material commonly found in urban parks in Wuhan's East Lake area seeps through the pores of its pore-like structure. After being put into use, regular maintenance is still needed, because the traffic volume and pedestrian flow of roads in urban parks are relatively high compared to other green spaces. Dust particles in the air, emissions from motor vehicles, and man-made discards may fall into the permeable shop. In the gap of the packing material, the pores of the material seeping water are blocked, which will greatly reduce the rainwater penetration effect of the permeable pavement. The decline of the water seepage rate of the urban park pavement directly affects the humidity in the surrounding air. However, the blockage of the pores of common permeable bricks basically appears on the near surface of the material. The managers in the city park can use the vacuum machine to remove the blockage of the pores of the permeable material in daily maintenance to ensure the rainwater permeability of the road surface in the park. Although there is a hidden danger of pore blockage in permeable pavement materials, it is still more permeable than bare soil, artificial turf, and impervious layers.

5 Conclusion

This article has a good natural environment in the East Lake area of Wuhan, but the urban development has led to a continuous change in the pattern of green space and a reduction in the area of green space. This paper establishes a DEM analysis based on remote sensing data in the East Lake region. Through research, it is shown that the bare soil, water bodies, vegetation, impervious layers and temperature, humidity, rainfall, air pressure, and the number of sunshine in different types of green land have different degrees of correlation. There are significant differences in the correlation values between different types of green space and climatic factors. Water bodies and bare soil have a significantly positive correlation with climatic factors in urban parks and affiliated green spaces than in other types of green spaces. The impervious layer is in each green area type. There is no significant difference between climate and climate. Improving the urban microclimate environment not only depends on the adjustment of natural systems, but also requires human maintenance. Therefore, in different types of green spaces, water bodies, vegetation, and impervious layers, the design of tree ponds to collect rainwater to maintain humidity, optimize the structure of vegetation, and increase water seepage on the underlying surface are proposed. And other landscape optimization strategies to create a good microclimate environment in the East Lake.

Note: All the Pictures in this article were taken and drawn by the author.

References

［1］张昌顺，谢高地，鲁春霞，等．北京城市绿地对热岛效应的缓解作用 [J]. 资源科学，2015（6）：1156-1165.

［2］庄晓林，段玉侠，金荷仙．城市风景园林小气候研究进展 [J]. 中国园林，2017（4）：23-28.

［3］傅抱璞，翁笃鸣，虞静明，等．小气候学 [M]. 北京：气象出版社，1994.

［4］邵钰涵，刘滨谊．城市街道空间小气候参数及其景观影响要素研究 [J]. 风景园林，2016（10）：98-104.

［5］魏冬雪，刘滨谊．上海创智天地广场热舒适分析与评价 [J]. 中国园林，2018（2）：5-12.

［6］OKE T R. The energetic basis of the urban heat island[J]. Quarterly Journal of the Royal Meteorological Society, 1982, 108（455）：1-24.

［7］程志刚，李炬，周明煜，等．北京中央商务区（CBD）城市热岛效应的研究 [J]. 气候与环境研究，2018, 23（6）：633-644.

基于遥感的重庆市涪陵区绿地斑块提取与热环境研究

王　玉

长江师范学院

摘　要：城市绿地在缓解城市热环境效应问题中发挥着重大作用。面向对象的绿地提取方法是一种基于面向对象的图像分析技术的绿地信息提取方法，相较于传统基于光谱分类方法和基于专家知识决策树的分类方法，面向对象的图像分类方法能够减少同物异谱、同谱异物对分类结果的影响。本文以重庆市涪陵区为研究基址，通过面向对象分类的方法进行绿地信息提取，基于 landsat 8 TM 影像地表温度反演生成涪陵区地表温度图像。对研究区域绿地斑块面积、周长、形状指数等指标与绿地斑块平均温度的关系进行回归分析，进而探索地表热环境与绿地斑块的相关性、涪陵区夏季绿地空间热环境。以期提出一种实践性强、精确度高的绿地热空间评估方法，为涪陵区绿地的合理规划提供参考。

关键词：遥感影像信息提取；绿地斑块；热效应

随着城市化进程的不断推进，城市硬质面积不断增大，建成区绿色空间不断被挤压，热环境随之发生演变，已有研究表明绿地斑块具有明显的降温效应，绿地斑块内部温度低于建筑、硬质场地，绿地对城市热岛具有明显削弱作用，尤其对于绿地空间较少的建成区。因此研究城市热遥感与城市绿地景观的关系对城市绿地空间规划具有重要意义。国内绿地空间热效应研究集中于遥感和测绘领域，遥感影像信息提取技术也在不断发展与进步，越来越趋向于高精度、智能化，如监督分类器 BP 神经元网络模型、计算机深度学习等方法提取地图信息，方便快捷、精确度高，为大尺度绿地空间信息的提取与研究提供了便利。同时，GF-1、Quick Bird 等高分遥感影像在城市绿地空间信息提取与温度反演中应用也较为广泛，高分影像为小尺度空间的信息提取与研究提供了可能性。

1 研究内容及方法

1.1 研究基地与数据来源

本文以重庆市涪陵区行政区划范围为主要研究区域，面积约 2942.34km²，2018 年末耕地面积 10.10 万 hm²，林业用地面积 12.23 万 hm²，内陆水域面积 2.09 万 hm²。建成区 71.5km²，整体靠近江

边发展，是乌江流域最大的城市。研究数据来源地理空间数据云平台（http://www.gscloud.cn/），landsat 8 ETM（OLI\TIRS）数据，条带号 127，行编号 39、40，2017 年 7 月 22 号，15：20：54 过境，当日天气晴朗云量 6.2%，云层覆盖区域位于研究范围之外。其中，地表温度反演主要运用红外波段，其余波段空间分辨率为 30m。数据处理软件主要选用 ENVI 5.3 与 Arc GIS 10.5。

1.2 研究思路与技术路线

1.2.1 数据预处理

数取影像数据过程中，由于涪陵区位于条带号 127，行编号 39、40 两张卫片之间，在进行校正前首先对两张卫片进行镶嵌，结合政区 shp 矢量文件作为掩膜裁剪出研究区域。然后对裁剪后的数据进行几何校正、辐射校正、FLAASH 大气校正等，最后用 GS 融合法将 8 波段 30m 的多光谱数据和 15m 的全色数据进行融合。

1.2.2 地表温度反演

调取校正后的数据进行 NDVI 计算，进而计算地表比辐射率，另外对 band10 生成辐射亮度图像，将地表比辐射率和辐射亮度图像作为参数进行运算得到同温度下黑体辐射亮度，最后生成地表温度图。

1.2.3 面向对象的信息提取

通过基于样本面向对象的分类方式提取绿地斑块，然后通过过滤处理的方式进行分类后处理，最终对提取信息精度进行评价。

1.2.4 数据统计与叠加

统计提取绿地斑块周长、面积、形状指数，在 ARC 叠加后得到斑块内温度最大值、最小值、平均值，筛选斑块样本进行叠加，筛选过程剔除近水斑块。

1.2.5 筛选样本回归分析

主要针对绿地斑块周长、面积、形状指数与温度的关系进行回归分析。

2 结果与分析

2.1 地表温度反演

重庆市涪陵区该时段最高温度 42.3℃，最低温度 14.1℃，均值 29.04，标准差 2，高温区域主要集中在江边，涪陵区建成区主要分布在江边，如图 1 所示。最低温分布于水上，且水面整体温度较低，江边两岸有一条相对较窄的低温带，是江水的降温效应造成的。图 2 的温度分布曲线图表明多数空间温度分布在 26~33℃，其中像元数的峰值出现在 28℃，说明涪陵区该时段地表多数空间温度 28℃。

2.2 绿地斑块提取

绿地斑块在提取过程中采用先设置较小的提取阈值进行提取，提取结果破碎化明显如图 3 所示。在分类后处理时多次迭代运算降噪，对破碎化斑块

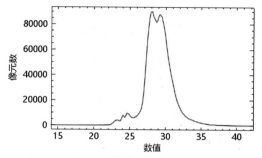

图 2　地表温度分布曲线

图 3　绿地斑块

进行合并后结果如图 4 所示。合并后斑块数为 883 个，面积最大的斑块 1102km²，周长 3830km，这种大尺度的斑块共 3 块，经过高分辨率影像确认，这 3 个较大的样本为山体森林，在样本研究过程中，对这种极端情况采取舍弃的手段。

图 1　地表温度分布图

图 4　绿地斑块与地表温度叠加后斑块内均值图

2.3 绿地斑块热效应

样本选择避开水域和森林中心，去除极端值，在剩余的 710 个样本中随机选择 60 个，进行回归分析。研究平均温度与斑块面积、周长、形状指数三个形态关系建立相关分析。

2.3.1 绿地面积与温度的关系

图 5 显示由于样本绿地斑块差异较大，样本的离散程度不够理想，线性模型 R^2 为 0.003，总体上斑块面积与温度的相关性比较弱。

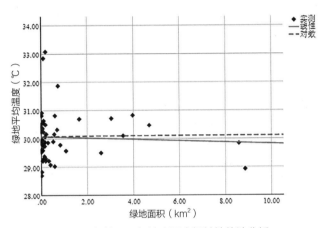

图 5 绿地面积与地表温度相关性统计分析

2.3.2 绿地周长与温度的关系

在周长与温度关系的研究中，同样由于样本绿地斑块差异较大，样本的离散程度不够理想，线性模型 R^2 为 0.006，总体上绿地周长与温度的相关性比较弱，如图 6 所示。

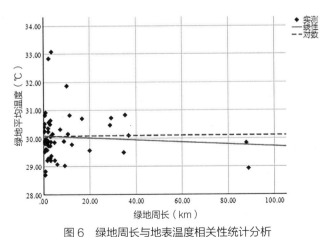

图 6 绿地周长与地表温度相关性统计分析

2.3.3 绿地形状指数与温度的关系

绿地形状指数 D 选择以圆形为参照的计算方法，用来评估斑块形态的复杂程度，其值越接近于 1，

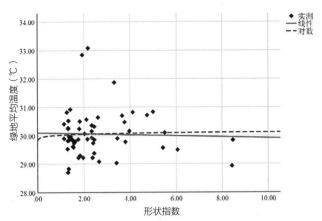

图 7 绿地形状指数与地表温度相关性统计分析

代表形状越规则，斑块越趋近于圆形，结果越偏离 1，代表绿地形态越复杂[1-6]，如图 7 所示。具体算法采用公式（1）。

$$D = \frac{S}{2\sqrt{\pi A}} \qquad (1)$$

统计结果表明，绿地形态复杂程度与平均温度的关系相关性非常弱。绿地形状指数对空间温度的影响较小。

2.4 不同尺度绿地空间热效应对比研究

在本文 2.3.1 节中统计分析结果与笔者预期差异较大，为探索较小尺度绿地斑块中，选择相对较小的绿地作为样本对绿地平均温度与面积的关系进行分析，如图 8 所示，面积与平均温度值呈现一定的负相关性，对数和线性曲线都呈现相关性。对比大尺度样本分析结果，小尺度的负相关性更加明显，线性方程 R^2 由 0.003 变成 0.31。

小尺度绿地面积与平均温度回归方程如下：

线性方程：$y = -2.117x + 30.398$

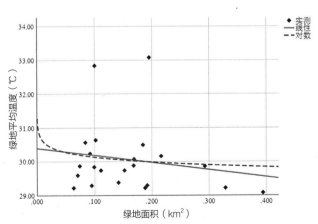

图 8 绿地周长与地表温度相关性统计分析

对数函数：$y=-0.209\log x+29.649$

具体指标见表1。

如图9所示，在小尺度绿块周长与温度关系的研究中，线性模型 R^2 为0.008，相较于大尺度空间的 R^2 相对增大了一点，有了微弱的提高，但总体上绿地周长与温度的相关性还是比较弱。

各测点空间形态基本情况　　　表1

模型摘要和参数估算值							
因变量：绿地平均温度							
方程	模型摘要					参数估算值	
	R^2	F	自由度1	自由度2	显著性	常量	b_1
线性	0.031	0.649	1	20	0.430	30.398	-2.117
对数	0.010	0.212	1	20	0.650	29.649	-0.209
自变量：绿地面积							

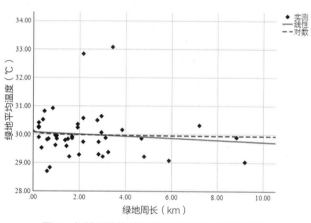

图9　绿地形状指数与地表温度相关性统计分析

各测点空间形态基本情况　　　表2

模型摘要和参数估算值							
因变量：绿地平均温度							
方程	模型摘要					参数估算值	
	R^2	F	自由度1	自由度2	显著性	常量	b_1
线性	0.008	0.344	1	42	0.560	30.079	-0.035
对数	0.001	0.055	1	42	0.816	30.010	-0.031
自变量：周长							

3　讨论与分析

3.1　大尺度空间斑块绿地效应

本文以涪陵区行政区划内范围作为研究对象，探讨绿地面积、周长、形状指数对绿地内部关系的影响。研究过程中由于数据获取有难度，没有找到涪陵区近期夏季数据，同时没有现成的部分资料，笔者选用了2017年7月22日的一组数据镶嵌于校正后进行温度反演和信息提取，大尺度绿地景观指数总体跟斑块夏季平均温度相关性均很弱，说明绿地空间的降温和降低辐射的能力是有限的，植树造林对热岛效应的控制作用是有限的，不能将城市热岛效应的改善完全寄托于此。

3.2　小尺度空间斑块绿地效应

在小尺度斑块的研究中，斑块面积与平均温度呈现一定的相关性，无论是线性方程还是对数方程，都呈现了负相关性，说明绿地面积大小在一定范围内时面积与绿地斑块平均温度值呈现正相关的特征，超过一定的阈值，增大绿地面积对绿地内部的热效应影响开始越来越不明显。

4　讨论与结论

地表温度反演结果与城市空间绿地、硬质、水体关系完全拟合，$T_{水}<T_{绿地}<T_{硬质}$，尤其水的热效应，明显区别于其他斑块，同时会对周边斑块造成明显干扰，与传统研究结果保持高度一致。面向对象的绿地斑块提取在降噪及合并斑块时阈值的确定值得讨论：阈值设置小，斑块相对破碎，削弱了邻近斑块之间的关系；大阈值能提升斑块整合度，但许多小斑块无法识别，如行道树及较小的斑块，降低了研究精度。研究结果与预期有一定差距，可能是由以下几个方面导致的：涪陵区海拔138~1977m，高程对温度的影响较大；建筑、广场、裸地等对周边绿地小斑块温度影响较大，地表温度除受到绿地斑块的影响，还受高程、湿度、水体、建筑、硬质场地等影响，因此不能表现出明显线性关系。

多变量综合热效应研究也是未来努力探索的方向。

注：文中图片均由作者绘制。

参考文献

［1］杨伟，马腾耀.城市绿地斑块对周边热环境影响研究——以太原市为例[J].价值工程，2017，36（26）：199-202.

［2］房力川，潘洪义，冯茂秋，等.基于 Landsat 8 城市绿地对周边热环境的影响研究——以成都市中心城区为例 [J].资源开发与市场，2017，33（8）：896，954–957，1016.

［3］李晶.基于遥感的植被覆盖变化及其对城市热环境影响研究 [D].福州：福州大学，2015.

［4］栾庆祖，叶彩华，刘勇洪，等.城市绿地对周边热环境影响遥感研究——以北京为例 [J].生态环境学报，2014，23（2）：252–261.

［5］刘滨谊，魏冬雪，李凌舒.上海国歌广场热舒适研究 [J].中国园林，2017，33（4）：5–11.

［6］贾刘强，邱建.基于遥感的城市绿地斑块热环境效应研究——以成都市为例 [J].中国园林，2009，25（12）：97–101.

研究通过设计 —— 风景园林小气候研究综述

马椿栋[1]，王雨晨[1]，刘滨谊[2]

1. 上海刘滨谊景观规划设计有限公司；2. 同济大学建筑与城市规划学院

摘　要：风景园林学越来越重视其学科的科学性，大学和研究机构发表了比以往更多的研究成果。而且研究和设计之间的关系也一直是许多出版物的主题，研究通过设计的理念将设计过程纳入科学研究之中，生成设计、设计准则或相关的知识。本文通过风景园林小气候的研究案例试论"研究通过设计"的意义。风景园林小气候研究是学科前沿性的，近年来，随着气候恶化的加剧，为市民创造更多的更具气候适宜性的户外空间至关重要，风景园林可以帮助提高生态系统的气候调节服务水平，但目前气候敏感的景观规划和场地设计是缺乏的，调节小气候的具体服务的水平也还没有被广泛量化，所以风景园林在改善小气候的研究方面有巨大潜力，包括调节温度的能力、室外热舒适性的提高、提出有效的规划设计指南及其效果的预测、模拟和实证。

关键词：研究通过设计；风景园林小气候；热舒适

风景园林学正变得重视自己的科学性、可靠性和可证性，但知识和实践仍有差距。通过研究产生的新知识应是设计可以依靠的证据，可用来指导设计，或作为原型。本文从风景园林小气候来介绍产生这样证据的一些研究。"研究"被认为是一种学术性的、严谨的活动，产生不同形式的新的知识。"设计"是将三维形状赋予人居环境的活动，不同于治理和管理规划。

Frayling 论述设计和研究之间的关系有[1]：研究设计（research into design，research on or about design），这种研究是反思、分析设计产品，如案例研究；研究为了设计（research for design），支持设计产品或设计过程本身的所有类型的研究，设计过程和设计产品受益于前置的研究活动；研究通过设计（research through design，designing as research or research by design，RTD），强调设计活动是研究的组成部分。设计作为一种方法，在其他学科如产品设计或建筑设计已被广泛讨论，但在风景园林学，设计没有被重视为一种研究方法。风景园林学是协调人与自然关系的学科，在这种不断变化的环境中，学术知识如何设计景观是很重要的，知识的生产需要在研究过程中包含设计。

Creswell 确定 RTD 研究的四种方法[2]：后实证、参与性的、建构的和实用的。后实证的 RTD 是采用定量评价来检验设计；建构的 RTD 评估设计是根据他们的文化、审美和道德价值观；参与式的 RTD 涉及举证；实用主义的 RTD 以上三种都涉及。

"假设"取代"猜测"，"分析－合成设计"模式被"假设－测试"模式、TOTE 模式取代，这被认为更科学。后实证的方法属于还原论，确定明确的因果关系，在此基础上，提出假说并进行测试。这意味着，风景园林学通常涉及高复杂度，需要减少到一个较小的参数集。对这组参数的响应的设计可以被认为是假设，在这种情况下，设计是研究过程的一个中间产品，可以是完整的实体模型、模拟预测，也可以是计划、剖面等。设计的测试和预测模型需要其他领域的科学知识作为基础。

1　模拟与测试工具的应用

Alcazar 等人研究马德里的绿色屋顶小气候降温能力时[3]，使用 ENVI-met 模型来进行模拟测试。建筑屋顶在调节建筑热辐射方面有很高的改造潜力[4]，可以减少返回空气的辐射。有些研究中，在热岛效应比较严重的时候，300mm 绿色屋顶相比混凝土屋顶可降温 1.06℃甚至 1.58℃[5]。通过环境气候建模 ENVI-met（ENVI-met 由 Michael Bruseand 教授和他的同事开发，描述为"模拟城市环境中地表植物－

空气相互作用的三维小气候模型"，基于流体动力学和热动力学基本规律的预测模型。该模型包含模拟：建筑物之间的空气流动，在地面和墙壁的热量和水汽交换过程，植被的湍流交换和植被参数，生物气候学、颗粒分散等）量化绿屋顶的小气候调控效应，并用模拟结果与实际观测数据相比较来评估。

其研究分析分两阶段。一是基于 ENVI-met 的小气候相关变量的限定，用马德里典型街区，建筑高 20m，街道高宽比 1：1 的理论模型，参照项是 0.3 反射率的标准砾石屋顶，0.2 反射率的典型砖墙，内外绝热以避免室内热量交换引起的变化，唯一变量是屋顶材质。ENVI-met 中输入的气象数据来源于 AEMET 的马德里典型夏日数据：日照、风、水、植被[6]、风速、阴影类型、植被类型及其叶密度[7]。叶密度（Leaf Area Density，LAD）是单位体积内全部的单面叶面积（m²/m³），一般叶密度越高，其树荫下的白天地面温度越低[8]，所以植被类型的选择非常重要，实验方案假设：①标准砾石屋顶；②草坪屋顶，LAD 为 0.3；③紫花苜蓿屋顶，LAD 为 1.5；④树丛，LAD 为 2.2。

二是真实环境的评测，用的是西班牙最大的 6000m² 屋顶绿化建筑来进行计算机模拟分析和实地观测小气候情况，利用第一阶段限定的相关参数，2014 年 7 月 9 日，风速 1m/s、天气状况与理论模型所用的数据相似，实地测量从 9：00 到 19：00 时每小时记录一次，包括温度、相对湿度、风速。有 1m、4m、7m、11m、16m 五个高度，距离建筑外立面 0.5m 的测量点。试验模拟有三种假设：阳光直射、树荫、周围有树和潮湿土壤的树荫。按照阶段一的变量设置进行模拟：①标准砾石屋顶；②栽植景天属屋顶，LAD 为 0.5；③栽植紫花苜蓿屋顶，LAD 为 1.5；④（现状）绿色屋顶和行人水平尺度的绿化，栽植紫花苜蓿，LAD 为 1.5，包括树木。模拟过程所用气候数据来自 AEMET，是进行现场实测时的气象数据。模拟过程设为全天 24h，以便生成包括累加辐射影响的完整小气候数据。

模拟数据缺乏证明模拟结果的不确定性和必要验证的经验数据，模拟数据与实测数据的比较可以减少这项研究中模型结果的不确定性。结果偏离 1%~15%，平均偏离 4%。模型捕捉到了温度变化的趋势，重现了真实的建筑环境小气候，但有误差。最大偏离 15% 发生在最低标高的数据上，可能由于缺乏土壤湿度的数据，ENVI-met 中无法对此建模。

2 小气候研究中加入人的热舒适性的考虑

设计良好的公共空间更能吸引人，这归功于城市内部的宜居性[9]。城市公共空间的逗留质量取决于很多方面，其热舒适性方面已经被确定为重要的一面[10]。人类的身体通过能量的交换与他们直接的环境互动[11]。身体通过代谢热和吸收辐射增加热量，而热量失去主要是通过对流、蒸发和向外辐射。已经有几种基于物理的模型可以评估不同状态下个人吸收或放出的热量流[12]。如果接收到的能量总量大于损失的量，一个人会随着时间的推移而升温。随着慢慢过热，他们可能会经历一系列的症状，包括疲劳、头痛、恶心和降低工作能力[13]。人类健康和失去活力（不怎么活动），庞大的城市化和气候变化的实际威胁，这些问题越来越受关注，出现了更多的对户外热环境舒适性感兴趣的研究[14]。热舒适度模型通常作为分析工具，来评估人类对热环境的反应。

Nikolopoulou 和 Steemers 指出[15]，对于热舒适度的评价在主观和客观之间存在很大的差异，Kenny 和 Warland 等验证了[16]户外热舒适模型的模拟结果和参与者提供的主观评价是否一致，评估 COMFA 户外热舒适模型[17]在实验对象进行从温和到剧烈的身体活动中的表现。虽然热舒适模型为评价室外热舒适性提供了有价值的工具，但是这种基于生理的方法很受限制，因为它没有考虑到心理因素，如期望、感知控制、受热历史、曝光的时间、环境刺激和文化的影响等对热环境的主观评价[18]。

共 27 名志愿者实验对象参加这项研究，其中 16 名女性，11 名男性，进行了两种实地实验。第一种实验受试者被指挥在 30min 内以一个平稳温和的速度行走，总共有 20 个实验对象在学校 120m 长的人行道进行测试。后来又有 15 个人，沿着在 Elora 研究站 200m 的砾石路上重复这个实验。第二种实验是 5 个骑自行车的人和 6 个跑步的人被测试了两回总共 10 次单独的实地测验，测试对象骑自行车或跑步，以稳定中等的速度沿着一条长度为 440m 的砾石路，行进 30min。每个实验地点，路径都是水平和畅通无阻的，没有树荫。因为设计路径的长度，实验对象被要求折返进行。为了避免实验相关的影响，实验在同样的天气进行。在合适的户外环境条件下，测试者都穿着舒适的衣服，允许自由的活动。

服装的隔热性和渗透率根据 ISO（2007）和 Havenith 等人（1990）的研究设置。现场实验中，每个受试者每 5~10min 记录一次数据并进行主观评价（ATS）。步行者速度的监测使用佩戴的无线仪器（T6 Foot POD；Suunto，USA）。代谢活动率测定由 activity codes 活动代码和 MET 强度决定（listed in Ainsworth et al.，2000）。受试者同样被要求在进行测试期间，每隔 5min 依据 7-point scale（Fanger，1972）评价热感觉和依据 15-point scale（博格，1982）记录疲劳率（rate of perceived exertion，RPE）。同时，他们要评价特定时刻更希望的热感觉变化。每 10min 内，受试者提供了他们的桡骨颈脉冲计数。受试者都被指示达到 12~13 RPE（"有点难"）强度或他们的最大心率值（HRMAX）的 60%~69%，是因为身体活动指南建议成年人积累锻炼时间 30min 或每周进行更温和强度的运动 4~7 次，能获得最佳的心血管健康（ACSM，1998）。

在 2006 年和 2007 年测量小气候相关数据后，使用 COMFA 模型来模拟热舒适性，每 5min 的锻炼期间，基于 COMFA 室外热舒适模型，为每一个参与者计算能量预算。COMFA 模型需要以下输入：空气温度，相对湿度，风速，服装的隔热，服装的透气性，代谢活性，长、短波辐射吸收。COMFA 是基于能量的预算投入（代谢热生产和辐射吸收）和输出（对流、蒸发和长波辐射发射）来计算。根据 Harlan 等人的研究（2006）[19]，其中将人体热舒适度指数（从 COMFA 模型得来的）与 NOAA 的热量指数相关联，可建立一个 7-point scale 预测热感觉（PTS）结果。

用原始数据的多元回归模型来测试 ATS 投票结果的可靠性，其中包括：性别、活动程度、年龄、体重、服装透气性、隔热、空气温度等因素的数据。该模型的结果表明，ATS 选票明显被性别、空气温度、CRT 温度、传入和传出短波辐射、长波辐射、风速度和代谢活性率影响。同时也进行了运动强度影响的相关分析，ATS 选票与受试者的 RPE（相关系数为 0.617，$p < 0.01$）、心率（皮尔森相关系数 0.504，$p < 0.01$）呈现显著正相关，说明运动强度的增加，其 ATS 的评级也可能增加。ATS 投票和上述的任何一个因素的相关性不是特别强，表明个体的复杂反应与小气候环境变量都影响了热舒适。这一结果为进一步以能量平衡模型的方法来评估热舒适性提供了理论基础。

在 ATS 的结果中，呈现正态分布，大多数受试者选择了在 +1 阶段呈现稍暖。在 9000 多名受试者在 7 个欧洲城市的户外空间的使用广泛研究中[20]，同样也在 ATS 中呈现正态分布，表现出更多集中在中性 0 的感觉中。在之前的研究中，1000 多名受试者[21] 更多的选票是在 +1 温暖，他们认为轻微的样本偏差是因为选择的天气不同。

目前研究中，ATS 和 PTS 之间存在较大差异性，但结论显示有很明显的正相关。ATS 和 PTS 之间的联系并不像 Brown 和 Gillespie（1986）在原始的 COMFA 模型评估中的那样强大。此外 COMFA 模型的预测会出现一些离群值和极端的 PTS 值，COMFA 也不能完全描述差异以及其他因素，如有可能会影响个人热感觉的与心理适应有关的因素。

希望的热变化投票分析表明，受试者往往不反对热感觉超过中性范围，证明在户外空间的人，有广泛的热舒适可接受性[22]。户外环境时间和空间上有很大变化，精确量化影响室外热舒适性的因素是非常困难的。很明显，影响 ATS 的因素超越生理和气候性，并进一步研究心理方面的影响，如期望和使用者感知。过去的室外热舒适性研究还发现季节性也有影响[23]。另外最近的研究集中在风和身体运动对服装隔热和蒸发阻力的影响，COMFA 模型并不考虑风和活动速度的联合效应，有研究说明，与静态相比，活动和风可以减少超过 50% 衣服隔热性和超过 80% 的阻气性[24]。总体上 COMFA 模型能有效预测用户在大多数情况下进行体育活动的热感觉，尽管该模型的性能有明显的缺点。

3 研究为了设计到研究通过设计

El-Bardisy 等[25] 分析了开罗 El sherouk 高温下校园里的学生热舒适水平和行为分布，然后用 ENVI-met 假设并模拟测试不同植被配置的影响。

研究为了设计阶段中，实地观察和采访学生在院子里感到高温不适的时间是在 11：00~12：00。庭院几乎没有植物，13：00 的时候直接暴露在阳光下，并且一整天都少有阴影。11：00 设置为模拟时间，是课间休息，院子的高峰使用期。

测量仪安置在需要遮阳区域，模拟学生在庭院中空间利用和需求的位置。在现存结构中，种植或许可以调整户外舒适性。研究通过设计阶段，植物被视作完全成熟时期全叶状态，ENVI-met 模拟中，*Ficus Niteda* 和 *Delonix Regia* 代表常绿和落叶植物，*Dedonya Viscosa* 是常绿灌木等。种植的不同类型、树冠轮廓、排列、空间位置有各种可能。基于学生在庭院的空间使用、测量结果的分析，这些可能组合转化为设计模式，作为假设，用于小气候调节的模拟测试。模拟显示测量仪地点增加树木，平均降低了 PMV 的值 1 及其以上。树木减少太阳辐射通过树冠的阴影，显著影响平均辐射温度（T_{MRT}），80% 的直接辐射被树叶吸收，其余的是传播和反射。同时，灌木可以增强树木的效果。模拟结果也显示：植被的安排设置方式可以提高庭院的热舒适性。

因为荷兰对小气候问题的忽视[26]，Lenzholzer 调查了 3 个荷兰广场[27]，用研究通过设计来创建设计准则。不同的广场设计改造方案被假设，以在不同季节创造更好的小气候，这些假设通过 ENVI-met 模拟，检测效果。对风景园林师来说，了解人们的看法并在设计中做出反应至关重要，所以要确定人们对小气候和空间的感知，开展采访，每个季节进行 4 天（2005~2006 年春、夏、秋）。冬天被剔除，荷兰人冬季一般不在公共空间逗留。平均有 232 个采访（spuiplein，海牙，218；neckerspoel，埃因霍温，254；Grote Markt，格罗宁根，223）。首先，人们被问到在这个广场上的小气候的认知地图，受访者可以选择和识别广场上所有地方的可能的小气候特征：风舒适或风太大，遮阳舒适或太阴暗，阳光舒适或太多阳光，良好的防雨或糟糕的防雨保护。各个采访者的认知地图，通过叠加，得到了一系列的集体认知地图，能描述人们指定的具有特定小气候特征的空间。其次，问及他们有关广场的空间特征的印象：它的宽度、开放度及重要性，比较他们的回答与他们的热舒适体验是否有关。此外，在广场做小气候的数据测量。小气候和空间的感知可以与测量结果进行分析和比较。

创造更多设计的知识，优化一个广场的热舒适性，并落实到空间，是通过"研究通过设计"来达到的，其本身就是一种研究方法。当设计过程符合一定的科学标准，如科学基本知识的运用，设计假设的客观测试和当它的结果有更普遍的适用性时，它可以被认为是研究通过设计的[28]。按照这些标准，建立在荷兰气候下的中型广场热舒适度优化的空间格局模式。

初步模式基于气候数据和科学知识，被假定为在不同的季节的荷兰广场上产生最佳小气候，该模式主要包含植物元素：西南方向 15m 高的一排树，在树干之间形成穿孔式风屏和形成 40m×40m 阴影的树。除了这种模式，根据研究为了设计阶段的成果，使用砖头石块来给人一种温暖的印象。包括上述干预后，用 ENVI-met 进行小气候的模拟测试，选择这个软件是因为这是唯一包含所有影响热舒适的因素的软件，比如风速和方向、T_{mrt}、空气温度等，模拟得到热舒适度指数[29]。模拟的是最极端的感知的情景——相当大的风和炎热的天气（典型的热浪）。此外，不同的季节也需要被考虑。所有的供选择的假设方案的模拟结果与现有情景的模拟进行比较，该比较基于热舒适指标 PMV（Fanger，预测中值投票，1970）相结合的各种因素。模拟的第一个方案的结果表明，这个来自科学文献知识假设的初步模式并不恰当，对于防风的模拟显示风缓冲比文献所建议的要少，因此调节为 25m 高、密集的城市防护林和 25m×25m 阴影范围的树木，再次测试，在秋天和春天的阴影影响下，防风林的防风作用被部分遮盖。除此之外，负责产生阴影的树根本没有风缓冲效果，在秋天和春天，他们的阴影还表现出害处大于好处，导致 PMV 值比现状更寒冷。模式再次改变为方案 3：遮阴树木被放弃，相反，第二层城市防护林表现出更有效的防风，并且也在炎热的日子里提供了足够阴影。此模式模拟表明，这种模式比其他方案更优化。这个简单的模式是南北导向的 50m 城市防护林带，有效创造了一个最优的小气候。其简单的模式有可能作为"现实世界"的设计过程中，但小气候改善只是一个必须考虑的方面之一。无法再进一步是因为 ENVI-met 的局限性，该模型无法模拟更小范围的调整，如垂直材料差异，模棱两可的结果使其越来越难以产生清晰的关于设计干预的因果关系的假设。虽然 ENVI-met 是一个非常有用的预测气候工具，但只是将其暗含的数学模型集成于模拟中。ENVI-met 正在不断的改进中做出更好的预测，会在研究通过设计的小气候研究过程中越来越有用。

荷兰人主要是感知风的问题，与实测数据的比较也表明，人们倾向于过高评估风的影响，导致使用不足，回避甚至诋毁一个地方，即产生对公共空间有不利后果的问题[30]。其次，集体认知地图中，对重复出现的空间格局在小气候特征分布上面进行分析，很明显，人们分配特定的小气候特征到特定的空间配置类型中，换言之，空间特性是小气候的"线索"，人们在一定的空间配置中有发达的对于小气候的敏锐度[31]。第三种分析是关于热舒适或不舒适和对公共空间的宽度，开放性和材质的看法。通过统计分析采访数据，结果表明，人在广场上感觉热不适的时候也会同时觉得空间比例太宽，也会觉得这些地方太过开放，会觉得很多材料有"冷"的感觉。比较测量结果和科学文献显示，人们的这些印象往往是正常的[32]，带有"冷"色的许多材料与热不适有关，虽然不在热性能中发挥作用[33]，但是一种心理影响。

总的来说，从研究为了设计结论中，人们常有良好的敏锐度，由对小气候的反应来解释空间结构。大多数情况下，这些解释是相当合适的，尤其是其不适方面，街上的人显然比设计师更了解小气候，而荷兰设计师普遍忽视这个问题。结果还表明，人的感知往往注重小气候的"负面倾向"，这是众所周知的心理机制[34]。试图从如此负面的实质性知识中汲取设计准则是困难的，因为它往往是"不做"，而不是"做"。因此有必要进一步探讨更为积极的设计知识，通过不同的研究过程，如研究通过设计。

4 启示

风景园林小气候研究可以作为学科的一个前沿，有较大的研究潜力和实践前景，专业人士了解更多关于小气候过程和相关设计准则，可以创造性地应用这一知识到公共空间等风景园林、城市的空间气候响应设计上，最终，将显著改善小气候，创造一个更舒适与宜居的人居环境。

气候响应式设计、风景园林小气候研究，除了传统的研究、评价方法外，具体的积极的方针可以是假设和验证一个优化的设计模式，产生新的知识、设计原型等，并引入到实际的布局设计中。这是极佳的应用例子。当然，具体研究过程中的手段，如调查研究评价的方法，使用的测量、模拟、检测工具都还存在缺陷，有待改进和提高。

一直以来，风景园林专业内，由于学科仍在快速发展中，理论与价值观都还在成熟的过程中，科学、研究、知识与工程、实践、应用之间一直有较大的距离，

当我们做研究时，限定范围，控制变量，寻找主要矛盾，发现规律；当我们做规划设计实践时，却试图构建宏大的世界观，对于其中具体内容的研究不够深入，缺乏景观绩效等的评价总结，理论的实际效果无法被证实，理论与实践关注的问题距离较远。研究通过设计这一过程是知识与设计更紧密联合的尝试[35]。此外，对于风景园林理论与实践的循证，证实其理论正确性、可靠性的研究，证明其实践项目能完整发挥和达到设计作用的研究还比较少，这有助于学科科学性的提高，是非常值得期待的领域。

参考文献

[1] FRAYLING C. Research in art and design [J]. Royal College of Art Research Papers, 1993, 1（1）: 5.

[2] CRESWELL J W. Research design: qualitative, quantitative, and mixed methods approaches [M]. Los Angeles, CA: Sage, 2009.

[3] ALCAZAR S S, OLIVIERI F, NEILA J.Green roofs: Experimental and analytical study of its potential for urban microclimate regulation in Mediterranean-continental climates[J]. Urban Climate, 2016.

[4] FRAZER L. Paving paradise: the peril of impervious surfaces[J]. Environ. Health Perspect, 2005, 113（7）: 457-462.

[5] SPEAK A, ROTHWELL J, LINDLEY S, et al. Reduction of the urban cooling effects of an intensive green roof due to vegetationdamage[J]. Urban Climate, 2013（3）: 40-56.

[6] ERELL E P. Urban Microclimate: Designing the Spaces Between Buildings[M]. Routledge, 2012.

[7] THEODOSIOU T G. Summer period analysis of the performance of a planted roof as a passive cooling technique[J]. Energy Build, 2003, 35（9）: 909-917.

[8] BLANUSA T V. Alternatives to Sedum on green roofs: can broad leaf perennial plants offer better cooling service? [J]. Build. Environ, 2012（59）: 99-106.

[9] HAJER M, REIJNDORP A. In search of new public domain: analysis and strategy[M]. Rotterdam: NAi Publishers, 2001.

[10] ELIASSON I, KNEZ I, WESTERBERG U, et al. Climate and behaviour in aNordic city[J]. Landscape and

Urban Planning, 2007 (82): 72–84.

[11] BROWN R D. Design with microclimate: The secret to comfortable outdoor space[M].Washington, DC: Island Press, 2010.

[12] EPSTEIN Y, MORAN D S. Thermal comfort and the heat stress indices[J].Industrial Health, 2006, 44 (3): 388–398.

[13] VANOS J K, WARLAND J S, GILLESPIE T J, et al. Review of the physiology of human thermal comfort while exercising in urban landscapes and implications for bioclimatic design[J]. International Journal of Biometeorology, 2010, 54 (4): 319–334.

[14] GAITANI N, MIHALAKAKOU G, SANTAMOURIS M.On the use of bioclimatic architecture principles in order to improve thermal conditions in outdoor spaces[J]. Build. Environ, 2007 (42): 317–324

[15] NIKOLOPOULOU M, STEEMERS K.Thermal comfort and psychological adaptation as a guide for designing urban spaces[J]. Energy Build, 2003 (35): 95–101

[16] KENNY N A. WARLAND J S, BROWN R D, et al. Gillespie.Part A: Assessing the performance of the COMFA outdoor thermal comfort model on subjects performing physical activity[J]. Int. J. Biometeorol, 2009 (53): 415–428.

[17] BROWN R, GILLESPIE T. Estimating outdoor thermal comfort using a cylindrical radiation thermometer and an energy budgetmodel[J]. Int. J. Biometeorol, 1986, 30 (1): 43–52.

[18] KNEZ I, THORSSON S.Influences of culture and environmental attitude on thermal, emotional and perceptual evaluations of a public square[J]. Int. J. Biometeorol, 2006 (50): 258–268.

[19] HARLAN S, BRAZEL B, Prashad L, et al. Neighborhood microclimates and vulnerability to heat stress[J]. Soc.Sci. Med, 2006 (63): 2847–2863.

[20] NIKOLOPOULOU M, LYKOUDIS S.Thermal comfort in outdoor urban spaces: Analysis across different European countries[J]. Build. Environ, 2006 (41): 1455–1470

[21] NIKOLOPOULOU M,BAKER N,STEEMERS K.Thermal comfort in outdoor urban spaces: Understanding the human parameter[J]. Sol. Energy, 2001, 70 (3): 227–235.

[22] SPAGNOLO J, de DEAR R. A field study of thermal comfort in outdoor and semi–outdoor environments in subtropical Sydney Australia[J]. Build. Environ, 2003 (38): 721–738.

[23] SPAGNOLO J, de DEAR R. A human thermal climatology of subtropical Sydney[J]. International Journal of Climatology, 2003 (23): 1383–1395.

[24] HAVENITH G, HOLMER I, PARSONS K.Personal factors in thermal comfort assessment: clothing properties and metabolic heat production[J]. Energy Build, 2002 (34): 581–591.

[25] EL–BARDISY W, FAHMY M, EL–GOHARY G F. Climatic Sensitive Landscape Design: Towards a Better Microclimate through Plantation in Public Schools, Cairo, Egypt[J]. Social and Behavioral Sciences, 2016 (216): 206 – 216.

[26] LENZHOLZER S. A city is not a building–architectural concepts for public square design in Dutch urban climate contexts[J]. Journal of Landscape Architecture, 2008: 44–55.

[27] LENZHOLZER S. Research and design for thermal comfort in Dutch urban squares[J]. Resources, Conservation and Recycling, 2012 (64): 39–48.

[28] de JONG T M, van der VOORDT D J M. Criteria for scientific study and design[M] // Ways to study and research urban, architectural and technical design. Delft: Delft University Press, 2002: 19–30.

[29] DIMOUDI A, NIKOLOPOULOU M. Vegetation in the urban environment: microclimatic analysis and benefits[J]. Energy and Buildings, 2003 (35): 69–76.

[30] LENZHOLZER S. Engrained experience–a comparison of microclimate perception schemata and microclimate measurements in Dutch urban squares[J]. International Journal of Biometeorology, 2010 (54): 141–51.

[31] LENZHOLZER S, KOH J. Immersed in microclimatic space: microclimate experience and perception of spatial configurations in Dutch squares[J]. Landscape and Urban Planning, 2010 (95): 1–15.

[32] LENZHOLZER S, van der WULP N Y. Thermal experience and perception of the built environment in Dutch urban squares[J]. Journal of Urban Design, 2010 (15): 375–401.

［33］DOULOS L，SANTAMOURIS M，LIVADA I. Passive cooling of outdoor urban spaces. The role of materials[J]. Solar Energy，2004（77）：231-49.

［34］ROZIN P，ROYZMAN E B. Negativity bias，negativity dominance，and contagion[J]. Personality and Social Psychology Review，2001（5）：296-320.

［35］LENZHOLZER S B，ROBERT D.Post-positivist microclimatic urban design research：a review[J]. Landscape and Urban Planning，2016（153）：111-121.

从稳态到动态的城市街道小气候舒适性*

彭旭路，刘滨谊 #

同济大学建筑与城市规划学院

摘　要：对城市街道小气候舒适性的准确评价是进行气候适应性规划设计的基础。基于室内稳态热环境参数的热舒适标准不一定能满足动态变化的城市街道小气候环境的舒适和健康要求。根据动态热物理环境、动态生理感应、动态心理调适耦合互动的城市街道小气候舒适性三元理论框架，从与稳态热舒适的区别、动态性特征、变化规律三个方面阐述城市街道动态热舒适研究，引导城市宜居环境小气候适应性规划建设以动态热舒适为目标。

关键词：风景园林；小气候；舒适性；城市街道；动态

1　前言

自 21 世纪以来，社会各界对城市热岛等气候问题的关注与重视持续增加。随着城市化率的提高，人们对人居环境质量的要求不断提高，城市内部局地小气候特征影响到人居环境的适宜性。覆盖城市区域 1/4 以上面积的城市街道[1]，也是城市风景园林空间的重要组成内容[2]，如血管般分布在城市每个角落，串联起各种城市生活，与人活动关系紧密。在大部分热舒适研究基于稳态热环境的背景下，考虑城市街道热环境的动态性质进行舒适性评价可以更加准确地了解街道的热环境特点，为不断增加室外空间使用，创造气候适应性的人居环境提供理论支撑。

在课题组已开展的相关研究中，街道空间对小气候环境及人体热舒适的影响研究提出以下观点：城市街廓高宽比对太阳热辐射影响较大；植被要素夏季有降温增湿作用，但会削弱风速，且树冠形状对气温有较大影响；街谷走向平行于城市主导风向时，街谷空间风速较大；道路中线处比边缘靠近建筑处空气流通性好[3, 4]；街道走向和街道线型影响人体舒适感受[5]；街道内部遮阳设施在夏季也有助于改善街道小气候与热舒适[2, 6, 7]。沿着水杉、樱花或悬铃木作为行道树的城市道路短途行走能显著

减少紧张、疲劳、混乱和焦虑的负面心理状态[8]。垂直绿化不仅可以改善小气候环境，还能改善情绪，对人的生理和心理健康产生积极影响[9]。

2　稳态热舒适在城市街道评价的问题

在热舒适的定义是人对热环境表示满意的主观反应[10]被广泛应用的基础上，稳态热舒适指把热感觉和热舒适等同，当热感觉为中性即不冷不热就是热舒适[11]。创造稳态的热环境是室内热环境的常规设计目标，它以热感觉处于热中性、风速不大于 0.15m/s 及相对湿度 50% 左右为控制条件[12]。虽然基于稳态均匀热环境的热舒适研究为采暖空调技术的发展起到了重要的指导与推动作用，但以稳态中性的无差别、无刺激的热环境为舒适标准没有遵循人通过自然生存进化所形成的生理主动适应调节的特征，并不利于人体健康[13]，并非人类生存生活的理想环境。在利用使用最为广泛的如预测平均投票（PMV）[14]、生理等效温度（PET）[15]、标准有效温度（SET*）[16]等评价指标进行热舒适评价时，是基于人体处于稳态热环境条件的假设[17]，其舒适标准是稳态热环境中的热中性状态。

以 PET 为例，一方面不同气候地区的人群因为对气候的长期适应，表现出随大气候变热而热感

---

*　基金项目：国家自然科学基金重点项目"城市宜居环境风景园林小气候适应性设计理论和方法研究"（编号 51338007）

#　通讯作者，电子邮箱：byltjulk@vip.sina.com

觉中性舒适温度相对更高的动态特点（表1），一方面由于非稳态热环境随时间及小气候尺度的空间变化性，固定的稳态热舒适的标准不能准确反映人们的真实热舒适感受。在评价中国夏热冬冷地区——上海南京东路街道热舒适时，根据 PET 计算结果，在一年中最影响冷热感觉的冬夏两季都没有符合热舒适的空间测点 [7]，与热舒适问卷调查结果不一致。

不同地区城市的PET热感觉中性舒适范围　表1

地区		PET/℃
北 ↑ 南	欧洲中西部	18~23℃ [18]
	中国天津	11~24℃ [19]
	以色列	20~25℃ [20]
	中国上海	15.6~25.5℃ [21]
	中国台湾	26~30℃ [22]
	中国香港	12~32℃ [23]

3　街道动态热舒适

在越来越多的室内热环境设计以创造接近自然动态热环境的趋势下，本身就具有动态性的室外街道热环境，不宜以实现稳态舒适作为气候适应性设计标准，需针对其动态性特征指导规划设计使室外热环境更加宜居舒适，同时也可为节能生态的室内热环境标准提供参考。

依据刘滨谊教授负责的国家自然科学基金重点项目"城市宜居环境风景园林小气候适应性设计理论和方法研究"（编号 51338007）战略框架为指导，超越基于客观的热物理环境、主观的热心理感受的二元变量，将人类主动适应户外环境的动态生理感应融入，提出城市街道小气候舒适性三元理论框架（图1），是动态热物理环境、动态生理感应、动态心理调适的三元耦合互动。

小气候要素作为客观物理存在的环境要素，它的动态变化会对存在、活动于其中的机体产生影响，是使人体产生感受的直接客观要素。不论大气候、区域气候如何变化，人能获得对气候的感受都是通过城市下垫面及空间建设情况层层变化递进到人活动范围尺度后通过生理器官感知获得的。人体在长期的自然进化过程中，演化出了对环境刺激作出反应，并不断调整自己的生理系统以适应环境变化维

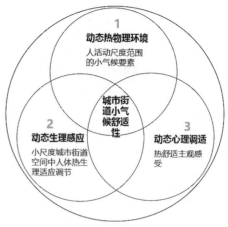

图1　城市街道小气候舒适性三元理论框架

持身体正常生理功能的能力，气候环境刺激人体生理应激调节也是有范围的，超出调节范围的极端气候环境会给人体造成伤害。人体产生热生理感应后，其感应变化是否影响或决定人体获得舒适感受，不仅受个体热生理感应调节能力差异影响，也受个体主观心理调适的影响。街道动态热舒适就是人体在动态变化的物理气候环境刺激下生理主动调节、心理产生调适的综合结果（图2）。

3.1　动态热物理环境

3.1.1　与室内稳态热物理环境区别

在小气候热、湿、风要素中选择与建筑学领域 [24] 描述热环境的物理气候要素一致的 4 个小气候要素太阳辐射、空气温度、相对湿度、风速作为街道小气候舒适性研究的热物理环境要素。影响室内热感觉的最重要的热环境要素是空气温度和相对湿度 [25]，和室内热环境相比，室外热环境中的各个气候要素变化显著，且是多个小气候要素综合共同作用形成的，每次感受热舒适时的小气候要素可能是多样组合的结果。从表2可以看出，不同的室外空间环境，形成小气候系统功效影响热感觉的显著热环境要素不同，且并不固定。

3.1.2　街道热物理环境的时间变化特征与规律

即使在同样的室外空间对象，影响热感觉的小气候要素也会受时间的影响动态变化。以上海南京东路为例（图3），冬季影响主观舒适感受的显著气候要素是空气温度和风速，而夏季是空气温度、风速和太阳辐射。冬夏两季街道平均空气温度比气象站温度高，相对湿度比气象站低，冬季改变的幅度相对更大，太阳辐射和风速的季节差异显著。太阳

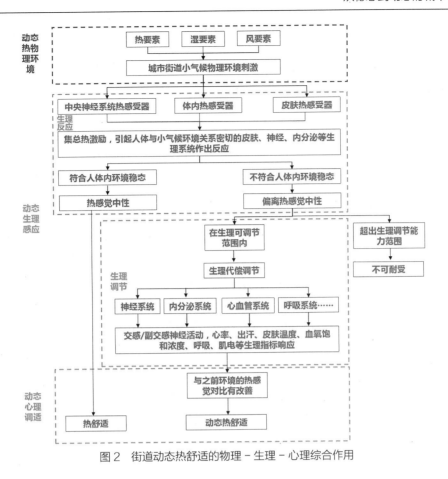

图2　街道动态热舒适的物理 – 生理 – 心理综合作用

不同空间影响热感觉的显著热环境要素　　　　　　表2

	地区	实验地	热环境要素
室内	/	/	空气温度、相对湿度[25]
室外	中国哈尔滨	街道	风、太阳辐射[26]
	中国天津	公园	空气温度[19]
	中国南京	街道	空气温度、风、太阳辐射[27]
	中国上海	广场	空气温度[28]
	中国成都、中国武汉	街道	风、太阳辐射[29–30]
	荷兰瓦赫宁恩	广场	风[31]
	荷兰	住区	太阳辐射、风[32]
	瑞典哥德堡	广场	太阳辐射、空气温度、风[33]
	地中海地区	广场	空气温度、太阳辐射[34]
	日本松田	公园	空气温度、相对湿度、风速、太阳辐射[35]

辐射对空气温度的影响冬季显著于夏季，空气温度随时间变化的程度冬季大于夏季，相对湿度冬季日变化程度较夏季明显，冬季相差41%，夏季相差28.3%，冬季的平均风速为气象站风速的15%，夏季为12%，且风速高峰时段不同[7]。

3.1.3　街道热物理环境的空间变化特征与规律

Steemers 等研究指出，由城市质地产生的气候要素影响，主要在中尺度城市范围，而空间因子是微观尺度，即人的活动范围中对气候要素产生影响的主要因素[36]。城市街道热物理环境是从中尺度的城市气候层层递进到人的活动范围能感受到的小气候尺度的（图4）虽然受不同的大气候影响而有所差异，但有一定的变化规律[37]。在城市尺度，以街道整体为对象，街道热物理环境受街道走向、布局

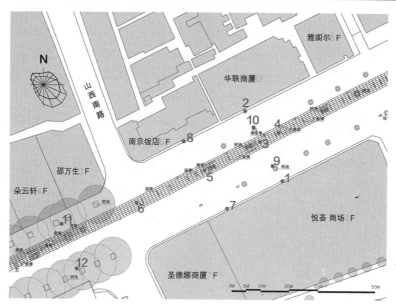

图3　南京东路街道实测小型气象站仪器布点平面图

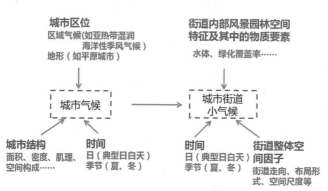

图4　城市街道小气候空间影响特征

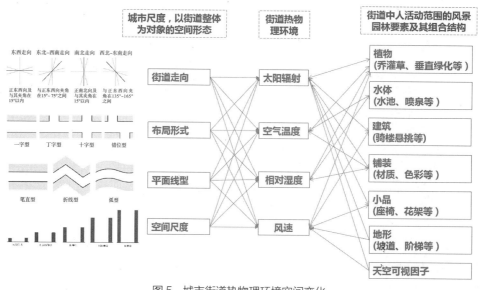

图5　城市街道热物理环境空间变化

形式、平面线型、空间尺度等描述街道整体空间形态特征的因子影响而发生动态变化。在人活动范围的小气候尺度，街道中的风景园林要素及其组合结构特征，如植被覆盖、水体、地面铺装、地形、天空可视因子等会影响街道热物理环境发生相应规律的动态变化[38]（图5）。

3.2 动态生理感应

3.2.1 与稳态舒适生理标准区别

人类通过自然生存进化所形成的生理主动适应调节的特征是应对生存与生活非常重要的生理规律，应该得到重视与遵循。当小气候热、风、湿等要素作为外部环境因素通过热觉器官途径作用于人体时，首先会引发人体一系列生理反应，接着通过人体的神经感受器等组织或系统产生的生理应激做出试图维持体内平衡的调节应答[39]。目前常用的舒适生理标准是基于室内稳态环境中研究总结的（表3）。因为室外热环境的动态变化性，在一年中偏离不冷不热中性感觉的冬夏两季的生理感应调节最为明显。响应室外热环境变化的生理感应指标数值与室内稳定状态有不同程度差别[40]：上海街道南京东路冬夏两季的生理感应实测（图6）平均心率都高于正常状态的平均心率75bmp，心率变异性平均值都低于室内安静稳定状态下正常人的心率变异性值

范围1.5~2.0[41]，胸部皮肤温度也很难稳定在室内稳态不冷不热时的32℃[42]，冬夏两季都高于32℃，夏季均值略高于冬季，冬季的血氧饱和浓度均值高于夏季。

3.2.2 响应街道热物理环境的生理感应因子变化性丰富

由于人体生理系统具有高度复杂性，热生理感应不同阶段参与的器官和组织也不尽相同，从而导致不同生理指标对环境的敏感程度有差异。室内稳态热环境中以空气温度和相对湿度为主要的环境因子，基于人体温度感受器生理构造的皮肤温度是常用来体现热感觉生理感应机制的生理感应指标。而室外热物理环境中因为太阳辐射、风速也变化显著，能引起生理感应做出响应的热环境因子比室内稳态环境丰富，除了能引起皮肤温度变化以外，冬季心率变异性、夏季血氧饱和浓度能灵敏反应太阳辐射变化。生理感应因子对室外热环境变化响应的动态性比室内稳态热环境强。

常用舒适生理标准　　　　　　　　　　　　　表3

生理指标	舒适标准	说明
皮肤温度	32℃	室内稳态热环境中热感觉中性时胸部皮肤温度
心率	75bmp	正常状态健康人的平均心率
心率变异性	1.5~2.0	室内5min安静平卧休息状态
皮电	皮肤电阻值降低	/
血氧饱和浓度	90%~100%上升	数值越高越舒适
脑电波	β波比率高	/

图6　南京东路热生理感应实测现场图片

3.2.3 生理感应的季节变化特征与规律

室外气候条件的不同程度会使人产生变化灵敏的生理调节反应，生理感应数值的变化反映的是人体的动态生理感应调节机制。夏季人体通过调整生理增加新陈代谢促进排汗降低皮肤温度、迷走神经活动加强的调节机制来实现舒适。冬季的生理动态调节机制与夏季不同，会呈现出减少新陈代谢与温度散发、增加交感神经活动适应冷环境，防止身体热散发的调节机制。

夏季热环境对生理感应的变化性比冬季更为显著，但季节生理感应变化差异不宜直接与季节舒适差异相联系。生理感应数值的季节变化体现的是在不同季节气候环境下的生理适应与调节的变化规律，不影响各季节都能通过生理调节获得舒适性。冬夏季节通过生理调节获得舒适性的生理感应因子变化程度不同：在整体夏季平均心率高于冬季的季节差异下，夏季街道中的心率变化规律是通过降低来获得相对舒适。在整体街道平均心率变异性比室内稳定状态低的背景下，街道夏季的心率变异性变化规律增大，获得舒适的可能性更大，冬季则表现为减少趋势。皮肤电导、皮肤温度、皮肤温差在夏季都是通过降低变化获得相对舒适可能性。血氧饱和浓度越高舒适性越强，不受季节与空间影响。

3.2.4 生理感应随时间变化的特征与规律

生理感应可以在短时间内对热环境做出灵敏反应，成为影响热舒适的重要生理机制。新陈代谢是短期内灵敏变化的生理感应指标[43]，南京东路夏季的血氧饱和浓度、心率、心率变异性灵敏变化更多受到短期热环境变化影响[40]，与时间增加无明显相应变化规律（图7）。皮肤温度和指尖血流是能体现长期变化的生理指标[43]，手指皮肤温度在夏季热环境中随着时间增加缓慢增高（图8），还随着时间变化出汗增加促进散热，使皮肤电导也随着时间增加而缓慢增高[43]（图9）。

3.3 动态心理调适

3.3.1 偏离热中性稳态可以获得热舒适

根据在一年中最影响冷热感觉的冬夏两季的各类街道风景园林空间中开展的热舒适实地问卷调查研究结果[5,7,44,45]，热舒适与热感觉中性没有一致性，热感觉中性不是获得热舒适的唯一条件。在南京东路街道夏季各空间测点平均热感觉都偏离热中性在

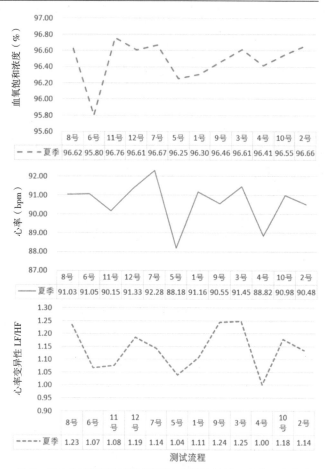

图 7　南京东路夏季按测试流程血氧饱和浓度、心率、心率变异性变化情况

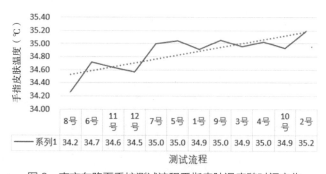

图 8　南京东路夏季按测试流程手指皮肤温度随时间变化

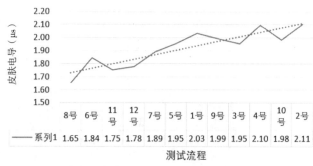

图 9　南京东路夏季按测试流程皮肤电导随时间变化

0.5~2.5之间，冬季各空间测点平均热感觉都偏离热中性在 −2~0 之间的情况下，冬夏两季都有偏离热感觉中性而能获得热舒适的结果，夏季获得舒适和较舒适的占比为56.3%，冬季为49.6%[7]。在动态热环境下，对冷刺激反应变化快于热刺激，对冷热适应程度也有差异性，虽然冬夏热舒适偏离中性的程度不同，但变化规律是：冬季热环境条件越恶劣，获得舒适时的热感觉越靠近中性，夏季热环境条件相对越差，获得舒适的热感觉相对远离中性。上海南京东路冬季测试日气温低于黄金城道，南京东路获得热舒适时的热感觉相对更靠近中性，当 TSV$_{南冬}$ > −1.05 时，TSV$_{黄冬}$ > −1.57 时，能获得舒适感受[7]。黄金城道夏季测试日的气温略高于南京东路，温度较低的街道其获得热舒适时的热感觉相对更靠近中性。当 TSV$_{南夏}$ < 1.51，TSV$_{黄夏}$ < 1.60 时，能获得舒适感受。在偏离热中性的热环境中获得的热舒适感受，是既体现了人体主动适应的生理调节特征，又满足这个生理调节是在人体可接受的生理调节范围内，且比稳态的舒适范围更广。

3.3.2 热舒适在动态变化中与之前的热感觉对比产生

生理调节反应的改变可能是热感觉发生变化的生理机制[46]，热感觉发生改变形成对比是热舒适感受形成的动态机制。根据生理感应可以在短时间内对室外变化的热环境做出灵敏反应并影响人的热感觉[47]，因为时间或空间变化引起热感觉出现相应变化后，会通过与之前的热感觉进行不自觉的对比而形成对新环境的热感觉评价[48]，从而影响热舒适产生相应变化。热舒适不固定，热感觉对比变化差异越大，热舒适的变化也越大。从图10的上海黄金城道夏季PET和热感觉的空间变化中可知，热感觉的等级变化层次与PET等级变化不完全一致，即使整体热感觉都高于中性，但热感觉在随空间变化的过程中，通过与之前热环境的对比出现相应变化的动态性。

3.3.3 热舒适的方向性

热舒适感受的方向性体现心理调适的动态性规律，即在适应品质较低的热环境与接受品质较高的热环境时的适应方向是不对等的。热环境发生变化时，在热感觉发生显著变化的情况下，对品质较低的热环境的舒适感受降低程度变化比向品质较高的热环境的舒适增加程度更明显。从图10中的树荫全遮蔽的 8 号测点变化到热感觉最高的开敞区 9 号测点，和从热感觉第二高的开敞区 6 号测点变化到树荫全遮蔽的 7 号测点时，即使后者PET改变幅度略大于前者，前者热舒适感受降低2.23，而后者增幅没有前者明显，只有2.01。在室内集中供暖舒适感受随采暖时间变化中也能体现这个方向性的动态特征，停止采暖后与采暖时对比的热舒适降低程度比采暖前与采暖时的热舒适增加程度显著[43]。在相对品质较低的热环境中，一个较小幅度的热环境改善就可以满足舒适预期，实现舒适评价，如让受试

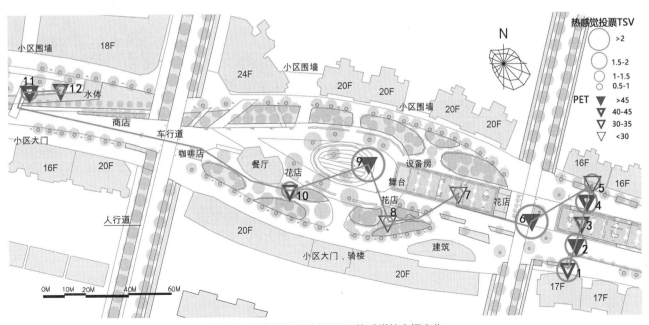

图 10　黄金城道夏季 PET 和热感觉的空间变化

者从 31℃进入 28℃的实验环境（或者从 21℃进入 24℃的实验环境），获得的热舒适投票均有显著提升，甚至比一直处于稳态热中性温度工况（26℃）的投票结果更加舒适和满意[43]。在夏季街道空间中，平均空气温度相对更高的热环境，产生动态相对舒适感受的温度降低的差值就越小[40]。体现心理感受"变好容易"的方向性规律。以空气温度为例，黄金城道夏季问卷时点平均空气温度 32.65℃，南京东路 31.49℃，比黄金城道低 1.06℃，黄金城道夏季空气温度变化降低 1.89℃，就能产生相对舒适的感受，而南京东路夏季产生动态相对舒适感受的空气温度差值为 3.2℃。

4 结论与展望

与室内稳态热环境中的热舒适感受相比，从季节上，冬夏两季不易具备能获得与室内一样稳态舒适的街道热物理环境，再加上街道中变化的风景园林设计内容，使街道热物理环境呈现与城市气候不同的变化规律，人在街道空间中随着街道空间位置、顶面遮蔽程度等空间因子变化所获得的热感觉也是动态变化的。用符合稳态的热感觉中性的理论舒适不能准确反映偏离热中性还能通过生理适应调节和心理调适获得热舒适感受的动态性规律。在非稳态的冬夏季节，体现生理适应动态应对热物理环境变化的情况下，以步行活动为主的街道风景园林空间，通过随时空间变化的动态对比中获得的相对热舒适感受就是街道动态热舒适。

小气候适应性城市宜居环境的设计目标，不是创造稳态热环境，或者使热环境维持稳定在某个固定的状态，不宜用稳态舒适标准来评价动态舒适特征，动态热舒适，通过与之前的热感觉进行对比，产生于不舒适的消除过程，其特征一是比稳态舒适只有热感觉中性的舒适范围拓宽，体现出在人可接受范围内的生理主动适应调节的重要性。二是通过创造热感觉差值减少不舒适，即比不舒适有一定程度的改善，根据"变好容易"的方向性规律，不舒适程度越高，改善的程度越小就能实现热舒适。利用自然环境要素及人体生理感应机制自身的动态特点来创造舒适性更加可持续。

从稳态到动态的舒适性研究转变，可以引领、拓展室外小气候舒适性理论研究，对城市宜居环境

风景园林小气候适应性设计理论的完善作出贡献：

（1）进一步拓宽风景园林小气候舒适性评价思路，思考如何更好地认识和协调日益复杂的环境和变化的主观需求。从不同空间尺度、不同时间范围的动态分析、评价、政策、实践能促进风景园林专业领域更好地发挥协调气候变化影响的作用。

（2）风景园林专业一直发挥调节气候、改善人居环境质量的正向作用，利用动态热舒适的规律来指导街道的气候适应性设计，不仅要考虑比稳态热环境变化更显著的太阳辐射和风要素与其他小气候要素的多向综合效应，还要根据生理调节程度和动态心理调适规律考虑环境要素的改变程度，从微观尺度的风景园林要素、空间形态结构的人工调控对人活动范围的小气候舒适性改善发挥主观能动作用。

（3）从理念上，虽然近几十年的工业技术发展突飞猛进，稳态的热环境普及，但高能耗的稳态维持是不可持续的。需要重新审视尊重自然规律、遵循人体生理调节规律的高效节能科学的设计理念，以积极的心态应对气候变化的难题，带动整个风景园林领域小气候适应性研究的思想革新。

注：文中图表均为作者绘制。

参考文献

［1］庄晓林，段玉侠，金荷仙. 城市风景园林小气候研究进展 [J]. 中国园林，2017，33（4）：23-28.

［2］李凌舒，刘滨谊. 街道夏季热环境多要素影响研究 [C] // 中国风景园林学会. 中国风景园林学会 2016 年会论文集. 北京：中国建筑工业出版社，2016.

［3］李单. 上海城市街道小气候要素与空间形态关系测析 [D]. 上海：同济大学，2015.

［4］薛凯华. 上海城市街道小气候要素与绿化布局关系测析 [D]. 上海：同济大学，2016.

［5］陈昱珊. 城市街道小气候人体舒适性机制与评价研究 [D]. 上海：同济大学，2017.

［6］邵钰涵，刘滨谊. 城市街道空间小气候参数及其景观影响要素研究 [J]. 风景园林，2016（10）：98-104.

［7］刘滨谊，彭旭路. 上海南京东路热舒适分析与评价 [J]. 风景园林，2019，26（4）：83-88.

［8］ELSADEK M, LIU B Y, LIAN Z F, et al. The influence of urban roadside trees and their physical environment on stress relief measures：a field experiment in Shanghai[J]. Urban Forestry & Urban Greening, 2019（42）：51–60.

［9］ELSADEK M, LIU B Y, LIAN Z F. Green facades：their contribution to stress recovery and well–being in High–density cities [J]. Urban Forestry & Urban Greening, 2019（46）：126, 446.

［10］American Society of Heating, Refrigerating and Airconditioning Engineers. Handbook of fundamentals：physiological principles, comfort, health [M]. New York：ASHRAE, Inc., 1997.

［11］赵荣义. 关于“热舒适”的讨论 [J]. 暖通空调, 2000, 30（3）：25–26.

［12］于宁, 曹国光, 狄洪发, 等. 气流动态特征对人体热舒适性影响研究综述 [J]. 建筑节能, 2007（2）：6–10.

［13］朱颖心. 热舒适的“度”多少算合适 [J]. 世界建筑, 2015（7）：35–37.

［14］FANGER P O. Thermal comfort. Analysis and applications in environmental engineering[J].Thermal Comfort Analysis & Applications in Environmental Engineering, 1970.

［15］MAYER H, HÖPPE P. Thermal comfort of man in different urban environments[J].Theoretical and Applied Climatology, 1987, 38（1）：43–49.

［16］GAGGE A P, STOLWIJK J A J, NISHI Y.An effective temperature scale based on a simple model of human physiological regulatory response[J].ASH R AE Trans–actions, 1971（77）：247–272.

［17］HÖPPE P.Different aspects of assessing indoor and outdoor thermal comfort[J]. Energ Buildings, 2002, 34（6）：661–665.

［18］MATZARAKIS A, MAYER H, LZIOMON M G. Application of a universal thermal indes：physiological equivalent temperature[J].International Journal of Biometeorology, 1999, 43（2）：76–84.

［19］LAI D, GUO D, HOU Y, et al. Studies of Outdoor Thermal Comfort in Northern China[J]. Building and Environment, 2014（3）：110–118.

［20］COHEN P, POTCHTER O, MATZARAKIS A. Human thermal perception of Coastal Mediterranean outdoor urban environments[J].Applied Geography, 2013（37）：1–10.

［21］李凌舒. 上海城市广场空间形态与小气候人体热舒

适度关系测析 [D]. 上海. 同济大学, 2017.

［22］LIN T P, MATZARAKIS A, HWANG R L. Shading effect on long–term outdoor thermal comfort[J]. Building and Environment, 2010（45）：213–221.

［23］CHENG V, NG E, GIVONI B. Outdoor Thermal Comfort Study in a Subtropical Climate：a Longitudinal Study Based in Hong Kong[J]. International Journal of Biometeorology, 2012（1）：43–56.

［24］陈启高. 建筑热物理基础 [M]. 西安：西安交通大学出版社, 1991.

［25］于连广, 赵金玲, 端木琳. 从稳态到动态的空气调节 [J]. 制冷与空调, 2004（1）：45–48.

［26］孙禹. 哈尔滨中央大街步行街气候环境规划对策研究 [D]. 哈尔滨：哈尔滨工业大学, 2010.

［27］赵涵. 基于风速的公共建筑围合的街道轮廓形态研究 [D]. 南京：南京大学, 2012.

［28］魏冬雪, 刘滨谊. 上海创智天地广场热舒适分析与评价 [J]. 中国园林, 2018, 34（2）：5–12.

［29］曾煜朗. 步行街微气候舒适度与使用状况研究 [D]. 成都：西南交通大学, 2014.

［30］王振. 夏热冬冷地区基于城市微气候的街区层峡气候适应性设计方法研究 [D]. 武汉：华中科技大学, 2008.

［31］LENZHOLZER S. Research and design for thermal comfort in Dutch urban squares[J]. Resources, Conservation and Recycling, 2012（64）：39–48.

［32］TALEGHANI M, KLEEREKOPER L, TENPIERIK M, et al. Outdoor thermal comfort within five different urban forms in the Netherlands[J]. Building and Environment, 2015（83）：65–78.

［33］ELIASSON I, KNEZ I, WESTERBERG U, et al. Climate and behaviour in a Nordic city[J]. Landscape and Urban Planning, 2007, 82（1–2）：72–84.

［34］NIKOLOPOULOU M, LYKOUDIS S. Use of outdoor spac–es and microclimate in a Mediterranean urban area[J]. Building and Environment, 2007, 42（10）：3691–3707.

［35］THORSSON S, HONJO T, LINDBERG F, et al. Thermal Comfort and Outdoor Activity in Japanese Urban Public Places[J]. Environment and Behavior. 2007, 39（5）：660–684.

［36］STEEMERS K, BAKER N, CROWTHER D, et al. Radiation absorption and urban texture[J]. Building

Research and Information, 1998（26）：103-112.

［37］张宇峰.能量平衡与街谷微气候[J].建筑科学，2016，32（10）：96-104.

［38］刘滨谊，彭旭路.城市街道小气候舒适性研究进展与启示[J].中国园林，2019，35（10）：57-62.

［39］TROMP S W. Medical Biometeorology[M]. Elsevier, Amsterdam, 1963：181-457.

［40］彭旭路，刘滨谊.上海南京东路热生理感应分析与评价[C]// 中国风景园林学会.中国风景园林学会2019年会论文集.2019：690-696.

［41］中华心血管病杂志编委会心率变异性对策专题组.心率变异性检测临床应用的建议[J].中华心血管病杂志，1998，26（4）：252-255.

［42］张慧丽，高明明，郭华珍，等.正常成人躯干皮肤温度觉阈值测定[J].中国康复理论与实践，2015，21（7）：804-806.

［43］罗茂辉.建筑环境人体热适应规律与调节机理研究[D].北京：清华大学，2017.

［44］赵艺昕.上海城市街道小气候人体热生理感应评价[D].上海：同济大学，2018.

［45］黄莹.上海街道小气候热舒适度——以古北黄金城道步行街为例[D].上海：同济大学，2019.

［46］张宇峰，赵荣义.局部热暴露对人体热反应的影响研究（1）：局部热感觉对全身热感觉的影响[J].暖通空调，2007（5）：6-12.

［47］de DEAR R .Revisiting an old hypothesis of human thermal perception：alliesthesia[J]. Building Research & Infomation, 2011, 39（2）：108-117.

［48］JI W, CAO B, LUO M, et al. Influence of short-term thermal experience on thermal comfort evaluations：a climate chamber experiment[J]. Build Environment, 2017（114）：246-256.

Microclimate Comfort from Static State to Dynamic State at Urban Street [*]

Peng Xulu, Liu Binyi[#]

College of Architecture and Urban Planning, Tongji University

Abstract: Accurate evaluation of microclimate comfort at urban street is the basis for climate adaptive planning and design. Thermal comfort standards based on indoor static state thermal environment parameters do not necessarily meet the comfort and health requirements of dynamically variable urban street microclimate environments. According to the ternary theoretical framework of urban street microclimate comfort based on the interaction of dynamic thermo–physical environment, dynamic physiological induction, and dynamic psychological adaptation, this paper expounds the research content of dynamic thermal comfort in urban streets from three aspects: the difference from steady–state thermal comfort, dynamic characteristics, and change laws. It will guide the microclimate adaptation planning and construction in urban livable environment to take dynamic thermal comfort as the goal.

Keywords: landscape architecture; microclimate; comfort; urban street; dynamic

1 Introduction

Since the 21st century, all sectors of society have been paying more and more attention to climate issues such as urban heat islands.With the increase of the urbanization rate, people's requirements for the quality of the human living environment continue to increase, and the local microclimate characteristics within the city affect the suitability of the human living environment.Urban streets which covering more than 1/4 of the urban area[1] are an important component of urban landscape architecture space[2]. They are distributed in every corner of the city like a blood vessel, connecting various types of urban life and having a close relationship with people's activities.In the context of most thermal comfort researches based on the steady–state thermal environment, considering the dynamic nature of urban street thermal environment for comfort evaluation can more accurately understand the characteristics of street thermal environment. It will provide theoretical support for increasing the use of outdoor space and creating a climate–adaptable living environment.

In the related research that the research group has carried out, the study of the influence of street space on the microclimate environment and human thermal comfort puts forward the following views: The height–to–width ratio of urban street outlines has a greater effect on solar thermal radiation; vegetation elements have a cooling and humidifying effect in summer, but will reduce wind speed, and the shape of the tree crown has a greater impact on air temperature; when street valleys run parallel to the prevailing urban wind direction, street valleys The wind speed in the space is large; the air circulation at the centerline of the road is better than that near the edge of the building [3, 4]; the street direction and the line shape affect the human comfort [5]; the

---

* Fund Item: National Natural Science Foundation of China's Key Project "Research on Micro Climate Adaptability Design Theory and Method of Landscape Architecture in Urban Livable Environment" (No. 51338007)

\# Corresponding author, E–mail: byltjulk@vip.sina.com

inner shading facilities of the street in summer also help improve the street microclimate and Thermal comfort [2, 6, 7]. Short-distance walking along urban roads with Metasequoia, Sakura or Planewood as sidewalk trees can significantly reduce the negative mental states of tension, fatigue, confusion and anxiety[8]. Vertical greening can not only improve the microclimate environment, but also improve mood, and have a positive impact on human physical and mental health [9].

2 The problem of steady-state thermal comfort evaluation at urban street

On the basis of the widely used subjective response [10] that people are satisfied with the thermal environment is defined as thermal comfort, steady-state thermal comfort refers to equating thermal sensation with thermal comfort. When the thermal sensation is neutral, neither cold nor hot is thermal comfort[11].Creating a steady-state thermal environment is a common design goal of indoor thermal environments. It takes the thermal sensation as being thermally neutral, the wind speed is not greater than 0.15 m / s, and the relative humidity is about 50% as the control conditions [12].The research on thermal comfort based on steady-state uniform thermal environment has played an important role in guiding and promoting the development of heating and air-conditioning technology. However, the use of a stable, neutral, non-differential and non-stimulating thermal environment as the comfort standard does not follow the characteristics of human active adaptation and adjustment formed by natural survival and evolution, which is not conducive to human health [13], and is not an ideal environment for human survival and life .When using the most widely used evaluation indicators such as predictive average voting (PMV)[14], physiological equivalent temperature(PET)[15], and standard effective temperature (SET*) [16], thermal comfort evaluation is based on the human body In the assumption of steady-state thermal environment conditions[17], the comfort criterion is a thermally neutral state in a steady-state thermal environment.

Taking PET as an example, on the one hand, people

in different climate regions show a dynamic characteristic of relatively high thermal comfort and neutral temperature as the climate changes due to long-term adaptation to the climate (Tab.1). On the other hand, due to the spatial variability of the unsteady-state thermal environment over time and microclimate scales, fixed standards of steady-state thermal comfort cannot accurately reflect people's true thermal comfort experience.When evaluating the thermal comfort of the streets of Nanjing East Road, Shanghai, which is hot in summer and cold in China, according to the results of PET calculations, there are no thermal measurement points in the winter and summer seasons that affect the feeling of hot and cold in the year[7], and the results of the thermal comfort questionnaire survey Not consistent.

Thermal comfort neutral comfort range of PET in different regions　　Tab.1

	region	PET/℃
north	Central and Western Europe	18~23℃ [18]
	Tianjing, China	11~24℃ [19]
	Israel	20~25℃ [20]
	Shanghai, China	15.6~25.5℃ [21]
	Taiwan, China	26~30℃ [22]
south	China Hong Kong	12~32℃ [23]

3 Street dynamic thermal comfort

With the trend of more and more indoor thermal environment design to create a dynamic dynamic environment close to nature, the outdoor street thermal environment itself is dynamic. It is not appropriate to achieve steady-state comfort as a climate adaptive design standard. The feature guides the planning and design to make the outdoor thermal environment more livable and comfortable, and it can also provide a reference for the indoor thermal environment standard of energy conservation and ecology.

Guided by the strategic framework of the National Natural Science Foundation of China's key project "Research on Micro Climate Adaptability Design Theory and Method of Landscape Architecture in Urban Livable Environment" (No. 51338007) which led by professor

LIU Binyi. Beyond the binary variables based on the objective thermophysical environment and subjective thermopsychological feelings, incorporating the dynamic physiological response of human beings actively adapting to the outdoor environment, a ternary theoretical framework of urban street microclimate comfort is proposed (Fig.1). It is a ternary coupling interaction of dynamic thermo-physical environment, dynamic physiological response, and dynamic psychological adjustment.

Microclimate elements, as the environmental elements of objective physical existence, their dynamic changes will affect the organisms that exist and are active in them. It is the direct and objective element that makes the human body feel.No matter how the macroclimate or regional climate changes, people can obtain the feelings of climate through the changes in the underlying surface of the city and the construction of the space, and then they are obtained through physiological organ perception. In the long-term natural evolution process, the human body has evolved the ability to respond to environmental stimuli and constantly adjust its own physiological system to adapt to environmental changes and maintain the normal physiological functions of the body.The climate environment stimulates human physiological stress regulation in a range. Extreme climatic environments beyond the adjustment range can cause harm to the human body.After the human body produces thermophysiological response, whether its response

change affects or determines the comfortable feeling of the human body is not only affected by the difference in the adjustment ability of individual thermophysiological response, but also by the individual's subjective psychological adjustment.The dynamic thermal comfort of the street is the comprehensive result of the active physiological adjustment and psychological adjustment of the human body under the stimulation of the dynamically changing physical climate environment (Fig.2).

3.1　Dynamic thermal physical environment

3.1.1　Difference from indoor steady-state thermal physical environment

The four microclimate elements selected from the thermal, humidity, and wind elements are global radiation, air temperature, relative humidity, and wind speed, which are consistent with the physical climate elements that describe the thermal environment in the field of architecture[24]. These four microclimate elements are used as the thermophysical environmental elements for the study of street microclimate comfort. The most important thermal environment elements affecting indoor thermal sensation are air temperature and relative humidity[25].Compared with the indoor thermal environment, the various climatic elements in the outdoor thermal environment change significantly and are formed by the combined action of multiple microclimate elements. The microclimate elements of each thermal comfort experience may be the result of multiple combinations. It can be seen from Tab.2 that different outdoor space environments, the significant thermal environment elements that affect the thermal sensation of the effects of the microclimate system formation are different and not fixed.

3.1.2　Temporal variation characteristics and rule of street thermal physical environment

Even in the same outdoor space object, the microclimate elements that affect the thermal sensation will be dynamically changed by the influence of time.Taking Shanghai East Nanjing Road as an example (Fig. 3), the significant climate factors that affect subjective comfort in winter are air temperature and wind speed,

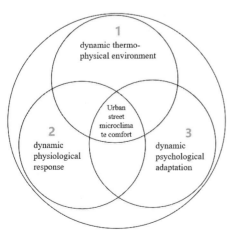

Fig.1　Ternary theoretical framework of urban street microclimate comfort

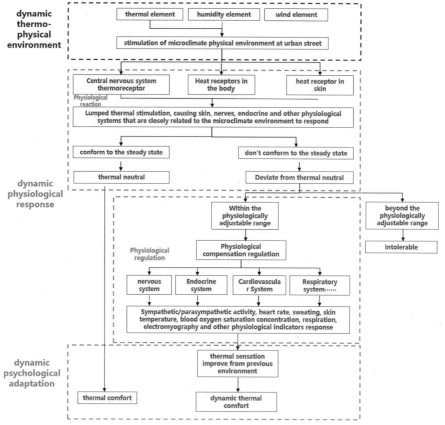

Fig.2　physical–physiological–psychological comprehensive effect of dynamic thermal comfort at street

Significant thermal environment elements that affect thermal sensation in different spaces　　Tab.2

	region	Out door space	Elements of thermal environment
indoor			air temperature、relative humidity[25]
outdoor	Harbin, China	street	wind，global radiation[26]
	Tianjing, China	park	air temperature[19]
	Nanjing, China	street	air temperature，wind，global radiation[27]
	Shanghai, China	square	air temperature[28]
	Chengdu, Wuhan, China	street	wind，global radiation[29、30]
	Wageningen, Netherlands	square	wind[31]
	Netherlands	Residential area	global radiation，wind[32]
	Gothenburg, Sweden	square	global radiation，air temperature，wind[33]
	Mediterranean area	square	air temperature，global radiation[34]
	Matsuda, Japan	park	air temperature，relative humidity，wind，global radiation[35]

while summer is air temperature, wind speed, and global radiation.In winter and summer, the average street air temperature is higher than the weather station temperature, the relative humidity is lower than the weather station, and the magnitude of the change in winter is relatively larger. The seasonal differences of global radiation and wind speed are significant.The effect of global radiation on air temperature is significantly greater in winter than in summer. The degree of change in air temperature over time is greater in winter than in summer, and the relative humidity in winter is more significant than in summer. The difference between winter and winter is 41%, and the difference between summer and winter is 28.3%. The wind speed is 15%, and the summer is 12%, and the peak time of wind speed is different[7].

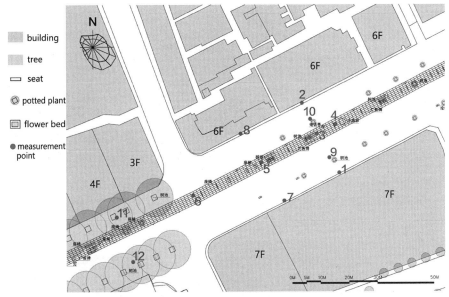

Fig.3　Plan layout of the measured small-scale weather station in Nanjing East Road

3.1.3　Spatial variation characteristics and rule of street thermal physical environment

Steemers et al.suggested that the impact of urban texture on climatic elements is mainly in the meso-scale city range, and the spatial factor is the micro-scale, that is, the main factor that affects climatic elements in the range of human activities[36].The thermal physical environment of urban streets progresses from the meso-scale urban climatic layers to the microclimate scales that can be felt by human activities. As shown in figure 4, although it is different under the influence of different macroclimate, it has certain variation rules[37].At the urban scale, taking the whole street as the object, the thermal physical environment of the street changes dynamically under the influence of street trend, layout form, plane line, spatial scale and other factors that

describe the overall spatial characteristics of the street. At the microclimatic scale of human activities, landscape elements and their combined structural features in streets, such as vegetation cover, water, ground pavement, terrain, and sky visual factors, will affect the dynamic changes of corresponding laws in the thermal physical environment of streets[38], as shown in figure 5.

3.2　Dynamic physiological response

3.2.1　Different from steady-state comfort physiological standard

The characteristics of physiological active adaptation and regulation formed by human evolution through natural survival are very important physiological rules for coping with survival and life, which should be paid attention to and followed.When microclimate heat, wind, humidity

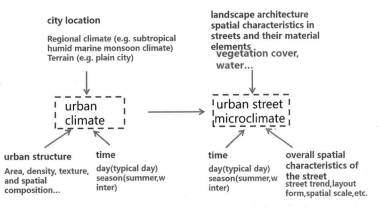

Fig.4　microclimate spatial influence characteristics of urban streets

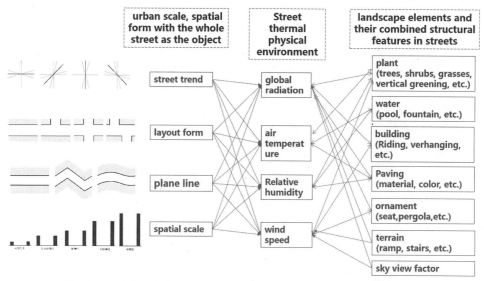

Fig.5   spatial variation of urban street thermal physical environment

and other elements act on the human body through the thermal sensory organs as external environmental factors, they will first trigger a series of physiological reactions of the human body, and then make a regulatory response to maintain homeostasis through physiological stress generated by tissues or systems such as the body's neuroreceptors [39].The commonly used comfort physiology criteria are based on the summary of studies in indoor steady–state environments（Tab.3）.Because of the dynamic variation of outdoor thermal environment, the physiological induction regulation of winter and summer seasons deviating from the neutral sensation of neither heat nor cold is the most obvious.The physiological sensing index values that respond to changes in the outdoor thermal environment differ from the indoor steady state to varying degrees[40].In the measured results of physiological response during the winter and summer seasons at Nanjing East Road in Shanghai（Fig. 6）, the average heart rate is higher than the normal average heart rate of 75bmp, and the average heart rate variability is lower than the normal heart rate variability range of 1.5 to 2.0 in the indoor quiet and stable state. The chest skin temperature is also difficult to stabilize at 32℃ when indoors are not cold or hot. The winter and summer seasons are higher than 32℃. The summer average is slightly higher than winter, and the average blood oxygen saturation concentration in winter is higher than summer.

3.2.2 Abundant variability of physiological sensing factors in response to street thermal physical environment

Due to the high complexity of the human physiological system, the organs and tissues involved in different stages of thermophysiological sensing are not the same, resulting in different sensitivity of different physiological indicators to the environment.In the indoor steady–state thermal environment, air temperature

Common comfort physiological standards   Tab.3

Physiological index	Comfort standard	explanation
Skin temperature	32℃	Chest skin temperature when the thermal sensation is neutral in a steady–state indoor thermal environment
Heart rate	75bmp	Average heart rate in healthy people
heart rate variability	1.5–2.0	Rest for 5 minutes in a quiet supine position indoors
Skin Conductance	Reduced skin resistance	/
blood oxygen saturation	90%–100% increase	The higher the value, the more comfortable
Brain waves	High beta wave ratio	/

Fig.6　field measurement photos of thermal physiological response at Nanjing East Road

and relative humidity are the main environmental elements, and the skin temperature based on the physiological structure of the human temperature sensor is a physiological sensing index commonly used to reflect the thermal sensing physiological sensing mechanism. In the outdoor thermal physical environment, the global radiation and wind speed also change significantly. The thermal environmental factors that can cause physiological responses are more abundant than the indoor steady-state environment. In addition to causing skin temperature changes, heart rate variability in winter and blood oxygen saturation in summer can sensitively reflect changes in global radiation. The dynamic response of physiological induction factors to outdoor thermal environment is stronger than that of indoor steady-state thermal environment.

3.2.3　Seasonal variation characteristics and rule of physiological response

Different degrees of outdoor climatic conditions will cause people to have sensitive physiological adjustment responses. The changes in physiological response values reflect the dynamic physiological response adjustment mechanism of the human body. In summer, the human body achieves comfort by adjusting the physiology to increase metabolism, promote sweating, reduce skin temperature, and strengthen the regulation mechanism

of vagus nerve activity. The physiological dynamic regulation mechanism in winter is different from that in summer, and it will present a regulation mechanism that reduces metabolism and temperature emission, increases sympathetic nerve activity to adapt to the cold environment, and prevents body heat emission.

The change of physiological response in thermal environment in summer is more significant than that in winter, but the difference in seasonal physiological response should not be directly related to the difference in seasonal comfort. The seasonal variation of physiological sensing values reflect the changing laws of physiological adaptation and regulation in different seasonal climates, and do not affect the comfort of each season through physiological regulation. The variation degree of physiological response of comfort is different in winter and summer. Under the seasonal difference that the average heart rate in summer is higher than that in winter, the rhythm of heart rate in the street in summer is reduced to obtain relative comfort. Under the background that the overall street average heart rate variability is lower than the indoor steady state, the heart rate variability of the street in summer increases, the possibility of obtaining comfort is greater, and the trend of winter is reduced. Skin conductance, skin temperature, and skin temperature difference are all relatively comfortable possibilities by reducing changes in summer. The higher the blood oxygen saturation concentration, the stronger the comfort is not affected by seasons and space.

3.2.4 Temporal variation characteristics and rule of physiological response

Physiological induction can make a sensitive response to the thermal environment in a short time, which is an important physiological mechanism affecting thermal comfort.Metabolism is a physiologically sensitive indicator of short-term changes[43], The sensitive changes of blood oxygen saturation concentration, heart rate, and heart rate variability of Nanjing East Road in summer are more affected by short-term thermal environment changes[40], and there is no obvious corresponding change law with time. See Fig7. Skin temperature and fingertip blood flow are physiological indicators that can reflect long-term changes[43]. The temperature of the finger skin slowly increases with time in the thermal environment of summer, as shown in Fig.8, and sweating increases with time to promote heat dissipation. Skin conductance also increases slowly over time[43], see Fig.9.

3.3 Dynamic psychological adjustment

3.3.1 Thermal comfort can be obtained by deviating from thermal neutral steady state

According to the results of field surveys of thermal comfort conducted in various types of street landscape garden spaces in the winter and summer seasons that most affect the feeling of hot and cold, there is no consistency between thermal comfort and neutral thermal sensation[5, 7, 44, 45]. Thermal neutrality is not the only condition for thermal comfort.In Nanjing East Road street, the average thermal sensation of each space measurement point in summer deviates from thermal neutrality between 0.5 and 2.5, and the average thermal sensation of each space measurement point in winter deviates from thermal neutrality between-2 and 0. In both winter and summer, the results of thermal comfort can be obtained by deviating from the thermal neutral.The proportion of comfort and comfort in summer is 56.3%, while in winter it is 49.6%[7].In a dynamic thermal environment, the response to cold stimulus changes faster

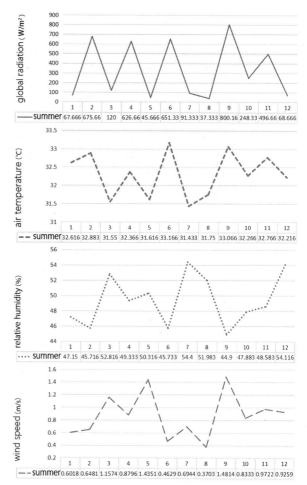

Fig.7 Variation of blood oxygen saturation, heart rate and heart rate variability according to the test procedure at Nanjing East Road in summer

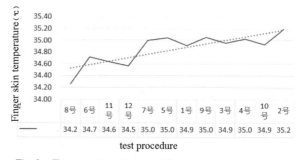

Fig.8 Temporal variation of finger skin temperature according to the test procedure at Nanjing East Road in summer

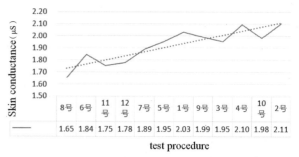

Fig.9 Temporal variation of skin conductance according to the test procedure at Nanjing East Road in summer

than the thermal stimulus, and the degree of adaptation to cold and heat is also different.Although the degrees of thermal comfort deviates from the neutral in winter and summer is different, the variation rule is as flow: the worse the thermal environment in winter, the closer the thermal sensation is to the neutral; the worse the thermal environment in summer, the farther the thermal sensation is from the neutral.The temperature of Nanjing East Road in Shanghai during the winter test day is lower than that of Golden City Road. The thermal sensation of Nanjing East Road when getting thermal comfort is relatively closer to neutral. When TSV South Winter> −1.05, TSV Yellow Winter> −1.57, the thermal comfort can be obtained[7].The temperature of Golden City Road on the summer test day is slightly higher than that of Nanjing East Road. The streets with lower temperatures have a relatively close thermal neutral when they get thermal comfort. When TSV Nan Summer <1.51, TSV Huang Summer <1.60, the thermal comfort can be obtained.The thermal comfort obtained in a thermal environment that deviates from heat neutrality reflects the physiological adjustment characteristics of the human body's active adaptation, and satisfies this physiological adjustment is within the acceptable physiological adjustment range of the human body and is wider than the steady−state comfort range.

3.3.2 Thermal comfort occurs in dynamic change in contrast to the previous thermal sensation

The change of physiological regulation response may be the physiological mechanism of the variation of thermal sensation[46]. The contrast of the change of thermal sensation is the dynamic mechanism of thermal comfort.According to physiological response can sensitive react to the various thermal environment in outdoor in a short period of time and influent human thermal sensation, after the thermal sensation changes correspondingly with time or space, the thermal sensation evaluation of the new environment will be formed by unconscious comparison with the previous thermal sensation[48], thereby affecting the corresponding change in thermal comfort.Thermal comfort is not fixed, the greater the difference of thermal sensation, the greater the change of thermal comfort.From the spatial changes of PET and thermal sensation in Shanghai Golden City Road in summer in Fig.10, it can be seen that the level of thermal sensation is not exactly the same as that of PET. Even though the overall thermal·sensation is higher than neutral, the thermal sensation changes with space. In the process, the dynamics of corresponding changes appear through comparison with the previous thermal environment.

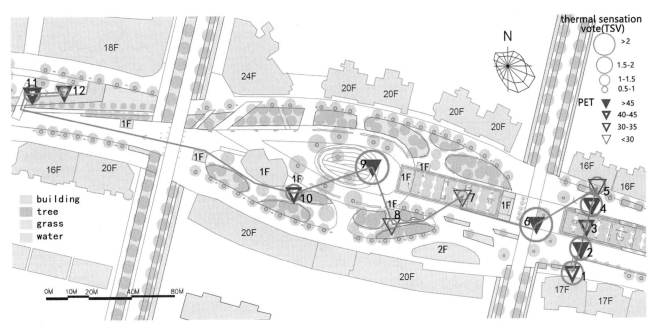

Fig.10　Spatial variation of PET and thermal sensation at Golden City Road in summer

3.3.3 Thermal comfort directionality

The directionality of thermal comfort experience reflects the dynamic law of psychological adjustment, that is, the adaptation direction when adapting to a lower quality thermal environment and receiving a higher quality thermal environment are not equal. When the thermal environment changes, in the case of significant changes in thermal sensation, the decrease degree of comfort feeling of the thermal environment with lower quality is more obvious than the increase degree of comfort of the thermal environment with higher quality.Change from measurement point8 (full shade of trees) in Fig.10 to measurement point9 (open) with the highest thermal sensation, and change from measurement point 6 (open) with the second highest thermal sensation to measurement point 7 (full shade of the tree), the PET of the latter changed slightly more than the former, but the thermal comfort of the former was reduced by 2.23, while the increase of the latter was not as significant as the former, only 2.01. The dynamic characteristics of this direction can also be reflected in the change of indoor central heating comfort with heating time. The degree of thermal comfort decreased after the end of central heating was significantly higher than that after the beginning of central heating[43]. In a relatively low-quality thermal environment, a small thermal environment improvement can meet comfort expectations and achieve comfort evaluation.If subjects are allowed to enter the experimental environment from 31℃ to 28℃ (or the experimental environment from 21℃ to 24℃), the thermal comfort votes obtained are significantly improved, even compared with steady-state thermal neutral temperature conditions (26℃) voting results are more comfortable and satisfied[43].In the summer street space, the thermal environment with a relatively high average air temperature, the smaller the difference in temperature reduction that produces a dynamic and relatively comfortable feeling[40]. Reflect the psychological feelings of "easy to get better" directional law.It is Reflected the psychological feelings of "easy to get better" directional law.Taking the air temperature as an example, the average air temperature during the

summer questionnaire survey was 32.65℃ on Golden City Road and 31.49℃ on Nanjing East Road, 1.06℃ lower than Golden City Road. A reduction of 1.89℃ in the summer air temperature of Golden City Road can produce a relatively comfortable feeling, while the Nanjing East Road produces a dynamic air temperature difference of 3.2℃ in the summer.

4 Conclusion and prospect

From the perspective of seasons, compared with the thermal comfort in an indoor steady-state thermal environment, it is not easy to acquire a street thermal physical environment that is as stable and comfortable as indoors in winter and summer. Coupled with the changing landscape architecture design content in the street, the thermal physical environment of the street presents a change pattern different from the urban climate, and the thermal sensation obtained by people in the street space with the spatial factors such as the street space position and the degree of top shelter also change dynamically. The theoretical comfort of thermal sensation neutral which is consistent with the steady state cannot accurately reflect the dynamic law of thermal comfort sensation which can be deviated from thermal neutrality through physiological adaptation and psychological adjustment. In the unsteady winter and summer seasons, it reflects the physiological adaptation and dynamic response to the change of thermophysical environment. In the landscape architecture space of the street mainly based on walking activities, the relative thermal comfort obtained through the dynamic comparison of the change of space at any time is the dynamic thermal comfort of the street.

The design purpose of a livable environment for a microclimate-adaptable city is not to create a steady-state thermal environment or to maintain the thermal environment at a fixed state. It is not appropriate to use dynamic comfort standards to evaluate dynamic comfort characteristics. The comparison of thermal sensation results from the discomfort of eliminating discomfort. One of its characteristics is that the comfort range is only wider than the steady-state comfort and only has a neutral thermal sensation. This reflects the importance of physiologically adaptive adjustment within the acceptable range of humans. The second is to reduce discomfort by creating a difference in thermal sensation, which is a certain degree of improvement over discomfort. According to the directional rule of "easy to get better", the higher the degree of discomfort, the smaller the degree of improvement can achieve thermal comfort. The use of natural environment elements and the dynamic characteristics of the human physiological sensing mechanism to create comfort is more sustainable.

The transition from steady-state to dynamic comfort research can lead and expand the research on the comfort theory of outdoor microclimates, and contribute to the improvement of the theory of adaptive design of microclimates for urban livable environment landscape architecture:

(1) Further broaden the evaluation of the comfort of microclimates in landscape architecture, and consider how to better understand and coordinate the subjective needs of increasingly complex environments and changes. The dynamic analysis, evaluation, policy, and practice from different spatial scales and different time ranges can promote the role of climate change in the field of landscape architecture.

(2) The major of landscape architecture has always played a positive role in regulating the climate and improving the quality of the living environment. The law of dynamic thermal comfort is used to guide the street's climate adaptive design. We should not only consider that the change is more significant than the steady state thermal environment factors of global radiation and wind the multidirectional comprehensive effect with other microclimate factors, also, according to the laws of the degree of physical adjustment and dynamic mental adjustment considering the change of the environmental elements, from the micro scale of landscape architecture elements, the structure of the space form of artificial regulation range of microclimate comfortableness to people to improve the subjective dynamic role into full play.

(3) Conceptually, despite the rapid development of industrial technology in recent decades and the steady thermal environment, the steady state maintenance of high energy consumption is unsustainable. It is necessary to re-examine the design concept of high-efficiency and energy-saving science that respects the laws of nature and follows the laws of human physiological regulation, responds to the problem of climate change with a positive attitude, and drives the ideological innovation of microclimate adaptive research in the field of landscape architecture.

References

［1］ 庄晓林，段玉侠，金荷仙. 城市风景园林小气候研究进展 [J]. 中国园林, 2017, 33 (4): 23-28.

［2］ 李凌舒，刘滨谊. 街道夏季热环境多要素影响研究 [C] // 中国风景园林学会. 中国风景园林学会 2016 年会论文集. 北京: 中国建筑工业出版社, 2016.

［3］ 李单. 上海城市街道小气候要素与空间形态关系测析 [D]. 上海: 同济大学, 2015.

［4］ 薛凯华. 上海城市街道小气候要素与绿化布局关系测析 [D]. 上海: 同济大学, 2016.

［5］ 陈昱珊. 城市街道小气候人体舒适性机制与评价研究 [D]. 上海: 同济大学, 2017.

［6］ 邵钰涵，刘滨谊. 城市街道空间小气候参数及其景观影响要素研究 [J]. 风景园林, 2016 (10): 98-104.

［7］ 刘滨谊, 彭旭路. 上海南京东路热舒适分析与评价 [J]. 风景园林, 2019, 26 (4): 83-88.

［8］ ELSADEK M, LIU B Y, LIAN Z F, et al. The influence of urban roadside trees and their physical environment on stress relief measures: a field experiment in Shanghai[J]. Urban Forestry & Urban Greening, 2019 (42): 51-60.

［9］ ELSADEK M, LIU B Y, LIAN Z F. Green facades: their contribution to stress recovery and well-being in High-density cities [J]. Urban Forestry & Urban Greening, 2019 (46): 126, 446.

［10］ American Society of Heating, Refrigerating and Airconditioning Engineers. Handbook of fundamentals: physiological principles, comfort, health [M]. New York: ASHRAE, Inc., 1997.

［11］ 赵荣义. 关于"热舒适"的讨论 [J]. 暖通空调, 2000, 30 (3): 25-26.

［12］于宁，曹国光，狄洪发，等. 气流动态特征对人体热舒适性影响研究综述 [J]. 建筑节能，2007（2）：6-10.

［13］朱颖心. 热舒适的"度"多少算合适 [J]. 世界建筑，2015（7）：35-37.

［14］FANGER P O. Thermal comfort. Analysis and applications in environmental engineering[J].Thermal Comfort Analysis & Applications in Environmental Engineering, 1970.

［15］MAYER H, HÖPPE P. Thermal comfort of man in different urban environments[J].Theoretical and Applied Climatology, 1987, 38（1）：43-49.

［16］GAGGE A P, STOLWIJK J A J, NISHI Y.An effective temperature scale based on a simple model of human physiological regulatory response[J].ASH R AE Transactions, 1971（77）：247-272.

［17］HÖPPE P.Different aspects of assessing indoor and outdoor thermal comfort[J]. Energ Buildings, 2002, 34（6）：661-665.

［18］MATZARAKIS A, MAYER H, LZIOMON M G. Application of a universal thermal indes：physiological equivalent temperature[J].International Journal of Biometeorology, 1999, 43（2）：76-84.

［19］LAI D, GUO D, HOU Y, et al. Studies of Outdoor Thermal Comfort in Northern China[J]. Building and Environment, 2014（3）：110-118.

［20］COHEN P, POTCHTER O, MATZARAKIS A. Human thermal perception of Coastal Mediterranean outdoor urban environments[J].Applied Geography, 2013（37）：1-10.

［21］李凌舒. 上海城市广场空间形态与小气候人体热舒适度关系测析 [D]. 上海. 同济大学，2017.

［22］LIN T P, MATZARAKIS A, HWANG R L. Shading effect on long-term outdoor thermal comfort[J]. Building and Environment, 2010（45）：213-221.

［23］CHENG V, NG E, GIVONI B. Outdoor Thermal Comfort Study in a Subtropical Climate：a Longitudinal Study Based in Hong Kong[J]. International al Journal of Biometeorology, 2012（1）：43-56.

［24］陈启高. 建筑热物理基础 [M]. 西安：西安交通大学出版社，1991.

［25］于连广，赵金玲，端木琳. 从稳态到动态的空气调节 [J]. 制冷与空调，2004（1）：45-48.

［26］孙禹. 哈尔滨中央大街步行街气候环境规划对策研究 [D]. 哈尔滨：哈尔滨工业大学，2010.

［27］赵涵. 基于风速的公共建筑围合的街道轮廓形态研究 [D]. 南京：南京大学，2012.

［28］魏冬雪，刘滨谊. 上海创智天地广场热舒适分析与评价 [J]. 中国园林，2018，34（2）：5-12.

［29］曾煜朗. 步行街微气候舒适度与使用状况研究 [D]. 成都：西南交通大学，2014.

［30］王振. 夏热冬冷地区基于城市微气候的街区层峡气候适应性设计方法研究 [D]. 武汉：华中科技大学，2008.

［31］LENZHOLZER S. Research and design for thermal comfort in Dutch urban squares[J]. Resources, Conservation and Recycling, 2012（64）：39-48.

［32］TALEGHANI M, KLEEREKOPER L, TENPIERIK M, et al. Outdoor thermal comfort within five different urban forms in the Netherlands[J]. Building and Environment, 2015（83）：65-78.

［33］ELIASSON I, KNEZ I, WESTERBERG U, et al. Climate and behaviour in a Nordic city[J]. Landscape and Urban Planning, 2007, 82（1-2）：72-84.

［34］NIKOLOPOULOU M, LYKOUDIS S. Use of outdoor spaces and microclimate in a Mediterranean urban area[J]. Building and Environment, 2007, 42（10）：3691-3707.

［35］THORSSON S, HONJO T, LINDBERG F, et al. Thermal Comfort and Outdoor Activity in Japanese Urban Public Places[J]. Environment and Behavior. 2007, 39（5）：660-684.

［36］STEEMERS K, BAKER N, CROWTHER D, et al. Radiation absorption and urban texture[J]. Building Research and Information, 1998（26）：103-112.

［37］张宇峰. 能量平衡与街谷微气候 [J]. 建筑科学，2016，32（10）：96-104.

［38］刘滨谊，彭旭路. 城市街道小气候舒适性研究进展与启示 [J]. 中国园林，2019，35（10）：57-62.

［39］TROMP S W. Medical Biometeorology[M]. Elsevier, Amsterdam, 1963：181-457.

［40］彭旭路，刘滨谊. 上海南京东路热生理感应分析与评价 [C]// 中国风景园林学会. 中国风景园林学会2019年会论文集. 2019：690-696.

［41］中华心血管病杂志编委会心率变异性对策专题组. 心率变异性检测临床应用的建议 [J]. 中华心血管病

杂志，1998，26（4）：252-255.

［42］张慧丽，高明明，郭华珍，等 . 正常成人躯干皮肤温度觉阈值测定 [J]. 中国康复理论与实践，2015，21（7）：804-806.

［43］罗茂辉 . 建筑环境人体热适应规律与调节机理研究 [D]. 北京：清华大学，2017.

［44］赵艺昕 . 上海城市街道小气候人体热生理感应评价 [D]. 上海：同济大学，2018.

［45］黄莹 . 上海街道小气候热舒适度——以古北黄金城道步行街为例 [D]. 上海：同济大学，2019.

［46］张宇峰，赵荣义 . 局部热暴露对人体热反应的影响研究（1）：局部热感觉对全身热感觉的影响 [J]. 暖通空调，2007（5）：6-12.

［47］de DEAR R .Revisiting an old hypothesis of human thermal perception：alliesthesia[J]. Building Research & Infornation，2011，39（2）：108-117.

［48］JI W，CAO B，LUO M，et al. Influence of short-term thermal experience on thermal comfort evaluations：a climate chamber experiment[J]. Build Environment，2017（114）：246-256.

夏冬两季冠层遮阴对疗养院户外休憩空间热舒适度的影响研究——以南京军区杭州疗养院为例*

段玉侠，金荷仙

浙江农林大学风景园林与建筑学院

摘　要：以南京军区杭州疗养院为实测地点，通过对全遮阴、半遮阴、无遮阴 3 种不同遮阴类型（以天空可视因子 SVF 作为分组依据）下 18 个测点各小气候因子的实地测量，分析夏冬季节背景下不同冠层遮阴对户外休憩空间热环境（太阳辐射、空气温度、地表或表面温度）、湿环境（相对湿度）和风环境（风速、风向）的影响差异，结合生理等效温度（PET）的计算，评价不同遮阴类型空间下的人体热舒适感受。结果显示：冠层遮阴设计对于户外休憩空间小气候环境的营造至关重要，夏季的热环境问题更为突出，但受季节性大气候环境的影响在遮阴率的选择上需综合考虑不同季节的热舒适需求。

关键词：风景园林；小气候；冠层遮阴；人体热舒适度；户外休憩空间

在全球气候变暖的当下，城市气候与城市的发展和人类活动密切相关，户外休憩空间是城市环境的重要组成部分，更是人们亲近自然的有效途径。植物是园林设计中的重要组成部分，植被冠层与其下垫面综合构成了大气底层边界，研究表明树木群落的冠层特征对群落内的微气候因子具有重要的调节作用[1]，如城市森林冠层在削减太阳辐射、高温滞后与改善舒适度方面作用显著[2]，而在小尺度空间内的绿地冠层格局也具有一定的温、湿度调控效应，其中温度调控能力主要来自绿地植物的遮阴作用[3]。在有关户外热环境的人体舒适度研究中，常用的热舒适模拟和评价指标包括 PMV（预测平均投票）、PET（生理等效温度）、SET*（标准有效温度）[4]，其中生理等效温度（Physiological Equivalent Temperature，PET）[5] 近些年借助 RayMan 热舒适模拟计算软件被广泛用作有关小气候热舒适研究的理论评价依据[6-9]。本文基于疗养院内良好的景观环境，通过对各小气候因子的实地测量，分析冠层遮阴在夏冬两季不同气候背景下对户外休憩空间热环境（太阳辐射、空气温度、地表或表面温度）、湿环境（相对湿度）、风环境（风速、风向）的影响

差异，采用生理等效温度（PET）作为热舒适度评价指标，探索更为人性化的户外休憩空间设计改善策略。

1　场地概况

杭州市位于中国东南沿海，浙江省的北部，东临杭州湾。地处亚热带季风区，属亚热带季风气候，四季分明，雨量充沛，夏季气候炎热、湿润，平均气温为 21~29℃，冬季寒冷、干燥，平均气温 4~12℃，是典型的夏热冬冷地区。南京军区杭州疗养院位于杭州市西湖区杨公堤畔，始建于 1950 年，占地面积约 20.53hm^2，院内植物群落种类丰富，结构稳定，绿化覆盖率达 90%。

2　实验方法

2.1　实测方法

为保证实验数据的准确性，排除特殊或极端天气对气候参数的影响，选择夏冬两季晴朗少云的天气，夏季每日实测时间为白天大多数人群的活动时

---

*　基金项目：国家自然科学基金重点项目"城市宜居环境风景园林小气候适应性设计理论和方法研究"（编号 51338007）和浙江农林大学"校发展基金人才启动"项目（编号 2014FR080）共同资助

间 8：00~19：00，冬季则为 8：00~18：00。根据杭州气象局的气象资料，2017 年 7 月份杭州市西湖区平均高温为 36℃，平均低温为 28℃，极端高温出现在 7 月 24 日，41℃；2018 年 1 月份杭州市西湖区平均高温为 8℃，平均低温为 2℃，极端低温出现在 1 月 29 日，–6℃（表 1）。

实验采用定点走动观测，对各个测点的太阳辐射、空气温度、相对湿度、地表（表面）温度、瞬时风速、风向等气候因子每 1h 逐时记录一次，测试仪器距离地面 1.5m（表 2）。

2.2 遮阴率的计算

本文中有关不同遮阴类型空间的确定是以天空可视因子为分组依据，天空可视因子（Sky view factor，SVF）是指地面某点对天空的可见程度[10]，

是介于 0~1 之间的无量纲量，对于视觉无阻的空矿地区，其值为 1，而对于天空完全被遮蔽的地方，其值为 0。SVF 的计算参考了有关林冠郁闭度的简易测量方法[11]，首先采用鱼眼镜头拍摄各测点顶部遮阴覆盖空间影像图，而后利用 Photoshop 进行像素化处理，图像中无覆盖物的可视部分像素值与整体空间像素值之比即可近似视为该测点空间的天空可视因子。

2.3 测点的选择与分布

为避免太阳辐射强度的较大差异对实验结果及数据分析造成的影响，根据 SVF 的不同将所有测点分为全遮阴（SVF 值小于 0.1）、半遮阴（SVF 值 0.5 左右）、无遮阴（SVF 值大于 0.95）三种类型（表 3、表 4，图 1）。

各测试日天气状况　　　　　　表1

测试日	日出时间	日中时间	日落时间	最高气温（℃）	最低气温（℃）	天气状况	平均风向风力
2017 年 7 月 26 日	5：14：27	12：06：01	18：57：35	40	29	晴	东风 3~4 级
2017 年 7 月 27 日	5：15：03	12：06：00	18：56：58	40	29	晴	东风 1~2 级
2017 年 7 月 28 日	5：15：39	12：05：59	18：56：19	39	29	晴	东风 1~2 级
2018 年 1 月 9 日	6：56：55	12：06：31	17：16：07	7	–2	晴	西北风 3~4 级
2018 年 1 月 10 日	6：56：55	12：06：55	17：16：56	9	–2	晴	西北风 3~4 级
2018 年 1 月 11 日	6：56：54	12：07：19	17：17：45	9	–2	晴	西北风 3~4 级

测试仪器主要参数　　　　　　表2

仪器名称型号	测试参数	仪器精度	适用范围	备注
太阳辐射仪（台湾泰仕 TES1333）	太阳辐射	± 10W/m²	0~2000W/m²	仪器测量高度离地面 1.5m
高精度温湿度计（台湾衡欣 AZ8706）	空气温度、相对湿度	± 0.6℃ ± 0.3%RH	–20~50℃，0%~100%RH	
风速风向仪（艾测 8323）	风速、风向	±（0.3+0.03×v）m/s（v 为实际风速）± 0.5 方位	0~30m/s 0~360°	
红外测温仪（美国 Raytek ST60+）	地表（表面）温度	± 1℃	–32~760℃	

不同遮阴空间测点分组　　　　　　表3

空间类型	具体测点（夏季）	具体测点（冬季）
全遮阴空间	P1、P5、P7、P15、P16、P17	P1、P7、P15、P16、P17
半遮阴空间	P2、P6、P8、P9、P12、P13	P5、P6、P8、P9、P12、P13
无遮阴空间	P3、P4、P10、P11、P14、P18	P2、P3、P4、P10、P11、P14、P18

图 1　杭州疗养院平面图及测点分布（底图来自天地图网站）

测点类型示例

表4

测点说明	遮阴情况	测点照片	测点遮阴情况	遮阴材料 /SVF
P15：距地面约 3m 高的木质平台，大香樟树几乎全遮阴，表面铺装为防腐木	夏季 / 全遮阴			香樟 /0.082
	冬季 / 全遮阴			香樟 /0.097
P5：水泥紫藤架下休憩空间，植物全遮阴，地表铺装为鹅卵石	夏季 / 全遮阴			紫藤廊架 /0.063
	冬季 / 半遮阴			紫藤廊架 /0.582
P12：大雪松半遮阴休憩空间，地表铺装防腐木和花岗石	夏季 / 半遮阴			雪松 /0.524

测点说明	遮阴情况	测点照片	测点遮阴情况	遮阴材料 /SVF
	冬季 / 半遮阴			雪松 /0.473
P2：池塘边亲水木平台，半遮阴休憩空间，地表铺装防腐木	夏季 / 半遮阴			朴树 /0.501
	冬季 / 无遮阴		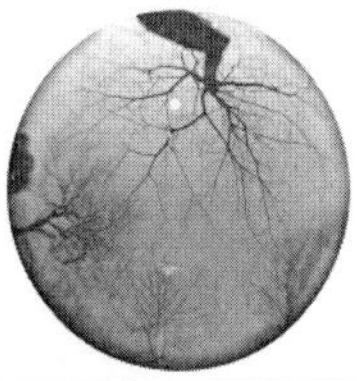	朴树 /0.813
P3：透明有机玻璃顶廊架，地表铺装花岗石	夏季 / 无遮阴			有机玻璃 /0.957
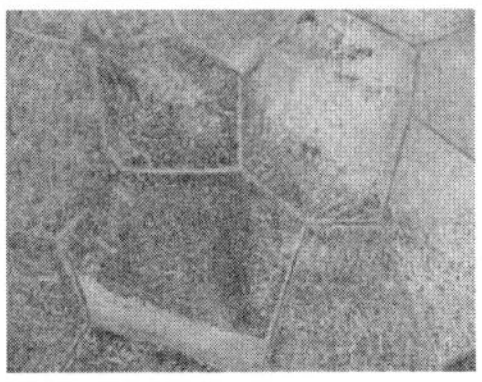	冬季 / 无遮阴		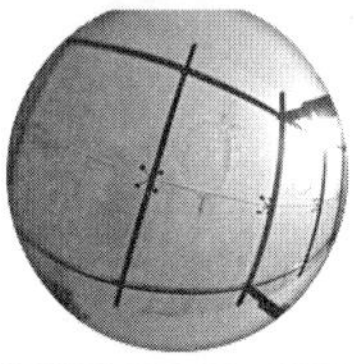	有机玻璃 /0.941
P11：露天休息小广场，周围三面建筑围合，地表铺装材质花岗石	夏季 / 无遮阴			露天 /0.988
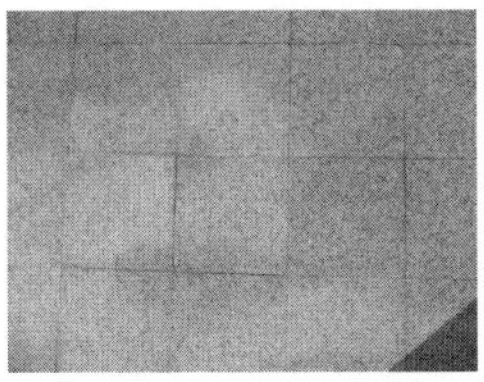	冬季 / 无遮阴			露天 /0.992

3 结果与分析

为避免实验结果的偶然性，将不同类型遮阴空间内各测点 3 个测量日各时段实测数据的算术平均值作为最终结果进行数据分析。

3.1 热环境

热环境是影响夏冬季节室外风景园林空间内热舒适度的最重要因素，本文中热环境的衡量指标包括太阳辐射强度，空气温度以及地表（表面）温度，其中太阳辐射作为地球表层最主要的能量来源，能够直接影响空气温度以及地表（表面）温度。

3.1.1 太阳辐射强度日变化

如图 2 显示，受大气候环境的影响，太阳辐射强度存在季节性差异，冬季太阳辐射平均值明显弱于夏季，尤其是无遮阴空间，夏冬季节平均差值最

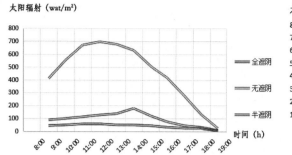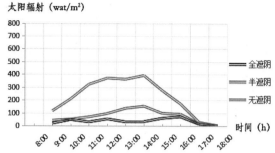

图2 夏（左）、冬（右）不同遮阴空间平均太阳辐射日变化

高达300W/m²。同时，夏季无遮阴与全遮阴空间辐射热差最高约650W/m²（11：00~12：00），冬季约为360W/m²（13：00~14：00），表明夏季的热环境问题相对冬季则更为突出。对于不同类型遮阴空间，太阳辐射强度也存在明显差异，无遮阴空间始终最高，夏季的无遮阴测点平均太阳辐射值最高达700W/m²（11：00~12：00），冬季最高400W/m²（13：00~14：00），均远远高于同时段全遮阴及半遮阴空间，后两者总体平均太阳辐射值差异不大且始终处于低位，最高值不足200W/m²，这表明相对于露天空间，当SVF达到0.5左右时，即能显著降低太阳辐射强度，在炎热夏季能阻隔近70%的直射阳光。半遮阴空间平均太阳辐射值在夏、冬季节无太大差异，皆在13：00~14：00内达到峰值，约150~200W/m²（夏季稍高）；全遮阴空间在夏冬季节的平均太阳辐射值始终最低，夏季全天基本维持在0~50W/m²，冬季低水平内波动，整体维持在0~100W/m²，15：00~16：00稍高，这与冬季的太阳高度角较小有关，下午太阳西斜后，全遮阴空间遮阴优势削弱，甚至可能处于无遮阴状态，因此太阳辐射值反而有所上升。

3.1.2 空气温度日变化

相对于太阳辐射，一天中空气温度的变化具有

一定的滞后性且能够相互影响，变化趋势较为缓和，总体来看夏冬季节三种遮阴类型中依然是无遮阴空间空气温度最高，半遮阴与全遮阴空间差异较小。图3显示，夏季无遮阴空间与全遮阴空间平均空气温度在16：00前始终存在3℃左右的差值，全天平均差值约2.4℃，半遮阴与全遮阴空间几乎同步变化，只有在12：00~14：00间出现最高约0.5℃左右的差值，其余时间段两种类型空间平均空气温度基本一致；冬季无遮阴与全遮阴空间最大差值约3℃（13：00~14：00），平均差值1.8℃，半遮阴与全遮阴空间有些微差异，最大差值约1℃（13：00~14：00），平均差值0.4℃，由此可见相对于无遮阴空间，全遮阴与半遮阴空间的平均空气温度差异不大。

3.1.3 地表（表面）温度日变化

夏季无遮阴空间的地表（表面）温度远远高于半遮阴及全遮阴空间，最大差值高达20℃，最小差值也在5℃以上，而半遮阴及全遮阴空间在12：00~15：00间差值最大，约5℃，其他时间段差值约2℃，18：00后二者趋同，但由于地表（表面）温度具有一定的累积效应，此时无遮阴空间的地表（表面）温度值仍在40℃以上；冬季各不同遮阴类型空间地表（表面）温度的变化与夏季相比有较大差

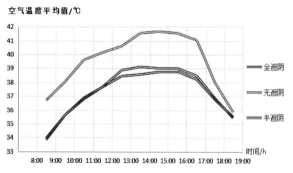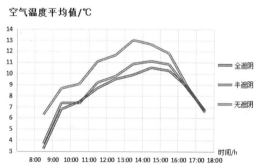

图3 夏（左）、冬（右）不同遮阴空间平均空气温度日变化

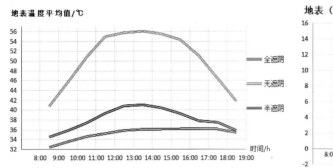
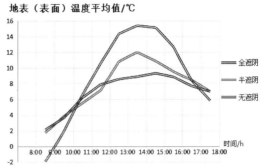

图4　夏（左）、冬（右）不同遮阴空间平均地表（表面）温度日变化

异，首先是无遮阴空间地表（表面）温度的温差变化较大，10:00之前和16:00以后，无遮阴空间地表（表面）温度相对全遮阴及半遮阴空间反而更低，最低值零下约2℃（8:00~9:00），在10:00~16:00内，受太阳辐射强度逐渐增强的影响，无遮阴空间地表（表面）温度迅速上升，在13:00~14:00间达到峰值约16.4℃，随即又快速降低；其次是半遮阴与全遮阴空间，在中午12:00前，两者差值不明显，仅仅在10:00~12:00约两个小时的时间里全遮阴地表（表面）温度比半遮阴空间稍高，而后半遮阴空间快速升高，最高值约12℃（13:00~14:00）。（图4）

3.2　湿环境

相对湿度的变化受热环境的直接或间接影响，与空气温度紧密相关且呈相反的变化趋势，早晚相对湿度较高，中午偏低。图5所示，在不同遮阴条件及不同季节背景下，三种空间相对湿度的变化趋势基本同步，但仍有些差异，总体来看，全遮阴空间最高，其次是半遮阴空间，最低的是无遮阴空间。夏季全遮阴空间与半遮阴空间相对湿度几乎同

步变化，与无遮阴空间差异明显，尤其在16:00之前，三者差值稳定，无遮阴空间相对高了约10%，最低值都出现在15:00~16:00，16:00之后差距逐渐缩小。冬季各空间相对湿度的变化稍显复杂，始终保持高位的依然是全遮阴空间，比无遮阴空间平均高出约5%，与半遮阴空间在早晚时段（10:00前和16:00后）存在约5%的差值，其他时间基本无太大差距；半遮阴与无遮阴空间的变化差异与上述相反，早晚时段二者无明显区别，但在10:00~16:00间出现约3%的差值，半遮阴空间稍高。

3.3　风环境

将夏冬季节各测试日所得所有测点的各时段风速进行分类累加，得到各类型遮阴空间总风量对比（以份数表示，无单位，图6），可用以表示该测点有风的概率，即总风量越大表明该测点出现风的概率越大，结果显示无遮阴空间总风量最大，夏、冬季两季占比均接近50%，半遮阴与全遮阴空间差距不大，表明相对越是开敞的空间出现风的概率越大，即开敞空间有利于风的形成和流通。

计算三种遮阴类型空间夏冬两季所有测试日内

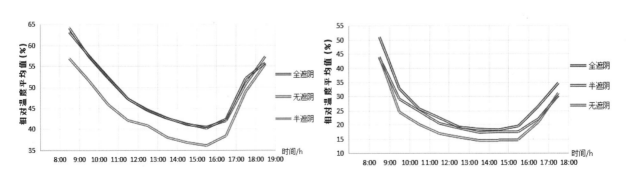

图5　夏（左）、冬（右）不同遮阴空间平均相对湿度日变化

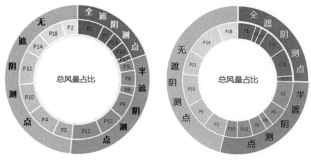

图6 夏（左）、冬（右）不同遮阴空间总风量占比

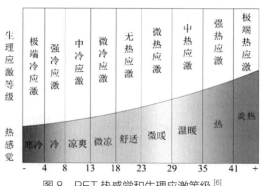

图8 PET热感觉和生理应激等级[6]

的平均风速如图7所示，整体来看夏季全天风速较为稳定且平均风速较小，冬季中午风速偏大，早晚较低。平均风速从大到小的排序依次约为无遮阴空间大于半遮阴空间大于全遮阴空间，表明相对开敞的空间平均风速也相对较大。风向的变化较为复杂，除了受夏冬季节性盛行风向影响外，还与各测点所处位置的周边建筑布局、植被种植等密切相关，在风向的分布上夏季以东北、东、东南、西南为主，冬季则是西北、西、西南占大多数。

3.4 人体热舒适度

PET 是 由 Höppe 基 于 MEMI（Munich Energy Balance Model for Individuals）模型而提出的人体热舒适度指标[7]，利用 Ray Man 软件可以计算出各个测点每一时间段内的 PET 值，对应 PET 热感觉和生理应激等级（图8）模型区间则可得出相应的热舒适感受，夏季 PET 值在 35 以上时越大人体感受越热；冬季 PET 值位于 8 以下时越小人体感受越冷。

该结果显示，受区域大气候环境的影响，夏冬两季在季节性气候背景下，所有测点的小气候环境整体来看呈现夏季炎热，冬季寒冷的现状，但不同遮阴类型空间差异明显。对比夏季各遮阴类型平均热舒适度及各测点热舒适度（图9），无遮阴空间最

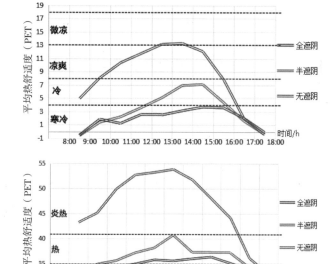

图9 夏（左）、冬（右）季不同遮阴空间热舒适度日变化

不舒适，内部所有测点全天几乎都处于"热"及"炎热"的状态，只有在 18：00 点以后随着太阳落山，太阳辐射值逐渐降至 0 才回归舒适水平；与其对比明显的是全遮阴空间，仅在 12：00~16：00 点间有点热，且程度较低，属于微热，整体舒适度水平仍然最高；半遮阴空间大约从 10：00 开始，至 17：00 间

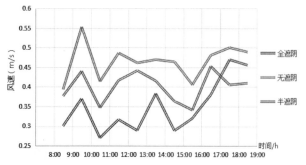

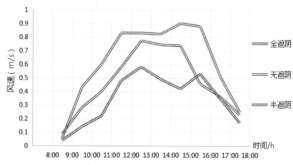

图7 夏（左）、冬（右）季不同遮阴空间平均风速日变化

表现较热，尤其是 13：00~14：00 间最热，但尚未达到"炎热"的程度。而在冬季，最冷的是全遮阴空间，全天处于"寒冷"状态，其次是半遮阴空间，在12：00~16：00 稍微有些"冷"，其他早晚时段"寒冷"；无遮阴空间冬季相对舒适的多，全天只有16：00 以后"寒冷"，在 10：00~15：00 间人体感受只是"凉爽"，其中 12：00~14：00 间仅仅感觉"微凉"。因此基于夏热冬冷地区不同气候背景下风景园林空间的舒适度考虑，夏季需要尽可能多的遮阴，冬季则相反，最好是无遮阴环境，整体来看全遮阴空间夏季最为舒适但冬季寒冷，无遮阴空间冬季虽然不"寒冷"但夏季"炎热"，只有半遮阴空间相对能够较好地兼顾夏冬两季，使得夏季不至于"炎热"而冬天又不太"寒冷"。

4　结论和讨论

本文通过对全遮阴、半遮阴、无遮阴 3 种不同遮阴类型下 18 个测点各小气候因子的实地测量和分析，主要研究结论如下：

冠层遮阴设计对于户外休憩空间小气候环境的营造至关重要，但受季节性大气候环境的影响，在遮阴率的选择上需综合考虑不同季节的热舒适需求，炎热夏季的舒适空间需要尽可能全遮阴，冬季则需要无遮阴空间以保证足够的透光增温。夏冬两季难以兼顾的情况，可以通过合理分配季节性的舒适空间来进行热环境调节，如采用相伴或交替设置全遮阴和无遮阴空间，尽量避免夏冬季节出现大面积的无遮阴或全遮阴区域。另外，由于太阳高度角的季节性变化，在北半球，冬季太阳更偏南且太阳高度角较低，因此在冠层遮阴的空间分布上，尽可能预留出冠层偏南的天空可视区域，便于冬季透光增温暖。同时也要注意高大建筑阴影的影响，其背光区域在冬季易形成光照死角，尤其是十点前较冷的时段，因此在设计冬季的热舒适空间时应尽量避开此类区域。

注：文中图片除标注来源外，其他均由作者拍摄或绘制

参考文献

［1］晏海.城市公园绿地小气候环境效应及其影响因子研究[D].北京：北京林业大学，2014.

［2］邵永昌，庄家尧，李二焕，等.城市森林冠层对小气候调节作用[J].生态学杂志，2015（6）：1532-1539.

［3］李英汉，王俊坚，陈雪，等.深圳市居住区绿地植物冠层格局对微气候的影响[J].应用生态学报，2011（2）：343-349.

［4］刘滨谊，魏冬雪，李凌舒.上海国歌广场热舒适研究[J].中国园林，2017，33（4）：5-11.

［5］HOPPE P. The physiological equivalent temperature-a universal index for the biometeorological assessment of the thermal environment[J]. International Journal of Biometeorology, 1999, 43（2）：71-75.

［6］张德顺，王振.高密度地区广场冠层小气候效应及人体热舒适度研究——以上海创智天地广场为例[J].中国园林，2017，33（4）：18-22.

［7］KETTERER C, MATZARAKIS A. Human-biometeorological assessment of heat stress reduction by replanning measures in Stuttgart, Germany[J]. Landscape and Urban Planning, 2014, 122：78-88.

［8］MORAKINYO T E, LAM Y F. Simulation study on the impact of tree-configuration, planting pattern and wind condition on street-canyon's micro-climate and thermal comfort[J]. Building and Environment, 2016, 103：262-275.

［9］梅敏，刘滨谊.上海住区风景园林空间冬季微气候感受分析[J].中国园林，2017，33（4）：12-17.

［10］OKE T R. Canyon geometry and the nocturnal urban heat island：comparison of scale model andfield observations[J]. Journal of Climatology, 1981, 1（3）：237-254.

［11］祁有祥，骆汉，赵廷宁.基于鱼眼镜头的林冠郁闭度简易测量方法[J].北京林业大学学报，2009，31（6）：60-66.

基于春季小气候效应的杭州街道人体舒适度研究 *

杨小乐，彭海峰，金荷仙

浙江农林大学风景园林与建筑学院

摘　要：随着城市热岛效应日趋严重，小尺度公共空间的气候研究已成为风景园林学科的研究热点之一。选取杭州市文一西路和古墩路作为实测对象，于 2017 年 4 月对各测点空间的空气温度、相对空气湿度、太阳辐射强度、风速风向进行测定，分析小气候因子日变化趋势，并运用 Rayman 1.2 模型评价人体舒适度，针对性提出街道空间小气候适应性设计策略。研究表明：杭州地区城市街道春季人体舒适度在非极端天气下主要表现为整体舒适。其中东西向道路北侧空间春季人体舒适度最为适宜，且受道路遮阴情况、植物结构等因素的影响。不同朝向道路间的 PET 值差异小，舒适感受差异不明显，整体表现为遮阴率高、空间较为围合、乔灌草复层植物结构的空间，春季小气候人体感受相对更佳。

关键词：风景园林；小气候；街道；设计策略；春季；杭州

城市化进程的不断推进导致建筑林立、绿地削减。城市作为人们居住与活动的集聚地，其环境优劣将极大程度影响生活人群的生理及心理感受。随着地块尺寸缩小、城市密度增加、城市绿化区域不断被挤占，导致城市空间热辐射平衡、地面建筑间的对流换热、区域上空热对流和城市发热性造成了显著的变化[1]，即形成严重的城市热岛效应[2]。城市街道作为城市必不可少的公共空间之一，承载着交通、社交等功能，以实现目的性和过程性活动。营建健康舒适的小气候环境是提升街道空间使用率的重要途径[3]，其中遮阴效应、温湿效应、负氧离子效应对城市局地气候有显著改善作用[4]。邵钰涵（2016）从气流、温度、湿度、遮阳和污染物 5 个影响因子对城市街道小气候进行综述，认为街道空间类型及景观要素对小气候因子而言极为重要[5]。本研究选择杭州典型街道文一西路及古墩路进行小气候实测，结合 Rayman 模型探讨春季街道不同测点空间的人体舒适度差异，提出相应的小气候适应性设计策略，为城市街道规划与空间设计提供一定理论支撑。

1　研究区概况

研究区位于杭州市西湖区文一西路及古墩路交叉口，属亚热带季风区。研究区所在地杭州春秋短冬夏长，夏季湿润炎热，是新四大火炉城市之一。据 2014 年《杭州城市绿化景观》统计[6]，杭州主干道路以"四板五带式"为主，其次为"三板四带式"、"一板两带式"；行道树种类单一，以落叶乔木三球悬铃木（*Platanus orientalis*）、银杏（*Ginkgo biloba*）、常绿乔木香樟（*Cinnamomum camphora*）为主。

东西向文一西路呈双向八车道，四板五带式。临街建筑以 6 层住宅为主，一层皆为商业用房，北侧人行道设骑楼。两侧机非分隔绿带皆为乔（香樟）—灌—草复层结构；机动车道中央分隔绿带以草—灌结构为主，辅以落叶小乔木；人行道南侧无行道树，北侧种落乔黄山栾树（*Koelreuteria bipinnata*）。

南北向古墩路呈双向四车道，三板四带式。临街建筑以 6 层住宅为主，东侧一层为商业用房，南侧设居住区铁艺围栏。两侧皆有人行道行道树及机非分隔绿带，主要有香樟、大花六道木

---

* 基金项目：国家自然科学基金重点项目"城市宜居环境风景园林小气候适应性设计理论和方法研究"（编号 51338007）

（*Abelia × grandiflora*）、紫叶李（*Prunus cerasifera atropurpurea*）、杜鹃（*Rhododendron simsii*）、扶芳藤（*Euonymus fortunei*）等，无机动车道中央分隔绿带。

根据街道走向、界面、空间类型等因素选取测点，主要以实测街道横剖面为主，涉及人行道、非机动车道、机动车道三类 12 个测点（图 1、图 2），对比不同朝向、界面街道间的小气候效应及人体舒适度。

2 实验仪器与方法

2.1 实验仪器

2.2 实验方法

实验于 2017 年 4 月 28 日~30 日连续三个晴朗无风的典型气象日进行；测量时间由于实验仪器等条件限制选为 8：00~18：00。采用季节性定点移动式观测法 [7]，即每隔 1h 对垂直地面 1.5m 处的各小气候因子进行手持测定，其中地表温度测量时将测温仪置于 1.5m 高处打点测量。观测时疏散周围人群并停止对话交流，待气候因子稳定后读取并记录，且采取往返读数，即每个整点起循环移动观测，每一时间段各测点观测时间距整点前后时间一致，校正后取三天均值，作为分析用数据。

3 结果与分析

3.1 太阳辐射强度分析

春季，由于乔木冠层枝叶茂盛，加之局部时段

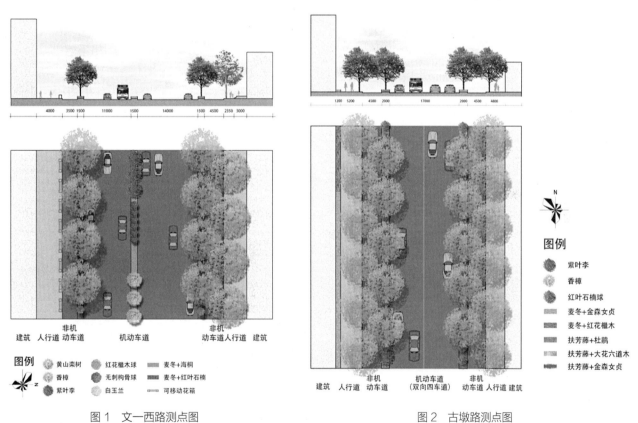

图 1 文一西路测点图　　　　　　图 2 古墩路测点图

实验仪器及测量内容
表1

仪器名称	仪器型号	测试要素	仪器位置	仪器精度	仪器量程
泰仕太阳辐射仪	TES1333	太阳辐射	垂直并距离地面 1.5m	±10W/m²	0~1200W/m²
衡欣温湿度计	AZ8716	空气温度		±0.6℃	−20~50℃
		相对空气湿度		±3%	10%~100%
福禄克红外测温仪	MT4 MAX	地面温度		±2℃	−30~350℃
艾测风向风速仪	艾测 8323	风速风向		±5%	0~30m/s

建筑遮阴，文一西路、古墩路多测点、多时段均处于遮阴之下，其太阳辐射强度日变化与无遮阴区域相比存在明显差异。由于文一西路机动车道中央分隔绿带测点4于8：00~18：00（即测量时段）间无任何遮阴，故将此测点暂定为其余11个测点的无遮阴对照点。由图3可得，测点4太阳辐射强度几乎于任何一时段都处于最高值，且于正午12：00达到所有测点所有时段最高值1017.0W/m²。除无遮阴测点4太阳辐射强度日变化几乎呈正态分布外，部分测点如测点8~11存在较为明显的升降变化，部分测点如测点2、3由于遮阴严密，整日则处于较低且平稳的太阳辐射值。太阳辐射强度测量值与遮阴严密程度存在直接关系，即遮阴越严密，太阳辐射强度则越低。

文一西路测点间太阳辐射强度变化差异较大，主要集中在测点1~3与测点4~6之间。测点1~3由于人行道较为狭窄、周边建筑较高、行道树遮阴严密等原因，其太阳辐射强度整日处于较低值，且趋势平稳变化小；测点4~6所处街道空间相对开阔，太阳辐射强度变化明显，其中测点6由于缺少行道树，基本整日只受建筑阴影影响，故从10：00开始起太阳辐射强度迅速增长，于12：00后几乎与无遮阴测点4相近，均处于较高值。古墩路测点7~12的太阳辐射强度整日处于较为不一致的升降变化之中，测点10~12与测点7~9间对比明显，前者上午时段相对较高，后者下午时段迅速增强。相较文一西路与古墩路整体太阳辐射强度，文一西路变化较为规律，存在明显测点差异；古墩路变化相对复杂，高低不一，存在明显时段差异。

除测点4外，将其余所选街道测点根据朝向及类型不同分为四类（即南北向分隔绿带测点、东西向分隔绿带测点、南北向人行道测点、东西向人行道测

点），再求取平均值以作比较（图4）。就整体而言，首先不论是分隔绿带测点还是人行道测点，南北向道路即古墩路太阳辐射强度基本均高于东西向道路即文一西路，且在正午12：00前后差距最大，主要存在两个原因：一是因为古墩路人行道与非机动车道宽度相对较大，空间相对较开阔致使遮阴少，太阳辐射强度大；二是因为南北向道路由于太阳东升西落而存在局部时段太阳辐射瞬时升高，导致求取均值时使得整体道路的太阳辐射强度偏高，较难从图中剖析时段上的差异。其次，不论是文一西路还是古墩路，分隔绿带区域与人行道区域的太阳辐射日变化趋势基本一致，强度也基本相近，主要由于人行道与非机动车相离较近，差异不够明显。但从图中可得，人行道与机非绿带所在测点所代表的人行道、非机动车道区域由于时间上存在的行道树及建筑遮阴差异，仍旧存在太阳辐射强度上的不一致变化，如古墩路12：00后人行道太阳辐射强度均高于机非分隔绿带。

3.2 空气温度分析

由图5可得，春季文一西路及古墩路测点空气温度整体日变化趋势一致，且各测点间差异较小。

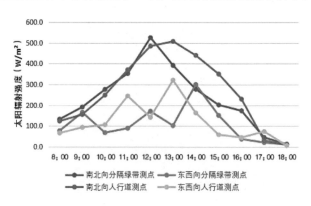

图4 春季不同朝向、类型街道太阳辐射强度日变化

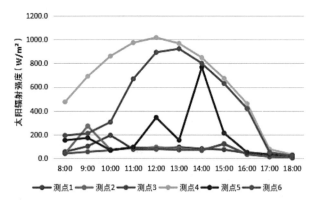
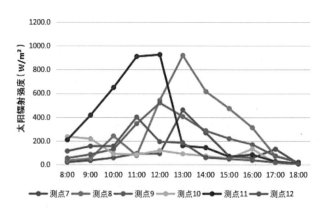

图3 春季文一西路及古墩路太阳辐射强度日变化

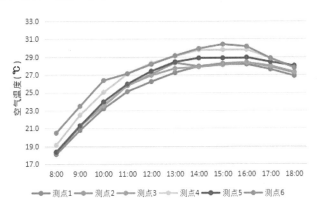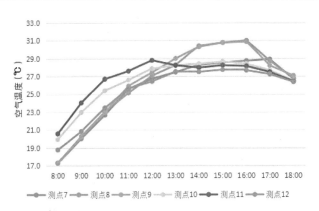

图5　春季文一西路及古墩路空气温度日变化

测点1~12空气温度基本于8:00~15:00间呈递增趋势，8:00~10:00增速相对较快；15:00~18:00间呈递减趋势，降温速率远小于上午升温速率。文一西路测点1~6趋势基本一致，测点4、6由于无行道树遮阴，其温度值相对处于较高水平；古墩路测点7~12整体日变化趋势仍是先递增后递减，局部时段出现略微差异，测点10、11上午空气温度略高于其余测点，测点8、9下午则高于其余测点，主要是因为太阳斜射所引起的空气温度变化。计算各测点日积温，测点4、6较高，分别达297.1℃、301.8℃，主要由于该测点均缺少行道树遮阴，光照直射时间长；测点1、12较低，分别达279.3℃、279.2℃，主要由于周边建筑及行道树围挡构成荫蔽空间，光照直射时间短，但各测点间日积温整体差异较小。

3.3　地表温度分析

由图6可得，春季地表温度日变化整体趋势与空气温度一致，几呈先升后降变化，但升降速率差异相比空气温度更为平缓，局部时段差异明显，尤其出现在测点6全天及测点11局部时段。测点6地表温度全天相比其他测点明显偏高，且升降变化及幅度大，在10:00、14:00上出现最高值；测点11仅在12:00时出现瞬时升高，前后与其他测点变化情况一致，主要可能是由于小型气象站地表测量点处于固定位置，乔木树荫空隙间的太阳直射测点与否将导致地表温度的瞬时变化，所以此测点12:00所得数据的研究意义并非很大。所有测点中地表温度最高值出现于测点6的14:00达41℃，且日积温也达最高值363.3℃。

将测点1~12各测量时间段所得空气温度与地表温度相减，得到其差值表，并以此绘制差值曲线图（图7）。由图7可见，大多时段测点差值为正值，即空气温度基本高于地表温度，研究其原因主要是因为空气温度测量处（1.5m高）基本位于太阳辐射直射区域，而测点垂直地面的地表温度则多位于树荫或建筑遮阴之下，且分隔绿带测点全位于灌木及地被之下，故其地表温度相比空气温度有所下

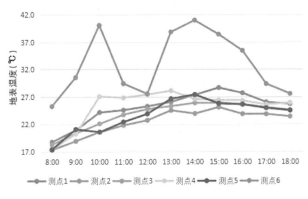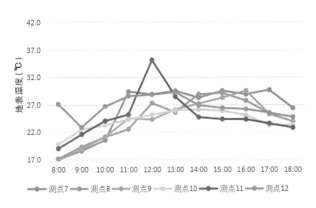

图6　春季文一西路及古墩路地表温度日变化

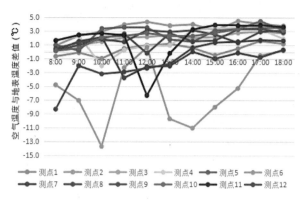

图 7　春季各测点空气温度与地表温度差值

降。而测点 1、4、6、7、8、11、12 皆有局部时段空气温度低于地表温度，其中测点 6 尤为明显。计算测点 1~12 日差值和，有测点 6、7、12 表现为负值，即整体情况显示为空气温度低于地表温度，尤其测点 6 除 12：00 空气温度高于地表温度 0.6℃外，其余时间段皆为负值，且所得日差值和最小，达 –61.5℃。测点空气温度与地表温度的差值为正值，是表明无论空气温度还是地表温度在遮阴下都将有一定程度的减弱作用，且相比空气温度，大多测点在地被覆盖之下，遮阴严密，对降温作用更为明显，故于春晚期或炎热时节有效的植物遮阴很有必要；测点空气温度与地表温度的差值为负值，一是因为局部时段测点由于太阳斜射的关系，只能照射到地面，而 1.5m 测量处则处于荫蔽状态，如测点 1、7、8、11、12；二是因为某些外界因素引起，如密集的饮食店、人流、汽车尾气等所影响的测点 4、6。

3.4　相对空气湿度分析

通过图 8 可看出，春季文一西路及古墩路所有测点相对空气湿度日差异不明显，基本呈 8：00~

12：00 间快速下降，12：00~18：00 间平稳上升，其上升速率远小于上午时段下降速率。8：00~18：00 相对空气湿度位于 11.2%~54.3% 区间，峰值差距较大，其中测点 4 正午前后达最小值。东西向文一西路测点 1~6 整体变化接近，南界面测点 4、6 由于缺乏行道树遮阴，相对空气湿度相对减小，与空气温度变化呈负相关，即相对空气湿度高点反而为空气温度低点；太阳东升西落引起阳光直射与否，造成南北向古墩路测点 7~9 与 10~12 间相对空气湿度存在时段上的界面差异，表现为测点 10~12 于上午略低于测点 7~9，而下午则略高于测点 7~9，与太阳辐射强度、空气温度变化趋势相反。

3.5　风速风向分析

春季文一西路及古墩路全天风速风向变化复杂，基本无规律可循（图 9）。就整体而言，文一西路整体平均风速 0.27m/s 略强于古墩路平均风速 0.05m/s，并在 14：00 于文一西路测点 5 达到最大风速 1.30m/s，但文一西路测点 1 却由于建筑及行道树围挡形成郁闭空间，导致整日风速为零。文一西路整体风速变化较大，忽升忽降；古墩路整体风速偏低，测点 7~12 大多时间段内风速几乎为零。主要由于杭州春季主导风与文一西路东西朝向相近，与古墩路南北朝向相悖，故东西向道路风速增强，而南北向道路风速却未曾有多少变化。由表 4.1 可得，当城市道路城市主导风向相近时，开阔空间将随同向街道峡谷增强风速，故春季东西向文一西路南界面的平均风速 0.40m/s 远高于北界面平均风速 0.14m/s；当城市道路城市主导风向相悖时，城市主导风对南北向古墩路东西界面的影响甚小，故古墩路东西界面平均风速的差值仅仅只有 0.05m/s。

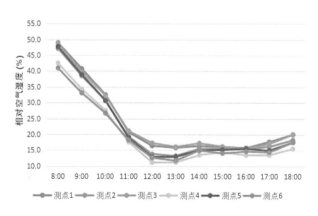

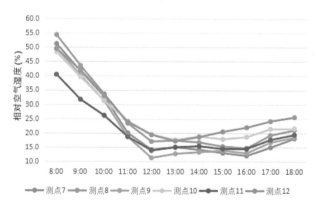

图 8　春季文一西路及古墩路相对空气湿度日变化

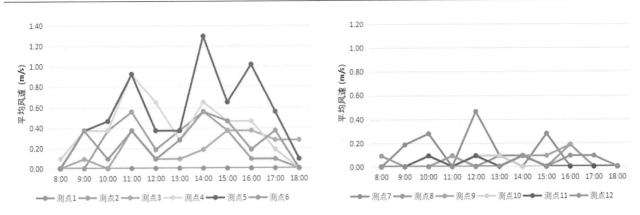

图9　春季文一西路及古墩路平均风速日变化

春季文一西路及古墩路全天风速情况　　　　　表2

道路	平均风速（m/s）	风速区间（m/s）	界面	平均风速（m/s）	最大风速（m/s）
文一西路	0.27	0~1.3	北界面	0.14	0.56
			南界面	0.40	1.30
古墩路	0.05	0~0.46	东界面	0.07	0.46

4　春季街道人体舒适度分析

　　人体舒适度是以人体与近地大气之间的热交换原理为基础，从气象角度评价人类在不同气候条件下舒适感的一项生物气象指标[8]。刘敏等（2002）研究表明炎热夏季空气温度及相对空气湿度是影响人体舒适度的主要因素。Rayman 模型主要用于分析小气候舒适度指标——生理等效温度（PET）[9]，导入各测点小气候数据——空气温度、相对空气湿度、太阳辐射强度、风速，选定夏季服装热阻为 0.5clo，人体条件为性别男、身高 175cm、体重 70kg、年龄 35 岁，新陈代谢率为 80W/m^2，并输入准确的日期时间、地理位置以计算 PET[10]。PET 能够体现人体

能量与室外空间长波辐射通量间的平衡关系，是最适合于评价公共空间人体舒适度的指标之一[11]。

4.1　春季杭州街道空间 PET 分析

　　根据春季文一西路及古墩路三天每一测量时段 PET 值，可得多测点、多时段基本呈无热应激及微热应激，分别高达 30.1% 和 33.3%，见图10，即春季文一西路、古墩路所测位置基本达舒适或微暖感受，也间接表明春季杭州气候在非极端热、极端冷情况下，人体舒适度感受整体为舒适。春季杭州气候多变，不仅日与日之间温湿度等因子变化跨度大，而且早晚差异相比冬夏季也更为明显。由表3可见，大多测点 PET 日变化基本呈现微凉—舒适—微暖—

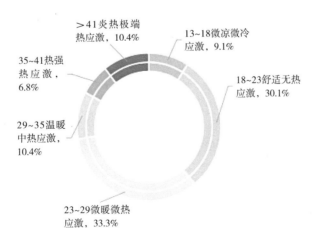

图10　春季热感觉及生理应激等级占比

温暖（热、炎热）—微暖（舒适）的变化，即正午前后热感受以微暖、温暖为主，早晚则多为舒适。少数测点正午高达极端热应激占比10.4%，如测点4、6、8、11；早晨8:00出现微冷应激占比9.1%，主要表现在测点7、8、9。统计各测点三天舒适感受（18~23℃）占比，测点1占比最高达13.6%，测点4占比最低达2.5%，即12个街道空间中，文一西路北界面人行道空间最为舒适，而其机动车道中央空间相对最不舒适，这主要取决于遮阴情况、植物结构等影响因素；舒适占比较高的街道空间还有遮阴率较高的测点2、3等，舒适感占比皆高于10%。

测点4位于文一西路机动车道中央，虽整体计算PET值时纳入计算，但由于其所处位置无行人受用，空间使用者基本为驾驶封闭车辆的人员，故在比较户外人体舒适度时，剔除测点4的比较，仅将其PET数值作为参照组。统计春季东西向文一西路与南北向古墩路不同界面及类型舒适感受（表4）可得，不同朝向道路间的PET值差异小，舒适感受占比接近；人行道、机动车道不同类型空间PET均值接近，即在行道树、建筑遮阴情况下，两者人体舒适度感受整体相似；而界面之间舒适感受存在一定差异，文一西路北界面空间略优于南界面，古墩路西界面空间略优于东界面，但整体差异较小。主要表现为遮阴率高、空间较为围合、乔灌草复层植物结构的空间将营造较优的环境，户外人体感受也随之更佳。

4.2 春季杭州街道空间PET与各小气候因子相关性分析

运用Spss19.0统计软件计算春季杭州文一西路及古墩路各测点PET值与对应小气候因子之间的Pearson相关性，分析探讨小气候因子分别对PET的影响程度，见表5。由春季相关性分析表可得，不同测点不同小气候因子与PET间的相关性结果不一致。总体上，太阳辐射强度、空气温度、地表温度、相对空气湿度与PET存在强弱不一的相关性。其中，测点1~12的太阳辐射强度与PET皆呈正相关，表现为在0.01水平上显著相关，即极显著，而风速与PET无相关性，主要由于春季风速风向日变化复杂，无规律可循。不同测点空间的空气温度、地表温度及相对空气湿度与PET表现为不同程度的相关性：测点2、10与PET间无相关性，测点4、11基本与PET间无相关性，仅地表温度与PET变现为极显著的相关性；测点3、6、7、8、9与PET变现为极显著，空气及地表温度与PET呈显著正相关，相对空气湿度与PET呈显著负相关，间接表明空气温度、地表

春季热感觉及生理应激等级占比　　表3

PET	热感觉	生理应激等级	数量	百分比
< 4	寒冷	极端冷应激	0	0.0%
4~8	冷	强冷应激	0	0.0%
8~13	凉爽	中冷应激	0	0.0%
13~18	微凉	微冷应激	36	9.1%
18~23	舒适	无热应激	119	30.1%
23~29	微暖	微热应激	132	33.3%
29~35	温暖	中热应激	41	10.4%
35~41	热	强热应激	27	6.8%
> 41	炎热	极端热应激	41	10.4%
合计	/	/	396	100.0%

春季文一西路及古墩路不同界面及类型舒适感受统计　　表4

道路	界面	类型	舒适感受统计	占比	类型	舒适感受统计	占比
文一西路	北界面	人行道	15	38.5%	非机动车道	15	34.9%
	南界面		6	15.4%		11	25.6%
古墩路	东界面		7	17.9%		6	14.0%
	西界面		11	28.2%		11	25.6%
	合计		39	100.0%	合计	43	100.0%

温度、太阳辐射强度三者与相对空气湿度间呈明显负相关；测点1、5、12同样与PET间呈明显相关性，除相对空气湿度与PET呈显著相关外，另三个小气候因子皆与PET呈极显著相关。

综上所述可得，所测空间小气候因子与PET呈显著相关的，表明其舒适感受主要受气候变化，即太阳辐射强度、空气温度、相对空气湿度等占主导作用；而文一西路机动车道中央测点4、古墩路西界面测点由于另受风速及行驶车辆等多项外界因素影响，导致其舒适感受与小气候因子相关性不显著，其本质影响舒适感受的原因需进一步综合探讨。

5 小结

本文以杭州为研究城市，探讨分析杭州街道的小气候效应日变化及街道公共空间人体舒适度调节

作用。选取东西向文一西路及南北向古墩路为实测街道，进行春季8：00~18：00间的小气候因子实测，测点以所选街道的两个剖面空间为主，包括人行道、非机动车道、中央机动车道三类空间。结合Spss19.0、RayMan1.2计算软件，梳理不同因素对街道空间小气候环境的影响程度以及与人体舒适度之间的关系。经本研究的开展，定量化探索了城市街道的春季小气候效应，旨在为街道小气候适应性设计策略提供一定的理论支撑。归纳得到以下结论：

（1）春季杭州城市街道小气候因子实测结果

春季街道太阳辐射强度日变化趋势相近，其差异受道路朝向影响；春季实测街道空气及地表温度日变化趋势一致，表现为先快速上升后平稳下降；春季相对空气湿度日变化呈先快速下降后缓慢上升趋势，与空气温度呈负相关，且受太阳照射角度与绿化率的影响；春季实测街道风速日变化基本无规

春季各测点PET与各小气候因子相关性分析 表5

测点			空气温度	地表温度	相对空气湿度	太阳辐射强度	风速	PET
1	PET	Pearson 相关性	0.599**	0.594**	−0.429*	0.524**	0.322	1
		显著性（双侧）	0.000	0.000	0.013	0.002	0.041	
2	PET	Pearson 相关性	0.242	0.307	−0.054	0.550**	0.276	1
		显著性（双侧）	0.174	0.082	0.764	0.001	0.120	
3	PET	Pearson 相关性	0.941**	0.956**	−0.713**	0.226**	0.137	1
		显著性（双侧）	0.000	0.000	0.000	0.006	0.447	
4	PET	Pearson 相关性	0.339	0.459**	−0.169	0.866**	0.330	1
		显著性（双侧）	0.054	0.007	0.348	0.000	0.060	
5	PET	Pearson 相关性	0.626**	0.722**	−0.389*	0.813**	0.245	1
		显著性（双侧）	0.000	0.000	0.025	0.000	0.169	
6	PET	Pearson 相关性	0.649**	0.458**	−0.481**	0.923**	−0.105	1
		显著性（双侧）	0.000	0.007	0.005	0.000	0.560	
7	PET	Pearson 相关性	0.778**	0.746**	−0.700**	0.800**	−0.110	1
		显著性（双侧）	0.000	0.000	0.000	0.000	0.543	
8	PET	Pearson 相关性	0.694**	0.740**	−0.666**	0.943**	−0.011	1
		显著性（双侧）	0.000	0.000	0.000	0.000	0.951	
9	PET	Pearson 相关性	0.816**	0.729**	−0.776**	0.820**	0.222	1
		显著性（双侧）	0.000	0.000	0.000	0.000	0.215	
10	PET	Pearson 相关性	0.209	0.251	0.155	0.748**	−0.029	1
		显著性（双侧）	0.242	0.160	0.388	0.000	0.873	
11	PET	Pearson 相关性	0.232	0.469**	−0.022	0.975**	0.198	1
		显著性（双侧）	0.193	0.006	0.902	0.000	0.268	
12	PET	Pearson 相关性	0.511**	0.616**	−0.406*	0.773**	0.055	1
		显著性（双侧）	0.002	0.000	0.019	0.000	0.759	

** 在 0.01 水平（双侧）上显著相关；
* 在 0.05 水平（双侧）上显著相关。

律可寻，而风向基本与城市主导风平行或接近，且开阔空间相对封闭空间风速较大，非机动车道空间相对人行道空间风速较大。

（2）春季杭州城市街道空间 PET 数据与人体舒适度

杭州地区城市街道春季人体舒适度在非极端天气下主要表现为整体舒适。其中东西向道路北侧空间春季人体舒适度最为适宜，且受道路遮阴情况、植物结构等因素的影响。

不同朝向道路间的 PET 值差异小，舒适感受差异不明显，整体表现为遮阴率高、空间较为围合、乔灌草复层植物结构的空间，春季小气候人体感受相对更佳。

（3）春季街道实测空间人体舒适度与各小气候因子间相关性。

春季测街道各测点风速与舒适度无相关性；春季太阳辐射强度与舒适度基本呈极显著正相关；春季实测街道各测点空气温度、地表温度与舒适度基本呈极显著正相关，个别测点存在一定季节性差异；春季测街道各测点相对空气湿度与舒适度基本呈极显著负相关，个别测点存在一定季节性差异。

剖析小气候因子与舒适度相关性原因，得到舒适度的高低基本取决于城市街道空间的遮阴情况、空间结构、植物结构及种类等因素，为设计策略的提出奠定基础。

注：文中图片除标注来源之外，其他均由作者拍摄或绘制

参考文献

［1］刘滨谊，张德顺，张琳，等. 上海城市开敞空间小气候适应性设计基础调查研究 [J]. 中国园林, 2014, 12：17-22.

［2］张琳，刘滨谊，林俊. 城市滨水带风景园林小气候适应性设计初探 [J]. 中国城市林业, 2014（4）：36-39.

［3］赵彩君. 城市风景园林应对当代气候变化的理念和手法研究 [D]. 北京：北京林业大学, 2010.

［4］VOOGT J A, OKE T R. Thermal remote sensing of urban climates[J]. Remote Sensing of Environment, 2003（86）：370-384.

［5］QUAN J L, CHEN Y H, ZHAN W F, et al. A hybrid method combing neighborhood information from satellite data with modeled diurnal temperature cycles over consecutive days[J]. Remote Sensing of Environment, 2014（155）：257-274.

［6］OKE T R. The energetic basis of the urban heat island[J]. Quarterly Journal of the Royal Meteorological Society, 1982, 108：1-24.

［7］KATO S, YAMAGUCHI Y. Analysis of urban heat-island effect using ASTER and ETM+Data：Separation of anthropogenic heat discharge and natural heat radiation from sensible heat flux[J]. Remote Sensing of Environment, 2005, 99：44-54.

［8］王芳，葛全胜. 根据卫星观测的城市用地变化估算中国 1980~2009 年城市热岛效应 [J]. 科学通报, 2012, 57（11）：951-958.

［9］KIM H H. Urban heat island[J]. International Journal of Remote Sensing, 1992, 13（12）：2319-2336.

［10］郑舰. 基于街区尺度风热环境模拟的城市设计优化——以湘潭市河东商业中心区为例 [J]. 中外建筑, 2015（7）：111-115.

［11］AKBARI H, KUM D M, BREZ SE, et al. Peak power and cooling energy savings of shade trees[J]. Energy and Buildings, 1997（25）：139-148.

Research on Human Comfort of Hangzhou Street Based on Spring Microclimate Effect [*]

Yang Xiaole, Peng Haifeng, Jin Hexian

School of Landscape Architecture and Architecture, Zhejiang Agriculture and Forestry University

Abstract: As urban heat island effect is becoming increasingly serious, the study of climatein small-scalepublic space has turned into a hotspot of landscape architecture discipline.In this study, we have selected Wenyi West Road and Gudun Road of Hangzhou as themeasured objects. We measured the air temperature, relative air humidity, solar radiationintensity and wind speed and direction of the space of each measurement point inAugust 2017, to analyze the daily changes of the microclimatic factors. We have adoptedthe Rayman1.2 model to evaluate the differences in human comfort, and put forwardtargeted adaptive design strategies for microclimate in street space. The study finds that: The human body comfort of Hangzhou urban streets in spring is mainly manifested as the overall comfort in non extreme weather. Among them, the comfort of human body in spring in the north side of the east-west road is the most appropriate, and it is affected by road shading, plant structure and other factors. The difference of PET value between roads in different directions is small, and the difference of comfort feeling is not obvious. The overall performance is high shade rate, relatively enclosed space, tree, shrub and grass layer plant structure space, and the microclimate human body feeling is relatively better in spring.

Keywords: landscape architecture; microclimate; streets; design strategy; Spring; Hangzhou

The continuous advancement of the urbanization process has led to a multitude of buildings and green spaces. As a gathering place for people's living and activities, the quality of the city will greatly affect the physical and psychological feelings of the living people. With the shrinking plot size, increasing urban density, and continuous greening of urban green areas, urban radiation heat balance, convective heat transfer between ground buildings, regional thermal convection, and urban heat generation have caused significant changes [1], That is, a severe urban heat island effect is formed [2]. As one of the indispensable public spaces in the city, urban streets carry functions such as transportation and social functions to achieve purposeful and procedural activities. Establishing a healthy and comfortable microclimate environment is an important way to improve street space utilization [3]. Among them, the shading effect, temperature and humidity effect, and negative oxygen ion effect can significantly improve the urban local climate [4]. Shao Yuhan summarized the urban street microclimate from the five influence factors of air flow, temperature, humidity, shading and pollutants, and obtained that the street space type and landscape elements are extremely important for microclimate factors [5]. This study selected Wenyi West Road and Gudun Road, a typical street in Hangzhou, to conduct microclimate measurement. The Rayman model was used to explore the differences in human comfort at different measuring points in the spring streets, and corresponding microclimate adaptive design strategies were proposed to provide urban street planning and space design Certain theoretical support.

* Fund Item: The National Natural Science Foundation of China "Urban Livable EnvironmentLandscape Garden Microclimate Adaptive Design Theory and Method Research" (No. 51338007)

1 Overview of the study area

The study area is located at the intersection of Wenyi West Road and Gudun Road, Xihu District, Hangzhou. It belongs to the subtropical monsoon region. It is short in spring and autumn in winter and long in summer, and humid and hot in summer. According to the statistics of "Hangzhou Urban Greening Landscape" in 2014 [6], the main roads in Hangzhou are mainly "four boards and five belts", followed by "three boards and four belts" and "one board and two belts"; The main deciduous trees are Platanus orientalis, Ginkgo biloba, and Cinnamomum camphora.

East-west Wenyi West Road is a two-way eight-lane, four-plate, five-belt type. The building on the street is mainly composed of six-story residential buildings, and the first floor is all commercial buildings. The non-separated green belts on both sides are arbor (camphor)-irrigated-grass multi-layer structure; the central separated green belt of the motorway is dominated by grass-irrigated structure, supplemented by small deciduous trees; there is no sidewalk tree on the south side of the sidewalk and the north Planted Qiao Huangshan Luan tree Koelreuteria bipinnata.

The north-south direction to Gudun Road is a two-way four-lane road with three plates and four belts. The building on the street is mainly composed of six-story residential buildings, the first floor on the east side is a commercial building, and the iron fence on the residential area is set on the south side. There are sidewalk trees and non-separated green belts on both sides, mainly camphor, Abelia × grandiflora, Prunus cerasifera atropurpurea, Rhododendron simsii, Euonymus fortunei, etc. band.

The measurement points are selected according to street direction, interface, space type and other factors, mainly based on measured street cross sections, involving 12 types of measurement points including sidewalks, non-motorized lanes and motorized lanes (Fig.1 and Fig.2). Microclimate effects between interface streets and human comfort.

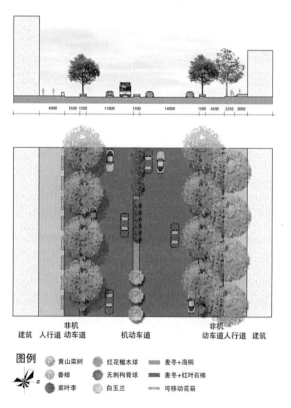

Fig.1 Wenyi West Road measuring points map

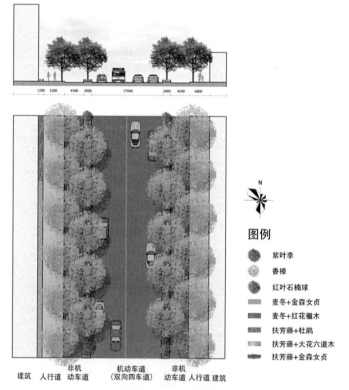

Fig.2 GudunRoad measuring points map

2 Experimental instruments and methods

2.1 Experimental instruments

2.2 Experimental methods

The experiment was carried out on April 28th–30th 2017 for three consecutive clear and windless meteorological days; the measurement time was selected as 8：00–18：00 due to the limitation of experimental equipment（Tab.1）and other conditions. The seasonal fixed-point mobile observation method[7] is used to measure handheld microclimate factors at 1.5m on the vertical ground every 1h. Among them, the thermometer is placed at a height of 1.5m to measure the surface temperature. Evacuate the surrounding people during the observation and stop dialogue and communication. Read and record when the climate factor is stable, and take round-trip readings, that is, cyclically moving observations from each hour, the observation time of each measurement point at each time period is consistent with the time before and after the hour, Take the three-day average after calibration as the data for analysis.

3 Results and analysis

3.1 Solar radiation intensity analysis

In spring, due to the luxuriant canopy of the tree canopy and the shading of the building during local time periods, Wenyi West Road and Gudun Road are under multiple shading and multi-time periods. Significant differences. Since there is no shading between the measurement point 4 of the green belt in the middle of the motorway of Wenyi West Road between 8：00 and 18：00（that is, the measurement period）, this measurement point is tentatively set as the uncovered of the remaining eleven measurement points. Yin control points. It can be obtained from Fig.3 that the solar radiation intensity at measurement point 4 is at its highest value at almost any period, and reaches the highest value of 1017.0W/m² at all times at all measurement points at 12：00 noon. Except that the diurnal variation of solar radiation intensity at the non-shade measuring point 4 is almost normal distribution, some measuring points such as measuring points 8–11 have obvious changes in elevation, and some measuring points such as measuring points 2 and 3 are due to strict shading. The day is at a

Experimental equipment and measurement content   Tab.1

Equipment name	Instrument model	Test elements	Instrument location	Instrument accuracy	Instrument range
Taishi solar radiation meter	TES1333	Sun radiation		± 10W/m²	0 - 1200W/m²
Hengxin Thermo-hygrometer	AZ8716	Air temperature	1.5m above ground	± 0.6℃	−20 - 50℃
		Relative air humidity		± 3%	10% - 100%
Fluke Infrared Thermometer	MT4 MAX	Ground temperature		± 2℃	−30 - 350℃
Aice wind direction anemometer	AIce 8323	Wind speed and direction		± 5%	0 - 30m/s

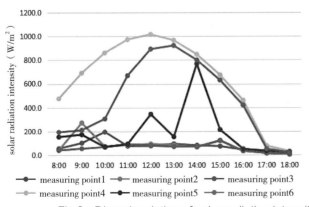
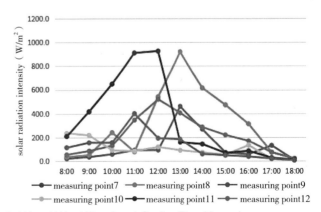

Fig.3　Diurnal variation of solar radiation intensity in Wenyi West Road and Gudun Road in spring

low and stable solar radiation value. The measured value of solar radiation intensity has a direct relationship with the degree of shading tightness, that is, the tighter the shading, the lower the solar radiation intensity.

The variation of solar radiation intensity between the Wenyixi Road measuring points is quite large, mainly concentrated between measuring points 1–3 and 4–6. Points 1–3 are due to narrow sidewalks, high surrounding buildings, and tightly shaded sidewalk trees. The solar radiation intensity remains low throughout the day and the trend changes steadily. The streets where Points 4–6 are located are relatively open. The solar radiation intensity changes significantly. Among them, the measurement point 6 is affected by building shadows all day long due to the lack of street trees. Therefore, the solar radiation intensity has increased rapidly since 10:00, and it is almost the same as the unshaded measurement point 4 after 12:00. Similar, all at a higher value. The solar radiation intensity at the measurement point 7–12 of Gudun Road is in a relatively inconsistent rise and fall throughout the day. The comparison between the measurement points 10–12 and 7–9 is obvious. The former is relatively high in the morning and the latter is rapidly strengthened in the afternoon. Compared with the overall solar radiation intensity of Wenyi West Road and Gudun Road, Wenyi West Road's changes are more regular and there are obvious differences in measurement points. The changes in Gudun Road are relatively complicated, with different heights and obvious time differences.

Except for measuring point 4, the remaining selected street measuring points are divided into four categories according to different orientations and types (that is, the north–south separated green belt measurement point, the east–west separated green belt measurement point, the north–south sidewalk measurement point, and the east–west sidewalk measurement. (Points), and then averaged for comparison (Fig.4). On the whole, firstly, no matter whether it is a green belt point or a sidewalk point, the solar radiation intensity of the north–south road, that is, Gudun Road, is basically higher than the east–west road, that is, Wenyi West Road, and the gap is the largest around 12:00 noon. There are two main

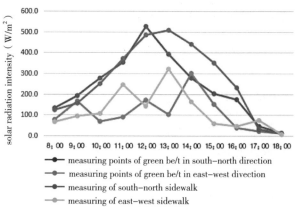

Fig.4 Variations in solar radiation intensity in different orientations and types of streets in spring

reasons. Firstly, because the width of the sidewalk and non–motorized lane of Gudun Road is relatively large, the space is relatively wide, which results in less shading and high solar radiation intensity; secondly, because the north–south road has a temporary rise in solar radiation due to the sun rising and falling in the local period, As a result, when the average value is obtained, the intensity of the solar radiation of the overall road is relatively high, and it is difficult to analyze the difference in time from the figure. Secondly, whether it is Wenyixi Road or Gudun Road, the diurnal variation trend of solar radiation in the green belt area and the sidewalk area is basically the same, and the intensity is basically similar, mainly because the sidewalk is close to non–motorized vehicles, and the difference is not obvious. However, it can be seen from the figure that the sidewalks and non–motorized lanes represented by the sidewalks and the non–motorized vehicle lanes still have inconsistent changes in solar radiation intensity due to the differences in the sidewalk trees and building shading in time, such as Gudun Road 12 After 00:00, the sidewalk solar radiation intensity is higher than that of the non–separated green belt.

3.2 Air temperature analysis

As can be seen from Fig.5, the overall daily variation trend of air temperature at the Wenyi West Road and Gudun Road measuring points in spring is consistent, and the differences between the measuring points are small. The air temperature at points 1–12 showed an increasing trend from 8:00 to 15:00, and the growth rate was relatively

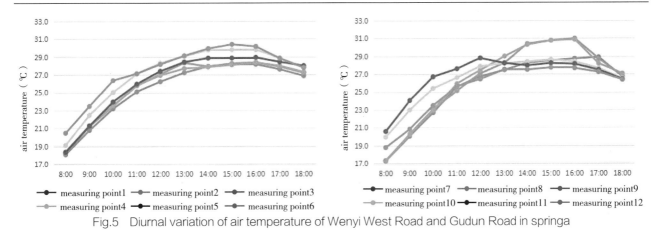

Fig.5　Diurnal variation of air temperature of Wenyi West Road and Gudun Road in springa

fast from 8 : 00 to 10 : 00; the air temperature showed a decreasing trend from 15 : 00 to 18 : 00, and the cooling rate was much less than Morning heating rate. Wenyi West Road's measurement points 1–6 are basically the same. The temperature values of measurement points 4 and 6 are relatively high because there are no roadside trees. The overall daily change trend of measurement points 7–12 on Gudun Road is still increasing first and then decreasing. There was a slight difference in the local time period. In the morning the air temperature at the measurement points at 10 and 11 was slightly higher than the other measurement points, and at 8 and 9 the measurement points were higher than the other measurement points in the afternoon. Calculate the daily accumulated temperature at each measuring point. The measuring points 4 and 6 are higher, reaching 297.1℃ and 301.8℃, respectively. Mainly due to the lack of roadside tree shade at this measuring point, the direct sunlight time is long. The temperature of the points land 2 are 279.3℃ and 279.2℃, mainly due to the surrounding buildings and street trees to form a shaded

space, the direct sunlight time is short, but the overall difference in daily accumulated temperature between the measurement points is small.

3.3　Land surface temperature analysis

As can be seen from Fig.6, the overall trend of the diurnal change of the surface temperature in spring is consistent with the air temperature, and it first rises and then decreases. Day and measurement point 11 local time. The surface temperature at point 6 is significantly higher than other points throughout the day, and the rise and fall change and amplitude are large. The highest value occurs at 10 : 00 and 14 : 00; the point 11 only momentarily rises at 12 : 00. The changes before and after are consistent with other measurement points, which may be mainly because the surface measurement points of small weather stations are in a fixed position, and whether or not the direct sunlight measurement points between the tree shades will cause the instantaneous change of surface temperature, so this measurement point 12 : 00

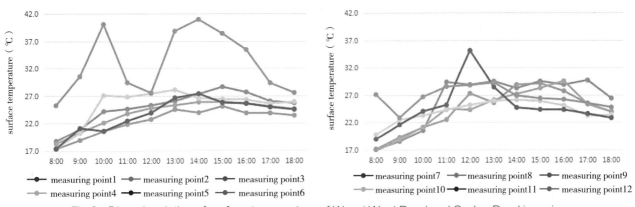

Fig.6　Diurnal variation of surface temperature of Wenyi West Road and Gudun Road in spring

the research significance of the data obtained is not great. The highest surface temperature of all the measurement points appeared at 41℃ at 14∶00 of measurement point 6, and the daily accumulated temperature reached the highest value of 363.3℃ .

Subtract the air temperature obtained from measurement points 1–12 and the surface temperature to obtain the difference table, and draw the difference curve chart (Fig.7) . It can be seen from the figure that the difference between the measured points in most periods is positive, that is, the air temperature is basically higher than the surface temperature. The reason for this study is mainly because the air temperature measurement point (1.5m high) is basically located in the direct solar radiation area, and the measured point is vertical to the ground. Most of the surface temperature is under the shade of the trees or buildings, and the measuring points of the separated green belt are all under the shrubs and the ground cover. Therefore, its surface temperature is lower than the air temperature. The measurement points 1, 4, 6, 7, 8, 11, and 12 all have local air temperature lower than the surface temperature, and the measurement point 6 is particularly obvious. Calculate the sum of the difference between the 1st and the 12th of the measurement points. There are measurement points 6, 7, and 12 that show negative values, that is, the overall condition is displayed as the air temperature is lower than the surface temperature, especially the measurement point 6 except 12∶00. The air temperature is higher than the surface temperature. Outside 0.6℃, the remaining time periods are all negative, and

the obtained daily difference sum is the smallest, reaching −61.5℃. The difference between the air temperature at the measurement point and the surface temperature is a positive value, which indicates that both the air temperature and the surface temperature will be weakened to a certain extent under the shade. Compared with the air temperature, most of the measurement points are covered by the ground. The shading is tight, and the effect of cooling is more obvious, so it is necessary to shade the plants that are effective in the late spring or hot season; the difference between the air temperature at the measurement point and the surface temperature is negative. The relationship between the oblique rays of the sun can only illuminate the ground, and the 1.5m measurement point is in a shaded state, such as measuring points 1, 7, 8, 11, 12; the second is due to some external factors, such as dense restaurants, crowds of people, Automobile exhaust and other measurement points 4, 6.

3.4 Relative air humidity analysis

It can be seen from Fig.8 that the daily differences in relative air humidity at all measuring points of Wenyi West Road and Gudun Road in spring are not obvious, and they basically decline rapidly between 8∶00– 12∶00 and rise steadily between 12∶00–18∶00. Its rate of rise is much less than the rate of decline during the morning session. The relative air humidity from 8∶00 to 18∶00 is in the range of 11.2%–54.3%, and the peak difference is large, and the minimum value is reached around noon 4. The overall change of points 1–6 of Wenyi West Road from east to west is close. The points 4 and 6 of the south interface are relatively shadeless due to the lack of street trees, and the relative air humidity is relatively reduced. The air temperature is low; the sun rises to the west and causes the direct sunlight or not, which causes the interface difference in the relative air humidity between the 7–9 and 10–12 points of Gudun Road from the north to the south. It is slightly lower than the measurement point 7–9, and it is slightly higher than the measurement point 7–9 in the afternoon, which is opposite to the change trend of solar radiation intensity and air temperature.

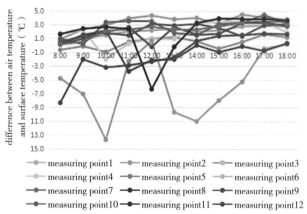

Fig.7　Difference between air temperature and surface temperature of measured points in spring

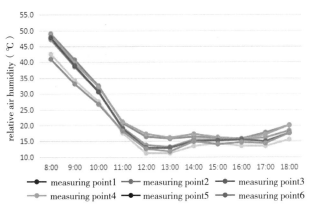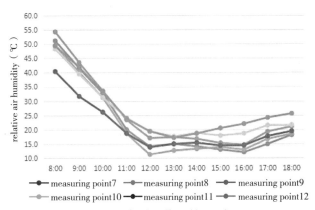

Fig.8   Diurnal variation relative air humidity in Wenyi West Road and Gudun Road in spring

3.5   Wind speed and direction analysis

The variation of wind speed and direction of Wenyi West Road and Gudun Road throughout the day in spring is complicated and there is basically no law to follow (Fig.9). On the whole, the average wind speed of Wenyi West Road is 0.27m/s slightly stronger than the average wind speed of Gudun Road at 0.05m/s, and the maximum wind speed of 1.30m/s is reached at 14：00 at Wenyi West Road measurement point 5, However, point 1 of Wenyixi Road was closed by buildings and street trees, resulting in zero wind speed throughout the day. The overall wind speed of Wenyi West Road changed greatly, suddenly rising and falling; the overall

wind speed of Gudun Road was low, and the wind speed was almost zero for most of the time period from the measurement point 7-12. Mainly because the main spring wind in Hangzhou is close to the east-west direction of Wenyi West Road and contrary to the north-south direction of Gudun Road, the wind speed of the east-west road increases, but the wind speed of the north-south road has not changed much. As can be seen from Tab.2, when the dominant wind direction of urban roads is similar, the open space will increase the wind speed along the street canyon. Therefore, the average wind speed at the south interface of Wenyi West Road in the east-west direction in spring is 0.40m/s, which is much higher than the average wind speed at the north interface.

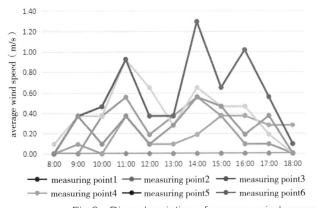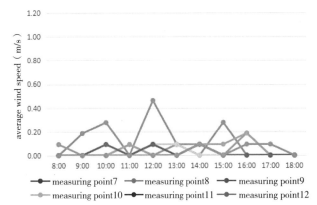

Fig.9   Diurnal variation of average wind speed of Wenyi West Road and Gudun Road in spring

All-day wind conditions in Wenyi West Road and Gudun Road in the spring   Tab.2

Road	Average wind speed (m/s)	Wind speed range (m/s)	Interface	Average wind speed (m/s)	Maximum wind speed (m/s)
Wenyixi Road	0.27	0-1.3	North interface	0.14	0.56
			South interface	0.40	1.30
Gudun Road	0.05	0-0.46	East interface	0.07	0.46

m/s; when the dominant wind direction of urban roads is inconsistent, the influence of urban dominant wind on the north-south interface of Gudun Road from north to south is very small, so the difference between the average wind speed of the east and west interface of Gudun Road is only 0.05m/s.

4 Analysis of human comfort in spring streets

Human comfort is based on the principle of heat exchange between the human body and the near-earth atmosphere. It is a biometeorological index that evaluates human comfort in different climatic conditions from a meteorological perspective [8]. Liu Min et al. (2002) showed that hot summer air temperature and relative air humidity are the main factors affecting human comfort. The Rayman model is mainly used to analyze the microclimate comfort index-physiological equivalent temperature (PET) [9], and to import microclimate data at each measurement point-air temperature, relative air humidity, solar radiation intensity, wind speed, and select summer clothing thermal resistance It is 0.5clo. The human condition is male, 175cm tall, 70kg, 35 years old, and has a metabolic rate of $80W/m^2$. Enter the exact date and time and geographic location to calculate PET[10]. PET can reflect the balance between human energy and long-wave radiation flux in outdoor space, and is one of the most suitable indicators for evaluating human comfort in public spaces [11].

4.1 Spring PET Space Analysis of Hangzhou Street

According to the PET values of Wenyi West Road and Gudun Road in each measurement period in the three days in spring, there can be many measurement points and multiple periods with basically no thermal stress and microthermal stress, up to 30.1% and 33.3%, respectively, as shown in Fig.10. That is to say, the measured positions of Wenyi West Road and Gudun Road in the spring are basically comfortable or slightly warm, and it also indirectly indicates that under the conditions of non-extremely hot and extremely cold Hangzhou climate in spring, the overall human comfort experience is comfortable. The climate of Hangzhou is changeable in spring. Not only does the temperature and humidity between day and day vary widely, but the difference between morning and evening is also more obvious than winter and summer. It can be seen from Tab.3 that the daily changes of most of the measurement points show the changes of slightly cool-comfort-slightly warm-warm (hot, hot) -slightly warm (comfort), that is, the warm feeling around noon is mainly warm, warm, morning and evening It's mostly comfortable. A few of the measuring points have a maximum heat stress of 10.4% at noon, such as measuring points 4, 6, 8, and 11; a slight cold stress accounted for 9.1% at 8 : 00 in the morning, mainly at measuring points 7, 8, and 9. Count the three-day comfort (18-23℃) ratio of each measurement point. The measurement point 1 accounts for the highest

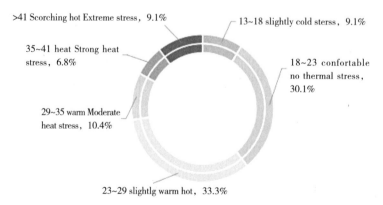

Fig.10　Thermal sensation and physiological stress levels ratio in spring

13.6% and the measurement point 4 accounts for the lowest 2.5%. That is, among the 12 street spaces, the north interface of Wenyi West Road The sidewalk space is the most comfortable, and the central space of the motorway is relatively the most uncomfortable, which mainly depends on the factors such as shading conditions and plant structure; streets with a high comfort ratio and high shading rates are measured at points 2, 3 etc., the proportion of comfort is higher than 10%.

Measurement point 4 is located in the center of the motorway of Wenyixi Road. Although the PET value is included in the overall calculation, it is not used by pedestrians at its location, and the space users are basically those who drive closed vehicles. Therefore, when comparing outdoor human comfort, Excluding the comparison of test point 4 and only its PET value as the reference group. Statistics on the comfort and comfort of different interfaces and types of Wenyi West Road and Gudun Road in the east and west directions in spring (Tab.4) are available. The PET values of the roads with different orientations have small differences, and the proportion of comfort is close. PET of different types of space on sidewalks and motorways. The mean values are

close, that is, under the condition of street trees and building shading, the overall human comfort experience is similar; but there is a certain difference in the comfort experience between the interfaces. The north interface space of Wenyi West Road is slightly better than the south interface space, and the west interface space of Gudun Road is slightly different. Slightly better than the East interface, but the overall difference is small. The main manifestation is that the shade rate is high, the space is more enclosed, and the space of arbor shrub grass multi-layered plant structure will create a better environment, and the outdoor human body experience will be better.

4.2 Correlation analysis between spatial PET in Hangzhou streets and various microclimate factors

The Spears 19.0 statistical software was used to calculate the Pearson correlation between the PET values at each measuring point of Wenyi West Road and Gudun Road in Hangzhou in spring and the corresponding microclimate factors, and the degree of influence of microclimate factors on PET was analyzed and

Proportion of thermal sensation and physiological stress level in spring   Tab.3

PET	Hot feeling	Physiological stress level	Quantity	Percentage
<4	Very cold	Extreme cold stress	0	0.0%
4–8	Cold	Severe cold stress	0	0.0%
8–13	Cool	Cold stress	0	0.0%
13–18	Slightly cool	Microcold stress	36	9.1%
18–23	Comfortable	No heat stress	119	30.1%
23–29	Slightly warm	Microthermal stress	132	33.3%
29–35	Warm	Moderate heat stress	41	10.4%
35–41	Hot	Severe heat stress	27	6.8%
>41	Very hot	Extreme heat stress	41	10.4%
合计	/	/	396	100.0%

Different interfaces and types of comfort statistics in Wenyi West Road and Gudun Road in spring   Tab.4

Road	Interface	Types	Comfort statistics	Proportion	Types	Comfort statistics	Proportion
Wenyixi Road	North interface	Sidewalk	15	38.5%	Non-motorized lane	15	34.9%
	South interface		6	15.4%		11	25.6%
Gudun Road	East interface		7	17.9%		6	14.0%
	West interface		11	28.2%		11	25.6%
Total			39	100.0%	Total	43	100.0%

discussed. See Tab.5. According to the spring correlation analysis table, the correlation results between different microclimate factors and PET at different measuring points are inconsistent. In general, there is a strong and weak correlation between solar radiation intensity, air temperature, surface temperature, and relative air humidity and PET. Among them, the solar radiation intensity at the measurement points 1–12 is positively correlated with PET, showing a significant correlation at the 0.01 level, that is, extremely significant, while the wind speed has no correlation with PET, mainly due to the complex day–to–day variation of the wind speed in spring, and there is no regularity. Searching. The air temperature, surface temperature, and relative air humidity at different measuring points have different degrees of correlation with PET: there is no correlation between measuring points 2, 10 and PET, and there is basically no correlation between measuring points 4, 11 and PET. The correlation between surface temperature and the realization of PET is extremely significant. The measurement points 3, 6, 7, 8, 9 and PET are extremely significant. The air and surface temperature are significantly positively correlated with PET, and the relative air humidity is significantly negatively correlated with PET., Which indirectly shows that there is a significant negative correlation between air temperature, surface temperature, and solar radiation intensity and relative air humidity; measurement points 1, 5, and 12 also have a significant correlation with PET, except that relative air humidity is significantly correlated with

Analysis of correlation between PET and microclimatic factors at various measuredt points in spring   Tab.5

Measuring point			Air temperature	Surface temperature	Relative air humidity	Solar radiation	Wind speed	PET
1	PET	Pearson correlation	0.599**	0.594**	−0.429*	0.524**	0.322	1
		Saliency (bilateral)	0.000	0.000	0.013	0.002	0.041	
2	PET	Pearson correlation	0.242	0.307	−0.054	0.550**	0.276	1
		Saliency (bilateral)	0.174	0.082	0.764	0.001	0.120	
3	PET	Pearson correlation	0.941**	0.956**	−0.713**	0.226**	0.137	1
		Saliency (bilateral)	0.000	0.000	0.000	0.006	0.447	
4	PET	Pearson correlation	0.339	0.459**	−0.169	0.866**	0.330	1
		Saliency (bilateral)	0.054	0.007	0.348	0.000	.060	
5	PET	Pearson correlation	0.626**	0.722**	−0.389*	0.813**	0.245	1
		Saliency (bilateral)	0.000	0.000	0.025	0.000	0.169	
6	PET	Pearson correlation	0.649**	0.458**	−0.481**	0.923**	−0.105	1
		Saliency (bilateral)	0.000	0.007	0.005	0.000	0.560	
7	PET	Pearson correlation	0.778**	0.746**	−0.700**	0.800**	−0.110	1
		Saliency (bilateral)	0.000	0.000	0.000	0.000	0.543	
8	PET	Pearson correlation	0.694**	0.740**	−0.666**	0.943**	−0.011	1
		Saliency (bilateral)	0.000	0.000	0.000	0.000	0.951	
9	PET	Pearson correlation	0.816**	0.729**	−0.776**	0.820**	0.222	1
		Saliency (bilateral)	0.000	0.000	0.000	0.000	0.215	
10	PET	Pearson correlation	0.209	0.251	0.155	0.748**	−0.029	1
		Saliency (bilateral)	0.242	0.160	0.388	0.000	0.873	
11	PET	Pearson correlation	0.232	0.469**	−0.022	0.975**	0.198	1
		Saliency (bilateral)	0.193	0.006	0.902	0.000	0.268	
12	PET	Pearson correlation	0.511**	0.616**	−0.406*	0.773**	0.055	1
		Saliency (bilateral)	0.002	0.000	0.019	0.000	0.759	

** Significant correlation at the 0.01 level (both sides);

* Significant correlation at the 0.05 level (both sides).

PET The other three microclimate factors are extremely significantly related to PET.

In summary, it can be obtained that the measured space microclimate factors are significantly correlated with PET, indicating that their comfort experience is mainly dominated by climate change, that is, solar radiation intensity, air temperature, relative air humidity, etc.; and Wenyi West Road is mobile The central measuring point of the driveway 4, and the western interface of Gudun Road are affected by multiple external factors such as wind speed and moving vehicles. As a result, their comfort experience is not significantly related to microclimate factors. The reasons for its essential impact on comfort experience need to be further comprehensively discussed.

5 Summary

This article uses Hangzhou as a research city to explore the analysis of the diurnal changes of the microclimate effects of Hangzhou streets and the role of human comfort in street public spaces. The east–west Wenyi West Road and the north–south Gudun Road were selected as the measured streets. The microclimate factors were measured from 8 : 00 to 18 : 00 in the spring. The measurement points are mainly two sections of the selected street, including sidewalks, non-motor There are three types of spaces: driveway and central motorway. Combining Spss19.0 and RayMan1.2 calculation software, sort out the influence of different factors on the microclimate environment of the street space and the relationship with human comfort. With the development of this study, the spring microclimate effects of urban streets were quantitatively explored, and the aim was to provide some theoretical support for adaptive design strategies of street microclimates. The conclusion is as follows:

(1) Measured results of microclimate factors in Hangzhou urban streets in spring

The diurnal variation trend of street solar radiation intensity in spring is similar, and the difference is affected by road direction. The diurnal variation trend

of street air and surface temperature measured in spring is consistent, showing a rapid rise first and then a steady decline. The rising trend is negatively related to air temperature and is affected by the sun's irradiation angle and greening rate. The daily changes of street wind speeds measured in spring are basically erratic, and the wind direction is basically parallel to or close to the dominant urban wind, and the open space is relatively closed. The wind speed is large, and the non-motorized vehicle lane space has a larger wind speed than the sidewalk space.

(2) Spatial PET Data of Hangzhou Urban Streets and Human Comfort in Spring

The human comfort of urban streets in Hangzhou in spring is mainly expressed as overall comfort in non-extreme weather. Among them, the comfort of the human body in the space on the north side of the east–west road is most suitable in spring, and it is affected by factors such as road shading and plant structure. The difference in PET values between roads with different orientations is small, and the difference in comfort is not obvious. The overall performance is a space with a high shading rate, a more enclosed space, and a multi–layered structure of arbor and grass.

(3) Correlation between measured human comfort in the streets in spring and various microclimate factors

There is no correlation between wind speed and comfort at street measurement points in spring; the solar radiation intensity and comfort are basically significantly positively correlated in spring; air temperature, surface temperature, and comfort at street measurement points are basically significantly positively correlated, individual There are certain seasonal differences in the measurement points; the relative air humidity and comfort of the various measurement points in the spring are basically significantly negatively correlated, and there are certain seasonal differences in individual measurement points.

Analyze the reasons for the correlation between microclimate factors and comfort. The degree of comfort is basically determined by factors such as the shading situation, spatial structure, plant structure and species of urban street space, which lays the foundation for the design strategy.

Note: The pictures in the text are taken or drawn by the author except the source of the an-notation.

References

[1] 刘滨谊, 张德顺, 张琳, 等. 上海城市开敞空间小气候适应性设计基础调查研究 [J]. 中国园林, 2014, 12: 17-22.

[2] 张琳, 刘滨谊, 林俊. 城市滨水带风景园林小气候适应性设计初探 [J]. 中国城市林业, 2014 (4): 36-39.

[3] 赵彩君. 城市风景园林应对当代气候变化的理念和手法研究 [D]. 北京: 北京林业大学, 2010.

[4] VOOGT J A, OKE T R. Thermal remote sensing of urban climates[J]. Remote Sensing of Environment, 2003 (86): 370-384.

[5] QUAN J L, CHEN Y H, ZHAN W F, et al. A hybrid method combing neighborhood information from satellite data with modeled diurnal temperature cycles over consecutive days[J]. Remote Sensing of Environment, 2014 (155): 257-274.

[6] OKE T R. The energetic basis of the urban heat island[J]. Quarterly Journal of the Royal Meteorological Society, 1982, 108: 1-24.

[7] KATO S, YAMAGUCHI Y. Analysis of urban heat-island effect using ASTER and ETM+Data: Separation of anthropogenic heat discharge and natural heat radiation from sensible heat flux[J]. Remote Sensing of Environment, 2005, 99: 44-54.

[8] 王芳, 葛全胜. 根据卫星观测的城市用地变化估算中国 1980~2009 年城市热岛效应 [J]. 科学通报, 2012, 57 (11): 951-958.

[9] KIM H H. Urban heat island[J]. International Journal of Remote Sensing, 1992, 13 (12): 2319-2336.

[10] 郑舰. 基于街区尺度风热环境模拟的城市设计优化——以湘潭市河东商业中心区为例 [J]. 中外建筑, 2015 (7): 111-115.

[11] AKBARI H, KUM D M, BREZ SE, et al. Peak power and cooling energy savings of shade trees[J]. Energy and Buildings, 1997 (25): 139-148.

不同尺度特征的气候与小气候研究*

张德顺[1]，曹译戈[2]，刘　坤[3]，李清扬[4]，刘　鸣，[1,5]章丽耀[6]，吴　雪[7]，姚驰远[1]

1.同济大学建筑与城市规划学院；2.北京林业大学水土保持学院；3.南京林业大学风景园林学院；
4.山东农业大学林学院；5.德国德累斯顿大学；6.浙江杭州园林设计院股份有限公司；
7.上海市园林设计研究总院有限公司

摘　要：风景园林小气候自从 2014 年立题以来，在点、线、面三类园林绿地类型中进行了实地测析、模型模拟和虚拟仿真的逻辑论证，在物理、生理、心理舒适度的时空动态进行了分析推理，对平面空间、竖向特征和交互界面的因子变化规律进行了辩证分析。未来的气候研究如何拓展？本文在总结以前工作的基础上，提出了小气候与中气候和大气候叠加分析的设想，即模糊识别的全球尺度、特征聚类的国土尺度、局地划分的市域尺度，种植群落的立地尺度的不同背景条件下，以园林植物与气候的引种归化、适应驯化、演替进化为目标，将气候学和小气候理论与风景园林的实践紧密结合起来。延展小气候研究的视域，拉近学科载体的融合，使"小气候"成为风景园林科研教学的大气候，成为拉动学科学术水平的核心引擎。

关键词：不同尺度；特征；气候；小气候

自从 2014~2018 年国家自然科学基金重点项目：城市宜居环境风景园林小气候适应性设计理论和方法研究立项以来，课题组先后进行了城市风景园林小气候空间、实验方法和数据分析等基础理论研究，对上海、西安两所城市的广场、街道与滨水带、居住区 3 类 9 种风景园林空间进行了上百次实测，提出了冬冷夏热和寒冷地区城市宜居园林小气候适应性设计的模式语言、技术集成、评价模型和设计策略。在原理层面发现了风景园林小气候机理和人体感受的"热动态物理"规律，创立了风景园林"动态热环境"的理论框架。在技术层面以指导风景园林规划设计为导向，结合工程实践，编制了夏热冬冷和寒冷两类地区广场、街道、滨水带、居住区 8 项风景园林空间设计导则。在研期间，培养博士后 4 人，博士 6 人，硕士 79 人。目前小气候的研究进入了深水区，小气候研究如何立题？研究的范围如何拓展？下面通过不同尺度背景条件下，模糊识别在全球尺度内选择园林植物、全国城市的园林树种规划、适应未来气候的上海园林树种选择、园林植物群落的小气候特征对气候和小气候研究进行阐述。

1 模糊识别在全球尺度内选择园林植物

1.1 模糊综合评价法

模糊综合评价是一种对于受到多方面因素影响的系统作出系统评价的有效决策方法，基于模糊数学的综合评价法，根据模糊合成和隶属度原理将一些边界不清的模糊现象转化为定量评价，对受多种因素影响的事物或系统作分析，具有结果清晰、系统性强的特点，适用于解决模糊的、难以量化的非确定性问题。适宜的种源地选择是一个相对概念，是由多种因素共同影响作用，因此适宜种源地的标准很难确定，属于模糊范畴的问题，可采用模糊数学方式建立模糊综合评价来衡量。从地中海引种油橄榄是中国最早进行引种区划的范例之一。[1]

将油橄榄的引种分为四类适宜区。第一类适宜区：云南宜宾，湖北巴东，江西南昌；第二类适宜区：长江中游，云南、川南、桂西；第三类适宜区：江苏、鲁南、豫南、陕南、四川盆地、川西南、滇西、广西、贵州、粤北、赣南、闽南、台北等；第四类适宜区：北限边界地区及粤南、闽南、滇南、桂南。

* 基金项目：国家自然科学基金重点项目"城市宜居环境风景园林小气候适应性设计理论和方法研究"（编号 51338007）；国家自然科学基金"城市绿地干旱生境的园林树种选择机制研究"（编号 31770747）；同济大学教改项目

1.2 模型与步骤

核心：确定因素集与评语集、因子权重集、隶属度矩阵、模糊评价模型等内容展开（图1）。

步骤：首先确定被评价对象的因素（指标）集和评价（等级）集，再建立评价因素权重集和评价因素隶属度矩阵，获得模糊评价矩阵，最后选择算子进行模糊评价矩阵与因子权重向量的模糊综合运算，从而得到模糊综合评价结果。

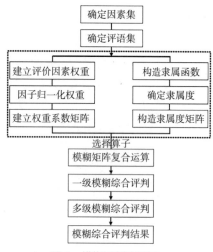

图1 模糊评判流程图

1.3 基于气候相似的雄安新区园林植物全球引种地选择

气候相似论广泛应用于农业、林业、生态、园艺、园林等学科内探讨物种气候适应性。以往的研究仅关注对目标样地和对比样地各项气候因子的对比分析，忽视气候指标随季节变化而发生改变的事实，以致结果与真实状况相差较远，难以反映样地特有的季节性气候变化特征和规律，指导实际应用有局限性。

本文采用近30年1~12月各月的气温和降水气候因子，充分考虑各样本气候的季节性特征来反映实际状况，以雄安新区为例，在全球范围内探索最适宜的园林植物引种地。

1.4 研究方法

选择全球城市气候指标为研究对象，分为6大区域，即亚洲、欧洲、非洲、中北美、南美和太平洋西南区域，气候因子包括日平均最低温度（℃）、日平均最高气温（℃）、平均降水量（mm）和平均降水日数(d)。收集到各项气候因子的城市1570个，18840条记录。雄安新区气候资料来源于雄安新区气象局。

1.5 结果与分析

以雄安新区各气候因子水平为基准计算欧式距离。结果如表1所示：亚洲区域城市的总体平均距离最为接近，依次为中北美、欧洲、非洲、西南太平洋和南美。其中，亚洲与中北美的气候相似距离最短，这与东亚温带地区和中北美温带地区的气候最为相似的事实相符，在一定程度上也反映了两大区域的树种间亲缘关系最为紧密，存在着鹅掌楸（*Liriodendron*）、山核桃（*Carya*）、冬青（*Ilex*）、凌霄（*Campsis*）、梓树（*Catalpa*）、稠李（*Padus*）、枫香（*Liquidambar*）、鹅耳栎（*Carpinus*）、爬墙虎（*Parthenocissus*）、夏蜡梅（*Calycanthus*）、楤木（*Aralia*）、毛核木（*Symphoicarpus*）、马醉木（*Piecis*）、流苏（*Chionanthus*）、桂花（*Osmanthus*）、十大功劳（*Mahonia*）等间断分布种，为园林植物引种驯化的种质资源选择与交流提供了有利条件。

1.5.1 亚洲区域

国内与雄安新区气候最相似的城市依次为保定、天津、北京、石家庄、济南和唐山这6座城市，其距离均在1.000以内，是气候条件最为相似的核心

全球区域城市样本数量与平均距离值 表1

序号	全球区域	城市数量	平均距离值 ± 标准差
1	亚洲区域	253	5.797 ± 2.347
2	中北美区域	293	6.573 ± 2.013
3	欧洲区域	450	8.766 ± 1.372
4	非洲区域	205	10.488 ± 1.852
5	西南太平洋区域	246	10.768 ± 2.029
6	南美区域	122	13.468 ± 1.890

引种区域。

其次，东起大连至沈阳一线，北经呼和浩特、包头，西至太原、阳泉，南达郑州、商丘、徐州一线，此区域内的距离值在2.500以内，为次适宜引种区域。

其他国外亚洲城市相似度较高的主要集中于我国边境附近的东亚地区，依次是东边的朝鲜平壤（1.976）、韩国首尔（2.141）、江陵（2.268），以及西侧蒙古达兰扎达嘎德（2.589）和哈萨克斯坦阿拉木图（2.269）等，均属于次适宜引种区域。其他中亚和西亚的大部分城市相似距离较远，为不适宜引种区。

1.5.2　欧洲区域

欧洲各城市与雄安新区的相似距离较大，最小相似距离城市为俄罗斯联邦境内贝加尔湖南岸的伊尔库茨克（4.852）和石勒喀河上游的阿金斯科耶（5.084），其他城市与雄安新区的相似距离均大于5.000。

1.5.3　非洲区域

非洲城市相似性距离值比欧洲更大，气候条件基本上无相似性。最近距离城市为北非东部的阿尔及利亚贝莎尔（6.085）和利比亚塞布哈（6.302）。非洲地区温度和降水条件与华北平原存在很大差异，首先是年均温比华北要高，几乎没有寒冷的冬季。其次，干湿季也与我国华北地区相反。

1.5.4　中北美区域

中北美城市与雄安新区的相似距离较小，是全球区域中气候条件距离较为接近的地区，尤其以美国与加拿大西部边境的平原地区最为相似，如美国北达科他州米诺特（3.225），南达科他州拉皮德城（3.837），蒙大拿州海伦娜（3.905）、博兹曼（3.922）和比尤特（4.106），以及加拿大梅迪辛哈特（3.856）等。

1.5.5　南美区域

南美区域是与雄安新区气候相似距离最远的区域，气候条件、地理环境、植物区系均迥然不同，极少具有可引种的园林植物。

1.5.6　西南太平洋区域

西南太平洋岛屿与南美区域相比，平均距离相对较小，但距离绝对值仍然较大，也基本上不存在适合引种的园林植物。

1.6　结论与讨论

（1）雄安新区所在华北平原的主要季节性气候特征是冬春季干旱。

这种温带冬季干旱气候在北半球同纬度只见于我国华北平原、中亚哈萨克丘陵以及北美中西部平原三大区域，故气候状况相似的区域和城市较少。华北平原常见行道树种有银杏（Ginkgo biloba）、圆柏（Sabing chinensis）、油松（Pinus tabuliformis）、黑松（P. thunbergii）、雪松（Cedrus deodara）、云杉（Picea asperata）、国槐（Sophora japonica）、刺槐（Robinia pseudoacacia）、白蜡树（Fraxinus chinensis）、臭椿（Ailanthus altissima）、毛白杨（Populus tomentosa）、河北杨（P. hopeiensis）、新疆杨（P. alba var. pyramidalis）、银白杨（P. alba）、旱柳（Salix matsudana）、馒头柳（S. matsudana var. matsudana f. umbraculifera）、垂柳（S. babylonica）、合欢（Albizia julibrissin）、栾树（Koelreuteria paniculata）、二球悬铃木（Platanus acerifolia）、榆树（Ulmus pumila）、五角枫（Acer pictum subsp. mono）、梓树（Catalpa ovata）、苦楝（Melia azedarach）、构树（Broussonetia papyrifera）、毛泡桐（Paulownia tomentosa）、白花泡桐（P. fortunei）、女贞（Ligustrum lucidum）、楸树（Catalpa bungei）、桑树（Morus alba）、梧桐（Firmiana simplex）等。

（2）降水条件是雄安新区园林植物全球引种地首要考虑的因子。

同纬度中北美地区气候季节性与我国华北平原之间存在明显不同的主要原因是降水条件的显著差异。以上区域常见园林树种有西黄松（Pinus ponderosa）、苏格兰松（P. sylvestris）、狐尾松（P. longaeva）、刺柏（Juniperus formosana）、欧洲刺柏（J. communis）、落基山圆柏（J. scopulorum）、蓝叶云杉（Picea pungens）、白云杉（P. glauca）、美国白蜡树（Fraxinus americana）、洋白蜡（F. pennsylvanica）、欧洲白蜡（F. excelsior）、黑梣（F. nigra）、花梣（F. ornus）、水曲柳（F. mandshurica）、美国榆（Ulmus americana）、美洲椴木（Tilia americana）、心叶椴（T. cordata）、大叶椴（T. platyphyllos）、紫叶稠李（Prunus virginiana）、山桃稠李（P. maackii）、银白槭（Acer saccharinum）、挪威槭（A. platanoides）、红花槭（A. rubrum）、复叶槭（A. negundo）、糖槭（A. saccharum）、朴树（Celtis sinensis）、苹果属（Malus spp.）、苦栎（Quercus cerris）、大果栎（Q. macrocarpa）、北美红栎（Q. rubra）、欧洲水青冈（Fagus sylvatica）、美国皂角（Gle-

ditsia triacanthos）、加拿大皂荚（*G. dioica*）、欧洲花楸（*Sorbus aucuparia*）、艳丽花楸（*S. decora*）、美洲黑杨（*Populus deltoides*）、钻天杨（*P. nigra var. italica*）、黑核桃（*Juglans nigra*）、无毛漆树（*Rhus glabra*）、五蕊柳（*Salix pentandra*）、洋丁香（*Syringa vulgaris*）、美国悬铃木（*Platanus occidentalis*）、美国梓树（*Catalpa bignonioides*）、欧洲七叶树（*Aesculus hippocastanum*）等，大多与我国华北地区的树种属于相同的科属，反映出两地植物种间较近的亲缘关系。

2 全国城市的园林树种规划

随着社会的发展，时代的更迭，科技的进步，学科的影响，专业的立足空间需要挖掘、梳理和记录下来，扬弃地对待中华人民共和国成立 70 年以来，尤其是改革开放 40 年来风景园林的探索发展，抛弃浮华、错误和伪科学，继承科学、理性、可持续的学科内涵。

2.1 中国园林植物区划的历史与演化

北京林业大学陈有民教授在参考了地理区划、气候区划、土壤区划、植被区划、林业区划相关科研成果的基础上，积极吸收国外有关经验，借鉴了美国农业部（USDA）以冬季最低气温平均值分区和植物耐寒性区划、1967 年哈佛大学阿诺德树木园公布的美国加拿大耐寒区划、美国柯罗凯特（J. U. Crockett）提出的美加常绿树木栽培区划和美国野生花卉园区划、英国卡尔（David Carr）提出的英伦三岛和美国共同气候区划、德国克鲁斯门（Gerd Krüssman）欧洲耐寒性区划以及日本森林植物带区划等相关知识，"中国城市园林绿化树种区域规划"采用指标叠置法，应用 687 个气象台站平均最低温度、最冷月平均温度、年极端最低温度及其出现日期、最热月平均温度、平均极端最低温度，按比例在地图上绘制等值线图，将有关图进行叠置，校正后得出全国城市园林绿化树种区划图[2-3]。

2.2 中国园林绿化树种区域

在综合研究分析各种自然因素和现代科学技术措施的基础上，将规划区域内的城市聚类划分为 11 个大区 20 个分区，11 个区的边界、各区内的主要城市、各区内的主要园林树种也进行了规划。

Ⅰ. 寒温带绿化区：大兴安岭及小兴安岭北部分区；Ⅱ. 温带绿化区：东北中部平原及山地分区，北蒙分区，北疆分区；Ⅲ. 北暖温带绿化区：东北南部平原及华北北部山地、高原分区，大西北分区；Ⅳ. 中暖温带绿化区：华北北部平原及黄土高原分区；Ⅴ. 南暖温带绿化区：华北南部平原、秦岭北部及川北分区；Ⅵ. 北亚热带绿化区：华中北部（平原、丘陵及秦巴地区）分区；Ⅶ. 中亚热带绿化区：华中南部（东南丘陵、四川盆地、云贵高原）分区；Ⅷ. 南亚热带绿化区：华南分区，台湾北部分区；Ⅸ. 热带绿化区：台湾南部分区，广东南端及海南岛分区，滇西南分区，南海诸岛分区；Ⅹ. 温带荒漠区；Ⅺ. 青藏高原绿化区：青藏温带及寒漠分区，青藏北温带及寒漠分区，青藏中暖温带及寒漠分区，青藏南暖温带及寒漠分区。

3 适应未来气候的上海园林树种选择

园林树木对气候变化的响应极为敏感，通过感知花期的提前或推迟，生长期的延长或缩短可证实这种变化。近 30 年来，城市的升温速度远比全球平均升温幅度剧烈。几乎所有欧洲城市的早春花期物候都比农村提前。我国北方城市受冬季变暖影响，物候也明显提前，延长了城市树木的生长季。上海早春由于气候变暖和热岛效应，市区木本植物花期比郊区平均提前了 2.2 天。树木年轮研究证实，由气候变化引起的中欧城市干旱，对不同树种产生了不同程度的影响，挪威槭（*Acer platanoides*）和欧亚槭（*A. pseudoplatanus*）的生命活力逐渐下降[4]。

响应气候变化有两种应对策略，即"减缓性策略（mitigation strategy）"与"适应性策略（adaptive strategy）"。减缓性策略是通过植树造林、生态修复等主动性措施来缓解气候变化的影响。适应性策略则属于被动性措施，气候变化在长时期内持续发生作用，减缓性策略难以扭转气候变化，不得不采取适应性策略来应对气候变化，抗逆树种是应对高温、干旱、内涝、风害、病虫害、海平面上升等各种极端气候事件，降低对树木造成潜在威胁。因此，选择气候最适性树种，保障城市树木健康适应性策略显得尤为迫切。

关于城市树木气候适应性策略研究，通过制定相应的脆弱性评估（vulnerability assessment）为改善城市园林管理提供了一种新的契机[5]。2009年，德国Roloff教授用气候—物种矩阵（climate-species matrix）综合评估了中欧地区园林树木的抗寒性和抗旱性[6]，提出了适应中欧地区气候变化的城市树木管理对策。同年，在美国费城进行了一项园林树种气候适应性评估，为园林树木的病虫害风险管理提供了有益建议[7]。2014年，芝加哥地区制定了"城市树木气候变化应对框架"，借助对当地树木的脆弱性评估，制定了面向未来的适应性管护策略[8]。气候适应性策略的关键问题在于高适应性树种的选择。希腊地中海克里特岛通过的一项脆弱性评估表明，近期需改变部分树种种类和种植结构，可以适应未来气候变化引起的内涝风险[9]。

本文通过对上海1961~2015年这55年间40种园林树种气候适应性的定量化评估，探讨一下气候变化对其健康生长产生的潜在影响，为适应未来气候变化的园林树种选择和科学管理提供依据。

3.1　研究区域

上海是中国东部特大城市，人口2400万，面积6340.5km²，属亚热带海洋性季风气候。自然植被为亚热带常绿阔叶林和落叶阔叶混交林。由于长期的人为干扰，原生植被已基本不存或零散残存。自开埠以来，一直从全国各地和世界范围引种培育各类园林植物，以丰富其物种多样性。

3.2　研究方法与数据来源

采用物种分布模型（species distribution model，SDM）来量化各个树种的最适气候因子。SDM假定气候因子是物种的环境限制与偏好，通过量化气候幅度来确定物种的潜在适生范围[10]。模型排除了一些假设条件，不包括生物间相互作用、当地适应和现有物种范围的扩散限制，园林树种栽培管理往往会尽量排除其他干扰因子。由于SDM很大程度上依赖于地理分布数据，输出结果对初始假设、数据输入和建模方法都很敏感，有其优势也有其局限性，案例证明，SDM用于探讨物种对气候变化的预测具有可行性。

根据生物气候相似性原理，虽然树种的现实分布区不一定就是其最适生存地区，树种原产地分布的宽窄与树种适应性大小并非具有同等的意义，但种源地与引种地二者之间的相似程度是可以作为树

种引种依据。每个物种的生存和生长都有其最低、最适、最高生长三基点，自然分布可反映物种对不同环境条件的耐受力。

SDM的建模步骤首先是从世界范围内对40种目标树种的地理分布进行广泛而全面的信息收集，然后查找其地理分布所在区域的气候因子数据，构建树种气候因子数据库，确定树种最适气候范围。最后，采用欧式距离计算各树种的气候最适因子与上海气候指标之间的差距，对树种在上海不同年际（1961~1990年与1986~2015年）和不同区域（市区、郊区、全市平均）的气候适应性作出评估。

3.3　气候数据

气候数据来源于上海市气象信息中心，分为1961~1990年与1986~2015年的两个气候年（各30年）的月值气温和降水数据，包括市区（徐家汇）和郊区（宝山、嘉定、浦东、青浦、闵行、南汇、松江、奉贤、金山、崇明）共11个站点，基本覆盖了上海市域全部陆地范围。

3.4　树种选择与地理分布

选取上海40种园林树种为研究对象（表2），标准以在绿地中承担的功能为依据，主要包括：①行道树和庭荫树；②群落建群种；③具有较高观花、观叶、观果功能的树种；④近些年从国外引进，具有新优潜质的树种。

树种分布数据来源于中国数字植物标本馆（Chinese Virtual Herbarium，CVH）和全球生物信息机构网站（Global Biodiversity Information Facility，GBIF）。40个树种在中国和全球分布的地理坐标记录15667条，除全缘叶栾树（30）和红豆树（47）样本数量较少外，其他树种的有效样本量均>50，基本上可以代表各树种的自然地理分布。将分布范围5%与95%的值界定为有效气候值（Effective Climate Value）[11]。其中，乐昌含笑、白栎、红豆树、花楸木等10种仅在我国有分布信息，而弗吉尼亚栎和红花檵在我国几乎没有分布信息。

3.5　树种气候因子

选取9项与树木生长相关的气候因子，包括：①年均温（Annual mean temperature，AMT，℃）；②年均生物温度（Annual biotemperature，ABT，℃，

上海40种园林树种的用途与分布信息 表2

编号	种	缩写	功能与用途	CVH	GBIF	合计
1	银杏 *Ginkgo biloba*	GB	观叶 Foliage tree	195	332	527
2	广玉兰 *Magnolia grandiflora*	MG	行道树 Street tree	49	346	395
3	乐昌含笑 *Michelia chapensis*	MC	观花 Flower tree	52	0	52
4	含笑 *M. figo*	MF	观花 Flower tree	121	19	140
5	鹅掌楸 *Liriodendron chinense*	LC	观叶 Foliage tree	106	12	118
6	玉兰 *Yulania denudata*	YD	观花 Flower tree	150	10	160
7	香樟 *Cinnamomum camphora*	CC	行道树 Street tree	272	220	492
8	天竺桂 *C. japonicum*	CJ	庭荫树 Shade tree	33	40	73
9	白栎 *Quercus fabri*	QF	建群种 Constructive tree	273	0	273
10	麻栎 *Q. acutissima*	QA	建群种 Constructive tree	291	83	374
11	弗吉尼亚栎 *Q. virginiana*	QV	新优 New and potential tree	0	149	149
12	榉树 *Zelkova serrata*	ZS	行道树 Street tree	55	126	181
13	朴树 *Celtis sinensis*	CS	庭荫树 Shade tree	234	123	357
14	梧桐 *Firmiana simplex*	FS	观叶 Foliage tree	143	42	185
15	悬铃木 *Platanus × acerifolia*	PA	行道树 Street tree	54	165	219
16	红豆树 *Ormosia hosiei*	Oho	庭荫树 Shade tree	47	0	47
17	花榈木 *O. henryi*	Ohe	庭荫树 Shade tree	95	0	95
18	刺槐 *Robinia pseudoacacia*	RP	建群种 Constructive tree	157	1794	1951
19	无患子 *Sapindus saponaria*	SS	行道树 Street tree	153	852	1005
20	复羽叶栾树 *Koelreuteria bipinnata*	KB	行道树 Street tree	104	0	104
21	全缘叶栾树 *K. paniculata* 'Integrifoliola'	KPI	行道树 Street tree	30	0	30
22	七叶树 *Aesculus chinensis*	ACh	观叶 Foliage tree	31	141	172
23	三角枫 *Acer buergerianum*	AB	观叶 Foliage tree	167	210	377
24	樟叶槭 *A. coriaceifolium*	ACor	庭荫树 Shade tree	304	299	603
25	梣叶槭 *A. negundo*	AN	观叶 Foliage tree	76	2	78
26	五角枫 *A. pictum* ssp. *mono*	APM	观叶 Foliage tree	98	44	142
27	红花槭 *A. rubrum*	AR	新优 New and potential tree	85	0	85
28	柚 *Citrus maxima*	CM	观果 Fruit tree	77	2267	2344
29	柑橘 *C. reticulata*	CR	观果 Fruit tree	219	22	241
30	紫薇 *Lagerstroemia indica*	LI	观花 Flower tree	3	1626	1629
31	南酸枣 *Choerospondias axillaris*	CHA	庭荫树 Shade tree	197	11	208
32	黄连木 *Pistacia chinensis*	PCh	观叶 Foliage tree	296	119	415
33	枫香树 *Liquidambar formosana*	LF	观叶 Foliage tree	296	19	315
34	毛叶山桐子 *Idesia polycarpa* var. *vestita*	IPV	观果 Fruit tree	82	0	82
35	乌桕 *Triadica sebifera*	TS	观叶 Foliage tree	419	264	683
36	重阳木 *Bischofia polycarp*	BPo	行道树 Street tree	80	0	80
37	冬青 *Ilex chinensis*	ICh	观果 Fruit tree	197	32	229
38	桂花 *Osmanthus fragrans*	OF	观花 Flower tree	217	23	240
39	构树 *Broussonetia papyrifera*	BPa	庭荫树 Shade tree	422	344	766
40	光皮梾木 *Cornus wilsoniana*	CW	建群种 Constructive tree	51	0	51
总计	/	/	/	5931	9736	15667

Holdridge）；③温暖指数（Warmth index，WI，℃·month，Kira）；④最冷月平均气温（Min temperature of coldest month，MTCM，℃）；⑤最热月平均气温（Max temperature of warmest month，MTWM，℃）；⑥年均降水量（Annual precipitation，AP，mm）；⑦最湿月平均降水量（Precipitation of the wettest month，PWM，mm）；⑧最干月平均降水量（Precipitation of the driest month，PDM，mm）；⑨干湿指数（Humid/arid index，HI，Bailey）。其中，种源地 AMT 和 AP 是物种水平上适应性的保守性估计；ABT 和 WI 指示树种生长季所需的有效热量，是限制树种向北分布的主要气候因子；MTCM 和 MTWM 分别指示树种分布的气温最低和最高极限值；PWM 和 PDM 反映降水的极限；HI 表征气温和降水的综合气候特征。

根据树种气候分布特征，按半峰宽（Peak width at half height，PWH）计算法，确定每个树种各项气候因子的最适范围 RANGE$_{opt}$。

其中，ABT、WI、HI、PWH 与 RANGE$_{opt}$ 的计算公式如下：

$$ABT=\frac{1}{12}\sum t_i \qquad (1)$$

$$WI=\sum(t_j-5) \qquad (2)$$

$$HI=\sum_{h=1}^{12}H_h \qquad (3)$$

$$PWH=2.354*S \qquad (4)$$

$$RANGE_{opt}=[\overline{X}-PWH/2,\ \overline{X}+PWH/2] \qquad (5)$$

式中，t_i 为（0，30）的月均温，最高为 30℃；t_j 为 >5℃ 的月均温；其中，$H_h=0.18r/1.045^t$，r 为月降水量，t 为月均温，PWH 为半峰宽值，S、$\overline{X}$、$RANGE_{opt}$ 分别代表各项气候因子的标准差、均值和最适范围。

3.6 结果与分析

3.6.1 1961~1990 年与 1986~2015 年间上海的气候变化

（1）气温变化

20 世纪 90 年代以来，上海气温持续偏高。全市平均气温由 15.5℃上升至 16.6℃。干季（11~5 月）与湿季（6~10 月）气温上升都比较明显，主要反映在市郊之间的温差变化上（表 3）。

上海气温 1961~1990 年与
1986~2015 年的变化　　表 3

上海气温变化	年均（℃）	干季（℃）	湿季（℃）
市郊之间气温变化	0.477/0.791	1.902/0.373	1.407/0.411
市区之间气温变化	1.421/0.693	1.632/0.598	1.125/0.654
郊区之间气温变化	1.017/0.349	1.206/0.181	0.753/0.289
全市平均气温变化	1.054/0.308	1.244/0.147	0.787/0.244

近 55 年来的增温特征是普遍性和整体性的，无论干湿季，还是市区、近郊以及远郊之间，都表现出明显的气温升高趋势，尤其城市热岛效应最为突出。总体上，上海逐渐趋暖的气候条件对树木生长是有利的。

（2）降水变化

与温度相比，上海降水的变化更为明显。年均降水量由 1990 年的 1086.0mm 上升至 1198.9mm（表 4）。

上海降水 1961~1990 年与
1986~2015 年的变化　　表 4

上海降水变化	年均（mm）	干季（mm）	湿季（mm）
市郊之间降水变化	6.69/0.486	4.49/0.691	34.35/0.049*
市区之间降水变化	11.25/0.604	4.67/0.718	20.46/0.567
郊区之间降水变化	9.23/0.105	3.22/0.441	17.63/0.044*
全市平均降水变化	9.41/0.088	3.36/0.395	17.89/0.035*

* 表示 p < 0.05。

上海近 30 年降水偏多，且集中发生于夏秋湿季。未来降水量可能还将继续保持稳定的增加趋势，这对喜湿树种的生长更为有利。

3.6.2 气候因子最适范围分析

通过 9 个气候因子最适范围的统计（图 2），40 种园林树种的 AMT 和 ABT 与上海气候均值非常接近，大致反映出这 40 种园林树种在上海地区的生长基本上是适应的，另一方面也说明这 40 种园林树种可以代表上海当地园林树种的平均气候特征。

温度方面，大部分树种的 AMT 在上海地区处于最适范围。仅有柚、弗吉尼亚栎和无患子的 AMT 最适范围下限值高于上海各时期上限，五角枫的 AMT 低于 1961~1990 年间上海平均下限值，梣叶槭和刺槐则低于 1986~2015 年间平均下限值，表明上海地区的温度尚不能满足它们的最适生长条件。

花榈木、含笑、乐昌含笑、香樟、柑橘、重阳木、南酸枣等树种的 ABT 最适下限值由前 30 年的

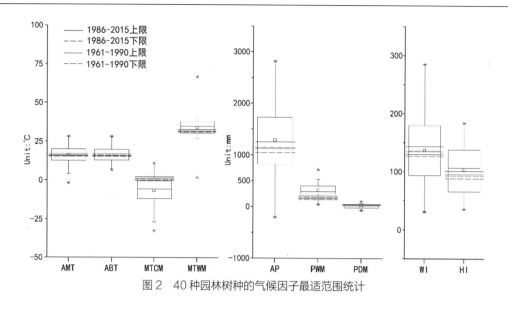

图2 40种园林树种的气候因子最适范围统计

小于1.0℃升高度为大于1.0℃，表明近年来上海地区的增温大幅度提高了南方树种在上海的适生性。相对的，五角枫、梣叶槭、刺槐的ABT最适范围上限值逐年来渐低于上海温度下限，表明在未来继续变暖的情景下，这3种树种已不能达到最适生长条件，可能不适合大面积推广种植，其他存在潜在影响的树种还有银杏、榉树、红花槭等北方树种。

银杏和五角枫的WI值分别低于前30年和近30年的平均下限值，表明上海地区的积温条件对银杏和五角枫而言是相对较热的。所有树种的MTCM最适值下限均低于上海平均下限，表明各树种均能在上海正常越冬，不受冬季冻害威胁。几乎所有树种的MTWM平均值都大于33℃，弗吉尼亚栎的MTWM最适下限值甚至高于上海近30年平均上限，类似的还有无患子、柚、天竺桂等树种，其MTWM最适下限高于1961~1990年间的平均上限值，表明这些树种对上海夏季极端高热干旱气候具有高度的适应性。

降水方面，花楸木与天竺桂的AP最适范围下限值高于上海近30年平均上限值，乐昌含笑与含笑则高于前30年平均上限值，表明上海地区的年均降水量对这些树种而言仍略显不足，而其他树种的AP均在最适范围内。除广玉兰、五角枫、银杏、弗吉尼亚栎、悬铃木、刺槐、梣叶槭、红花槭的PWM最适下限低于上海地区平均上限外，其他树种的PWM均高于上海地区平均水平，说明上海雨季降水量对大部分树种而言并不充沛，特别是受副热带高压影响下，上海夏季伏旱气候对大部分树种的生长存在潜在威胁。所有树种的PDM最适范围下限值

均低于上海各时期平均下限，说明所有树种在干季均有一定的耐干性。除天竺桂的HI最适上限值略高于上海地区外，其他树种在上海地区均处于最适范围内，表明近年来上海趋于温暖湿润的气候条件对各个树种的生长是有利的。

3.6.3 园林树种气候类型划分

标准差（Standard deviation，SD）大小可用于检测气候因子对树种分布的限制作用的大小，SD最小的气候指标是限制该树种分布的主要气候因子。由表5可知，ABT和HI的SD分别在温度（0.698）和降水（8.549）上最小，故可作为主要的气候限制因子。

40种园林树种气候因子均值与标准差　表5

气候指标	均值	标准差SD
ABT（℃）	3.137	0.698
AMT（℃）	3.442	1.476
MTCM（℃）	4.610	2.363
MTWM（℃）	3.883	3.966
HI	31.484	8.549
WI（℃·month）	40.664	11.423
PDM（mm）	22.172	12.448
PWM（mm）	68.754	22.903
AP（mm）	401.063	183.362

以ABT和HI为坐标轴，对40种树种进行气候类型划分，大致可分为4类（图3），分别为炎热干燥气候型、温暖湿润气候型、温凉干燥气候型和温凉湿润气候型。

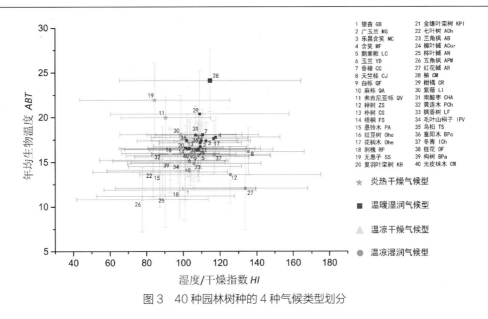

图3 40种园林树种的4种气候类型划分

3.6.4 上海气候变化与园林树种最适性排序

为探讨上海气候变化对园林树种适生性的影响，采用欧式距离计算各树种9项气候因子最适值与上海气候的综合差距，然后分别与上海前30年（1961~1990年）和近30年（1986~2015年）市区、郊区、全市平均气候进行比较（图4），对各个树种在上海的最适性作出综合评估。

结果显示，前30年上海郊区的气候条件最适宜温凉干燥气候型树种生长，悬铃木排名第一；其次，温凉湿润气候型的树种次之；而温暖湿润型树种除樟叶槭排名较高外，其他树种均居于中等偏下部；炎热干燥气候型树种居末。

在全市平均水平上，最适排名仅个别树种略有变化，但由于市区温度升高和降水趋势的增强，温凉湿润型和温暖湿润型树种排名整体前移，而温凉干燥型却整体后退。其中，悬铃木、麻栎、七叶树、银杏等树种的排名下降最为剧烈，含笑、枫香、南酸枣的排名则迅速上升。

近30年，以悬铃木为代表的温凉干燥型树种，除毛叶山桐子外，已几乎全部退出前半部。温暖湿润型树种与温凉湿润型树种则交替占据前列，其中，含笑、花楸木、香樟、南酸枣上升均超过10名以上。在全市平均水平上，温暖湿润型的个别树种，如花楸木和南酸枣，继续小幅上升，温凉干燥型树种持续后退。

市区内，温暖湿润型树种已占据绝对优势，香樟、重阳木、乐昌含笑、花楸木等高降水需求的树种迅速提前。但是，同为温暖湿润型的复羽叶栾

树、樟叶槭则可能由于稍偏干燥气候而排名下降。温凉湿润型树种，如鹅掌楸、白栎、冬青则表现出较明显的下降趋势。温凉干燥气候型树种持续大幅退后。

炎热干燥型树种一直居于排名底部，但是，近30年市区的气候变化促使弗吉尼亚栎排名上升了11位，接近中等水平。[12]

4 园林植物群落的小气候特征

植物群落是城市绿地建设的基本构成单元。在城市绿地中，游人采取不同的行为方式即游人行为，融入植物环境。游人行为是公园环境最真实的反映，是检验公园服务能力的重要指标。群落光环境，即群落中植物冠层特性和外界环境因子造成的群落光照的特征和变化与游人行为关系的研究较少。本文选取上海辰山植物园作为研究对象，研究植物群落与游人行为相互性。

4.1 实验方法及内容

4.1.1 研究区概述

上海佘山植物园占地面积207.63hm²，是植物种类较多、群落结构多样的专用绿地。

4.1.2 群落选取

选取光环境特征各异的5个群落，群落面积均为10m×10m。5个群落除群落冠层结构、群落光环境有所差异之外，在区位、景观特征、设施配置基本一致，以排除其他因素对游人行为偏好的影响。

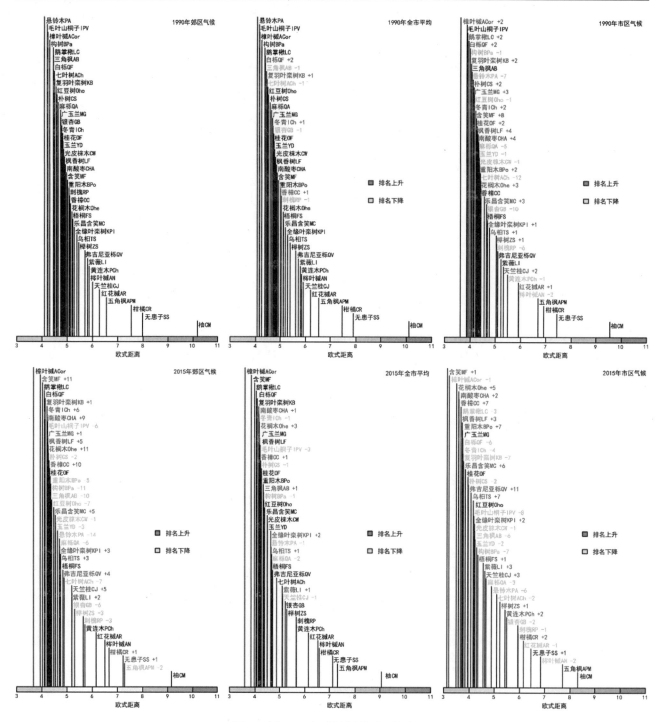

图 4　上海 40 种园林树种的最适性序列

4.2　实验方法

群落光环境特征测定：群落光环境数据采集与处理采用英国开发的 Hemiview 林地冠层数字分析仪，通过 180° 鱼眼镜头和数码相机从植物冠层下方向上取像，为了排除地面草本层的干扰，拍摄高度为 1.5m，为了消除太阳直射产生的巨大光斑，拍摄时间为 2017 年 7 月 6 日上午 8：30~9：30，天气晴朗，每个群落选择 4 个角点和中心点作为拍摄点，每一点每次拍 3 张照片。同一样点重复拍照时尽量不要挪动位置，从而减少位置移动带来的误差，并尽可能减少不同拍照地点获取的照片视野交叉，以保证调查结果能够反映整个样地的实际情况。拍照时保持相机平稳，镜头朝上，可得到一张半球面林冠影像。

群落特征记录：记录 5 个植物群落的群落结构、

植被类型，拍摄群落整体照片。与上述群落光环境测定获得的冠层照片组合得到群落特征描述表（表6）。

游人行为观测：游人行为数据的获取在7月份进行，选择天气状况分别为晴天、阴天、雨天的天气各三天，采用行为观测的方法直接对五个群落一天内游客量、活动类型对应游人数量进行观察并记录。

人的户外活动可以分为必要性活动、自发性活动以及社会性活动，本研究观察到游人的行为分为自发性活动（包括休憩、交谈、欣赏风景、摄影、亲水、躲雨）以及社会性活动（包括野营、亲子活动）两大类。

4.3 数据分析

群落光环境数据分析：使用 Hemiview 冠层分析系统作为全天光照片的处理软件。在参数设置中输入样地经度、纬度坐标和海拔高度以及时间、天气状况，分析数字化图片从而得到林冠上下层光合光量子通量密度（Photosynthetic Photon Flux Density，PPFD）、总透光比（VisSky）以及叶面积指数（Leaf area index，LAI），对这些群落光环境特征指标处理得到表7。

游人行为数据分析：运用软件 Excel 2016 对样

群落特征描述表　　　　　　　　　　　　　　　　　　表6

群落类型	群落结构	植被类型	群落照片	冠层特征
群落 A	乔 – 草	池杉、无患子、香蒲、狗牙根		
群落 B	乔 – 草	无患子、垂柳、芦苇、狗牙根		
群落 C	乔 – 草	池杉、茅草、旱伞草、狗牙根		
群落 D	乔 – 灌 – 草	枫杨、乌桕、木槿、狗牙根		
群落 E	乔 – 草	枫杨、狗牙根		

群落光环境指标特征表　　　　表7

群落类型	叶面积指数	总透光比	冠层下的总直接辐射/冠层上的总直接辐射	冠层下的总辐射/冠层上的总辐射
群落 A	0.527	0.575	0.55	0.56
群落 B	0.747	0.477	0.32	0.33
群落 C	0.980	0.376	0.26	0.27
群落 D	1.126	0.320	0.36	0.36
群落 E	1.447	0.237	0.17	0.17

本数据进行整理和计算，得到游人聚集度。（游人聚集度，指各个群落中游人一天聚集的数量占五个群落游人一天聚集的总数量的比值，用以度量游人对于各个群落的偏好性。）

4.4　结果与分析

4.4.1　叶面积指数与其他群落光环境指标的相关性

通过对叶面积指数与总透光比、冠层下的总直接辐射/冠层上的总直接辐射、冠层下的总辐射/冠层上的总辐射进行相关性分析表明：群落的叶面积指数与总透光比、冠层下的总直接辐射/冠层上的总直接辐射、冠层下的总辐射/冠层上的总辐射均呈现显著负相关（表8），因此，在后文的分析中直接以叶面积指数表征群落光环境。

4.4.2　游人聚集度与群落光环境的相关性

植物群落的光环境明显影响游人的活动和聚集，不同光环境的群落中游人聚集的程度不同。如图5~图8所示，总体来说：相比于雨天，晴天与阴天游人更偏好在植物群落空间内活动，游人的聚集度更高。在晴天，温度较高，太阳辐射较强，游人偏好

在叶面积指数较大的群落内活动，群落 D 的游人三天的总聚集度达到所有五类群落中最大，每一天的游人聚集度也达到比较高的水平。阴天由于天气的原因导致一天内各时段太阳辐射的变化不大，但总体太阳辐射都较弱。游人明显更乐意聚集在开阔的群落中，随着叶面积指数的增大，游人三天总的聚集率呈现递减的趋势。叶面积指数最小的 A 群落是游人阴天聚集的首要选择。雨天出行不便，游人数量剧减，游人的聚集程度与叶面积指数呈现正相关，大多数的游人多喜欢在郁闭度高的空间中聚集，用以避雨等。这时叶面积指数小的群落无法为游人提供良好的躲雨空间，聚集人数每一天都很少。

综合上述分析，初步结论为：

（1）植物群落空间的光环境对于游人的聚集度有很大的影响；

（2）在场地与设施条件相似的植物群落空间中，游人在外部环境光照较弱的情况下更倾向于选择开阔的区域开展活动，在外部环境光照较强的情况下则倾向于选择较为郁闭的区域；

（3）当游人对植物群落空间具有特殊需求时，即使这些空间的光环境非常不理想，依然选择至该区域开展活动。例如雨天外部环境光强较弱，但是游人出于躲雨的特殊需求，仍然会偏好选择叶面积指数较大、较为郁闭的区域聚集。

4.4.3　活动类型与群落光环境的相关性

植物群落空间内游人的行为类型多样，对于植物群落光环境特征的需求也有所差异，不同天气条件下游人行为类型差异较大。本文综合行为类型、聚集人数等特征，考虑到行为类型的普遍性和多样性，选择晴天研究活动类型与群落光环境的相关性。

叶面积指数与其他群落光环境指标的相关性　　　　表8

		叶面积指数	总透光比	冠层下的总直接辐射/冠层上的总直接辐射	冠层下的总辐射/冠层上的总辐射
叶面积指数	相关性	1	/	/	/
	显著性（双尾）	/	/	/	/
总透光比	相关性	−0.993**	1	/	/
	显著性（双尾）	0	/	/	/
冠层下的总直接辐射/冠层上的总直接辐射	相关性	−0.878**	0.868**	1	/
	显著性（双尾）	0	0	/	/
冠层下的总辐射/冠层上的总辐射	相关性	−0.893**	0.885**	0.999**	1
	显著性（双尾）	0	0	0	/

** 相关性在 0.01 层上显著（双尾）。

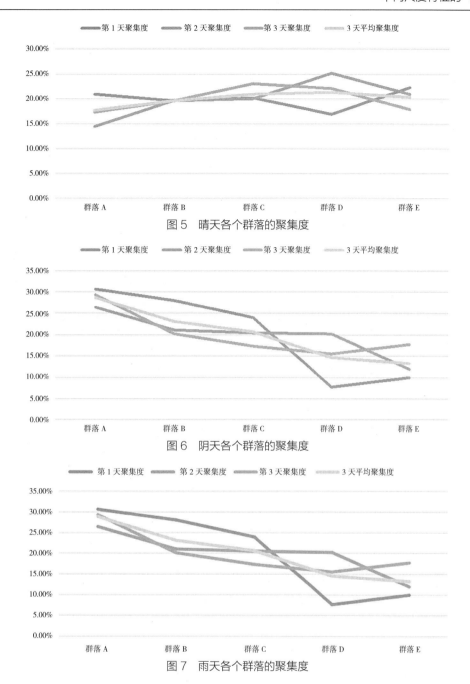

图5　晴天各个群落的聚集度

图6　阴天各个群落的聚集度

图7　雨天各个群落的聚集度

不同活动类型聚集度　　　　　　　　　　　　　表9

		群落类型	休憩	交谈	欣赏风景	摄影	野营	亲水	亲子活动
第1天	聚集度	群落 A	2.2%	4.8%	5.7%	3.1%	0.0%	3.9%	1.3%
		群落 B	1.3%	5.7%	3.5%	2.2%	1.3%	3.1%	2.6%
		群落 C	3.5%	6.6%	1.7%	4.8%	0.0%	2.2%	1.3%
		群落 D	3.9%	5.7%	3.1%	1.7%	0.0%	1.7%	0.9%
		群落 E	1.3%	7.4%	3.5%	5.2%	0.9%	0.9%	3.1%
第2天	聚集度	群落 A	1.7%	3.8%	4.3%	2.1%	0.0%	1.3%	1.3%
		群落 B	1.7%	4.7%	3.8%	3.0%	0.9%	2.1%	3.4%
		群落 C	2.6%	7.2%	2.6%	5.1%	0.9%	1.7%	0.0%
		群落 D	7.2%	7.2%	1.7%	3.0%	0.0%	3.4%	2.6%
		群落 E	2.1%	6.4%	3.8%	1.7%	2.1%	0.9%	3.8%

续表

		群落类型	休憩	交谈	欣赏风景	摄影	野营	亲水	亲子活动
第3天	聚集度	群落 A	1.4%	3.7%	4.2%	4.2%	0.0%	1.4%	2.3%
		群落 B	3.2%	3.2%	3.2%	2.3%	1.9%	2.8%	2.8%
		群落 C	5.1%	5.6%	4.2%	1.9%	0.9%	5.1%	1.4%
		群落 D	2.8%	6.9%	2.3%	4.2%	0.0%	4.2%	1.4%
		群落 E	2.8%	6.0%	2.3%	2.3%	1.4%	1.9%	0.9%
总计	聚集度	群落 A	5.3%	12.3%	14.1%	9.4%	0.0%	6.6%	4.9%
		群落 B	6.3%	13.6%	10.6%	7.5%	4.0%	8.0%	8.8%
		群落 C	11.1%	19.3%	8.5%	11.8%	1.8%	9.0%	2.7%
		群落 D	13.9%	19.9%	7.1%	8.9%	0.0%	9.3%	4.8%
		群落 E	6.2%	19.8%	9.6%	9.3%	4.4%	3.6%	7.8%

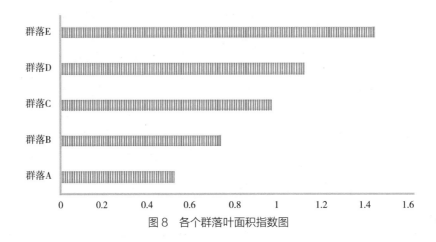

图 8 各个群落叶面积指数图

通过对晴天三天的数据进行统计分析（表 9），寻找对应的群落光环境需求特征。

（1）休憩

休憩活动是游憩过程中产生的停留。休憩活动的偏好与人本身的状态相关，也与群落光环境、景观设施等息息相关。分析比较晴天三天的数据，休憩活动多发生在群落 C、群落 D 中，休憩活动的聚集度达到 11.1%、13.9%，是其他群落的两倍左右。休憩活动对于群落光环境的需求为叶面积指数在 0.8~1 较为合适。

（2）交谈

交谈活动是植物群落空间内游人重要的活动类型。游人的交谈活动是群落空间里发生最多的活动。交谈活动在不同群落空间内差异显著，对比晴天三天的统计数据发现：游人晴天三天更愿意在群落 C、D、E 中交谈，三天总的聚集率分别为 19.3%、19.9% 和 19.0%，三类群落中交谈活动的差异不显著。而在叶面积指数小于 0.8 的群落 A、B 中交谈的游人

较少，可能的原因是晴天太阳辐射过高，群落叶面积指数过小时群落内太阳辐射较强，影响游人的交谈舒适性，可认为交谈活动的群落光环境需求为群落叶面积范围为 0.8~1.5 较为合适。

（3）欣赏风景

欣赏风景是游人游园的主要目标之一，也是群落空间内发生的主要活动类型。考虑到欣赏风景需要开阔的视野和通透的视线，游人更偏好在叶面积指数小、植物郁闭度低的群落中进行。连续三天在叶面积指数最小的群落 A 中，游人参与欣赏风景活动的人数都是最大的。其余群落空间内游人欣赏风景的人数都有所下降。因此，可认为欣赏风景最适的群落光环境需求为群落叶面积在 0.5 左右较为合适。

4.5 总结与展望

目前在规划设计中往往忽略植物群落空间对于游人行为的意义。群落空间作为游人活动的一类空间，直接决定了游人各类活动开展的可能性与质量。

公园内群落搭配的合理否，直接影响游人的聚集和活动。以不同群落光环境下游人的行为偏好为研究对象，对三类群落空间典型活动提出活动适宜群落光环境，分别是休憩（LAI：0.8~1）、交谈（LAI：0.8~1.5）、欣赏风景（LAI：0.5左右），主要结论对于规划设计具有一定的借鉴意义。在规划设计中，功能分区划分下，游人的行为类型有所界定。同时参考不同的行为类型适宜的群落光环境，可以科学合理地配置群落，提高群落空间的使用价值和游客的满意度。本文的数据全部来源于夏季，其他季节可能存在不同的可能性，有待进一步研究。[13]

小气候的研究室在大气候（全球气候、国土气候、区域气候和城市气候）的影响下，往往住人的身体、生理、心理舒适度要受到大气候的影响，本文的四个方面是一个中心，未来气候的研究要向宏观和微观两个方向发展，目前的研究可以作为经典小气候适应性的内容，未来向宏观小气候学和微观小气候学发展。愿舒适的小气候让科研更富有奇趣。

参考文献

［1］陆鼎煌，袁嘉祖.应用模糊相似优选比区划中国油橄榄引种分布 [J].北京林学院学报，1982（4）：1-13.

［2］陈有民.中国园林绿化树种区域规划 [M].北京：中国建筑工业出版社，2006.

［3］王国玉，白伟岚，梁尧钦.我国城镇园林绿化树种区划研究新探 [J].中国园林，2012，28（2）：5-10.

［4］Gillner S, Rüger N, Roloff A, et al. Low relative growth rates predict future mortality of common beech (*Fagus sylvatica L.*) [J]. Forest Ecology and Management, 2013, 302: 372-378.

［5］ORDÓÑEZ C, DUINKEr P N. Climate change vulnerability assessment of the urban forest in three Canadian cities [J]. Climatic Change, 2015, 131（4）: 531-543.

［6］ROLOFF A, Korn S, Gillner S. The Climate-Species-Matrix to select tree species for urban habitats considering climate change[J]. Urban Forestry & Urban Greening, 2009, 8（4）: 295-308.

［7］YANG J. Assessing the impact of climate change on urban tree species selection: a case study in Philadelphia [J]. Journal of Forestry, 2009, 107（7）: 364-372.

［8］BRANDT L, DERBY L A, FAHEY R, et al. A framework for adapting urban forests to climate change [J]. Environmental Science & Policy, 2016（66）: 393-402.

［9］KOURGIALAS N N, KARATZAS G P. A flood risk decision-making approach for Mediterranean tree crops using GIS; climate change effects and flood-tolerant species[J]. Environmental Science & Policy, 2016（63）: 132-142.

［10］MILLER J. Species Distribution Modeling [J]. Geography Compass. 2010, 4（6）: 490-509.

［11］MCKENNEY D W, PEDLAR J H, LAWRENCE K, et al. Beyond Traditional Hardiness Zones: Using Climate Envelopes to Map Plant Range Limits [J]. Bioscience, 2007, 57（11）: 929-937.

［12］刘鸣，张德顺.近55年气候变化对上海园林树种适应性的影响 [J].北京林业大学学报，2018，40（9）：107-117.

［13］章丽耀，张德顺.群落光环境特征对于游人行为偏好的而影响研究 [C]// 中国风景园林学会 2017 年会论文集（风景园林与"城市双修"）[C].北京：中国建筑工业出版社，2017：554-558.

Study on Climate and microclimate with different scale characteristics

Zhang Deshun[1], Cao Yige[2], Liu Kun[3], Li Qingyang[4], Liu Ming[5], Zhang Liyao[6], Wu Xue, Yao Chiyuan[7*]

1. Department of Landscape Study, CAUP, Tongji University & Key Laboratory of Ecology and Energy-saving Study of Dense Habitat (Tongji University);
2. College of Soil and Water Conservation, Beijing Forestry University;
3. College of Landscape Architecture, Nanjing Forestry University;
4. College of Forestry, Shandong Agricultural University;
5. Postdoctoral of Faculty of Natural Resources, Dresden University of Technology, Germany;
6. Landscape designer of Hangzhou Landscape Design Co., Ltd.;
7. Landscape Designer of Shanghai Landscape Design and Research Co., Ltd.

Abstract: Since the approval of the key research project of National Natural Science Foundation of China (Project number: 51338007; Topic: Research on design theory and method of landscape architecture response to microclimate suitability in urban livable environment) in 2014, the logical demonstration of field survey, model simulation and virtual simulation have been carried out in the three types of landscape green space with point, line and area separately. The analysis and reasoning in the spatiotemporal dynamics of physical, physiological and psychological comfort, and the dialectical analysis on the factor change rules of plane space, vertical characteristics and interactive interface have been implemented. We are facing the challenge of how to enlarge its application in practical issues, and in the meantime, improving its methods and precision. Based on summarizing the previous work, it is suggested that microclimate should be overlapped with mesoclimate and macroclimate, e.g., the global scale of fuzzy recognition, the Territorial space scale of zoning, the city scale of clustering and the site scale of planting design. The introduction and domestication, adaptation and taming, succession and evolution of landscape plants with climate are taken as the objectives, and the climatology and microclimate theory are closely integrated with the practices of landscape architecture. Through extending the view shelter of microclimate research and closing the fusion to the discipline carrier. "Microclimate" is becoming the real "macroclimate" of landscape architecture research and teaching, and has becoming the core engine to raise the academic level of the discipline by this stimulus.

Keywords: different scales; characteristic; climate; microclimate

Since the approval of the key research project of National Natural Science Foundation of China (Implementation period: 2014~2018; Topic: Research on design theory and method of landscape architecture response to microclimate suitability in urban livable environment), basic theoretical researches

* key research project of National Natural Science Foundation of China " Research on design theory and method of landscape architecture response to microclimate suitability in urban livable environment" (NO.51338007), National Natural Science Foundation of China " Selection Mechanism of Landscape Tree Species Response to Drought Habitats in Urban Green Space" (NO.31770747) and Teaching Reform Project of Tongji University.

on microclimate space, experimental method and data analysis of urban landscape architecture have been carried out successively. The graphic language, technology integration, assessment mode and designing strategy of urban livable landscape microclimate adaptability in cold winter and hot summer and cold regions have been elaborated after hundreds of tests on nine patterns in three categories of urban landscape space, such as square, street, waterfront space and residential area in Shanghai and Xi'an. Theoretically, the rules of microclimate mechanism and human-sensitive thermal dynamic physics are found, and theoretical framework of landscape architecture "dynamic thermal environment" is founded. Technically, guided by the planning and designing of landscaping, combined with engineering practice, 8 landscape space design guidelines for square, street, waterfronts, and residential areas are compiled in the experimental areas in two cities. During research, 4 post-doctors, 6 doctors, 79 masters have been successfully finished their thesis. So far, microclimate research need to be explored widely and deeply. There are four research dimensions on climate and microclimate illustrated as below.

1 Landscape plant selection based on fuzzy recognition method of the global scale

1.1 Fuzzy comprehensive evaluation method

Fuzzy comprehensive evaluation is an effective decision-making method evaluated by the system that is affected by multiple factors. Based on fuzzy mathematical comprehensive evaluation and fuzzy synthetic and membership principle, it transfers fuzzy phenomenon with obscure boundary to quantitative evaluation, and analyzes objects and systems influenced by multiple factors. Characteristic of clear results and strong systematisms, it is applied to solve fuzzy, non-quantitative and undetermined problems. The criterions of adaptable provenance are difficult to determine because its selection is a relative conceptual, affected by various factors. As a fuzzy category, the selection can

be measured by applying fuzzy mathematical method to establish fuzzy comprehensive evaluation. One of examples is the introduction of olive (*Olea europaea*) from the Mediterranean to carry out the earliest plantation zoning in China [1].

1.2　Model and procedures

The core is to determine factor set, remark set, factor weight set, memberships matrix and fuzzy evaluation model (Fig.1) .

Procedures are demonstrated as below. Firstly, factor set and remark set of the evaluated objects are determined, and then factor weight set and membership matrix established to obtain fuzzy evaluation matrix, lastly operators selected to implement fuzzy comprehensive operation of fuzzy evaluation matrix and factor weigh vector, so that the results of fuzzy comprehensive evaluation are obtained.

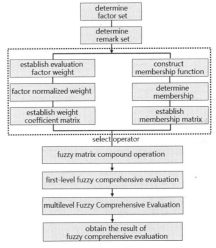

Fig.1　Flow chart of fuzzy evaluation

1.3　Global plantation selection of landscape plants in Xiong'an New District (XAND) based on climate analogy

The theory of climate analogy is widely applied in various disciplines including agriculture, forestry, ecology, horticulture, landscaping, etc. To explore the adaptability of landscape species to climate change. The previous researches just focused on comparison analysis of each climatic factor between target sample and comparison samples, which neglected the fact that climatic factors vary in seasons. Therefore, with the large discrepancy from real state, the results are difficult to reveal the specific seasonal climatic characteristics and rules, and guide practical application completely.

In this study, the climatic factors of temperature and precipitation were adopted each-month in recent 30 years to take full account of climatic seasonal characteristics in each sample, thus revealing real state. XAND, as an example, was the plantation to explore the introduction of optimal landscape plants on the global scale.

1.4 Method

Global urban climatic factor indexes were selected, including daily average minimum temperature, daily average maximum temperature, average precipitation amount and average precipitation days whereby six regions were formed, namely Asia, Europe, Africa, Central North America, South America and southwest Pacific Ocean. 18840 records of climatic factors in 1570 cities were collected, of which climatic data of XAND came from local meteorological bureau.

1.5 Results and analysis

Euclidean distance was measured based on each climatic factor in XAND (Tab. 1). The results showed the overall average distances between Asian cities and XAND were closest, followed by those of Central North America, Europe, Africa, Southwest Pacific Ocean and South Africa, of which shortest similarity distance was showed in Asia and Central North America, in line with the fact of the most similar climate between East Asia temperate zone and Central North America temperate zone. It is suggested far more close interspecific relationships between two regions

to some extent where disjunction species exist, such as Liriodendron, Carya, Ilex, Campsis, Catalpa, Padus, Liquidambar, Mahonia, Parthenocissus, Calycanthus, Aralia, Symphoicarpus, Piecis, Chionanthus, Osmanthus, Carpinus, etc., providing the favorable conditions for selection and exchange of landscape plants.

1.5.1 Asian region

Baoding, Tianjin, Beijing, Shijiazhuang, Jinan and Tangshan, successively, were the cities with the most similar climate to XAND in China, at a distance of within 1.000, and become the core introduction sites. Secondly, from Dalian to Shenyang in the East, through Hohhot and Baotou in the north, to Taiyuan and Yangquan in the west, and Zhengzhou, Shangqiu and Xuzhou in the south, the area were the secondary introduction sites with the distance of less than 2.500. And other Asian cities, like Pyongyang, North Korea (1.976), Seoul, South Korea (2.141) and Jiangling (2.268) in the West, Dalanzadagad, Mongolia (2.589) and Almaty, Kazakhstan (2.269) in the North, were the secondary introduction sites with the similar climate near our China border in East Asia. The rest cities in Central Asia and West Asia were not suitable for introduction sites due to far similarity distance.

1.5.2 European region

The similarity distances between Europen cities and XAND were much further. The closest cities were Irkutsk (4.852) on the south bank of Baikal Lake and Aginskoe (5.084) and on the upper reaches of Shilka River in the Russian Federation, and the distances of other cities were more than 5.000.

1.5.3 African region

The similarity distances of African cities were

Sample number and average distance of global regional cities　　　　Tab.1

No.	Global region	City number	Mean distance ± standard deviation
1	Asian region	253	5.797 ± 2.347
2	Central North American region	293	6.573 ± 2.013
3	European region	450	8.766 ± 1.372
4	African region	205	10.488 ± 1.852
5	Southwest Pacific Ocean region	246	10.768 ± 2.029
6	South American region	122	13.468 ± 1.890

further than that of European cities without similar climatic conditions between them. The closest cities were Beisal, Algeria（6.085）and Sebuha, Libya（6.302）in eastern North Africa. There are huge differences in temperature and precipitation between Africa and North China Plain. First, annual average temperature in Africa, almost without cold winter, is higher than that in North China Plain. Secondly, dry and wet seasons are opposite between two regions.

1.5.4　Central North American region

The similarity distances between cities in Central North America and XAND was closer with more similar climatic conditions globally, especially the plains on the western border of the United States and Canada, such as Minot, North Dakota（3.225）, Rapid, South Dakota（3.837）, Helena, Montana（3.905）, Bozeman（3.922）, Butte（4.106）, and Medicine Hat, Canada（3.856）, etc.

1.5.5　South American region

The similarity distances between cities in South American and XAND were furthest with the significant differences in climatic scenario, geographical environments and flora. Therefore, few landscape plants can be introduced from it.

1.5.6　Southwest Pacific Ocean region

The similarity distance of Southwest Pacific Ocean Region was closer compared with South American region, but the absolute value of distance was still larger. As a result, landscape plants can barely be introduced.

1.6　Conclusion and discussion

（1）Main seasonal climate in North China Plain are characteristic of aridity in winter and spring.

The winter-arid climate in temperate zone are only found in North China plain, Central Asia Kazak hill and central and western North America plain on the same altitude of northern atmosphere, thus few regions and cities have the similar climate. The popular street trees in North China Plain are *Ginkgo biloba*, *Juniperus chinensis*, *Pinus tabuliformis*, *P. thunbergii*, *Cedrus deodara*, *Picea asperata*, *Sophora japonica*, *Robinia pseudoacacia*, *Fraxinus chinensis*, *Ailanthus altissima*, *Populus tomentosa*, *P. hopeiensis*, *P. alba* var. *pyramidalis*, *P. alba*, *Salix matsudana*, *S. matsudana* var. *matsudana* f. *umbraculifera*, *S. babylonica*, *Albizia julibrissin*, *Koelreuteria paniculata*, *Platanus acerifolia*, *Ulmus pumila*, *Acer pictum ssp. mono*, *Catalpa ovate*, *Melia azedarach*, *Broussonetia papyrifera*, *Paulownia tomentosa*, *P. fortune*, *Ligustrum lucidum*, *Catalpa bungei*, *Morus alba*, and *Firmiana simplex*.

（2）Precipitation condition is the top priority of global introduction sites selected for landscape plants in XAND.

The significant difference in seasonal climate between Central North America and China plain on the same altitude is due to precipitation condition. The popular landscape trees in Central North America are Pinus ponderosa, P. sylvestris, P. longaeva, Juniperus formosana, J. communis, J. scopulorum, Picea pungens, P. glauca, Fraxinus americana, F. pennsylvanica, F. excelsior, F. nigra, F. ornus, F. mandshurica, Ulmus americana, Tilia americana, T. cordata, T. platyphyllos, Prunus virginiana, P. maackii, Acer saccharinum, A. platanoides, A. rubrum, A. negundo, A. saccharum, Celtis sinensis, Malus spp., Quercus cerris, Q. macrocarpa, Q. rubra, G. dioica, Populus deltoids, Rhus glabra, Salix pentandra, Syringa vulgaris, Aesculus hippocastanum, Platanus occidentalis, and Catalpa bignonioides. Most of them belong to the same genera and family with theses in North China plain, demonstrating the closer relationship of species between two regions.

2　Landscape plant planning in national cities of China

With development of society, change of times, progress of technology and influence of discipline, the professional footholds need to be tapped, organized and recorded, exploration and development be treated scientifically since 70 years of the founding of China, especially 40 years of reform and opening-up, error and pseudoscience be abandoned, scientific, rational and sustainable connotation of discipline be inherited.

2.1 History and evolution of landscape plant zoning in China

Prof. Chen Youmin from Beijing forestry university, after referring to scientific research accomplishment relevant to zoning plan of geography, climate, soil, vegetation, forestry, actively absorbed experience and knowledge from abroad and published a book named "Regional Zoning of Landscape Tree Species in China". The documentations he used for reference include zoning of the minimum winter temperature and plant cold hardiness proposed by USDA, cold hardiness zoning of Canada and the United States by Arnold Arboretum of Harvard University in 1967, zoning of American and Canadian evergreen tree cultivation and zoning of American wild flower garden by J.U. Crockett, USA, community climate zoning of Britain and the United States by David Carr, cold hardiness zoning of Europe and forest zoning of Japan by Gerd Krüssman. Based on index superposition method, average minimum temperature, average temperature of the coldest month, annual extreme minimum temperature and its occurrence date, average temperature of the hottest month and average extreme minimum temperature from 687 meteorological stations were applied to draw contour map proportionally, thus obtaining China landscape greening tree species zoning after superposition calibration[2-3].

2.2 Regional zoning of landscape tree species in China

The city cluster in the planning region is divided into 11 regions and 20 sub-regions, based on comprehensive research and analysis of each natural factor and modern science and technology.

（1）Cold temperate greening zone: North sub-region of the Greater Khingan Mountains and the Lesser Khingan Mountains;

（2）Temperate greening zone: central Northeast Plain and mountain sub-region, North Mongolia sub-region and North Xinjiang sub-region;

（3）North warm temperate greening zone: southern Northeast Plain, northern North China Mountain and Plateau sub-region, northwest sub-region;

（4）Central warm temperate greening zone: northern North China Plain and Loess plateau sub-region;

（5）South warm temperate greening zone: South North China Plain, North Qinling and North Sichuan sub-region;

（6）North subtropical greening zone: North Central China sub-region（plain, hills and Qinba）;

（7）Central subtropical greening zone: South Central China sub-region（southeast hills, Sichuan Basin, Yunnan-Guizhou Plateau）;

（8）South subtropical greening zone: South China sub-region, North Taiwan sub-region;

（9）tropical greening zone: South Taiwan sub-region, south Guangdong and Hainan sub-region, Southwest Yunnan sub-region, South China Sea Islands sub-region;

（10）temperate desert zone;

（11）Qinghai-Tibet plateau greening zone: Qinghai-Tibet temperate zone and cold desert sub-region, North Qinghai Tibet temperate zone and cold desert sub-region, Qinghai-Tibet central warm temperate zone and cold desert sub-region, Qinghai Tibet south warm temperate zone and cold desert sub-region.

3 Selection of landscape plant species adapted to future climate in Shanghai

The response of landscape trees to climate change is very sensitive, which can be confirmed by sensing the advance or postponement of flowering and the extension or shortening of growing period. In recent 30 years, the urban warming rate is dramatically higher than global level, leading to earlier spring florescence in almost all the European cities than rural areas. Influenced by warming winter, phenology is also obviously advanced, growing season of urban trees extended in northern cities in China. Owing to warming climate and urban heat island （UHI）effect, the florescence of woody plants in the downtown is 2.2 days earlier than that in suburb in early spring of Shanghai. Tree ring study confirms that urban drought in Central Europe caused by climate change has different effects on different tree species, and the life vitality of *Acer platanoides* and *A. pseudoplatanus* decrease gradually [4].

There are two coping strategies in response to climate change, namely, mitigation strategy and adaptive strategy. The mitigation strategy is to mitigate the impact of climate change through active measures, like afforestation, ecological restoration whereas adaptive strategy is passive one. However, being influenced by climate change in a long period of time, mitigation strategy is difficult to reverse climate change, and then adaptive strategy has to be adopted to cope with it. Stress-resistant trees are used to cope with various extreme weather events such as heat wave, drought, waterlogging, wind damage, pests and diseases, sea level rise, etc., which reduces the potential threats to trees. It is, therefore, absolutely imperative to choose the most suitable tree species to ensure the healthy adaptive strategy of urban trees.

In terms of study on climate adaptive strategy of urban trees, vulnerability assessment is made to provide a new opportunity for the improvement of urban landscape management[5]. In 2009, Andreas Roloff made a comprehensive evaluation of the cold and drought resistance of landscape trees in Central Europe via Climate-Species-Matrix [6], and put forward urban tree management countermeasures adapted to the climate change in Central Europe. In the same year, Yang evaluated climate adaptability of landscape trees in Philadelphia, USA, providing useful suggestions for the risk management of diseases and insect pests of landscape trees [7]. In 2014, by means of vulnerability assessment of local trees, "Urban Tree Climate Change response framework" was developed, which is adaptive management and protection strategy for the future [8]. The key problem of climate adaptive strategy lies in selection of highly adaptive tree species. According to a vulnerability assessment conducted by Crete in the Mediterranean, Greece, a part of tree species and planting structures need to be changed recently, thus adapting to the risk of waterlogging induced by future climate change[9].

In this study, in light of quantitative assessment of climate adaptability for 40 landscape tree species in Shanghai during the 55 years from 1961 to 2015, the potential impact of climate change on their healthy growth was explored to offer selection and scientific management of landscape tree species for future climate change adaption.

3.1 Experimental sites

Shanghai is a mega city in the east of China, with population of 24 million and area of 6340.5km^2. It features subtropical marine monsoon climate and natural vegetation of subtropical evergreen broad-leaved forest and deciduous broad-leaved mixed forest. Due to long-term human disturbance, the primary vegetation has been basically absent or scattered. Since the opening of Shanghai port, various landscape plants have been introduced from all over the country and the world to enrich their species diversity.

3.2 Methods and data sources

Species Distribution Model (SDM) is adopted to quantifying the optimum climatic factors of each tree species, which assumes that climatic factors are environmental limitations and preferences of species and potential adaptive ranges of species are determined by quantifying climate scopes [10]. The model excludes some assumptions such as biological interaction, local adaptation and diffusion limitation of the existing species, and planting and management of landscape species would rule out other disturbance factors as much as possible. Mostly relying on geographic distribution data, the output results of SDM are sensitive to initial assumptions, data input and modeling methods, with its advantages and limitations. The case proves that SDM is feasible to explore the prediction of species to climate change.

Based on the principle of bioclimatic similarity, the similarity between provenances and introduction sites can be used as the basis for tree species introduction, though the actual distribution area of tree species is not necessarily the most suitable survival area and the amplitude of the original distribution of tree species is not equivalent to adaptability of tree species either. Each species has three cardinal points for survival and growth, namely, the minimum, medial and maximum, thus the natural distribution can reflect the tolerance of species to different environmental conditions.

The first step of SDM modeling was to collect extensive and comprehensive information on the geographical distribution of 40 target species worldwide. Then, the climatic factor data of the geographical distribution area were searched to construct climatic factor database and determine the optimum climatic range of tree species. Finally, the differences between the climate optimum factor of each tree species and the climate index of Shanghai were calculated through Euclidean distance to make an evaluation to the climate adaptability of tree species in different periods (1961~1990 and 1986~2015) and different regions (the downtown, the suburb and overall city) of Shanghai.

3.3 Climate data

Monthly temperature and precipitation data of 1961~1990 and 1986~2015 (30 years, respectively) were selected among climate data from Shanghai Meteorological Information Center, in which 11 stations were included, namely, urban area (Xujiahui) and suburban area (Baoshan, Jiading, Pudong, Qingpu,

Minhang, Nanhui, Songjiang, Fengxian, Jinshan and Chongming), covering basically all the land area of Shanghai.

3.4 Tree species selection and geographical distribution

40 landscape tree species were selected (Tab. 2) on the basis of the functions undertaken in green space, which were classified as four categories: 1) street trees and shade trees; 2) constructive species; 3) trees with high landscape values of flower, foliage and fruit; 4) potentially new-superior trees introduced from abroad in recent years.

Through species distribution data from Chinese Virtual Herbarium (CVH) and Global Biodiversity Information Facility (GBIF), 15667 records of geographical coordinates of 40 tree species distribution were determined in China and the world. In addition to *Koelreuteria paniculata* 'Integrifoliola' (30) and *Ormosia hosiei* (47) with smaller sample size, the effective sample size of other tree species (more than 50) were basically able to represent their natural geographical distribution. Based on effective climate value (5% and 95% of the distribution range) [11], 10 species are only distributed in China, such as Michelia chapensis, Quercus fabri, Ormosia hosiei, O. henryi, whereas Quercus virginiana and Acer rubrum have little distribution information.

Function and distribution information of 40 landscape trees in Shanghai   Tab.2

Number	Species name	Abbreviation	Function and use	CVH	GBIF	Sum
1	*Ginkgo biloba*	GB	Foliage tree	195	332	527
2	*Magnolia grandiflora*	MG	Street tree	49	346	395
3	*Michelia chapensis*	MC	Flower tree	52	0	52
4	*M. figo*	MF	Flower tree	121	19	140
5	*Liriodendron chinense*	LC	Foliage tree	106	12	118
6	*Yulania denudata*	YD	Flower tree	150	10	160
7	*Cinnamomum camphora*	CC	Street tree	272	220	492
8	*C. japonicum*	CJ	Shade tree	33	40	73
9	*Quercus fabri*	QF	Constructive tree	273	0	273
10	*Q. acutissima*	QA	Constructive tree	291	83	374
11	*Q. virginiana*	QV	New-superior tree	0	149	149
12	*Zelkova serrata*	ZS	Street tree	55	126	181

Continued

Number	Species name	Abbreviation	Function and use	CVH	GBIF	Sum
13	*Celtis sinensis*	CS	Shade tree	234	123	357
14	*Firmiana simplex*	FS	Foliage tree	143	42	185
15	*Platanus × acerifolia*	PA	Street tree	54	165	219
16	*Ormosia hosiei*	Oho	Shade tree	47	0	47
17	*O. henryi*	Ohe	Shade tree	95	0	95
18	*Robinia pseudoacacia*	RP	Constructive tree	157	1794	1951
19	*Sapindus saponaria*	SS	Street tree	153	852	1005
20	*Koelreuteria bipinnata*	KB	Street tree	104	0	104
21	*K. paniculata* 'Integrifoliola'	KPI	Street tree	30	0	30
22	*Aesculus chinensis*	ACh	Foliage tree	31	141	172
23	*Acer buergerianum*	AB	Foliage tree	167	210	377
24	*A. coriaceifolium*	ACor	Shade tree	304	299	603
25	*A. negundo*	AN	Foliage tree	76	2	78
26	*A. pictum* ssp. *mono*	APM	Foliage tree	98	44	142
27	*A. rubrum*	AR	New-superior tree	85	0	85
28	*Citrus maxima*	CM	Fruit tree	77	2267	2344
29	*C. reticulata*	CR	Fruit tree	219	22	241
30	*Lagerstroemia indica*	LI	Flower tree	3	1626	1629
31	*Choerospondias axillaris*	CHA	Shade tree	197	11	208
32	*Pistacia chinensis*	PCh	Foliage tree	296	119	415
33	*Liquidambar formosana*	LF	Foliage tree	296	19	315
34	*Idesia polycarpa var. vestita*	IPV	Fruit tree	82	0	82
35	*Triadica sebifera*	TS	Foliage tree	419	264	683
36	*Bischofia polycarp*	BPo	Street tree	80	0	80
37	*Ilex chinensis*	ICh	Fruit tree	197	32	229
38	*Osmanthus fragrans*	OF	Flower tree	217	23	240
39	*Broussonetia papyrifera*	BPa	Shade tree	422	344	766
40	*Cornus wilsoniana*	CW	Constructive tree	51	0	51
Total	/	/	/	5931	9736	15667

3.5　Species climatic factors

10 climatic factors regarding tree growth were selected including annual mean temperature (AMT), annual biotemperature (ABT), warmth index (WI), minimum temperature of coldest month (MTCM), maximum temperature of warmest month (MTWM), annual precipitation (AP), precipitation of the wettest month (PWM), precipitation of the driest month (PDM), Humid/arid index (HI). AMT and AP are adaptively conservative estimates at the species level; ABT and WI indicate the effective heat needed for tree species in growing season and the main climatic factor

limiting northward distribution of tree species; MTCM and MTWM indicate the lowest and highest temperature limitation of tree species distribution, respectively; PWM and PDM reflect the limitation of precipitation; HI means the comprehensive climate characteristics of temperature and precipitation.

According to the climate distribution characteristics of tree species and calculation method of peak width at half height (PWH), the optimum ranges of each climate factor for each tree species (RANGE$_{opt}$) were determined. The formulas describing relationships between *ABT、WI、HI、PWH* 与 *RANGE*$_{opt}$ are as expressed in Eqs. (1) ~ (5).

363

$$ABT = \frac{1}{12}\sum t_i \qquad (1)$$

$$WI = \sum (t_j - 5) \qquad (2)$$

$$HI = \sum_{h=1}^{12} H_h \qquad (3)$$

$$PWH = 2.354 * S \qquad (4)$$

$$RANGE_{opt} = [\overline{X} - PWH/2,\ \overline{X} + PWH/2] \qquad (5)$$

Where t_i is the monthly average temperature between 0~30℃, the highest 30℃; t_j is the monthly average temperature of >5℃; $H_h = 0.18r/1.045^t$, r is the monthly average precipitation, t is the monthly average temperature; PWH is the peak width at half height; and S、$\overline{X}$、$RANGE_{opt}$ represent the standard deviation, mean value and optimum range of each climatic factors, respectively.

3.6 Results and Analysis

3.6.1 Climate change in Shanghai during 1961–1990 and 1986–2015

（1）Temperature changes

Since the 1990s, the temperature in Shanghai had been at the high level rising from 15.5℃ to 16.6℃. The more obvious rising in temperature in dry season（November to May）and wet season（June to October）mainly reflect the temperature difference between the urban and suburban area（Tab. 3）.

In recent 55 years, the characteristics of warming are universal and integrated. An obvious trend of temperature increasing was showed whether in the dry and wet seasons or in the urban, suburban and outer suburban areas, especially the UHI effect was more prominent. On the whole, the warming climate in Shanghai is favorable for the growth of trees.

（2）Precipitation changes

Compared with temperature, precipitation changes were more obvious in Shanghai with the average annual precipitation increasing from 1086.0 mm in 1990 to 1198.9 mm（Tab. 4）.

In recent 30 years, more precipitation in Shanghai had been showed in wet season like summer and autumn. In the future, precipitation will continue to increase steadily, which is more beneficial for the growth of wet-loving trees.

3.6.2 Analysis of optimum range of climatic factors

Through the statistics of optimum range of 9 climatic factors（Fig. 2）, the AMT and ABT in 40 landscape species were very close to average value of Shanghai, which roughly reflects that these 40 species are basically adaptable for the growth in Shanghai, and on the other hand, can represent the average climate characteristics of the local landscape species in Shanghai as well.

Temperature changes between 1961–1990 and 1986–2015 in Shanghai　　　　Tab.3

Temperature changes in Shanghai	Annual average（℃）/Sig.	Dry season（℃）/Sig.	Rainy season（℃）/Sig.
Temperature changes between urban and suburban areas	0.477/0.791	1.902/0.373	1.407/0.411
Temperature changes between urban areas	1.421/0.693	1.632/0.598	1.125/0.654
Temperature changes between suburban areas	1.017/0.349	1.206/0.181	0.753/0.289
Temperature changes at average	1.054/0.308	1.244/0.147	0.787/0.244

Precipitation changes between 1961–1990 and 1986–2015 in Shanghai　　　　Tab.4

Precipitation changes in Shanghai	Annual average（mm）/Sig.	Dry season（mm）/Sig.	Wet season（mm）/Sig.
Precipitation changes between urban and suburban areas	6.69/0.486	4.49/0.691	34.35/0.049*
Precipitation changes between urban areas	11.25/0.604	4.67/0.718	20.46/0.567
Precipitation changes between suburban areas	9.23/0.105	3.22/0.441	17.63/0.044*
Precipitation changes at average	9.41/0.088	3.36/0.395	17.89/0.035*
Note：* means p < 0.05	/	/	/

* means $p < 0.05$.

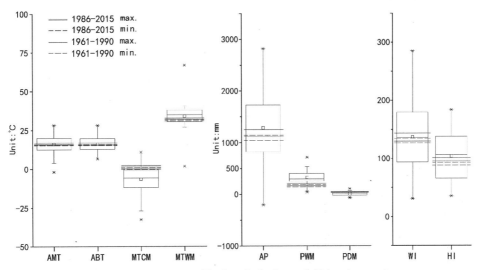

Fig.2   Optimum range of 9 climatic factors of 40 landscape trees

In terms of temperature, *AMT* of most tree species was in the optimum scope in Shanghai. Only the lower limits of *ATM* in *C.* maxima, *Q. virginiana* and *S. saponaria* were found higher than the upper limit of Shanghai in each period, whereas *ATM* in *A. pictum* ssp. *mono* and *A. negundo*, *R. pseudoacacia* was lower than the average lower limit in 1961–1990 and 1986–2015, respectively, indicating that the temperature in Shanghai can't meet their optimum growth conditions.

The optimum lower limits of *ABT* in *O. henryi*, *M. figo*, *M. chapensis*, *C.camphora*, *C. reticulata*, *B. polycarp*, *B. polycar* increased from < 1.0℃ in the past 30 years up to > 1.0℃, indicating that in recent years, the warming has greatly improved the adaptability of warmer-liking tree species in Shanghai. In contrast, the optimum upper limits of *ABT* in *A. pictum* ssp. *mono*, *A. negundo* and *R. pseudoacacia* had been gradually lower than the lower limit of Shanghai temperature year by year, which indicates that under the situation of continuous warming in the future, these three tree species can't reach the optimum growth conditions, and may not be suitable for large-scale planting in Shanghai. Some other colder-liking tree species, such as *G.biloba*、*Z. serrata*、*A. rubrum* would be potentially influenced as well.

The *WI* values of *G. biloba* and *A. pictum* ssp. *mono* were lower than the average lower limit values in the previous 30 years and recent 30 years, respectively, demonstrating that the accumulated temperature conditions

in Shanghai are relatively high for them. The optimum lower limits of *MTCM* in all tree species were lower than the average lower limit of Shanghai, showing that each tree species can survive the winter in Shanghai without being threatened by the freeze injury in winter. The mean values of *MTWM* in almost all tree species were higher than 33℃, except for *Q. virginiana* and *S. saponaria*, *C. maxima*, *C. japonicum* whose lower limits of *MTCM* were higher than the average upper limit of Shanghai in recent 30 years and the year 1961–1990, respectively, which shows that these tree species have a high adaptability to the extremely hot and dry climate of Shanghai in summer.

In terms of precipitation, the optimum lower limits of *AP* in *O. henryi*, *C. japonicum* and *M. chapensis*, *M. figo* were higher than the average upper limit of Shanghai in recent 30 years and previous 30 years, respectively, indicating that the average annual precipitation in Shanghai is still slightly insufficient for these species, while *AP* in other species was within the optimum scope. Most of the species had higher *PWM* than the average level of Shanghai, except for *M. grandiflora*, *A. pictum* ssp. *mono*, *G. biloba*, *Q. virginiana*, *Platanus* × *acerifolia*, *R. pseudoacacia*, *A. negundo*, *A. rubrum*, whose optimum lower limits were lower than the average upper limits of Shanghai, indicating precipitation in wet season of Shanghai is not abundant for most tree species. Especially influenced by the subtropical high and potentially threatened by the drought climate of summer in Shanghai, the optimum lower limits of *PDM* in all the species were lower than the average lower limit of each period in Shanghai, showing they have certain drought-tolerance in dry season. Except for the slightly higher upper limit of *HI* in *C. japonicum* than that in Shanghai, other species were in the optimum scope, which indicates that the warm and humid climate in Shanghai is favorable for the growth of each tree species in recent years.

3.6.3 Classification of climate types of landscape tree species

Standard deviation (*SD*) can be used to detect the limiting effect of climatic factors on the distribution of tree species where the smallest *SD* of climatic factors is the main climatic factor that limits the distribution of tree species. It was found in Tab.5 that *ABT* and *HI* were the main climatic limiting factors with the smallest SD in temperature (0.698) and precipitation (8.549), respectively.

With *ABT* and *HI* as coordinate axes, climate types of 40 tree species were roughly classified as four categories (Fig. 3), namely, hot-dry climate type, warm-humid climate type, cool-dry climate type and cool- humid climate type.

3.6.4 Climate change and optimality ranking for landscape trees species in Shanghai

In order to explore the impact of climate change on the adaptability of landscape trees in Shanghai, the comprehensive differences between the optimum values of

Mean value and standard deviation of climatic factors of 40 landscape trees   Tab.5

Climatic indexes	Mean	SD
ABT (℃)	3.137	0.698
AMT (℃)	3.442	1.476
MTCM (℃)	4.610	2.363
MTWM (℃)	3.883	3.966
HI	31.484	8.549
WI (℃ · month)	40.664	11.423
PDM (mm)	22.172	12.448
PWM (mm)	68.754	22.903
AP (mm)	401.063	183.362

9 climate factors for each tree species and the climate of Shanghai were calculated using Euclidean distance, and then each factor was compared between the previous 30 years (1961–1990) and recent 30 years (1986–2015), and among the urban area, suburban area and overall city (Fig. 4) .Finally, the adaptability of each tree species in Shanghai was comprehensively evaluated.

The results showed that in the previous 30 years, the climate scenario in suburb of Shanghai were the most suitable for the growth of cool-dry tree species, such as *Platanus × acerifolia* topping the rank, followed by cool-humid ones, while warm-humid tree species ranked in the lower middle part, except for *A. coriaceifolium* with higher ranking, and hot-dry species were on the bottom rank.

For overall city at average level, the optimality

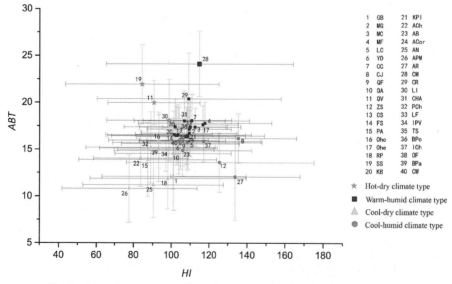

Fig.3   Classification of 4 climate types for 40 landscape tree species

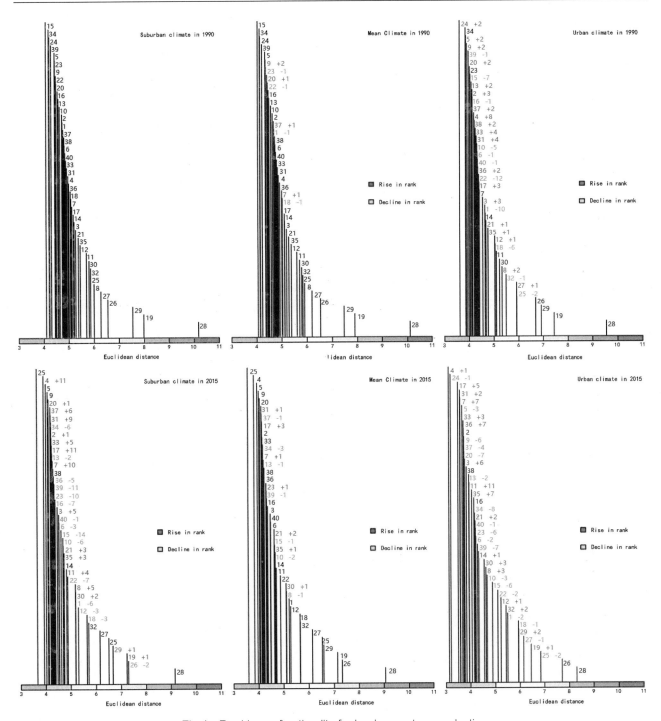

Fig.4　Rankings of optimality for landscape trees selection

ranking for only a fraction of tree species slightly changed. Due to the rising trend of urban temperature and precipitation, all the cool-humid and warm-humid tree species moved up in the ranking, while those cool-dry species dropped. Among them, *Platanus × acerifolia*, *Q. acutissima*, *A.chinensis*, *G. biloba* declined the most dramatically, while *M. figo*, *L. formosana* and *C. axillaris* rose rapidly.

In recent 30 years, the cool-dry tree species represented by *Platanus × acerifolia*, had almost withdrawn from the first half of ranking, except for *I. polycarpa* var. *vestita*. Those warm-humid and cool-humid species led the ranking alternately, where *M. figo*, *O. henryi*, *C. camphora*, *C. axillaris* all rose more than 10 places. Some warm-humid species, like *O. henryi* and *C.axillaris*, continued to rise slightly at the average level in overall city, while those cool-dry ones remained declining.

In urban area, the warm-humid tree species were distributed dominantly and the high-precipitation-demanding species such as *C. camphora*, *B. Polycarp*, *M. chapensis*, *O. henryi* rose rapidly in the ranking. However, *K. bipinnata*, *A. coriaceifolium* in the warm-humid type declined because of the slightly dry climate. At the same time, the cool-humid species, such as *L. chinense*, *Q. fabri* and *I. chinensis*, and cool-dry type were showed the significant decrease in the ranking.

The hot-dry tree species had always been at the bottom of the ranking, but the climate change in urban areas in the recent 30 years had promoted the ranking of Virginia oak to 11 places, close to the middle level[12].

4 Microclimate characteristics of landscape plant community

Plant community is the basic unit of urban green space composition. In the urban green space, tourists take different behaviors to recreate into space with planting, and their behaviors are the most real reflections of the landscape value and important indicators to test the service functions of the green space. Few studies, however, focus on the relationships between the characteristics and variations of light environment of plant community, which are caused by the characteristics of plant canopy and surrounding factors, and the behaviors of tourists. In this study, Chenshan Botanical Garden in Shanghai was selected to study the interactions between plant communities and tourists' behaviors.

4.1 Experimental methods and contents

4.1.1 Experimental sites

Chenshan Botanical Garden, covering an area of $207.63 hm^2$, is a special green space with abundant plant species and diverse community structures.

4.1.2 Selections of plant community

5 plant communities, with different characteristics of light environments and an area of $10m \times 10m$ each, were selected, in which there are no differences in locations,

landscape characteristics and facility configurations, except for canopy structures and light environments, to exclude the influences of other factors on tourists' behavior preferences.

4.2 Experimental methods

In terms of the measurements of light environments, the data acquisition and processing were carried out using Hemiview forest canopy digital analysis system developed in the UK, which took images upward from the canopy bottom through 180° fisheye lens and digital camera. In order to eliminate the interference of the herbaceous layer on the ground and the huge light spot caused by the direct sunlight, the shooting height stood at 1.5m and the shooting time was set at 8 : 30–9 : 30 in the morning on July 6, 2017, the sunny day. 4 corner points and 1 center point were chosen as the shooting points in each community plot, with 3 duplicates each point at a time. Each shooting point were not allowed to move, so as to reduce the error brought about by the position movement and the cross field of vision obtained in the photos due to different shooting positions. The real state of the overall plot could be, therefore, reflected by the field experimental results. The camera was kept stable with the lens upward, when shooting, to attain a hemispherical canopy image.

In terms of community characteristics, the community structures and vegetation types in 5 plant communities were recorded, and the overall images were taken. And then combined with the canopy photos obtained through the measurement of light environments of communities above, the community characteristics were described in Tab. 6.

In terms of the observation of tourists' behaviors, the data were acquired on the sunny, cloudy and rainy days, 3 days each in July. The number and activity types of tourists in five communities in one day and the corresponding number of tourists in the whole garden were directly observed and recorded by the method of behavior observation.

Tourists' outdoor activities can be divided into necessity activities, spontaneous activities and social activities, of which spontaneous activities (e.g.

Community characters of 5 selected samples   Tab.6

Plant community types	Community structures	Vegetation types	Community photos	Canopy characteristics
Community A	Tree–Herb	*Taxodium ascendens、 Sapindus mukorossi、 Typha orientalis、 Cynodon dactylon*		
Community B	Tree–Herb	*Sapindus mukorossi、 Salix babylonica、 Phragmites australis、 Cynodon dactylon*		
Community C	Tree–Herb	*Taxodium ascendens、 Imperata cylindrica、 Cyperus alternifolius、 Cynodon dactylon*		
Community D	Tree–Shrub–Herb	*Pterocarya stenoptera、 Sapium sebiferum、 Hibiscus syriacus、 Cynodon dactylon*		
Community E	Tree–Herb	*Pterocarya stenoptera、 Cynodon dactylon*		

recreation, talking, enjoying the scenery, photography, playing by waterfront, sheltering from rain) and social activities (e.g. camping, parents–child activity) were observed in this study.

4.3 Data analyses

4.3.1 Data analyses of light environments of plant communities

The Hemiview canopy analysis system, as the processing software of all–sky photos, was used to analyze digital photos, and thus acquiring photosynthetic photon flux density (PPFD) above and below canopy, VisSky and Leaf area index (LAI), after parameters were entered such as longitude and latitude coordinates, altitude, time, weather scenarios. The light environmental characteristics and indexes of communities were described as Tab.7.

4.3.2 Data analyses of tourists' behaviors

The software Excel 2016 was used to sort and calculate the sample data to obtain the tourist aggregation degree which refers to the ratio of the number of tourists gathering in each community in a day to the total number

Index table of light environments of communities   Tab.7

Plant community types	LAI	VisSky	Direct irradiance below canopy/ Direct irradiance above canopy（DirBe/DirAb）	Total irradiance below canopy/Total irradiance above canopy（TotBe/TotAb）
Community A	0.527	0.575	0.55	0.56
Community B	0.747	0.477	0.32	0.33
Community C	0.980	0.376	0.26	0.27
Community D	1.126	0.320	0.36	0.36
Community E	1.447	0.237	0.17	0.17

of tourists in five communities in a day to measure the preferences of tourists for each community.

4.4 Results and analyses

4.4.1 Correlations between LAI and other light indexes for plant communities

By correlation analyses of LAI and VisSky, DirBe/DirAb, TotBe/TotAb of plant communities, the significant negative correlations were showed between LAI and VisSky, DirBe/DirAb, TotBe/TotAb

（Tab.8）So LAI is used to directly characterize the light environments of communities in the following analysis.

4.4.2 Correlations between tourist aggregation degree and light environments of communities

The activities and gathering of tourists are significantly influenced by and vary in the light environments of plant communities. As indicated in Fig.5~ Fig.8, overall, tourists on sunny and cloudy days had more preference for touring in the spaces of plant communities, and higher tourist aggregation degree than those on rainy days. On

Correlations between leaf area index and other light environment indexes for plant communies   Tab.8

		LAI	VisSky	DirBe/DirAb	TotBe/TotAb
LAI	Pearson correlation	1	/	/	/
	Sig.（two–tailed）	/	/	/	/
VisSky	Pearson correlation	−0.993**	1	/	/
	Sig.（two–tailed）	0	/	/	/
DirBe/DirAb	Pearson correlation	−0.878**	0.868**	1	/
	Sig.（two–tailed）	0	0	/	/
TotBe/TotAb	Pearson correlation	−0.893**	0.885**	0.999**	1
	Sig.（two–tailed）	0	0	0	/

** The correlation is significant at 0.01 level（two–tailed）.

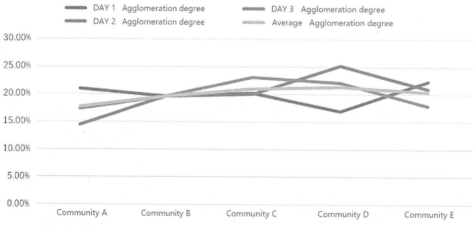

Fig.5   The tourist aggregation degree of each community on a sunny day

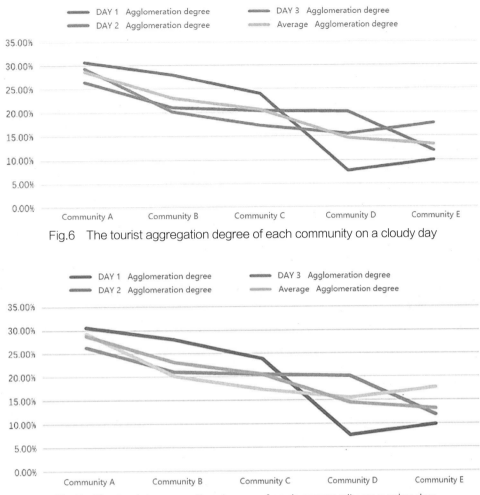

Fig.6　The tourist aggregation degree of each community on a cloudy day

Fig.7　The tourist aggregation degree of each community on a rainy day

sunny days with higher temperature and stronger solar radiation, the tourists had the preferences for touring in high-LAI communities. Of 5 communities, the total tourist aggregation degree in community D in 3 days reached the largest as well as the average per day. On cloudy days with weaker solar radiation and little variations in each period of a day, the tourists had the preferences for gathering in open communities, and the total tourist aggregation degree in three days decreased with the increase of LAI, thus community A with the lowest LAI is the priority for tourists' gathering on cloudy days. On rainy days, due to touring inconvenience and small number of tourists, the tourist aggregation degree was positively related to LAI. Most tourists prefer gathering below dense canopy to shelter from rain, therefore, there are few tourists gathering in the communities with low LAI every day when they cannot provide good shelters for tourists.

Based on the analysis above, the preliminary

conclusions are as follows:

(1) The light environments of plant communities have great influences on the tourist aggregation degree;

(2) In the plant community spaces with similar sites and facility conditions, tourists have the preferences for open areas to carry out activities under the weak external light environments whereas close areas are chosen under the strong external light environments;

(3) Tourists choose to carry out activities for the special needs of plant community spaces even if the light environments of these spaces are unsatisfactory. For example, on rainy days with the weak light intensity of the external environment, tourists still prefer gathering in high-LAI and closer community for the special needs of rain sheltering.

4.4.3　Correlations between behavior types of tourists and light environments of communities

There are various behavior types of tourists in the

plant community spaces that vary in the demands for the characteristics of light environments of plant communities and weather scenarios. In this study, in combination of behavior types and tourist aggregation degree, sunny days were selected to carry out the research on correlations between behavior types and light environments of plant communities, given the universality and diversity of behavior types. Through the statistical analysis on the data for 3 sunny days (Tab. 9), the corresponding demanding characteristics of light environments of communities were found.

（1）Recreation

Resting activity is a stay in the recreation, whose preference is closely related to people's own state as well as light environment of plant community and landscape facility. Based on the data of 3 sunny days, most of the recreation activities occurred in communities C and D with the aggregation degree of 11.1% and 13.9%, approximately twice higher than those of other communities. The appropriate range of LAI is 0.8–1, which meets the demands of recreation activities for the light environments of communities.

The aggregation degree of different activity types   Tab.9

	Plant community types	Recreation	Talking	Enjoying the scenery	Photography	Camping	Playing by waterfront	Parents–child activity
DAY 1	Community A	2.2%	4.8%	5.7%	3.1%	0.0%	3.9%	1.3%
	Community B	1.3%	5.7%	3.5%	2.2%	1.3%	3.1%	2.6%
	Community C	3.5%	6.6%	1.7%	4.8%	0.0%	2.2%	1.3%
	Community D	3.9%	5.7%	3.1%	1.7%	0.0%	1.7%	0.9%
	Community E	1.3%	7.4%	3.5%	5.2%	0.9%	0.9%	3.1%
DAY 2	Community A	1.7%	3.8%	4.3%	2.1%	0.0%	1.3%	1.3%
	Community B	1.7%	4.7%	3.8%	3.0%	0.9%	2.1%	3.4%
	Community C	2.6%	7.2%	2.6%	5.1%	0.9%	1.7%	0.0%
	Community D	7.2%	7.2%	1.7%	3.0%	0.0%	3.4%	2.6%
	Community E	2.1%	6.4%	3.8%	1.7%	2.1%	0.9%	3.8%
DAY 3	Community A	1.4%	3.7%	4.2%	4.2%	0.0%	1.4%	2.3%
	Community B	3.2%	3.2%	3.2%	2.3%	1.9%	2.8%	2.8%
	Community C	5.1%	5.6%	4.2%	1.9%	0.9%	5.1%	1.4%
	Community D	2.8%	6.9%	2.3%	4.2%	0.0%	4.2%	1.4%
	Community E	2.8%	6.0%	2.3%	2.3%	1.4%	1.9%	0.9%
TOTAL	Community A	5.3%	12.3%	14.1%	9.4%	0.0%	6.6%	4.9%
	Community B	6.3%	13.6%	10.6%	7.5%	4.0%	8.0%	8.8%
	Community C	11.1%	19.3%	8.5%	11.8%	1.8%	9.0%	2.7%
	Community D	13.9%	19.9%	7.1%	8.9%	0.0%	9.3%	4.8%
	Community E	6.2%	19.8%	9.6%	9.3%	4.4%	3.6%	7.8%

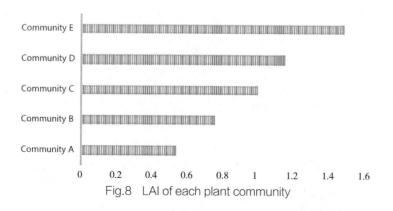

Fig.8   LAI of each plant community

（2）Talking

Talking activity is an important activity type for tourists and the most common activity in the plant community spaces. According to the statistical data on sunny days, talking activities were showed significant difference among the community spaces. Tourists preferred talking in community C, D, E on 3 sunny days with total aggregation degree of 19.3%, 19.9% and 19.0%, respectively and no significant differences of talking activities were showed among the 3 communities. Fewer tourists carried out talking activities in community A and B (LAI<0.8) probably because of much higher solar radiation on sunny days. The lower LAI leads to high solar radiation in communities, and thus influencing talking comfort. It is assumed that the suitable range of LAI that meets the demands of talking activities for light environments of communities is 0.8–1.5.

（3）Enjoying scenery

Enjoying scenery is one of the main objectives of tourist recreation, and also the main activity type in the community spaces. Given the need for a wide and transparent view to appreciate the landscape, tourists have more preferences for the communities with low LAI and low canopy density. The number of tourists who remained enjoying the scenery in community A (the lowest LAI) for 3 consecutive days, was largest whereas the number decreased in other communities. Hence it is suggested that the most suitable range of LAI that meets the demands of scenery enjoying for light environments of communities is approximately 0.5.

4.5 Summaries and prospects

In planting design, the significance of plant community space for tourists' behavior is often neglected. As a category of space for tourist activities, community space directly determines the possibility and quality of various activities to carry out. And also community design in landscaping directly affects the gathering and activities of tourists. Tourists' behavior preferences in the light environments of different communities were selected, in this study, to propose the activity-suitable light environments among 3 typical

activities of communities, with LAI being 0.8–1in recreation, 0.8–1.5 in talking, around 0.5 in enjoying the scenery. The main conclusions can be used for reference in planning and design where behavior types of tourists are defined under the functional zoning, and community can be scientifically and reasonably allocated to improve the use value of community space and the satisfaction of tourists by referring to different behavior types and appropriate light environment of community. All the data in this paper is acquired in summer, and there may be different possible conclusions in other seasons to be further explored[15].

The study on microclimate is carried out influenced by macroclimate (global climate, national climate, regional climate and urban climate) because macroclimate has an impact on human physical, physiological and psychological comfort. This study is illuminated from 4 aspects of classical microclimate adaptability to explore the future micro and macro development orientation. We hope the comfortable microclimate would inspire the curiosities of people about scientific research.

References

[1] 陆鼎煌, 袁嘉祖. 应用模糊相似优选比区划中国油橄榄引种分布 [J]. 北京林学院学报, 1982 (4): 1–13.

[2] 陈有民. 中国园林绿化树种区域规划 [M]. 北京: 中国建筑工业出版社, 2006.

[3] 王国玉, 白伟岚, 梁尧钦. 我国城镇园林绿化树种区划研究新探 [J]. 中国园林, 2012, 28 (2): 5–10.

[4] Gillner S, Rüger N, Roloff A, et al. Low relative growth rates predict future mortality of common beech (*Fagus sylvatica L.*) [J]. Forest Ecology and Management, 2013, 302: 372–378.

[5] ORDÓÑEZ C, DUINKEr P N. Climate change vulnerability assessment of the urban forest in three Canadian cities [J]. Climatic Change, 2015, 131 (4): 531–543.

[6] ROLOFF A, Korn S, Gillner S. The Climate-Species-Matrix to select tree species for urban habitats considering climate change[J]. Urban Forestry & Urban Greening, 2009, 8 (4): 295–308.

［7］YANG J. Assessing the impact of climate change on urban tree species selection：a case study in Philadelphia [J]. Journal of Forestry，2009，107（7）：364–372.

［8］BRANDT L, DERBY L A, FAHEY R, et al. A framework for adapting urban forests to climate change [J]. Environmental Science & Policy，2016（66）：393–402.

［9］KOURGIALAS N N, KARATZAS G P. A flood risk decision-making approach for Mediterranean tree crops using GIS；climate change effects and flood-tolerant species[J]. Environmental Science & Policy，2016（63）：132–142.

［10］MILLER J. Species Distribution Modeling [J]. Geography Compass. 2010, 4（6）：490–509.

［11］MCKENNEY D W, PEDLAR J H, LAWRENCE K, et al. Beyond Traditional Hardiness Zones：Using Climate Envelopes to Map Plant Range Limits [J]. Bioscience，2007, 57（11）：929–937.

［12］刘鸣，张德顺. 近 55 年气候变化对上海园林树种适应性的影响 [J]. 北京林业大学学报，2018，40（9）：107–117.

［13］章丽耀，张德顺. 群落光环境特征对于游人行为偏好的而影响研究 [C]// 中国风景园林学会 2017 年会论文集（风景园林与"城市双修"）[C]. 北京：中国建筑工业出版社，2017：554–558.

"适应"与"动态"
——城市风景园林小气候人体舒适度"3+2"评估框架 *

魏冬雪，刘滨谊

同济大学

摘　要：阐述了城市风景园林的首要任务与基本追求，揭示了城市风景园林小气候人体舒适度兼具"适应"与"动态"的双重属性。提出了城市风景小气候人体舒适度"3+2"评估框架，论述了人的生理（感觉）、心理（感知）、行为（认知）三元耦合评价与冬夏两季二元互动评价相结合的必要性。

关键词：风景园林；小气候人体舒适度；适应性；动态性；评估框架

1　城市风景园林的首要任务与基本追求

2030 年，高温热浪将成为中国夏季天气的常态；2050 年，城市地区将更加温暖，城市居民面临的户外热环境将更为严峻。营造广场、街道与滨水带、居住区绿地、城市公园等诸类型城市风景园林的小气候人体舒适性是风景园林规划设计师的首要任务。

舒适是一个多维的结构，是人体对环境刺激在生理、心理、行为三个方面的和谐。小气候人体舒适度是人体对所处小尺度环境（冷）热舒适的评价[1]，因其具有时空动态性和主体适应性的特征，对其评估并非易事。在时间维度上，需要应对季节轮换、昼夜更替的动态变化；在空间维度上，需要考虑区域气候、城市气候和地方气候等多种形式下的小气候；在使用者维度上，需要识别使用群体的身体情况、生活习惯、活动需求等主体特征。综合上述因素，营造满足人体生理、心理、行为三个方面的舒适性，是风景园林规划设计师的基本追求。

风景园林小气候适宜性物理评价与感受评价是国家自然科学基金重点项目"城市宜居环境风景园林小气候适应性设计理论和方法研究（No.51338007）"的第 III 元，如图 1 所示，其既是重点项目研究战略的重要组成部分，也是三元中唯一的主客交融元。从人的感觉、感知与认知出发，将

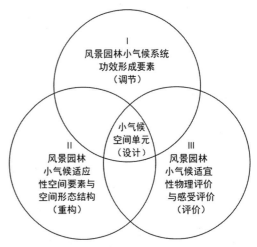

图 1　重点项目研究战略思路——I、II、III 之间的耦合
（图片来源：国家自然科学基金重点项目"城市宜居环境风景园林小气候适应性设计理论和方法研究（No.51338007）"）

之与风景园林的时空动态相融合，构建一个全面且适用的风景园林小气候人体舒适度评估框架，是第 III 元的研究核心。

2　风景园林小气候人体舒适度的适应性

与人工气候室环境中设定的"标准人"不同，"真实人"具有生理、心理和行为三个方面的适应性，这种适应能力在风景园林空间中尤为显现。正是基于数百万年人体对自然环境的主动适应，人类在户外发展进化出了动态适应环境的习性，形成了人体

---

* 基金项目：国家自然科学基金重点项目"城市宜居环境风景园林小气候适应性设计理论和方法研究（编号 51338007）资助

动态应对物理环境变化的自然调节机制。这是人工气候室研究结果与实地实测研究结果存在差异的主要原因。图2为在风景园林空间中容易发生生理、心理、行为三元热适应。

2.1 生理适应

生理适应是指通过遗传、习服等生理改变使得人体逐渐适应热环境的改变。人体的生理适应能力，很大程度上取决于神经系统的调节机能。性别、年龄、患病与否、锻炼水平的差异，导致个体神经系统调节能力不同，进而影响人体的生理适应能力。儿童、年老体弱者和慢性病患者，由于体温调节功能不健全或功能减退、功能障碍等原因，其生理适应能力相对较弱。

不同地区的人们其生理适应能力也存在差异，长期生活在北方的人较为适应寒冷与干燥的环境，长期生活在南方的人较为适应炎热与湿润的环境。经过一定时间与某一地域户外环境的交互作用，人体神经系统的调节机能会对环境的变化产生一定的适应性。已有研究发现，把人放到14~15℃的环境中每天暴露6个小时，训练10天，人体内残余的棕色脂肪就会被激活，代谢率提高10%~20%，热感觉会得到显著改善[2]。

2.2 心理适应

心理适应是人体对环境刺激认知和接受的过程。已有研究指出人们对户外热舒适的感知受"自然度""期望""过去经验""暴露时间""感知控制"和"环境刺激"六个参数的影响[3]。其中，"期望"和"感知控制"对心理适应的影响获得了较多的实证研究支持。

"期望"在瞬时和较长的时间尺度（如季节变化）上均发挥作用。在瞬时变化中，当人们感到寒冷时，任何温暖的环境都会令人感到愉悦；在季节变化中，人们在寒冷的冬天渴望夏天温暖的环境，在炎热的夏天渴望冬季凉爽的环境[4]。一些研究指出，在相同的热环境条件下，当人们主动去交往、锻炼、参与时，其已经准备好了去适应环境，就会避免过度的热压力，即"感知控制"能力较强的群体会更加舒适[5]。

2.3 行为适应

行为适应是指有意识地改变自身热量平衡的行为[6]。优选适宜环境温度是人类最基本的生理需要。行为性体温调节因能有效降低自主性体温调节引起的能量消耗而被优先选择[7]。当行为性体温调节不充分时，人们对热环境的主观舒适感受会降低。

在风景园林空间中，可能发生的行为调节可以概括为服装调节、饮食调节、活动调节、位置调节、技术调节5类。服装调节是指通过增减衣物来适应环境：冬季，人们通过增加衣着来应对冷不舒适；夏季，人们通过减少衣着来应对热不舒适。饮食调节是指通过选择食物的冷热、多寡来适应环境：冬季，人们习惯用热饮来缓解冷不舒适；夏季，人们习惯喝冷饮来缓解热不舒适。活动调节是指通过改变姿势和活动水平来适应环境：冬季，适当增加活动量能促进肌肉产热，抵抗冷不舒适；夏季，适当减少活动量有"心静自然凉"的效果，有助于抵抗

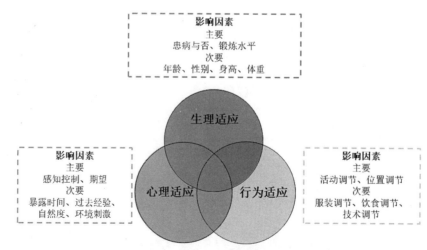

图2 生理、心理、行为三元热适应示意图

热不舒适。位置调节是指通过改变自身所处的位置来获得舒适，人们在进行位置转移的前提是确定了新的空间场所的热条件更加适宜[8]：冬季，从阴影处转移至阳光下，能够缓解冷不舒适；夏季，从阳光下移至阴影处，能够缓解热不舒适。技术调节是通过技术途径来适应环境：冬季，使用暖手宝有助于抵抗冷带来的不舒适；夏季，通过打伞、手持风扇有助于抵抗热带来的不舒适。

3 风景园林小气候人体舒适度的动态性

有分析表明"恒定热环境"并非是人类生存的理想环境模式，而是引发人体免疫力下降等一系列生理负作用的病灶环境。长期处于空调环境中的人群，因空气温度、相对湿度、风速的稳定而缺少适当的刺激，导致适应能力下降、生理抵抗力降低、免疫力减弱[9]。在上海，市民夏季降温、冬季取暖所消耗的温度调节用电量的增速加大，可以窥见，城市居民对空调环境的依赖日益加剧，这种现象堪忧。

日升日落、昼夜交替，寒来暑往、季节轮换。风景园林规划设计追求的"动态热环境"是"自然户外环境热物理"的基本特征。其目标是营造适宜冬、夏两季的"动态热环境"，吸引更多的人群由"恒定"的室内环境到"动态"的户外环境，通过户外的休憩、运动和交往，提升个人对环境的适应能力、提高机体对疾病的抵抗能力，增强机体的免疫力，促进市民的身心健康。

4 "3+2"评估框架的构建

自21世纪初期至今的二十年间，风景园林小气候人体舒适度的评价方法进展缓慢。以问卷调查为主的评价方法长期居于主导，风景园林小气候人体舒适度的生理适应、行为适应的机制尚未被全面揭示，风景园林小气候人体舒适度的动态特征尚未受到足够的重视。风景园林小气候人体舒适度的"3+2"评估模型是生理、心理、行为三元耦合评价与冬夏二元互动的结合，兼顾了人体的"适应性"与时空的"动态性"，其框架图如图3所示。

4.1 改善的规律——物理评价

空气温度、相对湿度、风速和太阳辐射4中小气候要素是风景园林空间与风景园林小气候人体舒适度之间的媒介。风景园林空间的形态与要素影响风景园林小气候要素，人体对风景园林空间环境的冷热感受、感知和认知则受风景园林小气候要素的综合作用。

在2001~2017年关于户外热环境主观感知研究的110篇文献中，预测平均投票（Predicted Mean Vote，PMV）、生理等效温度（Physiological Equivalent Temperature，PET）、户外标准有效温度（Outdoor Standard Effective Temperature，OUT_SET*）、普遍热舒适指数（Universal Thermal Climate Index，UTCI）应用广泛，其中，PET的应用频率最高，为30.4%[10]。这些基于人体热平衡的热舒适指标，综合

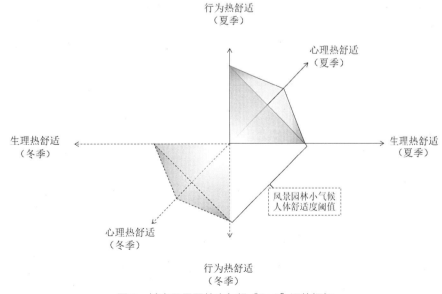

图3 城市风景园林小气候"3+2"评估框架

了空气温度、相对湿度、风速、太阳辐射4种小气候要素和活动水平、服装热阻的影响，广泛应用于户外热舒适研究中。这些评价模型的缺点在于它们难以揭示不同地区人们的适应性。

依照人体的"适应性"与时空的"动态性"的特征，评估风景园林小气候人体舒适度的关键是获得地域性人体生理、心理、行为在冬、夏两季适应性舒适的阈值。如图4所示，借助上述热舒适指标在冬夏两季的适应性舒适阈值，通过小气候实测或计算机模拟，量化风景园林空间形态、要素对小气候人体舒适度的调节效用、影响规律，能够为风景园林规划设计师营造舒适宜人的环境提供科学的指引。

4.2 适应的机制——生理、心理、行为三元耦合评价

4.2.1 生理舒适评价

自主性体温调节系统像一台非常精密的仪器，精准有效地调节人体的体温。人体皮肤等部位的温度感受器对于机体外周部位的温度起监测作用。当环境温度发生变化，外周温度感受器传入冲动到达中枢，产生温度感觉，引起体温调节反应。当人体处于热舒适状态时，所需的生理调节最小[11]；在舒适区内，热感受器作用的神经末梢引起的神经活动最小，中枢神经系统受刺激的水平也最低[12]。

生理热舒适对人体健康非常重要，高温天气对人体健康的主要影响是产生中暑以及诱发心、脑血管疾病导致死亡[13]。对于儿童、年老体弱者和慢性病患者来说，这种健康风险更为严峻。环境是否有利于人体健康，仅仅依靠人们的主观的描述往往不够准确。借助生理指标调查获得使用者的生理热舒适范围，能够揭示调节、适应等健康线索，勾勒人体适应能力的弹性区间，规避健康风险。

随着神经学、生理学等学科研究的发展，手指皮肤温度（Finger Skin Temperature，FSKT）、皮肤电水平（Skin Conductivity Level，SCL）、心率（Heart Rate，HR）、心率变异性（Heart Rate Variability，HRV）等生理指标监测成为户外热舒适心理评价的重要客观辅助。已有研究指出前额和手部的皮肤温度有可能成为户外人体热舒适评估指标[14]，亦有研究使用生理等效温度、主观问卷、心率变异性共同验证了小尺度城市公园能够促进夏季热舒适[15]。本课题组成员证实了局部皮肤温度可以作为上海地区的街道[16]、居住区[17]等户外空间夏季热舒适评价的客观指标，验证了风景园林空间环境能够缓解压力、促进夏季热舒适[18-20]。

目前，已经开展的生理指标监测普遍存在受试者数量少、年龄结构单一等问题。在数量上，受试者常为个位至十位数的学生，其总样本量来源于重复测试，缺乏针对风景园林空间使用者的大样本研

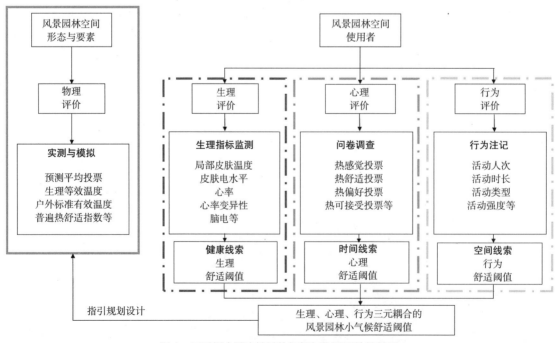

图4 三元耦合适应性评估框架与物理评价的关系

究；在年龄结构上，受试者的年龄多为青年，缺少对儿童、老年群体的监测。在活动类型上，主要以静态休憩为主，缺少对不同活动水平人群的监测。

4.2.2 心理舒适评价

调查问卷是评价风景园林小气候人体舒适度最为常用的方法。中性温度、偏好温度、中性温度范围、可接受的温度范围、舒适的温度范围是 5 种常用的热基准。将每 1℃ 的热舒适指标值与其对应的平均热感觉投票（Mean Thermal Sensation Vote，MTSV）线性回归，可以获得热基准对应的热舒适指标范围。

至今，在主观评价中，"舒适"一词的含义依然模糊不清，多数研究者延用实验室稳态环境中的经验，仍将不冷不热的中性温度范围（ $-0.5 \leqslant TSV \leqslant 0.5$ ）看作是舒适范围。当使用两个或两个以上的热基准与每 1℃ 的热舒适指标值进行回归时，这些热基准所对应的舒适范围可能存在并不一致的情况。此时，心理评价的可靠性将会受到质疑，这也揭示出心理评价结果需要生理、行为评价的支撑与验证。

心理舒适评价具有受试者广泛、样本量大的特点，其评判结果几乎完全依赖于受访者的主观公正性。由于感知控制等因素影响人们的心理舒适，因此，对使用者进行问卷访谈的结果较志愿者（如青年学生）更为可靠。通过问卷调查获得的心理层面的热舒适指标阈值包含着经验、期望等时间线索，刻画了经历、期望对人体心理层面小气候人体舒适度的影响。

4.2.3 行为舒适评价

行为注记也是评价风景园林小气候人体舒适度的方法，一些研究者倾向于使用"用脚投票"的方法来确定热舒适范围。活动人次、活动时长、活动类型是行为舒适评价重要的观察内容。

学者 Lai 等提出了场地利用率模型，该模型指出场地利用率与热感觉投票之间存在线性关系：当热感觉投票最佳时，场地利用率最大；当环境变冷或变热时，场地使用率降低[21]。学者 Huang 则依照ASHRAE 标准中"90% 可接受的热环境即为舒适"提出最佳热环境（Optimum Thermal Environment，OTE）的概念，即空间参与人数超出最大参与人数的 90% 时所对应的热环境[22]。学者 Lin 的团队对热舒适与场地参与的关系进行了大量的研究，证实了热环境最优时公园内的场地参与人数达到峰值[23]，

人们感知的环境越舒适，公园的利用率越高[24]。

不同地区、不同场所的研究中所获得的热环境与活动人次的关系的研究结论并不完全一致[25]。本课题组研究以使用者行为活动为切入点，揭示了西安公共空间[26]、上海居住区空间[27]的小气候人体舒适度与使用人数的关系。另一些研究则揭示了我国寒地城市中公园绿地的体力活动水平与微气候热舒适的关系[28]、公园休闲体力活动强度与植被群落微气候调节的适应性[29]。

活动人次反映了场地利用率，是衡量户外公共空间是否成功的标准[30]，但人的存在也并不一定意味着空间的热环境就是舒适的[31]。热舒适是影响广场空间利用率最为重要的因子，但并非是唯一的影响因素。通过行为注记，能够识别行为调节的热舒适指标上限，并能够揭示非热因素对行为舒适的阻碍，这对风景园林规划设计具有重要指引意义。行为舒适评价包含了选择、阻碍等空间线索，在规划设计中避免这些阻碍的发生，为人们提供多种行为选择，能够促进热环境适宜的风景园林空间被有效地利用。

4.3 动态的应对——夏冬二元互动

已有实证研究存在的最为突出的问题是缺乏夏、冬两季的二元互动。大部分研究均是针对单一季节（夏季或冬季）开展的，其结果只呈现了硬币的一面，对于另一面的结果如何，人们不得而知。这种研究结果容易将人们引至问题的一端，产生"极端化"效应[32]，诸如将夏季热舒适最大化，其大概率的影响是冬季并不舒适。面对冬夏的二元对立，需要的是一种"集合化"思维[29]，以二元互动为目标，通过涵盖冬夏两季的实证研究，揭示冬夏两季的临界值，并将两个临界值视作阈值的两端，通过冬夏两季的动态热环境设计来满足人们的动态热舒适需求。

我国大部分地区都需要冬夏两季的兼顾，来满足人们的动态热舒适需求。四季分明是我国气候的突出特点，我国的华北、华中、长江中下游等地区都是四季分明的地方。以上海为例，其最冷月（1 月）的平均气温为 3.6℃，最热月（7 月）的平均气温为 27.8℃，最热月与最冷月的温差为 24℃。特别是在夏热冬冷的地区中人口密度较高的城市，更是需要夏冬二元互动的动态应对。

5 结语

不同于稳态的室内环境，动态的户外热环境需要更加"集合化"的解决方法。风景园林小气候人体舒适度"3+2"评估框架即是一种"集合化"的应对。首先，从人体生理、心理、行为三个方面实现对风景园林小气候人体舒适度的三元耦合评价。人体的生理热舒适包含了调节、适应等健康线索，人体的心理热舒适包含了经验、期望等时间线索，人体的行为热舒适包含了选择、阻碍等空间线索。其次，夏冬二元互动将引导人们全面审视风景园林在时间和空间维度上的动态性。

作为一个期望，也是一个愿景，希望风景园林小气候人体舒适度"3+2"评估框架能在我国不同的气候带推广，特别是在人口高度聚集的城市中开展研究。这将有助于风景园林规划设计师重新认识地域的风水，审视独特的风情，塑造特色的风貌。

参考文献

［1］ 陈睿智，董靓. 国外微气候舒适度研究简述及启示 [J]. 中国园林，2009，25（11）：81–83.

［2］ CANDAS V. To be or not to be comfortable：basis and prediction [J] // Elsevier Ergonomics Book.

［3］ NIKOLOPOULOU M, STEEMERS K. Thermal comfort and psychological adaptation as a guide for designing urban Spaces[J]. Energy and Buildings，2003（1）：95–101.

［4］ DEAR R D. Revisiting an old hypothesis of human thermal perception：alliesthesia [J]. Building Research and Information，2011，22（3）：108–117.

［5］ KNEZ I, THORSSON S, ELIASSON I, et al. psychological mechanisms in outdoor place and weather assessment：towards a conceptual model[J]. International Journal of Biometeorology，2009，53（1）：101–111.

［6］ BRAGER G S, DEAR R J，翟永超，等. 建筑环境热适应文献综述 [J]. 暖通空调，2011，41（7）：35–50.

［7］ 周冬根，胡丽华. 生理学 [M]. 浙江：浙江大学出版社，2014：106–110.

［8］ PANTAVOU K, CHATZI E, THEOHARATOS G. Case study of skin temperature and thermal perception in a hot outdoor environment[J]. International Journal of Biometeorology，2014，58（6）：1163–1173.

［9］ 朱颖心. 热舒适的"度"，多少算合适 ?[J]. 世界建筑，2015（7）：35–37.

［10］ POTCHTER O, COHEN P, LIN T P, et al. Outdoor human thermal perception in various climates：A comprehensive review of approaches, methods and quantification[J].Science of the Total Environment，2018，276（2）：390–406.

［11］ MAYER E. Objective criteria for thermal comfort[J]. Building & Environment，1993，28（4）：399–403.

［12］ 吉沃尼. 人·气候·建筑 [M]. 陈士骥，译. 北京：中国建筑工业出版社，1982.

［13］ 杜宗豪，莫杨，李湉湉. 2013 年上海夏季高温热浪超额死亡风险评估 [J]. 环境与健康杂志，2014，31（9）：757–760.

［14］ METJE N, STERLING M, BAKER C J. Pedestrian comfort using clothing values and body temperatures[J]. Journal of Wind Engineering and Industrial Aerodynamics，2008，96（4）：412–435.

［15］ SCHNELL I, POTCHTER O, YAAKOV Y, et al. Human exposure to environmental health concern by types of urban environment：The case of Tel Aviv [J]. Environmental Pollution，2016，208（Pt A）：58–65.

［16］ 赵艺昕. 上海城市街道小气候人体热生理感应评价 [D]. 上海：同济大学，2018.

［17］ 杨祎雯. 上海居住区小气候人体热生理感应评价 [D]. 上海：同济大学，2018.

［18］ LIU BY, LIAN ZF, Brown R D. Effect of landscape microclimates on themal comfort and physiological wellbeing [J].sustainability，2019，11.

［19］ ELSADEK M, LIU BY, LIAN ZF.The influence of urban roadside trees and their physical environment on stress relief measures：a field experiment in Shanghai[J]. Urban Forestry & Urban Greening，2019，42：51–60.

［20］ ELSADEK M, LIU BY, LIAN ZF. Green Facades：Their contribution to stress recovery and well–being in high–density cities [J].Urban Forestry & Urban Greening，2019，46.

［21］ Lai D, Zhou C, Huang J, et al. Outdoor space quality：A field study in an urban residential community in central China[J]. Energy & Buildings，2014，68（7）：713–720.

［22］HUANG J, ZHOU C, ZHUO Y, et al. Outdoor thermal environments and activities in open space: an experiment study in humid subtropical climates[J]. Building and Environment, 2016, 103: 238-249.

［23］LIN T P, TSAI K T, HWANG R L, et al. Quantification of the effect of thermal indices and sky view factor on park attendance[J]. Landscape & Urban Planning, 2012, 107 (2): 137-146.

［24］LIN T P, TSAI K T, LIAO C C, et al. Effects of thermal comfort and adaptation on park attendance regarding different shading levels and activity types[J]. Building & Environment, 2013, 59 (3): 599-611.

［25］THORSSON S, HONJO T, LINDBERG F, et al. Thermal comfort and outdoor activity in Japanese urban public places[J]. Environment and Behavior, 2007, 39: 660-684.

［26］刘芳. 西安户外城市公共空间环境行为的小气候影响调查分析——以夏季大雁塔东苑为例 [D]. 西安: 西安建筑科技大学, 2015.

［27］梅欹, 刘滨谊. 上海住区风景园林空间冬季微气候感受分析 [J]. 中国园林, 2017, 33 (4): 12-17.

［28］赵晓龙, 卞晴, 侯韫婧, 等. 寒地城市公园春季休闲体力活动水平与微气候热舒适关联研究 [J]. 中国园林, 2019, 35 (4): 80-85.

［29］赵晓龙, 卞晴, 赵冬琪, 等. 寒地城市公园春季休闲体力活动强度与植被群落微气候调节效应适应性研究 [J]. 中国园林, 2018, 34 (2): 42-48.

［30］JEONG M A, PARK S, SONG G S. Comparison of human thermal responses between the urban forest area and the central building district in Seoul, Korea[J]. Urban Forestry & Urban Greening, 2016, 15 (1): 133-148.

［31］ZACHARIAS J, STATHOPOULOS T, WU H. Spatial behavior in San Francisco's plazas: The effects of microclimate, other people, and environmental design [J]. Environment and Behavior, 2004, 36: 638-658.

［32］刘滨谊. "极端化"与"集和化"——人居环境发展的哲学思考 [J]. 中国园林, 2019, 35 (9): 5-14.

"Adaptation" and "Dynamic": "3 + 2" Evaluation Framework of Microclimate Human Comfort in Urban Landscape Architecture *

Wei Dongxue, Liu Binyi

Tongji University

Abstract: This paper expounds the primary task and basic pursuit of urban landscape architecture, and reveals the dual attributes of "adaptation" and "dynamic" of microclimate human comfort in urban landscape architecture. This paper puts forward the "3 + 2" evaluation framework of microclimate human comfort in urban landscape architecture, and discusses the necessity of the combination of the ternary coupling evaluation of human physiology (feeling), psychology (feeling), behavior (cognition) and the binary interactive evaluation of winter and summer.

Keywords: landscape architecture; microclimate human comfort; adaptation; dynamic; evaluation framework

1 The primary task and basic pursuit of urban landscape architecture

In 2030, the high temperature heat wave will become the new normal of summer weather in China; in 2050, the urban area will be warmer and the outdoor thermal environment faced by urban residents will be more severe. It is the primary task of landscape architects to build microclimate human comfort of various types of urban landscape architecture, such as square, street and waterfront, residential green space, urban park and so on.

Comfort is a multi-dimensional structure, which is the harmony of human body to environment stimulation in physiology, psychology and behavior. Microclimate human comfort is the evaluation of human thermal comfort in the small-scale environment [1]. Because it has the characteristics of spatiotemporal dynamics and subjective adaptation, which is not easy to be evaluated. In time dimension, we need to deal with the dynamic changes of seasonal rotation and day night alternation. In spatial dimension, we need to consider microclimate under the diverse forms of regional climate, urban climate and local climate. In the user dimension, it is necessary to identify the body condition, living habits, activity needs and other main characteristics of users. It is the basic pursuit of landscape architects to integrate the above factors and create the comfortableness that meets the human body' psychological and behavioral needs.

Physical evaluation and sensory evaluation of microclimate suitability of landscape architecture is the third element of the key project "Research on theory and method of microclimate adaptability design of urban livable environment landscape architecture (no.51338007)", as shown in Fig.1, which is not only an important component of the key project research strategy, but also the only subjective and objective integration unit in the ternary structure. Building a comprehensive and applicable microclimate human comfort assessment framework of landscape architecture, which integrates human sensation, perception and cognition with the spatiotemporal dynamics of landscape architecture, is the core of the research of the third element in the ternary structure.

---

* Fund Project: Supported by the key project of National Natural Science Foundation of China, "Research on the theory and method of microclimate adaptive design of urban livable environment landscape architecture" (No.51338007)

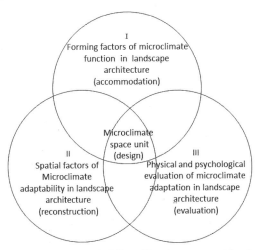

Fig.1　Microclimate suitability of landscape architecture —
coupling among I, II and III
（Source: Key project of NSFC, Research on the theory and
method of microclimate adaptive design of urban livable
environment landscape architecture（NO.51338007）

2　Adaptation of microclimate human comfort in landscape architecture

Different from the "standard person" set in the artificial climate chamber, "Real man" has adaptability in physiology, psychology and behavior, and this adaptability appears especially in landscape architecture space. It is based on the active adaptation of human body to the natural environment for millions of years that human beings have evolved the habit of dynamic adaptation to the environment in outdoor development, forming the natural regulation mechanism of human body's dynamic response to the changes of physical environment. This is the main reason for the difference

between the research results of the artificial climate chamber and the field measurement. Fig.2 shows the physiological, psychological and behavioral thermal adaptation that is easy to occur in the space of landscape architecture.

2.1　Physiological adaptation

Physiological adaptation refers to the gradual adaptation of human body to the changes of thermal environment through physiological changes such as heredity and acclimatization. The physiological adaptability of human body is largely determined by the regulating function of nervous system. The differences of gender, age, disease or not, and exercise level lead to the differences of individual nervous system regulation ability, and then affect the physiological adaptability of human body. Children, the old and the weak, and the chronic disease patients, due to the inadequate thermoregulatory function, or functional decline, dysfunction and other reasons, their physiological adaptability is relatively weak.

People living in the north for a long time are more suitable for cold and dry environment, and people living in the south for a long time are more suitable for hot and humid environment. After a certain period of interaction with the outdoor environment in a certain region, the regulatory function of the human nervous system will have a certain adaptability to the changes of the environment. It has been found that when people are exposed to 14–15℃ for 6 hours every day and trained for 10 days, the

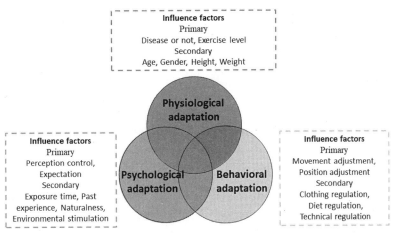

Fig.2　Ternary thermal adaptation schematic diagram of psychology, physiology and behavior

residual brown fat in the body will be activated, the metabolic rate will be increased by 10%-20%, and the thermal sensation will be significantly improved[2].

2.2 Psychological adaptation

Psychological adaptation is a process of cognition and acceptance of environmental stimulation. It has been pointed out that people's perception of outdoor thermal comfort is influenced by six parameters, i.e. "naturalness", "expectation", "past experience", "exposure time", "perception control" and "environmental stimulation" [3]. Among them, "expectation" and "perception control" have gained more empirical research support.

"Expectation" plays a role in both instantaneous and long-term scales (such as seasonal variation). In the instantaneous change, when people feel cold, any warm environment will make people feel happy; in the seasonal change, people in the cold winter long for the warm environment of summer, in the hot summer long for the cool environment of winter [4]. Some studies have pointed out that under the same thermal environment, when people take the initiative to communicate, exercise and participate, they are ready to adapt to the environment, and will avoid excessive thermal pressure. Groups with strong "perception and control" ability will experience more comfortable [5].

2.3 Behavioral adaptation

Behavioral adaptation refers to the behavior of consciously changing their own heat balance [6]. It is the most basic physiological need of human beings to optimize the suitable environment temperature. Behavioral thermoregulation is preferred because it can reduce the energy consumption caused by autonomic thermoregulation effectively [7]. When behavioral thermoregulation is inadequate, people's subjective comfort of thermal environment will be reduced.

In the space of landscape architecture, the possible behavior regulation can be summarized into five categories: clothing regulation, diet regulation, activity regulation, position regulation and technology

regulation. Clothing adjustment refers to the adaptation of environment by increasing or decreasing clothing: people cope with cold discomfort by increasing clothing in winter, while cope with hot discomfort by reducing clothing in summer. Diet regulation refers to the adaptation of food to the environment by choosing the amount of cold or hot food: in winter, people are used to using hot drinks to relieve the cold discomfort, in summer, they are used to drinking cold drinks to relieve the hot discomfort. Activity regulation refers to adapting to the environment by changing posture and activity level: increasing activity appropriately can promote muscle heat production and resist cold discomfort in winter, reducing activity appropriately has the effect of "calm mind and cool nature", which is helpful to resist heat discomfort in summer. Position adjustment is to obtain comfort by changing the position of oneself. The premise of people's position transfer is to make sure that the thermal condition of new space is more suitable [8]: moving from the shadow to the sun can alleviate the cold discomfort in winter, while moving from the sun to the shadow can alleviate the hot discomfort in summer. Technical adjustment is to adapt to the environment through technical means: in winter, the use of warm hand treasure helps to resist cold discomfort; in summer, the use of umbrella or hand-held fan helps to resist hot discomfort.

3 Dynamics of microclimate human comfort in landscape architecture

Many analyses show that the "constant thermal environment" is not the ideal environment for human survival, but a series of physiological negative effects such as the decline of human immunity. People who have been in air-conditioned environment for a long time lack of appropriate stimulation due to the stability of air temperature, relative humidity and wind speed, resulting in the decline of adaptability, physiological resistance and immunity [9]. In Shanghai, the growth rate of the electricity consumption of temperature regulation for citizens to cool down in summer and warm up in winter is increasing. It can be seen that urban residents are increasingly dependent on the air conditioning environment, which is extremely worrying.

The sun rises and sets, day and night alternates, winter comes and summer goes, season alternates. The "dynamic thermal environment" pursued by landscape architecture planning and design is the basic feature of "natural outdoor thermal physics". Its goal is to create a "dynamic thermal environment" suitable for winter and summer, to attract more people from the "constant" indoor environment to the "dynamic" outdoor environment, through outdoor rest, sports and communication, to improve the individual's adaptability to the environment, improve the body's resistance to disease, enhance the body's immunity, and promote the physical and mental health of the citizens.

4 The construction of "3 + 2" evaluation framework

In the 20 years since the beginning of this century, the evaluation method of microclimate human comfort in landscape architecture has developed slowly. The evaluation method based on questionnaire survey has been dominant for a long time. The mechanism of physiological adaptation and behavioral adaptation of human comfort microclimate in landscape architecture has not been fully revealed, and the dynamic characteristics have not been paid enough attention. The "3+2" evaluation model of

microclimate human comfort in landscape architecture is a combination of physiological, psychological and behavioral ternary coupling evaluation and winter summer binary interaction, which takes into account the "adaptability" of human body and the "dynamicity" of time and space. The frame diagram is shown in Fig.3.

4.1 The law of improvement——physical evaluation

Air temperature, relative humidity, wind speed and solar radiation are the media between the space of landscape architecture and human comfort. The space form and elements of landscape architecture affect the microclimate elements. The human body's thermal sensation, perception and cognition of the space environment in landscape architecture are affected by the comprehensive effect of the microclimate elements of landscape architecture.

In 110 literatures on subjective perception of outdoor thermal environment from 2001 to 2017, predicted mean vote (PMV), physical equivalent temperature (PET), outdoor standard effective temperature (OUT_SET*), universal thermal climate Index, UTCI) are widely used, Among them, PET has the highest application frequency, 30.4% [10]. These thermal comfort indexes based on human body heat balance integrate four kinds of microclimate factors such as air temperature, relative humidity, wind speed, solar radiation, and the influence of activity level and clothing thermal resistance, which are widely used in outdoor thermal comfort research. The disadvantage of

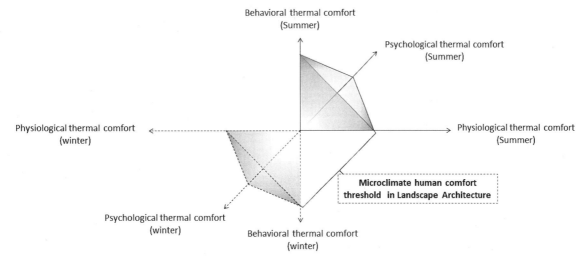

Fig.3 "3 + 2" Evaluation Framework of Human Comfort in Urban Landscape Microclimate

these evaluation models is that they are difficult to reveal the adaptability of people in different regions.

According to the characteristics of "adaptability" of human body and "dynamicity" of time and space, the key to evaluate the microclimate human comfort of landscape architecture is to obtain the threshold of regional human body's physiological, psychological and behavioral adaptability in winter and summer. As shown in Fig.4, with the help of the adaptive comfort threshold of the above thermal comfort index in winter and summer, through microclimate measurement or computer simulation, quantifying the regulation effect and influence rule of the spatial form and elements of landscape architecture on microclimate human comfort, can provide scientific guidance for landscape architects to create comfortable and pleasant environment.

4.2 The mechanism of adaptation—the evaluation of the ternary coupling of physiology, psychology and behavior

4.2.1 Physiological comfort evaluation

Autonomous thermoregulation system is like a very precise instrument, which can accurately and effectively regulate the body temperature. The temperature sensors of human skin and other parts can monitor the temperature of peripheral parts of the body. When the ambient temperature changes, the afferent impulses of the peripheral temperature receptors arrive at the center, producing temperature sensation and causing thermoregulatory response. When the human body is in thermal comfort state, the physiological regulation required is the smallest [11]. In the comfortable area, the nerve activity caused by the nerve endings of heat receptors is the minimum, and the level of central nervous system stimulation is the lowest [12].

Physiological thermal comfort is very important for human health. The main impact of high temperature weather on human health is heatstroke and death caused by cardiovascular and cerebrovascular diseases [13]. For children, the elderly, the weak and the patients with chronic diseases, this health risk is more severe. Whether the environment is conducive to human health depends on people's subjective description is often not accurate. With the help of physiological index survey, we can get users' physiological and thermal comfort range, reveal healthy clues such as regulation and adaptation, outline

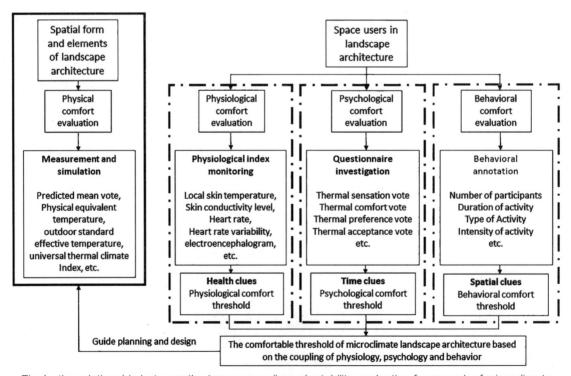

Fig.4 the relationship between the ternary coupling adaptability evaluation framework of microclimate human comfort and the physical evaluation

the elastic range of human body's adaptability, and avoid health risks.

With the development of neuroscience, physiology and other disciplines, Local skin temperature (LST), skin conductivity level (SCL), heart rate (HR), heart rate variability (HRV) and other physiological indicators monitoring become an important objective assistant for outdoor thermal comfort psychological evaluation[14]. Some study has pointed out that the skin temperature of forehead and hand may become the evaluation index of outdoor human thermal comfort[15], and some study has used physiological equivalent temperature, subjective questionnaire and heart rate variability to jointly verify that small-scale urban parks can promote summer thermal comfort[16-20].

At present, there are many problems in physiological index monitoring, such as small sample size, single age structure and so on. In terms of quantity, the subjects are usually students from single digit to ten digits. The total sample size comes from repeated tests, and there is no large sample study for users of the space landscape architecture; In terms of age structure, most of the subjects are young people, lacking of monitoring for children and the elderly. In terms of activity type, it is mainly static rest, lacking of monitoring for people with different activity levels.

4.2.2 Psychological comfort evaluation

Questionnaire is the most commonly used method to evaluate the human comfort of landscape microclimate. Neutral temperature, preferred temperature, neutral temperature range, acceptable temperature range and comfortable temperature range are five commonly used thermal benchmarks. The thermal comfort index range corresponding to the thermal benchmark can be obtained by linear regression between the thermal comfort index value of 1℃ and its corresponding mean thermal sensation vote (MTSV).

So far, in subjective evaluation, the meaning of "comfort" is still unclear. Most researchers continue to use the experience of laboratory steady-state environment, and still regard the neutral temperature range ($-0.5 \leqslant$ TSV $\leqslant 0.5$) as the comfort range. When two or more thermal benchmarks are used to regress with

the thermal comfort index value of every 1℃, the comfort range corresponding to these thermal benchmarks may be inconsistent. At this time, the reliability of psychological evaluation will be questioned, which also reveals that the results of psychological evaluation need the support and verification of physiological and behavioral evaluation.

Psychological comfort evaluation is characterized by a wide range of subjects and a large sample size, and its evaluation results almost completely depend on the subjective justice of the respondents. Due to the influence of perception control and other factors on people's psychological comfort, the results of questionnaire interviews with users are more reliable than those of volunteers (such as young students). The threshold of thermal comfort index in psychological level obtained by questionnaire contains time clues such as experience and expectation, and describes the influence of experience and expectation on microclimate human comfort in psychological level.

4.2.3 Behavioral comfort evaluation

Behavioral annotation is also a method to evaluate the microclimate human comfort in landscape architecture. Some researchers tend to use the method of "vote with feet" to determine the thermal comfort range. Activity person time, activity duration and activity type are important observation contents of behavioral comfort evaluation.

Lai et al. proposed a site utilization model, which pointed out that there was a linear relationship between the site utilization and the heat feeling voting: when the heat feeling voting was the best, the site utilization was the largest, when the environment became cold or hot, the site utilization was reduced[21]. According to ASHRAE standard "90% acceptable thermal environment is comfort", Huang proposed the concept of optimum thermal environment (OTE), which is the corresponding thermal environment when the number of space participants exceeds 90% of the maximum number of participants[22]. Lin's team has conducted a lot of research on the relationship between thermal comfort and site participation, which has confirmed that the number of site participants in the park reaches the peak[23], when the

387

thermal environment is optimal. The more comfortable the environment people perceive, the higher the utilization rate of the park [24].

The research results of the relationship between the thermal environment and the number of people in different areas and places are not completely consistent [25]. Based on the user's behavior, the research team revealed the relationship between the human comfort of microclimate and the number of users in Xi'an public space [26] and Shanghai residential space [27]. Other studies have revealed the relationship between the physical activity level of park green space and the thermal comfort of microclimate in cold cities in China [28], and the adaptability between the physical activity intensity of Park leisure and the microclimate regulation of vegetation community [29].

The number of activities reflects the utilization rate of the site, which is the standard to measure the success of outdoor public space [30], but the presence of people does not necessarily mean that the thermal environment of the space is comfortable [31]. Thermal comfort is the most important factor, but not the only one. Through behavior annotation, the upper limit of thermal comfort index of behavior regulation can be identified, and the hindrance of non thermal factors to behavior comfort can be revealed, which has important guidance for landscape planning and design. Behavioral comfort evaluation includes spatial clues such as selection and obstruction, which can be avoided in planning and design, provide people with a variety of behavioral choices, and promote the effective use of landscape space with suitable thermal environment.

4.3 Dynamic response—binary interaction in winter and summer

The most prominent problem in the existing empirical research is the lack of binary interaction between summer and winter. Most of the studies are conducted in a single season (summer or winter), and the results only show one side of the coin, but it is not known what the results of the other side are. This kind of research result is easy to lead people to one end of

the problem and produce "extreme" effect [32], such as maximizing the thermal comfort in summer, with a high probability that the winter is not comfortable. Facing the binary opposition between winter and summer, what is needed is a kind of "aggregation" thinking [32]. Aiming at the binary interaction, through the empirical research covering winter and summer, the critical value of winter and summer is revealed, and the two critical values are regarded as the two ends of the threshold value. Through the dynamic thermal environment design of winter and summer, people's dynamic thermal comfort needs are satisfied.

Most areas of our country need both winter and summer to meet people's dynamic thermal comfort needs. Four distinct seasons are the prominent features of China's climate. North China, central China, the middle and lower reaches of the Yangtze River and other regions are all four distinct seasons. Taking Shanghai as an example, the average temperature of the coldest month (January) is 3.6℃, the average temperature of the hottest month (July) is 27.8℃, and the temperature difference between the hottest month and the coldest month is 24℃. Especially in the hot summer and cold winter areas, cities with high population density need dynamic response of summer and winter.

5 Conclusion

Different from the steady indoor environment, the dynamic outdoor thermal environment needs more "integrated" solutions. The "3 + 2" evaluation framework of microclimate human comfort in landscape architecture is a kind of "collective" response. First of all, from the three aspects of human psychology, physiology and behavior to realize the ternary coupling evaluation of microclimate human comfort in landscape architecture. The thermal physiological comfort of human body includes health cues such as regulation and adaptation, the psychological thermal comfort of human body includes time cues such as experience and expectation, and the behavioral thermal comfort of human body includes space cues such as selection and obstruction. Secondly, the binary interaction between summer and winter will guide people to comprehensively examine the dynamics of landscape architecture in time and space dimensions.

As an expectation and vision, that the "3 + 2" assessment framework of landscape microclimate human comfort can be promoted in different climate zones in China, especially in cities with high population concentration. This will help landscape architects to re understand the geomancy of the region, examine the unique customs, and shape the unique landscape.

Reference

［1］陈睿智, 董靓. 国外微气候舒适度研究简述及启示 [J]. 中国园林, 2009, 25（11）: 81-83.

［2］CANDAS V. To be or not to be comfortable: basis and prediction [J] // Elsevier Ergonomics Book.

［3］NIKOLOPOULOU M, STEEMERS K. Thermal comfort and psychological adaptation as a guide for designing urban Spaces[J]. Energy and Buildings, 2003（1）: 95-101.

［4］DEAR R D. Revisiting an old hypothesis of human thermal perception: alliesthesia [J]. Building Research and Information, 2011, 22（3）: 108-117.

［5］KNEZ I, THORSSON S, ELIASSON I, et al. psychological mechanisms in outdoor place and weather assessment: towards a conceptual model[J]. International Journal of Biometeorology, 2009, 53（1）: 101-111.

［6］BRAGER G S, DEAR R J, 翟永超, 等. 建筑环境热适应文献综述 [J]. 暖通空调, 2011, 41（7）: 35-50.

［7］周冬根, 胡丽华. 生理学 [M]. 浙江: 浙江大学出版社, 2014: 106-110.

［8］PANTAVOU K, CHATZI E, THEOHARATOS G. Case study of skin temperature and thermal perception in a hot outdoor environment[J]. International Journal of Biometeorology, 2014, 58（6）: 1163-1173.

［9］朱颖心. 热舒适的"度", 多少算合适？[J]. 世界建筑, 2015（7）: 35-37.

［10］POTCHTER O, COHEN P, LIN T P, et al. Outdoor human thermal perception in various climates: A comprehensive review of approaches, methods and quantification[J].Science of the Total Environment, 2018, 276（2）: 390-406.

［11］MAYER E. Objective criteria for thermal comfort[J]. Building & Environment, 1993, 28（4）: 399-403.

［12］吉沃尼. 人·气候·建筑 [M]. 陈士骅, 译. 北京: 中国建筑工业出版社, 1982.

［13］杜宗豪, 莫杨, 李湉湉. 2013 年上海夏季高温热浪超额死亡风险评估 [J]. 环境与健康杂志, 2014, 31（9）: 757-760.

［14］METJE N, STERLING M, BAKER C J. Pedestrian comfort using clothing values and body temperatures[J]. Journal of Wind Engineering and Industrial Aerodynamics, 2008, 96（4）: 412-435.

［15］SCHNELL I, POTCHTER O, YAAKOV Y, et al. Human exposure to environmental health concern by types of urban environment: The case of Tel Aviv [J]. Environmental Pollution, 2016, 208（Pt A）: 58-65.

［16］赵艺昕. 上海城市街道小气候人体热生理感应评价 [D]. 上海: 同济大学, 2018.

［17］杨祎雯. 上海居住区小气候人体热生理感应评价 [D]. 上海: 同济大学, 2018.

［18］LIU BY, LIAN ZF, Brown R D. Effect of landscape microclimates on themal comfort and physiological wellbeing [J].sustainability, 2019, 11.

［19］ELSADEK M, LIU BY, LIAN ZF.The influence of urban roadside trees and their physical environment on stress relief measures: a field experiment in Shanghai[J]. Urban Forestry & Urban Greening, 2019, 42: 51-60.

［20］ELSADEK M, LIU BY, LIAN ZF. Green Facades: Their contribution to stress recovery and well-being in high-density cities [J].Urban Forestry & Urban Greening, 2019, 46.

［21］Lai D, Zhou C, Huang J, et al. Outdoor space quality: A field study in an urban residential community in central China[J]. Energy & Buildings, 2014, 68（7）: 713-720.

［22］HUANG J, ZHOU C, ZHUO Y, et al. Outdoor thermal environments and activities in open space: an experiment study in humid subtropical climates[J]. Building and Environment, 2016, 103: 238-249.

［23］LIN T P, TSAI K T, HWANG R L, et al. Quantification of the effect of thermal indices and sky view factor on park attendance[J]. Landscape & Urban Planning, 2012, 107（2）：137-146.

［24］LIN T P, TSAI K T, LIAO C C, et al. Effects of thermal comfort and adaptation on park attendance regarding different shading levels and activity types[J]. Building & Environment, 2013, 59（3）：599-611.

［25］THORSSON S, HONJO T, LINDBERG F, et al. Thermal comfort and outdoor activity in Japanese urban public places[J]. Environment and Behavior, 2007, 39：660-684.

［26］刘芳. 西安户外城市公共空间环境行为的小气候影响调查分析——以夏季大雁塔东苑为例 [D]. 西安：西安建筑科技大学，2015.

［27］梅欹，刘滨谊. 上海住区风景园林空间冬季微气候感受分析 [J]. 中国园林，2017，33（4）：12-17.

［28］赵晓龙，卞晴，侯韫婧，等. 寒地城市公园春季休闲体力活动水平与微气候热舒适关联研究 [J]. 中国园林，2019，35（4）：80-85.

［29］赵晓龙，卞晴，赵冬琪，等. 寒地城市公园春季休闲体力活动强度与植被群落微气候调节效应适应性研究 [J]. 中国园林，2018，34（2）：42-48.

［30］JEONG M A, PARK S, SONG G S. Comparison of human thermal responses between the urban forest area and the central building district in Seoul, Korea[J]. Urban Forestry & Urban Greening, 2016, 15（1）：133-148.

［31］ZACHARIAS J, STATHOPOULOS T, WU H. Spatial behavior in San Francisco's plazas：The effects of microclimate, other people, and environmental design [J]. Environment and Behavior, 2004, 36：638-658.

［32］刘滨谊. "极端化"与"集和化"——人居环境发展的哲学思考 [J]. 中国园林，2019，35（9）：5-14.